中国轻工业"十三五"规划教材

功能性食品学

（第三版）

主编　郑建仙

U0219875

中国轻工业出版社

图书在版编目（CIP）数据

功能性食品学/郑建仙主编 . —3 版. —北京：中国轻工业出版社，2023.8

中国轻工业"十三五"规划教材

ISBN 978-7-5184-2627-0

Ⅰ.①功…　Ⅱ.①郑…　Ⅲ.①疗效食品–高等学校–教材　Ⅳ.①TS218

中国版本图书馆 CIP 数据核字（2019）第 185639 号

责任编辑：贾　磊　　　　责任终审：劳国强　整体设计：锋尚设计
策划编辑：李亦兵　贾　磊　责任校对：晋　洁　责任监印：张京华

出版发行：中国轻工业出版社（北京东长安街 6 号，邮编：100740）
印　　刷：河北鑫兆源印刷有限公司
经　　销：各地新华书店
版　　次：2023 年 8 月第 3 版第 6 次印刷
开　　本：787×1092　1/16　印张：28
字　　数：650 千字
书　　号：ISBN 978-7-5184-2627-0　定价：68.00 元
邮购电话：010-65241695
发行电话：010-85119835　传真：85113293
网　　址：http://www.chlip.com.cn
Email：club@chlip.com.cn
如发现图书残缺请与我社邮购联系调换
231103J1C306ZBW

发展功能食品产业
造福社会，造福人类

袁隆平

建立和完善功能性食品科学理论体系，
促进学科发展，推动产业进步，提高人民健康水平！

丁霄霖

《功能性食品学》(第三版)编委会

顾　　问　袁隆平　丁霄霖

主　　编　郑建仙

编　　委　单　杨　黄寿恩　黄卫宁　袁尔东

　　　　　王伟江　徐　璐　朱海霞　汪　园

　　　　　邓雯婷　周　丹　郑璐辰　宿保峰

　　　　　杨程芳（排名不分先后）

编 写 分 工

郑建仙　第一章第一~三节，第二章第一~七节，第五章第一、二节，第五章第四节，第六章第三~四节，第七章第一~三节，第八章第一、二节，第九章第三~五节，第十章第三节

单　杨　第七章第四节，第八章第五节，第九章第一节

黄寿恩　第十章第六节，第十一章第六、七节，第十三章第一、二节

黄卫宁　第十一章第二节，第十四章第一、二节

袁尔东　第六章第一节，第十一章第四、五节

王伟江　第八章第四节，第十章第二、五节

徐　璐　第四章第二~六节，第九章第二节，第十章第四节，第十一章第三节

朱海霞　第六章第二节，第十一章第一、八节

汪　园　第三章第一节

邓雯婷　第五章第五节，第六章第五节，第七章第七节，第十五章第一、三节

周　丹　第八章第七节，第十五章第二节，第十五章第四、五节

郑璐辰　第四章第一节，第十章第一节，第十二章第一、二节

宿保峰　第三章第二、三节

杨程芳　第五章第三节，第七章第五、六节，第八章第三、六节

全书由郑建仙统稿审定

内 容 提 要

　　功能性食品学是食品科学与预防医学相互融合而形成的一门综合性科学，涉及功能性食品化学、营养学、生物学、工程学和管理学等内容。

　　本书共 15 章。第一章探讨新世纪食品工业的发展趋势和开发重点，功能性食品学的内容和任务，功能性食品与功效成分的定义、内容和发展，健康与亚健康的定义和标志，功能性食品在促进人类健康方面的积极作用，功能性食品的管理。第二章论述功能性碳水化合物、氨基酸、肽和蛋白质、功能性脂类、维生素和维生素类似物、矿物元素、植物活性成分、微生态制剂。第三章阐述药食两用植物、中国植物和常用动物原料及其生物活性。第四章分别讨论具有祛斑、祛痤疮、抗皱、调节皮肤水油平衡、丰胸等作用的美容功能性食品。第五章分别论述具有减肥、抗衰老、改善营养性贫血、促进乳汁分泌等作用的女性功能性食品和孕妇食品。第六章分别阐述具有增智、改善视力、促进生长发育、抗龋齿等作用的儿童功能性食品和婴幼儿食品。第七章分别探讨具有调节血脂、调节血糖、调节血压、抗应激、改善慢性疲劳综合征、改善抑郁症、调节尿酸等作用的改善当代文明病功能性食品。第八章分别讨论具有增强免疫、抗肿瘤、改善骨质疏松、改善更年期综合征、改善睡眠、改善老年痴呆症等作用的中老年功能性食品和老年食品。第九章分别探讨具有促进消化吸收、保护胃黏膜、调节肠道菌群、润肠通便、抗腹泻功能等作用的改善胃肠道功能性食品。第十章分别讨论具有缓解体力疲劳、保护肝损伤、缓解慢性肾衰竭、促进毛发生长、保护前列腺、改善性功能等作用的男性功能性食品。第十一章分别阐述具有促进排铅、促进排出化学毒物、抗辐射、耐缺氧、抗高温、抗低温、耐噪声振动、清咽润喉等作用的改善不良环境功能性食品。第十二章简述营养素补充剂和低能量食品。第十三章介绍有关功能性食品毒理学评价、功能性食品功能学评价。第十四章简述功能性食品制造工程和良好生产规范。第十五章阐述特殊医学用途配方食品的开发、临床试验、管理和良好生产规范。

　　本书立足科学性、实用性、简明性、启发性、可读性原则，系当今国内外功能性食品领域最具权威的专著和教材，对今后相当长时间内功能性食品工业的发展都具有重要的指导意义。

　　本书可供食品、营养、医药、生化、化工等学科的院校师生作为教材使用，对相关领域的科研、生产单位从业人员和管理决策人员也有重要的参考价值。

遗传、营养和教育是决定一个民族整体素质的三大要素。食品工业是一个与人类共存的永恒产业，是影响我国国民经济建设的支柱产业，关系着中华民族的生存和健康，意义重大。功能性食品是新时代对食品工业的深层次要求。开发功能性食品的根本目的，就是要最大限度地满足人类自身的健康需要。

功能性食品学是食品科学和预防医学相互融合而成的一门综合性科学。它具有很强的科学性、实用性和社会性，与国计民生的关系密切，对促进我国人民的身体健康具有重要作用。功能性食品学是研究功能性食品化学、营养学、生物学、工程学和管理学等方面的科学。

功能性食品学，已成为食品科学的重要组成部分。有鉴于此，国内有很多高等学校食品科学及相关学科都相继开设了本课程，并选择《功能性食品学》作为教材。这其中，《功能性食品学》第一版是2003年初出版的，第二版是2006年4月出版的。由于具有科学性、实用性、系统性、简明性、启发性和可读性等特点，教材受到相关院校的广泛欢迎，尤其是第二版出版后每年重印一直沿用至今。

当今，科学技术的发展日新月异，满足了人类对健康和长寿的渴求，以及时代发展的要求。在这种背景下，主编决定继续邀请国内本领域的专业人员进行修订，出版《功能性食品学》（第三版）。

对于各种具体功能性食品的开发，在本教材第一版中，只用了一章的篇幅举例讨论10种具体产品。第二版则用九章的篇幅阐述9大类共46种具体产品，涵盖了目前国内所能受理的全部功能类别。同时立足科学技术层面，特别探讨几种目前尚不能受理，但业已引起全社会广泛关注的热点健康产品。诸如具有改善抑郁症、慢性疲劳综合征、更年期综合征、老年痴呆症以及保护前列腺功能等作用的功能性食品，具有前瞻性和指导性。另外，对于46种具体的功能性食品，还分别汇总了相关的功效配料表，具有很高的参考价值。第三版根据时代的发展对全书内容做了认真细致的完善，并增加了"调节尿酸功能性食品""婴幼儿食品""孕妇食品""老年食品"等内容，还增加了一章"特殊医学用途配方食品"。

各种功能性食品具体的功能学评价方法，会随着国家行政管理内容调整、科学技术发展等不断地更新完善。因此，本教材第三版对这部分内容仍不作详细讨论。

本教材具有科学性、系统性和实用性，立足于启发性和可读性，可作为高等院校食品科学及其相关学科的专业教材，也可供功能性食品产业的科研人员在开发新产品时参考，对业内的管理决策人员也不失为一本很好的参考书。

需要特别强调的是，我国对"保健食品"的行政管理会随着时代的发展而不断调整。本教材所阐述的全部内容，均立足于科学技术层面。若将本教材有关内容转变成具体产品时，必须完全符合国家的法律法规，不能用科学技术原理代替法律法规。

我国"杂交水稻之父"袁隆平院士在百忙之中十分关心本教材的历次修订和出版工作，我国食品科技界和教育界老前辈丁霄霖教授也给予了热情的关心和指导，在此表示真诚的感谢！

限于作者的水平，不妥之处，敬请批评指正。

主编　郑建仙

2019 年 8 月于华南理工大学

| 目录 | Contents

第一章

CHAPTER

绪论

1

[学习目标]

1. 了解新世纪食品工业发展方向、开发重点和研究重点。
2. 掌握功能性食品的定义、分类、功效及其管理。
3. 了解功能性食品在促进健康方面的作用。

物换星移，沧海桑田，人类社会已然走进了 21 世纪。回想过去，人类经历着漫长的食不果腹的凄惨岁月。仅仅到了 20 世纪的最后几十年，人类社会才发生了天翻地覆的变化。现代社会物质文明的高度发达，既为人类的生存发展带来了很多新的机遇与挑战，但同时也带来了诸多新的困惑与忧虑。肥胖症、高脂血症、糖尿病、冠心病、恶性肿瘤等所谓现代"文明病"的发病率居高不下，时刻威慑着人们的身心健康。

功能性食品是在这种背景下问世的，它不仅仅是一种时尚的体现，更重要的是体现了消费知识与价值观念的变化。看一下我们所处的这个世界，空气与水源污染加剧，各种慢性疾病（如肥胖、心血管疾病、糖尿病和肿瘤等）的发病率不断增加，老龄化社会的形成，紧张快节奏的现代生活方式……这种种事实，都刺激着人们更加重视自己的健康。功能性食品，是新时代对食品工业的深层次要求。开发功能性食品的根本目的是要最大限度地满足人类自身的健康需要。

第一节　迈入新世纪的食品工业

能够体现 20 世纪末期，人类社会重大变化的显著特征之一是食品工业的高度发达和人们膳食结构的重大调整。摄取食品是一种享受，所谓美食家其意义就在于此。食品首先要满足人们的感官刺激和食用品质，因此食品就越做越好吃了。这自然而然就带来了食品工业的几个重大变化：

①食品中的膳食纤维含量越来越少；

②蔗糖和脂肪的使用量越来越多；

③动物性食品所占的份额越来越重。

20 世纪末期研究确认，上述三种变化趋势是导致现代"文明病"的重要原因。20 世纪 60 年代，人们对无能量膳食纤维的生理作用进行了再认识。膳食纤维的研究和开发，各种生物活性成分（功效成分）的研究和开发，受到了西方各主要国家的高度重视，医学界、营养学界、食品工业界都对此做了大量的研究，这是人类为提高自身健康而采取的重要措施。

目前国内外市场上，掀起了一股功能性食品的研究与生产热潮，功能性食品正在成为 21 世纪的主导食品。

一、新世纪食品工业的发展方向

展望未来，要想精确预测出人类消费环境的变化趋势，往往是很困难的。但在全球范围内，下面列举的这些消费要求与消费行为的变化趋势，却是确实存在着：

①家庭式就餐的重要性下降；

②外出就餐的机会增加；

③植物性食品更受欢迎；

④对食品携带及食用的方便性要求更高；

⑤对食品的品质及天然属性要求更高；

⑥由于微波炉的普及而对半成品或速冻食品的需求量增加。

这些变化趋势，与整个社会的发展是分不开的。诸如家务劳动的减少，更多的可供自由支配的收入等，都刺激着这种变化的进程。虽然这些变化趋势之间彼此也存在着矛盾，如更多的植物性食品、方便快餐食品的要求，与更高的食品质量和更严格的天然属性等的要求，有时会出现不一致的情况，但这或许更能反映出市场的多样性与复杂性。

从营养学角度考虑，食品消费的下列变化趋势是很明显的：

①更低的能量；

②更少的饱和脂肪酸、更多的不饱和脂肪酸；

③更多的不可利用碳水化合物（如膳食纤维）；

④更低的胆固醇；

⑤更少的盐；

⑥更能满足各种特殊营养消费群的特殊要求。

这些变化趋势，反映在目前人们逐渐形成的消费新习惯和已开发的各种新潮食品上。我们有理由相信，这种变化将更加迅速，而且将会有更多的人参与、关注这件直接影响人类自身健康的大事。

那么，基于全球消费环境与消费行为的变化，新世纪食品工业的发展方向又将如何呢？作者认为可概括出以下几个方面：

①功效明确的功能性食品；

②高品质的低能量食品；

③低胆固醇、低钠食品；

④更低的胆固醇；

⑤更少的盐；

⑥强调安全无污染属性的有机食品；

⑦天然保存状态下的食品；

⑧强调简单成分的营养素补充剂；

⑨新资源食品；

⑩转基因食品。

功能性食品，是时代发展对食品工业提出的新课题，有巨大的发展空间，市场潜力广阔。

二、新世纪食品工业的开发重点

食品工业的任务，是将初级原料制造成价格适宜的高品质产品，使用各种工程方法，使食品的生产与消费这两个环节在时间与地点上相脱离。除了生产各种工业化食品外，食品工业还负责提供良好保存的天然食品。高新技术在食品工业中的比重将不断增大，特别是生物技术将得到长足的发展，这将有力地推动食品工业发生革命性的变化。

当今食品工业发展的新动态是国际化、大型化、科技化、知识化、营养化、保健化。我国食品消费的发展战略是讲究营养、保证卫生、重视保健、力求方便、崇尚美味、回归自然。

（一）功能性食品、有机食品和特殊医学用途配方食品

随着人类生存环境的恶化以及自身防御能力的下降，人们对工业化食品在预防疾病、促进康复、调节生理节律等方面的功能寄予了殷切的希望。诸如低能量食品、低钠盐食品、防便秘食品、抗衰老食品、老年专用食品、糖尿病人专用食品、心血管病人专用食品、抗肿瘤食品等都是重要的研究课题。返璞归真、追求天然属性的有机食品以及关心祖国下一代健康成长的学生营养食品也受世人重视。

（二）方便食品、速冻食品和休闲食品

在紧张快节奏的现代生活方式普遍存在，以及旅游业兴旺发达的现代社会中，方便食品体现出了时代的特征，成为食品工业的另一个发展重点。不但副食品、休闲食品要实现方便化，一日三餐的主食品也要方便化。让工业化食品走进千家万户，在 21 世纪将成为现实。

（三）传统产业的高新技术改造

长期以来，食品工业一直徘徊在初级的加工业阶段，给人一种技术含量低的总体感觉。这不仅严重影响着食品工业的发展，同时也极大地制约着食品研究的开展。在全世界的共同努力下，食品高新技术这一新概念已逐渐明确。当今国际性的高新技术，包括挤压蒸煮技术、膜分离技术、超临界萃取技术、超微粉碎技术、冷杀菌技术、冷冻干燥技术和生物技术等。新技术将带来传统产业的革命，尤其是生物技术，将在新世纪中深刻影响人类、自然和社会的发展。

（四）食品新资源与天然高效食品添加剂

世界人口的膨胀呼唤着新资源的开发，对各种新蛋白资源（绿叶蛋白、单细胞蛋白、烟叶蛋白）以及野菌、野果、野生植物、昆虫、海洋资源等的深度开发，已势在必行。食品添加剂在食品工业中占有重要地位，没有现代化食品添加剂的生产和应用，就没有现代化的食品工业。各种高效、安全、天然的新型食品添加剂会被不断地开发出来，并付诸实践。

（五）高效、自动化智能化的新型生产线

新产品、新技术要通过新的设备和生产线，才能实现产业化。高新设备的研制，是实现食品工业现代化的关键因素之一。

人类对健康的不懈追求，将推动全球化食品工业的迅速发展。随着互联网技术的迅猛发展，食品工业的激烈竞争将逐渐走向全球化。食品工业的重点，会从单一的产品制造业，逐步向为消费者提供全方位服务的方向发展。

为了迎合消费者的各种需求，迎接全球化竞争的挑战，未来食品工业将进行一场彻底的革命，以革命性的战略眼光、长远的目标、新兴的技术和标准发展食品工业，才能在世界工业中立于不败之地。

三、新世纪食品科学的研究重点

科学技术是第一生产力，人才是关键。新世纪的食品工业，将为高科技人才提供更广阔的施展空间。

美国食品科学家协会（IFT）提出的新世纪食品科学的研究重点，包括：食品安全，膳食、营养和保健，生物技术，环境保护，食品功能的分子基础。即：

①研究确定食物传染病的真实原因，开发快速检测微生物污染及致病因素的方法，设计更有效的食品卫生和病毒控制方法；

②进一步了解食品及其营养素在促进人体健康和防止疾病方面的作用，确定人生各特殊阶段（如婴儿、青年、孕妇、老年及患病等时期）的营养需要；

③设计能促进保持食品品质和外观的调节系统，设计有效的食品加工方法，了解并改进食品的成分（即蛋白质、脂肪和碳水化合物）和性能；

④鉴定食品生产加工各个阶段所产生的副产品、废气，设计减少副产品数量及改善副产品品质的方法，开发从原料到成品及副产品的快速分析方法，以确定有益或有害物质的存在；

⑤对食品及相关原料加工的物理性能、化学性能和运输性能进行分子基础的定量，增加现有技术的安全性并开发更安全的新技术，设计并使用传感器、监测系统和控制系统。

第二节　功能性食品学的内容和任务

功能性食品学是食品科学和预防医学相互融合而成的一门综合性科学。它具有很强的科学性、实用性和社会性，与国计民生的关系密切，对促进我国人民的身体健康具有重要作用。

功能性食品学是研究功能性食品化学、营养学、生物学、工程学和管理学等方面的科学。它的主要内容和基本任务包括：

①功效成分的化学、毒理学、功能学的研究；

②功效成分有效剂量和安全剂量的研究；

③功效成分的配伍性及其在功能性食品制造、储藏过程中稳定性的研究；

④功能性食品及其功效成分功能学评价的程序和方法的研究；

⑤功效成分和功能性食品制造技术的研究；

⑥功能性食品产品开发和市场开拓的研究；

⑦新技术在功能性食品及其功效成分制造过程中应用的研究；

⑧功能性食品管理体制和政策法规的研究。

一、功能性食品的定义

功能性食品（Functional food）的定义，是强调其成分对人体能充分显示机体防御功能、调节生理节律、预防疾病和促进康复等功能的工业化食品。

我国对保健食品（Health food）的定义，是指具有特定功能的食品，适宜于特定人群，可调节机体的功能，又不以治疗为目的。它必须符合以下4项要求。

①保健食品首先必须是食品，必须无毒无害，符合应有的营养要求。

②保健食品又不同于一般食品，它具有特定保健功能。这里的"特定"是指保健功能必须是明确的、具体的，而且经过科学验证是肯定的。同时，特定功能并不能取代人体正常的膳食摄入和对各类必需营养素的需要。

③保健食品通常是针对需要调整某方面机体功能的特定人群而研制生产的，不存在对所有人都有同样作用的所谓"老少皆宜"的保健食品。

④保健食品不以治疗为目的，不能取代药物对患者的治疗作用。

原国家食品药品监督管理局在《保健食品注册管理办法（试行）》中规定：保健食品是指声称具有特定保健功能或者以补充维生素、矿物质为目的的食品，即适宜于特定人群食用，具有调节机体功能，不以治疗疾病为目的，并且对人体不产生任何急性、亚急性或者慢性危害的食品。

在学术与科研上，称谓"功能性食品"更科学些。至于生产销售单位，可继续沿用由来已久的"保健食品"这个名词。

功能性食品是新时代对传统食品的深层次要求。在世界范围内，功能性食品极受欢迎，原因包括以下几个方面。

①随着科学技术的飞速发展，人们搞清或基本搞清了许多有益健康的功效成分、各种疾病发生与膳食之间的关系，使得通过改善膳食条件和发挥食品本身的生理调节功能的方法，达到提高人类健康的目的。

②高龄化社会的形成，各种老年病、儿童病以及成人病发病率的上升引起人们的担忧。

③营养学知识的普及和新闻媒介的大力宣传，使得人们更加关注健康和膳食的关系，对食品、医药和营养的认识水平得以提高。

④国民收入的增加和消费水平的提高，使得人们具有更强的经济实力用来购买相对昂贵的功能性食品，从而形成了相对稳定的特殊营养消费群。

二、功能性食品的分类

（一）根据消费对象的分类

1. 日常功能性食品

日常功能性食品，又称为日常保健用食品，根据各种不同的健康消费群（如婴儿、学生和老年人等）的生理特点和营养需求而设计，旨在促进生长发育，维持活力和精力，强调其成分能够充分增强身体防御功能和调节生理节律的工业化食品。

对于婴儿日常功能性食品，应该完美地符合婴儿迅速生长对各种营养素和微量活性物质需求的要求，促进婴儿健康生长。

对于学生日常功能性食品，应该能够促进学生的智力发育，使大脑有旺盛的精力应付紧张的学习和考试。

对于老年人日常功能性食品，应该满足"四足四低"的要求，即足够的蛋白质、足够的膳食纤维、足够的维生素和足够的矿物元素，低糖、低脂肪、低胆固醇和低钠。

2. 特定功能性食品

特定功能性食品，又称为特定保健用食品，针对某些特殊消费人群（如糖尿病患者、肿瘤患者、心血管病患者和肥胖患者等）的特殊身体状况而制，强调食品在预防疾病和促进康复方面的调节功能，以解决特殊人群所面临的健康与医疗问题。

目前，全世界在这方面所热衷研究的课题，包括抗衰老食品、抗肿瘤食品、防痴呆食品、糖尿病患者专用食品、心血管病患者专用食品、老年护发和护肤食品等。

（二）根据科技含量的分类

1. 第一代产品（强化食品）

第一代产品，主要是强化食品。强化食品的定义是，根据各类人群的营养需要（为消除营养缺乏病、为满足特殊营养消费群的需要，或为了普遍提高人群的营养水平），有针对性地添加营养素的食品。

这类食品，往往仅根据食品中的各类营养素和其他有效成分的功能，来推断整个产品的功能，而这些功能并没有经过任何试验予以证实。目前，欧美各国已将这类产品列入普通食品来管理，我国也不允许它们以保健食品的名义出现。

2. 第二代产品

强调科学性与真实性，要求经过人体及动物试验，证实该产品具有某种生物功效。

3. 第三代产品

不仅需要经过人体及动物试验证明该产品具有某种生理功能，而且需要查清具有该项保健功能的功效成分，以及该成分的结构、含量、作用机理、在食品中的配伍性和稳定性等。

三、功效成分的定义和分类

功能性食品中真正起生理作用的成分，称为功效成分（Functional composition），或称活性成分、功能因子。富含这些成分的配料，称为功能性食品基料，或活性配料、活性物质。显然，功效成分是功能性食品的关键。

在美国，要求在被认为是"健康食品"的标签上，列出起作用的功效成分及其具体含量。即使已有几十年的食用历史、被证实有益于人体健康的食品，若无法提出科学的依据（即确认起作用的活性成分），和取得美国食品与药物管理局（FDA）的认可，也不能在标签或使用说明书上宣称其对身体健康有积极作用。

随着科学研究的不断深入，更新更好的功效成分将会不断被发现。就目前而言，业已确认的功效成分，主要包括以下 7 类。

1. 功能性碳水化合物

如活性多糖、功能性低聚糖等。

2. 功能性脂类

如 ω-3 多不饱和脂肪酸、ω-6 多不饱和脂肪酸、磷脂等。

3. 氨基酸、肽与蛋白质

如牛磺酸、酪蛋白磷肽、乳铁蛋白、免疫球蛋白、酶蛋白等。

4. 维生素和维生素类似物

包括水溶性维生素、油溶性维生素、生物类黄酮等。

5. 矿物元素

包括常量元素、微量元素等。

6. 植物活性成分

如皂苷、生物碱、萜类化合物、有机硫化合物等。

7. 微生态制剂

微生态制剂主要是乳酸菌类，尤其是双歧杆菌。

四、营养素参考摄入量的最新进展

营养素（Nutrients）的作用不仅仅局限在预防营养缺乏病，在预防某些慢性病（如肿瘤、心血管病、糖尿病等）方面也发挥着重要作用。而营养素发挥这些新功能，一般都需要比以往推荐日摄入量（RDA）更高的摄入量。因此，营养素新功能的发现，对由来已久的 RDA 这一概念提出了挑战。

RDA（Recommended Daily Amounts）的定义是，能使人群中绝大多数个体不发生营养缺乏的营养素摄入量。其目的很明确，是为了指导人们预防营养缺乏病。这显然已不能满足当前消费者预防慢性病和延缓衰老的需求了，人们增加了对营养素摄入量的需求。

有鉴于此，美国率先提出膳食营养素参考摄入量（Daily Reference Intake，DRIs）这一新概念。膳食营养素参考摄入量包括平均需要量（EAR）、推荐摄入量（RNI）、适宜摄入量（AI）和可耐受最高摄入量（UL）。

1. 平均需要量（EAR）

EAR（Estimated Average Requirement）是根据个体需要量的研究资料制订的，根据某些指标判断可以满足某一特定性别、年龄、生理状况群体中，50%个体需要量的摄入水平。这一摄入水平，不能满足群体中另外 50%个体对该营养素的需要。EAR 是制订 RNI 的基础。针对群体，EAR 可以用来评估群体中摄入不足的发生率。针对个体，EAR 可以检查其摄入不足的可能性。

2. 推荐摄入量（RNI）

RNI（Reference Nutrient Intake）相当于传统使用的 RDA，是可以满足某一特定性别、年龄、生理状况群体中，绝大多数（97%~98%）个体需要量的摄入水平。长期摄入 RNI 水平的营养素，可以满足身体对该营养素的需要，保持健康和维持组织中有适当的营养储备。RNI 的主要用途是作为个体每日摄入该营养素的目标值。

值得注意的是，个体摄入量低于 RNI 时，并不一定表明该个体未达到适宜的营养状态。如果某个体的平均摄入量达到或超过了 RNI，则可以证明该个体没有摄入不足的危险。

RNI=EAR+2SD（SD 为标准差）。如果关于需要量变异的资料不够充分，不能计算 SD 时，一般设 EAR 的变异系数为 10%，这样 RNI=1.2EAR。

3. 适宜摄入量（AI）

在个体需要量的研究资料不足而不能计算 EAR，不能求得 RNI 时，可设定用 AI 来代替 RNI。

AI（Adequate Intake）是通过观察或试验获得的，健康人群摄入某种营养素的摄入量。例如，纯母乳喂养的足月产健康婴儿，从出生到 4~6 个月，他们的营养素全部来自母乳。母乳中供给的营养素含量，就是他们的 AI 值。AI 的主要用途是作为个体营养素摄入量的目标，同时用作限制过多摄入的标准。

制定 AI 时不仅要考虑预防营养缺乏的需要，而且也纳入了减少某些疾病风险的概念。AI 的准确性远不如 RNI，可能显著高于 RNI。AI 能满足目标人群中几乎所有个体的需要。当健康个体摄入量达到 AI 时，出现营养缺乏的危险性很小。如果长期摄入超过 AI，则有可能产生毒副作用。

4. 可耐受最高摄入量（UL）

UL（Tolerable Upper Intake Levels）是平均每日摄入营养素的最高限量，这个量对一般人群中的几乎所有个体不致引起不利于健康的作用。当摄入量超过 UL 而进一步增加时，损害健康的危险性随之增大。UL 并不是一个建议的摄入水平。

UL 的制订是基于最大无作用剂量，再加上安全系数。"可耐受"是指这一剂量在生物学上大体是可以耐受的，但这并不表示可能是有益的。对于健康的个体而言，超过 RNI 或 AI 的摄入量似乎并没有明确的益处。

对许多营养素来说，还没有足够的资料来制定其 UL。所以，未定 UL 并不意味着，过多摄入没有潜在的危害。

五、功效成分与营养素的相互关系

营养素是食品（包括普通食品和功能性食品）的营养成分，功效成分则是功能性食品的关键成分。虽然功效成分有时在部分普通食品中也有可能存在，但因含量低，不足以发挥特定的生物功效。

营养素包括 6 大类：碳水化合物，蛋白质，脂肪，维生素，矿物元素，水。

功效成分包括 7 大类：功能性碳水化合物，氨基酸、肽和蛋白质，功能性脂类，维生素和维生素类似物，矿物元素，植物活性成分，益生菌。

反映营养素摄入量的指标有平均摄入量（EAR）、推荐摄入量（RNI）、适宜摄入量（AI）和可耐受最高摄入量（UL）。

反映功效成分剂量的指标有半数有效剂量（ED_{50}）、最低有效剂量（MED）和最大日允许采食量（ADI）。

1. 半数有效剂量（50% effect dose，ED_{50}）

ED_{50} 是指对受试对象（实验动物或人）半数有效的剂量。

2. 最低有效剂量（minimum effect dose，MED）

MED 是指对绝大多数（97%~98%）受试对象发挥生理功效的最低剂量。

3. 最大日允许采食量（acceptable daily intake，ADI）

ADI 是指让人每日摄入该功效成分直到终生，而不发生可检测的危害健康的剂量。

和 UL 值一样，ADI 的制订依据是基于最大无作用剂量（no-observed-effect level，NOEL），再加上安全系数。

NOEL 指通过动物试验，以现有的技术手段和检测指标，未观察到与受试物有关的毒性作用的剂量。制订 ADI 的安全系数，一般取值 100。它假设人比实验动物对受试物敏感 10 倍，人群内的敏感性差异为 100 倍。这个数值，并不是固定不变的。UL 值的制订要保守些，其数值一般小于 ADI 值。在没有 UL 值时，可参考 ADI 值。

对于所有的功效成分，如批准使用，首先要确保其食用的安全性。因此，都必须制订明确的 ADI 值，或因食用安全性高不需制定具体的 ADI 值。ADI 值与 UL 值相似，可作为该成分的最高限量，超过这一限量，就有可能损害人体健康。

遗憾的是，对于绝大多数的功效成分，目前几乎没有可供参考的 ED_{50} 和 MED 的具体数值。对于某特定功能性食品中某种功效成分的具体剂量，目前只能根据科研、生产经验和功能评价来加以确定。ED_{50} 和 MED 具体数值的制订和评价，是功能性食品研究领域急需开展的重要工作。

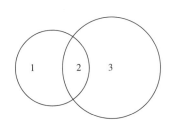

图 1-1　营养素和功效成分的交叉关系
1—仅作为营养素（如淀粉、蔗糖、脂肪等）
2—既是营养素又是功效成分（如维生素、矿物元素等）
3—仅作为功效成分（如植物活性成分、益生菌等）

营养素和功效成分呈交叉关系，如图 1-1 所示。即使是交叉部分，两者的剂量也明显不同。作为功效成分的剂量，一般都大于作为营养素的剂量。例如，维生素 C 当作为营养素时，其推荐摄入量 RNI 值为 100mg/d（14 岁以上），而作为增强免疫功能的功效成分时，其最低有效剂量 MED 肯定要大于这个数值。

六、功能性食品的管理

关于功能性食品管理的具体情况，会随着国家管理机构的不断变革而发生变化，这部分内容仅供参考。

1995 年 10 月，八届全国人大常委会第十六次会议，审议通过了《中华人民共和国食品卫生法》。该法第 22 条、23 条规定：

表明具有特定保健功能的食品，其产品及说明书必须报国务院卫生行政部门审查批准。

保健食品不得有害于人体健康，其产品说明书内容必须真实，产品的功能和成分必须与说明书相一致，不得有虚假。

这两条规定表明，国家承认保健食品的客观存在，确立了保健食品的地位，但要求对保健食品必须严格管理，以确保保健食品安全无害和具有明确的保健功能。

1996 年，卫生部相继发布《保健食品功能学评价程序和检验方法》《保健食品评审技术规程》《保健食品通用卫生标准》《保健食品标识规定》《卫生部保健食品申报与处理规定》等文件。1997 年，国家标准化管理委员会颁布了 GB 16740—1997《保健（功能）食品通用标准》。2004 年，国家将卫生部对保健食品的管理职能，划给国家食品药品监督管理总局，由后者颁发的《保健食品注册管理办法（试行）》自 2005 年 7 月 1 日起开始施行。

2014 年，GB 16740—2014《食品安全国家标准　保健食品》替代了 GB 16740—1997《保健（功能）食品通用标准》。2016 年 2 月 4 日，国家食品药品监督管理总局通过《保健食品注册与备案管理办法》，2005 年发布的《保健食品注册管理办法（试行）》同时被废止，新的管理办法自 2016 年 7 月 1 日起施行。

随着国家管理机构的改革，从 2018 年起由国家市场监督管理总局负责全国保健食品的管理。

保健食品是声称具有特定保健功能或者以补充维生素、矿物质为目的的食品。即适用于特定人群食用，具有调节机体功能，不以治疗疾病为目的，并且对人体不产生任何急性、亚急性或慢性危害的食品。根据国家管理文件精神，现阶段的保健食品包括保健食品和营养素补充剂，医药品包括中成药、处方药和非处方药。

营养素补充剂，是单纯以一种或数种经化学合成，或从天然动植物中提取出的营养素为原料加工制成的产品。营养素补充剂以补充人体相应营养素摄入为目的，在申报时不需提交产品的功能学评价报告。

我国保健食品经过批准后统一使用图 1-2 的标志。

图 1-2　中国保健食品的标志（天蓝色）

第三节　功能性食品与人类健康

开发功能性食品的最终目的，就是要最大限度地满足人类自身的健康需要。有关健康、亚健康的定义和标志，功能性食品在促进健康方面的作用等，是功能性食品从业人员必须了解的问题。

一、健康的定义和标志

世界卫生组织提出，"健康"是指一个人在身体、心理和社会适应等各方面都处于完满的状态，而不仅仅是指无疾病或不虚弱而已。这一新定义问世以来，使人们的健康观发生了很大变化，从此结束了"无病就是健康"的旧健康观，而只有在躯体健康、心理健康、社会适应良好和道德健康四方面都具备，才是完全的健康。

英文 Health 一词来自古代英语单词 Haeth，意指值得庆贺的状况，即安全或完好的状况。开发功能性食品的根本目的，就是要达到身心的全面健康。

后来，世界卫生组织又提出了衡量人体健康的一些具体标志。例如：

①精力充沛，能从容不迫地应付日常生活和工作；

②处世乐观，态度积极，乐于承担任务不挑剔；

③善于休息，睡眠良好；

④应变能力强，能适应各种环境的各种变化；

⑤对一般感冒和传染病有一定抵抗力；

⑥体重适当，体型匀称，头、臂、臀比列协调；

⑦眼睛明亮，反应敏锐，眼睑不发炎；

⑧牙齿清洁，无缺损，无疼痛，牙龈颜色正常，无出血；

⑨头发光泽，无头屑；

⑩肌肉、皮肤富弹性，走路轻松。

世界卫生组织提出的健康新定义和具体衡量标志，反映了医学模式从生物医学模式向生物—心理—社会医学模式的转变，是人类健康观的重大发展，对以促进健康为目的功能性食品学的研究和发展无疑具有重要的指导意义。

具体地说，目前全世界比较一致公认的健康标志有如下 13 个方面，如果背离了这些健康标志，可能就意味着某种疾病的征兆。

1. 生气勃勃

健康人总是生气勃勃，并富有进取心。

2. 性格开朗、充满活力

健康人总是愉快、知足且精力充沛。

3. 正常的身高和体重

机体不应太矮小，不能太瘦或太胖。

4. 正常的体温、脉搏和呼吸率

对普通人来说，口腔内体温为 37℃，肛温要高 1℃；脉搏为 72 次/min；呼吸率随年龄而变化，婴儿 45 次/min，6 岁儿童下降到 25 次/min，15~25 岁青年继续下降到约 18 次/min，之后随年龄增大呼吸率又有增长的趋势。

5. 食欲旺盛

健康人应有旺盛的食欲，吃起饭来津津有味，该吃饭的时候总有饥饿感。

6. 明亮的眼睛和粉红的眼膜

健康人的眼睛明亮清澈，翻开下眼皮可看到粉红色而湿润的眼膜。

7. 不易得病

健康人不易为每次流行的致病因素所侵袭，应具有足够的耐受力和活力。

8. 正常的大小便

粪便成形，不能太硬或太软，尿液清澈，大小便不应感到困难或带有血黏液与脓液。

9. 淡红色的舌头

舌头呈微红色，而且无厚的舌苔。

10. 健康的牙龈和口腔黏膜

牙龈坚固，口腔黏膜呈微红色。

11. 健康的皮肤

健康人的皮肤光滑、柔韧而富有弹性，肤色健康。

12. 光滑并带光泽的头发

头发富有光泽且紧紧依附于头皮，不应蓬蓬松松。

13. 坚固带微红色的指甲

指甲坚固而呈微红色，既不易碎也不太硬。

健康是一个动态的概念，只有使健康经常处于动态的平衡之中才能保持和促进健康。健康和疾病往往可共存于机体，仅从机体自身主观感觉判断健康可能失误，应用标志机体功能的客观指标（如生理、生化、免疫及分子特征等指标）往往可以在机体主观感觉仍是"健康"的状态下明确揭示疾病的存在。健康和疾病在同一机体内此消彼长的关系是二者共存的主要特点，随着疾病病情的逐渐发展，健康状况被逐渐削弱；反之随着疾病病情的逐渐好转，健康也将逐渐恢复。影响健康失衡的因素主要是环境中的有害因素，在环境有害的强度不大、作用时间不长的情况下，机体通过自身的内分泌系统、免疫系统和神经系统可以进行成功的调节，使机体恢复健康，否则将使健康失衡导致疾病。研究环境有害因素影响机体调节能力的机理，是功能性食品学的重要课题。

影响健康的因素有环境因素、生活方式、卫生服务和生物遗传因素，其中环境因素对健康起重要作用，生活方式的重要性在日益增长，生物遗传因素也不容忽视。

二、亚健康的定义和表现

在我国，亚健康是一个不容忽视的问题。功能性食品在帮助人们摆脱亚健康状态方面可发挥重要的作用。据分析，全国约有45%的人群处于亚健康状态。在上海市中年高级知识分子中，有75.3%的人处于"亚健康"状态，有1种或1种以上较严重疾病的人群占总人群的19.8%，真正健康的人仅占5%。现代企业管理者中，由于整日的操劳与应酬，处于"亚健康"状态的人更是高达85%以上。

亚健康是指健康的透支状态，即身体确有种种不适，表现为易疲劳，体力、适应力和应变力衰退，但又没有发现器质性病变的状态。

（一）亚健康的生理状态

躯体亚健康状态最常见的表现是持续的或难以恢复的疲劳，常感体力不支，懒于运动，容易困倦疲乏；另一常见症状是睡眠障碍，可表现为各种形式的失眠，如入睡困难、多梦、易惊醒、醒后难以入睡等。其他表现还有：

①头痛，多为全头部或额部、颞部、枕部的慢性持续性的钝痛、胀痛、压迫感、紧箍感，属于肌紧张性头痛；另一种更为强烈的慢性头痛是血管性头痛；

②头昏或眩晕；

③肌肉、关节疼痛、腰酸背痛，肩颈部疼痛；

④抵抗力下降，容易反复感冒、咽痛、低热；

⑤代谢紊乱，如轻度的高血脂、高尿酸、糖耐量异常；

⑥消化功能紊乱，常见食欲不好，腹胀、嗳气、腹泻、便秘等；

⑦不明原因的胸闷气短、喜出长气、心悸、心律失常、血压不稳、经各种检查能排除器质性心肺疾病；

⑧腰痛、尿频、尿痛，但相关检查正常；

⑨性功能减低、月经紊乱、痛经等。

（二）亚健康的心理状态

最为常见的"亚健康"心理是焦虑。焦虑是一种缺乏具体指向心理紧张和不愉快的情绪，表现为烦躁、不安、易怒、恐慌，可伴有失眠、多梦、血压增高、心率增快、多汗等症状。

心理的"亚健康"另一常见表现是抑郁，处事态度消极、悲观、待人接物情绪冷漠、对事物缺乏兴趣、自我感觉不良，可有失眠、食欲和性欲减低、体重下降、记忆力减退、反应迟钝、缺乏活力等。

（三）亚健康的社会适应状态

现代社会是日新月异的社会，信息量大、新事物、新知识层出不穷、观念不断更新，这就比以往任何时候都更要求人们能够适应社会的变化。由于社会发展的速度加快，竞争性成为社会生活的重要特征之一。而社会的发展速度快、时常变化和竞争性就使一些人难以适应。

青年人面对工作环境的变换、复杂的人际关系；成年人面对家庭、子女、老人等多种负担以及工作的压力；老年人则要面对退休后地位的变化、角色的改变以及退休后生活的安排，所有这些，会使一些人不能适应，他们可能会在这种状况中产生多种问题，从而导致情绪压抑、苦闷烦恼。

（四）亚健康的起因

造成亚健康的原因，概括起来主要有以下几种。

1. 过度疲劳造成的脑力体力透支

由于生活工作节奏的加快、竞争日趋激烈，使人体主要器官长期处于入不敷出的超负荷状态，造成身心疲劳。表现为疲劳困乏、精力不足、注意力分散、记忆力减退、睡眠障碍、颈背腰膝酸、性机能减退等。

2. 人体的自然衰老

机体组织、器官不同程度的老化，表现为体力不支、精力不足、社会适应能力降低、更年期综合征、性机能减退、内分泌失调等。

3. 各种急慢性疾病

心脑血管及其他慢性病的前期、恢复期和手术后康复期的患者，所出现的种种不适，如胸闷气短、头晕目眩、失眠健忘、抑郁惊恐、心悸、无名疼痛、浮肿、脱发等。

4. 人体生物周期中的低潮时期

表现为精力不足、情绪低落、困倦乏力、注意力不集中、反应迟钝、适应能力差等。

三、功能性食品在促进健康方面的作用

功能性食品除了普通食品的营养、感官享受两大功能外，还具有调节生理活动的第三大功能，也就是其体现在促进机体健康、突破亚健康、祛除疾病等方面的重要作用。

立足科学立场，具体地说，功能性食品将在下述几十个方面，起到促进健康的作用：

①增强免疫力；

②抗衰老；

③调节血脂；

④调节血糖；

⑤调节血压；

⑥改善胃肠道功能（促进消化吸收，调节肠道菌群，润肠通便，抗腹泻，保护胃黏膜）；

⑦改善骨质疏松；

⑧促进排铅；

⑨抗突变、抗肿瘤；

⑩缓解体力疲劳；

⑪提高应激力；

⑫清咽润喉；

⑬保护化学性肝损伤；

⑭减肥；

⑮美容（祛痤疮，祛黄褐斑，祛老年斑，保持皮肤水油分和 pH，丰胸）；

⑯促进乳汁分泌；

⑰改善营养性贫血；

⑱改善睡眠；

⑲改善性功能；

⑳提高学习记忆力、增进智力；

㉑促进生长发育；

㉒改善视力；

㉓抗龋齿；

㉔改善慢性疲劳综合征；

㉕改善抑郁症；

㉖改善更年期综合征；

㉗改善老年痴呆症；

㉘促进化学毒物排出；

㉙缓解慢性肾衰竭；

㉚促进毛发生长；

㉛保护前列腺功能；

㉜抗低温；

㉝抗高温；

㉞调节尿酸。

四、功能性食品与药品的区别

功能性食品与药品有着严格的区别，不能认为功能性食品是介于食品与药品之间的一种中间产品或加药产品。

功能性食品与医药品的区别，主要体现在：

①药品是用来治病的，而功能性食品不以治疗为目的，不能取代药物对患者的治疗作用。功能性食品重在调节机体内环境平衡与生理节律，增强机体的防御功能，以达到使人保健康复的目的；

②功能性食品要达到现代毒理学上的基本无毒或无毒水平，在正常摄入范围内不能带来任何毒副作用。而作为药品，则允许一定程度的毒副作用存在；

③功能性食品无须医生的处方，没有剂量的限制，可按机体的正常需要自由摄取。

我国卫生行政管理部门至今已批准了86种药食两用的动植物品种，这些是现阶段开发功能性食品的重要原料。另外，传承我国几千年的传统中医理论和养生康复理论，允许使用部分中药材开发功能性食品。

在具体操作上，应注意以下几点：

①有明显毒副作用的中药材，不宜作为开发功能性食品的原料；

②如功能性食品的原料是中草药，其用量应控制在临床用量的50%以下；

③已获国家药政管理部门批准的中成药，不能作为功能性食品加以开发；

④已受国家中药保护的中药成方，不能作为功能性食品加以开发；

⑤传统中医药中典型的强壮阳药材，不宜作为开发改善性功能功能性食品的原料。

🔍 思考题

1. 简述功能性食品的要求。

2. 功能性食品的功效成分一般可以分为哪几类？

3. 营养素与功效成分有什么关系？请分别列出反映营养素摄入量和功效成分剂量的相关指标。

4. 我国功能性食品的管理经历了哪些阶段？

5. 什么是亚健康？亚健康有哪些体现？

6. 功能性食品与医药品的区别主要体现在哪些方面？

7. 21 世纪我国功能性食品行业该如何发展？

第二章　　CHAPTER

生物活性物质化学和营养学

2

[学习目标]

1. 掌握常见功能性碳水化合物的种类和功效。
2. 掌握常见氨基酸肽和蛋白质的营养价值和生理功效。
3. 掌握功能性脂类的定义、结构、种类及功效。
4. 掌握维生素的种类、生理功效，了解其推荐摄入量。
5. 掌握矿物元素的生理功效，了解其推荐摄入量。
6. 了解常见植物活性成分的种类和生理功效。
7. 掌握益生菌的种类及生理功效。

功能性食品化学和营养学是对传统食品化学、营养学的发展，是功能性食品学的基础内容。各种生物活性成分，是其主要研究对象。

功能性食品化学研究生物活性成分的来源、制备、结构、性能、分析和应用等内容。功能性食品营养学，研究生物活性成分对人体的营养保健规律，以及对各种慢性病的预防改善作用。

第一节　功能性碳水化合物

碳水化合物，占人类膳食能量来源的 40%～80%。我国对 14 岁以上人群制定了机体的能量推荐摄入量 RNI 值，为 8.8～13.38MJ/d。

随着营养学研究的深入，人们发现某些碳水化合物在增强免疫力、降低血脂、调节肠道菌群等方面的生物功效，这些统称为功能性碳水化合物。

一、膳 食 纤 维

（一）膳食纤维的定义

膳食纤维（Dietary fiber）的定义，是那些不被人体消化吸收的多糖类碳水化合物与木质素的总称。出于分析上的方便，通常就将存在于膳食中的非淀粉类多糖与木质素部分，称为膳食纤维。

膳食纤维与长期以来一直沿用的"粗纤维"（Crude fiber）有着本质的区别。传统意义上的"粗纤维"是指植物经特定浓度的酸、碱、醇或醚等溶剂作用后的剩余残渣，强烈的溶剂处理导致几乎100%的水溶性纤维、50%~60%半纤维素和10%~30%纤维素被溶解损失掉。因此，对于同一种产品，其粗纤维含量与总膳食纤维含量往往有很大的差异，两者之间没有一定的换算关系。

虽然膳食纤维在人体口腔、胃、小肠内不被消化吸收，但人体大肠内的某些微生物仍能降解它的部分组成成分。从这个意义上说，膳食纤维的净能量并不严格等于零。而且，膳食纤维被大肠内微生物降解后的某些成分，被认为是其生物功效的一个起因。

（二）膳食纤维的化学组成

1. 纤维素

纤维素是Glcp（吡喃葡萄糖）经β（1→4）糖苷键连接而成的直链线性多糖，是细胞壁的主要结构物质。

通常所说的"非纤维素多糖"（noncellulosic polysaccharides）泛指果胶类物质、β-葡聚糖和半纤维素等物质。

2. 半纤维素

半纤维素的种类很多，有的可溶于水，但绝大部分都不溶于水。组成谷物和豆类膳食纤维中的半纤维素，主要有阿拉伯木聚糖、木糖葡聚糖、半乳糖甘露聚糖和β（1→3，1→4）葡聚糖等。另外，一些水溶性胶也属于半纤维素。

3. 果胶及果胶类物质

果胶主链是经α（1→4）糖苷键连接而成的聚GalA（半乳糖醛酸），主链中连接有（1→2）Rha（鼠李糖），部分GalA经常被甲酯化。

果胶类物质主要有阿拉伯聚糖、半乳聚糖和阿拉伯半乳聚糖等。果胶或果胶类物质均能溶于水形成凝胶，对维持膳食纤维的结构有重要作用。

4. 木质素

木质素是由松柏醇、芥子醇和对羟基肉桂醇3种单体组成的大分子化合物，没有生理活性。天然存在的木质素，大多与碳水化合物紧密结合在一起，很难将之分离开来。

（三）膳食纤维的物化特性

1. 高持水力

膳食纤维化学结构中含有很多亲水基团，具有很强的持水力。不同品种的膳食纤维，其化学组成、结构及物理特性不同，持水力也不同。

膳食纤维的高持水力对调节肠道功能有重要影响，它有利于增加粪便的含水量及体积，促进粪便的排泄。膳食纤维的持水力大小及其束缚水的存在形式，会影响其生物功效的发挥，后者的影响似乎更大些。

2. 吸附作用

膳食纤维分子表面带有很多活性基团，可以吸附或螯合胆固醇、胆汁酸，肠道内的有毒物质（内源性毒素）、有毒化学医药品（外源性毒素）等。其中研究最多的，是膳食纤维与胆汁酸的吸附作用，它可能是静电力、氢键力或者疏水键间的相互作用，其中氢键力结合是主要的。这种作用，被认为是膳食纤维降血脂功效的机理之一。

3. 阳离子交换作用

膳食纤维分子结构中的羧基、羟基和氨基等侧链基团，可产生类似弱酸性阳离子交换树脂的作用，可与阳离子，尤其是有机阳离子进行可逆的交换，从而影响消化道的 pH、渗透压等，以出现一个更缓冲的环境，有利于消化吸收。

当然，这种作用也必然会影响到机体对某些矿物元素的吸收，而这些影响并不都是积极的。

4. 无能量填充剂

膳食纤维体积较大，缚水膨胀后体积更大，在胃肠道中会发挥填充剂的容积作用，易引起饱腹感。同时，它还会影响可利用碳水化合物等在肠内的消化吸收，也使人不易产生饥饿感。所以，膳食纤维对预防肥胖症十分有利。

5. 发酵作用

膳食纤维虽不能被人体消化道内的酶所降解，但却能被大肠内的微生物所发酵降解，产生乙酸、丙酸和丁酸等短链脂肪酸，使大肠内 pH 降低，从而调节肠道菌群，诱导产生大量的好气有益菌，抑制厌气腐败菌。

由于好气菌群产生的致癌物质较厌气菌群少，即使产生也能很快随膳食纤维排出体外，这是膳食纤维能预防结肠癌的一个重要原因。另外，由于菌落细胞是粪便的一个重要组成部分，因此膳食纤维的发酵作用也会影响粪便的排泄量。

（四）膳食纤维的生物功效

对于不同品种的膳食纤维，由于其内部化学组成、结构以及物化特性的不同，其对机体的健康作用及影响方面也有差异，并不是所有的膳食纤维，都具备下列所有的生物功效。

1. 低（无）能量、预防肥胖症

膳食纤维的高持水性和缚水后体积的膨胀性，会对胃肠道产生容积作用，以及引起胃排空的减慢，更快产生饱腹感且不易使人感到饥饿，对于预防肥胖症有益处。

2. 调节血糖水平

膳食纤维的摄取，有助于延缓和降低餐后血糖和血清胰岛素水平的升高，改善葡萄糖耐量曲线，维持餐后血糖水平的平衡与稳定。这一点对于糖尿病患者来说尤为有利，因为改善机体血糖情况，避免血糖水平的剧烈波动，使之稳定在正常水平或接近正常水平，是十分重要的。

膳食纤维稳定餐后血糖水平的作用，其机理主要在于，延缓和降低机体对葡萄糖的吸收速度和数量。对于糖尿病患者来说，有必要提高日常膳食纤维的摄入量。

3. 降血脂

膳食纤维可有效降低血清总胆固醇（TC）和低密度脂蛋白胆固醇（LDL-C）水平，但对血清甘油三酯（TG）和高密度脂蛋白胆固醇（HDL-C）水平的影响，缺乏统一的试验结果。大多数试验显示，膳食纤维对 HDL-C 和 TG 无明显影响。LDL-C 也被称作致动脉硬化因子，而 HDL-C 也被称为抗动脉硬化因子，前者的降低和后者的升高均显示血脂情况的改善。

膳食纤维降血脂的可能机理包括：

①吸附肠腔内胆汁酸，减少胆汁酸的重吸收，阻断胆固醇的肠肝循环；

②降低膳食胆固醇的吸收率；

③被大肠内细菌发酵降解，所产生的短链脂肪酸对肝脏胆固醇的生物合成，可能有抑制作用。

4. 抑制有毒发酵产物、润肠通便、预防结肠癌

食物经消化吸收后所剩残渣到达结肠后，在被微生物发酵过程中，可能产生许多有毒的代谢产物，包括氨（肝毒素）、胺（肝毒素）、亚硝胺（致癌物）、苯酚与甲苯酚（促癌物）、吲哚与3-甲基吲哚（致癌物）、次级胆汁酸（致癌物或结肠癌促进物）等，膳食纤维对这些有毒发酵产物具有吸附螯合作用，并促进排出体外，保护大肠避免癌变。

膳食纤维促进肠道蠕动，缩短了粪便在肠道内的停留时间；同时也增加粪便的排出量，使肠道内的致癌物质得到稀释。因此，致癌物质对肠壁细胞的刺激减少，也有利于预防结肠癌。

膳食纤维在结肠中发酵降解产生的短链脂肪酸，对防治结肠癌也十分有利。丁酸是其中最重要的一种，具有重要的作用：

①结肠上皮细胞过度增生极易导致结肠癌，丁酸可抑制上皮细胞的过度增生和转化，预防结肠上皮细胞的癌变；

②丁酸可促进结肠癌细胞的分化，抑制肿瘤细胞系初级阶段的生长与增殖，降低其生长速率；

③丁酸可诱导肿瘤细胞产生与正常细胞相似的类型，使正常细胞增殖，并有助于促使转化细胞向正常细胞转变而防止其癌变。

5. 调节肠道菌群

膳食纤维被结肠内某些细菌酵解，产生短链脂肪酸，使结肠内 pH 下降，影响结肠内微生物的生长和增殖，促进肠道有益菌的生长和增殖，抑制肠道内有害腐败菌的生长。由于水溶性纤维易被肠道菌群作用，调节肠道菌群效果更明显。

某些品种的水溶性膳食纤维（如菊粉）还是双歧杆菌的有效增殖因子。

（五）膳食纤维的有效摄入量

美国 FDA 推荐的成人总膳食纤维摄入量为 20~35g/d。美国能量委员会推荐的总膳食纤维中，不溶性纤维占 70%~75%，可溶性纤维占 25%~30%。

我国低能量摄入（7.5MJ）的成年人，其膳食纤维的适宜摄入量为 25g/d。中等能量摄入的（10MJ）成年人为 30g/d，高能量摄入的（12MJ）成年人为 35g/d。

二、活性多糖

来自植物、真菌及微生物的不少多糖，具有免疫调节功效，有的还有明显的抗肿瘤活性。另外，有些植物多糖还有调节血糖的功效。

（一）真菌多糖

具有增强免疫、抗肿瘤活性的真菌多糖的共同结构特征，是以 β（1→3）糖苷键连接的葡聚糖主链，具有三股螺旋构象，沿主链随机分布着 β（1→6）连接的葡萄糖基。通过 α（1→3）糖苷键连接的葡聚糖具有一种带状的单链构象，沿着纤维轴伸展而不是呈螺旋状，所以没有抗肿瘤活性。多糖骨架上多羟基基团，对抗肿瘤活性有重要作用。许多结构相似的 β-葡聚糖的

抗肿瘤活性存在较大差异，这说明真菌多糖结构与抗肿瘤活性之间的关系，不仅涉及多糖初级结构，还与它们分子大小、水溶性及构象形态等有关系。

β（1→3）葡聚糖对异源的、同源的甚至是遗传性的肿瘤都有效，此外其还具有抗细菌、抗病毒和抗凝集作用，有的还有促进伤口愈合的活性。在具有免疫调节活性的多糖中，只有那些具有 β（1→6）分支的 β（1→3）葡聚糖，才对肿瘤生长有抑制作用。来自真菌的 β（1→3）葡聚糖通常具有 99%~100% 的肿瘤抑制率，而其他来源的多糖仅存在 10%~40% 的抑制率。

对于切除胸腺的小鼠或用抗淋巴血清注射未切除胸腺的小鼠，香菇多糖会丧失抗肿瘤活性，这表明香菇多糖的作用是胸腺引起免疫机制的一部分，也说明其抗肿瘤活性是激发细胞媒介的反应。多糖可通过提高寄主细胞免疫和体液免疫，增强抗肿瘤功效。

目前，对多糖的抗肿瘤作用机制还缺乏明确的解释，真菌多糖并不能直接侵袭肿瘤，引起肿瘤细胞内出血和坏死，它们的抗肿瘤活性似乎是依赖寄主的反应，是寄主媒介的效应。至今发现的抗肿瘤多糖，虽然对移植性肿瘤具有较强抑制活性，但是对固有肿瘤却缺乏明显效应。因此，还没有一种值得信赖的多糖产品，可以应用于人类肿瘤的治疗上。

来自香菇、灵芝、猪苓、冬虫夏草等的大部分真菌多糖，都具有抗肿瘤活性，只是活性强弱不同。由于真菌多糖具体化学组成和结构存在差异，有些多糖组分还具有其他功效，如抗衰老、调节血糖水平、降血脂、抗血栓和保护肝脏等。

（二）植物多糖

活性多糖不仅是一种非特异性免疫增强剂，起到抗菌、抗肿瘤、抗衰老等功效，而且还具有降血糖、降血压、降脂、抗炎等生物活性。

例如，人参（*Panax ginseng*）作为治疗消渴的药在中医药典籍中早有记载，近年来研究表明人参多糖是主要的降糖活性成分。人们发现从朝鲜白参、中国红参和日本白参中分离出的 21 种人参多糖（Panaxan），均有降血糖作用。

从百合科、石蒜科、薯蓣科、兰科、虎耳草科、锦葵科和车前草科植物中，分离到的黏液质（Mucilage）均具有降血糖活性作用。例如，从车前草种子中分离出的车前草黏多糖，虎耳草科植物圆锥绣球花树皮中分离出的多糖，薯蓣科植物山药根中分离出的山药黏多糖，都具有明显的降血糖活性。

一般来说，植物多糖的活性与分子质量、溶解度、黏度和化学结构有关。由于大多数降血糖多糖的结构未被确定，所以有关构效关系的研究文献不多。

三、功能性低聚糖

低聚糖（Oligosaccharide），或称寡糖，是由 3~9 个单糖经糖苷键连接而成的低度聚合糖。由于人体肠胃道内没有水解这些低聚糖的酶系，因此它们不会被消化吸收而直接进入大肠内，优先被双歧杆菌所利用，是双歧杆菌的有效增殖因子。除了低聚龙胆糖有苦味外，其余的都带有程度不一的甜味。

根据新的分类法，异麦芽酮糖、乳酮糖属于双糖而不属于低聚糖，但习惯上仍将其列入低聚糖范围内，故放在这里一并讨论。

（一）低聚糖的生物功效

功能性低聚糖之所以具有生物功效，是因为它能促进人体肠道内固有的有益细菌——双歧杆菌的增殖，从而抑制肠道内腐败菌的生长，并减少有毒发酵产物的形成。

1. 促使双歧杆菌的增殖

摄入低聚糖可促使双歧杆菌增殖，从而抑制了有害细菌，如产气荚膜梭状芽孢杆菌（*Clostridium perfringens*）的生长。每天摄入 2~10g 低聚糖持续数周后，肠道内的双歧杆菌活菌数平均增加 7.5 倍，而产气荚梭状芽杆菌总数减少了 81%。对于某些品种的低聚糖来说，发酵所产生的乳酸菌素数量增加 1~2 倍，而产气荚膜梭状芽孢杆菌素的数量减少 0.5~0.6 倍。

双歧杆菌发酵低聚糖，产生短链脂肪酸和一些抗菌素物质，可以抑制外源致病菌和肠内固有腐败细菌的生长繁殖。醋酸和乳酸均可抑制肠道内的有害细菌。双歧杆菌素（Bifidin）是由双歧杆菌产生的一种抗菌素物质，它能非常有效地抑制志贺杆菌、沙门菌、金黄色葡萄球菌、大肠杆菌和其他一些微生物。

2. 减少有毒发酵产物及有害细菌酶的产生、抑制病原菌和腹泻

摄入低聚糖，可有效地减少有毒发酵产物及有害细菌酶的产生。每天摄入 3~6g 低聚糖，或往体外粪便培养基中添加相应数量的低聚糖，3 周之内即可减少 44.6% 有毒发酵产物和 40.9% 有害细菌酶的产生。

摄入低聚糖或双歧杆菌，均可抑制病原菌和腹泻，两者的作用机理是一样的，都是减少了肠内有害细菌的数量。

一个众所周知的事实是，母乳喂养儿绝对比代乳品喂养儿健康。前者的抗病能力强，这归功于肠道内双歧杆菌处于绝对优势地位（占总菌数的 99%），而后者只占 50% 或更少。

3. 防止便秘

双歧杆菌发酵低聚糖产生大量的短链脂肪酸，能刺激肠道蠕动、增加粪便湿润度并保持一定的渗透压，从而防止便秘的发生。

在人体试验中，每天摄入 3~10g 低聚糖，一周之内便可起到防止便秘的效果，但对一些严重的便秘患者效果不佳。

4. 增强免疫力、抗肿瘤

双歧杆菌在肠道内大量繁殖，能够起抗肿瘤作用，这归功于双歧杆菌的细胞、细胞壁成分和胞外分泌物，使机体的免疫力提高。

例如，喂养长双歧杆菌单因子的无菌小鼠，要比未处理的无菌小鼠活得长。口服或静脉注射具有致死作用的埃希大肠杆菌或静脉注射肉毒素，在有活性长双歧杆菌同时存在的情况下，小鼠在第 2~3 周内，就可诱导抗致死作用。但在无胸腺的无菌小鼠中，未发现此现象。由此可见，长双歧杆菌可诱导抗埃希大肠杆菌感染的细菌免疫。

口服长双歧杆菌制品 2d 后，再喂以病原体埃希大肠杆菌的无菌小鼠，临床上并没有什么症状。但在口服长双歧杆菌之前喂以埃希大肠杆菌，在 48h 之内就出现死亡现象。无菌小鼠的长双歧杆菌单因子试验，也证实了双歧杆菌对宿主免疫的促进作用。

5. 降低血清胆固醇

摄入低聚糖后可降低血清胆固醇水平。每天摄入 6~12g 低聚糖持续 2 周至 3 个月，总血清胆固醇可降低 20~50mg/dL。包括双歧杆菌在内的乳酸菌及其发酵乳制品，均能降低总血清胆固醇水平，提高女性血清中高密度脂蛋白胆固醇占总胆固醇的比率。

6. 保护肝功能

摄入低聚糖或双歧杆菌，可减少有毒代谢产物的形成，这大大减轻了肝脏分解毒素的

负担。

7. 合成维生素、促进钙的消化吸收

双歧杆菌在肠道内，能自然合成维生素 B_1、维生素 B_2、维生素 B_6、维生素 B_{12}、烟酸和叶酸，但不能合成维生素 K。在双歧杆菌发酵乳制品中，乳糖已部分转化为乳酸，解决了人们乳糖耐受性问题，同时也增加了水溶性可吸收钙的含量，使乳制品更易被消化吸收。

低聚糖能促进钙的消化吸收，如大鼠任意摄取 2% 低聚木糖水溶液后，对 Ca^{2+} 的消化吸收率提高了 23%，体内 Ca^{2+} 的保留率提高了 21%。

8. 低（无）能量、不会引起龋齿

功能性低聚糖很难或不被人体消化吸收，所提供的能量值很低或根本没有，满足了那些喜爱甜品而又担心发胖者的要求，还可供糖尿病患者、肥胖患者和低血糖患者食用。

由于不被人体消化吸收，低聚糖可被认为是低分子的水溶性膳食纤维。其某些生物功效类似于膳食纤维，但它不具备膳食纤维的物理特征，诸如黏稠性、持水性和膨胀性等。

龋齿是由于口腔微生物，特别是突变链球菌（*Streptococcus mutans*）侵蚀而引起的，功能性低聚糖不是这些口腔微生物的合适作用底物，不会引起牙齿龋变。

（二）低聚糖的具体产品

1. 异麦芽酮糖（Isomaltulose）

异麦芽酮糖（6-*O*-α-D-吡喃葡糖基-D-果糖）是一种结晶状的还原性双糖，其结晶体含有 1 分子的水，失水后不呈结晶状。

异麦芽酮糖具有与蔗糖类似的甜味特性，无异味，甜度是蔗糖的 42%。它的抗酸水解能力很大，热稳定性比蔗糖略差些，没有吸湿性。对于含有有机酸或维生素 C 的食品来说，用异麦芽酮糖比用蔗糖更为稳定。

异麦芽酮糖没有双歧杆菌增殖作用，但它的抗龋齿性能特别好。

2. 乳酮糖（Lactulose）

乳酮糖（4-*O*-β-D-吡喃半乳糖苷-D-果糖），又称乳果糖或异构化乳糖，甜味纯正，甜度为蔗糖的 48%~62%。乳酮糖通常以糖浆状形式出现，黏度很低，甜度比纯净乳酮糖略高些，为蔗糖的 60%~70%。

3. 大豆低聚糖（Soybean Oligosaccharide）

大豆低聚糖的组成成分有水苏糖、棉籽糖和蔗糖，其中具有生物功效的是棉籽糖和水苏糖。它的甜度为蔗糖的 70%，能量值为 8.36kJ/g。如果单是由水苏糖和棉籽糖组成的高纯度大豆低聚糖，则甜度仅为蔗糖的 22%，能量值更低。

大豆低聚糖具有良好的热稳定性，甜味特性类似蔗糖。在酸性条件下也有一定的稳定性，只要 pH 不过分低（pH>4），在 100℃ 加热杀菌也没问题。

4. 低聚果糖（Fructooligosaccharide）

天然和用酶法转化蔗糖制得的低聚果糖几乎都是直链的，其结构式可表示为 GF_n（G 为葡萄糖，F 为果糖，$n = 2 \sim 6$），属于果糖与葡萄糖构成的直链杂低聚糖。而由天然果聚糖（菊粉 *Inulin*）降解制得的低聚果糖，其结构式可表示为 F_n（$n = 3 \sim 9$）。二者的化学结构略有不同，但生物功效一样。

低聚果糖的黏度及在中性条件下的热稳定性等与蔗糖相近，只是在 pH 为 3~4 的酸性条件下加热易发生分解。应用低聚果糖时，应注意以下两点：

①酸性条件下不能长时间加热；

②酵母等产生的转化酶会水解低聚果糖，应注意避免。

5. 低聚乳果糖（Lactosucrose）

低聚乳果糖由 3 个单糖组成，从一侧看为乳糖接上一个果糖基，从另一侧看则为蔗糖接上一个半乳糖基。

纯净的低聚乳果糖是一种非还原性低聚糖，甜度为蔗糖的 30%，甜味特性类似于蔗糖，中性条件下其热稳定性与蔗糖相近。工业化生产的低聚乳果糖产品，由于含有不同数量的还原糖，其与氨基酸或蛋白质共存时会发生不同程度的褐变反应，且程度较蔗糖大。

6. 低聚木糖（Xylooligosaccharide）

低聚木糖是由 3~7 个木糖以 β（1→4）糖苷键连接而成的，聚合度为 3~7，但以二糖和三糖为主。低聚木糖的甜度约为蔗糖的 50%，甜味纯正。它的突出特点是，稳定性好，对热、酸稳定，在室温条件下储藏具有很高的稳定性。

低聚木糖在肠道内对双歧杆菌有高选择性和明显的增殖效果，而且除青春双歧杆菌（*B. adolescentis*），婴儿双歧杆菌（*B. infantis*）和长双歧杆菌（*B. longum*）外，大多数肠道细菌对低聚木糖的利用都较差。因此，低聚木糖增殖双歧杆菌的选择性，高于其他低聚糖。

7. 低聚半乳糖（Galactooligosaccharide）

低聚半乳糖是在乳糖分子中的半乳糖一侧连接 1~4 个半乳糖，属于葡萄糖和半乳糖组成的杂低聚糖。它口感清爽，甜度约为蔗糖的 25%，热稳定性很好。即使在 pH 为 3 条件下加热也不会分解，对酸的稳定性很好。

8. 低聚异麦芽糖（Isomaltoligosaccharide）

低聚异麦芽糖又称分枝低聚糖（Branching oliogosaccharide），其单糖数在 3~5 不等，各葡萄糖分子之间至少有一个是以 α（1→6）糖苷键结合而成的，包括异麦芽糖（Isomaltose）、异麦芽三糖（Isomaltotrise）、潘糖（Panose）、异麦芽四糖及以上的各支链低聚糖等。

低聚异麦芽糖具有柔和的甜味，甜度随三糖、四糖、五糖等聚合度的增加而逐渐降低。例如，含 90% 低聚异麦芽糖产品甜度为蔗糖的 42%，而含 50% 的产品甜度为 52%。低聚异麦芽糖浆的黏度与相同浓度的蔗糖溶液接近，对酸和热都非常稳定。

（三）低聚糖的有效摄入量

低聚糖每日摄取的最低有效剂量是：低聚果糖 3g，低聚半乳糖 2~2.5g、大豆低聚糖 2g，低聚木糖 0.7g。

低聚糖引起腹泻的最低剂量：男性 44g，女性 48g。大豆低聚糖不会引起腹泻的最大剂量，对于男性每 1kg 体重 0.64g，对于女性 0.96g。

四、单糖衍生物

1，6-二磷酸果糖（Esafosfina），化学名 D-Fructose 1，6-bisdihydrogen phosphate（FDP）。通常是以钠、钙或锌盐等形式存在。

1，6-二磷酸果糖是葡萄糖代谢过程中的重要中间产物和驱动物质，可改善缺氧条件下心肌细胞的能量代谢，避免在缺氧或缺血条件下的组织损伤。当心肌缺血时，如果输注 1，6-二磷酸果糖，就可以避开两步耗能的磷酸化过程，即葡萄糖激酶和磷酸果糖激酶催化的反应，直接刺激丙酮酸激酶产生比葡萄糖酵解多 1 倍的 ATP，改善和恢复心肌缺氧状态时的能量代谢，同时还能提高心肌的工作效率。

心肌缺血时，由于 1,6-二磷酸果糖生成量的减少及代谢性酸中毒现象的出现，细胞膜及细胞内溶酶体的稳定性下降。1,6-二磷酸果糖在增加细胞内 ATP 的同时，具有稳定细胞膜和溶酶体膜的作用。心肌在缺血或重灌流时会造成组织损伤，1,6-二磷酸果糖可起保护作用。

在心功能衰竭时，常伴有肾、脑、肝和肺等器官的功能障碍，临床上也可应用 1,6-二磷酸果糖来改善肾功能。另外动物试验还发现，1,6-二磷酸果糖对全身其他器官包括肾、肠、下肢、脑和神经系统、肝等因缺血而造成的损伤和功能障碍等均有明显的改善作用。

包括 1,6-二磷酸果糖在内的、分子式为 $(OH)_{6-p}$ $(C_{4+n}H_{5+m})$ $(OPO_3H_2)_p$ （m，n，$p=1$，2，3）的一系列 100 种磷酸糖均有生理活性。将 1,6-二磷酸果糖制成其棕榈酸酯，发现其生物利用度和生理活性均明显提高。目前，1,6-二磷酸果糖的应用存在着较大的潜力，而其类似物的开发也刚刚起步。

第二节　氨基酸、肽和蛋白质

氨基酸通过肽键连接起来成为肽与蛋白质，氨基酸、肽与蛋白质均是有机生命体组织细胞的基本组成成分，对生命活动发挥着举足轻重的作用。我国对 14 岁以上居民的蛋白质推荐摄入量 RNI 值，为 75~90g/d。

蛋白质是人体的主要构成物质，又是人体生命活动中的主要物质。人类赖以生存的酶类，作用于人体代谢活动的激素类，抵御疾病侵袭的免疫物质，以及各种微量营养素的载体等，都是由蛋白质构成的。

本节讨论的一些肽和蛋白质，除了具备普通蛋白质的营养价值外，更重要的是具有清除自由基、降低血脂、提高机体免疫力等生物功效，是一类重要的功效成分。

一、半必需氨基酸

氨基酸是蛋白质的组成单位，共有 22 种氨基酸。其中属于必需氨基酸的有 8 种，分别是赖氨酸、蛋氨酸、色氨酸、苯丙氨酸、缬氨酸、亮氨酸、异亮氨酸和苏氨酸。对婴儿来说，组氨酸与精氨酸也是必需氨基酸。

对于成年人或儿童来说，有时虽然 8 种或 10 种必需氨基酸已供应充足，但人体还是会发生氨基酸缺乏现象。这是因为有些氨基酸虽然人体能够合成，但在严重的应激或疾病状态下容易出现缺乏现象，给人体健康带来不利影响。这些称为半必需或条件性必需氨基酸，包括牛磺酸、精氨酸与谷氨酰胺等。

（一）牛磺酸

牛磺酸普遍存在于动物乳汁、脑与心脏中，在肌肉中含量最高，以游离形式存在，不参与蛋白质代谢。在体内，牛磺酸由半胱氨酸代谢而来，并多以牛磺酸原形排出体外。

婴幼儿如果缺乏牛磺酸，会影响到体力、视力、心脏与脑的正常生长，会出现视网膜功能紊乱，体力与智力发育迟缓。牛乳中的牛磺酸含量很少，仅有 1μmol/100mL，而母乳中却有 25μmol/100mL。因此在婴儿配方乳中，要添加一定数量的牛磺酸。

长期的全静脉营养输液的患者，若输液中没有牛磺酸会使患者的电视网膜图发生变化，只有补充大剂量的牛磺酸才能纠正这一变化。被细菌感染的患者，由于细菌的大量繁殖消耗了体内的牛磺酸，也会使人体缺乏牛磺酸，发生眼底视网膜电流图的变化，而补充牛磺酸后会使眼底的病变好转。

（二）精氨酸

精氨酸对成人来说虽不是必需氨基酸，但在机体发育不成熟或在严重应激等条件下，人体如果缺乏精氨酸则机体便不能维持正氮平衡与正常的生物功效。患者若缺乏精氨酸，会导致血氨过高，甚至昏迷。婴儿若先天性缺乏尿素循环（精氨酸在肝脏中参与氮代谢的终产物尿素的形成，这一代谢过程称为尿素循环）中的某些酶，对精氨酸的需要也是必需的，否则不能维持正常的生长与发育。

精氨酸的代谢功效是，促进胶原组织的合成，加速伤口的愈合。在伤口分泌液中，可观察到精氨酸酶活力的升高，这表明伤口附近的精氨酸需要量增加。精氨酸可通过酶反应形成一氧化氮（NO），来活化巨噬细胞与中性细胞；同时由于精氨酸还是形成 NO 的前体，而 NO 可在内皮细胞合成松弛因子。因此，它能促进伤口周围的微循环，促使伤口早日痊愈。

精氨酸可防止胸腺的退化，尤其是受伤后的退化。补充精氨酸，能增加胸腺的重量，促进胸腺中淋巴细胞的生长，还能减少患肿瘤动物的肿瘤体积，降低肿瘤的转移率，提高动物的存活时间与存活率。

当人体血浆中的精氨酸维持在 $0.04 \sim 0.1 \text{mmol/L}$ 浓度时，可使机体维持足够的免疫能力。在免疫系统中，除淋巴细胞外，吞噬细胞的活力也与精氨酸有关。加入精氨酸后，可活化其酶系，使之更能杀死肿瘤细胞或细菌等靶细胞。

（三）谷氨酰胺

谷氨酰胺是人体中含量最多的一种氨基酸。在肌肉蛋白质（占机体蛋白质总量的 36%）中，游离的谷氨酰胺要占细胞内氨基酸总量的 61%，比所有的其他氨基酸要高。在血中的含量也最高，达 $800 \sim 900 \mu\text{mol}$，占血浆中游离氨基酸总量的 20%。

在正常情况下，它是一种非必需氨基酸，但在剧烈运动、受伤、感染等应激条件下，谷氨酰胺的需要量大大超过了机体的合成量。这时，体内谷氨酰胺含量降低，蛋白质合成量减少，出现小肠黏膜萎缩与免疫功能低下现象。

在多发性创伤、大手术或严重感染情况下，患者体内的谷氨酰胺代谢出现异常，这种现象持续下去便会出现肠衰竭。防止肠衰竭的主要方法，就是补充谷氨酰胺。此时的氨酰胺，有两种作用：

①是防止肠衰竭的最重要的营养素；

②谷氨酰胺含量是目前人体是否发生肠衰竭的唯一可靠指标，如果机体发生肠衰竭，血中谷氨酰胺的水平便会下降。

谷氨酰胺很容易水解为焦谷氨酰胺与氨，在水溶液中比其他任何氨基酸都不稳定。谷氨酰胺加热消毒后，容易转化为有毒物质。此外，它的溶解度差，在 20℃水中的溶解度只有 3.5%。目前的研究重点是谷氨酰胺的衍生物，如将之乙酰化成 *N*-acetyl-glutamine。动物试验表明，后者能增加动物体重、提高氮平衡，但只能增加部分氮的摄入，这说明其生物利用率较低。

丙氨酸或甘氨酸与谷氨酰胺合成的二肽，丙氨酸-谷氨酰胺（Ala-Gln），或甘氨酸-谷氨酰胺（Gly-Gln），溶解度好，性质稳定。输入人体后易被水解，利用率高，尤其是丙氨酸-谷氨酰胺。它们安全无毒，在功能性食品中显示出了良好的应用前景。

二、氨基酸和氨基酸衍生物

（一）γ-氨基丁酸

γ-氨基丁酸（Gamma-Aminobutyric Acid，GABA）是一种天然存在的氨基酸，在哺乳动物的脑、骨髓中存在，是一种重要的抑制性神经传导物质。除在脑和脊髓外，人们还在多种哺乳动物的近30种外周组织中发现了γ-氨基丁酸的存在，其中大多数组织γ-氨基丁酸的浓度仅是脑的1%。此外，蔬菜、水果中也都含有γ-氨基丁酸，但含量稀少。

现代科学研究早已证明，γ-氨基丁酸有如下作用：

①降压作用，γ-氨基丁酸能作用于延髓的血管运动中枢，使血压下降，同时抑制抗利尿激素的分泌，扩张血管，降低血压；

②健脑作用，因γ-氨基丁酸为谷氨酸的三羧酸循环提供了另外一种途径（GABA SHUNT），所以能有效地改善脑血流通，增加氧的供给，促进脑的代谢功能，可用于治疗因脑中风、头部外伤后遗症、脑动脉硬化后遗症等产生的头痛、耳鸣、意识模糊等病症。并对改善肝脏、肾脏的功能也有作用；

③调节心律失常的作用；

④调节激素的分泌作用；

⑤防止皮肤老化、消除体臭的作用；

⑥醒酒作用；

⑦改善脂质代谢，防止动脉硬化的功能，在临床上可以作为改善脑动脉硬化引起各种症状的药物使用；改善高脂血症、防止肥胖。

（二）蛋氨酸

蛋氨酸可转化为腺苷甲硫氨酸，而后者是机体内合成反应的甲基供给者，胆酸、胆碱、肌酸、肾上腺素等化合物的甲基都是由此而来的。缺乏蛋氨酸会引起食欲减退、生长减缓或不增加体重、肾脏肿大和肝脏铁堆积等现象，最后导致肝坏死或纤维化。

蛋氨酸还可利用其所带的甲基，对有毒物或药物进行甲基化而起到解毒的作用。因此，蛋氨酸可用于防治慢性或急性肝炎、肝硬化等肝脏疾病，也可用于缓解砷、三氯甲烷、四氯化碳、苯、吡啶和喹啉等有害物质的毒性反应。

蛋氨酸在体内经甲基化后形成甲基甲硫氨酸，后者因其甲基的结合键能极高，很适于作为体内合成反应的甲基供给体。组胺（Histamine）是导致胃溃疡的起因之一，而甲基甲硫氨酸可以将组胺进行甲基化而使其失去活性。因此，甲基甲硫氨酸具有抗溃疡的效果，常被用于治疗胃溃疡。

（三）肌氨酸

肌氨酸（Creatine），是一种运动营养剂，可以非常有效地提高肌肉力量和肌体的耐久力及提高运动成绩，存在于鱼和肉食食品中。

肌氨酸能增长肌肉无氧力量和爆发力，人体中肌酸是在肝脏中进行化学反应过程中由氨基酸形成的，然后从血液送到肌肉细胞，在肌肉细胞中转化成肌酸盐。当人体肌肉的运动进入"无氧代谢"的阶段时，肌酸介入能量代谢，与磷酸结合成磷酸肌酸（CP），迅速补充ATP在血液中的含量，以保证运动的需要，使储存于肝脏和血液中的糖高强度、长时间地对肌肉组织供能，从而增加了肌肉的耐久力。并且，它可以自动调节进入肌肉的水分，使肌肉横断面肌扩张，从而增加肌肉的爆发力。

肌氨酸能让肌肉储存更多能量，增加蛋白质的合成，增长肌肉，防止由大脑伤害造成的肌肉损伤，还可有效地改善运动表现、力量和恢复时间。

（四）赖氨酸

赖氨酸可以调节人体代谢平衡。赖氨酸为合成肉碱提供结构组分，而肉碱会促使细胞中脂肪酸的合成。往食物中添加少量的赖氨酸，可以刺激胃蛋白酶与胃酸的分泌，提高胃液分泌功效，起到增进食欲、促进幼儿生长与发育的作用。赖氨酸还能提高钙的吸收及其在体内的积累，加速骨骼生长。如缺乏赖氨酸，会造成胃液分泌不足的情况而出现厌食、营养性贫血致使中枢神经受阻、发育不良等。

赖氨酸在医药上还可作为利尿剂的辅助药物，治疗因血中氯化物减少而引起的铅中毒，还可与酸性药物（如水杨酸等）生成盐来减轻不良反应，与蛋氨酸合用则可抑制重症高血压病。

（五）色氨酸

色氨酸可转化生成人体大脑中的一种重要神经传递物质——5-羟色胺，而5-羟色胺有中和肾上腺素与去甲肾上腺素的作用，并可改善睡眠的持续时间。当动物大脑中的5-羟色胺含量降低时，会出现行为的异常，出现神经错乱的幻觉以及失眠等现象。此外，5-羟色胺有很强的血管收缩作用，可存在于许多组织，包括血小板和肠黏膜细胞中，受伤后的机体会通过释放5-羟色胺来止血。人体可由色氨酸制造部分烟酸，但不能满足其对烟酸的总需要量。医药上常将色氨酸用作抗闷剂、抗痉挛剂、胃分泌调节剂、胃黏膜保护剂和强抗昏迷剂等。

（六）胱氨酸、半胱氨酸

胱氨酸及半胱氨酸是含硫的非必需氨基酸，可降低人体对蛋氨酸的需要量。胱氨酸是形成皮肤不可缺少的物质，能加速烧伤伤口的康复及放射性损伤的化学保护，刺激红细胞、白细胞的增加。

半胱氨酸所带的巯基（—SH）具有许多生理作用，可缓解有毒物或有毒药物（酚、苯、萘、氰离子）的中毒程度，对放射线也有防治效果。半胱氨酸的衍生物 N-乙酰-L-半胱氨酸，由于具有巯基的作用，具有降低黏度的效果，可作为黏液溶解剂，用于防治支气管炎等咳痰的排出困难。此外，半胱氨酸能促进毛发生长，可用于治疗秃发症。其他衍生物，如 L-半胱氨酸甲酯盐酸盐可用于治疗支气管炎、鼻黏膜渗出性发炎等。

（七）5-羟基色氨酸

5-羟基色氨酸（5-Hydroxytryptophan，5-HTP），是控制人体情绪、睡眠状况的神经传导物——血清素（serotonin）的前体物质。

5-羟基色氨酸具有很多生理功能，主要包括以下几方面：

①抗抑郁症；

②抑制食欲，减肥；

③镇静、改善睡眠；

④收缩血管作用；

⑤缓和经前综合征；

⑥治疗偏头痛。

（八） *N*–乙酰基–L–半胱氨酸

N–乙酰基–L–半胱氨酸（*N*–Acetyl–L–cysteine）是体内重要的巯基供体，为小分子物质，易进入细胞，脱乙酰基后可作为谷胱甘肽的前体促进谷胱甘肽的合成。

N–乙酰基–L–半胱氨酸具有很多重要的生理功能，主要包括以下几方面：

①解毒、护肝功能，*N*–乙酰基–L–半胱氨酸在保持适当的谷胱甘肽水平方面起着重要的作用，从而有助于保护细胞不因体内谷胱甘肽水平过低而导致细胞毒害损害；

②抗氧化功能，在细胞内，*N*–乙酰基–L–半胱氨酸脱去乙酰基，形成L–半胱氨酸，这是一种合成谷胱甘肽的必需氨基酸，而谷胱甘肽氧化–还原循环在机体内具有广泛的功能，是组织抗氧化损伤的重要内源性防御机制；

③降低痰黏度，*N*–乙酰基–L–半胱氨酸通过化学结构中的一个能与亲电子的氧化基团相互发生作用的自由巯基使黏蛋白的双硫键断裂而分解黏蛋白复合物、核酸、液化黏液分泌物，降低痰黏度。

（九） *S*–腺苷甲硫氨酸

S–腺苷甲硫氨酸（*S*–adenosylmethionine，SAM），又称S–腺苷蛋氨酸，它是普遍存在于机体细胞中的一种生理活性物质，在机体内由L–甲硫氨酸和ATP经SAM合成酶（ATP：L–甲硫氨酸 *S*–腺苷转移酶，EC 2.5.1.6）酶促合成。*S*–腺苷甲硫氨酸（SAM）是人体和其他生物体内的主要甲基供体（它为体内蛋白质、脂肪、核糖核酸和维生素 B_{12} 提供甲基，为体内多氨合成提供氨丙基，为 tRNA 的生物合成提供前体），参与体内激素、神经递质、核酸、蛋白质和磷脂的生物合成和代谢，是维护细胞膜正常功能和人体正常代谢和健康不可缺少的重要生命物质。SAM还参与谷胱甘肽的形成，而谷胱甘肽是细胞中的主要抗氧化剂，可参与各种解毒过程（例如药物和乙醇在肝中的解毒）。腺苷蛋氨酸作为甲基供体（转甲基作用）和生理性巯基化合物（如半胱氨酸、牛磺酸、谷胱甘肽和辅酶A等）的前体（转硫基作用），可参与体内重要的生化反应。

现代研究发现，*S*–腺苷甲硫氨酸具有很多生理功能，包括以下几方面：

①抗抑郁，可能机理是 *S*–腺苷甲硫氨酸调节中枢神经系统功能，促进神经传递介质血胺和去甲肾上腺素的合成，使得神经传递介质受体的反应性增加；

②护肝和治疗各种肝炎，在肝内，通过使质膜磷脂甲基化而调节肝脏细胞膜的流动性，而且通过转硫基反应可以促进解毒过程中硫化产物的合成。只要肝内腺苷蛋氨酸的生物利用度在正常范围内，这些反应就有助于防止肝内胆汁郁积；

③抗氧化作用；

④对关节炎、偏头痛和纤维素增生有一定的治疗效果；

⑤对中枢神经系统疾病如癫痫、阿尔茨海默病等有疗效。

（十）褐黑素（**Melatonin**）

褪黑素的化学名 *N*–乙酰–5–甲氧基色胺，属于色氨酸衍生物，是松果体分泌的一种激素。

褪黑素是调节生物钟的活性物质，人类松果体内褪黑素的含量呈昼夜周期性的变化，它主要由环境光线的明暗所调节。当黑暗刺激视网膜时，会发生一系列神经传递和生化反应，促使大脑松果体内褪黑素合成的增加。反之，白天因光线刺激视觉，会抑制褪黑素的分泌。

动物试验证明，如切断视神经或持续光照，均会影响褪黑素分泌的周期变化，使体内生物钟失灵。褪黑素对人和动物有镇静作用，并且与分泌量成正比。正因为人体生物钟可以通过褪黑素发挥报时效应，所以助眠是褪黑素最基本的功效，作用立竿见影。

褪黑素是一种激素，但由于它的作用不是直接作用于人体，而是通过调节内分泌，自主神经系统起作用的，因此副作用小。小鼠口服的半数致死量为 1.25g/kg，大鼠口服的半数致死量为 3.2g/kg。

有 8 类人不能服用褪黑素，即儿童、孕妇、哺乳期妇女、准备怀孕的妇女、精神病患者、正在服用类固醇药物的人、有严重过敏或自身免疫疾病的人、患有免疫系统肿瘤如白血病和淋巴肿瘤的人。

三、活　性　肽

（一）酪蛋白磷肽（Casein Phosphopeptides，CPP）

酪蛋白约占牛乳总蛋白的 80%，是一种含磷的蛋白质。用胰蛋白酶水解酪蛋白，可制得酪蛋白磷肽。

酪蛋白磷肽对钙的吸收有促进作用，它促使小肠下部的可溶性钙的增加，从而促使小肠对钙的吸收。而小肠管腔内钙的主要对象酸根离子是磷酸，酪蛋白磷肽可以阻止磷酸钙的生成，即酪蛋白磷肽的功效可以使磷酸钙成为过饱和状态，阻止初期结晶化的形成。酪蛋白磷肽单独使用的意义不大，它只有与钙等配合使用才可以促进钙的吸收，起到促进骨骼生长、改善贫血等功效。

酪蛋白磷肽抑制磷酸钙沉淀的机理大致是，初始形成的磷酸钙呈无定形状态，之后逐渐转变成晶体形式，酪蛋白磷肽黏附在其表面可阻止晶体长大。肠内溶解的钙与酪蛋白磷肽不断接触，使这些离子在不受磷酸根作用的情况下被带到肠黏膜。因此，酪蛋白磷肽起着调节晶体成长的作用，它不仅抑制或延迟晶体成长，而且在骨质化的后期可加速晶体的成长。

（二）高 *F* 值低聚肽（High *F* Value Oligopeptide）

高 *F* 值低聚肽，是蛋白酶作用于蛋白质后形成的一种低分子活性肽。*F*（Fischer）值，是支链氨基酸（Branched chain amino acids，BC）与芳香族氨基酸（Aromatic amino acids，AC）的摩尔比值。

高 *F* 值低聚肽的生物功效，体现在以下 3 个方面。

1. 防治肝性脑病

注射或经口摄取高 *F* 值低聚肽，可使患者血中 BC/AC 比值接近或大于 3，能有效地维持血中 BC 的浓度，纠正血脑中氨基酸的病态模式，改善肝昏迷程度和精神状态。

肝昏迷的发生，不仅取决于血浆内 *F* 值，还与血氨浓度有关。BC 还可通过增加氮储备来降低患者血氨浓度，甚至可使血氨浓度恢复正常水平，从而减轻或消除肝性脑病的症状。

2. 改善蛋白质的营养状况

低聚肽在肠道内易于消化和吸收，故可作肠道营养剂。疾病患者直接从口、胃送入这种物质，比从静脉输入的氨基酸更能迅速地恢复正常的营养状态。因此，高 *F* 值低聚肽被广泛应用来改善烧伤、外科手术等患者的蛋白质营养。对于特殊营养消费群，特别是婴幼儿，也十分适合。

3. 抗疲劳作用

在应激情况下，BC 可直接向肌肉提供能源。因此，高 *F* 值低聚肽可供高强度工作者和运动员食用，补充能量、消除疲劳、增强体力。

（三）谷胱甘肽

谷胱甘肽是由谷氨酸、半胱氨酸和甘氨酸经肽键缩合而成，化学名为 γ-L-谷氨酰-L-半胱氨酰-甘氨酸。

当细胞内生成少量 H_2O_2 时，谷胱甘肽在谷胱甘肽过氧化物酶的作用下，把 H_2O_2 还原成 H_2O，其自身被氧化为 GSSG。在谷胱甘肽还原酶的作用下，GSSG 从 NADPH 接受氢又重新还原回谷胱甘肽。另外，谷胱甘肽还可以和有机过氧化物起作用，这些过氧化物是需氧代谢的有害副产物，谷胱甘肽在这种解毒中起着关键性作用。谷胱甘肽过氧化物酶（$GSH-P_x$）是催化这一反应的酶，它有一共价结合的硒（Se）原子。

谷胱甘肽含有巯基，在生物体内有着重要的作用：

①作为解毒剂，可用于丙烯腈、氟化物、CO、重金属及有机溶剂等的解毒上；

②作为自由基清除剂，抵抗氧化剂对巯基的破坏作用，保护细胞膜中含巯基的蛋白质和酶不被氧化；

③对放射线、放射性药物或者由于肿瘤药物所引起的白细胞减少等症状能起到保护作用；

④能够纠正乙酰胆碱、胆碱酯酶的不平衡，起到抗过敏作用；

⑤对缺氧血症、恶心以及肝脏疾病所引起的不适具有缓解作用；

⑥可防止皮肤老化及色素沉着，减少黑色素的形成，改善皮肤抗氧化能力并使皮肤产生光泽；

⑦治疗眼角膜病。

（四）降压肽

降压肽是通过抑制血管紧张素转换酶（ACE）的活力，来体现降压功效的。因为 ACE 能促进血管紧张素 I 转变为血管紧张素 II，后者会使末梢血管收缩而导致血压升高。

目前主要有三种来源的降压肽：

1. 来自乳酸蛋白的降压肽

C_{12} 肽：Phe-Phe-Val-Ala-Pro-Phe-Pro-Glu-Val-Phe-Gly-Gys

C_7 肽：Ale-Val-Pro-Tyr-Pro-Gln-Arg

C_6 肽：Thr-Thr-Met-Pro-Leu-Trp

2. 来自鱼贝类的降压肽

C_8 肽（沙丁鱼）：Leu-Lys-Val-Gly-Val-Lys-Gln-Tyr

C_{11} 肽（沙丁鱼）：Tyr-Lys-Ser-Phe-Ile-Lys-Gly-Tyr-Pro-Val-Met

C_8 肽（金枪鱼）：Pro-Thr-His-Ile-Lys-Trp-Gly-Asp

C_3 肽（南极磷虾）：Leu-Lys-Tyr

3. 来自植物的降压肽

大豆降压肽：大豆蛋白经酶水解，制得以相对分子质量低于 1000 为主的低聚肽。

玉米降压肽：玉米醇溶蛋白经酶水解，制得以 Pro-Pro-Val-His-Leu 连接片段组成的低聚肽。

无花果降压肽（三种）：Ala-Val-Asp-Pro-Ile-Arg，Leu-Tyr-Pro-Val-Lys，Leu-Val-Arg。

这些肽通常由蛋白酶在温和条件下水解制得，食用安全性高。而且，它们有一个突出的优点是，对血压正常的人无降血压作用。

（五）大豆肽（Soybean Peptide）

大豆肽是大豆蛋白的酶水解产品，由3~6个氨基酸组成，相对分子质量分布以低于1000的为主，主要在300~700范围内。

大豆蛋白的黏度随浓度的增加而显著增加，浓度不可能提得太高，超过13%就会形成凝胶状。当制成酸性饮料时，在pH接近4.5（大豆蛋白的等电点）会产生沉淀。大豆肽没有上述缺点，即使在50%的高浓度下仍能保持良好的流动性，同时具有以下特征：

①即使在高浓度的情况下，黏度仍较低；

②在较宽的pH范围内，仍能保持溶解状态。

对历来无法实现的高蛋白饮料，如利用大豆肽作蛋白源时，就容易得多。

大豆肽溶液渗透压的大小，处于大豆蛋白与同一组成氨基酸混合物之间。当一种液体的渗透压比体液高时，易使人体周边组织细胞中的水分向胃肠移动而出现腹泻。氨基酸经常会发生这类问题，大豆肽的渗透压比氨基酸低得多，因此作为口服或肠道营养液的蛋白源比氨基酸还容易见效果。

大豆肽的生物功效，体现在以下几个方面。

1. 易于消化吸收

大豆蛋白质不能通过小肠黏膜，而大豆肽以及同样组成的氨基酸混合物，能够通过小肠黏膜。因此，大豆肽可由肠道不经降解直接吸收。

氨基酸由于受高渗透压的影响，水分会从周边组织细胞中向胃移动，减慢了水分从胃向肠的移动速度。而蛋白质在小肠中需要进行消化，故吸收速度也减慢，这些情况不存在于大豆肽中，因为它比氨基酸的渗透压低，其从胃到肠的移动率及其在小肠的吸收率都比较快。

2. 促进脂肪代谢

大鼠摄取大豆肽后，促使交感神经的活化，诱发褐色脂肪组织功能的激活，因而促进了能量的代谢。大豆肽既能有效地使体脂减少，同时又能保持骨骼肌重量不变。

3. 增强肌肉运动力、加速肌红细胞的恢复

要使运动员的肌肉有所增加，必须要有适当的运动刺激，和充分的蛋白质补充。通常，刺激蛋白质合成的成长激素的分泌，在运动后15~30min以及睡眠后30min时达到顶峰。若能在这段时间内，适时提供大豆肽作肌肉蛋白质的来源，可加速肌肉疲劳的恢复。

4. 较低的过敏性

大豆肽的抗原性比大豆蛋白降低至1/1000~1/100，可以给易过敏的人提供一种比较安全的蛋白物料。

（六）易吸收肽

牛乳、鸡蛋、大豆等蛋白质经蛋白酶水解而得的多肽混合物，其消化吸收率大大提高。历来认为，摄入的蛋白质在胃和小肠内由多种蛋白酶完全水解，然后再以氨基酸的小分子形式被吸收。但是，近些年的研究表明，多肽可由肠道直接吸收，肽和氨基酸是以不同的形式吸收的，肽的吸收途径比氨基酸的具有更大的输送量。

这类易吸收肽，可作为肠道营养剂或以流质食品形式，提供给处于特殊身体状况下的人。例如：消化功能不健全的婴儿，消化功能衰退的老人，手术后（特别是消化道手术后）的康复者或有待于治疗康复的患者，因过度疲劳、腰肌劳损、盛夏而引起胃肠功能下降者，大运动负荷需摄入大量蛋白质而肠胃不堪重负者，以及对蛋白质抗原性过敏的过敏性体质者。

（七）海洋抗肿瘤肽

由于海洋生物的生息环境，是一个高压、富盐的海水封闭系统，海洋生物的进化过程与通常所见的陆地生物不同。因而，来源海洋的抗肿瘤活性物质，其活性更强而毒副作用更小。海洋抗肿瘤活性物质主要包括肽类、大环内酯类、萜类、多醚类、多糖类以及皂苷类等各种类型的化合物，其中有些活性成分已作为抗肿瘤成分进行一期、二期临床试验。

从印度洋海兔分离出的小分子环肽 Dolastatins 1~15，抗肿瘤活性很高。其中，Dolastatin 3 是脯-亮-缬-谷酰胺-噻唑氨基酸序列的环肽，具有强烈的细胞毒性，能阻断 P_{388} 淋巴癌细胞，半数有效剂量 ED_{50} 为 0.1~100μg/L。Dolastatin 10 的抗肿瘤活性也很高，对各种人体癌细胞的 ED_{50} 值为 1~49μg/L，它作用于微管蛋白，但因合成困难而制约了它的发展。Dolastatin 15 的合成较 Dolastatin 10 简单，但活性较低。

由沙海葵中提取出的 4 种肽 Palystatin A~Palystatin D，是由 17 种氨基酸组成。其中 Palystatin A 和 Palystatin B 是糖肽，Palystatin C 和 Palystatin D 为相应的肽，对体外的 PS 瘤系细胞系的 ED_{50} 值分别为 2.3、20、1.8ng/mL 和 22ng/mL。150μg/kg Palystatin A 延长白血病动物的存活时间达 22%，300μg/kg 和 80μg/kg Palystatin B 可延长白血病动物的存活时间 32%~22%。

鲨鱼软骨中含有一种多肽类物质，血管生成抑制因子。它可阻止恶性肿瘤细胞的生长和扩散，逐渐切断肿瘤细胞与周围组织的联系和血液的供应，使肿瘤细胞萎缩而脱落。

四、活性蛋白质

（一）乳铁蛋白（Lactoferrin）

乳铁蛋白是一种天然蛋白质的降解物，存在于牛乳和母乳中。乳铁蛋白晶体呈红色，是一种铁结合性糖蛋白，相对分子质量为 77100 ± 1500。牛乳铁蛋白的等电点为 pH8，比母乳铁蛋白高 2 个 pH。

在 1 分子乳铁蛋白中，含有 2 个铁结合部位。其分子由单一肽键构成，谷氨酸、天冬氨酸、亮氨酸和丙氨酸的含量较高；除含少量半胱氨酸外，几乎不含其他含硫氨基酸；终端含有一个丙氨酸基团。

乳铁蛋白有多种生物功效，包括以下几方面：

①刺激肠道中铁的吸收；

②抑菌作用，抗病毒效应；

③调节吞噬细胞功能，调节 NK 细胞与 ADCC 细胞的活性；

④调节发炎反应，抑制感染部位炎症；

⑤抑制由于 Fe^{2+} 引起的脂氧化，Fe^{2+} 或 Fe^{3+} 的生物还原剂如抗坏血酸盐是脂氧化的诱导剂。

乳铁蛋白具有结合并转运铁的能力，到达人体肠道的特殊接受细胞后再释放出铁，这样就能增强铁的吸收利用率，降低有效铁的使用量，减少铁的负面影响。

乳铁蛋白的生理活性受多种因素的制约，盐类、铁含量、pH、抗体或其他免疫物质、介质等均有影响。它的铁含量对其抑菌作用有决定性作用，碳酸盐的存在可明显增强其抑菌能力，而柠檬酸盐的增加却明显减弱其抑菌能力。另外，它的抑菌效果还与 pH 密切相关，在 pH 为 7.4 时效果明显高于 pH6.8，pH <6 基本无抑菌作用。

（二）金属硫蛋白（Metallothionein，MT）

金属硫蛋白，是一种含有大量 Cd 和 Zn、富含半胱氨酸的低分子质量的蛋白质。相对分子质量为 6000～10000，每 1mol 金属硫蛋白含有 60～61 个氨基酸，其中含—SH 的氨基酸有 18 个，占总数的 30%。每 3 个—SH 键可结合 1 个 2 价金属离子。

金属硫蛋白的生物功效，体现在以下几方面：

①参与微量元素的储存、运输和代谢；

②清除自由基，拮抗电离辐射；

③重金属的解毒作用；

④参与激素和发育过程的调节，增强机体对各种应激的反应；

⑤参与细胞 DNA 的复制和转录，蛋白质的合成与分解，以及能量代谢的调节过程。

全世界接受治疗的癌患者中，50%～70% 曾接受过放射性治疗和化学治疗。放化疗在伤害癌细胞的同时，对正常细胞有严重的损伤，导致出现白细胞减少症，使患者生存质量恶化。应用特异活性成分，防止放疗的副作用，保护正常人体细胞，已成为提高癌症放疗治愈率、改善患者生存质量的重要方面。金属硫蛋白就是这样一种有效的活性成分，它具有很强的抗辐射、保护细胞损伤及修复损伤细胞的功能。

某些行业的工作人员，长期与重金属如 Hg、Pb 接触，可引起中毒，出现四肢疼痛、口腔疾病、肾损伤、红细胞溶血等病症。锌-金属硫蛋白进入体内后，与 Pb 或 Hg 可以结合成稳定的金属硫蛋白排出体外，而被置换出的 Zn 离子对人体无害，从而起到保健作用。

（三）免疫球蛋白（Immunoglobulin，Ig）

免疫球蛋白，是一类具有抗体活性，能与相应抗原发生特异性结合的球蛋白。呈 Y 字形结构，由 2 条重链和 2 条轻链构成，单体相对分子质量为 150000～170000。

免疫球蛋白共有 5 种，即 IgG、IgA、IgD、IgE 和 IgM。其中在体内起主要作用的是 IgG，而在局部免疫中起主要作用的是分泌型 IgA（SIgA）。

从鸡蛋黄中提取免疫球蛋白，为 IgY，是鸡血清 IgG 在孵卵过程中转移至鸡蛋黄里形成的，其生理活性与鸡血清 IgG 极为相似，相对分子质量为 164000。其活力易受到温度、pH 的影响，当温度在 60℃以上、pH <4 时，活力损失较大。

免疫球蛋白不仅存在于血液中，还存在于体液、黏膜分泌液以及 B 淋巴细胞膜中。它是构成体液免疫作用的主要物质，与抗原结合导致某些诸如排除或中和毒性等变化或过程的发生，与补体结合后可杀死细菌和病毒，因此可以增强机体的防御能力。

（四）大豆球蛋白

大豆球蛋白是存在于大豆籽粒中的储藏性蛋白的总称，约占大豆总量的 30%。其主要成分是 11S 球蛋白（可溶性蛋白）和 7S 球蛋白（β-与 γ-浓缩球蛋白），其中，可溶性蛋白与 β-浓缩球蛋白两者约占球蛋白总量的 70%。

1. 蛋白质的营养价值

大豆球蛋白的氨基酸模式，除了婴儿以外，自 2 周岁的幼儿至成年人，都能满足其对必需氨基酸的需要。

将大豆球蛋白与牛肉相混合不论大豆球蛋白与牛肉按什么比例混合，其蛋白质利用率都没有什么差别。也就是说，在保持氮平衡的情况下，即使将大豆球蛋白置换牛肉，其整体营养价值与牛肉没多大差别。

2. 降低胆固醇

大豆球蛋白对血浆胆固醇的影响，已确认的特点有以下几方面：

①对血浆胆固醇含量高的人，大豆球蛋白有降低胆固醇的作用；

②当摄取高胆固醇食物时，大豆球蛋白可以防止血液中胆固醇的升高；

③对于血液中胆固醇含量正常的人来说，大豆球蛋白可以降低血液中 LDL/HDL 胆固醇的比值。

作为蛋白质来源的大豆球蛋白，以 140g/d 剂量连续摄入 1 个月，可以改善并保持健康状况。若进一步过量摄取，则会抑制 Fe 的吸收。不过，摄取量在 0.8g/kg 左右，对 Fe、Zn 等微量元素的利用没有影响。

五、酶 蛋 白

（一）超氧化物歧化酶（SOD）

超氧化物歧化酶（EC 1.15.1.1）是生物体内防御氧化损伤的一种重要的酶，能催化底物超氧自由基发生歧化反应，维持细胞内超氧自由基处于无害的低水平状态。

超氧化物歧化酶是金属酶，根据其金属辅基成分的不同，可将超氧化物歧化酶分为三类：铜锌超氧化物歧化酶（Cu/Zn-SOD）、锰超氧化物歧化酶（Mn-SOD）和铁超氧化物歧化酶（Fe-SOD）。

超氧化物歧化酶都属于酸性蛋白，结构和功能比较稳定，能耐受各种物理或化学因素的作用，对热、pH 和蛋白水解酶的稳定性比较高。通常在 pH5.3～9.5 范围内，超氧化物歧化酶催化反应速度不受影响。

作为一种功效成分，超氧化物歧化酶的生物功效可概括为以下几方面：

①清除机体代谢过程中产生过量的超氧阴离子自由基，延缓由于自由基侵害而出现的衰老现象，如延缓皮肤衰老和脂褐素沉淀的出现；

②提高人体对由于自由基侵害而诱发疾病的抵抗力，包括肿瘤、炎症、肺气肿、白内障和自身免疫疾病等；

③提高人体对自由基外界诱发因子的抵抗力，如烟雾、辐射、有毒化学品和有毒医药品等，增强机体对外界环境的适应力；

④减轻肿瘤患者在进行化疗、放疗时的疼痛及严重的副作用，如骨髓损伤或白细胞减少等；

⑤消除机体疲劳，增强对超负荷大运动量的适应力。

（二）谷胱甘肽过氧化物酶（GSH-P$_x$）

GSH-P$_x$（EC1.11.1.9）是生物体内第一种含硒酶，硒是 GSH-P$_x$ 的必需组成成分。GSH-P$_x$ 可以清除组织中有机氢过氧化物和 H_2O_2，对由活性氧和·OH 诱发的脂氢过氧化物有很强的清除能力，延缓细胞衰老。

（三）溶菌酶（Lysozyme）

溶菌酶是一种碱性球蛋白，广泛存在于鸟和家禽的蛋清里。其酶蛋白性质稳定，对热稳定性很高。母乳中的溶菌酶活性，比鸡蛋清溶菌酶的高 3 倍，比牛乳溶菌酶的高 6 倍。

溶菌酶专门作用于细菌的细胞壁，引起细胞壁的溶解，可以直接破坏革兰阳性菌的细胞壁，而达到杀菌作用。某些革兰阴性菌，如埃希大肠杆菌、伤寒沙门菌，也会受到溶菌酶的破坏。溶菌酶还具有间接的杀菌作用，因为它对抗体活性具有增强作用。

溶菌酶是母乳中能保护婴儿免遭病毒感染的一种有效成分，它能通过消化道而仍然保持其活性状态。母乳喂养婴儿的粪便中可找到溶菌酶，而人工喂养婴儿的粪便中不存在。

溶菌酶还可使婴儿肠道中大肠杆菌减少，促进双歧杆菌的增加，还可促进蛋白质的消化吸收。

第三节　功能性脂类

脂类在人体膳食中占有重要地位，与蛋白质、碳水化合物构成产能的三大营养素。除此之外，它还有如下的生物作用：

①脂类是人体细胞组织的组成成分，如细胞膜、神经髓鞘都必须有脂类参与；

②脂类衍生物如前列腺素能刺激平滑肌收缩并在细胞内起调节作用；

③脂类在血浆中的运输情况，与人体健康具有密切关系；

④体内储存过量脂类物质将导致肥胖症；

⑤脂类在人体内代谢异常是形成动脉粥样硬化的主要原因，糖尿病、胰腺炎和甲状腺机能低下等疾病与血浆脂类异常也有密切关系。

我国推荐脂肪供给能量占总能量的 20%~30% 为宜，其中饱和脂肪占 10%，多不饱和脂肪占 10%。胆固醇控制在 300mg/d 以内。

以往我国膳食中脂肪所占比例较低，由脂肪所提供的能量占总能量为 17%~20%。近年来，一些大城市和富裕省份居民，脂肪摄入量所占能量已接近甚至超过 30%。因此，与脂肪有关的疾病，诸如肥胖、动脉硬化、心血管疾病等，也逐年上升。

功能性脂类，在降血脂、增智、美容等方面功效明显，是一类重要的功效成分。

一、多不饱和脂肪酸的定义

（一）ω 系列多不饱和脂肪酸的定义

在多不饱和脂肪酸的分子中，距羧基最远的双键是在倒数第 6 个碳原子上的，被称为 ω-6 多不饱和脂肪酸。如是出现在倒数第 3 个碳原子的，称为 ω-3 多不饱和脂肪酸。ω-6 和 ω-3 两个系列的主要品种及其化学结构，如图 2-1 所示。

有一种简单的表示法为 C20：5ω3（EPA）、C22：6ω3（DHA）、C18：3ω3（α-亚麻酸）和 C18：2ω6（亚油酸）、C18：3ω6（γ-亚麻酸）、C20：4ω6（AA）。有时也有用 n 来代替 ω 的，这样就记为：C20：5n3、C22：6n3、C20：4n6 等。

以 C20：5ω3（EPA）为例，C 表示碳原子，20 表示碳数，5 表示双键数，ω3 表示从距羧基最远端 C 原子数起的第 3 个 C 原子开始有双键出现。

（二）必需脂肪酸的定义

最初的研究发现，亚油酸、亚麻酸和花生四烯酸 3 种脂肪酸不能由机体自行合成而必须从食物中摄取，因此被称为必需脂肪酸。

近几十年来，针对亚麻酸和花生四烯酸是否应归入必需脂肪酸类进行了反复的研究。研究显示，花生四烯酸可由亚油酸经机体转化合成而得到充分供应，因此不强求在膳食中供应；而亚麻酸虽然也可由亚油酸在体内部分转化而得，但仍有相当多人不能因此而保持血液中亚麻酸

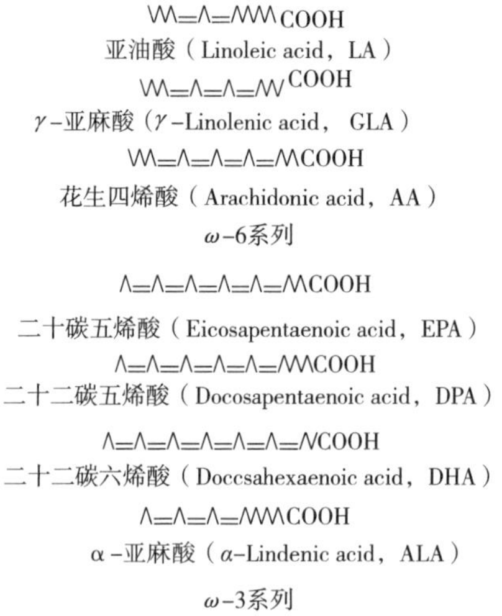
COOH
亚油酸（Linoleic acid，LA）
COOH
γ-亚麻酸（γ-Linolenic acid，GLA）
COOH
花生四烯酸（Arachidonic acid，AA）
ω-6系列
COOH
二十碳五烯酸（Eicosapentaenoic acid，EPA）
COOH
二十二碳五烯酸（Docosapentaenoic acid，DPA）
COOH
二十二碳六烯酸（Doccsahexaenoic acid，DHA）
COOH
α-亚麻酸（α-Lindenic acid，ALA）
ω-3系列

图 2-1　ω-6 与 ω-3 系列多不饱和脂肪酸的种类与化学结构

的正常含量。

现在的观点认为，亚油酸和亚麻酸，是人体的必需脂肪酸。值得注意的是，必需脂肪酸是全顺式多烯酸，反式异构体起不到必需脂肪酸的生物功效。

在必需脂肪酸中，亚油酸和 γ-亚麻酸属于 ω-6 系列多不饱和脂肪酸，α-亚麻酸属于 ω-3 系列多不饱和脂肪酸。

二、ω-3 多不饱和脂肪酸

（一）ω-3 多不饱和脂肪酸的种类

1. α-亚麻酸

α-亚麻酸为 9，12，15-十八碳三烯酸，它存在于许多植物油中，如紫苏油（45%～70%）、胡桃油（10%～16%）等。动物储存性脂肪中的亚麻酸含量很少（<1%），但马脂中的含量却高达 15%，海洋动物脂肪中可能含有少量的亚麻酸。在一些藻类与微生物中也存在较多的 α-亚麻酸，如弯曲栅藻、土曲霉和普通小球藻的油脂中，α-亚麻酸分别占总脂肪酸含量的 30%、21%和 14%。

2. EPA 和 DHA

EPA 为 5，8，11，14，17-二十碳五烯酸，DHA 为 4，7，10，13，16，19-二十二碳六烯酸。陆地植物油中几乎不含 EPA 与 DHA，在一般的陆地动植物油中也测不出。但一些高等动物的某些器官与组织中，如眼、脑、睾丸及精液中含有较多的 DHA。

海藻类及海水鱼中，都含有较高含量的 EPA 和 DHA。在海产鱼油中，或多或少地含有 AA、EPA、DPA 和 DHA 四种产品，但以 EPA、DHA 的含量较高。海藻脂类中含有较多的 EPA，尤其是在较冷海域中的海藻。

（二）ω-3 多不饱和脂肪酸的生物功效

α-亚麻酸是人体不可缺少的一种必需脂肪酸，在防治心血管疾病、抗衰老、增强机体免疫力和抗肿瘤等方面都具有明显的效果。同时它还是 ω-3 系列多不饱和脂肪酸的母体，在体内可代谢生成 DHA 和 EPA。而且，ω-3 系列脂肪酸在营养上的重要性，更多地集中在生命成长的初期，特别是胎儿和婴幼儿。

　　α-亚麻酸对增强视力有良好的作用。长期缺乏 α-亚麻酸，会影响视力，还会对注意力和认知过程有不良影响。有关 EPA 与 DHA 的生理作用，世界各国目前报道的结果汇总见表2-1。

表2-1　　　　　　　　　　　　　　EPA 与 DHA 的生理作用与摄取效果

生物功效	摄取效果	EPA	DHA	说明
血小板凝集能下降		+	+	
血小板粘着能下降	降低血压	+	+	EPA>>DHA
红细胞变形能增加		+	+	EPA>>DHA
总胆固醇下降		*	+	EPA=DHA
HDL-胆固醇下降	预防与治疗动脉硬化	*	+	EPA=DHA
HDL-胆固醇增加		*	+	EPA=DHA
中性脂肪酸下降	预防与治疗高脂血症	**		EPA=DHA
血黏度下降	降低血压	+	+	EPA=DHA
血糖值下降	预防与治疗糖尿病	+	+	EPA=DHA
肝中性脂肪降低	预防与治疗脂肪肝	+	+	EPA<DHA
乳腺癌发生率下降			+	
大肠癌发生率下降	预防与治疗各种癌		+	
肺癌发生率下降			+	
抗特异性皮炎			+	
抗支气管哮喘	预防与治疗		+	
抑制花粉症			+	
抑制炎症	预防与治疗	+	+	
学习机能提高	提高与防止下降		+	
记忆力提高			+	
抑制阿耳茨海默氏痴呆症	预防与治疗		+	
抑制动脉硬化型痴呆症			+	
提高视力	预防与治疗视力下降		+	
有利于风湿病	预防与治疗		+	
作为其他生物活性物质的前驱体			+	

注：+ 表示通过动物试验证明有效；* 表示已用于治疗动脉硬化；** 表示已用于治疗高脂血症。

　　关于 DHA、EPA 的功效，日本的研究结果可归纳为以下 8 个方面：

①降低血脂、胆固醇和血压，预防心血管疾病；

②能抑制血小板凝集，防止血栓形成与中风，预防老年痴呆症；

③增强视网膜的反射能力，预防视力退化；

④增强记忆力，提高学习效果；

⑤抑制促癌物质前列腺素的形成，因而能防癌（特别是乳腺癌和直肠癌）；

⑥预防炎症和哮喘；

⑦降低血糖、抗糖尿病；

⑧抗过敏。

对于上述的①②⑥⑦⑧五项作用，DHA 和 EPA 都有效。DHA 对③④⑤三项以及第①项中的降低胆固醇均有效。另外，对于第⑤项，DHA 比 EPA 更有效。

有研究认为，在受精卵分裂细胞初时 DHA 就开始起作用，胎儿通过胎盘而婴儿通过乳汁从母体中获得 DHA。在妊娠期的第 10~18 周和第 23 周及出生后第 3 个月，母体若缺乏 DHA，会造成胎儿或婴儿脑细胞磷脂质的不足，进而影响其脑细胞的生长与发育，产生弱智儿或造成流产、死胎。

婴儿出生后不久，脑细胞即达 140 亿个，之后无论是脑细胞的数量还是体积都不再增加。婴儿从出生时的脑重量 400g，到成人的 1400g，其所增加的是联结神经细胞的网络；而这些网络主要由脂质构成，其中 DHA 可达 10%。这就是说，DHA 对脑神经传导和突触的生长发育发挥重要的作用。

婴儿如不能从母乳中或食物中摄入充足的 DHA，则脑发育过程就有可能被延缓或受阻，智力发育将停留在较低的水平。进入老年期，大脑脂质结构发生变化，DHA 含量明显下降。加上其他众多因素，老年人的记忆力下降，甚至出现痴呆症。

（三）ω-3 多不饱和脂肪酸的摄入量

早产儿在脑和肝磷脂中 DHA 的生物功能不足，其所需要的 DHA 剂量较大。在年龄较大的人中，α-亚麻酸需要量为 0.8~1g/d，EPA 和 DHA 合计量为 0.3~0.4g/d。表 2-2 所示为国外试用的参考剂量。

表 2-2   ω-3 多不饱和脂肪酸的摄入量

生理作用	摄入剂量/（g/d）	显效时间/周
抗血小板凝集和抗血栓作用	2~3	2~4
抗炎作用	4	4
降脂作用	4~24	1~4

ω-6 和 ω-3 系多不饱和脂肪酸在人体内的作用，根据需要各自产生相关的代谢，但相互之间不发生转换，其在人体内的作用不能相互替代。因此，二者的摄入应有一定的比例，以保证代谢的平衡。FAO/WHO 为了保证婴幼儿的大脑及视网膜发育正常，把多不饱和脂肪酸 ω-6/ω-3 的摄入比例定为 5。日本人根据母乳中的存在比例为 6.2，将婴儿配方乳的添加比例为 6。我国推荐的比例为 4~6，其中 0~1 岁婴儿和老年人定为 4。

三、 ω-6 多不饱和脂肪酸

（一）ω-6 多不饱和脂肪酸的种类

1. 亚油酸

亚油酸（Linoleic acid）为 9，12-十八碳二烯酸，是分布最广、资源最为丰富的多不饱和脂肪酸。红花油、大豆油、菜籽油、花生油、芝麻油、米糠油等食用油脂中，亚油酸的含量都十分丰富。因此，我国膳食结构中一般都能提供足够的亚油酸。

2. 共轭亚油酸

共轭亚油酸（Conjugated Linoleic Acid，CLA），是一系列含有共轭双键的亚油酸总称，包括几何异构体和位置异构体，主要存在于反刍动物牛、羊等的乳脂及其肉制品中，在一些植物中也发现了共轭亚油酸的存在，但含量非常少。

共轭亚油酸具有很多生物功效，例如抗动脉粥样硬化、改善脂肪代谢和减肥、改善骨组织代谢、抗癌、调节免疫功能和抗氧化等。共轭亚油酸已被列入食品补充剂健康专业指南，有人建议膳食中 CLA 建议摄入量为 400~600mg/d。

3. γ-亚麻酸

γ-亚麻酸（γ-Lenolenic acid）为 6，9，12-十八碳三烯酸。自然界和人类食物中，富含γ-亚麻酸的资源并不多，首先发现的高γ-亚麻酸资源是月见草（7%~13%）。后来在一些野生植物中，也发现含有较为丰富的γ-亚麻酸，如玻璃苣（20%~25%）、黑加仑（16%）等。此外，一些微藻类和霉菌也能富集高含量的γ-亚麻酸，已成为国内外研究的热点。

γ-亚麻酸在母乳中的含量也较多。一个 5kg 重的婴儿，每天约吸入 800mL 的母乳，可获得 115~325mg 的γ-亚麻酸。

4. 花生四烯酸

花生四烯酸（Arachidonic acid）是 5，8，11，14-二十碳四烯酸，为亚油酸的一种代谢产物。它广泛分布于动物的中性脂肪中，它是牛乳脂、猪脂肪、牛脂肪含量较少的一种成分（约为 1%）。其商品资源通常来自动物肝脏，但含量低，仅 0.2% 或更低。

花生四烯酸在植物油料种子中的分布，较在动物性产品中的更低。微生物资源更具吸引力，许多霉菌在富集花生四烯酸的同时，也含有较高比例的 EPA。

（二）ω-6 多不饱和脂肪酸的生物功效

ω-6 多不饱和脂肪酸，对于维持机体正常的生长、发育及妊娠具有重要作用，特别是皮肤和肾的完整性及分娩，依赖于ω-6 系列脂肪酸。

亚油酸和γ-亚麻酸属于必需脂肪酸，其生物功效包括：参与磷脂合成并以磷脂形式作为线粒体和细胞膜的重要成分，促进胆固醇和类脂质的代谢，合成某些生理调节物质（如前列腺素等），有利于动物精子的形成等。

亚油酸有助于降低血清胆固醇和抑制动脉血栓的形成，因此在预防动脉硬化和心肌梗死等心血管疾病方面有良好作用。但也有试验发现，当亚油酸超过膳食总能量的 4%~5% 时，多余的脂肪将增加癌症的发生概率；而且富含亚油酸的高脂膳食诱发乳腺癌的概率，比富含饱和、单不饱和或ω-3 多不饱和脂肪酸的概率大得多。究其原因，人们认为这与亚油酸诱导产生的循环雌激素水平增加有关。

γ-亚麻酸的降血脂功效十分显著，并可防止血栓的形成，起到防治心血管疾病的作用；可刺激棕色脂肪组织，促进其中线粒体活性而释放体内过多热量，起到防止肥胖的作用；有利于减轻机体细胞膜脂质过氧化损害；保护胃黏膜，防止溃疡的发生。

虽然在正常的生理状态下，γ-亚麻酸可由亚油酸在体内经生物转化而得。但试验表明，这条转化途径通常很有限。例如，即使每天摄入大量的亚油酸（30~40g），也不能满足机体对γ-亚麻酸的需求。相反，每天只要摄入 0.5g 的γ-亚麻酸，就可以满足机体对这方面的需求。

因此，正常健康的成年人，仍有必要直接摄入γ-亚麻酸。对于糖尿病患者、过敏性湿疹患者、过量饮酒者、月经前综合征患者、老年人等特殊人群，其血浆或脂肪组织中的γ-亚麻酸浓度明显低于正常水平，直接摄入将产生明显的效果。

四、磷　　脂

磷脂（Phospholipid）是含有磷酸根的类脂化合物，普遍存在于动植物细胞的原生质和生物膜中，对生物膜的生物活性和机体的正常代谢有重要的调节功能。

（一）磷脂的化学结构

磷脂为含磷的单脂衍生物，按其分子结构组成可分为 2 大类：

①甘油醇磷脂；

②神经氨基醇磷脂。

甘油醇磷脂是磷脂酸（phophatidic acid，PA）的衍生物，常见的有：

①卵磷脂（磷脂酰胆碱，phosphatidyl choline，PC）；

②脑磷脂（磷脂酰乙醇胺，phosphatidyl ethanolamines，PE）；

③肌醇磷脂（磷脂酰肌醇，phosphatidyl inositols，PI）；

④丝氨酸磷脂（磷脂酰丝氨酸，phosphatidyl serines，PS）；

⑤磷脂酰甘油、二磷脂酰甘油（心肌磷脂）和缩醛磷脂等。

神经氨基醇磷脂的种类不如甘油醇磷脂多，除分布于细胞膜的神经鞘磷脂（sphing omyelin）外，生物体可能还存在其他神经醇磷脂，如含不同脂肪酸的神经醇磷脂。

胆碱（Choline）是卵磷脂和鞘磷脂的关键组成部分，其分子结构比较简单，含有 3 个甲基。

（二）磷脂的生物功效

1. 构成生物膜的重要成分

细胞内所有的膜统称生物膜，厚度一般只有 8nm，主要由类脂和蛋白质组成。由磷脂排列成的双分子层，构成生物膜的基质。脂蛋白则是包埋于磷脂基质中，可以从两侧表面嵌入或穿透整个双分子层。生物膜的这种液态镶嵌结构（fluid-mosaic structure），并不是固定不变的，而是处于动态的平衡之中。

生物膜具有极其重要的生物功效，能起保护层的作用，是细胞表面的屏障，也是细胞内外环境进行物质交换的通道。许多酶系统与生物膜相结合，一系列生物化学反应在膜上进行。当膜的完整性受到破坏时，细胞将出现功能上的紊乱。

2. 促进神经传导，提高大脑活力

人脑约有 200 亿个神经细胞，各种神经细胞之间依靠乙酰胆碱来传递信息，乙酰胆碱是由胆碱和醋酸反应生成的。食物中的磷脂被机体消化吸收后释放出胆碱，随血液循环系统送至大脑，与醋酸结合生成乙酰胆碱。当大脑中乙酰胆碱含量增加时，大脑神经细胞之间的信息传递速度加快，记忆力功能得以增强，大脑的活力也明显提高。

因此，磷脂可促进大脑组织和神经系统的健康完善，提高记忆力增强智力。此外，它们还能改善或配合治疗各种神经官能症和神经性疾病，有助于癫痫和痴呆等病症的康复。

3. 促进脂肪代谢，防止出现脂肪肝

胆碱对脂肪有亲和力，可促进脂肪以磷脂形式由肝脏通过血液输送出去，或改善脂肪酸本身在肝中的利用，并防止脂肪在肝脏里的异常积聚。如果没有胆碱，脂肪聚积在肝中出现脂肪肝，阻碍肝正常功能的发挥，同时发生急性出血性肾炎，使整个机体处于病态。

4. 降低血清胆固醇、预防心血管疾病

磷脂，特别是卵磷脂，具有良好的乳化特性；能阻止胆固醇在血管内壁的沉积，并清除部

分沉积物，同时改善脂肪的吸收与利用。因此，它具有预防心血管疾病的作用。

因磷脂的乳化性，能降低血液黏度，促进血液循环，改善血液供氧循环，延长红细胞生存时间并增强造血功能。补充磷脂后，血色素含量会增加，贫血症状有所减少。

（三）磷脂的有效摄入量

正常人每天摄入 6~8g 的磷脂比较合适，可以一次或分次摄取。若为特殊保健需要，可适当增加至 15~25g。研究表明，每天摄入 22~50g 磷脂持续 2~4 个月，可明显降低血清胆固醇水平，而无任何副影响。

第四节　维生素和维生素类似物

维生素是对机体的健康、生长、繁殖和生活必需的有机物质。它们在食品中的含量虽然少，但必须有。因为在身体它们既不能内合成，又不能充分储存。我国居民维生素的参考摄入量如表 2-3 所示。

脂溶性维生素，包括维生素 A、维生素 D、维生素 E 和维生素 K，它们的共同特点是：

①化学组成仅含碳、氢和氧，溶于油脂和脂溶剂，不溶于水；

②在食品中与脂类共同存在，随脂肪经淋巴系统吸收，从胆汁少量排出，摄入后大部分储存在脂肪组织中；

③缺乏症状出现缓慢，营养状况不能用尿值进行评价，大剂量摄入时易引起中毒。

水溶性维生素，包括维生素 B 族和维生素 C，它们的共同特点是：

①化学组成除碳、氢、氧外，还有氮、硫、钴等元素，溶于水，不溶于油脂和脂溶剂；

②在满足机体需要后的多余部分由尿排出，在体内仅有少量储存；

③绝大多数是以辅酶或辅基形式参与各种酶系统，在中间代谢的很多重要环节（如呼吸、羧化、一碳单位转移等）发挥重要作用；

④缺乏症状出现较快，营养状况大多可通过血、尿值进行评价，毒性很小。

一、脂溶性维生素

（一）维生素 A

维生素 A 包括所有具有视黄醇生物活性的化合物。在体内可以转化为视黄醇的类胡萝卜素（包括胡萝卜素），称为维生素 A 原。

维生素 A 的生物功效，体现在以下几个方面：

①保持暗淡光线中正常的视觉；

②维持上皮组织细胞的正常功能；

③促进骨骼、牙齿和机体的生长发育；

④改善性能力；

⑤是一种重要的自由基清除剂；

⑥提高机体免疫力，抗肿瘤。

表2-3

中国居民膳食维生素参考摄入量（DRIs）

年龄/岁	维生素A /μgRAE RNI	维生素A UL	维生素D /μg RNI	维生素D UL	维生素E /mg α-TE AI	维生素E UL	维生素K /μg AI	维生素B₁ /mg RNI (男/女)	维生素B₂ /mg RNI (男/女)	维生素B₆ /mg RNI	维生素B₆ UL	维生素B₁₂ /μg RNI	维生素C /mg RNI	维生素C UL	泛酸 /mg AI	叶酸 /μgDFE RNI	叶酸 UL	烟酸 /mgNE RNI (男/女)	烟酸 UL	胆碱 /mg AI (男/女)	胆碱 UL	生物素 /μg AI
0~	300(AI)	600	10(AI)	20	3	—⑥	2	0.1(AI)	0.4(AI)	0.2	—	0.3(AI)	40(AI)	—	1.7	65(AI)	—	2(AI)	—	120	—	5
0.5~	350(AI)	600	10(AI)	20	4	—	10	0.3(AI)	0.5(AI)	0.4(AI)	—	0.6(AI)	40(AI)	—	1.9	100(AI)	—	3(AI)	—	150	—	9
1~	310	700	10	20	6	150	30	0.6	0.6	0.6	20	1.0	40	400	2.1	160	300	6	10	200	1000	17
4~	360	900	10	30	7	200	40	0.8	0.7	0.7	25	1.2	50	600	2.5	190	400	8	15	250	1000	20
7~	500	1500	10	45	9	350	50	1.0	1.0	1.0	35	1.6	65	1000	3.5	250	600	11 / 10	20	300	1500	25
11~	670 / 630	2100	10	50	13	500	70	1.3 / 1.1	1.3 / 1.1	1.3	45	2.1	90	1400	4.5	350	800	14 / 12	25	400	2000	35
14~	820 / 630	2700	10	50	14	600	75	1.6 / 1.3	1.5 / 1.2	1.4	55	2.4	100	1800	5.0	400	900	16 / 13	30	500 / 400	2500	40
18~	800 / 700	3000	10	50	14	700	80	1.4 / 1.2	1.4 / 1.2	1.4	60	2.4	100	2000	5.0	400	1000	15 / 12	35	500 / 400	3000	40
50~	800 / 700	3000	10	50	14	700	80	1.4 / 1.2	1.4 / 1.2	1.6	60	2.4	100	2000	5.0	400	1000	14 / 12	35	500 / 400	3000	40
65~	800 / 700	3000	15	50	14	700	80	1.4 / 1.2	1.4 / 1.2	1.6	60	2.4	100	2000	5.0	400	1000	14 / 11	35	500 / 400	3000	40
80~	800 / 700	3000	15	50	14	700	80	1.4 / 1.2	1.4 / 1.2	1.6	60	2.4	100	2000	5.0	400	1000	13 / 10	30	500 / 400	3000	40
孕妇早期	700	3000	10	50	14	700	80	1.2	1.2	2.2	60	2.9	100	2000	6.0	600	1000	12	35	420	3000	40
孕妇中期	770	3000	10	50	14	700	80	1.4	1.4	2.2	60	2.9	115	2000	6.0	600	1000	12	35	420	3000	40
孕妇晚期	770	3000	10	50	14	700	80	1.5	1.5	2.2	60	2.9	115	2000	6.0	600	1000	12	35	420	3000	40
乳母	1300	3000	10	50	17	700	85	1.5	1.5	1.7	60	3.2	150	2000	7.0	550	1000	15	35	520	3000	50

注：①α-TE 为α-生育酚当量。
②中国居民维生素C的PI（预防非传染性慢性病的建议摄入量）：200mg/d。
③DFE 为膳食叶酸当量。
④指合成叶酸摄入量上限，不包括天然食物来源叶酸。
⑤NE 为烟酸当量。
⑥"—"表示未制定该参考值。

当维生素 A 不足或缺乏时，将引起一系列疾病，包括夜盲症、干眼症、骨骼发育缓慢、心血管疾病和肿瘤等。

食品中的视黄醇活性当量 RAE（μg）：

RAE（μg）= 膳食或者补充剂来源全反式视黄醇（μg）+0.5×补充剂纯品全反式 β-胡萝卜素（μg）+0.084×膳食全反式 β-胡萝卜素（μg）+0.042 其他膳食维生素 A 类胡萝卜素（μg）

过去对有维生素 A 生物活性物质的量，常用国际单位（IU）表示：

$$10IU \text{ 维生素 } A = 3μg \text{ 的视黄醇}$$

通常建议，儿童及成人维生素 A 中应有 1/3～1/2 以上的来自动物性食品，但孕妇维生素 A 来源应以植物性食品为主。

（二）维生素 D

维生素 D，是类固醇衍生物，主要包括维生素 D_2 和维生素 D_3 两种。人体与许多动物皮肤内的 7-脱氢胆固醇，经紫外线照射后可转变为 D_3。

维生素 D 的生物功效，体现在以下几方面：

①促进钙、磷的吸收，维持正常血钙水平和磷酸盐水平；

②促进骨骼与牙齿的生长发育；

③维持血液中正常的氨基酸浓度；

④调节柠檬酸代谢。

长期缺乏维生素 D，体内钙、磷的代谢发生障碍，骨质也会发生改变。儿童缺乏患佝偻病，成人缺乏（尤其是孕妇和乳母）易患软骨病。中老年人经常发生的骨质疏松症，其原因之一就是缺乏维生素 D，导致机体对钙的吸收率下降，从而引起机体缺钙，造成骨骼钙的大量损耗。

（三）维生素 E

维生素 E 是所有具有 α-生育酚活性的生育酚、三烯生育酚及其衍生物的总称，包括 4 种生育酚和 4 种三烯生育酚。α-生育酚是维生素 E 中生物活性最高、自然界分布最广的形式。

维生素 E 的生物功效，体现在以下几方面：

①一种重要的自由基清除剂；

②与硒协同清除自由基；

③提高机体免疫力；

④保持血红细胞完整性，调节体内化合物的合成；

⑤促进细胞呼吸，保护肺组织免受空气污染；

⑥降低血清胆固醇水平；

⑦降低低密度脂蛋白的氧化作用，具有抗动脉粥样硬化的功能。

由于维生素 E 几乎存在于所有的人体组织中，保留时间又长，因此正常儿童和成人很少会出现缺乏症。

美国维生素 E 的 UL 值（mg/d）为：1～4 岁 200；4～9 岁 300；9～14 岁 600；14～18 岁 800。

（四）维生素 K

维生素 K 与血液凝固有关，又称为凝血维生素，包括维生素 K_1、维生素 K_2、维生素 K_3 和

维生素 K_4，是一大类甲萘醌衍生物的总称。它们的主体结构是甲萘醌，仅侧链各不相同。

维生素 K 的生物功效，主要是促进血液凝固。可能还参与了能量和合成代谢，并能影响肌肉组织功能，具有类激素作用。

缺乏维生素 K，会出现血凝迟缓和出血现象。不过，这种情况很少出现。因为维生素 K 广泛存在于动植物中，人体肠道中的微生物也可合成。但新生婴儿缺乏的可能性比较大，因为其肠道在出生时是无菌的，在出生后的 3~4d 前肠内正常菌群尚未完善，不能合成维生素 K。

对于健康人体，每日需要量约为 $2\mu g/kg$，其中 40%~50%（即维生素 K_1）来自于植物性食物，其余则由肠道细菌合成。对于新生儿，必须注意维生素 K 的供应问题。

二、水溶性维生素

（一）维生素 C

维生素 C 的生物功效，体现在以下几方面：

①促进胶原的生物合成，有利于组织创伤口的愈合；

②促进骨骼和牙齿生长，增强毛细血管壁强度，避免骨骼和牙齿周围出现渗血现象；

③促进酪氨酸和色氨酸代谢，加速蛋白或肽类的脱氢基的代谢作用；

④影响脂肪和类脂的代谢；

⑤改善铁、钙和叶酸的利用；

⑥是一种重要的自由基清除剂；

⑦增强机体对外界环境的应激能力；

⑧提高机体免疫力，抗肿瘤。

维生素 C 的抗肿瘤机理，主要包括：

①维生素 C 能够提高机体免疫力，促进淋巴细胞的形成；

②维生素 C 能够清除自由基，保护生命大分子尤其是 DNA 免受自由基侵害，从而防止细胞癌变；

③维生素 C 能够抑制亚硝酸盐向强致癌物亚硝胺转变。在胃中亚硝酸盐可能通过亚硝基化转变为亚硝胺，维生素 C 的作用在于抑制亚硝基化反应；

④维生素 C 能够促进胶原物质的生成，增强机体组织的坚固性以及对肿瘤细胞的抵抗力；维生素 C 协助机体产生一种生理性透明质酸抑制剂，防止透明质酸酶的释放，增强机体抗肿瘤能力；

⑤维生素 C 非特异性使病毒失活，抑制病毒的致癌作用。维生素 C 可以提高细胞内环磷腺苷含量，防止细胞癌变，还能促进干扰素合成和内质网系统的吞噬活性，增强机体抗病毒能力，对病毒致癌起抵抗作用。

维生素 C 缺乏的早期症状多为非特异性的，表现为倦怠、疲劳、肌肉痉挛、骨关节和肌肉疼痛、牙龈疼痛出血、易骨折以及伤口难以愈合等。严重缺乏会引起坏血病。

（二）维生素 B_1（硫胺素 Thiamin）

维生素 B_1 的生物功效，体现在以下几方面：

①参与糖的代谢；

②促进能量代谢；

③维护神经与消化系统的正常功能；

④促进生长发育。

脚气病（Beriberi），是长期缺乏维生素 B_1 所引起的一种最典型的疾病。目前，还没有发现维生素 B_1 有毒性效应。

维生素 B_1 与心脏功能的关系十分密切。如果缺乏维生素 B_1，会出现糖代谢异常，进而影响心脏功能。有人认为，这是由于丙酮酸和乳酸的堆积，使得全身血流加快，静脉压增加，右心的回血量增加而使之扩张并肥大。也有人认为，这是因为肝和心肌内糖原的利用率低，供给心肌的能量不足，心肌本身被损害，而引起的心脏功能不全。

（三）维生素 B_2（核黄素，Riboflavin）

维生素 B_2 在机体的生物氧化过程中起递氢作用，为碳水化合物、氨基酸和脂肪酸的代谢所必不可少，还是许多氧化酶系统的辅酶。

（四）维生素 B_6

维生素 B_6 包括吡哆醇、吡哆醛和吡哆胺 3 种。它主要是作为辅酶参与许多代谢反应，包括蛋白质、脂肪以及碳水化合物的代谢，其中最重要的是蛋白质的代谢。维生素 B_6 是能量产生、氨基酸和脂肪代谢、中枢神经系统的活动以及血红蛋白生成等必不可少的重要物质。

因维生素 B_6 与蛋白质的代谢密切相关，所以随蛋白质摄入的增加，维生素 B_6 的需要量也逐渐增加。对于一个蛋白质摄入充裕的成年人，如每日摄入蛋白质在 100g 以上，其维生素 B_6 的供给量应为 2.0mg，但对于低蛋白质膳食则只需 1.25~1.5mg。

（五）叶酸（Folic acid）

人体缺乏叶酸，会引发有核巨红细胞性贫血（婴儿）和巨红细胞性贫血（孕妇），但补充叶酸后很快就能恢复。尽管作用十分明显，但还仍不能取代维生素 B_{12} 对恶性贫血的治疗。因为它能改进血象减轻贫血，但也使患者的神经症状更加恶化，只有维生素 B_{12} 才能治愈其神经症状。

缺乏叶酸，会使血中高半胱氨酸水平升高，易引起动脉硬化，它是冠心病发病的一个独立危险因素。结肠癌、前列腺癌和宫颈癌，与叶酸的摄入量不足有关。结肠癌患者的叶酸摄入量，明显低于正常人；叶酸摄入不足的女性，其宫颈癌的发病率是正常人的 5 倍。

全世界每年有 30 万~40 万例神经管畸形儿和无脑畸形儿出生，这主要归咎于孕妇在怀孕早期体内的叶酸缺乏。而我国畸形儿的出生率高达 13.07‰，其中由于叶酸缺乏导致的畸胎率也达到了 2.74‰。

叶酸可预防神经管发育畸形。由于叶酸与 DNA 的合成密切相关，孕妇若摄入叶酸严重不足，就会使胎儿的 DNA 合成发生障碍，细胞分裂减弱，其脊柱的关键部位的发育受损，导致脊柱裂。妇女在怀孕的前 6 周内若摄入叶酸不足，其生出无脑儿和脑脊柱裂的畸形儿的可能性较正常人增加 4 倍。

（六）烟酸（Niacin）

在体内，烟酸主要以烟酰胺腺嘌呤二核苷酸（NAD）和烟酰胺腺嘌呤二核苷酸磷酸（NADP）这 2 种形式出现，它们是 2 种重要的辅酶，分别称为辅酶Ⅰ和辅酶Ⅱ。烟酸的主要作用在于，作为这 2 种重要的辅酶的组成成分，其参与碳水化合物、脂肪和蛋白质的代谢。NAD 和 NADP 都是脱氢酶的辅酶，它们是生物氧化过程中不可缺少的递氢体，是电子传递系统的起始传递者。

人体缺乏烟酸易引起癞皮病。患癞皮病时，人体皮肤、胃肠道和中枢神经系统都会受到影响，其典型症状是皮炎（Dermatitis）、腹泻（Diarrhea）和痴呆（Dementia），又称"三D"症状。

由于烟酸在能量形成上具有重要的作用，因此其供给量应按机体所需能量加以考虑。人体所需的烟酸可从食品中直接摄入，也可由色氨酸在体内转变一部分，60mg 色氨酸相当于 1mg 烟酸。

烟酸推荐摄入量（RNI）采用烟酸当量（NE）作为单位，即食物中烟酸（mg）和色氨酸（mg）除以 60 之和。肝功能紊乱、糖尿病、心律不齐和胃溃疡等患者，对大剂量烟酸的毒性较为敏感。

（七）泛酸（Pantothenic acid）

泛酸作为辅酶 A 的重要组成成分，在碳水化合物、脂肪和蛋白质代谢的酰基转移过程中，起着重要的作用。其他生物功效包括，维持正常的血糖浓度、帮助排出磺胺类药物、影响某些矿物元素的代谢，以及用作某些药物（包括磺胺类药物在内）的解毒剂。

因食物中广泛存在着泛酸，所以泛酸缺乏症很少发生。但若泛酸摄入量低，很可能使许多代谢的速度减慢，引起多种不明显的临床症状。

（八）生物素（Biotin）

生物素参与了许多生化反应。脂肪酸的氧化与合成、碳水化合物的氧化、核酸和蛋白质的合成等，都需要生物素。因生物素广泛存在于动植物食物中，且肠道细菌也可合成生物素，所以一般很少发生缺乏症。

（九）维生素 B_{12}（钴胺素 Cobalamin）

维生素 B_{12} 并不是单一的物质，而是由几种结构、功能相关的化合物组成的。因它们都含有钴，所以用"钴胺素"来统称。它对人体正常的造血功能有重要作用，能促进红细胞的形成和治疗恶性贫血病。此外，维生素 B_{12} 还参与碳水化合物、脂肪和蛋白质的代谢，对促进机体生长、保持神经系统的正常功能也是必要的。

人体维生素 B_{12} 缺乏比较少见，多数缺乏症是由于吸收不良所引起的。

三、维生素类似物

维生素类似物，是指具有维生素的某些特性，但因不能观察到特别的缺乏症而不具备必需性的物质，不符合维生素的定义。这些维生素类似物，大多能在体内合成，不过其合成数量是否满足需要，尚随机体的健康状况而定。通过体外补充这些物质，通常能观察到明显的生物功效。

（一）苦杏仁苷（Laetvile）

关于苦杏仁苷的生物功效，存在着很大的争议。一种观点将苦杏仁苷称为维生素 B_{17}，具有预防和治疗肿瘤的作用。相反的观点认为，苦杏仁苷根本不属于维生素，甚至还有毒。

支持者认为，苦杏仁苷的活性成分是一种天然的氰化物。这是人体的一种正常代谢产物，只能在癌细胞中发挥它的毒性作用。苦杏仁苷与抗癌药物的最大区别在于，它在杀灭癌细胞的同时，不损伤正常细胞。

美国 FDA 和美国肿瘤学会，对此却持反对意见。美国 FDA 禁止使用苦杏仁苷来治疗癌症，认为它无效，而且是一种有毒的物质，可能有害患者的健康。

有关苦杏仁苷的毒性，也无定论。有报道称，每日给白鼠注射剂量高达 2g/kg 的苦杏仁苷，时间长达 15d 也无毒性反应。

（二）肌醇（Inositol）

肌醇，即环己六醇，它有 9 种不同的存在形式，其中仅有肌型肌醇具有生物活性。目前，对肌醇生物功效的了解，包括以下几个方面：

①肌醇对脂肪有亲和性，可促进机体产生卵磷脂，从而有助于将肝脏脂肪转运到细胞中，减少了脂肪肝的发病率。肌醇还可促进脂肪代谢，降低胆固醇；

②通过与胆碱结合，肌醇能预防脂肪性动脉硬化，并保护心脏；

③肌醇是存在于机体各组织（特别是脑髓）中的磷酸肌醇的前体物质；

④肌醇为肝脏和骨髓细胞生长所必需。

（三）L-肉碱（L-Carnitine）

L-肉碱旧称维生素 B_T，它的化学结构，类似于胆碱，与氨基酸相近。但它不是氨基酸，不能参与蛋白质的生物合成。关于 L-肉碱的生物功效，包括以下 3 个方面：

①促进脂肪酸的运输与氧化，转化脂肪成能量并释放出来；

②加速精子的成熟并提高活力；

③提高机体的耐受力，减轻疲劳感。

L-肉碱的食用安全性高，小鼠的半数致死量 LD_{50} 值大于 8g/kg，ADI 值为 20mg/kg，美国 FDA 认为它属于公认的安全物质。但 D-肉碱和 DL-肉碱不仅没有生理活性，而且还会产生抑制 L-肉碱的副作用。

正常人体，尤其是成人，可以合成自身所需的 L-肉碱。但对于婴幼儿来说，由于自身合成 L-肉碱的能力相当有限，主要是依靠母乳供给。因此，对婴幼儿进行 L-肉碱的补充是必要的。

（四）潘氨酸（Pangamic acid）

潘氨酸旧称维生素 B_{15}，有关它的生物功效，还有待进一步明确，但它在下面几个方面的作用已经得到证实：

①激发甲基转移；

②促进氧吸收，消除疲劳，增强活力；

③抑制脂肪肝的形成；

④增强机体的适应性和耐力。

曾有人认为，高血压和青光眼患者不宜使用潘氨酸。但现在看来，它对这些疾病并无明显的毒性。美国 FDA 已将潘氨酸归入食品添加剂。

（五）硫辛酸（Lipoic Acid）

硫辛酸是一种脂溶性含硫物质，在体内能够合成。许多食品中都含有硫辛酸，酵母和肝脏中的硫辛酸含量丰富。

在将丙酮酸转变为乙酰辅酶 A 的碳水化合物代谢反应中，硫辛酸作为辅酶，与含硫胺素酶，即焦磷酸酶（TPP），共同起重要作用。硫辛酸有两个高能位硫键，与焦磷酸酶结合将丙酮酸酯还原成活泼的乙酸酯，于是将其送至最后的能量循环。

硫辛酸把三羧酸循环中蛋白质和脂肪代谢时的中间产物，与这些营养素的产能反应结合起来。一种金属离子 Ca^{2+} 或 Mg^{2+}、硫辛酸和 4 种维生素（泛酸和烟酸等）参与这个过程，由此显示出维生素之间的相互依赖关系。

（六）胆碱（Choline）

胆碱是卵磷脂和鞘磷脂的关键组成部分，还是乙酰胆碱的前体化合物。在机体内，能从一种化合物转移到另一种化合物上的甲基，称为不稳定甲基。该过程称为酯转化过程，有重要的生理作用，诸如参与肌酸的合成（对肌肉代谢很重要），肾上腺素之类激素的合成，以及甲酯化某些物质以便从尿中排出。胆碱是不稳定甲基的一个重要来源，对细胞的生命活动有重要的调节作用。

在机体内磷脂和胆碱的作用相互交叉相互渗透，磷脂的某些生物功效是通过胆碱实现的，而胆碱的部分生物功效又依赖于磷脂来完成。关于磷脂的生物功效，参见本章第三节。

（七）生物类黄酮（Bioflavonoids）

生物类黄酮又称黄酮类化合物（Flavonoids），主要是指基本母核为 2-苯基色原酮（2-phenylchromone）类化合物，包括：

①黄酮类（Flavones），如芹菜黄素（Apigenin）；

②黄酮醇类（Flavonols），如槲皮素（Quercetin）；

③二氢黄酮（Flavanones）及二氢黄酮醇类（Flavanonols）；

④异黄酮（Isoflavones），如黄豆苷原（Daidzein），葛根素（Puerarin）；

⑤二氢异黄酮（Isoflavanones）；

⑥双黄酮类（Biflavonoids），如银杏素（Ginkgetin）；

⑦查尔酮类（Chalcones）；

⑧橙酮类（Aurones）；

⑨黄烷醇类（Flavanols），如儿茶素（Catechin）；

⑩花青素（Anthcyanidins）；

⑪新黄酮类（Neoflavanoids）。

黄酮和黄酮醇，是植物界分布最广的黄酮类化合物。天然类黄酮多以苷的形式存在，由于糖的种类、数量、连接位置及连接方式等的不同，可以组成各种各样的黄酮苷类。

黄酮化合物具有维生素 C 样的活性，曾一度被视为是维生素 P。黄酮类化合物的生物功效，可概括为以下几方面：

①调节毛细血管的脆性与渗透性；

②是一种有效的自由基清除剂，其作用仅次于维生素 E；

③具有金属螯合的能力，可影响酶与膜的活性；

④对维生素 C 有增效作用，似乎有稳定人体组织内维生素 C 的作用；

⑤具有抑制细菌和抗生素的作用，这种作用使普通食物抵抗传染病的能力相当高；

⑥在两方面表现出抗癌作用，一是对恶性细胞的抑制（即停止或抑制细胞的增长），另外从生化方面保护细胞免受致癌物的损害。

目前尚未制定黄酮类化合物的日需求量。合成维生素 C 中不含有黄酮，黄酮只是在天然食物中才与维生素 C 并存。多数研究认为：

①若与维生素 C 同时食用，极为有益；

②有时单服维生素 C 无效，而与黄酮类同服则有效。

（八）辅酶 Q$_{10}$（Comenzyme Q$_{10}$）

辅酶 Q$_{10}$ 又称泛醌（Ubiquinone），存个在于绝大多数的活细胞中，似乎集中在活细胞的线粒体内，在 ATP 之类产能营养物质释放能量的呼吸链中发挥作用。

辅酶 Q$_{10}$ 可由体内细胞合成。但当机体从事剧烈体力运动，或在其他引发氧化应激的病理过程中，体内合成的数量不够，此时应由外源补充。

辅酶 Q$_{10}$ 是一种有效的免疫激剂，可显著提高体内的噬菌率，增强体液、细胞介导的免疫力。

第五节　矿 物 元 素

已发现的必需矿物元素有 20 多种，占机体总质量的 4%～5%。其中含量较多（大于 5g）的有钙、磷、镁、钾、钠、氯、硫七种，每日膳食需要量都在 100mg 以上，称为常量元素。

常量元素（Macro minerals），占人体总灰分的 60%～80%。它们往往成对出现，对机体发挥着极为重要的生物功效：

①构成人体组织的重要成分，如骨骼和牙齿等硬组织，大部分由钙、磷和镁组成，而软组织含钾较多；

②在细胞内外液中与蛋白质一起调节细胞膜的通透性、控制水分、维持正常渗透压和酸碱平衡（磷、氯为酸性元素，钠、钾、镁为碱性元素），维持神经肌肉兴奋性；

③构成酶的成分或激活酶的活力，参加物质代谢。

由于各种常量元素在人体新陈代谢过程中，每日都有一定数量由各种途径排出体外，因此必须通过膳食补充。

还有一些矿物元素，在人体内的存在数量极少。但它们都具有重要的生物功效，且必须从食品中摄取，称为必需微量元素。目前：

①确认是必需的微量元素，包括碘、锌、铁、铜、硒、钴、铬、钼八种；

②可能是必需的微量元素，包括锰、硅、镍、矾、硼五种；

③具有毒性、但剂量低时可能是必需的微量元素，包括氟、锡、砷等。

微量元素（Trace elements）的生物功效，主要有以下几方面：

①酶和维生素必需的活性因子。许多金属酶都含有微量元素，如碳酸酐酶含有锌、呼吸酶含有铁和铜、精氨酸酶含有锰、谷胱甘肽过氧化酶含有硒等；

②构成某些激素或参与激素的作用，如甲状腺素含碘胰岛素含锌，铬是葡萄糖耐量因子的重要组成成分，铜参与肾上腺类固醇的生成等；

③参与核酸代谢，核酸是遗传信息的携带者，含有多种适量的微量元素，并需要铬、锰、钴、铜、锌等维持核酸的正常功效；

④协助常量元素和大宗营养素发挥作用，常量元素要借助微量元素起化学反应。如含铁血红蛋白可携带并输送氧到各种组织中，不同微量元素参与蛋白质、脂肪、碳水化合物的代谢。

我国居民矿物元素的参考摄入量，如表 2-4 所示。

表2-4

中国居民膳食矿物元素参考摄入量（DRIs）

年龄/岁	钙(Ca)/mg RNI	Ca UL	磷(P)/mg RNI	P UL	镁(Mg)/mg RNI	钾(K)/mg AI	K PI	钠(Na)/mg AI	Na PI	铁(Fe)/mg RNI(男/女)	Fe UL	碘(I)/μg RNI	I UL	锌(Zn)/mg RNI(男/女)	Zn UL	硒(Se)/μg RNI	Se UL	铜(Cu)/mg RNI	Cu UL	氟(F)/mg AI	铬(Cr)/μg AI	锰(Mn)/mg AI	Mn UL	钼(Mo)/μg RNI	Mo UL
≥0	200(AI)	1000	100(AI)	—	20(AI)	350	—	170	—	0.3(AI)	10	85(AI)	—	2.0(AI)	—	15(AI)	55	0.3(AI)	—	0.01	0.2	0.01	—	2(AI)	—
≥0.6	250(AI)	1500	180(AI)	—	65(AI)	550	—	350	—	10(RNI)	10	115(AI)	—	3.5	—	20(AI)	80	0.3(AI)	—	0.23	4.0	0.7	—	15(AI)	—
≥1	600	1500	300	—	140	900	—	700	—	9	25	90	—	4.0	8	25	100	0.3	2.0	0.6	15	1.5	—	40	200
≥4	800	2000	350	—	160	1200	2100	900	1200	10	30	90	200	5.5	12	30	150	0.4	3.0	0.7	20	2.0	3.5	50	300
≥7	1000	2000	470	—	220	1500	2800	1200	1500	13	35	90	300	7.0	19	40	200	0.5	4.0	1.0	25	3.0	5.0	65	450
≥11	1200	2000	640	—	300	1900	3400	1400	1900	15/18	40	110	400	10.0/9.0	28	55	300	0.7	6.0	1.3	30	4.0	8.0	90	650
≥14	1000	2000	710	—	320	2200	3900	1600	2200	16/18	40	120	500	11.5/8.5	35	60	350	0.8	7.0	1.5	35	4.5	10	100	800
≥18	800	2000	720	3500	330	2000	3600	1500	2000	12/20	42	120	600	12.5/7.5	40	60	400	0.8	8.0	1.5	30	4.5	11	100	900
≥50	1000	2000	720	3500	330	2000	3600	1400	1900	12	42	120	600	12.5/7.5	40	60	400	0.8	8.0	1.5	30	4.5	11	100	900
≥65	1000	2000	700	3000	320	2000	3600	1400	1800	12	42	120	600	12.5/7.5	40	60	400	0.8	8	1.5	30	4.5	11	100	900
≥80	1000	2000	670	3000	310	2000	3600	1300	1700	12	42	120	600	12.5/7.5	40	60	400	0.8	8	1.5	30	4.5	11	100	900
孕妇 早期	800	2000	720	3500	370	2000	3600	1500	2000	20	42	230	600	—/9.5	40	65	400	0.9	8.0	1.5	31	4.9	11	110	900
中期	1000	2000	720	3500	370	2000	3600	1500	2000	24	42	230	600	—/9.5	40	65	400	0.9	8.0	1.5	34	4.9	11	110	900
晚期	1000	2000	720	3500	370	2000	3600	1500	2000	29	42	230	600	—/9.5	40	65	400	0.9	8.0	1.5	36	4.9	11	110	900
乳母	1000	2000	720	3500	330	2400	3600	1500	2000	24	42	240	600	—/12.0	40	78	400	1.4	8.0	1.5	37	4.8	11	103	900

注："—"表示未制定该参考值。

一、常量元素

（一）钙（Calcium）

钙是常量元素中的重点，倍受关注。我国人民缺钙现象相当普遍，这导致佝偻病、骨软化、老年性骨质疏松等的发病率较高。调查表明，少年儿童中钙的实际摄入量，只有推荐量标准的40%~50%。

钙是最先被确认的人体必需元素之一，钙对所有生物体都是必需的。对人体而言，体内99%钙的作用是用来构成骨骼和牙齿以及维持它们的正常功能的，其余1%对体内一系列的生理生化反应起到重要的调节作用。

由钙参与的硬组织形成过程为生物钙化，关系到骨骼、牙齿等机体硬组织的形成。血液凝固是一个复杂的生理过程，一些酶原必须被激活成为有活性的酶后，才能起到凝血作用。而在凝血过程中，血浆中的Ca^{2+}对酶的激活起到至关重要的作用。

钙参与了肌肉的收缩与舒张过程，对心脏的收缩与舒张过程具有重要意义。生物体内的钙，与环磷酸腺苷（cAMP）、环磷酸鸟苷（cGMP）一样，在信息传递上起偶联作用，影响着神经与肌肉组织之间的相互作用。

（二）磷（Phosphorus）

磷普遍地存在于各种食品中，易于被肌体吸收，因此磷缺乏症极为罕见。但是，人体中的磷和钙紧密相连，任何一种元素的缺乏或过多，都会干扰另一个元素被正常利用。

磷是构成细胞膜和遗传物质RNA、DNA的必要成分，存在于全身的每个细胞中。凡涉及能量代谢的生化反应，都离不开磷的参与。另外，能量的调节、骨骼的钙化、体液酸碱平衡的调节、遗传信息的传递等，都离不开磷。

（三）镁（Magnesium）

镁的生物功效，主要包括以下几点：

①镁和钙、磷共同构成骨骼和牙齿的主要成分；

②镁是体内许多酶系统的激活剂，是高能磷酸键转移酶的重要激活剂；

③镁是糖、蛋白质等物质代谢的必需元素；

④镁是钙离子兴奋作用的拮抗剂。

由于镁的重要生物功效，因此尽管不易造成缺乏，我国仍将它列为需要补充的矿物元素。镁元素是肌体所需的重要元素，尤其是对酒精中毒患者、恶性营养不良患者，以及镁吸收障碍者。

（四）钾（Potassium）

机体中大量的生物学过程，都不同程度地受到血浆钾浓度的影响。钾元素的作用在于：

①调节细胞的渗透压；

②维持正常的神经兴奋性和心肌运动；

③参与细胞内糖和蛋白质的代谢；

④调节体液的酸碱平衡。

值得注意的是，钾的大部分生物功效，都是在与钠离子的协同作用中表现出来的。因此，维持体内钾、钠离子浓度的平衡，对生命活动具有重要意义。

过量的食盐摄入，是发生高血压症的重要原因之一。给高血压患者使用钠盐，会使患者的血压进一步升高，使用钾盐则可降低血压。据此推测，从膳食中摄取充足的钾，有助于预防高血压。事实也是如此。

尽管钾有预防高血压的作用，但它的降压作用仅在肌体处于高钠状态时才表现出来。有时，高血压患者为了减少体内水量，而服用利尿剂（尤其是氯噻嗪类），会导致尿钾的大量丢失，此时需要同时口服钾片。但对任何非自然膳食方式的补钾，都必须慎重，因为高血钾会造成心力衰竭，甚至死亡。摄入量高于 8g/d，将发生高血钾症。

（五）钠（Sodium）

钠是细胞外液中带正电的主要离子，有助于维持水、酸与碱的平衡，可调节细胞的渗透压平衡。在人体内，钠在水分代谢方面起重要作用，对碳水化合物的吸收代谢有特殊作用，与肌肉收缩及神经功能也有相互联系。

但是，钠的真正生物学意义，通常 1g/d 即已足够。钠摄入量过多，是高血压的主要起因。过量的钠还会造成浮肿，表现在腿肿和脸肿上。钠摄入量过多，会引起血小板功能亢进，产生凝聚现象，进而出现血栓堵塞血管。还会因血压升高，血管承受不了血液的冲击，脑部出现血管破裂的情况，形成脑内血肿。

钠与胃癌的发病率，有密切的关系。食盐具有腐蚀性，会对胃黏膜产生严重的腐蚀，易发生萎缩性胃炎。萎缩性胃炎是胃癌的前期病变，食盐的摄取量与胃癌的死亡率呈正相关。降低食盐摄取量，不但能预防高血压，减少因高血压所致中风的死亡率，而且能降低因钠盐所致的萎缩性胃炎，而导致胃癌的死亡率。

二、微 量 元 素

在机体内，微量元素的含量甚微，但对生命过程中具有重要意义。它们参与了人体内 50%~70% 的酶成分，构成体内重要的载体和电子传递系统，参与某些激素和维生素的合成，与某些原因不明的疾病（如肿瘤和地方病）相关等。

（一）铁（Iron）

铁是构成血红蛋白、肌红蛋白的必要成分，作为 O_2 和 CO_2 的载体，也是很多酶的活性部分。铁与细胞的呼吸、氧化磷酸化，卟啉代谢，胶原的合成，淋巴细胞与粒细胞功能，神经介质的合成与分解，躯体与神经组织的发育等都有关系。

人体缺铁，会发生缺铁性贫血。孕妇和儿童的铁需要量大，最有可能出现缺铁性贫血。另外，还有一些贫血与铁有关。例如，溶血性贫血是由于红细胞破坏过多造成的，而红细胞的破坏可因铁催化产生自由基引起。由于铁供给不足可使红细胞增殖能力下降，也会引起贫血。

铁缺乏还影响其他组织，是一种全身性疾病。当铁缺乏时，会引起血红蛋白浓度降低，使体力明显下降，同时含铁酶的含量和功效也都会受到影响，从而影响机体的一些代谢功能。

铁摄入过多，会造成机体氧自由基代谢失常，导致基因突变和肿瘤。目前，对于铁与肿瘤发生的关系虽不肯定，但有不少研究表明了这种关系的存在。动物试验表明，铁化合物可能有致癌作用。虽然曾报告铁离子未能在实验动物上致癌，但其对原核和真核细胞都有致突变作用，也对染色体有影响。有一种情况是，如摄入铁过多并引起肝脏蓄积时，不经治疗的话有可能引发肝癌。

食品中铁的生物利用率较低，平均按 8% 计。孕妇在妊娠中期（4~7 个月），铁的吸收率提高 1 倍，计为 15%；妊娠后期（7~10 个月）甚至提高 4 倍，计为 20%。

（二）锌（Zinc）

在生物体内，锌既是许多酶的组成成分，又可以影响某些非酶的有机分子配位体的结构。锌至少以这两种方式，参与体内各种物质与能量的代谢，从而显示出它所具有的各种极其复杂的生物功效：

①与体内多种金属酶的组成；

②保护和稳定生物膜；

③促进机体的生长发育和组织再生；

④调节免疫功能；

⑤影响内分泌系统；

⑥改善味觉并促进食欲；

⑦促进维生素 A 的正常代谢和视觉功能；

⑧保护皮肤和骨骼的正常功能；

⑨促进智力发育。

在正常条件下，供应生长所必需、组织修复以及强制性排泄的补充等，成人锌的需要量每日约为 2.2mg。平均吸收率按 25% 估计，则成人每日锌供给量为 14mg。

（三）铜（Copper）

铜吸收后，经血液送至肝脏及全身，除一部分以铜蛋白形式储存于肝脏外，其余或在肝内合成血浆铜蓝蛋白，或在各组织内合成细胞色素氧化酶、过氧化物歧化酶、酪氨酸酶等。这些铜蛋白和铜酶，在人体内发挥重要的作用：

①维护正常造血机能和铁代谢；

②维护骨骼、血管、皮肤的正常；

③维护中枢神经系统的健康；

④保护毛发正常的色素和结构；

⑤保护机体细胞免受超氧离子的毒害。

铜缺乏症的特征是贫血、骨质疏松、皮肤和毛发脱色、肌张力减退及精神性运动障碍。铜缺乏导致与运铁蛋白结合的铁的缺乏，其症状和铁缺乏非常相似。缺铜贫血为低血色素小红细胞性贫血，补充铁不能改善症状。

在铜与疾病的关系方面，值得注意的是 Cu/Zn 比值。铜和锌有对抗作用，血清 Cu/Zn 比值需保持恒定，正常的为 0.82 或 0.9~1.2。在很多病理情况下，血清 Cu/Zn 比会发生显著的变化。例如，在下列疾病中，血清 Cu/Zn 比值较高：支气管癌、白血病、肉瘤、弥漫性淋巴瘤、各型肝炎（除慢性活动性肝炎）、糖尿病、缺铁性贫血等。因此，Cu/Zn 比值可作为衡量健康与否的参考指标。

（四）碘（Iodine）

碘对合成甲状腺激素是必不可少的，这是它最为重要的生物功效。尽管有人推测，碘本身也能影响中枢神经系统的发育，但尚缺乏有力的证据。

甲状腺激素对机体的作用，最主要的是对物质代谢的作用，以及对生长发育和组织系统发育的影响。它参与糖类、脂肪、维生素、水等营养物质的代谢，并刺激蛋白质、核糖核酸、脱氧核糖核酸等生命物质的合成。此外，对神经系统、骨骼系统、心血管系统、消化系统、生殖系统等也有显著影响，尤其在胚胎发育期表现得更为明显。

　　碘与甲状腺肿之间具有明显的双相性，存在着上、下限阈值。低于下限阈值容易引发低碘甲状腺肿，高于上限阈值易发高碘甲状腺肿。

　　低碘甲状腺肿，是世界上流行最广的地方性疾病，多见于缺碘的山区、丘陵和沙漠等地区。人体不仅表现为脖根粗大，更由于甲状腺肿大而压迫气管、影响呼吸以及增加心脏跳动频率，容易导致心脏病。高碘甲状腺肿，其病征在外观上与低碘甲状腺肿无异，只是尿碘高，甲状腺吸收率低。

　　地方性克汀病（Endemic Cretinism），是一种严重损害健康的先天性疾病，主要表现有智力低下、短小、聋哑瘫痪等。克汀病一旦形成，就会对人体造成严重的伤害，且很难治愈，故在实践中以防为主。根本方法就是给缺碘机体，特别是怀孕前的妇女，补充足量的碘，同时铲除近亲结婚的陋俗。

（五）硒（Selenium）

　　谷胱甘肽过氧化物酶（GSH-P$_x$），是生命有机体内最重要的含硒酶。含硒酶和非酶硒化物，都具有很好的清除自由基功效。通过抑制细胞膜脂质的过氧化，激活机体免疫功能，从而延缓组织细胞衰老进程，有效控制肿瘤的诱发与发展。

　　硒有利于维持心血管系统的正常功能，预防动脉硬化和冠心病的出现；维持机体正常血压水平，对高血压有调节作用。此外，硒能刺激损伤血管的修复速度，破坏沉积在动脉管壁损伤处的胆固醇。硒化物能够拮抗重金属，如 Hg、Cd、As 等的毒性，消除机体内重金属的积累，对重金属中毒具有解毒作用。

　　缺硒是导致克山病和大骨节病的重要原因。

（六）铬（Chromium）

　　铬参与机体糖类代谢和脂肪代谢，缺铬会引起糖尿病和动脉硬化等疾，白内障、高血脂也可能与长期缺铬有关。

　　铬的生物功效，体现在以下几个方面：

　　①铬是葡萄糖耐量因子的组成成分，促进升高的血糖降回正常值；

　　②促进机体糖代谢的正常进行，加强胰岛素的作用；

　　③促进机体脂代谢的正常进行，维持正常血清胆固醇水平；

　　④铬是核酸类物质的稳定剂和某些酶的激活剂。

　　早期缺铬没有明显征兆，体内会分泌足够的额外胰岛素，以补偿因缺铬引起的胰岛素效能的降低。因此胰岛素分泌增加，是临界缺铬的主要标志。胰岛素增加，会使铬过多释放到血液中，经尿排出。若不及时补充铬，当胰腺分泌胰岛素的代偿能力枯竭时，肌体的胰岛素依赖功能将严重受损，从而引起糖尿病，也会出现低血糖、异常肥胖以及动脉粥样硬化等症状。

（七）钴（Cobalt）

　　钴主要是以维生素 B$_{12}$ 和维生素 B$_{12}$ 辅酶的形式，参与蛋白质生物合成、叶酸储存等一系列生命活动的。钴同时是许多酶的重要组成成分，对维持这些酶的活性是必需的。

　　维生素 B$_{12}$ 中钴的生物活性，是无机钴活性的 1000 倍。从目前的情况看，许多归咎于缺钴的疾病，实际上是由于缺乏维生素 B$_{12}$ 引起的。这些疾病，通常可以通过补充维生素 B$_{12}$ 加以防治。

　　甲状腺肿与碘缺乏是紧密相关的，但地方性甲状腺肿与该地区钴含量偏低，也存在着对应关系。在不补充碘的情况下，用钴治疗甲状腺肿可取得较好的效果，与碘一样过量的钴摄取也会导致甲状腺肿。

有人认为，机体每天的钴摄入量达 $300\mu g$，就能维持正常的代谢平衡。由于对人体中非维生素 B_{12} 形式钴的研究十分有限，因此未能对钴的摄入量做出规定。只是对维生素 B_{12} 做出明确的规定，参见本章第四节的讨论。

（八）锰（Manganese）

锰是体内某些酶的活性基团或辅助因子，又是多种酶的激活剂。人体内锰的含量虽然很少，但作用重要：

①促进骨骼的生长发育，参与软骨和骨骼形成所需的糖蛋白的合成；

②保护线粒体的完整；

③保持正常的脑功能；

④维持正常的糖代谢；

⑤维持正常的脂质代谢；

⑥对遗传的影响，可能与 DNA、RNA 和蛋白质的生物合成有关；

⑦在免疫功能上也发挥作用，与嗜中性白细胞和巨噬细胞之间存在一定的相互作用。

动脉硬化与缺锰有关。锰对加速细胞内脂肪的氧化具有促进作用，能改善动脉硬化患者脂质代谢，防止动脉粥样硬化的发生。调查发现，缺锰的地区肿瘤的发生率高。在四川盐亭县、山西太行山地区、河南林州市、河北等食管癌高发区，饮水和食品中除含钼低以外，含锰量也低。

（九）氟（Fluorine）

氟最重要的生物功效，是预防龋齿的发生。缺氟时，牙釉质易受口腔细菌和酸性环境的破坏而导致龋齿，这在儿童时期尤为明显。氟的防龋功效与其浓度密切相关，当饮水中氟浓度为 $1mg/L$ 时，其抗龋效果最好。

大量事实证明，成年人每天摄入 $4mg/kg$ 的氟，可预防骨质疏松症。这是因为，氟可促进生物矿化并抑制脱矿。适量补充氟化物，已成为临床上防治骨质疏松的有效辅助手段。如果同时摄取氟化物、钙盐和维生素 D，可使患者产生正常的骨组织。但氟的这方面作用，与其摄入量密切相关，浓度过高反而会加重骨质疏松的症状。

氟是中等毒性元素，口服的半数致死量（LD_{50}）为 $141mg/kg$。氟过量对人体造成的危害，要比氟缺乏更为严重。世界上有 50 多个国家和地区，报道过地方性氟中毒事件。我国也是地方性氟中毒分布面积较广、危害较严重的国家之一。

由于氟的有益和有害作用都很明显。因此，各国对其安全摄取范围都持谨慎态度。

第六节　植物活性成分

存在于各种植物、水果蔬菜中的天然活性化合物，是目前功能性食品和医药品竞相开发的重点领域。这些来源于天然植物的活性单体，功效肯定，毒理学资料清楚，重现性好，使用简单方便。有关这些植物活性化合物（Bioactive phytochemicals）的分离、提纯、结构鉴定、功效评价以及安全毒理学分析等，备受人们的关注。在当今全人类都将目光转向天然产品的背景下，人们寄希望于这些活性化合物对促进人类健康发挥出更大的作用。

一、有机硫化合物

百合目石蒜科葱属植物和十字花科植物中，含有较为丰富的有机硫化合物。如葱、大蒜中的硫化丙烯，芥菜、萝卜中的异硫氰酸酯，辣椒、花椒、胡椒中的酸性酰胺（—CO—NH—）等辣味物质。它们都具有防腐杀菌作用，不同程度上还具有消炎、降血脂、降血糖、增强免疫力、抗肿瘤等功效。

葡萄糖硫苷（Glucosinolates）又称为葡糖异硫氰酸盐，广泛存在于十字花科植物中，如油菜、芥菜、卷心菜、萝卜、芜菁等。葡萄糖硫苷经酶的水解作用，产生异硫氰酸盐（Isothiocyanates）、硫氰酸酯（Thiocyanates）和吲哚（Indol）。

异硫氰酸盐能够有效抑制细胞色素 P_{450} 酶代谢致癌物质，吲哚能够阻止致癌物质到达细胞内目标物。异硫氰酸盐的抗肿瘤活性与其分子结构有关，具有高度选择性。如苯乙基异硫氰酸盐能抑制大鼠肺癌，对肝癌和鼻腔癌无效；大多数异硫氰酸盐对小鼠肺癌或前胃癌起作用，而对皮肤癌却没有效果。

从卷心菜中提取出二硫醇硫酮（1, 2-dithiolethione），具有抗氧化、抗肿瘤以及抗辐射等作用。奥替普拉（Oltipraz）能抵抗致癌物的致癌作用，例如，它与 β-胡萝卜素联合作用能有效抵抗二乙基亚硝胺诱发呼吸道癌。

蒜素是大蒜中的有效成分，由蒜氨酸酶分解蒜氨酸产生。蒜素为一系列有机硫化合物，总称为硫代亚磺酸酯（thiosulfinate），具有抗肿瘤、抗血栓等功效。

（一）异硫氰酸盐（Isothiocyanates）

异硫氰酸盐是一类具有挥发性的油状液体物质，并且一般具有特殊气味，主要为异硫代氰酸酯，是硫葡糖苷的共轭物，主要存在于十字花科类植物中。在一些重要的农作物如卷心菜、汤菜、菜花、芜菁、小萝卜、水田芥中异硫氰酸盐的含量一般为 0.5~3mg/g 新鲜植物。

异硫氰酸盐的生物功效主要是抗癌，因为异硫氰酸盐能有效抑制细胞色素 P450 酶代谢致癌物质，另外异硫氰酸盐还具有抗菌、杀虫及调节生长素的代谢的作用。

除了部分异硫氰酸盐具有毒性外，其他（如具有芳香烷和甲基亚黄酰烷侧链的异硫氰酸盐）有很强的抗癌活性，是迄今为止已知的癌症天然预防因子中最有效的一类。

苯甲基异硫氰酸盐的半数致死剂量 LD_{50} 为 140mg/kg。长期以烯炳基异硫氰酸盐喂饲日本青鳉幼鱼，得出慢性毒性值为 0.013mg/L。萝卜硫素异硫氰酸盐对人未分化的结肠腺癌 HT29 细胞的细胞毒性具有剂量效应关系，但对已分化的 Caco-2 细胞的存活无影响。另外，发现苯甲基异硫氰酸盐、苯乙基异硫氰酸盐和烯丙基异硫氰酸盐均对细胞有一定的毒性。烯丙基异硫氰酸盐对回变菌 TA98 有弱致突变性，并依赖于具体实验条件。

（二）二烯丙基二硫化物（Diallyl Disulfide）

二烯丙基二硫化物又名双-2-丙烯基二硫化物，为无色至淡黄色，带有特殊的大蒜样气味的油状液体，主要存在于大蒜和洋葱中，其中从大蒜提取出来的精油中二烯丙基二硫化物的含量可高达 60%。

二烯丙基二硫化物是大蒜中活性最强的硫化物，它的生物功效包括以下几方面：

①抑制肿瘤；

②抑菌杀毒、抗病毒活性；

③降胆固醇、降血脂、抗凝、预防动脉硬化和脑梗死。

另外，它还具有清除自由基，提高免疫力、抗衰老、保肝和降铅等作用。

二烯丙基二硫化物大鼠经口 LD_{50} 值为 0.26g/kg，兔经皮 LD_{50} 值为 3.6g/kg。同时发现二烯丙基二硫化物没有致癌性和致突变性，但是有细胞毒性，随着浓度的增加（80μmol/L，100μmol/L 和 200μmol/L），可强烈地抑制感染 HIV-1 的细胞增殖，其 KC_{50}（50%致死度）为 34μmol/L。

二、有机醇化合物

（一）廿八醇（Octacosanol）

廿八醇一般以蜡酯形式，存在于自然界中许多植物中，在苹果皮、葡萄皮、苜蓿、甘蔗等植物蜡中都含有廿八醇，蜂蜡、米糠蜡等均有廿八醇。例如小麦胚芽，在其胚芽中廿八醇含量为 10mg/kg，胚芽油中含量为 100mg/kg。

廿八醇是一元直链的高级脂肪醇，有 28 个碳原子，直链的末端连着羟基。微量的廿八醇就能显示出活性作用，它的生理作用包括以下几方面：

①增进耐力、精力、体力；

②提高反应灵敏性；

③提高应激能力；

④促进性激素作用，减轻肌肉疼痛；

⑤改善心肌功能；

⑥降低收缩期血压；

⑦提高机体代谢率。

廿八醇小鼠经口的 LD_{50} 在 18g/kg 以上。而我国的报道廿八醇 LD_{50} 为 10g/kg，同时经小鼠精子畸变试验、小鼠骨髓微核试验和 Ames 试验等均呈阴性。

（二）植物甾醇（Phytosterol）

甾醇是以环戊烷全氢菲（甾核）为骨架的，可分为动物甾醇、植物甾醇和菌性甾醇 3 大类。动物甾醇以胆固醇为主；植物甾醇主要为谷甾醇、豆甾醇和菜油甾醇等，存在于植物种子之中；菌类甾醇有麦角甾醇，存在于蘑菇中。

谷甾醇具有抗炎作用，还有类似阿司匹林的退热作用。临床应用的抗炎药物多具有致溃疡性，如羟基保泰松，在腹腔注射 150mg/kg 剂量下，80%的动物出现胃溃疡。而谷甾醇服用高至 300mg/kg 也不会引起胃溃疡。

植物甾醇的结构跟胆固醇相似，在生物体内以同胆固醇相同的方式吸收。但是植物甾醇的吸收率比胆固醇低，一般只有 5%~10%。

植物甾醇能阻碍胆固醇吸收，从而起到降低血液中胆固醇含量的作用，其作用机理有以下几方面：

①抑制肠内对胆固醇的吸收；

②促进胆固醇的异化；

③在肝脏内抑制胆固醇的生物合成。

其中，在肠道内阻止胆固醇的吸收是最主要的方式。

（三）谷维素（Oryzanol）

系阿魏酸与植物甾醇（β-谷甾醇）相结合的酯。它可从米糠油、胚芽油等谷物油脂中提取，为白色至类白色结晶粉末，有特异香味。在我国，谷维素一直作为医药品使用。而在日本，人们将谷维素应用于食品，已有近30年的历史。

谷维素的生物功效主要是降血脂，体现在以下几方面：

①降低血清总胆固醇、甘油三酯含量；

②降低肝脏脂质；

③降低血清过氧化脂质；

④阻碍胆固醇在动脉壁沉积；

⑤抑制胆固醇在消化道内吸收。

小鼠、大鼠经口 LD_{50} 值均大于25g/kg，亚急性、慢性毒性试验均未见异常，其中大鼠经口的最高剂量为2.89g/kg持续182d无异常，狗的最高剂量为100mg/kg持续12个月，也无异常，其他如抗原性、变异原性试验等均无异常。

（四）白藜芦醇（Resveratrol）

白藜芦醇主要存在于葡萄、虎杖、花生、桑葚、买麻藤和朝鲜槐等植物中，它的生物功效包括抗氧化、调节脂肪和脂蛋白代谢、抗血小板凝集、舒张血管活性、防癌抗癌，以及具有雌激素活性等。

（五）六磷酸肌醇（Inositol Hexaphosphate）

六磷酸肌醇又名植酸，是一种由肌醇和6个磷酸离子构成的天然化合物。它存在于天然的全谷食物中，如大米、燕麦、玉米、小麦以及青豆等，其在米糠中的含量为9.4%～15.4%。

六磷酸肌醇具有生物功效，包括抑制癌细胞生长、缩小肿瘤体积，抑制并杀死自由基，保护细胞免受自由基的伤害，抗氧化及防止动脉硬化，防止肾脏结石产生，降低血脂浓度，保护心肌细胞，避免发生心脏病猝死等。

三、有机酸化合物

有机酸是广泛存在于植物中的一种含有羧基的酸性有机化合物，多以盐、脂肪、酯、蜡等结合态形式存在。除参与植物的新陈代谢外，某些有机酸也具有一定的生物活性。如水杨酸具有解热作用；L-抗坏血酸也是人体不可缺少的营养成分；3，7，11-三甲基十二烷酸可强烈抑制人体内胆甾醇的合成，是一种很有希望的动脉硬化药物；大风子油中的脂肪酸则是治疗麻风病的有效成分。一些较高级的脂肪酸或芳香酸还是一些中草药的主要有效成分，如土槿皮中的土槿皮酸有很好的抗真菌作用；甘草中的甘草酸既是皂苷又是有机酸，具有抗炎解毒功能。

（一）羟基柠檬酸（Hydroxycitric acid，HCA）

羟基柠檬酸是一种有机酸，主要存在于盛产于印度次大陆和斯里兰卡西部的藤黄属植物 *Garcinia cambogia*、*Garcinia indica* 和 *Garcinia atroviridis* 的果实外壳中。*G. cambogia* 的果实中含有30%（干基）的羟基柠檬酸（以柠檬酸计）。

羟基柠檬酸的具有良好的减肥功效，其作用机理如下所述：

①抑制柠檬酸裂解酶，阻止柠檬酸裂解为草酰乙酸和乙酰-CoA，抑制脂肪合成；

②抑制脂肪酸和脂肪合成；

③抑制食欲；

④促进糖原生成、葡糖异生（gluconeogenesis）和脂肪氧化。

5g/kg 体重剂量的羟基柠檬酸，并不会引起实验动物任何可见的毒性症状或死亡。这个剂量相当于人体摄入 350g 羟基柠檬酸，或人均可能摄入量 1.5g/d 的 233 倍。它有可能产生肠道的不耐性，但只要降低食用剂量，就可以很容易消除症状。

（二）丙酮酸（Pyruvic acid）

丙酮酸一般为无色或浅黄色液体，具有刺激性臭味（类似醋酸气味）的液体，是细胞进行有机物氧化供能过程中起关键作用的中间产物，在三大营养物质的代谢联系中起着重要的枢纽作用。它不仅存在于任何人体细胞内，还广泛存在于苹果、乳酪、黑啤、红酒等食品中。丙酮酸的含量，在黑啤中含 80mg/12oz（1oz＝29.57mL），在红葡萄酒中含 75mg/6oz。

丙酮酸是生物体系中重要的有机小分子物质，它具有很多显著的生物功效，如：

①减肥清脂；

②增加耐力；

③降低胆固醇与 LDL-胆固醇。

一般认为，丙酮酸是体内代谢的正常组成部分，自然地存在于任何人体细胞内，对人体无任何毒副作用，可以按说明放心使用。

（三）阿魏酸（Ferulic acid）

阿魏酸是在植物界普遍存在的一种酚酸，在植物中与细胞壁中的多糖和木质素交联构成细胞壁的一部分，是阿魏、当归、川芎、升麻等中药的有效成分之一，因其具有较强的抗氧化活性和防腐作用。阿魏酸在植物中的含量一般为 0.03%左右。

阿魏酸具有多种生物活性，包括抗氧化性、防紫外线、抗血栓、抗菌消炎、降血压、提高免疫力、抗突变和防癌等，可能还具有降低血脂、免疫调节、抗紫外线辐射、提高精子活力、治疗男性不育和清除亚硝酸盐等作用。

阿魏酸的毒性较低，急性毒性实验结果是：雄鼠的 LD_{50} 为 2445mg/kg，雌鼠的 LD_{50} 为 2113mg/kg。同时慢性试验表明阿魏酸具有一定的慢性毒性。

（四）鞣花酸（Ellagic acid）

鞣花酸又名并没食子酸、胡颓子酸，是没食子酸的二聚衍生物，属于多酚二内酯。天然的鞣花酸广泛存在各种软果、坚果等植物组织中，尤其在双叶子植物中，至少有 75 个科含有鞣花酸，含量较高的有壳斗科（Fagaceae）、蔷薇科（Rosaceae）、无患子科（Sapindaceae）、牻牛儿苗科（Geraniaceae）等。在柯子、橄仁树心材、桉树心材及奇诺（Kino）树脂中都有鞣花酸。鞣花酸在植物中的含量很低，一般只有 1%左右。

天然的鞣花酸是一种多酚化合物，具有抗氧化、抗癌、抗突变、抗菌、抗病毒、凝血、降压、镇静等多种生理作用。

四、类胡萝卜素

类胡萝卜素（Carotenoid）一类重要的天然色素的总称，属于类萜化合物，普遍存在于动物、高等植物、真菌、藻类和细菌中的黄色、橙红色或红色的色素中，主要分为 β-胡萝卜素和 γ-胡萝卜素，因此而得名。类胡萝卜素不溶于水，溶于脂肪和脂肪溶剂，又称脂色素。自从 19 世纪初分离出胡萝卜素，至今人们已经发现近 450 种天然的类胡萝卜素。类胡萝卜素具有高效泯灭单线态氧和清除自由基的作用，其泯灭氧的速率常数是 $10^9 L\cdot s/mol$。β-胡萝卜素具有较好的抗癌活性，现已证实，番茄红素、β-隐黄素、玉米黄质、α-胡萝卜素和叶黄素的抗癌活性比 β-胡萝卜素更高。类胡萝卜素的抗癌机制的解释：①它们具有泯灭单线态氧和自由基的作用，保护组织细胞免受氧化损伤；②通过缝隙连接信息诱导，促进细胞间正常的连接。

（一）叶黄素（Lutein）

叶黄素是一种天然类胡萝卜素，因医学上最初是从黄体素中分离得到，因此也称其为叶黄素，它属于含氧类胡萝卜素。在自然界，叶黄素普遍存在于蛋黄、果蔬、万寿菊花、苜蓿等中。在人体中，叶黄素存在于血液中和视网膜黄斑区色素中。报道指出万寿菊花瓣中叶黄素含量最高，比菠菜高 20 倍，其干花中含 1.6% 类胡萝卜素，其中 89.6% 为叶黄素酯。

叶黄素的生物功效包括以下几方面：

①预防老年性黄斑区病变；

②预防白内障；

③延缓早期动脉硬化；

④抗癌。

2002 年，FDA 将叶黄素酯认定为 GRAS 物质。叶黄素的建议摄入量常依据流行病学研究结果给出。

（二）番茄红素（Lycopene）

在自然界中分布较少，主要来源于番茄及番茄制品，故因此而得名。番茄红素也存在于西瓜、番石榴、葡萄柚等水果中。其中在番茄中的番红素含量为 3100μg/100g，在西瓜中的含量为 4100μg/100g，在红番石榴中的含量为 5200μg/100g。

番茄红素是类胡萝卜素的一种，具体作用：

①抗氧化性；

②抗癌活性；

③防治白内障。

此外，番茄红素还具有对细胞转化灶的形成有抑制作用、可活化免疫细胞，清除香烟和汽车废气中的有毒物等。

至今没有任何有关番茄具有毒副作用的报道，而番茄红素主要来源于番茄，因此可以认为，番茄及其他果蔬中所含的天然番茄红素实际是无毒的，可以放心安全使用的。

（三）角黄素（Canthaxanthin）

角黄素亦称斑蝥黄、斑蝥黄质，是一种天然类胡萝卜素，广泛存在于植物与动物中，特别在细菌、藻类、寄生虫、软体动物、甲壳类、昆虫、蜘蛛和高等植物（如洋芋块茎）中含量较为丰富。

角黄素的生物功效包括以下几方面：

①抑制脂质过氧化、清除自由基；

②抗癌活性；

③增强免疫。

角黄素小鼠经口的 LD_{50} 大于 10g/kg。同时，致突变性试验、生殖毒性试验、免疫毒性试验、分子毒性试验和致癌性试验没有发现异常。

（四）隐黄素（Cryptoxanthin）

隐黄素的化学名称为 3-羟基-β-胡萝卜素，是共扼多烯烃的含氧衍生物，主要存在于黄玉米、柑橘、南瓜、番木瓜、辣椒等植物中。隐黄素属于类胡萝卜素，具有抗氧化、抗癌、预防心血管疾病、保护视力等多种生物活性。隐黄素可能还是细胞膜的重要组成成分，能防止细胞膜部位的氧化，而且与细胞膜的通透性有关，在活细胞间起着"分子导线"的作用，不过这些作用有待进一步的研究。大量摄入隐黄素会导致皮肤泛黄，特别是手和耳朵部位的皮肤，这被称为表皮黄变症，但对健康无不良的影响，且当停止大量摄入隐黄素后 1 周左右，泛黄皮肤的颜色会自动消退。

（五）玉米黄质（Zeaxanthin）

玉米黄质是自然界广泛存在的一种天然类胡萝卜素，属于含氧胡萝卜素——叶黄素类，它主要存在于深绿色食叶蔬菜、花卉、水果和黄玉米中。玉米黄质具有很多生物活性，包括预防老年性黄斑区病变、预防白内障、抗癌、预防心血管疾病、提高免疫力等。

五、黄酮类化合物

黄酮类化合物广泛存在于植物的各个部位，尤其是花、叶部位，主要存在于芸香科、唇形科、豆科、伞形科、银杏科与菊科中。

有文献估计，约有 20% 的中草药中含有黄酮类化合物。黄酮类化合物具有多种生物活性，除具有抗菌、消炎、抗突变、降压、清热解毒、镇静、利尿等作用外，其在抗氧化、抗癌、防癌、抑制脂肪酶等方面也有显著效果。

（一）竹叶黄酮（Bamboo leaves flavonoids）

竹叶黄酮主要有荭草苷（Orientin）、异荭草苷（Homoorientin）、牡荆苷（Vitexin）和异牡荆苷（Isoviextin）四种成分。竹叶黄酮具有优良的清除自由基能力和确凿的类超氧化物歧化酶（SOD）活性。

高剂量组的竹叶黄酮［相当于 1g 干叶/（kg 体重·d）］能显著增强小鼠对非特异性刺激的抵抗能力（常压耐缺氧试验，$P<0.01$）和抗疲劳能力，对正常小鼠的学习能力有一定的促进作用。竹叶黄酮能明显抑制老年小鼠体内的脂质过氧化，对老年小鼠内源性抗氧化酶系（SOD 和 GSH-P$_x$）的活力具有显著的诱导作用，其抑制脂质过氧化、升高 GSH-P$_x$ 的作用明显优于银杏黄酮，升高 SOD 的作用与银杏黄酮相似。

（二）槲皮素（Quercetin）

槲皮素又名栎精、槲皮黄素，化学名 3，3'，4'，5，7-五羟黄酮，是植物界分布广泛，具有多种生物活性的黄酮醇类化合物。槲皮素广泛存在于许多植物之茎皮、花、叶、芽、种子、果实中，多以苷的形式存在，如芦丁、槲皮苷、金丝桃苷等，经酸水解可得到槲皮素。槲皮素在荞麦的杆和叶、沙棘、山楂、洋葱中含量较高。槲皮素在许多食物中及约 100 多种药用植物中存在，在槐花米中含量高达 4%。

槲皮素具有抗氧化、清除自由基、抑制肿瘤活性、抗血栓、抗病毒活性等生物功效，还有抗炎、抗过敏、止咳、祛痰、平喘、抗糖尿病并发症、镇痛等功效。槲皮素对动物的急性毒性较小，大鼠 LD_{50} 为 10~50g/kg；小鼠口服 LD_{50} 为 160mg/kg，皮下注射 LD_{50} 为 100mg/kg。同时，槲皮素的生殖毒性实验、致突变性和致癌性实验均无异常。

（三）大豆异黄酮（Soybean Isoflavones）

大豆异黄酮是一种无色，略带苦涩味的植物雌激素，在结构和功能上与人体雌激素十分相似。大豆异黄酮主要存在于大豆中，含量为 1~4mg/g，其中 97%~98% 以糖苷形式存在。

大豆异黄酮具有多种生物功效：

①具有雌激素样作用，对于机体内与激素水平相关的慢性疾病有明显防治作用；

②具有抗氧化作用；

③可防治心血管疾病的发生；

④具有抗癌作用。

经急性毒理实验证明，口服大豆异黄酮 5g/kg 体重是安全的，这表明大豆异黄酮是实际无毒的。最重要的一点是，1999 年 10 月，大豆异黄酮已通过目前在世界范围内安全性检验最为权威的美国 FDA 的验证。美国政府已批准大豆异黄酮在美国上市，并确认其为安全、无毒副作用的健康成分。

（四）染料木黄酮（Genistein）

染料木黄酮又名金雀异黄素，染料木苷元，属于异黄酮类化合物，化学名为 4′，5，7-三羟基异黄酮，主要存在于大豆中，含量为 50%~60%。

染料木黄酮具有抗癌、防治心血管疾病、抗氧化、预防骨质疏松、雌激素效应、改善记忆力及抗菌等生物功效。其毒副作用表现为生殖毒性作用，例如可引起动物的性早熟、假孕、死胎、流产及不育等，以及体重、器官重量下降等现象；摄入超大剂量时，甚至可引起动物死亡。染料木黄酮属于低毒物质，摄入量在 500mg/d 以下时是安全的，人们在使用中一般不会超过这个量。

（五）植物雌激素（Phytoestrogens）

植物雌激素包括异黄酮类（Isoflavonoids）和木酚素（Lignan）等。异黄酮在黄豆中含量很高，木酚素在亚麻子中含量最高。

异黄酮能与雌激素受体结合，并产生弱的雌激素效应，这种弱的雌激素作用在一定浓度下会表现出抗雌激素活性，这种活性的强弱取决于动物内源雌激素的水平（双向调节作用），从而调节雌激素的合成，增加性激素结合蛋白的合成，降低循环血液中游离雌二醇水平，达到抗肿瘤目的。异黄酮的抗雌激素效应，与其抗激素依赖性乳腺肿瘤的生长有关。

六、原花青素和花色苷

（一）原花青素（Proanthocyanidin）

原花青素是葡萄籽提取物中的主要成分，具有多种生物活性。可以显著提高机体抗衰老能力，改善心血管功能，预防高血压，增强人体抗突变反应能力，甚至对动脉硬化、胃溃疡、肠癌、白内障、糖尿病、心脏病、关节炎等疾病都有治疗作用。

原花青素是迄今为止所发现的最强有效的自由基清除剂之一，尤其是其体内活性，更是其他抗氧化剂所不可比拟的，其抗氧化、清除自由基的能力是维生素 E 的 50 倍、维生素 C 的 20 倍。它还可以有效降低胆固醇和低密度脂蛋白水平，预防血栓形成，有助于预防心脑血管疾病和高血压的发生。

有人曾对葡萄籽原花青素改善眼疲劳的作用进行了人体试验，给 75 例因长期在显示屏前工作的眼疲劳患者每天服用葡萄籽原花青素 300mg，2 个月后，其相对敏感性和客观症状均有明显改善。对 200 名近视性视网膜非炎性改变的患者每日服用葡萄籽原花青素 150mg，2 个月后，受试者视力有明显提高。

（二）花色苷（Anthocyanins）

花色苷是欧洲越橘（*Vaccinium Myrtillus*）的主要成分。其生物功效主要体现在，对视力的改善作用和对血管的保护作用上。它能促进在维持微血管完整性中占有重要地位的黏多糖的生物合成，并通过抑制蛋白水解酶，如弹性蛋白酶对胶原蛋白和微血管细胞间质中其他成分的降解，以及抗氧化活性，使微血管免受自由基损伤，这一点尤其体现在对缺血再灌注损伤的保护作用中。通过以上多种功能的联合作用，花色苷保护视网膜组织中的微血管，从而达到改善视力的效果。

花色苷能增强动脉舒张、促进视紫红质再生，对糖尿病和高血压带来的视网膜症也有一定疗效。在临床应用中，通常会将花色苷和其他功能性成分并用以产生协同效果。例如，将花色苷与维生素 A 或 β-胡萝卜素并用来改善视力，以及将花色苷与维生素 E 和维生素 C 一起使用来保护血管。

七、皂苷化合物

皂苷（Saponins），又名皂素或皂草苷，大多可溶于水，振摇后易起持久性的肥皂样泡沫，因而得名。从化学结构看，皂苷是螺甾烷（Spirostane）及其生源相似的甾类化合物的寡糖苷，以及三萜类化合物的寡糖苷。皂苷是许多中草药的有效成分，如人参皂苷和甘草皂苷等。

皂苷多具有苦而辛辣的味道，其粉末对人体黏膜有强烈的刺激性，能引起喷嚏。但也有例外，如甘草皂苷具有明显的甜味，对黏膜的刺激性也弱。大多数的皂苷水溶液因能破坏红细胞而具有溶血作用，静脉注射时毒性极大，但口服时则无溶血作用，可能是剂量太小的缘故。

皂苷可以抑制胆固醇在肠道的吸收，具有降低血浆胆固醇的作用。许多皂苷还具有抗菌和抗病毒活性。

人参皂苷、大豆皂苷等，可通过调节机体溶血系统、抑制血小板聚集、增加冠状动脉和脑的血流量、提高机体抗缺氧能力等途径，对心血管系统起到积极的保健作用，还可抗疲劳、调节免疫功能、抑制或直接杀伤肿瘤细胞。

从酸枣仁中提取出的酸枣仁皂苷，具有镇静及安定作用。从桔梗中提取出的桔梗皂苷，对中枢神经系统有抑制作用，并有镇咳、镇痛和解热作用，对消化性溃疡也有一定的防治作用。

皂苷是目前我国功能性食品常用的功效成分，包括人参皂苷、西洋参皂苷、红景天皂苷、绞股蓝皂苷等，具有抗疲劳、提高学习记忆力、抗衰老等生物功效。

（一）大豆皂苷（Soyasaponins）

大豆皂苷是一种白色粉末，具有辛辣和苦味，余味甜的皂苷，在于多种豆类作物中，而以大豆种子含量最高，为 0.65%，扁豆次之，为 0.41%。大豆皂苷具有抗氧化、抗血栓、增强免疫、抗肿瘤、抗病毒、减肥等生物功效，还具有加强中枢交感神经的活动、抗衰老、防止动脉粥样硬化以及抗石棉尘毒性等作用。

大豆皂苷的半数致死量 $LD_{50} > 3.2g/kg$，同时致畸性试验和致癌性试验没有异常，而溶血试验发现大豆皂苷可与细胞膜相互作用而且有溶血性，不过大豆皂苷的溶血性随其结构的不同而有很大差别，一般大豆皂苷的毒副作用很小，大豆皂苷对鱼和其他冷血动物具有溶血作用，而对人体以及哺乳动物口服无毒害作用。

（二）苜蓿皂苷（Alfalfa Saponin）

苜蓿皂苷存在于多年生草本豆科苜蓿属植物中，具有抑菌、降胆固醇和调节细胞膜通透性等生理作用。

（三）绞股蓝皂苷（Gypenosides）

绞股蓝皂苷存在于葫芦科植物绞股蓝中，不同时期不同地区的皂苷含量有很大差异。绞股蓝皂苷具有调节心血管系统、抗衰老、抗疲劳、耐缺氧、提高免疫力、抗自由基、抗突变、抗肿瘤等生物功效，还有镇静、催眠、治偏头痛、治哮喘等作用，可用来开发药物。

绞股蓝总皂苷对小鼠腹腔注射的 LD_{50} 为 755mg/kg，口服无毒性。大鼠腹腔注射的 LD_{50} 为 1.85g/kg，口服给药 10g/kg 无毒性，超过 3 倍 LD_{50} 测定的界限。

八、生物碱化合物

生物碱（Alkaloids）是指一类从植物中获得的含氮碱性杂环有机化合物，通常具有明显的生理活性，是中草药的有效成分。

生物碱具有丰富而多样的生物功效。如吗啡碱可以镇痛，可待因碱可以止咳，麻黄碱可以止喘，小檗碱可以抗菌消炎，阿托品碱可以解痉，长春碱以及花椒碱等多种生物碱还有抗肿瘤活性。

尽管生物碱是许多中草药的主要有效成分，但也有例外。如各种乌头和贝母中的生物碱，并不代表原生药的功效。有些生物碱甚至是中草药的有毒成分，如马钱子中的士的宁碱。

（一）香菇嘌呤（Eritadenine）

香菇嘌呤是香菇（*Lentinus edodes*）中分离出的一种嘌呤生物碱。它最为肯定的功效是降血脂，作用强度是常用药安妥明的 10 倍，且口服比注射更有效。以 0.005% 和 0.01% 浓度的香菇嘌呤饲养大鼠，可使大鼠的血清胆固醇分别下降 25% 和 28%。

有报道认为，香菇嘌呤有一定的副作用。如在降血脂的同时，会造成肝脂水平的轻度上升；口服香菇嘌呤，会产生心率降低；静脉注射时，会引起血压的暂时降低等。

（二）辣椒素（Capsaicin）

辣椒素又名辣椒碱、辣椒辣素，来源于茄科植物辣椒，含量一般为 0.2%～1.0%。辣椒素的生物功效有减肥、保护消化系统、镇痛、止痒、抗炎等，还具有调节脂类过氧化、心肌保护、升高血压、抗癌、调节体温、提高免疫力等生物功效。

辣椒素静脉 LD_{50} 值为 0.56mg/kg，腹腔内为 7.56mg/kg，皮下为 9.00mg/kg，皮肤表面为 512mg/kg，口服（胃内）为 190mg/kg。不同的动物对辣椒素的感受性不同，豚鼠比小鼠大鼠敏感，仓鼠和兔不太敏感，比如大鼠的皮下 LD_{50} 为 10mg/kg。

（三）石杉碱甲（Huperizine A）

来源于蕨类石松属植物千层塔（Huperzia serrata），是千层塔提取物的主要有效成分，在千层塔中的含量约为万分之一左右。

民间医生用千层塔治疗跌打损伤、肌肉痉挛、瘀血肿痛、坐骨神经痛、神经性头痛、胆结石引起的剧疼等。外用可治痈疽、疥疮、烫火伤等。

现代研究发现千层塔中的石杉碱甲是一种高效、高选择性的可逆性乙酰胆碱酯酶抑制剂，具有如下作用：

①提高学习、记忆效果，治疗老年痴呆症，这是因为石杉碱甲能提高脑内乙酰胆碱的含

量，实验证明，大脑记忆力的强弱主要取决于大脑内一种记忆物质——乙酰胆碱的含量，当乙酸胆碱含量增高时，对老年大鼠的学习记忆就增强，各项脑功能也相应得到改善，反之它的含量降低，记忆力就下降，并出现各种记忆功能障碍；

②治疗重症肌无力症，其治疗有效率高达 99.2%。

九、萜类化合物

萜类化合物（Terpenoids）是指基本骨架由两个或两个以上的异戊二烯单元组成的，具有 $(C_5H_8)_n$ 通式的一类烃类化合物，通常可分为单萜、倍半萜、二萜、三萜、四萜及多萜等六大类。萜类化合物广泛存在于动植物体内，尤其在植物的精油（挥发油）成分中，含有丰富的单萜和倍半萜类化合物。

单萜中的香芹酮、d-苎烯、柠檬醛和薄荷醛等，具有杀菌、祛痰、利尿、镇静、解痉、健胃等多种生物功效。倍半萜中的菊蒿等具有抗炎作用，没药醇等具有解痉作用，菊科中的多种倍半萜内酯对肿瘤具有一定的抑制作用。

二萜类化合物中的罗汉松内酯、雷公藤内酯等，有不同程度的抗肿瘤活性。但一些倍半萜和二萜化合物，由于毒性较大而限制了使用。

三萜化合物如鲨鱼肝中的角鲨烯，具有弱的香气，在生物体内可转变为胆固醇。葫芦科瓠瓜的葫芦苦素 B 也是一种三萜化合物，具有抗炎症和抗肿瘤的活性。β-胡萝卜素则是一种四萜化合物，在体内可转化为 2 分子的维生素 A。柠檬苦素类化合物是芸香科、栋科植物中的三萜衍生物，是柑橘汁苦味成分之一，能诱导谷胱甘肽转移酶的合成。

（一）d-苎烯（d-Limonene）

d-苎烯是牻牛儿基牻牛儿磷酸酯经苎烯合成酶催化环化后形成，是许多植物单萜的前体，苎烯在柑橘，尤其是柑橘果皮精油中含量丰富。

苎烯及其羟衍生物紫苏子醇，通过抑制合成胆固醇限速酶的活性，抑制胆固醇的合成。还能阻碍重要细胞蛋白的异戊二烯基化，使该蛋白无法定位在细胞膜上传导细胞生长信号，从而抑制肿瘤细胞生长。d-苎烯及其衍生物，如牻牛儿醇和香芹酮，还能诱导谷胱甘肽转移酶的合成。

苎烯是皮肤刺激剂，属中等毒性敏化剂，JECFA 规定苎烯的 ADI 值为 1.5mg/kg。

（二）柠檬苦素类化合物（Limonoids）

柠檬苦素类化合物是芸香科、栋科植物中的一组三萜衍生物，是柑橘类苦味成分之一，在葡萄籽中的含量最高。它能诱导谷胱甘肽硫转移酶（GST）抑制苯并芘诱导肺癌。

（三）柠檬烯（Limonene）

柠檬烯又称苧烯，学名为1-甲基-4-异丙基环己烯，一种无色至淡黄色液体，具有令人愉快的柠檬样香气，是广泛存在于天然植物中的单环单萜（Monocyclic monoterpene），是除蒎烯外，最重要和分布最广的萜烯。柠檬烯广泛存在于天然植物中，据报道 300 种以上的植物精油中含有柠檬烯，其含量从高达 80%～95%（柠檬、甜橙、柑橘、柚子、香柠檬等）到低至 1%（玫瑰草）。柠檬烯的三种异构体在天然植物中都有一定的分布，其中分布最普遍的异构体是 d-柠檬烯，其次是 dl-柠檬烯，l-柠檬烯在自然界较少见。

柠檬烯具有抑制肿瘤、抑菌、镇静、溶解胆结石、祛痰、止咳、平喘等作用。在啮齿动物中，d-柠檬烯经口服、腹腔注射、皮下注射、静脉注射急性毒性都相当的低。d-柠檬烯和 dl-柠檬烯的大鼠口服 LD_{50} 约为 5g/kg 体重，dl-柠檬烯的家兔皮试 LD_{50} 大于 5g/kg 体重，d-柠檬

烯的小鼠口服 LD_{50} 也超过 5g/kg 体重。

十、其他植物活性成分

（一）叶绿素（Chlorophyll）

叶绿素是光合作用的物质基础，对地球上的生命物质具有极为重要的意义。叶绿素在化学结构上也与人类和大多数动物的血红素极其相似。有关叶绿素的生物功效，早在 1919 年就已提出，认为它能促进增血功能并加速治愈创伤。此后的研究表明，叶绿素的生物功效包括：促进伤口愈合、脱口臭、降低胆固醇、轻度促进肠道蠕动，具有缓解便秘等功效。

（二）姜黄素（Curcumin）

姜黄素是一种植物多酚，是从姜科姜黄属植物姜黄、郁金、莪术等的根或茎中提取的一种有效成分，在姜黄中的含量为 3%~6%。姜黄素的生物功效有抗肿瘤、抗炎、抗菌、防治动脉粥样硬化、抗脂质过氧化、抗肝毒性、抗病毒等。

（三）醌类化合物（Quinonoid）

醌类化合物是一类包括醌类或容易转变为具有醌类性质的化合物，以及在生物合成方面与醌类有密切联系的化合物，常作为动植物、微生物中的色素存在于自然界。

许多重要的中药，如大黄、决明子、番泻叶、紫草、何首乌、芦荟等，都含有醌类成分。根据化学结构的不同，可分为苯醌类、萘醌类、蒽醌类和菲醌类。这些醌类化合物，有些在生物体内的氧化还原反应中，起到传递电子的作用。有些具有抗菌或抗肿瘤活性，如胡桃醌等。有些是中草药中的主要功效成分，如紫草中的具有止血、抗炎、抗病毒、抗肿瘤活性的紫草素类和异紫草素类。

（四）香豆素（Coumarin）和木脂素（Lignan）

香豆素和木脂素都是植物体内存在的一类具有 $C_6—C_3$ 基本骨架的活性成分，也称苯丙素类，是由酪氨酸衍生而来。香豆素是中药白芷、独活、前胡、秦皮的主要功效成分，具有抗菌、抗凝血、抗肿瘤、松弛平滑肌等多样生物活性，但对人和动物有一定的毒性，高压加热可破坏其大部分毒性。木脂素是中药五味子、连翘、牛蒡子等的主要功效成分，具有多种生物功效，如抗病毒、保肝、抗应激等作用。

（五）角鲨烯（Squalene）

角鲨烯是一种高度不饱和烃类化合物，广泛存在于动植物体内，在植物中以橄榄油、棕榈油、茶籽、麦芽等含量较高，在动物中以深海鱼类肝脏中含量最为丰富。大多数鲨鱼肝油都含有大量的角鲨烯，如深海的铠鲨肝油中含角鲨烯 40%~74%，小刺鲨肝油含角鲨烯 49%~89%，其他深海鲨鱼，如缘吻田氏鲨、新西兰乌鲨也都含有较多的角鲨烯，范围在 32%~79%。

角鲨烯的生物功效包括以下几方面：

①促进血液循环，预治因血液循环不良而引致的心脏病、高血压、低血压及中风等；

②活化身体机能细胞，帮助预防及治疗因机能细胞缺氧而引致的病变，如胃溃疡、十二指肠溃疡、肠炎、肝炎、肝硬化、肺炎等。全面增强体质，延缓衰老，提高抗病（包括癌症）的免疫能力；

③消炎杀菌，帮助预防及治疗细菌引致的疾病，如感冒、皮肤病、耳鼻喉炎等；

④修复细胞，加快伤口愈合，也可外用，治疗刀伤、烫伤等。

（六）　10-羟基-α-癸烯酸（10-Hydroxy-2-Decenoic Acid，10-HDA）

10-羟基-α-癸烯酸又名王浆酸，是一种不饱和脂肪酸，自然界中只存在于蜂王浆里，在鲜蜂王浆里含量一般要占 1.4%～2.0%。它是蜂王浆的主要标志物，它可抑制和杀伤癌细胞的作用。它可通过刺激环状-腺磷苷的合成，使蛋白质螺旋结构和氨基酸序列正常化，从而使受肿瘤破坏的结构正常化，因而对癌细胞有抑制作用，可延长患癌动物的生存期。还具有增强免疫、降血脂、抗菌、抗炎、抗溃疡、抗辐射等作用。

（七）洛伐他丁（Lovastatin）

洛伐他丁是由红曲霉菌或土曲霉菌酵解产生的一种不饱和内酯结构的代谢物，它本身并无降脂活性，需经人体产生的羧基酯酶水解后，变成活性的酸式洛伐他丁后，才发挥其降脂和降胆固醇的功效。它可使低密度脂蛋白合成减少而分解代谢增加，并使高密度脂蛋白胆固醇增加。

第七节　微生态制剂

微生态制剂（Microecologics），又称为"微生态调节剂"，具有维持宿主微生态平衡，调整其微生态失调，提高其健康水平等生物功效。根据其主要成分，微生态制剂可以分为益生菌、益生素和合生素。

益生菌（Probiotics）是活的微生物补充品，能改善宿主肠道微生态的平衡，促进健康。益生菌主要是乳酸菌，特别是双歧杆菌。

工业上在筛选菌种时，除满足生产方面的要求外，还应使所筛出菌种具有粘附性高、竞争排斥力强、环境适应能力强和生长快等特点。因为机体内的任何一种菌群组成，无论是正常或非正常的，都会对外来细菌产生排斥作用。若用在功能性食品上的菌株，本身特性就较弱，就不能有效地在肠道内定植繁殖，而被迅速排出体外。

益生素（Prebiotics）是一类不被消化吸收的功效成分，能够选择性的刺激和促进一种或几种结肠内对宿主健康有益的微生物的生长和活力，改善宿主健康。目前比较实用的益生素，主要是各种功能性低聚糖。

合生素（Synbiotics）是指同时包括益生菌和益生素的微生态制剂。

一、益　生　菌

（一）乳酸菌的分类和特性

乳酸菌是一类能发酵利用碳水化合物产生大量乳酸的细菌。在《Bergey 细菌鉴定手册》的第 9 版中，将自然界中已发现的乳酸菌划分为 19 个属。而在这之前，是将乳酸菌分成 5 个属：乳杆菌属、链球菌属、明串珠菌属、双歧杆菌属和片球菌属。

可应用在功能性食品上的乳酸菌属与菌种，主要是乳杆菌属、链球菌属和双歧杆菌属中的一些种。

1. 乳杆菌属（*Lactobacillus*）

乳杆菌属的细胞形态多种多样，从长的、细长的、弯曲形的及短杆状，也常有棒形球杆状，一般形成链状，通常不运动，运动的具有周生鞭毛。无芽孢，革兰染色时呈阳性。有些菌株，当用革兰染色或甲烯蓝染色时，显示出两极体，内部有颗粒物或呈现出条纹。微好氧，在固体培养基上培养时，通常厌氧条件或减少氧压，和充有 5%~10% CO_2 可增加其表面生长物，有些菌株在分离时就是厌氧的。

乳杆菌的营养要求比较复杂，需要氨基酸、肽、核酸衍生物、盐类、脂肪酸或脂肪酸脂质和可发酵的碳水化合物，且几乎每个种都有各自特殊的营养要求。其生长温度范围 2~53℃，最适温度一般是 30~40℃。耐酸，最适 pH5.5~6.2，一般在 pH5 或更低的情况下可生长，在中性或初始碱性 pH 条件时通常会降低其生长速率。

乳杆菌是成人肠道内的优势菌之一，乳杆菌制品以生产工艺相对简单、菌种耐氧性好等特点，而在功能性食品生产中尤受欢迎。使用较多的有保加利亚乳杆菌（*L. bulgaricus*）、嗜酸乳杆菌（*L. acidophilus*）、干酪乳杆菌（*L. casei*）、短乳杆菌（*L. breve*）、植物乳杆菌（*L. plantarium*）、莱氏乳杆菌（*L. leichmanni*）和纤维二糖乳杆菌（*L. cellobiosus*）等。

2. 链球菌属（*Streptococcus*）

在《伯杰氏细菌鉴定手册》（第 9 版）中，对链球菌属的分类作了较大的修改，新建了肠球菌属（*Enterococcus*）和乳球菌属（*Lactococcus*）两个属。肠球菌的应用较少，主要仅粪肠球菌（*Enterococcus faecalis*）和屎肠球菌（*Enterococcus faecium*）有应用。

修改后的链球菌属，限定是无芽孢的化能异养菌，形成类球或球杆形细胞，排列成对或成链状，发酵碳水化合物的主要产物是乳酸。虽然链球菌代谢不能利用氧，但可在氧中生长，被认为是耐氧的厌氧菌，另外还有些是嗜 CO_2 的菌株。常用在发酵乳制品上的链球菌种有乳酸链球菌（*S. lactis*）、丁二酮乳酸链球菌（*S. diacetilactis*）、乳酪链球菌（*S. creamoris*）和嗜热乳链球菌（*S. thermophilus*）等。

3. 双歧杆菌属（*Bifidobacterium*）

双歧杆菌的细胞呈现出多种形态，有短杆较规则形，或纤细杆状带有尖细末端的细胞，有成球形者，也有长而稍弯曲状的，或呈各种分枝或分叉形、棍棒状或匙形。单个或链状、V形、栅栏状排列，或聚集成星状。革兰染色阳性，不抗酸，不形成芽孢，不运动。

双歧杆菌厌氧，在好氧条件下不能在平皿上生长，不过对氧的敏感性不同的种和菌株存有一定的差异。某些种在有 CO_2 存在时，能增加对氧的耐受性。大多数种，在 1atm（标准大气压）含多量空气和 CO_2（例如 90% 空气和 10% CO_2）的气相斜面上，不能生长。

双歧杆菌属的最适生长温度为 37~41℃，初始生长最适 pH6.5~7.0。分解糖，从葡萄糖产生乙酸和乳酸，两者理论上是以物质的量 3∶2 的比例形成。当葡萄糖以独特的 6-磷酸果糖途径降解时，能产生更多的乙酸，还有少量的甲酸与乙醇等，乳酸产量相对减少。不产 CO_2（葡萄糖酸盐降解除外），不产丁酸和丙酸。

目前应用最广泛的双歧杆菌，包括短双歧杆菌（*B. breve*）、长双歧杆菌（*B. longum*）、两歧双歧杆菌（*B. bifidum*）、婴儿双歧杆菌（*B. infantis*）和青春双歧杆菌（*B. adolesce*）等。

（二）乳酸菌的生物功效

乳酸菌在功能性食品上的功效，集中于维持肠道菌群的平衡，并由此引发对机体的整体效果。除此之外，它在泌尿生殖系统中的应用也已引起关注。临床上，乳酸菌制品主要用于防治腹泻、痢疾、肠炎、肝硬化、便秘、消化功能紊乱等疾病。其功效是肯定的，只有少数无效的报道。

从微生态学理论来说，复合菌较单一菌种更具优势，因复合菌种本身即可保持相对的稳定，在人体微生态环境中，具有更大的缓冲能力和环境适应能力，可以迅速在肠道中黏附、定植和繁殖而发挥生理作用。

1. 调节肠道菌群平衡、纠正肠道功能紊乱

乳酸菌通过其自身代谢产物和与其他细菌间的相互作用，调整菌群之间的关系，维持和保证菌群最佳优势组合及稳定性。乳酸菌必须具备黏附、竞争排斥、占位和产生抑制物等特性，才能在微环境中保持优势。

除了黏附外，乳酸菌能产生如下一些抑制物：

①有机酸：乳酸菌发酵糖类产生大量的醋酸和乳酸，使得肠道处于酸性环境中，这对于抑制病原性细菌意义重大。肠道内 pH 的下降，还可促进肠蠕动，阻止病原菌的定植；

②H_2O_2：可抑制葡萄球菌等的生长繁殖；

③糖苷酶：可降解肠黏膜上皮细胞的复杂多糖，而后者是致病菌和细菌毒素的潜在受体。通过酶的作用，可阻止毒素对上皮细胞可能产生的黏附与侵入作用；

④细菌素：如乳链球菌素，对许多革兰阳性菌都具有抑制作用；

⑤分解胆盐：双歧杆菌等可将结合的胆酸分解成游离的胆酸，后者对细菌的抑制作用较前者强。

2. 抑制内毒素和抗衰老

双歧杆菌可抑制肠道中腐败菌的繁殖，从而减少肠道中内毒素及尿素酶的含量，使血液中内毒素和氨含量下降。把双歧杆菌引入肝病患者，发现血氨、游离血清酚及游离的氨基氮明显减少。双歧杆菌对门脉肝硬化性脑病有缓解作用，此类患者摄入短双歧杆菌和两歧双歧杆菌 10^9 个/d 持续 1 个月，就可出现血氨下降现象。

乳酸菌产生的乳酸能抑制了肠腐败细菌的生长，减少这些细菌产生的毒胺、靛基质、吲哚、氨、硫化氢等致癌物及其他毒性物质对机体的损害，延缓机体衰老进程。

3. 免疫激活、抗肿瘤

乳酸菌及其产物能诱导干扰素、促进细胞分裂而产生体液及细胞免疫，这在许多乳杆菌及双歧杆菌中均得到证实。

乳酸菌的抗肿瘤作用是由于肠道菌群的改善结果，抑制了致癌物的产生，同时乳酸菌及其代谢产物激活了免疫功能，也能抑制肿瘤细胞的增殖。

经口摄取乳杆菌和双歧杆菌的动物，经放射线照射后的存活时间比对照组的长，或免于死亡，这可能是因为乳酸菌及其发酵产物的抗突变作用，及对造血系统的保护作用。

4. 降低血清胆固醇

东非 Massai 族居民，长期摄取高胆固醇膳食，但因大量饮用酸乳，故仍保持较低的胆固醇水平。给 53 名美国人喝酸乳，每餐 240mL，1 周后可见胆固醇降低。有人认为，乳杆菌能够使胆汁酸脱盐而使粪便中的胆固醇减少，粪肠球菌及其提取物具有降低血清胆固醇和甘油三酯的作用。感染给雄兔喂以含 0.25% 的胆固醇膳食，同时每天加入 10^{10} 个长双歧杆菌持续 13 周，发现在受试兔中有 70% 胆固醇升高现象受到明显的抑制。

5. 促进 Ca 的吸收、生成营养物质

发酵乳酸菌可提高 Ca、P 和 Fe 的利用率，促进 Fe 和维生素 D 的吸收。乳糖分解产生的糖是构成脑神经系统中的脑苷脂成分，与婴儿出生后脑的迅速生长有密切关系。

一般说来，黄种人比白种人肠道中的乳糖酶少，乳酸菌发酵时消耗了原乳中 20% ~ 40% 的乳糖，这样患有乳糖不耐适症的儿童吃发酵乳就不发生腹泻，还可用于防治由于缺乏 Fe、Ca 引起的贫血症和软骨病。

许多牛乳的维生素含量因微生物的代谢而增加，维生素的产生与微生物的种类、培养温度、培养时间和其他几种过程参数密切相关。除 B 族维生素外，维生素 C 在发酵乳中的稳定性也较鲜乳中的高。

6. 抗感染

乳酸菌，主要是乳杆菌，在防治泌尿生殖系统感染方面有较明显的功效。阴道内源性菌群具有共凝聚（Coaggregate）作用，可在阴道上皮细胞表面定植。乳杆菌是健康女性阴道的正常菌群，能与其他细菌发生共凝聚从而抑制病原菌的生长。

二、益　生　素

益生素能促进乳酸菌生长繁殖的物质，由于通常是对双歧杆菌起作用，故又称双歧因子（Bifidus factors），但有些对乳杆菌也有一定作用。

1. 双歧因子 1

早期的研究发现，母乳中存在能促进两歧双歧杆菌生长的 N-乙酰-葡萄糖胺的寡糖或多糖，并将此物质命名为双歧因子 1。N-乙酰半乳糖胺和 N-乙酰甘露糖胺，对两歧双歧杆菌也具有促进作用，但较乙酰葡糖胺弱一些。

2. 双歧因子 2

酪蛋白经酶水解生成的多肽及次黄嘌呤，可促进两歧双歧杆菌的生长，命名为双歧因子 2。往牛乳中添加 20% 经胃蛋白酶消化过的乳，对活体外双歧杆菌的生长及产酸影响很大。由母乳 κ-酪蛋白中分离出的糖肽，在 50mg/kg 浓度下就可促进两歧双歧杆菌的增殖。

双歧杆菌中有很多菌株在纯牛乳中不能产生，需要添加酪蛋白降解产生的肽或氨基酸。这是因为，这些菌株缺乏分解蛋白质的活性而需添加酪蛋白水解物，或与能分解蛋白的嗜酸乳杆菌共同培养。

乳清蛋白也是一种很好的双歧杆菌生长因子，还有就是酵母提取液、牛肉浸液、大豆胰蛋白酶水解产物等，其中酵母提取液效果较好。

无论是哪种生长促进因子，它们均具有一种共同的成分，就是含硫的肽，如果其二硫键被还原或烷基化则失去作用。但仅含二硫键的物质如谷胱甘肽，也没有作用。从 κ-酪蛋白的胰蛋白酶水解产物中分离出的双歧因子，当其二硫键被烷基化还原后则失去作用。

3. 植物提取物

民间常用胡萝卜汁治疗婴儿消化不良或痢疾，这主要是由于胡萝卜汁中含有双歧因子。研究表明，从胡萝卜块根中提取出的磷酸泛酰硫基乙胺，是双歧生长因子辅酶 A 的前体。

马铃薯提取物对培养于牛乳中的双歧杆菌有促进生长作用，玉米提取物也能促进双歧杆菌在牛乳中的生长。含 0.5% ~ 1.0% 玉米提取物的灭菌乳，在 37℃ 培养时双歧杆菌的增殖率为对照组的 2 ~ 3 倍。

4. 溶菌酶

母乳中的溶菌酶含量为 40mg/100mL，牛乳中的平均含量为 13μg/100mL。40 ~ 100mL 鸡蛋中的溶菌酶可促进婴儿体内双歧杆菌的增殖，并使粪便中溶菌酶活力提高。

5. 核苷酸

核苷酸（Nucleotide）是核酸的组成成分，机体能合成足够数量的核苷酸。目前还没有发现因膳食缺乏核苷酸而引起的公认疾病。成人正常膳食一天的供给量为 1~2g。

核酸传统认为是遗传物质，近年的研究表明也有一定的营养保健作用，诸如提高免疫力、抗疲劳等。核苷酸在肠道内可促进双歧杆菌的增殖。婴儿配方乳中添加核苷酸后，粪便中双歧杆菌和乳酸杆菌数量明显增多。

6. 功能性低聚糖

功能性低聚糖，包括低聚果糖、低聚乳果糖、大豆低聚糖、低聚异麦芽糖和低聚木糖等，是目前最实用的双歧因子。这方面内容，参见本章第一节。

7. 膳食纤维

壳聚糖、菊粉等膳食纤维，也是比较实用的双歧因子，尤其是菊粉的效果较好。

🔍 **思考题**

1. 什么是膳食纤维？简述膳食纤维的物化特性与生理功效。

2. 什么是功能性低聚糖？有哪些生理功效？请列出几项具体功能性低聚糖产品。

3. 请列出 2~3 个具体的活性肽，简述它们的生理功效。

4. EPA 和 DHA 的主要来源有哪些？简述 EPA 和 DHA 的生理功效。

5. 脂溶性和水溶性维生素分别有哪些？它们的共同特点是什么？

6. 什么是必需微量元素？请举出至少四种必需微量元素，并简述它们的生理功效。

7. 益生菌、益生素、合生素的定义是什么？

8. 简述乳酸菌的生理功效，可应用于功能性食品的乳酸菌有哪些？

植物及其生物活性

[学习目标]

1. 了解药食两用植物的种类及功效。
2. 了解本章可用于功能性食品中的植物种类及其生物活性。
3. 了解可用于功能性食品中的常见动物原料种类及其生理功效。

21世纪崇尚天然、回归自然的消费理念深刻影响着人们的生活方式和生活习惯，人们对来自天然植物活性物质的需求越来越感兴趣。植物活性物质开发已逐渐形成一个相对独立的技术密集的健康产业，并在功能性食品、医药品、化妆品、食品等领域得到越来越广泛的应用，市场前景十分广阔。

我国是世界植物资源王国，在植物资源利用方面具有独一无二的自然和人文优势。近十年来国内相关产业的发展已有长足的进步，并逐渐在世界范围内建立起产业和资源优势，这将有力促进我国健康产业（功能性食品、医药品相关产业）发生革命性的变化。尽管如此，我国在该领域的基础和应用研究尚十分薄弱，无法适应日益蓬勃发展的产业需求，我们应加快该领域的研发和产业化进程，进一步推动功能性食品工业的发展。

天然植物有着众多合成产物不可比拟的优点，但天然并不等同于安全。因此，在研究开发天然植物原料的同时，不仅需要了解它们的功效成分和生物活性，还应该了解它们的毒理学性质。同时还必须知道有哪些植物原料是不适宜应用在功能性食品中的。

我国卫生行政部门曾专门列出下列数十种不宜用于功能性食品的植物原料：八角莲、八里麻、千金子、土青木香、山莨菪、川乌、广防己、马桑叶、马钱子、六角莲、天仙子、巴豆、水银、长春花、甘遂、生天南星、生半夏、生白附子、生狼毒、白降丹、石蒜、关木通、农吉痢、夹竹桃、朱砂、米壳（罂粟壳）、红升丹、红豆杉、红茴香、红粉、羊角拗、羊踯躅、丽江山慈姑、京大戟、昆明山海棠、河豚、闹羊花、青娘虫、鱼藤、洋地黄、洋金花、牵牛子、砒石（白砒、红砒、砒霜）、草乌、香加皮（杠柳皮）、骆驼蓬、鬼臼、莽草、铁棒槌、铃兰、雪上一枝蒿、黄花夹竹桃、斑蝥、硫黄、雷公藤、颠茄、藜芦、蟾酥。

第一节　药食两用植物

食品首先必须具备的条件是安全，能够作为药食两用的植物其安全性自然较高，但也不是无限制的。如本节中的肉豆蔻和苦杏仁，大量服用或食用方法不当均可导致死亡。因此，在研究和应用这类药食两用植物时，安全问题也不可忽视。

2002 年，我国卫生部公布了 86 种"既是药品又是食品"名单。2013 年又制定了《按照传统既是食品又是中药材的物质目录（征求意见稿）》，新增了 15 种中药材物质作为按照传统既是食品又是中药材物名单。2018 年再拟增补 9 种中药材物质按照食药物质管理。本节简单讨论对这些药食两用植物的来源、生物活性以及食用安全性。

一、根茎类植物

1. 山药

山药（Rhizome of common yam）来源于薯蓣科薯蓣的块茎，能对抗环磷酰胺降低白细胞作用，并在降血糖、抗氧化、加速创伤愈合、抗应激方面有功效。

2. 玉竹

玉竹（Rhizome of fragrant solomonseal）来源于百合科植物玉竹的根茎，可治疗风湿性心脏病、冠状动脉粥样硬化性心脏病和肺源性心脏病等引起的心力衰竭，还具有扩张血管，降血压、血糖和血脂，以及增强免疫力的功能。

3. 甘草

甘草（Liquorice root licorice）来源于豆科植物甘草的根及根状茎，具有解毒、抗龋齿、抗炎症、抗溃疡、解痉挛等功效。甘草毒性甚低，但如长期服用会引起水肿和血压升高。

4. 白芷

白芷（Radix Angclicac Dahuicac）来源于伞形科当归属植物白芷或杭白芷的干燥根，具有清热、镇痛、解痉挛、抗炎、止血等功效。它对肾上腺素和促肾上腺皮质素有活化作用，从而间接促进脂肪分解和抑制脂肪合成，还能抵抗病原体、可用于光化学治疗银屑病，并有兴奋中枢神经作用。服食过多可能会出现食欲不振、呕吐及光毒反应。

5. 百合

百合（Bulbus lilii）来源于百合科植物百合、麝香百合、细叶百合及同属多种植物鳞茎的干燥肉质鳞叶，具有增强免疫功能、镇静、催眠、抗疲劳、抗应激、保护胃粘膜、止咳、祛痰和平喘等多种功效。

6. 肉桂

肉桂（Cortex Cinnamomi）来源于樟科樟属植物肉桂的干皮及枝皮。它具有保护心血管系统、抗溃疡、加强胃肠道运动、调节中枢神经系统的功效，还能抗炎、增强免疫力、增加白细胞含量、抗辐射、抗菌、抗肿瘤及分解脂肪。肉桂毒性低，口服肉桂粉末 60g 后会产生头晕、眼花、咳嗽、口渴等症状。

7. 姜

姜（Ginger）来源于生姜、干姜。它能抑制血小板聚集，促进胃液分泌，加强胃肠道运动，抑制亚硝酸胺合成，调节中枢神经系统，以及降血脂、抗溃疡、止吐、杀菌、抗氧化、抗炎症等，还有具有杀灭软体动物的作用，可用于治疗血吸虫病。

8. 高良姜

高良姜（*Rhizoma Alpiniate Officinarum*）来源于姜科植物高良姜的根茎，具有抗血栓、提高耐缺氧力、镇痛、抗菌等作用，还能促进胃液分泌、加强肠道运动。

9. 桔梗

桔梗（Platycodon root）来源于桔梗科植物桔梗的根。本品具有抗炎、祛痰、镇咳、抗溃疡、降血压、降血糖、解热镇痛、促进胆酸分泌、抗过敏及增强人体免疫力、抑制肿瘤等作用，还能降低烟草毒性，防止人体血液酒精含量升高。桔梗口服一般无毒副反应。但桔梗能导致局部组织兴奋，接触性皮炎及溶血。

10. 黄精

黄精（*Rhizome of King Solomonseal*）来源于百合科植物黄精的根茎，可降血脂、强心、降血糖、抗菌、抗衰老、调节免疫功能。

11. 葛根

葛根（*Root of Thomson Kadzuvine*）来源于豆科葛属植物野葛和粉葛的块根，能增加脑及冠状动脉的血流量，对缺氧心肌具有保护作用，此外还有降血糖、解痉作用。

12. 薤白

薤白（*Bulbus Allii Macrostemi*）来源于百合科植物小根蒜或薤的干燥鳞茎，具有抑菌、抗氧化作用，能抑制血小板聚集、降低血脂水平。中毒症状为躁动不安，给大鼠灌胃 3g/kg，可明显加速溃疡的形成。

13. 芦根

芦根（*Rhizoma Phragmitis*）来源于禾本科植物芦苇的根茎，主要用于治疗呕吐、反胃，并可解河豚毒。

14. 白茅根

白茅根（*Rhizoma Imperatae*）来源于禾本科植物白茅的根茎，具有止血、利尿等作用。

15. 人参

人参（*Panax ginseng*）来源于五加科植物人生的干燥根。具有抗肿瘤、抗衰老、改善心血管系统、促进学习与记忆能力、调节免疫以及改善糖尿病和慢性肝炎等作用。必须为 5 年及 5 年以下人工种植的人参，且食用量≤3g/d。孕妇、哺乳期妇女及 14 周岁以下儿童不宜食用。

16. 粉葛

粉葛（*Pueraria thomsonii* Benth）来源于豆科植物甘葛藤的干燥根。具有抗衰老、降血压、降血糖、降血脂、改善脑循环、解酒、止泻等作用。

17. 当归

当归（Chinese angelica root）来源于伞形科植物当归 *Angelica Sinensis*（Oliv.）Diels 的干燥根。具有补血调经、消肿止痛、润肠通便、补血生肌和抗菌等作用。仅限用于香辛料，且使用量≤3g/d。

18. 山柰

山柰（*Rhizoma Kaempferiae*）来源于蒋科植物山柰 *Kaempferia galanga* L. 的干燥根茎。山柰可以抑制许多人体酶，如抑制酪氨酸酶的活力，同时具有镇痛抗炎、抗氧化、抗肿瘤等功能，适于治心腹冷痛、停食不化、跌打损伤、牙痛。仅作为调味品使用，且使用量≤6g/d，在调味品中标示"根""茎"。

19. 姜黄

姜黄（*Rhizoma Curumae Longae*）来源于姜科植物姜黄或郁金的根茎。具有降血脂、抗肿瘤、抗炎、抗病原微生物、抗氧化、利胆、兴奋子宫等作用。仅作为调味品使用，使用量≤3g/d，在调味品中需标示"根、茎"。

20. 党参

党参（*Pilose Asiabell* root）来源于桔梗科植物党参、素花党参、川党参的干燥根。具有抗疲劳、抗辐射、耐缺氧、降血压、提高免疫能力、改善记忆能力、保护胃黏膜和改善冠心病心绞痛等作用。使用量≤9g/d，孕妇、婴幼儿不宜食用。

21. 肉苁蓉（荒漠）

肉苁蓉（荒漠）（*Cistanche deserticola*）来源于列当科植物肉苁蓉 *Cistanche deserticola* Y. C. Ma 的肉质茎。具有提高免疫能力、改善阳痿早泄、促进生长发育、抗衰老、抗辐射、提高机体免疫能力、保护肝脏和心脑血管、润肠排毒、促进脱氧核糖核酸合成等功效。使用量≤3g/d，孕妇、哺乳期妇女及婴幼儿不宜食用。

22. 铁皮石斛

铁皮石斛（*Dendrobium officinale*）来源于兰科石斛属植物铁皮石斛 *Dendrobium officinale* Kimura et Migo 的茎。具有促进腺体分泌和脏器运动、降血糖、提高免疫力等功效。使用量≤3.5g/d，孕妇不宜食用。

23. 西洋参

西洋参（American ginseng）来源于五加科人参属植物西洋参 *Panax quinque folium* L. 的干燥根。具有抗溶血、抗惊厥、抗利尿、镇痛、抗疲劳、改善记忆力、保护心血管系统、提高免疫力、促进脂肪和糖代谢等功效。使用量≤3g/d，孕妇、哺乳期妇女及婴幼儿不宜食用。

24. 黄芪

黄芪（*Astragalus* root）来源于豆科植物蒙古黄芪和膜荚黄芪的根。具有强心、抗心肌缺血、抑制血小板凝集、降血糖、抗氧化、抗衰老、抗肿瘤和提高免疫能力等作用。使用量≤9g/d。

25. 天麻

天麻（*Gastrodia Elata* Bl.）来源于兰科植物天麻的干燥块茎，具有镇静、抗惊厥和抗癫痫等作用，用于治疗头昏眼花，神经衰弱等症，对血管性神经性头痛、脑震荡后遗症等有显著疗效。使用量≤3g/d，孕妇、哺乳期妇女及婴幼儿不宜食用。

二、叶类植物

1. 桑叶

桑叶（*Folium Mori*）来源于桑科落叶小乔木植物桑树的叶，具有降血糖、抗菌、降压等作用，还能刺激胰岛素分泌，降低胰岛素分解速度，预防糖尿病。

2. 荷叶

荷叶（Lotus leaf）来源于睡莲科植物莲的叶，具有镇咳祛痰、降血脂、解痉挛作用，对痢疾杆菌和肠炎杆菌也有抑制作用。

3. 紫苏

紫苏（*Folium Perillae*）来源于唇形科植物紫苏、野生紫苏等的干燥叶（或带嫩叶），具有调节中枢神经系统，促进消化吸收，增强免疫，以及抗突变、抗菌、止咳平喘等作用。

4. 布渣叶

布渣叶（Paniculata）来源于椴树科破布叶属植物破布树 *Microcos paniculata* L. 的叶。具有清热解毒、促进消化、镇痛抗炎、退黄、改善肝功能等作用，主要用于治疗感冒、中暑、食欲不振、消化不良、食少泄泻、湿热黄疸，仅作为凉茶饮料原料，使用量≤15g/d。

5. 杜仲叶

杜仲叶（*Eucommia ulmoides* leaves）来源于杜仲科植物杜仲 *Eucommia ulmoides* Oliv. 的干燥叶子。具有抗菌消炎、利胆、止血、抗癌、抗氧化、刺激胃肠道消化系统等作用。使用量≤7.5g/d，孕妇、哺乳期妇女及婴幼儿不宜食用。

三、花草类植物

1. 丁香

丁香（Clove）来源于桃金娘科植物丁香的干燥花蕾，具有促进胃液和胆汁分泌、抗溃疡、镇痛、抗缺氧、抗血栓、抗凝血、抗血小板聚集以及抗病原菌、驱虫等功效，还能抗惊厥，减轻牙痛、收缩子宫。

2. 马齿苋

马齿苋（Purslane）来源于马齿苋科植物马齿苋的全草，具有抗菌、收缩子宫以及松弛肌肉的作用。它没有明显毒性，但剂量较大时可引起恶心。

3. 小蓟

小蓟（*Herba Cirsii*）来源于菊科植物小蓟的全草或根，具有止血、祛淤、抗菌等作用，对血崩及产后子宫收缩不全也有疗效。

4. 玳玳花

玳玳花（Biter orange fruit）来源于芸香科植物玳玳花的花蕾，具有止肝痛、止胃痛、化痰的功效，主要治疗胸闷、腹胀、呕吐、脱肛、子宫脱垂等病症。

5. 薄荷

薄荷（Mint）来源于唇形科植物薄荷或家薄荷的全草或茎叶，具有健胃保肝、抗病原菌、兴奋中枢神经系统、抗炎等功效。

6. 金银花

金银花（Honeysuckle）来源于忍冬科植物忍冬、红腺忍冬、山银花或毛花柱忍冬的干燥花蕾或初开的花，能降血脂、抗菌、增强免疫功能、增加白细胞数量，并具有显著抗炎活性和保肝作用。

7. 鱼腥草

鱼腥草（*Herba Houttuyniae*）来源于三白草科植物蕺菜的带根全草，能增强机体免疫功能，具有利尿、抗过敏、抗肿瘤、抗病原菌、抗炎症等功效。此外还具有一定降血压、降血脂、扩张冠脉等作用。

8. 香薷

香薷（*Herba Elsholtziaz*）来源于唇形科植物海洲香薷的带花全草，可增强免疫功能、清热镇痛、抗病原菌。

9. 淡竹叶

淡竹叶（Herb of *Common Lophantherum*）来源于禾本科植物淡竹的全草，具有抗菌、清热解毒、降低胆固醇、利尿的功效，可用于治疗牙龈肿痛。其叶对小鼠的 LD_{50} 为 64.5g/kg。

10. 菊花

菊花（Chrysanthemum）来源于菊科植物菊的头状花序，具有明显的扩张冠状动脉的作用，还具有抵抗病原菌和解热的功效。

11. 槐花

槐花（Flower bud of Japanese pagodatree）来源于豆科植物槐的干燥花蕾或花，具有抗炎、抗菌、降压、降血脂、扩冠状动脉等作用。食用生槐花可能引起皮肤痒痛，出现皮疹。

12. 蒲公英

蒲公英（Dandelion）来源于菊科多年生植物蒲公英、碱地蒲公英、异苞蒲公英或其他数种同属植物的带根全草，具有良好的抗感染作用，还能增强免疫功能、抗肿瘤、抗胃溃疡。

13. 藿香

藿香（Ageratum）来源于唇形科植物广藿香或藿香的全草，具有抗病原菌的功效，还能刺激胃粘膜、促进胃液分泌、助消化。

14. 白扁豆花

白扁豆花（*Flos Lablab Album*）来源于豆科植物白扁豆的花，能治疗血崩不止、泻痢等症。

15. 菊苣

菊苣（Chiccory）来源于菊科植物菊苣的地上部分，具有镇痛、催眠的功效。

16. 山银花

山银花（Flos Lonicerae）来源于忍冬科植物灰毡毛忍冬、红腺忍冬、灰毡毛忍冬或华南忍冬的干燥花蕾或带初开的花。具有抗病原微生物、抗炎、降血脂、清热解毒、兴奋中枢神经系统、增强机能等功效。

17. 芫荽

芫荽（Coriander）来源于伞形科云姜属植物胡荽的全草。具有促进胃肠蠕动、刺激汗腺分泌等作用。

18. 松花粉

松花粉（Pine pollen）来源于松科植物马尾松 *Pinus massoniana* Lamb.、油松 *Pinus tabulae-formis* Carr. 或同属数种植物的干燥花粉。具有提高机体免疫力、通肠润便、维持记忆力、保护心血管和肝脏、护肤美容、抗衰老、抗疲劳等功效。

19. 西红花

西红花（Saffron）来源于鸢尾科植物番红花的柱头。具有降低胆固醇、增加脂肪代谢、增强细胞内氧代谢能力、保护心脏、提高免疫调节、抗癌抑瘤、抗血凝的功效，同时还具有改善月经不调、内分泌失调、美容养颜、抗衰老的作用。仅作为调味品使用，且使用量≤1g/d，在调味品中也称"藏红花"。

20. 玫瑰花

玫瑰花（Rose）来源于蔷薇科植物玫瑰的花蕾，具有美容养颜、松弛神经及帮助伤口愈合等作用。

21. 夏枯草

夏枯草（*Prunella vulgaris*）来源于为唇形科植物夏枯草的果穗。具有保护心血管系统、降血糖、抑菌、促进免疫调节、抗肿瘤、清除自由基、保护肝脏、镇定催眠等作用。仅作为凉茶饮料原料，使用量≤9g/d。

四、果 类 植 物

1. 枸杞子

枸杞子（*Fructus L.*）来源于茄科植物枸杞或宁夏枸杞的干燥成熟果实。它能显著提高吞噬细胞吞噬百分率和吞噬指数，提高血清溶菌酶活力，具有降压、降血脂、抗脂肪肝，降低脂肪肝等作用，在抗肿瘤、抗衰老、抗应激、抗突变等方面均有很好的效果。此外，它能显著升高白细胞数量，对造血功能也有促进作用。

2. 枳椇子

枳椇子（Fruit of Japanese raisin tree）来源于鼠李科植物枳椇的果实。它能加快乙醇代谢，抑制乙醇诱导的肌松作用、预防乙醇所致肝损伤。在抗致突变、抗肿瘤、保肝、抑制组胺释放、镇静、抗痉、镇痛、利尿等方面均有良好的效用，同时还能降压、促进肠管蠕动，对应激性胃溃疡有明显的抑制作用以及甜味抑制剂作用。

3. 山楂

山楂（Hawkthorn）来源于蔷薇科植物山楂或野山楂的成熟果实。本品具有保护心血管系统、降血脂、降压等功效，对心肌缺血、缺氧有保护作用。此外，它在清除自由基、增强免疫力、抗肿瘤、抗菌、助消化等方面均有作用。山楂毒性较低，但其酒精和水浸液大量服用会引起中毒。

4. 乌梅

乌梅（*Fructus mume*）来源于蔷薇科植物梅的干燥未成熟果实，具有驱虫、抗病原菌、抗过敏、抗辐射、抗衰老及调理肠道等作用。胃酸过多者及妇女经期、产前产后不宜服用乌梅。乌梅用量较大时可产生上腹不适、恶心呕吐等反应。多食对牙齿、肾脏有一定损害。

5. 覆盆子

覆盆子（Fruit of palmleaf raspberry）来源于蔷薇科悬钩子属植物华东覆盆子的果实，具有促进淋巴细胞转化、改善学习记忆力、延缓衰老、抗诱变和增强免疫作用。

6. 余甘子

余甘子（Fruit of emblic leaf flower）来源于大戟科植物油柑的干燥成熟果实，具有清除自由基和抗氧化作用，能降脂减肥、抗动脉粥样硬化、抗肝损伤、抗病原微生物、抗炎、抗诱变、抗致畸和抗肿瘤。

7. 佛手

佛手（*Fructus Citri sarcodactylis*）来源于芸香科植物佛手的干燥果实，能显著提高耐缺氧能力，对心肌缺血有保护作用，还能调节中枢神经系统、平喘祛痰，对酒精中毒也具有显著的预防保护作用。

8. 沙棘

沙棘（Fruit of seabuckthorn）来源于胡颓子科植物沙棘的成熟果实，具有增强免疫力、改善心血管系统、抗肿瘤、护肝、清除自由基作用，对造血细胞也有促进作用，它还能抗辐射、抗炎症、抗过敏与抗疲劳。

9. 花椒

花椒（*Pericarpium zanthoxyli*）来源于芸香科植物花椒或川椒的干燥果皮。它具有兴奋作用，同时还能抗血栓、抗应激性心肌损伤、抗菌以及局部麻醉。过量可引起呼吸极度困难而致动物死亡。小鼠腹腔注射或静脉注射野花椒水溶性生物碱的 LD_{50} 分别为 19.85mg/kg 或 3.61mg/kg。

10. 罗汉果

罗汉果（*Fructus momordicae*）来源于葫芦科植物罗汉果的果实，能使肠道恢复自发性活动，并具有退热、止咳、祛痰和改善胃肠道功能的效用。

11. 青果

青果（Chinese white olive）来源于橄榄科植物橄榄的果实，能用于治疗咽喉肿痛、咳嗽、吐血、痢疾、癫痫，并可解河豚毒及酒精毒，还能兴奋唾液腺，有助消化作用。

12. 八角茴香

八角茴香（Star anise）来源于本兰科植物八角茴香的干燥成熟果实，能提高血液中白细胞含量，促进肠胃蠕动，还具有抗菌、解痉、镇痛及雄性激素样作用。

13. 栀子

栀子（*Fructus gardeniae*）来源于茜草科植物山栀的干燥成熟果实。它能降低心肌收缩力、降血压，还能抗动脉硬化，降低血清胆红素含量，减轻四氯化碳引起的肝损害，促进胆汁分泌，调节中枢神经系统，以及抗菌、抗炎症、止血。

14. 香橼

香橼（Citron fruit）来源于芸香科植物枸橼或香圆的成熟果实，具有化痰、顺气的功效，用于治疗腹胀、咳嗽等。

15. 小茴香

小茴香（Fennel fruit）来源于伞形科植物茴香的果实，能驱寒、止痛、调节中枢神经系统、祛痰平喘、抗菌、抗肿瘤，还具有性激素样作用。

16. 桑葚

桑葚（Mulberry）来源于桑科植物桑的干燥果穗，能增强免疫功能、促进造血细胞的生长、降低红细胞膜 Na^+，K^+-ATP 酶活力、增加白细胞数量。

17. 橘红

橘红（*Pummelo* peel）来源于芸香科植物橘及其栽培变种的干燥外层果皮。其化痰效果很好，还具有一定的健脾调胃功效，适用于脾胃虚弱者。

18. 益智仁

益智仁（*Fructus alpiniae Oxyphllae*）来源于姜科益智的干燥成熟果实，具有抗胃损伤、强心、改善学习记忆能力等作用。

19. 紫苏籽

紫苏籽（Perilla seed）来源于唇形科植物紫苏、野生紫苏等的干燥成熟果实，具有降气消痰、平喘、润肠等功效。

20. 黑胡椒

胡椒为胡椒科植物胡椒的干燥近成熟或成熟果实，胡椒采收，晒干者为黑胡椒，具有调节中枢神经系统的功能，并具有影响胆汁分泌、抗炎杀虫的作用。

21. 橘皮

橘皮（*Pericarpium citri reticulatae*）来源于芸香科植物福橘或朱橘等多种橘类的果皮，能明显减轻和改善动脉粥样硬化病变，对胃肠道有温和的刺激作用，可促进消化液的分泌。

22. 木瓜

木瓜（*Pawpaw*）来源于蔷薇科植物贴梗海棠的果实，能抗菌、保肝、抗肿瘤。

23. 草果

草果（*Amomum Tsao-ko*）来源于姜科植物草果的干燥成熟果实。具有降血糖、降血脂、抗衰老、抗氧化、抑菌、刺激肠道蠕动等功效，可用于治疗疟疾、腹痛腹泻、消化不良、咽喉感染等。仅作为调味品使用，使用量≤3g/d。

24. 荜茇

荜茇（*Fructus Piperis Longi*）来源于胡椒科植物荜茇 *Piper longum* L. 的果实或成熟果穗。具有抗溃疡、抗病原体、抗心肌缺血、抗心律失常、调节血脂等功能。荜茇精油小鼠腹腔注射 LD_{50} 为 9.5 ± 0.74ml/kg，而醇小鼠灌胃 LD_{50} 为 4.97 ± 0.88g /kg。仅作为调味品使用，使用量≤1g/d。

25. 山茱萸

山茱萸（*Dogwood fruit*）来源于山茱萸科植物山茱萸的果肉，具有抗菌、抗炎、降血糖、调节免疫、抑制血小板凝集及抗血栓形成、强心以及抗失血性休克等作用。山茱萸果肉 LD_{50} 为 53.55g/kg，果核 LD_{50} 为 53.55g/kg。使用量≤6g/d，孕妇、哺乳期妇女及婴幼儿不宜食用。

五、种子类植物

1. 肉豆蔻

肉豆蔻（*Nutmeg*）来源于肉豆蔻科植物肉豆蔻的成熟干燥的种仁，具有抗肿瘤、健胃、增加胃液分泌、刺激胃肠蠕动，以及抗菌消炎作用。需要注意，它对中枢神经系统有明显的抑制作用，对正常人有致幻作用和轻度兴奋作用。肉豆蔻油的毒性成分为肉豆蔻醚，有致畸作用。人食用 7.5g 肉豆蔻粉可引起眩晕与昏睡，曾有服大量而致死的报道。

2. 苦杏仁

苦杏仁（Bitter apricot seed）来源于蔷薇科李属植物杏的成熟种子。具有抗肿瘤、降血糖、抗炎、镇痛等功效。所含苦杏仁苷有抗突变作用，苦杏仁油还有驱虫、杀菌作用。目前对于苦杏仁苷的功效尚有争议。过量服用苦杏仁苷易产生严重中毒，表现为呼吸困难、抽筋、昏迷、瞳孔散大、心跳快而弱、四肢冰冷，如抢救不及时或方法不当，可导致死亡。

3. 龙眼肉

龙眼肉（Arillus longan）来源于无患子科植物龙眼树的成熟果肉，具有抗应激、抗衰老，以及抑制脑 B 型单胺氧化酶（MAO-B）活性的作用。

4. 白果

白果（*Ginkgo* seed）来源于银杏科植物乔木银杏的成熟种仁。白果具有降压、抗过敏作用，大量或生食易引起中毒。

5. 白扁豆

白扁豆（*Hyacinth dolichos*）来源于豆科植物扁豆的种子，具有增强免疫力、抑菌解毒以及抑制血凝等功能。

6. 决明子

决明子（*Semen Cassiae*）来源于豆科植物决明的成熟种子。它具有降血压、降血脂、明目、保肝、收缩子宫和催产等功能，对细胞免疫反应有一定的抑制作用，但对巨噬细胞功能却有增强作用，还具有抗血小板聚集作用。需要注意，其中的蒽醌化合物具有致癌性。

7. 刀豆

刀豆（Sword bean）来源于豆科植物刀豆的种子，具有调理胃肠道、健脾、抗肿瘤、抗病原体等功效。

8. 火麻仁

火麻仁（*Fructus cannabis*）来源于桑科植物大麻的种仁，具有保肝、降压、降脂和缓泻作用。大量食入（60~120g）会发生中毒。

9. 芡实

芡实（Seed of *gordon euryale*）来源于睡莲科植物芡的成熟种仁，能用于治疗遗精、带下、小便失禁，大便泄泻等症状。

10. 赤小豆

赤小豆（*Semen phaseoli*）来源于豆科植物赤豆或赤小豆的种子，对金黄色葡萄球菌、福氏痢疾杆菌和伤寒杆菌等有抑制作用，可用于治疗由各种原因引起的水肿。

11. 麦芽

麦芽（Wheat germ）来源于禾本科植物大麦的成熟果实经发芽干燥而得，能帮助助消化、降血糖、促进乳汁分泌、抗真菌、降血脂等。

12. 大枣

大枣（*Fructus jujubae*）来源于鼠李科植物枣的成熟果实，能抑制癌细胞增殖、保护肝脏、抗突变、镇静催眠和降压。

13. 郁李仁

郁李仁（Chinese dwarf cherry seed）来源于蔷薇科植物郁李、欧李或长梗郁李的种子，具有显著促进小肠蠕动的作用，还具有抗炎、镇咳平喘、祛痰、抗惊厥、镇痛、促进细胞新陈代谢、扩张血管及降压等作用。

14. 砂仁

砂仁（Fruit of *Villous Amomum*）来源于姜科植物阳春砂或缩砂的成熟果实或种子，具有抗血小板聚集、抗溃疡和镇痛作用。

15. 胖大海

胖大海（*Semen sterculiae lychnophorae*）来源于梧桐科植物胖大海的种子，具有缓和泻下、降压、减轻黏膜炎症和痉挛性疼痛的功效，对血管平滑肌有收缩作用。大量服用有致死危险。

16. 桃仁

桃仁（*Semen persicae*）来源于蔷薇科桃属植物桃或山桃的干燥成熟种子。它具有活血化瘀、镇咳、抗肿瘤、抗血凝的作用，同时能抗血小板聚集，防止血栓形成，还能提高肠黏膜的润滑性而使大便易于排出。服用过量会出现中枢神经受损伤，眩晕、头痛、呕吐、心悸、瞳孔扩大、惊厥乃至呼吸衰竭而死亡。

17. 莲子

莲子（Lotus seed）来源于睡莲科植物的果实或种子，能抑制鼻咽癌，具有清心安神、止血、降压及抗心律失常的功效。

18. 莱菔子

莱菔子（*Semen Raphani*）来源于十字花科植物萝卜的干燥成熟种子。本品具有较强的降压效果，对细菌病毒有抑制和解毒作用，同时还具有镇咳祛痰、防止血清胆固醇升高、抑制冠状动脉硬化和防治冠心病等作用。

19. 淡豆豉

淡豆豉（Fermented soybean）由豆科植物大豆的种子经蒸煮加工而成，能促进细胞的新陈代谢、扩张血管，主要用于防治糙皮病、舌炎、脑血栓等。

20. 黄芥子

黄芥子（*Semen Brassicae Junceae*）来源于芥的干燥成熟种子。其主要用于治疗胸闷胀痛，关节麻木、疼痛等。

21. 黑芝麻

黑芝麻（*Semen Sesami Nigrum*）来源于胡麻科植物芝麻的黑色种子，能延缓衰老、降低血糖、防治动脉硬化、增加肝脏及肌肉中糖原的含量。

22. 榧子

榧子（*Semen Torreyae*）来源于红豆杉科植物榧子的干燥成熟种子，能驱除猫绦虫，对钩虫也有抑制和杀灭作用。

23. 酸枣仁

酸枣仁（Seed of spine date）来源于鼠李科植物酸枣的种子。本品有明显的镇静催眠作用，还具有保护心血管系统、降血压、降血脂、抗心律失常、增强免疫功能、提高耐缺氧力等功效。

24. 薏苡仁

薏苡仁（Semen coicis）来源于禾本科植物薏苡的种仁，对癌细胞有抑制及破坏作用，还具有降血糖、抗炎及较弱的中枢神经抑制作用。

六、菌 藻 类

1. 茯苓

茯苓（Tuckahoe）为多孔菌科植物茯苓的干燥菌核，可利尿、抗肿瘤、增强免疫功能、镇静、增强心肌收缩力、抑制毛细血管通透性。

2. 昆布

昆布（*Ecklonia Kurome Okam*）为海带科植物海带或翅藻科植物昆布的干燥叶状体，具有调节免疫、抗肿瘤、抗凝血、调血脂、降血糖、抗辐射、抗氧化等作用。昆布含有的碘及碘化物，使其具有纠正由缺碘引起的甲状腺机能不足。昆布还可以降压、平喘镇咳，用于治疗水肿、脚气、睾丸肿痛等症。

3. 灵芝

灵芝（Ganoderma）来源于多孔菌科植物赤芝和紫芝的新鲜子实体。具有抗癌、提高免疫能力、降血压、减少血小板凝集、保护肝脏、支持神经、抗过敏、抗炎症、抗衰老等功效。使用量≤6g/d，孕妇不宜食用。

第二节 常用植物原料

天然植物作为医治疾病的良药，可以追溯到原始社会神农尝百草的时代。民间广泛应用草药医治各种疑难病症，并流传下许多有关神医、药圣的动人传说。在科技检测不甚发达的条件下，人们对草药知其然而不知所以然，尚能将草药运用得出神入化。而今，人们借助高科技分析手段对许多草药的成分、生物活性及毒理有了更为深入的了解，再加上如今返璞归真、回归天然这样一个历史潮流，人们对天然的崇尚之风必将使对天然植物的关注推向前所未有的高度。天然植物将影响着当代功能性食品的发展。

本节从浩瀚的中国植物中，挑选出功效明显、常用并且有代表性的近百种植物，依据它们功效部位分成6类，简洁阐述这些植物的来源及其生物活性。

一、根茎类植物

1. 茜草

茜草（Madder root）来源于茜草科植物的干燥根或茎，具有利尿、除虫、抗肿瘤等作用。

2. 三七

三七（Notoginseng）来源于五加科植物三七的干燥根，具有抗炎、止血、强身、镇痛、抗疲劳、壮筋骨、降血糖、降血压、延缓衰老、镇静催眠、抗动脉粥样硬化和提高机体免疫力等作用。

3. 土茯苓

土茯苓（Glabrous Greenbrier Rhizome）来源于百合科植物土茯苓的根茎，具有镇痛、利尿、抗癌、抗心肌缺血、抗动脉粥样硬化和保护肝损伤等作用。

4. 川牛膝

川牛膝（Achyranthes root）来源于苋科植物川牛膝或头花蒽草根，具有祛风湿和活血作用，能治疗风湿、腰膝疼痛，尿血，妇女闭经等病。

5. 川贝母

川贝母（Sichuan Fritillary Bulb）来源于百合科植物川贝母暗紫贝母、甘肃贝母或梭砂贝母的干燥鳞茎，具有抗菌、降压、耐缺氧和镇咳祛痰等作用。

6. 川芎

川芎（Rhizome of Sichuan Lovage）来源于伞形科植物川芎的干燥根茎，具有抗菌、降压、镇静等作用。

7. 丹参

丹参（Radix Salviae Miltiorrhizae）来源于唇形科植物丹参的根，具有抗菌、消炎、保肝、抗肿瘤和保护胃黏膜的作用。

8. 五加皮

五加皮（Acanthopanax bark）来源于五加科植物五加、无梗五加、刺五加、糙叶五加、轮伞五加等的干燥根皮，具有抗炎、镇静、镇痛、降压、降血糖、抗疲劳、抗肿瘤、抗肝损伤、强筋壮骨、扩张血管等作用。

9. 升麻

升麻（*Cimicfuga Rhizome*）来源于毛茛科植物大三叶升麻、兴安升麻或升麻的干燥根茎，具有抗炎、镇痛、降压、抗溃疡、抗氧化、抗骨质疏松、舒张血管及调节内分泌等作用。

10. 天门冬

天门冬（*Asparagus Sprengreri*）来源于百合科多年生蔓生草本植物天门冬的干燥块根，具有抗菌、镇咳、止血、抗肿瘤、生津和清热化痰的作用。

11. 太子参

太子参（*Pseudostellaria* root）来源于石竹科多年生植物异叶假繁缕（孩儿参）的干燥块根，具有抗疲劳、耐缺氧、抗应激和提高免疫等功能。

12. 巴戟天

巴戟天（*Radix Morindae* Officinalis）来源于茜草科植物巴戟天的干燥肉质根，具有健脾、补肾、强健筋骨和祛风除湿等作用。

13. 木香

木香（*Banksian* rose）来源于菊科植物木香的干燥根，具有降压、解痉和抗菌作用。

14. 牛蒡根

牛蒡根（Burdock root）来源于菊科植物牛蒡的干燥根，具有抗菌、降血糖和祛热消肿的作用。

15. 北沙参

北沙参（*Radix Glehniae*）来源于伞形科植物珊瑚菜的干燥根，具有清肺、祛痰止咳和养胃生津的功效。

16. 玄参

玄参（Figwort root）来源于玄参科植物玄参的根，具有降压、降血糖和抗菌等作用。

17. 白及

白及（*Rhizoma Bletillae*）来源于兰科植物白及的干燥块茎，具有收敛止血、消肿生肌和抗菌作用。

18. 白术

白术（*Atractylodes Macrocephala*）来源于菊科多年生草本植物白术的根茎，具有利尿、降血糖、抗血凝和抗菌等作用。

19. 白芍

白芍（White peony root）来源于毛茛科植物芍药的干燥根，具有镇痛、保肝、耐缺氧、抗溃疡、抗炎、抗菌和增强免疫系统功能等作用。

20. 石斛

石斛（*Herba Dendrobii*）来源于兰科植物环草石斛、马鞭石斛、黄草石斛、铁皮石斛或金钗石斛的新鲜或干燥茎，具有生津和清热作用。

21. 玫瑰茄

玫瑰茄（*Hibiscus Sabdariffa*）来源于锦葵科木槿属植物的根或种子，具有利尿、降血压和刺激肠胃蠕动的作用。

22. 苍术

苍术（*Atractylodes Rhizome*）来源于菊科植物茅苍术，关苍术，北苍术的干燥根茎，具有健脾和祛风湿的作用。

23. 赤芍药

赤芍药（Red peony root）来源于毛茛科多年生草本植物草芍药或川赤芍的根，具有清热、清肝明目和活血散瘀的作用。

24. 远志

远志（Polygala root）来源于远志科植物细叶远志的根，具有抗衰老、祛痰、抑菌、解酒、抗诱变和安神益智等作用。

25. 麦门冬

麦门冬（*Ophiopogon* root）来源于百合科植物沿阶草或大叶麦冬、阔叶麦冬及小麦冬的块根，具有抗菌、耐缺氧、提高免疫功能、调节心血管系统等作用。

26. 泽泻

泽泻（*Alisma Rhizome*）来源于泽泻科植物泽泻的块茎，具有利尿、减肥、降血脂、抗脂肪肝形成、抗肾结石形成以及提高免疫力等功能。

27. 知母

知母（*Anemarrhena Rhizome*）来源于百合科植物知母的根茎，具有抗衰老、解热、滋阴降火、润燥滑肠、抗血小板凝集、抗菌和抗病原微生物等作用。

28. 香附

香附（*Cyperirhizome*）来源于莎草科植物莎草的根茎，具有抗菌、抗炎和镇痛作用，用于治疗胸闷、消化不良、乳房胀痛、月经不调和痛经等。

29. 骨碎补

骨碎补（*Rhizoma Drynariae*）来源于水龙骨科植物槲蕨的干燥根茎，具有补肾、镇痛、促进骨吸收和降血脂的作用，用于治疗肾虚腰痛、耳鸣耳聋、牙齿松动、筋骨折伤、斑秃和白癜风。

30. 桑枝

桑枝（Mulbrry twig）来源于桑科乔木桑树的嫩枝，具有抗癌、利尿和抗菌的作用。

31. 熟地黄

熟地黄（Prepared *Rehmannia* root）来源于玄参科植物地黄或怀庆地黄的根茎，具有抗衰老、益智和提高免疫力的作用，用于治疗遗精、月经不调、消渴症、耳聋和目昏等。

32. 平贝母

平贝母（*Fritillaria Ussuriensis* Maxim.）来源于百合科植物平贝母的鳞茎，具有镇咳、祛痰、降压、平喘、抗溃疡和抗血小板聚集等作用。

33. 浙贝母

浙贝母（*Bulbus Fritillariae Thunbergii*）来源于百合科贝母属多年生草本植物的地下鳞茎，具有止咳祛痰、清热润肺的作用，用于治疗吐血、咽喉肿痛、支气管炎、胃及十二指肠溃疡等。

34. 湖北贝母

湖北贝母（Hupeh fritillary bulb）来源于百合科植物湖北贝母的干燥鳞茎，具有止咳、平喘、祛痰、降压、耐缺氧和松弛气管平滑肌的作用。

35. 竹茹

竹茹（Caulis bambusae in taeniam）来源于禾本科植物青秆竹、大头典竹或淡竹的茎秆的干燥中间层，具有祛痰、止吐和清热作用。

36. 金荞麦

金荞麦（Golden buckwheat rhizome）来源于蓼科植物金荞麦的干燥根及根茎，具有抗肿瘤、抗感染、抗炎、抗血小板凝集和镇咳祛痰等功效。

37. 首乌藤

首乌藤（*Caulis Polygoni* Multiflori）来源于蓼科植物何首乌的干燥藤茎，具有调节血脂、调节肠胃运动、镇静催眠、抗病原体、镇咳和抗肿瘤等作用。

二、叶 类 植 物

1. 侧柏叶

侧柏叶（*Arborvitate* tops）来源于柏科植物侧柏的嫩枝和叶，具有抗菌、利尿、止咳祛痰、抗血小板凝集等作用。

2. 番泻叶

番泻叶（Senna leaf）来源于豆科植物狭叶番泻或尖叶番泻的小叶，具有抗菌、致泻、止血和松弛肌肉的作用。番泻苷的小鼠经口 LD_{50} 为 1.414g/kg。

3. 苦丁茶

苦丁茶（Kuding tea）来源于冬青科植物枸骨和大叶冬青的叶，具有抗菌、抗氧化、抗应激、抗疲劳、降血糖、防癌抗癌和防治心血管疾病等作用。

4. 芦荟

芦荟（Aloe）来源于百合科植物库拉索芦荟、好望角芦荟和斑纹芦荟叶中的液汁经浓缩的干燥品，具有美容、致泻、抗菌、解毒、保肝、抗肿瘤、抗胃损伤及增强免疫功能等作用。

5. 佩兰

佩兰（*Eupatorium*）来源于菊科植物兰草的茎叶，具有抗炎、祛痰、抗肿瘤、抗病原体和调节肠胃运动等作用。

6. 人参叶

人参叶（Ginseng leaf）来源于五加科植物人参的叶子。其主要生理功能参见人参条。

7. 淫羊藿

淫羊藿（*Epimeddium*）来源于植物淫羊藿的茎叶，具有提高性机能、提高免疫力、耐缺氧、抗病毒、抗肿瘤、扩张血管、降血压、镇咳、祛痰及平喘等作用。

8. 泽兰

泽兰（*Lycopus* herb）来源于唇形科植物地瓜儿苗的茎叶，具有利尿、镇痛、降压以及治疗闭经、月经不调等作用。

三、花草类植物

1. 木贼

木贼（*Scouring* rush herb）来源于木贼科植物木贼的全草，具有保肝、镇痛、抗衰老、抑制中枢神经和调节心血管系统等作用。

2. 车前草

车前草（*Plantain* herb）来源于车前草科植物车前及平车前的全草，具有明目、缓泻、镇咳、平喘、祛痰、抗炎、抗衰老、抗病原微生物及调节心血管系统的作用。

3. 红花

红花（Safflower）来源于菊科植物红花的花，具有美容祛斑、耐缺氧、抗血凝、抗血栓和提高机体免疫力的作用，对治疗闭经、难产有疗效。红花黄素小鼠灌胃的 LD_{50} 为 5.5g/kg。

4. 红景天

红景天（*Rhodiola Sachlinesis*）来源于景天科植物全瓣红景天的全草。本品具有耐寒、耐高温、耐缺氧、抗疲劳、抗衰老、抗微波辐射和提高免疫力的作用。

5. 罗布麻

罗布麻（*Apocynum Venetum* L.）来源于夹竹桃科植物罗布麻的全草，具有镇咳、降压、降血脂、消除水肿、抗炎和抗过敏等作用。

6. 厚朴花

厚朴花（Flos magnoliae officials）来源于木兰科植物厚朴或凹叶厚朴的干燥花蕾。其主要生理功能见皮类厚朴。

7. 益母草

益母草（*Leonurus Heterophyllus*）来源于唇形科植物益母草的全草，具有抗血栓、利尿消肿、改善微循环、扩张冠状动脉和兴奋子宫的作用。

8. 积雪草

积雪草（*Asiatic Centella*）来源于伞形科植物积雪草的全草或带根全草，具有镇静、抗菌、抗肿瘤、抗溃疡和促进胶原蛋白合成的作用。

9. 野菊花

野菊花（*Flos Chrysanthemi* Indici）来源于菊科植物野菊的干燥头状花序，具有降压、抗病原微生物、促进白细胞吞噬功能、降低心肌耗氧量、抗血小板聚集和增加冠脉流量等作用。

10. 蒲黄

蒲黄（Cattail pollen）来源于香蒲科水生草本植物狭叶香蒲或香蒲属其他植物的花粉，具有凝血、兴奋子宫、抗结核等作用。

11. 蒺藜

蒺藜（*Fructus Tribuli*）来源于蒺藜科植物蒺藜的成熟果实，具有降压、降血脂、抗衰老、兴奋中枢、抗心肌缺血和增强性功能等作用。小鼠灌服蒺藜皂苷 LD_{50} 为（4.49 ± 0.027）g/kg。

12. 墨旱莲

墨旱莲（*Yeradetajo*）来源于菊科植物鳢肠的干燥地上部分，具有抗炎、免疫调节和酶激活作用。

四、果 类 植 物

1. 人参果

人参果（Ginseng fruit）来源于五加科植物人参的成熟果实，具有抗衰老、增强免疫、调节心血管系统、抗肿瘤、兴奋中枢神经等作用。

2. 女贞子

女贞子（Glossy privet fruit）来源于木犀科植物女贞的果实，具有降血脂、降血糖、抗肿瘤、抗血小板凝集、抗血栓、抗心肌缺血、调节免疫以及提高肝肾功能等作用。女贞子给小鼠灌服 LD_{50} 为（1967 ± 653）mg/kg。

3. 五味子

五味子（Magnolia vine fruit）来源于木兰科植物五味子或华中五味子的果实，对中枢神经有兴奋作用，还能改善人的智力活动、提高工作效率、影响糖代谢、提高正常人和眼病患者的视力以及扩大视野等作用。五味子以 5g/kg 给小鼠灌胃，未见死亡。

4. 牛蒡子

牛蒡子（Arctium fruit）来源于菊科植物牛蒡的果实，具有抗菌、降血糖和轻微致泻的作用。

5. 白豆蔻

白豆蔻（Roud Cardamon seed）来源于姜科植物白豆蔻的果实，具有止吐、消食、兴奋和抗癌作用。

6. 吴茱萸

吴茱萸（Evodia fruit）来源于芸香科植物吴茱萸的未成熟果实，具有镇痛、止吐、利尿、降血压、抗菌、抗寄生虫、抗溃疡、抗心律失常、抗血栓形成以及调节免疫等功能。吴茱萸的煎剂 168g/kg 给小鼠灌胃未见死亡。

7. 补骨脂

补骨脂（Psoralea fruit）来源于豆科植物补骨脂的果实，具有止血、乌发、抗菌、抗肿瘤、抗衰老、抗病原体和雌激素样作用。

8. 诃子

诃子（Myrobalan fruit）来源于君子科植物诃子的果实，具有收敛、止泻、抗菌、强心和抗氧化等作用。诃子的毒性很小，其中诃子素的 LD_{50} 为 550mg/kg。

9. 金樱子

金樱子（Fruit of cherokee rose）来源于蔷薇科植物金樱子的果实，具有抗菌、解痉、降血脂和止咳平喘的作用。

10. 枳壳

枳壳（Bitter orange）来源于芸香科植物酸橙及其栽培变种的干燥近成熟果实，具有利尿、升血压、抗胃溃疡、调节肠胃运动、调节心脏功能等作用。

11. 枳实

枳实（Immature bitter orange）来源于芸香科植物酸橙及其栽培变种或甜橙的干燥幼果，具有抗炎、强心、利尿、升血压、抗过敏、抗缺血、抗血栓、调节肠胃运动和调节子宫平滑肌等作用。枳实注射液腹腔注射小鼠 LD_{50} 为（267±37）g/kg。

12. 酸角

酸角（Tamarindus Indica L.）来源于苏木科酸豆属的一种常绿大型乔木，为单属单种植物，具有抑菌、抗癌、抗突变、降血糖和保护细胞损伤等作用。

五、种子类植物

1. 车前子

车前子（Plantain seed）来源于车前草科植物车前或平车前的种子，具有利尿、镇咳、促进肠道和子宫运动及对抗金色链球菌的作用。

2. 沙苑子

沙苑子（Flasem milkvetch seed）来源于豆科植物扁茎黄芪或华黄芪的种子，具有保肝、降压、降脂、抗炎、镇痛、抗疲劳、抑制血小板聚集及抑制癌细胞生长等作用，腹腔给予小鼠以沙苑子100%水煎醇沉剂，LD_{50}为（37.75±1.048）g/kg。

3. 柏子仁

柏子仁（*Arboruitae* seed）来源于柏科植物侧柏的种仁，具有益智、镇静等作用。

4. 葫芦巴子

葫芦巴子（Fenugreek seed）来源于豆科植物葫芦巴的种子，具有降血脂、降血糖、抗肿瘤、抗胃溃疡、保护脑缺血及急性化学性肝损伤等作用。

5. 韭菜子

韭菜子（Chinese chive seed）来源于百合科植物韭的种子，具有补肝、益肾等作用。

6. 菟丝子

菟丝子（Dodder seed）来源于旋花科植物菟丝子的干燥成熟种子，具有止咳、抗菌、补肾壮阳、明目等功效。

7. 槐实

槐实（Pagodatree fruit）来源于豆科落叶乔木槐树的成熟果实，具有止血、抗菌、消炎、降压、抗疲劳及调节心脑血管系统等作用。

六、皮 类 植 物

1. 杜仲

杜仲（*Eucommia ulmoies* Oliv.）来源于杜仲科植物杜仲的干燥树皮，具有抗炎、利尿、镇静、镇痛、抗衰老、抗肿瘤、抗病原体、抗应激、抗氧化、降压、调节免疫和抑制子宫收缩等功能。

2. 厚朴

厚朴（*Magnolia* bark）来源于木兰科植物厚朴或凹叶厚朴的树皮或根皮，具有抗痉挛、抗过敏、抗肿瘤、抗溃疡、抗病原体、降压、抗血小板凝集和调节肠胃运动等作用。

3. 牡丹皮

牡丹皮（Tree peony bark）来源于毛茛科植物牡丹的干燥根皮，具有降压、抗菌、镇静、催眠、镇痛、抗病毒和降低血管通透性等作用。丹皮酚具有一定的毒性，分别给小鼠静脉注射、腹腔注射、灌胃时，其LD_{50}依次为196mg/kg、781mg/kg和3430mg/kg。

4. 青皮

青皮（Green tangerine orange peel）来源于芸香科植物橘及其栽培变种的干燥幼果或未成熟的干燥果皮，具有祛痰、止咳、平喘、强心、升血压、抗休克、抗心律失常、抗脑缺血再灌注损伤、调节平滑肌运动和调节肠胃运动等作用。

5. 桑白皮

桑白皮（Mulberry bark）来源于桑科植物的干燥根皮，具有利尿、降压和镇静作用。

6. 地骨皮

地骨皮（Cortex Lycil）来源于茄科植物枸杞或宁夏枸杞（*Lycium barbarum* L.）的干燥根皮，具有降血脂、降血糖、抗菌、抗病毒、解热和调节心血管系统等作用。

第三节　常用动物原料

动物原料含有丰富的蛋白质、氨基酸、多不饱和脂肪酸、维生素和矿物元素等，有着天然植物所没有的营养成分和功效成分。此外，随着高科技的应用及临床研究的深入，它们所含有的特殊功能成分日益为人们所知，使其应用价值大为提升。

本节从品种繁多的动物性原料中挑选出数种食用安全且可应用在功能性食品中的动物，如蚂蚁、鲨鱼、马鹿、牡蛎等，简述它们的生物功效。

一、蚂　　蚁

蚂蚁（Ant）属节肢动物门、昆虫纲、膜翅目、蚁科的社会性昆虫，分布于全世界，是世界上数量最多的陆生动物。其生物功效主要包括以下几方面：

①增强免疫功能：蚂蚁能影响机体的免疫功能，它是一种广谱免疫增强剂；

②抗衰老：蚂蚁可增加老龄大鼠细胞内 SOD 的活力，降低其肝脏脂质过氧化物的含量，是一种有效的抗衰老剂；

③防治类风湿性关节炎；

④护肝作用；

⑤在防治性功能障碍、支气管哮喘及儿童补锌方面效果也很显著。

二、蝮蛇和乌梢蛇

1. 蝮蛇

蝮蛇（Agkistrodon Halys），属蝮蛇科动物。其生理功能有扩血管、降血压、降血脂、抗血栓、抗凝血、抗肿瘤，抗炎症和抗溃疡等。给小鼠腹腔注射蝮蛇挥发油观察 72h，测定 LD_{50} 为（1426±20）mg/kg。给小鼠静脉注射尖吻蝮蛇毒类凝血酶，LD_{50} 的 95% 可信限为 11.1 ~ 18.1mg/kg。常用蝮蛇毒制剂（蝮蛇抗栓酶及去纤酶等）在一般用量下不良反应较轻。经大量临床试用未发现严重副作用，少数受试者在早期出现头痛、头昏、乏力、月经量增多及经期延长等反应，多可自行恢复。

2. 乌梢蛇

乌梢蛇又名乌蛇，为游蛇科动物乌梢蛇（*Zaocys dhumnades*）除去内脏的全体。乌梢蛇肌肉中含 1，6-二磷酸果糖酶及原肌球蛋白，蛇胆中含胆酸和胰岛素。

乌梢蛇的主要生理功能为抗炎消肿、镇痛作用、抗惊厥作用。急性毒理试验显示，小鼠腹腔注射乌梢蛇水抽提液的 LD_{50} 为 166.2g/kg，醇提取液为 20.41g/kg。中毒症状表现为姿势固定，因呼吸抑制而死亡。

三、蜂蜜、蜂胶和蜂王浆

1. 蜂蜜

蜂蜜是蜜蜂科昆虫中华蜜蜂（*Apiscerana Fabricius*）等所酿的蜜糖。它能增强免疫功能，保护心血管系统，影响糖代谢，抗菌及缓泻作用。此外，蜂蜜对结肠炎、习惯性便秘、老人和孕妇便秘、儿童性痢疾等均有良好功效。

蜂蜜对 CCl_4 中毒大鼠的肝脏有保护作用，使肝糖原含量增加，肝的组织结构与正常接近。蜂蜜对维生素 K 耗竭的小鸡有一定止血作用。人口服 100g 蜂蜜后，能显著降低嗜中性白细胞对细菌的吞噬能力。此外，蜂蜜有类似丙烯苯酚样雌激素作用，能增强大鼠子宫平滑肌收缩的作用和润滑性祛痰作用。

2. 蜂胶

蜂胶（Propolis）为蜜蜂科昆虫从植物叶芽、树皮内采集所得的树胶和蜜蜂本身的分泌物而形成的黄褐色或黑褐色的黏性物质。它能调节血糖、调节血脂、提高免疫功能、抑制肿瘤、延缓衰老、抗病毒等。

3. 蜂王浆

蜂王浆（Royal jelly）为年轻工蜂上颚和舌腺分泌物，供蜂王和幼虫食用。蜂王浆具有抗衰老、调节免疫、改善睡眠、提高记忆力、护肤养颜等作用，对预防肿瘤、降血压、健脑、改善肝炎症状、缓解糖尿病、胃溃疡症状、预防动脉硬化、增加红细胞和血小板、使早产儿正常发育方面均有一定作用。

四、海洋动物

海洋动物具有许多活性物质和生理功能，是陆生动物难以比拟的。如何充分利用这些功能因子进行深加工，制成风味独特、功效显著的功能性食品，是一个值得研究的课题。海洋动物一般都含有丰富的牛磺酸、多不饱和脂肪酸、磷脂、活性多糖、维生素、矿物元素、活性肽等多种活性成分，生理功能好。

1. 牡蛎

牡蛎为牡蛎科动物近江牡蛎（*Ostrearivularis Gould*）、长牡蛎（*Ostreagigas Thunb*）或大连湾牡蛎（*Ostreatalienw hanensis* Crosse）等的贝壳。

牡蛎能增强免疫功能，放射增敏，保护心血管系统，抗菌抗病毒，对消化系统的作用。牡蛎所含碳酸钙具有收敛、制酸及止痛等作用，有利于胃及十二指肠溃疡的愈合，动物试验证明，牡蛎制品能治疗豚鼠实验性溃疡和防止大鼠实验性胃溃疡的发生，并能抑制大鼠游离酸和总酸的分泌。

2. 鳖

鳖（*Trionyx sinebsis*）又称中华鳖、水鱼和甲鱼，为爬行纲龟鳖科动物，营养成分齐全而均衡。鳖具有抗疲劳、延缓衰老，滋养肝胃、增强机体抵抗力，对体内结节、包块及瘤疾有软化发散作用，解除体内异常邪热，对失眠、焦虑有镇静作用，可促进细胞的形成、改善血液循环，对脓肿及溃疡有促进愈合的作用，消除肝内炎症等功效。此外，鳖甲具有抗肿瘤生物学活性和免疫调节作用。

3. 鲨鱼

鲨鱼（Shark）是具有较大经济价值的鱼类，全身都可利用。鲨鱼有补气血、益肾肺、抗癌、兴奋作用、防治心血管疾病等生理功效。

4. 鲍鱼

鲍鱼（Abalone）是鲍科贝类的总称，其生理功能主要有抗菌、抗病毒、抗肿瘤等。

5. 海参

海参（Cucunber of the sea），为刺参科动物刺参或其他海参的全体。海参有补肾益精、养血润燥、促进铁吸收、抗癌作用、抗衰老、抗辐射、提高白细胞的吞噬活性等生理功效。

6. 海龙

海龙（Pipe fish），为海龙科动物刁海龙（*Solenognathus hardwickii*）、拟海龙（*S. biaculeatus*）或尖海龙（*S. acus* L.）除去皮膜及内脏的全体。海龙有很强的兴奋作用、补肾壮阳的作用。此外，海龙对妇女血亏经痛及各种腰背酸痛、头脑贫血等均有显效，对乳腺癌、肾肿瘤、神经性失眠、哮喘、外伤出血、疔疮肿毒、各种炎症疼痛、跌倒昏迷等也有一定功效。

7. 海月

海月（*Placuna placenta*），为不等蛤科动物海月的肉。海月有健胃助消化、祛痰等作用，对小便淋沥、皮肤瘙痒和糖尿病等也有功效。

8. 鱼鳔胶

鱼鳔胶（Fish maw）是鱼鳔的干制品，内含胶原蛋白和黏多糖。鱼鳔胶具有抗疲劳、增强体力、健脑、促进内分泌、防治智力减退，以及缓解遗精、腰酸、头晕、眼花和肾虚症状。

五、马　鹿

马鹿（Red deer）生活于高山森林或草原地区，喜群居，在我国广为养殖。夏季多在夜间和清晨活动，冬季多在白天活动。马鹿善于奔跑和游泳，喜欢舔食盐碱。以各种草、树叶、嫩枝、树皮和果实为食。9~10月份发情交配，孕期8个多月，每胎1仔。其鹿茸产量很高，是名贵的中药材。此外，鹿胎、鹿鞭、鹿尾和鹿筋也是名贵的滋补品。

1. 马鹿茸

马鹿茸（Red deer antler）是雄性马鹿未骨化而带茸毛的幼角。它具有促进蛋白质和核酸的合成，促进造血的作用，增强机体免疫功能，提高工作效率和抗应激能力，以及延缓衰老。

2. 马鹿胎

马鹿胎（Red deer embryo）为从妊娠雌性马鹿腹中取出的水胎（包括胎鹿、胎盘和羊水）或出生未食乳的胎鹿（包括胎盘，称之"失水鹿胎"）的干燥品。鹿胎能有效促进细胞的分裂、增殖，具有补血生精、美容养颜的功效。

3. 马鹿骨

马鹿骨（Red deer bone）为鹿科动物马鹿的骨。它对风湿性腰腿疼、骨质疏松、跌打损伤等有显著疗效，还能用于治疗月经不调。

六、珍珠及其他

1. 珍珠

珍珠（Pearl）为贝类动物珍珠囊中形成的无核珍珠。珍珠有增白祛斑、延缓衰老、提高免疫能力、耐缺氧、补钙等，还具有安神定惊、清热解毒、收敛生肌等功能。

2. 蛤蚧

蛤蚧（Gecko）又名蛤蟹、仙蟾、大壁虎等，为壁虎科动物蛤蚧除去内脏的全体。蛤蚧有免疫增强、性激素样、解痉平喘、提高机体抗应激作用、抗炎、抗衰老、降血糖等生理功效。

3. 石决明

石决明（Abalone），为鲍科动物九孔鲍的贝壳。石决明有保肝、解痉、抗缺氧等作用。

4. 鸡内金

鸡内金（Endothelium Corneun Gigeriae Galli）为鸡的干燥砂囊内膜。鸡内金具有增强人体胃功能，加速放射性元素锶的排泄等功效。

5. 阿胶

阿胶（Donkey-hide gelatin）是马科动物驴的皮经煎熬、浓缩而成的固体胶。阿胶的生理功效主要为补血、抗休克、改善钙代谢平衡、调节免疫功能，止血促进淋巴细胞转化率，改善微循环障碍等活性等，此外还具有明显的抗疲劳、耐缺氧、耐寒、健脑、延缓衰老和促进健康人体淋巴细胞的转化作用。

6. 羊胎素

羊胎素（Sheep embryo bioelement）是从羊胎盘中提取的生物活性物质，含有丰富的蛋白质、卵磷脂、脑磷脂、超氧化物歧化酶（SOD）等多种维生素和微量元素，具有很高的生物活性，能直接作用于人体细胞，具有调节人体机能、增强免疫力、美白肌肤、延缓衰老等功效作用。

🔍 思考题

1. 不适合用于功能性（保健）食品的植物原料有哪些？
2. 我国药食同源原料的发展经历了哪些阶段？
3. 列出不少于四种药食两用植物的具体来源和生理功效。
4. 蚂蚁、蝮蛇、乌梢蛇、蜂蜜、珍珠、牡蛎、阿胶的生理功效分别是什么？

第四章

CHAPTER

4

美容功能性食品

[学习目标]

1. 了解皮肤美容的基础知识。
2. 了解黄褐斑和老年斑的定义与起因，掌握祛斑功能性食品的开发原理。
3. 了解痤疮的起因、种类及易发年龄，掌握祛痤疮功能性食品的开发原理。
4. 了解皱纹产生的原因及种类，掌握抗皱纹功能性食品的开发原理。
5. 了解皮肤水分和油脂的影响因素，掌握调节皮肤水油平衡功能性食品的开发原理。

在自然界，鸟类丰满艳丽的羽毛是其健康的标志。在人类社会的日常生活中，在提倡内在美、重视学识与个人修养的同时，外表的美也占有非常重要的地位。若非如此，美容工程、人造美女与人造美男，在当今世界也不会如此兴盛。

青春的容貌、白皙无瑕的肌肤、富有曲线的身材，无疑是众多女性所梦寐以求的。天生不够丽质的话，也不必哀叹羡慕他人，天生不足，后天可补。由于青春痘、营养不良、保养不当或其他原因而导致的面部瑕疵，或因岁月流逝而留下的时光痕迹，只要保养得当，摄入合理的功能性食品，通过调理自身的生理机能，达到体内代谢与内分泌的平衡，美丽就在咫尺之间。

这世上美的威力无比强大，而且女性美比男性美更富有力量。在众多上天的馈赠中，美无疑是女人们最为渴望的一件，它仿佛就是她们所有地位、影响和能力的主要源泉。就是再明智的女人也会承认，如果拥有美这个唯一的长处，即使是放弃在其他方面的成就，也心甘情愿。开发具有祛斑、祛痤疮、抗皱纹、调节皮肤水油平衡、丰胸等作用的功能性食品，市场前景巨大，经济效益良好。

第一节　皮肤美容基础知识

随着年龄的增长，皮肤中胶原蛋白、弹性蛋白、黏多糖等含量均有不同程度的降低，供应皮肤营养的血管萎缩，血流量减少，血管壁弹性降低，皮肤表皮逐渐变薄、隆起，皮下脂肪减少，导致皱纹、黄褐斑及老年斑等现象发生。

人体美由容貌美和形体美等组成，其中皮肤美占有重要地位。皮肤状态是衡量一个人美不美的重要标志之一。美容功能性食品，通过提供皮肤足够的营养成分和活性物质，延缓皮肤衰老，达到美容的目的。

一、皮肤的结构

皮肤是人体最大的器官，具有保护作用，使身体免受细菌、化学成分及外来物质的侵犯。皮肤能呼吸，内含丰富的血管、皮脂腺导管、神经和毛囊等。健康的皮肤红润、细腻、有光，富有弹性。

（一）表皮（Epidermis）

表皮位于皮肤的最表层，属角化的复层鳞状上皮。表皮分为基底层（basal cell layer）、棘层（prickle cell layer）、颗粒层（stratum granulosum）、透明层（stratum lucidum）和角质层（stratum corneum）等。

由角质形成细胞构成表皮的主体细胞，主要作用是形成角蛋白。后者含有很高比例的甘氨酸、丝氨酸和胱氨酸，通过胱氨酸交联的蛋白质链，保证表皮的高强度和低溶解度特性。

（二）真皮（Dermis）

真皮位于表皮下方，1~2mm厚，由胶原纤维、网状纤维和弹力纤维等组成。胶原纤维约占真皮结缔组织的95%，由胶原蛋白组成，后者占人体总蛋白的20%~40%。网状纤维是纤细的胶原纤维。弹力纤维由弹性蛋白组成，穿梭于胶原纤维之间，保持皮肤弹性和形状的作用。

真皮的主要成分是黏多糖，包括非硫酸黏多糖、硫酸黏多糖和中性黏多糖。非硫酸黏多糖主要是透明质酸，黏性很强，能够保持组织中的水分，参与胶原蛋白和弹性纤维形成凝胶结构，使皮肤具有弹性。在皮肤内，75%的水分是储存于真皮中。

（三）皮下组织（Subcutaneous tissue）

皮下组织由真皮下层延续而来，使皮肤与深层组织相连，保护神经、血管和汗腺等组织免受机械性损伤。皮下组织参与体内脂肪代谢，脂肪氧化分解能产生大量能量，而且皮下组织属不良热导体，可以防止体温的逸散。

（四）皮肤的附属器官

皮肤的附属器官，包括乳腺、汗腺、皮脂腺、毛发和指（趾）甲等。皮脂腺遍布全身，以全浆分泌形式排出皮脂。皮脂能柔润皮肤和毛发，对皮肤起保护作用。皮脂腺的分泌以面部居多，受雄性激素和肾上腺皮脂激素调节，青春期的皮脂分泌活跃。

分布在皮肤上的主要是小汗腺，汗腺分泌的汗液不仅可以湿润皮肤，还能调节体温。体内新陈代谢的部分产物，也能通过汗液排出，因此汗腺还能代替肾脏的部分功能。如尿中毒患者的汗液中，含有肾脏所不能完全排泄的大量尿素，糖尿病患者的汗液中也常含有不少葡萄糖。

（五）皮肤的血管、淋巴管和神经

皮肤内小动脉先在真皮网状层内分支，形成真皮下血管丛，供汗腺、汗管、毛乳头和皮脂腺的营养。皮肤内淋巴管较少，淋巴液循环于表皮细胞间隙和真皮胶原纤维之间，淋巴管参与皮肤免疫调节。

皮肤内有丰富的神经末梢，多为脑神经或脊神经有髓神经纤维的感觉末梢。正常皮肤能感受触、痛、冷、热、压和痒六种基本感觉，能感知单一刺激引起的单一感觉，和几种不同感受器或神经末梢共同感知的复合感觉。

二、皮肤的分类和色泽

皮肤的结构虽然都是一样的，但每个人皮肤的性能却各有差异。皮肤的类型大致分为四种，包括中性皮肤、干性皮肤、油性皮肤和混合性皮肤。

皮肤的类型不是绝对的，年龄、气候、环境等因素都可以影响皮肤的状况。皮肤会随年龄的增长而发生变化。幼年时，皮肤多为中性；随着青春期的到来，不同人的皮肤便呈现出不同的类型。一般情况下，夏天皮肤趋向油性，冬天皮肤则趋向干性，这是因为温度的高低会影响油脂的分泌。

（一）中性皮肤

中性皮肤是最理想的皮肤，皮肤的油脂、水分含量和酸碱度处于均衡状态，既不油腻又不干燥。皮肤红润有光泽，细腻、柔软且富于弹性，毛孔细小不明显，无任何瑕疵。

（二）干性皮肤

干性皮肤分缺水型、缺油型两种，皮肤干燥无光泽，缺乏弹性，毛孔不明显，易长皱纹，但不易长粉刺、面疱等。这种皮肤主要是由于缺水、油脂分泌不足以及衰老等因素造成的。皮肤较白的女性中，约有85%的为干性皮肤。

（三）油性皮肤

油性皮肤分为普通油性皮肤、超油性皮肤两种，是由于皮脂腺分泌过多皮脂而致的。这种皮肤毛孔粗糙，偏碱性，弹性好，不易衰老，但易长粉刺，易吸收紫外线而使皮肤变黑。

（四）混合型皮肤

混合型皮肤是指一部分皮肤呈一种特征，而另一部分皮肤又呈另外一种特征。通常是，前额、鼻部和下巴的皮肤呈油性，眼眶周围、两颊和颈部呈中性或干性。

（五）脱水性皮肤

脱水性皮肤分为干性脱水、油性缺水两种，皮肤因严重缺水而丧失润湿性。干性脱水皮肤水分散失严重，对物理、化学和气候变化等因素影响敏感；油性缺水皮肤毛孔粗糙，颌部下层脂肪浸润。

（六）皮肤的色泽

机体正常的肤色，是由氧化血红蛋白、还原血红蛋白、胡萝卜素和黑色素等四种色素引起的，通常决定于表皮黑色素含量和分布、真皮血液循环情况以及角质层厚度等。

黑色素由表皮基底层细胞产生，来源于酪氨酸。在黑色素细胞内，黑素体上的酪氨酸经酪氨酸酶催化合成，再与蛋白质结合形成黑色素颗粒，并储存于皮肤中。人体皮肤中约有400万个黑色素细胞，其中生发层平均每10个细胞中就有一个黑色素细胞。

肤色还与日照程度、气候和地理位置有关，阳光中紫外线能够促进黑色素生成。另外，黑色素代谢异常，如后天色素代谢失调而使黑色素细胞受到破坏，就会出现白癜风。

三、皮肤的生物作用

皮肤是人体的重要组成部分，它覆盖全身，参与机体各种生理活动，保护体内组织以及免受外界机械性、物理性、化学性和生理性的侵害。皮肤的功能正常，对于人体健康至关重要。

（一）保护和感觉作用

皮肤对致病性微生物的侵袭发挥防御作用；对光、电、热来说是不良导体，能够阻止或延缓水分、物理性或化学性物质的进入和刺激；皮肤能缓冲外来压力，保护深层组织和器官。另外，黑色素也是防御紫外线的天然屏障。皮肤含有丰富的神经纤维网和各种神经末梢，感受各种外界刺激，产生痛、痒、麻、冷、热等感觉。

（二）调节体温作用

皮肤在保持体温恒定方面，发挥重要作用。皮肤通过毛细血管的扩张或收缩，增加或减少热量的散失来调节体温，以适应外界环境气温的变化。

（三）吸收作用

正常皮肤通过毛囊口，选择性吸收一些物质进入血液循环，包括脂类、醇类等。固体物质或水溶性物质，通常很难通过皮肤吸收。

（四）代谢作用

皮肤参与全身代谢过程，维持机体内外生理的动态平衡。整个机体中有 $10\% \sim 20\%$ 的水分是储存于皮肤中，这些水分不仅保证了皮肤的新陈代谢，而且对全身的水代谢都有重要的调节作用。此外，皮肤还储存着大量的脂肪、蛋白质、碳水化合物等，供机体代谢所用。皮肤含有脱氢胆固醇，经阳光中紫外线照射后，可转变为维生素 D。

（五）免疫作用

皮肤是测定免疫状况和接受免疫的重要器官之一，皮肤的免疫作用是机体抵抗外界抗原物质的天然屏障。当皮肤生理功能衰退或处于病理的情况下，会引起感染发炎、红肿和各种皮肤病。

（六）分泌与排泄作用

皮脂腺的分泌，不仅能润湿皮肤和毛发，保护角质层，防止水和化学物质的渗入，还起到抑菌、排除体内某些代谢产物的作用。汗腺的排泄可以调节体温，维持皮肤表面酸碱度，协助肾脏排泄代谢废物。

四、影响皮肤美容的因素

皮肤美容涉及生活的各方面，除了营养因素外，还受精神状况、体质状况、膳食起居习惯、生活和工作环境等的影响。

（一）精神因素

保持健康的精神状态，可以加速皮肤血液循环，增加皮肤新陈代谢速度，使皮肤具有正常的润泽和弹性。精神长期抑郁，将造成机体内分泌紊乱，直接导致皮肤色素沉着，免疫力下降。

（二）机体因素

只有在保证机体机能健康的情况下，才能保持皮肤健美。胃功能减退，糖代谢失调，造成皮肤毛细血管扩张，皮肤局部发红。肝脏具有解毒、调节激素平衡的功能，肝功能发生障碍时，皮肤易干裂，出现痤疮或肝斑等症状。另外，机体其他组织器官疾病如肾炎、内分泌紊乱或卵巢、子宫异常，也会导致一些皮肤疾病。

（三）年龄因素

随着年龄增长，机体机能逐渐退化，皮肤也随之老化。皮肤正常功能衰退，原有纤维排列变得凌乱，皮肤失去弹性、丰满，皮肤松弛下垂，变得粗糙干燥。而且，皮肤代谢发生异常，内分泌失调，脂褐素堆积以及黑色素增加使人体出现老年斑，皮肤持水力下降，起皱纹。

（四）生活习惯

具有正常的生活规律和良好的膳食习惯，是保证皮肤健康的重要因素。起居要有规律，如果睡眠时间长期不足，将造成皮肤细胞再生能力下降，皮肤粗糙，眼圈发黑。香烟中的尼古丁易造成皮肤微血管收缩，血液循环能力降低，皮肤无法吸收充足的氧气和营养，变得松弛、干燥、无光泽。长期酗酒者，皮肤微血管管壁弹性变差，皮肤失去弹性。

（五）环境因素

生活和工作环境，如温度、湿度、阳光、尘埃以及气候变化等，都将影响皮肤健康。合适的温湿度，有利于皮肤保持柔软、弹性和亮丽光泽等的特点。阳光可以促进皮肤新陈代谢，皮肤在阳光下合成维生素 D。但阳光中紫外线过强，导致皮肤黑色素细胞分泌黑色素的数量增加，皮肤色素沉着，形成黄褐斑等皮肤瑕疵。

空气中的尘埃易阻塞皮肤毛孔，影响皮肤新陈代谢，而且尘埃中的细菌侵入毛孔，将诱发痤疮等皮肤疾病。气候变化，环境中温湿度、阳光强度也随着改变，这时更应注意皮肤的保养。

第二节　祛斑功能性食品

皮肤的颜色是由皮肤表皮层色素颗粒的数量及大小决定的。皮肤的色素主要有黑色素和血色素等。血色素能使皮肤显得红润健康；黑色素的数量与遗传有关，当受到过度刺激就会引起黑色素细胞加速分裂、数量剧增，而此时若细胞的新陈代谢速度较慢，或人体自身的调节功能紊乱，黑色素就会沉淀到真皮层形成色斑。

一、黄褐斑的定义和起因

（一）黄褐斑的定义

黄褐斑是一种发生于面部的色素增生性皮肤病，因其常见于妊娠 3~5 个月，故又称妊娠斑；又因其状似蝴蝶，颜色类似肝脏的褐色，所以又称蝴蝶斑和肝斑。

黄褐斑好发于面部，特别是双颊部、额部、鼻部和口周等部位，一般对称出现，有的单侧发生，表现为大小不等、形状不规则的片状淡褐色或黄褐色斑，边缘清楚或不清楚，互相融合连成片状，表面光滑，无鳞屑。

临床上将黄褐斑分为三种类型：

①面部中央型：最常见，皮损分布于前额、颊、上唇、鼻和下颌部；

②面颊型：皮损主要位于双侧颊部和鼻部；

③下颌型：皮损主要位于下颌及颈部 V 形区。

（二）黄褐斑的起因

黄褐斑是由于黑色素过多沉着于皮肤中而形成，但病因尚未完全明了。现代医学认为，黄褐斑的发生多因内分泌失调引起，常见于月经不调、妊娠、口服避孕药及某些消耗性疾病患者。内分泌失调会造成色素代谢功能紊乱，导致大量黑色素沉着于皮肤表皮细胞，而引起黄褐斑。处于经、孕、产、乳期的妇女以及某些消耗性疾病患者，会出现体内色素沉着和血管瘀塞等现象，导致血液内循环不畅和新陈代谢功能减弱，使得体内毒素和废物不能及时排出，而易在体表形成色斑。同时，黄褐斑与皮肤抗氧化能力较弱密切相关，皮肤自由基含量过多、抗氧化能力较弱，易造成皮肤细胞的损伤，而导致皮肤的衰老和色斑的形成。

此外，营养不良或不合理者，如缺乏维生素 A、维生素 C、维生素 E、烟酸及某些微量元素等，或者紫外线过多照射都会引起黄褐斑。某些化妆品的刺激、阳光曝晒等也是黄褐斑的常见诱因。精神神经因素也是引起黄褐斑的一个原因，如生活无规律、缺乏睡眠等。

（三）祛黄褐斑的作用机理

黑色素是在酪氨酸酶的作用下由无色的酪氨酸生成多巴，多巴又在酪氨酸酶的作用下变成多巴醌，再经一系列氧化过程最后形成黑色素。正常情况下，黑色素形成以后，一部分会被分解，通过肾脏排出体外，另一部分会随着表皮的脱落而脱落。但是，若酪氨酸酶活性增强，黑色素增多，激增的黑色素又因代谢的迟缓而无法排出体外，就会淤积在脸上形成斑点。因此，抑制酪氨酸酶的活力，以干扰和减少黑色素的产生，是达到预防黄褐斑生成的有效措施。此外，调节内分泌平衡、促进新陈代谢、清除自由基、活血化瘀和清肠排毒，也能在一定程度上达到以内养外、祛斑美白的效果。

二、老年斑的定义和起因

（一）老年斑的定义

人到老年，在颜面部、手背等皮肤处常常会出现扁平的黑褐的斑点、斑块，人称老年斑或寿斑，医学上称为老年性色素斑，是在老年人皮肤上出现的一种脂褐质色素斑块。

老年斑是人体内脏衰老的象征。脂褐质色素是细胞氧化后的产物，不仅能聚集于皮肤上，而且还会侵扰机体内部，在细胞内积蓄，妨碍细胞的正常代谢，一旦聚集过多便影响脏器功能，在人们看不到的脏器上留下痕迹并造成危害，使人渐渐衰老。沉积在脑细胞上会导致智力和记忆力减退，引起老年人记忆、智力障碍、抑郁症，甚至老年痴呆；聚集在血管壁上，会发生血管纤维性病变，引起高血压、动脉硬化、心肌梗死等心脏病。因此，老年斑传递了人体老化的信息，也是人体衰老的形态学标志。老年斑的出现不是孤立的，常伴随着其他可见的形态学老化指标，组成一个老态龙钟的形象。

（二）老年斑的起因

老年斑的产生目前有三种说法。

第一种认为，进入老年后，细胞代谢机能减退，体内脂肪容易发生氧化，产生老年色素。这种色素不能排出体外，于是沉积在细胞体上，形成老年斑。

第二种认为，人到老年后，体内新陈代谢开始走下坡路，细胞功能的衰退在逐年加速，血液循环也趋向缓慢，加上老年人在饮食结构上的变化，促使了一种称作脂褐质的极微小的棕色颗粒堆积在皮肤的基底层细胞中。这种棕色颗粒是脂质过氧化反应过程中的产物。衰老的组织细胞失去应有的分解和排异功能，导致超量的棕色颗粒堆积在局部细胞基底层内，从而在人体表面形成老年斑。

第三种认为，老年人体内具有抗过氧化作用的过氧化物歧化酶的活力降低了，自由基的作用也就相对增加了，而老年斑就是自由基及其诱导的过氧化反应长期毒害生物体的结果。

不管哪种说法，均认为老年斑是机体抗氧化功能减弱的表现，是组织衰老的先兆斑，表示细胞进入了衰老阶段。

（三）祛老年斑的作用机理

祛除老年斑的关键，在于清除自由基、提高机体抗氧化能力。另外，加强机体自身免疫、促进人体细胞代谢、促进血液循环也是防止老年斑产生的有效方法。

三、祛斑功能性食品的开发

（一）水分和膳食纤维

对于祛斑而言，水分和膳食纤维的作用有点类似。足够的水分有助于血液循环，将营养物质输向皮肤，同时运走代谢废物，减少黑色素的沉着，防止面部色斑生成。而膳食纤维能促进肠道蠕动、增强机体新陈代谢能力、加快代谢废物和毒素排出体内的速度，从而防止色斑的生成。

（二）脂肪

不饱和脂肪酸，如亚麻酸，能增进血液循环、减少脂肪在血管内壁的滞留，消散粥样硬化斑，防止血管内膜损伤；能调节皮脂腺的代谢，改善皮肤代谢失调现象，增进皮肤健康，缓解由内分泌失调引起色斑。

（三）维生素

1. 维生素 E

维生素 E 能调理内分泌，清除自由基、抑制体内脂质的过氧化反应，防止细胞组织老化，减少过氧化反应所导致的生物大分子交联和脂褐质堆积现象，延缓机体衰老，减少或阻止色斑的形成和出现。

2. 维生素 C

维生素 C 参与体内的氧化还原反应过程，具有很好的抗氧化、清除自由基和提高免疫力作用。它能抑制中间体多巴醌转化成黑色素，并将深色氧化型黑色素还原为浅色的还原型黑色素。

3. B 族维生素

维生素 B_1 能促进胃肠蠕动，增强机体新陈代谢功能。维生素 B_2 具有强化皮肤代谢，改善毛细血管微循环的作用。它们能使色素减退、色斑减少。

维生素 B_5 缺乏易引起癞皮病，最终还会因色素沉着而使皮肤出现斑块。

（四）矿物质

硒是强抗氧化剂，能将过氧化物还原或分解，达到清除自由基、保护细胞膜结构和功能、修复分子损伤，从而延缓衰老，防止色斑生成。含硒酶——谷胱甘肽过氧化酶具有消除脂质过氧化物的作用。此外，硒还具有促进体内新陈代谢、增强机体免疫力等功能。

（五）具有祛斑功效的典型配料

具有祛斑功效的典型配料见表4-1。

表 4-1　　　　　　　　　　　　　具有祛斑功效的典型配料

典型配料	生理功效
γ-亚麻酸（GLA）	调节血脂，美容，护肝，增强免疫力
维生素 E	清除自由基，抗衰老，美容，抗肿瘤
超氧化物歧化酶（SOD）	清除自由基，抗衰老，美容，解毒
维生素 C	清除自由基，抗衰老，美容，增强免疫
芦荟	美容祛斑，活血化瘀，加速血液循环
膳食纤维	促进新陈代谢，减少色斑生成
葡萄籽	清除自由基，抗过敏，抗衰老，美容，改善视力
绿茶	抗氧化，抗衰老，抗癌，抗突变
珍珠粉	美白祛斑，增强免疫，抗衰老，补钙
阿魏酸	抗紫外线，清除自由基，抗衰老
硒	清除自由基，抗衰老
大豆磷脂	调节血脂，美容，改善学习记忆力，保护肝功能
枸杞	抗衰老，增强免疫力，美容
红枣	增强免疫，活血化瘀，美容
硫辛酸	抗衰老，清除自由基，美容

第三节　祛痤疮功能性食品

痤疮（Acne）是毛囊与皮脂腺出现慢性炎症的一种皮肤病，俗称"粉刺""青春痘"。痤疮主要发生在面部、肩周、胸和背等部位，表现为黑头粉刺、炎性丘疹、继发脓疱或结节、囊肿等。痤疮发病率高，国内男性发病率约为 45.6%，女性约为 38.5%。

一、痤疮的起因

痤疮是一种多因素性疾病，其发病机理尚未完全清楚。皮脂分泌、毛囊过度角质化、微生物繁殖是痤疮发病的主要因素。此外，遗传因素、饮食、情绪紧张或某些化学因子也可能引起痤疮的产生和恶化。

（一）皮脂分泌过盛
青春期雄性激素增多，皮脂分泌旺盛，这是为什么痤疮好发于青春期的原因。

皮肤中二氢睾酮的含量增加，使皮脂腺分泌量增加，皮脂不易排泄而逐渐聚积在毛囊口。毛囊壁上脱落的上皮细胞与浓稠皮脂混合成为干酪状物质，堵塞毛囊口。经空气氧化和尘埃污染形成黑色粉刺，黑色粉刺挤压邻近细胞，使其抗菌力降低，易被细菌感染，进而发生丘疹、结节、脓疱、囊肿和瘢痕。

因男性皮脂分泌量较多，所以通常男性痤疮较女性顽固。青春期女性随着身体发育，肾上腺分泌机能趋向活跃，如果卵巢成熟滞后，或者更年期卵巢萎缩、功能衰退，雌激素分泌水平大大降低，都会使女性出现痤疮。

（二）毛囊角质细胞的异常角化

异常角化是毛囊皮脂阻塞的重要原因。毛囊是管道系统，毛囊口或管道本身出现问题都会引发炎症。正常情况下，表皮的角质细胞会一直延伸至毛囊的顶端，毛囊细胞应该会顺利新陈代谢，让皮脂分泌至皮肤表面，但有些毛囊口的细胞反而附着得很紧实，这就是角化异常。角化细胞不正常的附着且不脱落，会造成下方分泌代谢物无法排除，而角化异常又受到细菌和油脂大量分泌的间接影响，两种相互关联会促使痤疮生成。

雄性激素也会影响毛囊皮脂腺角质化，当皮脂过度角质化以后，在脱落的时候会堵塞毛囊，使毛囊口变小，管腔狭窄、闭塞，毛囊开口处过度的角质堆积，会使皮脂堵塞在毛孔中，从而形成粉刺。

（三）微生物繁殖

毛囊中常见的微生物主要有痤疮初油酸杆菌、表皮葡萄球菌和亲脂性酵母菌。它们本身并不致病，但在特定环境下会发生问题。

毛囊内细菌的增生，特别是痤疮初油酸杆菌的增生，能将原本较无刺激的皮脂，分解成高刺激性的游离脂肪酸，引起毛囊发炎。痤疮初油酸杆菌是一种厌氧型革兰阳性杆菌，阻塞的毛囊非常适合它的生长，当繁殖到一定阶段，痤疮初油酸杆菌还会向皮肤毛囊渗透，引发丘疹、脓疱、结节和囊肿。长此以往会引起毛囊扩张，导致毛孔变粗。当它的入侵深入真皮以后，就会留下疤痕，有增生性的疤痕和凹陷性的疤痕两种。

（四）遗传因素

无论是皮脂腺的大小、密度或活性以及毛囊结构和内分泌等方面的差异，其实都受到基因遗传的影响，这也说明了痤疮很大程度上与遗传有关。资料显示，几乎60%左右的痤疮患者有家族史。父母是油性肤质，且易患痤疮的，其子女也容易患痤疮。

（五）膳食及用药因素

根据临床上的经验，食物对痤疮的影响并不是绝对的，而是因人而异的。摄入过量油腻食物、甜品及辛辣油炸食品会刺激皮脂腺分泌活跃而引发痤疮。此外，各种酒里都含有不同浓度的酒精，酒精会使血管扩张，血液被大量送往皮脂腺，促使皮脂腺分泌过多，血管因喝酒长期处于扩张状态，会引起面部泛红，皮脂过多，从而加重痤疮。

有些药物本身含有刺激性的毒素，如果长期使用，会使毒素积聚在皮肤组织内，促使痤疮的情况恶化，如含溴化物、碘化物的药品。还有些药物内含的性激素也会对痤疮的发生起到催化作用，使痤疮的症状更加严重。

长期使用含有激素的化妆品，会使皮肤变薄、毛囊萎缩，毛细血管扩张，皮肤抵抗力下降。毛细血管扩张后，血管的通透性增强，血管内的大分子物质容易漏出，容易引发过敏症状，发生感染和炎症。护肤品，特别是化妆品，往往造成毛孔堵塞，引发痤疮，有的清洁产品含刺激成分，也会引发痤疮，如牙膏中所含的氯化物会刺激皮肤，使皮肤增厚，增厚的死皮如不能即时脱落，则会阻塞毛孔，产生痤疮。

（六）环境因素

生活或工作环境污染较严重，环境过热或潮湿会加重痤疮病情。由温度和湿度相对较低的地方转到温度和湿度较高的地方，也容易出现痤疮，原因是皮肤油脂分泌增多后，新陈代谢仍维持原来的水平，皮脂出现堵塞，痤疮便出现了。所以，换季或者出差在外时容易长痘。

此外，过多的日晒不仅使油脂分泌增多，而且日晒量过大会造成角质增厚，即使油脂分泌较少，如干性肌肤，但如角质层积累得太多，堵塞了毛孔，痤疮也会"闷"出来。

（七）身体健康因素

1. 胃肠功能障碍或便秘因素

胃肠机能发生障碍容易引起便秘，使食物在肠道内腐败，产生的毒素被肠胃吸收后，对身体、皮肤造成毒害，使皮肤新陈代谢缓慢，以至角质增加而引起发炎。

2. 肤质

肤质说明了皮肤的油脂分泌，毛细孔粗细、角质层厚薄等情况，有的肤质比较容易出现痤疮。油性肤质是最容易出现痤疮的一种肤质。

3. 疲劳

肌肤也有新陈代谢，身体过于疲劳则会扰乱肌肤的新陈代谢。如果肌肤的新旧代谢不顺畅，痤疮就很容易发生。

4. 生理期

几乎七成以上的女生在生理期间都会长痤疮。生理期激素分泌发生变化，皮脂分泌更加旺盛，肌肤呈现多油状态，所以痤疮容易出现。

5. 精神紧张

精神因素不是引发痤疮的主要原因，但却是一个非常重要的因素。心理压力太大、长时间精神抑郁，经常情绪不稳定，精神紧张，会通过中枢神经系统影响内分泌，造成油脂分泌失调，产生痤疮。

此外，微量元素或维生素缺乏、贫血、肝功能虚弱等也可能是引起和加重痤疮症状的原因。

二、痤疮的种类

痤疮的分类方法较多，从痤疮外部皮损症状进行划分，可分为粉刺、丘疹、脓包、囊肿、结节等；根据临床表现又可分为寻常痤疮、聚合性痤疮、恶病质性痤疮、婴儿痤疮、热带痤疮、坏死性痤疮、月经前痤疮、剥脱性痤疮、暴发性痤疮等；近年来，临床上又出现了出租车司机痤疮、网虫痤疮等。

根据外观、严重性及病理的原因的不同，大致分为三大类型：原发性粉刺、发炎性痤疮、继发性粉刺。

（一）原发性粉刺

1. 微粉刺

只是毛囊的阻塞和中间轻微膨起，外壳完全看不出来，只有在病理切片下可见到，这是痤疮形成最早的变化。

2. 闭锁性粉刺

闭锁性粉刺又称为"白头粉刺"，肉色，1~2mm大小突起，因为毛囊闭锁，外表上看不出毛孔，而且无法借外力挤出内容物，故称为闭锁性粉刺。

3. 开放性粉刺

大小约为5mm，可以见到比毛孔更为扩张的开口，由于里面填塞了含有黑色素的角质及皮脂代谢物，呈乳酪半固体状。粉刺顶端部分呈现黑色，故称为黑头粉刺。

黑头粉刺是目前发病率、患者人数最多的一种痤疮，据调查，其发病率在90%以上。黑头粉刺的皮损形态有两种：一种是毛孔粗大，满脸密集成群的小黑头，能挤出前黑、中黄、里白的脂状物，表面虽看不到红肿，但会留下严重的凹洞；二是在没有完全形成黑头粉刺之前，患者乱用外用药涂抹或采用不正确的挤压方式，继而使其变成红肿性痤疮，很难自愈，而且患者往往有胀痛的感觉。黑头粉刺从外表看起来病情似乎很轻，容易被忽视，但其发病率高，后遗症严重，缠绵难愈。

（二）发炎型痤疮

1. 丘疹型痤疮

丘疹型痤疮多见于痤疮初起或较轻的人，多为粉刺包里的壁破裂或其中的细菌引起发炎，皮损形态以针帽大小的炎性丘疹为主，从外观看起来，是一颗颗又小又红的突起，还会又轻微的疼痛与压痛。面部往往潮红，丘疹呈分散或密集成群分布。这种痤疮主要出现在患者的前额和太阳穴处，患者一般年龄较小，年龄大的患者也有，但发病较急，往往一夜之间布满全脸。

2. 脓疱型痤疮

皮损形态以绿豆大小丘疹脓疱为主，外观看起来有小小黄色的脓头，这是因为发炎反应持续扩大，疼痛感也更为明显。发病部位一般在鼻翼两侧、双眼下方、颧骨等部位，出现在太阳穴的脓疱一般比其他部位的大。发炎细胞与坏死组织形成脓样物，蓄积在丘疹的顶端，脓疱破后流出的脓液较黏稠，但脓出而愈，愈后遗留浅的瘢痕，一般恢复较好。

3. 结节型痤疮

当发炎反应严重到某个程度，发炎部位较深时，原本的粉刺内容物就在皮肤当中散布裸露，脓疱性痤疮发展成壁厚、大小不等的结节。在这当中所引起的水肿和幼芽组织反应，都会使痤疮变得又硬又痛，当然也变得很难消除。从外观上看，皮损形态是以淡红色或紫红色，有显著隆起而成半球形或圆锥形的结节为主，其发病部位主要在面颊和嘴角两侧，男性患者多于女性，一般是患病四年左右出现，但也有急性、短期内发病的患者，这种痤疮触摸较硬，不易挤出脓液，恢复较慢，优点是痊愈后不会留下凹坑，但处理不当会形成增生性疤痕。

4. 脓疡型痤疮

当发炎反应持续进行，大量组织坏死与发炎细胞累积形成皮肤当中的脓疡，甚至会深入脂肪层造成大规模的破坏。

（三）继发性粉刺

1. 囊肿

这是一种皮脂腺囊肿。破坏的毛囊壁在脓疡和结节中形成新的壁，从外观上看，皮损以大小不一的囊肿性包块为主，用手可触到皮下有囊状物，内含黏稠分泌物，压之有波动感。囊肿通常会继发化脓感染，破溃后流出带血的胶冻状脓液。这种痤疮主要长在两嘴角外侧和两耳朵根前侧，外部一般呈长条状，恢复慢，愈后不留凹坑，但皮肤易变形。

2. 瘘管

脓疡新形成的壁与毛囊相连成为互通的疤痕样组织，外观不如黑头粉刺平整，有如疤痕的开孔。

3. 囊腔

当多个瘘管与毛囊彼此相通，有如隧道一般时，称为囊腔。此时的治疗就变得更加困难，而且不容易根除。

续发型粉刺通常是因为痤疮发炎太严重，或者是因为不当的处理方式所引起的，使得原先长痤疮的皮肤留下后遗症，一旦发炎情况过于严重而侵犯较深层的组织，就会留下色素或疤痕，甚至形成囊肿、瘘管与囊腔，不容易治疗。

（四）其他类型

1. 萎缩型痤疮

这种痤疮一般发病时间长，愈后皮肤损害较严重，皮损形态是以脓肿、囊肿、溃破后遗留凹陷不平的疤痕为主。

2. 聚合型痤疮

皮损面积大、分布广，反复发作，由数个痤疮结节在皮肤深部聚集融合，颜色青紫，称为融合型或聚合型痤疮，愈后形成瘢痕疙瘩。皮损形态是以脓疱、结节、囊肿、瘢痕等集簇丛生。

3. 恶病质型痤疮

这种痤疮常见于长期久治不愈的患者。皮损形态是久病体质极度虚弱、脓肿、结节长久不愈或愈合缓慢。

4. 人工痤疮

这种痤疮主要发生在痤疮初期程度较轻时，或者治愈后恢复期间时。人为地用手做不正确的挤压，致使的皮损加重。

三、发生痤疮的年龄

（一）不同年龄层发生的痤疮

1. 初生儿痤疮

初生儿性激素分泌量很高，容易刺激痤疮的生成。不过，这种初生儿痤疮并不常见，也不需要特别治疗，通常会在几个月内自行消退。

2. 婴儿期痤疮

这类痤疮多在婴儿6个月大时出现，通常会持续2~3年才消退。研究发现，在婴儿期出现痤疮的人，青春期也会较其他人更易发生严重的痤疮，这可能与个人的先天体质有关。

3. 青春期前的痤疮

在青春期的生理发育开始前出现的痤疮以闭锁性白头粉刺为主，在粉刺出现之前，会发现面部皮肤出油量增加。通常女性长粉刺的时间会比男性早2~3年，最早出现在鼻头上的粉刺，可能比女性的初潮还早几年。

4. 青春期痤疮

这是最常见的痤疮类型，男性的发生率略高于女性，除了闭锁性或开放性粉刺之外，发红化脓的痤疮也经常可见，不仅出现在面部，前胸、后背、手臂和臀部都是好发的部位。

5. 成年期痤疮

成年的女性相对于男性而言，较常出现痤疮问题，这些成年型痤疮多发生在下颌部皮肤，口唇四周以及两侧脸颊下缘多见，多属于红肿发炎、持久不退的痤疮，由于成因复杂，在治疗上必须慎重。

6. 老年型痤疮

老年期出现的痤疮与皮肤的退化有关，大部分是由于长期曝晒紫外线所造成的皮肤伤害。在临床上都是一些严重扩张的黑头粉刺，一般多发生于 60~80 岁，白种人、男性发生率较高。这些粉刺大多长在眼睛周围，与一般常见的痤疮有很大的不同。

（二）痤疮的发生部位与可能的疾病

从中医理论来看，人体是一个有机整体，不同部位发生的痤疮是人体不同脏腑功能失调的外在表现。

如果长期思虑过度，劳心伤神，常可引起心火旺盛、心火上炎，这时额头上常常会长出痤疮。如果痤疮长在鼻梁，代表脊椎骨可能出现问题；如果是长在鼻头处，可能是胃火大、消化系统异常；长在眉毛的上部或嘴角的痤疮一般是胃不堪重负或消化不良的表现。若在鼻头两侧，就可能跟卵巢机能或生殖系统有关。而长在下巴的痤疮可能暗示肾功能受损或内分泌系统失调。女生容易在下巴周围长痤疮可能是月事不顺所引起。此外，长在脸颊上的痤疮可能与肝、肺的功能出现问题有关。如果平时压力较大又没有自我调节好，肝郁气滞的各种症状便会随着压力的增大而日益明显，使面脸颊上长出痤疮。

四、祛痤疮功能性食品的开发

（一）水分

皮肤的正常代谢需要水分。水有利于稀释血液，有助于血液循环，能洗净体内的毒素并使其排出体外，减少毒素的蓄积，而且足够的水分也有助于表皮废物的排出，使皮肤光洁有弹性。

（二）必需脂肪酸

人体皮肤的油质层中包含了许多人体自身无法合成的必需脂肪酸，而这些必需脂肪酸又与皮肤角质层的正常代谢息息相关。医学上发现，当皮脂腺大量分泌或表面油脂受细菌分解而使必需脂肪酸被稀释时，就容易产生角化异常造成毛孔阻塞的现象，在营养缺乏的患者身上也可以看到类似的变化。

（三）维生素

1. 维生素 A 及其衍生物

维生素 A 及其衍生物具有脂溶性，可以直接穿过真皮发挥作用，刺激纤维母细胞，促进纤维的合成。维生素 A 缺乏时，皮肤会出现上皮角化，即毛囊角化症，容易引发痤疮。

2. 维生素 C

维生素 C 是胶原蛋白形成过程中的必需成分，它能加速皮肤的自我修复。缺乏时，胶原单体无法实现羟基化而导致胶原生物合成失败，皮肤上的创伤口将难以愈合。

3. B 族维生素

维生素 B_2 能强化皮肤新陈代谢，改善毛细血管微循环，使眼、口唇变得光润、亮丽，缺乏时出现口角炎和脂溢性皮炎。

维生素 B_6 具有抑制皮脂腺活动，减少皮脂分泌，治疗脂溢性皮炎和粉刺等功能。缺乏时，皮肤会出现湿疹和脂溢性皮炎等。

4. 维生素 E

维生素 E 具有促进毛细血管微循环、调节激素正常分泌的作用，从而减轻痤疮的发生。

（四）矿物质

锌在人体新陈代谢和伤口愈合中发挥着极其重要的作用。锌缺乏时皮肤创口难以愈合，还会出现脂溢性皮炎、痤疮和脱毛症。

（五）具有祛痤疮功效的典型配料

具有祛痤疮功效的典型配料见表 4-2。

表 4-2　　　　　　　　　　　　具有祛痤疮功效的典型配料

典型配料	生理功效
维生素 A	防止毛囊过度角化
维生素 C	促进皮肤伤口愈合
维生素 E	调节激素分泌、促进皮肤损伤的修复
B 族维生素	调理肌肤油脂分泌，滋养肌肤
超氧化物歧化酶	美容，解毒
金盏草	杀菌、促进伤口愈合、预防痤疮
洋甘菊	抗过敏、消炎、促进皮肤损伤的修复
甘草	消炎、预防痤疮
γ-亚麻酸	调节血脂，美容，护肝，增强免疫力

第四节　抗皱纹功能性食品

希望永葆青春、拥有平滑美丽的肌肤，是所有的女性的共同心愿。然而，女性一旦进入 30 岁，或者更早，皮肤便开始逐渐显露出衰老的迹象。颜面上的细小皱纹，常常使女性产生不安和苦恼。老化是任何人都不可避免的一种生理现象。但是，女性的肌肤是否与实际年龄相称，则会因平时是否注意保养而产生很大的差异。

一、皱纹产生的原因

婴儿细致光滑的肌肤是令人羡慕的，但是随着年纪增长，皮肤细胞的生命周期会越来越短。皮肤角质层的保水能力降低、角质内层细胞储水能力不足，肌肤就会开始出现干燥；当肌肤开始出现松弛，真皮网状组织开始硬化后，就容易断裂而产生皱纹。

大多数的皮肤皱纹是在做各种脸部表情时先出现的。脸部的一定部位不断地重复牵引后，弹性纤维就会慢慢地疲劳，结缔组织的胶原蛋白也逐渐变硬，并失去力量和膨胀力，这时便出现皱纹。

皱纹出现的早晚因人而异，而且和皮肤的保养、生活条件、气候等因素有关。一般来说，人体在 25~29 岁时，眼部周围、下巴和嘴巴会有细微的皱纹出现。这是控制皱纹的关键时期。

人体在 30~39 岁时，眼部周围、下巴、颈部和额头上都会有皱纹出现。人体在 40~49 岁时，眼部周围、嘴角、下巴、眉间、颈部、额头、手部都有明显的皱纹，肌肤真正走入老化期。人体在 50~59 岁时，皱纹的纹路将十分明显。

皱纹产生的原因主要包括年龄、日晒、皮肤干燥、阳光照射及营养等。

（一）年龄增长

不考虑外界因素影响，皮肤自身有一个老化的过程。儿童时期，皮肤处于理想状态。由于细胞分裂速度快，皮肤受刺激或受伤后能得到快速愈合。性成熟后，皮肤细胞需要多少，就能产生多少，这时皮肤内的结缔组织紧绷，不会有皱纹的身影出现。约从 40 岁起，细胞分裂会明显减少，皮肤血液流通会变差，皮下组织的脂肪减少，储存的水分变少，外表会显得干燥、硬化并缺少弹性。到了更年期，雌性激素量下降到最低水平，而皮肤的再生能力、储存水分和血液流通，都由雌激素负责调节。老年期的皮肤则几乎像羊皮纸一样，这主要是因为整个机体内部都缺少水分。体内的含水在婴儿时约占 75%，到了老年却只有 40%。

同时，随着年龄的增长，身体的新陈代谢减缓，表皮的再生能力也会衰退。人过中年，面部皮下组织会逐渐减少，失去脂肪支撑的皮肤容易松弛下垂形成皱纹，并会在重力的作用下发生滑坠，形成更深的皱纹；而且随着年龄增长，真皮弹力纤维会变性、断裂，使皮肤的张力和弹性降低。当表情肌松弛后，皮肤不能很快复原，久之则使皱纹凝固下来，表情肌即使不收缩，皱纹依然存在；另外，年纪越大，身体各组织所含的水分子比例就越小，皮脂腺和汗腺的活动会逐渐变慢，皮肤变得越来越干燥，老年后皮肤逐渐萎缩而变薄，面部的皱纹就不可避免地出现了。

一项最新研究成果显示，脸部骨骼结构的变化与人体衰老密切相关。人们在衰老的过程中，脸部骨骼会逐渐溶解、收缩，使脸部出现空隙，皮肤也会渐渐失去弹性。而皮肤自身的收缩能力又不足以填补那些空隙。因此，皮肤就开始松弛、老化，出现皱纹。而且女人更容易在年轻时就出现脸部骨骼流失，这也就是女性比男性更容易显老的原因。

（二）环境的影响

各种不良环境的影响，特别是紫外线的影响，会加速皮肤老化的自然过程。自由基是造成机体老化的重要原因。阳光直射会直接损伤皮肤深层的弹性纤维和胶原蛋白。日晒会使身体产生自由基，自由基活化转录因子，再加上紫外线刺激，便产生胶原蛋白消化酶，这种酶会瓦解皮肤细胞里的脂肪，生成加速皮肤老化的物质。此外，曝光也会使人体产生酶。

（三）皮肤干燥

皮肤的角质层可以帮助我们保存并防止水分散失。但日晒、干燥及老化，都会让我们皮肤的保湿能力降低，这时便很容易使皮肤因干燥而产生细纹。

（四）营养缺乏

皮肤与人体其他部位一样，需要营养。营养不均，尤其是缺少维生素，饮食又过于油腻，就容易加速皮肤老化的脚步。人体摄食量不足，体内营养素匮乏，面部肌肉失去营养，会产生皱纹，长期饮食不平衡，可导致皱纹的产生。而人体内的营养物质是通过内脏的功能活动消化吸收的，如果内脏功能失调也会引起营养素的缺乏。

（五）保养不当

不当的保养也会让皱纹提早出现，如使用温度过高的热水洗脸、洗脸次数过多或是用力擦脸。假如在做脸部的美容按摩时，没有顺着肌肉生长方向进行，将会导致逆向拉扯，长久下来便可能产生细纹。面部动作和表情过多，如眯眼、皱眉、狂笑、撇嘴等，也会使面部皱纹增多。

（六）其他因素

经常熬夜、睡眠不足或是接触烟酒、辛辣食物、毒品等，也会加速肌肤的老化，让皱纹提早出现。尼古丁对皮肤血管有收缩作用；喝酒会减少皮肤中油脂数量，加快水分流失，间接影响皮肤的正常功能。此外，心情压抑，会导致人体气血运行不畅，面部肌肤失去血液的滋养，也容易产生皱纹。

二、皱纹的种类

皱纹的分类方式有许多种，最简单的就是将皱纹分为动态性和静态性，因表情而牵动出来的纹路就是动态性皱纹，这也是一般人可以忍受的；如果是不管做不做表情，脸上就是有着一条条纹路，那就属于静态皱纹，如下眼睑纹、鼻唇沟纹、颊部皱纹、颈部皱纹等。静态性皱纹形成最主要的原因就是老化，当然，动态性皱纹形成久了也可能变成静态性皱纹。

皱纹的名称也有许多种，因为笑容而产生的眉间纹、抬头纹、鱼尾纹，这些都属于动态性皱纹；下眼睑纹、鼻唇沟纹、颊部皱纹、颈部皱纹这些随岁月流逝而出现的就是静态性皱纹。

（一）原发性皱纹

1. 因自然老化产生

表皮层：角质增生堆积、表皮变薄。

真皮层：胶原纤维减少，弹性纤维变厚、血管扭曲、糖蛋白质增加。

2. 因光老化产生

表皮层：角质增生堆积、表皮变厚、细胞变性。

真皮层：胶原纤维减少、弹性纤维变厚、血管扭曲、糖蛋白质增加。

3. 支持组织退化产生

骨骼、软骨及皮下组织退化。

（二）继发性皱纹

1. 重力纹

地心引力造成，尤其当皮肤老化、弹性消失时。

2. 动力纹

表情肌肉长期收缩拉扯导致。

3. 睡纹

长期睡姿不良压迫造成。

三、抗皱纹功能性食品的开发

人体是一个有机整体，通过调节机体内分泌和免疫功能，改善新陈代谢，增加细胞活力，改善皮肤血液循环，能达到皮肤美容效果。真正的美容要从营养上着手，调节生理机能，合理摄取营养，特别是摄取有益于皮肤健康的营养，使身体组织处于良好状态，才能达到容颜焕发、青春永驻的目的。

（一）水分

细胞与细胞间质水分充足，肌肤会显得滋润丰满，富有弹性和光泽。水有利于稀释血液，有助于血液循环，把营养物质输向皮肤，同时运走代谢废物，防止肌肤粗糙、起皱。机体缺水，使皮肤干燥，失去光泽和弹性，严重时引起皮肤营养失衡。

（二）蛋白质

蛋白质是皮肤的重要组成成分，不仅维持皮肤组织生长发育，对皮肤起修补和更新作用，而且参与合成人体内抗体、白细胞和吞噬细胞等。蛋白质缺乏，尤其缺乏足够的必需氨基酸，必然导致营养不良性贫血和全身免疫功能下降，人体皮肤就会失去原有弹性和光泽，容貌易于衰老，易生皱纹。蛋白质组成中的甲硫氨基酸参与脂类代谢，可以使皮肤富有光泽，保持皮肤细腻有弹性。此外，如果真皮中胶原蛋白数量减少，皮肤也将失去韧性和弹性。

但在一定条件下，蛋白质会引起皮肤过敏。少数人吃了蛋、乳、鱼、虾、蟹等高蛋白食品后，会发生荨麻疹或其他皮肤损害；婴儿湿疹，也是因为对鸡蛋、牛乳、鱼和鱼肝油等蛋白食物过敏所致。

（三）脂肪

适量的皮下脂肪，能使皮肤保持柔软、丰满而有弹性。不饱和脂肪酸，尤其是 γ-亚麻酸，具有显著的抗脂质过氧化作用，可延缓衰老。

（四）碳水化合物

碳水化合物供应不足时，人体易产生疲劳而影响皮肤健康。膳食纤维能吸收大量水分，促进肠道蠕动，预防便秘和结肠癌，对皮肤具有一定的美容作用。许多黏多糖是构成皮肤的重要物质，硫酸软骨素参与形成真皮弹性纤维，透明质酸能够保持组织中的水分，具有皮肤保湿和润滑作用。

（五）维生素

维生素 A 能保护表皮、黏膜，并具有抗氧化作用。它能防止胶原蛋白质、弹性纤维的损坏，促进表皮细胞再生，增强肌肤表面的润泽。维生素 A 缺乏时，皮肤会出现上皮角化（即毛囊角化症）现象，表现为皮肤异常粗糙，有棘状丘疹。

维生素 C 是维持胶原组织完好的重要因素，具有抗氧化、促进胶原蛋白合成、延缓衰老等作用。维生素 C 缺乏时，胶原单体因无法实现羟基化而导致胶原生物合成失败，使创伤口难于愈合，毛细血管破裂，皮下和牙龈出血。此外，维生素 C 还能增强皮肤紧张和抵抗能力，防止色素沉着。

维生素 E 可以防止细胞组织老化，抑制体内脂质的过氧化反应，减少过氧化反应所导致的生物大分子交联和脂褐质的堆积现象，延缓机体衰老。

维生素 B_2 可以强化皮肤新陈代谢，改善毛细血管微循环，使眼、口唇变得光润、亮丽。

叶酸是制造红细胞的原料之一，能帮助细胞分裂增生，促进皮肤组织更新，防止皱纹产生。

（六）矿物元素

一般将食品分为酸性食品和碱性食品，大多数水果、蔬菜、豆类，含金属元素钾、钙、钠、镁较多，属于碱性食品。肉、鱼、蛋、米、面等，含非金属元素磷、硫、氯较多，属于酸性食品。

酸性食品和碱性食品的比例以 1∶4 为宜，食用酸性食品过多，可导致皮肤粗糙、弹性下降、色素沉着。碱性食品能中和酸性体液，促进血液循环，祛除黑斑和皱纹，防止皮肤老化。合理搭配膳食中酸性和碱性食品，可以保持体液酸碱平衡，促进皮肤健康。

与皮肤健康关系最密切的矿物元素，是锌和铜。锌主要存在于皮肤中，占人体锌总量的20%。锌能促进生长发育，避免不正常细胞的形成。锌缺乏时，机体会出现生长停滞、皮肤干燥且粗糙，容易产生皱纹。

铜与皮肤结缔组织代谢有关，缺铜将影响胶原的正常结构，而胶原组织是保证皮肤富有弹性所必不可少的。铜还与皮肤表层角化有关，在表皮角化过程中，铜催化巯基成为二硫键。

（七）具有抗皱功效的典型配料

具有抗皱功效的典型配料见表 4-3。

表 4-3　　　　　　　　　　　具有抗皱纹功效的典型配料

典型配料	生理功效
透明质酸	美容，保护皮肤水分
γ-亚麻酸	调节血脂，美容，护肝，增强免疫力
维生素 E	清除自由基，抗衰老，美容，抗肿瘤
超氧化物歧化酶	清除自由基，抗衰老，美容，解毒
维生素 C	抗衰老，美容，增强免疫力
芦荟	美容祛斑
葡萄籽	清除自由基，抗衰老，美容，改善视力
绿茶	抗氧化，抗衰老，抗癌，抗突变
珍珠粉	美白祛斑，补钙
阿魏酸	抗紫外线，清除自由基，抗衰老
神经酰胺	美容护肤，减少皱纹
深海鱼蛋白	美容护肤，减少皱纹
羊胎素	美容护肤
叶酸	促进细胞分裂，减少皱纹
大豆磷脂	调节血脂，美容，改善学习记忆力，抗衰老
枸杞	抗衰老，增强免疫力，美容
红枣	增强免疫，活血化瘀，美容
硫辛酸	抗衰老，清除自由基，美容

第五节　调节皮肤水油平衡功能性食品

拥有如儿童般的肌肤，是不少人的梦想。婴儿体内的水分占体重的80%以上，充足的水分使皮肤显得娇嫩细滑。但因他们的皮脂腺和汗腺的分泌系统还不够完善，油脂分泌过少，缺乏完整的皮脂膜保护，皮肤抵抗力较差，容易染菌。所以，专为婴儿设计的护肤用品通常会含有杀菌成分，其油质感也较高，目的是为婴儿制造一层人工皮脂膜，保护肌肤免受伤害及防止水分流失。人体内的水分会随年纪增加而递减，成年人有足够的皮脂分泌，但水分相对较少，因此成人的肌肤保养以补充水分为主。由此可见，水和油均为完美皮肤所必需，保持皮肤水油平衡是保证肌肤健康亮丽的必行之路。

一、皮肤的水分及其影响因素

水是人体维持生命、健康、促进活力的源泉。一般正常皮肤含水量为10%~20%，如果水分含量降低到10%以下，皮肤就会丧失光泽和弹性，变得干燥粗糙。短期而言，皮肤弹性、通透度和丰满度下降，皮肤会变得干燥和暗淡，细纹渐渐出现。长期来讲，皮肤的屏障功能和自我修复能力降低，会产生皱纹，变得脆弱、衰老。干燥的天气、风沙、空调环境，都会带走皮肤的水分。

皮肤角质层中含有某种水溶性成分，使皮肤具有一定的吸湿性，这些成分被称为天然润湿因子。天然润湿因子包括糖类、有机酸、氨基酸、矿物元素（如钠、钾、钙、镁）等。适时给皮肤补充天然润湿因子，可以有效地改善和提高皮肤水分含量，维持皮肤的柔软和弹性。

皮肤角质层中还包括一些防止水分散失、控制水分转移的复合物，这些复合物由脂质、蛋白质和天然润湿因子等亲水物质组成。研究表明，当这些复合物处于正常生理状态，每小时从 $1m^2$ 皮肤上散失的水分为 2.9g，若复合物功能丧失，在同样情况下会散失 229g 的水分。

通过天然润湿因子、保湿性高的亲水性成分，以及能够防止这些成分散失、控制水分转移的脂质等成分的协同作用，能达到皮肤保湿的目的。

二、皮肤的油脂及其影响因素

皮肤油脂分泌过多，不仅会让脸上泛油光，影响外观，最重要的是，细菌把皮肤的油脂当作食物，数量逐渐增加，而细菌新陈代谢的产物又会对皮肤造成负担，形成自由基，刺激滤泡壁，进而导致皮肤过度角质化、粉刺、皮肤发炎等。

但是，油脂对于皮肤的健美又是必不可少的。油脂具有润滑作用，适量油脂能避免皮肤干燥起皱。皮肤分泌的油脂中含有脂肪酸、乳酸、溶菌酶等成分，它们所营造的酸性环境能杀死细菌，但如果不注意卫生，皮肤酸性环境遭到破坏后，皮肤上的油脂不但起不到防护层的作用，反而会成为细菌的食物，引起皮肤疾病。此外，皮肤上的油脂还具有防止水分流失的保护作用。

造成皮肤油脂过度分泌主要有以下三种因素。

1. 激素

雄激素可促进皮脂分泌，而雌激素则抑制分泌。雄/雌激素比例不当，会造成油性皮肤、黑头和粉刺，这种情况一般发生在青春期和成年后。还有激素、抗菌素类等药物因素也同样会加剧油性皮脂腺的分泌。

2. 精神因素

在一定的遗传基础上，紧张、压力、忧郁、疲劳等都会诱发和加剧油性皮肤。

3. 外界因素

过热、过湿的气候及使用含高油脂的化妆品，都会使皮脂腺分泌增多；吸烟及环境污染也会使油性皮肤恶化。随着夏季气温逐渐升高，血液循环加快，腺体分泌增多，毛囊中的皮脂细胞机能失衡，会产生过的油脂囤积于细胞内。过量囤积的油脂会使细胞变得十分脆弱，往往未达成熟阶段就提早破裂，释放出大量油脂浮现于肌肤表面。气温每升高 1℃，油脂分泌就会增加 10%。

三、皮肤的 pH 及其影响因素

皮肤外表面覆盖着一层酸性膜，由皮脂腺分泌的皮脂、汗液等物质混合而成。皮肤的 pH 是尿素、尿酸、盐分、乳酸、脂肪酸、游离脂肪酸、中性脂肪等混合物的 pH。因此，健康皮肤偏酸性，在 pH5~5.6，这层酸性膜具有杀菌、消毒和抵抗传染病等功能。油性皮肤 pH 在 5.7~6.5，该 pH 范围利于微生物生长，因此易长粉刺、暗疮等。

一般认为头部、颈及腹股沟处皮肤偏碱性，而上肢、手背处偏酸性。皮肤的 pH 也会因人种、性别、年龄、季节等的不同，而各自不同。如女性皮肤的 pH 比男性略高，新生儿皮肤的 pH 比成人高。

皮肤对 pH 在 4.0~6.0 范围内的酸性物质有一定缓冲作用，弱酸对皮肤有一定收敛作用，强酸则会损伤皮肤。皮肤表面对外来碱性溶液缓冲中和的能力，称为皮肤的中和性能。对于健康的人来说，皮肤的中和性能较强，使用碱性化妆品后很快恢复到正常状态的 pH。对皮肤开始老化的中老年人及皮肤过敏或湿疹病人，由于皮肤的中和能力较弱，使用碱性化妆品后，皮肤要恢复到正常状态比较缓慢。

影响皮肤 pH 的因素很多，包括内分泌、消化、阳光、环境、营养和卫生等。

四、调节皮肤水油平衡功能性食品的开发

在保持皮肤水油平衡功能中，最为迫切的是保证皮肤拥有充足的水分。不仅干性皮肤需要补水，油性皮肤由于油脂分泌过量，也需要补充水分加以平衡。给皮肤补水，一方面可以增加饮水量，另一方面则需要锁住水分，避免水分过度流失。

（一）水分

关于水分，无须多说。人体体重的 2/3 是水，皮肤的 70% 是由水组成的，要想拥有水润的肌肤，水必不可少。

（二）蛋白质

蛋白质是两性分子，其亲水基团能与水分子结合，可以很好地锁住水分，防止流失。其中，胶原蛋白的多肽链中含有较多氨基、羧基和羟基等亲水基团，对皮肤具有良好的保湿作

用，提供组织细胞储水功能，促进皮肤水分代谢。

（三）维生素

维生素 C 能促进胶原蛋白的合成。B 族维生素，如维生素 B_6，具有调理肌肤油脂分泌，滋养肌肤的作用，

（四）具有保持水油平衡功效的典型配料

具有保持水油平衡功效的典型配料见表 4-4。

表 4-4　　　　　　　　　　　　具有美容功效的典型配料

典型配料	生理功效
透明质酸	美容，保护皮肤水分
芦荟	保湿，保持皮肤水分
卵磷脂	调节皮肤脂质代谢，维持细胞正常功能，活化肌肤
神经酰胺	美容护肤，减少皱纹
深海鱼蛋白	美容护肤，增强弹性、减少皱纹
羊胎素	美容护肤
维生素 C	促进胶原蛋白形成
B 族维生素	调理肌肤油脂分泌，滋养肌肤

第六节　丰胸功能性食品

丰满的胸部是年轻女性所向往的，完美的乳房曲线可大大增加女性魅力，为了让它变得更美丽丰满，人们不惜采用束胸、隆胸等方法，乳房却因此出现了各种疾病，乳腺炎、乳腺增生、乳腺结节甚至乳腺癌。所以，健康的胸部才最重要，没有了健康，所有的美丽都将不复存在。

现在，对于丰胸有很多不同的观点和方法，盲目相信或者采取某种丰胸方法难免会使人走入误区。因此，对于希望拥有更美丽的胸部的女性，首先应该了解自己的身体，了解胸部的构造，遵循丰胸原理。

一、乳房的结构

乳房位于胸部两侧，其位置与年龄、体型及乳房发育程度有关。乳房中央是乳头，少女的乳房挺立，乳头位于第四肋骨间隙或第五肋骨水平；妇女生育后乳房稍下垂，所以乳头的位置也有所降低。乳头表面高低不平，上面有乳导管的开口。乳头周围是环状的乳晕，乳晕的颜色不同，但怀孕后总要加深，并且永不褪色。乳晕上又有一些小突起，是乳晕腺。乳房主要由乳腺组织、脂肪组织和纤维结缔组织等构成，纤维结缔组织支撑着柔软的几乎完全由乳腺和脂肪构成的乳房。

（一）乳房的内部结构

1. 乳腺组织

乳腺组织由 15~20 个腺叶组成，虽然所占比例不大，却是乳房内部的关键构件，毕竟在生理

学上，乳房是作为分泌器官而存在的。腺叶由乳腺导管、乳腺小叶和乳腺腺泡组成。每个腺叶分成数百个乳腺小叶，每一腺小叶又由 10~100 个腺泡组成。这些腺泡紧密地排列在小乳管周围，腺泡的开口与小乳管相连。多个小乳管汇集成分枝乳管，多个分枝乳管再进一步汇集成一根大乳管，又名输乳管。输乳管也是 15~20 根，以乳头为中心呈放射状排列，汇集于乳晕，开口于乳头。输乳管在乳头处较为狭窄，继之膨大为壶腹，称为输乳管窦，有储存乳汁的作用。

2. 脂肪组织

乳房内最多的是脂肪，它使乳房触觉柔软并赋予乳房的形状。乳房的形状也依赖于皮肤的弹性。脂肪组织主要位于皮下，呈囊状包于乳腺周围，填充乳房的其他空间，使乳房向外凸出，形成一个半球形的整体。这层囊状的脂肪组织称为脂肪囊。脂肪囊的厚薄可因年龄、生育等原因导致个体差异很大。脂肪组织的多少是决定乳房大小的重要因素之一。

3. 纤维结缔组织

纤维结缔组织分布在乳房表面皮肤下，伸入乳腺组织之间，形成许多间隔，对乳房起固定作用，当人站立时使乳房不致下垂，所以称为乳房悬韧带。

4. 胸肌

乳房大部分位于胸大肌表面，乳房靠结缔组织外挂在胸肌上，胸肌的支撑决定着乳房的走向。通过锻炼能使胸肌增强，托高胸部，而锻炼韧带可以使得胸部更加挺拔，胸肌的增大会使乳房突出，胸部看起来更丰满。

此外，乳房还分布着丰富的血管、淋巴管及神经，对乳腺起到营养作用及维持新陈代谢作用。

（二）乳房的外部结构

1. 乳头

乳头由致密的结缔组织及平滑肌组成。平滑肌呈环行或放射状排列，当有机械刺激时，平滑肌收缩，可使乳头勃起，并挤压乳管及输乳窦排出其内容物。

2. 乳晕

乳晕部皮肤有毛发和腺体。腺体有汗腺、皮脂腺及乳腺。其皮脂腺又称乳晕腺、较大而表浅，分泌物具有保护皮肤、润滑乳头及婴儿口唇的作用。

二、乳房的发育过程

乳房是哺乳动物共同的特征，一般成对生长，两侧对称。人类乳腺仅有胸前一对，正常以外的乳房或乳头称副乳房或副乳头，是胚胎发育过程中的一种发育异常。乳房是女性的第二性特征，其形态、功能与它的发育过程有关。

乳房的发育经历幼儿期、青春期、性成熟期、妊娠期、哺乳期以及绝经期等不同时期。

（一）幼儿期

在新生儿期，由于母体的雌性激素可通过胎盘进入小婴儿体内，引起乳腺组织增生，故约有 60% 的新生儿在出生后 2~4d，出现乳头下 1~2cm 大小的硬结，并有少量乳汁样物质分泌。随着母体激素的逐渐代谢，这种现象可在出生后 1~3 周自行消失。在婴幼儿期，乳腺基本上处于"静止"状态，腺体呈退行性变，男性较之女性更为完全。

（二）青春期和性成熟期

自青春期开始，受各种内分泌激素的影响，女性乳房进入了一生中生理发育和功能活动最活跃的时期。在经历了青春期之后，乳腺的组织结构已趋完善，进入了性成熟期。在每一个月经周期中，随着卵巢内分泌激素的周期性变化，乳腺组织也发生着周而复始的增生与复旧的变化。

（三）妊娠期和哺乳期

妊娠期与哺乳期是育龄妇女的特殊生理时期，此时乳腺为适应这种特殊的生理需求，而发生了一系列变化。妇女怀孕以后，乳房不仅受卵巢激素的影响，还受胎盘激素和垂体前叶的催乳素的作用，这时乳管更长，腺泡增生，腺泡腔扩大，所以乳房肥大，乳头、乳晕色泽变深，开始具有了分泌乳汁的能力，产后 3~4d 正式泌乳。断乳后数月，乳腺可以完全复原。

（四）绝经期

自绝经期开始，卵巢内分泌激素逐渐减少，乳房的生理活动日趋减弱。调节的主要激素是脑垂体前叶产生的催乳素和卵巢产生的雌激素、孕激素。到绝经前后，虽然可由于脂肪沉积使乳房外观显大，但乳腺开始萎缩了，而且萎缩的程度与分娩次数有关，人到老年以后，小乳管及血管闭塞，乳腺萎缩，乳房变小且下垂。

三、乳房的作用及其影响因素

（一）哺乳

哺乳是乳房最基本的生理功能。乳房是哺乳动物所特有的哺育后代的器官，乳腺的发育、成熟，均是为哺乳活动做准备。在产后大量激素的刺激及新生儿的吸吮刺激下，乳房开始规律地产生并排出乳汁，供新生儿成长发育之需。

（二）第二性特征

乳房是女性第二性征的重要标志。一般来讲，乳房在月经初潮之前 2~3 年即已开始发育，也就是说在 10 岁左右就已经开始生长了，是最早出现的第二性征。拥有一对丰满、对称且外形漂亮的乳房也是女子健美，富有女性魅力的重要标志。可以说，乳房是女性形体美的一个重要组成部分。

（三）参与性活动

在性活动中，乳房是女性除生殖器以外最敏感的器官。在受到触摸、爱抚、亲吻等性刺激时，乳房的反应可表现为乳头勃起，乳房表面静脉充血，乳房胀满、增大等。随着性刺激的加大，这种反应也会加强，至性高潮来临时，这些变化达到顶点，消退期则逐渐恢复正常。因此，可以说乳房在整个性活动中占有重要地位。

（四）影响乳房作用的内分泌激素

乳房是多种内分泌激素的靶器官，因此，乳房的生长发育及其各种生理功能的发挥均有赖于各种相关内分泌激素的共同作用。

1. 雌激素 （Estrogen，E）

雌激素主要由卵巢的卵泡分泌。妊娠中后期的雌激素则主要来源于胎盘的绒毛膜上皮。在青春发育期，卵巢的卵泡成熟，开始分泌大量的雌激素，雌激素可促进乳腺导管的上皮增生，乳管及小叶周围结缔组织发育。雌激素可刺激垂体前叶合成与释放催乳素，从而促进乳腺的发育；而大剂量的雌激素又可竞争催乳素受体，抑制催乳素的泌乳作用。

在妊娠期，雌激素在其他激素如黄体素等的协同作用下，还可促进腺泡的发育及乳汁的生成。外源性的雌激素可使去卵巢动物的乳腺组织增生，其细胞增殖指数明显高于正常乳腺组织。雌激素还可使乳腺血管扩张、通透性增加。

2. 孕激素（Progesterone，P）

孕激素又称黄体素，主要由卵巢黄体分泌，妊娠期由胎盘分泌。孕激素能促进乳腺小叶及腺泡的发育，在雌激素刺激乳腺导管发育的基础上，使乳腺得到充分发育。大剂量的孕激素会抑制催乳素的泌乳作用。孕激素对乳腺发育的影响，不仅要有雌激素的协同作用，而且也必须有完整的垂体功能系统。

3. 催乳素（Prolactin，PRL）

催乳素是垂体前叶嗜酸细胞分泌的一种蛋白质激素。它能促进乳腺发育生长、发动和维持泌乳。在青春发育期，催乳素在雌激素、孕激素及其他激素的共同作用下，能促使乳腺发育；在妊娠期可使乳腺得到充分发育，使乳腺小叶终末导管发展成为小腺泡，为哺乳做好准备。

4. 卵泡刺激素（Follicle-stimulating hormone，FSH）

由垂体前叶分泌。主要作用为刺激卵巢分泌雌激素，从而对乳腺的发育及生理功能的调节起间接作用。

5. 促黄体生成素（Luteinizing hormone，LH）

由垂体前叶分泌。主要作用为刺激产生黄体素，从而对乳腺的发育及生理功能的调节起间接作用。

6. 催产素（Oxytocin）

由垂体后叶分泌。在哺乳期有促进乳汁排出的作用。

7. 雄激素（Androgen）

女性由肾上腺皮质分泌而来。小量时可促进乳腺的发育；而大量时则可起抑制作用。

其他激素，如生长激素（Growth hormone，GN）、肾上腺皮质激素（Adrenocortico-hormone）、甲状腺素（Thyroxine）及胰岛素（Insulin）等，这些激素对乳房的发育及各种生理功能起间接作用。

四、丰胸功能性食品的开发

乳房大小，一方面由遗传和体质因素决定，另一方面受营养、锻炼、激素分泌等后天因素影响。均衡摄取营养是乳房丰满坚挺的物质基础。尤其是对于发育中的乳房，营养显得格外重要。即使是发育成熟的乳房，如果营养不合理，也会有收缩变小的可能。

（一）蛋白质

蛋白质是构成肌肉、骨质、皮肤及促进内分泌的物质基础，也是构成乳房细胞的重要元素。蛋白质配合矿物质，碳水化合物，维生素能促进激素分泌。

（二）脂肪

胸部本身就是一个充满脂肪的部位，乳房 2/3 的体积由脂肪所构成。脂肪也是人体新陈代谢的所必需的营养素，不过在摄取脂肪时要注意适量，避免过多动物性脂肪，过多的脂肪堆积会引起乳房松弛和下垂，同样影响形态美。

（三）维生素

维生素 B 有助于激素合成，而维生素 A、维生素 E 有利于激素分泌，它们能促进乳房发育。维生素 C 能防止胸部变形。

（四）矿物质

锌是合成激素的重要元素，能刺激激素分泌，促进胸部发育，保持皮肤光滑不松垮。铁能帮助女性生理期运作正常，缺铁可能导致血液循环不良、气色变差。钙是支撑人体骨架的重要元素，摄取足够的钙质，能强健骨骼、美化体型和曲线。

（五）具有丰胸功效的典型配料

具有丰胸功效的典型配料见表 4-5。

表 4-5　　　　　　　　　　　　　具有丰胸功效的典型配料

典型配料	生理功效
锌	刺激激素分泌，促进胸部发育
铁	促进血液循环
大豆异黄酮	类雌激素，促进乳腺发育
野葛根	促进乳腺和腺泡增大，增大乳房
深海鱼蛋白	美容护肤，增强弹性
蜂王浆	刺激激素分泌，美容，增强免疫力
木瓜酵素	刺激卵巢分泌雌激素
红枣	活血化瘀，补血调经，调节内分泌
维生素 A	刺激激素分泌，促进乳房发育
山药	活血，补血
桂圆	活血，补血
川芎	活血，行气
当归	补血，调经
人参	增强体质，增加雌激素含量
枸杞	养血生血，调节内分泌
蒲公英	促进乳腺发育
维生素 E	促使卵巢发育，促进雌激素分泌
维生素 C	防止胸部变形
B 族维生素	调理肌肤油脂分泌，滋养肌肤

🔍 思考题

1. 简述皮肤的结构、类型以及生物作用。
2. 祛除黄褐斑和老年斑的作用机理分别是什么?
3. 尝试列出至少五项具有祛斑功效的典型配料。
4. 痤疮的产生原因有哪些? 祛痤疮功能性食品的开发应注意哪些方面?
5. 皱纹的产生原因和分类有哪些? 请列出至少五项具有抗皱纹功效的典型配料。
6. 对于调节皮肤水油平衡功能性食品的开发,应注意哪些方面?

第五章　CHAPTER

女性功能性食品

5

[学习目标]

1. 了解肥胖的定义、种类及危害，掌握减肥功能性食品的开发原理。

2. 了解抗衰老的定义、表现及衰老理论的核心观点，掌握抗衰老功能性食品的开发原理。

3. 了解贫血的定义、分类及起因，掌握改善营养性贫血功能性食品的开发原理。

4. 掌握促进乳汁分泌功能性食品的开发原理。

5. 掌握孕妇妊娠期营养生理和营养需求，以及孕妇食品的开发原理。

在人类历史发展的长河中，女性扮演着一个特殊而重要的群体。她们曾经是世界的主宰，也在很长一段时期内作为男性的附庸。而今，随着科技与社会文明程度的提高，人类对世界认知程度的加深，女性的地位也日益得以提升。女性开始越来越关注自身，其中包括健康、美丽以及与男性平等的事业与家庭。

衰老对于生命体是不可避免的，肥胖也不分男女，但女性对这些尤为在意。此外，由于女性担负着人类繁衍的重任，女性的健康关系着下一代，及至人类子子孙孙的健康。因此，女性的健康不仅应该受到自身的关注，也应受到社会与家庭给予高度的关心与关爱。开发具有减肥、抗衰老、改善营养性贫血、促进乳汁分泌等作用的功能性食品，受到了全社会的关注。

第一节　减肥功能性食品

发达国家的经验表明，一个国家或地区由贫穷走向富庶的时期，正是肥胖症的发病高峰期。我国正处于这个时期，肥胖已逐渐成为严重危害我国人民健康的一种重要疾病。如何加快卓有成效的减肥功能性食品的开发进程，确实降低肥胖的发病率，是摆在功能性食品科研人员面前的一项艰巨任务。

一、肥胖的定义和种类

（一）肥胖的定义

肥胖症（Adiposis）是指身体中含有过多的脂肪组织。一般在成年女子身体中的脂肪含量超过 30%，成年男子超过 20%～25% 即可确认为肥胖。女子比例定得比男子高的原因是因为正常女子中的脂肪含量本身就比男子高。

肥胖的含义是指脂肪过量，超出了维持身体正常功能的需要。肥胖的直观表现是身体过重，虽说"身体过重"与"肥胖"并不是同义词，但在现实生活中绝大多数肥胖者体重过量。因此，过量体重的测定及与标准体重的比较，是评判肥胖最直观而又最简便的方法。

常用来评判肥胖与否的指数是体重指数（Body Mass Index，BMI），计算式如式（5-1）所示。

$$体重指数（BMI）= \frac{体重（kg）}{身高^2（m^2）} \qquad (5-1)$$

正常情况下的机体在不同身高时，其瘦组织与脂肪组织的比例基本一样，故 BMI 应该相似。只有在肥胖者中，体重与身高的比例才不一致。在发达国家 BMI 的正常范围为 20～25，平均值为 22，一般认为比较理想的 BMI 范围是 24～26。在发展中国家 BMI 的正常值为 18.5，建议值是 20。WHO 组织提出全世界范围的 BMI 数值是 20～22。

如果对 BMI 值进行分类的话，那么正常值的范围应为 18.5～25，一级危险值是 17.5～18.5 及 25～30，二级危险值是 16～17.5 及 30～40，三级危险值为 16 以下与 40 以上。达到三级危险值，患高血压、冠心病、糖尿病与肝胆疾病的概率就很高。因此不要认为单单肥胖是发生这些疾病的主要危险，有时身体瘦弱也是发生这些疾病的原因之一。

体重指数的最大特点是简便、易行且实用。根据它推测的体脂含量与直接测定的结果相关性甚好，体脂含量与 BMI 的相互关系为：

$$男子体脂含量（\%）= 1.215BMI-10.13$$
$$女子体脂含量（\%）= 1.48BMI-7$$

（二）肥胖的种类

从肥胖的起因，通常将之分为单纯性肥胖（Simple obesity）与继发性肥胖（Secondary obesity）两种。单纯性肥胖的内分泌系统正常，机体代谢基本正常。继发性肥胖是由于内分泌或代谢异常引起的。临床所见的以单纯性肥胖为主，约占 95% 以上。

从脂肪组织的形态出发，可分为早年肥胖与晚年肥胖两种。早年肥胖的特征是脂肪细胞的数量异常增多，多发生于儿童与青少年期。晚年肥胖的特征是脂肪细胞数量正常，但细胞肥大，多发生于成年期。

早年肥胖是全世界所共同关注的一个课题，这种肥胖一旦出现就很难纠正。因为异常增多的脂肪细胞，会随年龄增大而同时出现细胞肥大现象。从现有科学水平出发，要减少脂肪细胞的大小尚较容易，但要减少脂肪细胞的数量则往往很难做到。对于成年期刚出现的肥胖，想控制体重还是比较容易做到的。

从肥胖的体形出发，分为腹部肥胖与臀部肥胖两种。腹部肥胖称为苹果型，俗称将军肚，多出现于男性。臀部肥胖又称梨型，多出现于女性。研究表明，腹部肥胖的人群要比臀部肥胖的人群更容易发生冠心病、中风与糖尿病。所以在肥胖者中间，腰围与臀围的比例非常重要。

一般认为腰围的尺寸必须小于臀围15%，否则是一危险信号。因为腹部更接近肝门静脉，所以腹部脂肪比臀部脂肪在代谢上更活跃，它更能增加血中的脂肪水平，它更能被肝脏所吸收，形成低密度脂蛋白胆固醇，更容易患动脉粥样硬化、冠心病与中风。

二、肥胖对机体的危害

肥胖虽然不是一种严重的疾病，但长期肥胖所带来的后果是严重的。由肥胖而带来的一系列疾病，主要包括：

①糖尿病；

②高血压；

③冠心病；

④中风；

⑤肾脏病；

⑥肝与胆囊疾病。

由于肥胖而引发的问题，主要有：

①疲劳；

②关节炎与痛风，因为行动不便、血液循环不良；

③背部与腿部的问题与疾病，因为血液循环不良；

④呼吸方面的问题，如气喘或气急；

⑤外科方面的问题，进行手术时有困难；

⑥怀孕时行动困难，易难产；

⑦容易遇到意外事故，因为行动不方便。

（一）易患糖尿病

肥胖是糖尿病最大的危险因素。对336000名男性和419000名女性12年的随访发现，相对体重大于140%男性和女性糖尿病的发病率，分别是理想体重者的5.2倍和7.9倍。在美国85%的糖尿病患者为肥胖症者，超重人群糖尿病的患病率为非超重者的4倍。40岁以上的糖尿病患者中70%~80%有肥胖史。

肥胖会加重糖尿病的发展，而降低体重则可减少糖尿病发生的危险性。腹部脂肪的增加和体重的增加，均会增加糖尿病的危险性。体重的下降则有助于改善葡萄糖耐量，减少胰岛素分泌，以及减轻胰岛素抵抗性。

肥胖开始时患者空腹血糖正常，有时进食后3~4h有低血糖反应，这是迟发胰岛素分泌的结果。随着肥胖症史的延长，糖耐量下降，开始是餐后血糖高，随后空腹血糖增高，如果其β-细胞功能偏低或有缺陷则最终会引发糖尿病。

（二）易患心血管疾病

在不考虑吸烟因素时，心血管疾病危险性最低的BMI为23kg/m^2，超过此临界值则心血管疾病的危险性增高。心血管疾病的危险因素，包括高血压、高血脂、吸烟、高胰岛素血症、高密度脂蛋白降低、纤维蛋白原增高、体力活动减少及遗传因素。肥胖症患者与这些危险因素中的绝大部分均相关。另外，肥胖者血中纤维蛋白原活化因子的抑制因子活性增高，使血栓容易形成，而导致冠心病的发生。

肥胖症患者的体积增大，体循环和肺循环的血流量均增加，每搏输出量和心搏出量增加。

左室舒张容量及充盈压增高使心脏前负荷加重，导致左室肥厚和扩张，特别是合并高血压时系统血管阻力增加，左心室进一步扩张，心肌需氧量增加。这些因素使得肥胖症患者易患充血性心力衰竭，合并冠心病时易发生心肌梗死和猝死。肥胖症患者中有30%～50%并发高血压，超重者高血压的发病率是非超重者的3倍以上。

（三）肿瘤易感性增强

肥胖与某些肿瘤的发生密切相关。男性主要在于结肠癌、直肠癌和前列腺癌的发病率增高，而女性主要在于子宫膜癌、卵巢癌、宫颈癌、乳腺癌和胆囊癌的发病率显著增高。

据美国肿瘤协会的统计表明，以超过标准体重40%为标准，肥胖男性的肿瘤发病率为平均值的1.33倍，而肥胖女性的肿瘤发病率为平均值的1.55倍。在男性中，超重大于20%者前列腺癌的发病率增加20%～30%。20年的随访结果显示，超重大于30%者死于前列腺癌的人数是理想体重者的2.5倍。如果超重大于或等于40%则男性结肠癌患者的病死率增加73%，女性患者增加22%。

子宫内膜癌与女性体重的关系最为密切。超过标准体重40%，则其子宫内膜癌的发病率可增加4倍。绝经后妇女乳腺癌的发病率增高，超重者与理想体重者乳腺癌发病率的比例为1.53：1。肥胖症患者体内脂肪数量的增加，使得外周的雄、雌性激素转化率增加，导致绝经后肥胖妇女体内雌激素水平增高。而乳腺癌与子宫内膜癌的发生，均与体内雌激素水平的增高有关。此外，肥胖可能导致月经初潮早，这也是导致乳腺癌发生的危险因素。

（四）肝、胆、肺功能异常

肥胖症患者易出现脂肪肝，出现肝功能异常。这是因为肥胖症患者的脂代谢活跃，导致大量游离脂肪酸进入肝脏，为脂肪的合成提供了原料。目前，关于脂肪肝是否会演变成肝硬化的问题，尚无明确的结论。

肥胖症患者胆石症的发病率显著增高。与正常体重者相比，肥胖男性胆石症的患病率增加2倍，而肥胖女性的增加近3倍。肥胖症患者血液中胆固醇浓度增高，使其胆汁中胆固醇含量增高，呈过饱和状态，以致沉积形成胆固醇性胆结石，还可并发胆囊炎。

严重的肥胖症患者，由于腹腔和胸壁脂肪组织增加，肌肉相对乏力使其呼吸运动受阻，肺通气不良，肺动脉高压，右心负荷加重。此外，肥胖症患者循环血容增加，心输出量与心搏出量均增加，左心负荷加重，导致高搏出量心力衰竭，诱发肥胖症肺心综合征。主要表现为呼吸困难、不能平卧、心悸、浮肿、昏睡等。一旦体重下降，肺通气及换气功能和心脏血流动力学各项指标大多能够改善，甚至恢复正常。

三、减肥功能性食品的开发

减轻体重的主要目的，是要减去多余的脂肪。由于人体中60%以上是水，因此通过促使体液量下降的办法，是可以使体重立即减轻。但脂肪量的消失是非常缓慢的，因为每454g体脂，可提供给处于饥饿状态的成年妇女2d的需要量。

有的减肥食品宣传用了以后，一周内能减肥4～5kg。我们知道，1kg脂肪组织，减去不产生能量的水分与细胞壁，也有33520kJ能量。如果每人每天只吃4190kJ能量的食物（正常人一天约摄入10060kJ），也需要8d才能减去1kg脂肪组织。因此，一周能减少这么多体重，所减少的体重绝不是脂肪组织，而是水分。

另外，有的减肥食品是由氨基酸、维生素与微量元素组成的，没有碳水化合物，也没有脂肪，这种减肥食品对身体有害。因为体内碳水化合物含量很低，血葡萄糖、肝糖原与肌糖原加在一起不到500g。虽然不吃脂肪，体内的脂肪还需分解，脂肪分解必须有葡萄糖的参与。如果没有葡萄糖，脂肪的分解不完全，就会出现酮症。

美国卫生部发表的膳食指南中，明确指出不要企图过快地减轻体重，每周体重稳定下降0.5~1kg是安全的。否则，有些人会发生肾结石、异常心理变化，甚至死亡。

（一）能量

对于减肥食品，首先从低能量食品入手。因为肥胖发生的基本原因是能量摄入过剩引起的，而减肥的基本原则就是要限制能量的摄入，增加其消耗，或两者兼有之。当然，减肥食品也不能仅仅停留在高营养、高膳食纤维、低能量方面，还需要从提高激素敏感性脂肪酶活力、加速脂肪动员，促进脂肪酸进入线粒体氧化分解及提高 Na^+/K^+-ATP 酶活力，促进棕色脂肪线粒体活性，对增加产能等方面进行深入研究，以期开发出更有效的减肥食品。

脂肪的能量代谢结果，引起化学能的产生（如用于肌肉收缩），还产生能量、CO_2 和水。只有当摄入的能量值小于需要量时，身体内的脂肪数量才会真正的下降，这种情况称为能量赤字。一般说来，能量赤字达 14630kJ 时，体重可以减轻 454g，其丢失的主要成分是脂肪。然而，丢失体脂并不意味着体重立即下降，因为 454g 脂肪代谢后的 510g 水不总是立即就产生的。

某些肥胖人突然地控制对能量的摄入，有时反而会导致减肥的失败，因为：

①在肥胖同时会出现生长激素量不足的现象，当机体真正需要能量时，脂肪组织不可能将脂肪动员释放出来；

②某些人能将脂肪代谢后产生的水保留在体内；

③某些人能较有效地利用能量（减少能量的散失）。

每个成人至少需要 5000kJ/d 的能量才能维持其体重，如果低于 4180kJ/d 其体重就会下降。一般说来，在排除了最初几天体液丢失的影响后，能量的负平衡达 31350kJ 可使体重下降 1kg。

从理论上讲，如果每日的能量负平衡为 418kJ，那么 1 年就可减重 5kg，但实际上很难做到这一点。因此，就有了更激进的能量控制法。其中低能量食品的能量值为 3340kJ/d，而极低能量食品的能量值在 1250~2925kJ/d。

（二）碳水化合物

低碳水化合物膳食可使体重迅速下降，这是因为以下的作用：

①大大减慢脂肪的产生和储存，但又加速脂肪组织的释放，使脂肪进入血液；

②阻止脂肪能量的完全代谢，其结果是产生一种酮类产物，而使食欲下降；

③可能引起组织蛋白的分解及向碳水化合物方面的转化，以维持血糖的含量；

④促进水的丧失，自然也会促使尿中各种无机盐的丧失。

很多想要减重的人，要寻找一些既有美味但又是低能量的食品，能让人吃饱但又不会发胖。大多数深受群众欢迎的传统食物都是高能量的，也是一种过去流传下来的适合于从事重体力劳动、消耗能量较多时所食用的传统食品。

膳食纤维低能量或无能量，因具有强大的持水力而在胃中产生饱腹感，减肥效果较好。

（三）蛋白质

在节食或饥饿情况下可以产生快速的减重效果，这是由于脂肪及瘦肉组织为产生能量而破坏了代谢平衡。尽管体脂的迅速下降是减肥的最大愿望，但瘦肉组织中蛋白质的丧失可能会使身体虚弱，或损害某些器官。因此，理想的减肥节食办法，是快速减掉脂肪而保留身体蛋白质。

在美国波士顿，研究者为了寻找一种能防止体内蛋白质丧失的办法时，提出一种易消化的液体蛋白液食品。他们发现：

①参与试验的肥胖者，每日仅摄入340g瘦肉、鱼及家禽肉，体重虽然下降而体蛋白下降量很少，而同样的肥胖者饥饿后蛋白质下降量很多；

②静脉注射与肥胖患者摄入的蛋白质相等量的氨基酸溶液，可以完全弥补那些由于外科手术后完全未进食的患者所损失的蛋白质。

后来，他们鼓励人们为减肥而摄取各种易消化的液体蛋白质食品。这类产品，由经酸水解后的蛋白质水溶液所组成，蛋白质的来源有软骨类组织，如牛筋、牛皮或猪皮，当然还需补充氨基酸、矿物元素、维生素及一些必要的调味料。

但是，美国FDA于1977年11月10日，对生产易消化的液体蛋白质食品的制造者，宣布"未经医药监督指导，这些产品不能食用"。这是因为有12个以上肥胖妇女，吃了这些食物最后却死于各种心脏病。

尽管有分析表明，产生这种心脏病的原因是缺钾。但在加利福尼亚州，3位进食液体蛋白者，虽然在每日的食物中添加了钾，但也遭到同样命运。后来发现，钾从血液中泵入心肌细胞需要有镁参加，在缺乏镁情况下只添加钾是不能完全奏效的。发生心脏病的另一原因，可能是缺乏维生素E。心律不齐也发生在完全饥饿210d后死亡的妇女身上，尸体解剖结果表明，在心肌上有棕色的色素斑，这是缺乏维生素E的特异性病变。人们同时也发现大量的体蛋白代谢转化为能量时，常会出现心肌纤维被消耗的现象。

尽管如此，美国目前仍有生产各种预消化的液体蛋白食品。因这类食品尚缺乏长期生物试验数据，故美国政府劝告那些将这类食品当作唯一蛋白来源的人，当机体对液体食物的不足加以弥补时，组织蛋白有可能会被过多地分解。

（四）平衡营养

营养不平衡膳食的危害是，潜在地引起一系列生理上的异常，如酸碱平衡，排泄物的分泌，在血液和组织中的水分分布，碳水化合物、脂肪和蛋白质的代谢及各类激素的分泌情况等方面的异常。例如，低碳水合物食品除了上述的影响外，还能引起血液中尿酸及酮类含量增高，这种情况可以加重或产生一些代谢疾病如电解质不平衡、中风或酮中毒症。

在开发减肥食品时，有一种倾向就是把用于身体能量代谢复合物的组成成分，与食品中的营养成分等同起来。而事实上，这两者的组成物是完全不同的，其原因是：

①机体内参与代谢的营养物质中的脂肪量要比食物中的多得多，特别是吃低能量食品时，机体必须将大量的脂肪动员出来；

②即使在低碳水化合物的控食时，碳水化合物的代谢可能比在各种应激情况下所出现的体内蛋白质大量转化为碳水化合物的量要多些；

③失去食物能量的瘦人可以强制性地从体内蛋白质代谢中获得能量。

所以，为了正确地确定碳水化合物、脂肪及蛋白质在机体内的能量利用的比例，还需要做代谢功能的特殊试验。

维生素和矿物元素的平衡摄入，对减肥效果的产生和巩固也有重要作用。

（五）具有减肥功效的典型配料

具有减肥功效的典型配料见表 5-1。

表 5-1 具有减肥功效的典型配料

典型配料	生理功效
L-肉碱	减肥，抗疲劳，促进婴儿生长发育
丙酮酸盐	减肥，增加体能
枳实	促进新陈代谢，加速脂肪消耗和肌肉合成
荷叶	减肥
水皂角	减肥
吡啶甲酸铬	增加体能，减肥，调节血糖
羟基柠檬酸	增加体能，抑制食欲，减肥
壳聚糖	减肥，调节肠道菌群，解毒
乌龙茶	减肥，清除自由基，抗衰老
魔芋精粉	减肥，调理胃肠道
白茅根	利尿，脱水，减重
白术	利尿，脱水，减重
泽泻	利尿，脱水，减重
大豆纤维	减肥，润肠通便
燕麦纤维	减肥，润肠通便，调节血脂
小麦纤维	减肥，润肠通便
番茄纤维	减肥，润肠通便，抗肿瘤
胡萝卜纤维	减肥，润肠通便
香菇纤维	减肥，润肠通便，增强免疫力，抗肿瘤
菊粉	减肥，调节肠道菌群，促进钙的吸收
糖巨肽	抑制食欲，减肥，调节肠道菌群
肌酸	减肥，增加体能
熊葡萄叶	利尿，清除体内水分滞留，减重
辣椒素	减肥，增加体能

第二节　抗衰老功能性食品

任何生命过程，都遵循着一条共同的规律，即经历不同的生长、发育直至衰老最终死亡。衰老为生命周期的后期阶段。光阴催人老，岁月白人头，衰老是不可抗拒的。抗衰老功能性食品，是指具有延缓组织器官功能随年龄增长而减退，或细胞组织形态结构随年龄增长而老化的工业化食品。

一、衰老的定义和表现

衰老是指生物体在其生命的后期阶段，所进行的全身性的、多方面的、十分复杂的、循序渐进的退化过程。

生物体（包括植物、动物和人类）在其生命过程中，当其生长发育达到成熟期以后，随着年龄的增长而在形态结构和生理功能方面，出现一系列慢性、进行性、退化性的变化。这些变化对生物体带来的是不利的影响，导致其适应能力、储备能力日趋下降，这一变化过程会不断地发生和发展。

衰老又可理解为机体的老年期变化，其内涵包括4个方面：

①指进入成熟期以后所发生的变化；

②指各细胞、组织、器官的衰老速度不尽一致，但都呈现慢性退行性改变；

③指这些变化都直接或间接地对机体带来诸多不利的影响；

④指衰老是进行性的，即随年龄增加其程度日益严重，是不可逆变化。

抗衰老是衰老的反义词，因为衰老是不以人类意志为转移的生物学法则，阻止衰老进程是不可能实现的幻想。但是，减缓衰老的速度而使衰老缓慢地进行，让人类活到大自然所赋予的最高寿命，则是可能达到的。

老年人的生理特点是：

①代谢机能降低，基础代谢约降低了20%；

②脑、心、肺、肾和肝等重要器官的生理功能下降；

③合成与分解代谢失去平衡，分解代谢超过合成代谢；

④表现出衰老现象，如血压升高、头发变白脱落，以及老年斑与皱纹皮肤的出现等；

⑤伴随而来的是各种老年病，如糖尿病、动脉硬化、冠心病和恶性肿瘤等。

身体各部位的衰退将以不同的速率出现在不同的人身上，这主要取决于各人的遗传、病史、食品和一生中的医疗保健状况。

二、衰老理论的核心观点

（一）自由基学说

英国 D. Harman 于 1956 年率先提出的自由基学说，是一种经得起试验考证的衰老理论。该理论的中心内容是，衰老源于机体正常代谢过程中产生的自由基随机而破坏性的作用结果。

在正常情况下，机体内自由基的产生与消失是处于动态平衡的。一方面，自由基在正常细胞新陈代谢中不断地产生，并且参与了正常机体内各种有益的作用，如机体防卫作用、某些生物活性物质的合成等。在机体生长发育阶段或正常运转阶段，即使某种自由基的产生多了一些，也会被机体内的各种自由基清除剂所清除而不至于有害于人体。这类自由基清除剂包括 SOD、CAT、GSH-P$_x$、维生素 A、维生素 E、维生素 C 和谷胱甘肽等。

当机体衰老时，机体内清除自由基的能力出现急性或慢性减弱，从而清除不了多余的自由基。这样就使自由基的产生与消除失去了平衡，过剩的自由基可对构成组织细胞的生物大分子化学结构产生破坏性反应，随着破坏层次的逐步扩展，会损伤正常组织形态和功能的完整性。当损伤程度超过修复或肌体丧失其代偿能力时，组织器官的机能就会逐步发生紊乱及障碍，表现出衰老现象。

衰老是一个极为复杂的过程，自由基学说只能解释其部分现象，还不能解释衰老过程的全部表现，但自由基有促使衰老过程加快的作用是确切的。

自由基可通过以下机理，对机体施以破坏作用：

①由自由基所引起的结缔组织大分子的交联，会阻碍营养物质的扩散并损伤组织的活力；

②自由基对 DNA 的破坏和交联所引起的突变，可导致体细胞突变并使主要酶的表达缺失，引起机体死亡；

③氧自由基引起的膜脂类的过氧化作用，会引起亚细胞器完整性的丧失和细胞内过氧化脂蛋白碎屑（脂褐质）的积聚，而后者则会损伤细胞的功能；

④对细胞施加连续性的氧化应力，会使能量的转移成为必需，从而减少了生物合成过程、修复过程正常所需能量的供应；

⑤对氧敏感的—SH 氧化，会引起细胞临界专一功能（如有丝分裂时细胞质的微管的集合和分散）的丧失，而使细胞受损。

（二）免疫学说

免疫功能是活细胞最古老的功能之一，免疫功能的衰退是机体衰老最明显的特征之一。这种现象使得免疫学家 Walford 和 Burnet，分别于 1969 年和 1970 年率先提出衰老的免疫学说，其理论基础概括为两点：

①免疫系统是维持机体内环境统一的主要功能系统。在老年期免疫功能逐渐衰退，致使肿瘤、自身免疫病等的发病率逐渐增多；

②胸腺是免疫系统的中心器官，是细胞免疫与体液免疫的总枢纽。胸腺从中年开始逐渐退化，到老年时仅残存少量产生免疫因子的活力。胸腺衰退与萎缩，是免疫衰老学说的重要依据之一。

免疫衰老主要表现在，免疫中心器官胸腺和骨髓造血干细胞的分泌活力与细胞分化的退化上。免疫衰老的后果有：

①肿瘤易感性增加；

②自身免疫病发病率增加；

③传染病易感性增加，恢复缓慢；

④组织移植排斥性减少。

但是，目前有关免疫防衰老的研究，尚未能证明其可以延长健康动物的寿命。有试验表明，老年小鼠在移植年轻小鼠胸腺组织后，衰老免疫功能得以改善，恢复失去的青春活力，但其有效性也随时间的推移而下降，甚至消失。

（三）脑中心学说

大脑是机体的司令部，有可能是全身衰老过程的调控中枢。美国有人提出，在脑中可能存在着一个"衰老控制中心"，主要包括神经内分泌轴以及各种神经递质。因下丘脑是全身植物神经的中枢，故起着衰老控制中心的作用，其增龄性改变必然会影响到机体的许多方面，因而有人认为"老化钟"就在下丘脑。

下丘脑是全身植物神经的中枢，是促使增龄性变化的"老化钟"，包括衰老在内的许多功能的变化，都是下丘脑和垂体功能衰退的结果。衰老引起的功能衰退，是由于机体控制和维持内环境平衡功能减弱的结果。内环境平衡的瓦解并非单纯由于内分泌腺本身功能的减退，而是由于下丘脑对垂体失去控制，而垂体又对内分泌腺失去控制。

（四）中医衰老学说

中医衰老主要理论包括：

①五脏虚损致老说，以肾虚、脾虚与衰老关系尤为密切；

②阴阳失衡致老说，中医学认为"阴平阳秘，精神乃治"和"阴阳离决、精神乃绝"；

③气血失和致老说，气血是人的生命根本动力，若气血循行失调则脏腑失和、疾病丛生，可致衰老早夭。

中医认为，肾为先天之本，人体的变老、变老速度以及寿命长短，在很大程度上取决于肾气的强弱。近年来的流行病学调查表明，肾虚在老年人中所占比率最大（43.2%~77.4%），明显地高于其他各脏虚证，而且肾虚的患病率与增龄呈显著正相关的关系。

脾为后天之本、气血生化之源，在人体生长发育过程中维持生命的一切物质均有赖于脾胃之运化。如果脾胃不足则气血生化不足，各脏皆虚，也就导致了机体衰老。

三、抗衰老功能性食品的开发

抗衰老功能性食品，就是能让人们更健康地活到大自然所赐予最高寿命的食品。现代具有应用前景的抗衰老功能性食品，其开发原理包括以下几个方面：

①调节生物钟：如利用抗衰老功效成分，来增加细胞的分裂次数，或通过降低体温来延长细胞的分裂周期等；

②利用 McCay 效应：探讨限食延长寿命的条件、方案与机理，为完善人类的食品与营养提供科学的依据；

③增强免疫抗衰老：控制免疫系统并维持其正常的生命活动，如使用免疫激剂、移注 T 细胞、进行胸腺移植或注入胸腺素，激发已衰竭的免疫力；

④应用微量元素抗衰老：一般认为凡具有抗氧化作用的微量元素（如硒、锰、锌等）都具有抗衰老效应，但目前对微量元素抗衰老问题，还存在许多疑难问题；

⑤应用抗衰老功效成分：如维生素 E、超氧化物歧化酶等；

⑥控制大脑的衰老中心：大脑中所含的部分重要神经介质的合成，与某些氨基酸关系密切。若能控制人类食物中的某些氨基酸，就有可能控制大脑的衰老，从而达到推迟衰老的目的。

就目前的研究而言，老年期的特殊营养需求可概括为"四足四低"，即足够的蛋白质、足够的膳食纤维、足量的维生素与足量的矿物元素，以及低糖、低脂肪、低胆固醇与低钠盐等。

影响老年食品开发的非营养因素包括：

①老人易受长期养成的饮食习惯所支配，喜欢接受年轻时吃惯的食品，对新鲜食品不易接受；

②老人牙齿逐渐脱落，咀嚼功能衰退，要求食品质构松软不需强力咀嚼；

③老人味觉与嗅觉功能减退导致对食品风味的敏感性降低，因此需对食品的风味配料作精细的调整；

④老人所拥有的经济状况对其选择食品影响很大，多数人不敢问津价格高昂的食品。

有鉴于此，在开发老年食品时，既要充分考虑老年人特殊的营养需求，保证供给足够的营养素；又要体谅到老年人营养以外的特殊要求，所设计的食品在外观、口感、色香味及价格等方面都要符合老年人的特殊要求。只有符合上述要求的产品才会被老年消费者所广泛接受，才拥有广阔的市场前景与较强的竞争力。

（一）能量

早在 1915 年就有人认为，限制营养（也就是适度饥饿）可延长大鼠的寿命。1930 年 McCay 等报道，限食组大鼠比自由摄食组寿命更长。所谓限食，就是使试验组动物的进食量相当于自由进食组的 50%~60%，同时补充必需营养素使其不致造成营养缺乏。

在这之后的几十年中，许多学者在不同条件下重复上述研究，或以小鼠、仓鼠、果蝇或四膜虫等为对象进行研究均得到类似的结果。

进入 20 世纪 80 年代以来，国际上有几个实验室在这一领域进行了更深入的研究。在美国的 Masoro 实验室，为了搞清究竟通过限制了哪一种营养素的摄入量，而达到延长寿命的作用，他们限制动物蛋白质的摄入量，而对能量不加限制时，只是减少了肾病的发生，而对其他随增龄而发生的生理变化并无影响，动物的寿命仅略有延长。之后又分别研究了限制矿物元素或维生素的摄入，结果并不能延长动物的寿命。因此认为，限食的作用主要是限制能量摄入。

饥饿延长寿命是以不损害生存的最低能量需求为基准的，否则得到的结果就不是延长寿命而是缩短寿命。不过对饥饿延长寿命的论点持反对意见者也不少。至今为止，还没有关于限食对人类寿命影响的试验研究。在战争或饥荒时人类摄食量大大减少，但这种饥饿伴有各种营养素缺乏，而不仅是能量摄入的减少。

当然我们有理由设想，适当节制能量摄入对延长动物衰老的作用，在某种程度上也适用于人类本身。只是这一设想离实用阶段还有一些距离。目前，美国就在加紧研究如何将食品中的能量减少 1/3，提高食品中营养素的质量如增加蛋白质、维生素、矿物元素和微量元素的比例来增加寿命，他们估计上述研究结果有希望能使人类的寿命延长 1/3。

（二）蛋白质

在考虑到限食对寿命影响的方面，应该注意到低能量食品和高能量低蛋白质食品，可能会产生相同的延长生命效应。低蛋白食品或者个别必需氨基酸（尤其是色氨酸）含量低的食品，可能由于降低了具有功能活性的酶蛋白的合成，从而对延长生命产生有益的效应。在低蛋白质食品研究中，乳酸脱氢酶、苹果酸脱氢酶、碱性磷酸酯酶和琥珀酸氧化酶等酶活力均有下降。

在低能量或低蛋白食品甚至于缺少某一必需氨基酸的食品能延长寿命的问题上，最可能的解释是遗传物质与蛋白质合成过程的变化。大量的试验表明，在各种不同分化类型的细胞中，当氨基酸与能量不足时，RNA 与蛋白质的合成率显著降低，这类大分子的生存率因此增加。当这些营养因子在起作用生物大分子的合成与分解率降低时，细胞能更经济地使用从遗传物质中取得的信息，这样就降低了 DNA 损伤的水平，同时增加有机体的寿命。

但是，有人发现不论是限制食品或自由摄取，在食品中增加蛋白质数量能延长大鼠寿命。他还比较了给蛋白质的时间对寿命的影响。若在断乳后即给予高蛋白食品比给低蛋白的寿命要长；在大鼠幼年时给低蛋白食品，虽在后期给高蛋白食品，其寿命仍较短。这也说明了早期给予高质量营养素的重要性。他同时认为，早期给予高质量营养食品而不考虑降低能量的话，会使大鼠在成熟期体重增加过快，这样反而会缩短大鼠寿命。

老年人肠胃功能减弱会导致对蛋白利用率的降低，体内蛋白合成代谢减慢而分解代谢却占优势，因此易出现氮负平衡，需增加摄入。他们需要各种生物价高、氨基酸配比合理的优质蛋白质，而胆固醇与饱和脂肪酸含量很高的部分动物蛋白应予避免。蛋白质的需求量，应占每日总能量的 15% ~ 20% 以上，以每日 1.2g/kg 为宜，其中优质蛋白应占一半以上。

抗氧化酶蛋白，包括超氧化物歧化酶（SOD）、谷胱甘肽过氧化酶（GSH-P$_x$）、过氧化氢酶（CAT）和细胞色素 C 过氧化物酶等，具有清除自由基、抗衰老的功效。

（三）脂肪

高脂肪食品，比低脂肪食品更能使大鼠变胖并缩短寿命。摄取高脂肪，尤其是富含饱和脂肪酸的脂肪，会诱导动脉粥样硬化从而使个体发生心血管与脑血管疾病，包括心脏病与中风。摄入高脂肪，还会导致结肠癌、乳房癌及宫颈癌等恶性肿瘤。

脂肪（特别是富含饱和脂肪酸的动物脂肪）摄入量过多会引起一系列疾病，这方面对老年人尤显得重要。因此，老年人对脂肪的摄入应作严格控制，控制在占总能量的 20% ~ 25% 为宜。

为避免过多摄入胆固醇，应少吃动物内脏。蛋黄中的胆固醇含量较高，每个鸡蛋含 250mg 胆固醇。因此，若食品中含有其他动物蛋白，则不应添加鸡蛋或少加，确保老年人每日的胆固醇摄入量不超过 300mg。

（四）碳水化合物

老年人肠胃功能下降，肠内有益菌群数减少，老年性便秘现象经常出现，因此需增加膳食纤维的摄入量。膳食纤维数量的不足，与心血管及肠道代谢方面的很多疾病，包括动脉硬化、冠心病、糖尿病与恶性肿瘤等，有直接关系。这些疾病多属老年病范畴，由此可见膳食纤维对老年人的重要性。

（五）维生素

老年人由于身体器官功能的衰退，自身调节机能下降，保证足够数量的维生素（特别是维生素 A、维生素 D、维生素 E、维生素 C、维生素 B$_1$、维生素 B$_2$ 和维生素 B$_{12}$ 等）是很重要的。目前尚无有力的证据表明，年龄的增大与各种维生素需求量增减方面有什么直接的关系，但已知老年人易缺钙导致骨质疏松，补充维生素 D 将有助于提高老年人对钙的吸收率。此外，维生素 C、维生素 A、维生素 E 还具有清除自由基、提高免疫力、抗肿瘤和抗衰老等功效，对老年人来说非常重要。

（六）微量元素

近 20 年来，人们就衰老的机理与微量元素以及衰老状态下微量元素在体内的变化等方面做了大量的研究。结果表明，几乎所有的衰老现象和过程都与微量元素有关，其中关系密切的有 Zn、Se、Cu、Mn 和 Cr 等。

Zn 的抗衰老作用主要表现在保护生物膜，提高免疫功能，增强核酸、蛋白质和糖代谢，提高机体的抗自氧化能力，延长动物寿命等方面。研究证明，在 Zn 含量为 0.1 ~ 5mg/kg 的培养液中，四膜虫的生存时间为 246d，而对照组仅有 70d 左右。一定浓度的 Zn 还能延长二倍体细胞的传代数，Cu·Zn-SOD 对小鼠寿命有明显的延长作用。

Se 在抗衰老方面占有极其重要的地位，其作用主要表现在维持组织细胞的正常结构、清除自由基保护生物膜和提高机体免疫功能等方面。Cu 的抗衰老作用表现在调节血脂代谢防止动脉硬化、清除自由基和提高机体免疫力三个方面，而 Mn 的抗衰老作用体现在参与脑代谢、改善脑功能、促进能量代谢与细胞呼吸和清除自由基的作用上。

Cr、Y 和 Pd 等也能明显延长小鼠的寿命。Cr 能调节血脂和血糖的代谢，预防动脉粥样硬化的发生，防止机体的早衰。Y、Pd 的生物学效应尚未阐明，它们延长寿命的机理有待于进一步研究。

（七）具有抗衰老功效的典型配料

具有抗衰老功效的典型配料见表5-2。

表5-2 　　　　　　　　　　　　　具有抗衰老功效的典型配料

典型配料	生理功效
超氧化物歧化酶	抗衰老，抗辐射，美容，清除自由基
谷胱甘肽	抗衰老，清除自由基，抗辐射，解毒，美容
维生素 C	抗衰老，增强免疫力，解毒，美容
维生素 E	抗衰老，清除自由基，美容
茶多酚	抗衰老，清除自由基，抗疲劳
葡萄籽	抗衰老，抗过敏，改善视力
绿茶	抗氧化，抗衰老
松树皮	抗衰老，美容
姜黄素	抗衰老，抗肿瘤，抗辐射
金属硫蛋白	抗辐射，抗衰老，解毒，抗衰老
羊胎素	美容，抗衰老
大豆磷脂	抗衰老，调节血脂，改善学习记忆力，美容
β-胡萝卜素	抗衰老，抗肿瘤，抗辐射，改善视力
α-胡萝卜素	抗衰老，抗肿瘤
硒	抗衰老，增强免疫力，抗肿瘤
γ-亚麻酸	调节血脂，美容，抗衰老，增强免疫力
螺旋藻	增强免疫力，抗衰老，抗辐射，耐缺氧
蚂蚁	增强免疫力，抗衰老
蜂王浆	增强免疫力，抗衰老，抗疲劳
蜂花粉	增强免疫力，抗衰老，抗疲劳
番茄红素	抗肿瘤，抗衰老，抗辐射
硫辛酸	抗衰老，美容

第三节　改善营养性贫血功能性食品

营养性贫血是全世界发病率最高的营养缺乏性疾病之一，世界50亿人口中有10亿人患营养性贫血症。在营养性贫血中，其中以缺铁性贫血（Iron deficiency anemia）最常见，占各类贫血总数的50%～80%。缺铁性贫血发病率占世界人口总数的10%～20%，女性高于男性，以婴儿、儿童、孕妇及育龄妇女的发病率最高，已成为一个世界关注的严重问题。开发高效改善营养性贫血的功能性食品，任务艰巨，市场潜力广阔。

一、贫血的定义和分类

贫血（Anemia）是指单位容积的循环血液中血红蛋白量、红细胞数和红细胞压积低于正常值的一种病理状态。营养性贫血（Nutritional anaemia）是指与膳食营养有关的一类贫血，包括缺乏造血物质铁引起的小细胞低色素性贫血，和缺乏维持维生素 B_{12} 或叶酸引起的大细胞正色素性贫血。

很多人认为贫血就是血少，甚至有的人把血压偏低也认为是贫血，这些都是错误的观念。贫血（Anaemia）是指全身循环血液中单位容积内血红蛋白（HB）的浓度、红细胞记数（RBC）和红细胞比积（HCT）低于同地区、同年龄、同性别的正常标准的一种病理状态。简单来说就是，贫血的人血液总量并不少，而是血液中的红细胞数量减少。

贫血并不是一种疾病，而是由许多不同原因或疾病引起的一系列共同表现，一种多发的、常见的病理现象。诊断是否贫血主要是通过测定红细胞中的主要成分——血红蛋白来确定的。

世界卫生组织（WHO）的贫血标准：成人男子的血红蛋白低于 130g/L，成人女子的血红蛋白低于 120g/L，6 个月至 6 岁的小儿血红蛋白低于 110g/L，6~14 岁小儿血红蛋白低于 120g/L，妊娠妇女的血红蛋白低于 110g/L。

我国标准，成年男子血红蛋白低于 120g/L，成年女性血红蛋白低于 110g/L，孕妇血红蛋白低于 100g/L，就可诊断为贫血。其中，血红蛋白低于 30g/L 为极重度贫血，30~60g/L 为重度贫血，60~90g/L 为中度贫血，大于 90g/L 低于 110g/L 为轻度贫血。

二、营养性贫血的种类和起因

营养性贫血是因某些营养素的缺乏而造成的贫血。它包括两种：

①由于缺乏造血物质铁引起的小细胞低色素性贫血；

②由于缺乏叶酸或维生素 B_{12} 引起的大细胞正常色素性贫血，或称为巨幼细胞性贫血。

缺铁性贫血是指体内用来合成血红蛋白的储存铁缺乏，导致血红素合成减少而形成的一种小细胞低色素性贫血。它是营养性贫血中最常见的一种，占 50%~80%，也是人类中发病率最高的一种贫血，根据世界卫生组织调查表明，全世界有 10%~30% 的人群有不同程度的缺铁，成年男子的发病率为 10%，女性为 20%，孕妇为 40%，儿童高达 50%。

在我国妇女、婴幼儿的发病率较高。其发生的主要原因，可以归纳为以下几点：

①铁的需要量增加而摄入量不足：妇女月经期，妊娠期，哺乳期，婴儿及青少年体重、血容量及循环血红蛋白量迅速增加等，每日需铁量应相应增加。如果食物中缺铁则易致缺铁性贫血的发生；

②铁的吸收不良：萎缩性胃炎及胃大部分切除后，慢性腹泻及肠道功能紊乱（肠蠕动过快）等均可影响正常铁的吸收，致使机体缺铁；

③铁的丢失：由于失血而导致铁的丢失最终导致贫血，最多见的失血原因是消化道出血如溃疡病、癌、钩虫病、食道静脉曲张破裂出血、痔出血及服用阿司匹林后发生的胃窦炎出血，女子月经过多等。

巨幼细胞性贫血是由于叶酸及（或）维生素 B_{12} 缺乏，导致脱氧核糖核酸（DNA）合成障碍所致的一种贫血。这种贫血的成因是由于合成细胞核的主要原料叶酸和 B_{12} 的缺乏，使得红细胞的细胞核发育受阻碍，细胞体积变得很大却不能发育成熟，从而成为形态及能力异常的特殊的巨幼红细胞，此类细胞多数在骨髓内破坏，成为无效细胞，最终导致红细胞的数量减少。它多见于孕妇和婴儿，在我国多发地区为山西、陕西、河南等省，国外则以素食者居多。

引起叶酸或维生素 B_{12} 缺乏，而导致巨幼细胞性贫血的主要原因有以下几方面：

①由于营养不良偏食，绝对素食，婴儿喂养不当如单纯母乳喂养或食品烹煮过度等导致的摄入量不足，或缺乏因子导致的维生素 B_{12} 摄入不足；

②由于妊娠、哺乳、长期发热、恶性肿瘤、甲亢、慢性炎症等导致的需要量增加；

③由于小肠部分切除手术以后、乳糜泻、热带口炎性腹泻等导致的小肠吸收功能不良；

④长期服用氨甲蝶呤、氨苯喋啶、乙胺嘧啶、苯妥英钠、苯巴比妥等影响叶酸吸收与代谢的药物；

⑤肠道细菌和寄生虫夺取维生素 B_{12}。

三、改善营养性贫血功能性食品的开发

（一）蛋白质

蛋白质是构成细胞的一种基本物质，约占人体全部重量的20%，含量仅次于水。在生命的任何阶段，身体的成长、发育和维持健康都离不开它。蛋白质和铁都是构成血液中血红蛋白的重要原料，还与红细胞生成素的产生有一定联系。如果人体内蛋白质长期不足，就会形成蛋白质缺乏症，很快导致营养性贫血。

（二）矿物元素

1. 铁

成年人体内含铁42~61g，其中有60%~70%存在于红细胞中的血红蛋白内。铁主要在小肠上部被吸收，按吸收的机制，一般把食物中的铁分为血红素铁和非血红素铁两种。

血红素铁来自动物食品中的血红蛋白和肌红蛋白，主要存在于动物血液及含血液的脏器与肌肉中，属 Fe^{2+}，可被肠黏膜直接吸收而形成铁蛋白，供人体利用。非血红素铁是指谷类食物、蔬菜、水果、豆类等植物性食品中所含的铁，属 Fe^{3+}，只有被还原为 Fe^{2+} 的可溶性化合物时才较易被吸收。因此，动物性食物中的铁比植物性食物中的铁易于吸收，如大米中铁吸收率为1%、玉米和黑豆为3%、莴苣为4%、小麦为5%、菠菜和大豆为7%，而鱼类为11%，动物肌肉、肝脏则高达22%，鸡蛋仅为3%。但在我国等发展中国家，其膳食中非血红素铁占总铁的90%以上。

铁的吸收率会受到许多膳食因素的影响而降低，如植酸盐、磷酸盐、多酚、钙等。其中血红素铁受影响较小，非血红素铁受膳食因素影响极大：

①植物性食物中如果存在较大量磷酸盐、草酸、鞣酸等，它们就会与非血红素铁形成不溶性铁盐，从而阻碍铁的吸收，使得贫血病情加重。例如，茶叶中含有大量的鞣酸，所以缺铁性贫血患者不宜饮茶；

②一部分酚类化合物对血红素的吸收具有抑制作用。如咖啡、可可及菠菜等中此类酚类化合物的含量较高，可明显抑制非血红素的铁吸收；

③钙盐或乳制品中的钙可明显影响铁的吸收，对血红素铁和非血红素铁的抑制作用强度无差别。实验证明，一杯乳（165mg Ca）可使铁吸收率降低50%。最近的剂量反应关系分析研究则又表明，一餐中先摄入的40mg Ca对铁吸收无影响。摄入300~600mg钙时，其抑制作用可高

达 60%，同时，铁和钙存在竞争性结合。

增加铁的摄入能够有效地预防和改善缺铁性贫血，然而摄入过量的铁则会影响其他微量元素的吸收，严重时可引起血色素沉着症和糖尿病的发生，导致铁中毒。

2. 铜

铜被吸收后经血液送至肝脏及全身，除一部分以铜蛋白形式储存于肝脏外，其余或在肝内合成血浆铜蓝蛋白，或在各组织内合成细胞色素氧化酶、过氧化物歧化酶、酪氨酸酶等。这些铜蛋白和铜酶在维持人体正常的造血机能方面起着重要的生理作用：

①促进铁的吸收和运输。研究发现当血浆铜蓝蛋白浓度降低时，从小肠和从组织与肝脏储备的铁输送至血浆的铁会减少。因此，铜蓝蛋白催化 Fe^{2+} 氧化成 Fe^{3+}，对于生成运铁蛋白有重要作用；

②铜蓝蛋白（可能还有细胞色素氧化酶）能促进血红素和血红蛋白的合成。所以，铜缺乏时可影响血红蛋白的合成，产生寿命短促的异常红细胞。

人体缺铜时，由于铜蓝蛋白减少，血红蛋白合成受阻，会造成或加重贫血。有关研究证明，约有 30% 的缺铁性贫血患者，常规给予铁剂治疗难以见效，若同时补铜，则贫血症状很快改善。世界卫生组织对于不同年龄段的人群推荐铜的摄入量（mg/kg）：从出生到 6 个月的幼婴 0.13~0.2，6 个月的婴儿到 10 岁儿童 0.08~0.12，10 岁以上儿童和成人 0.03~0.06，为了保证胎儿的发育成长，孕妇可加倍地摄入铜；成人每天摄入铜量的上限为 2~3。

3. 钴

钴主要通过形成维生素 B_{12} 发挥其生物学作用，钴主要存在于肝、肾中，有刺激造血的功能，其机理可能是通过以下几方面实现：

①促进胃肠道内铁的吸收，并加速储存铁的动用，使之较易被骨髓利用；

②钴能抑制细胞内很多重要呼吸酶，引起细胞缺氧，促使红细胞生成素合成增加，同时钴盐可增强亚铁血红素氧化酶活性，增加血红蛋白的破坏，还能直接抑制亚铁血红素的合成，使血红素的合成减少，破坏增多，最后结果为代偿性的造血功能增加；

③钴能通过维生素 B_{12} 参与核糖核酸与造血有关物质的代谢，钴缺乏后可引起巨幼红细胞性贫血。

钴不仅可以改善营养性贫血，而且对如肿瘤引起的贫血、婴儿和儿童一般性贫血、地中海贫血等各种类型的贫血都有一定的治疗作用。肝、肾、海味和绿叶蔬菜等是钴的良好来源，乳制品和精制谷类食品中的钴含量则较低。

4. 其他矿物元素

锰为 DNA、RNA 多聚酶的组成部分，它参与蛋白质代谢，可能与遗传信息的传递有关。锰具有激活 DNA 和 RNA 聚合酶活力的作用，对造血有重要作用。贫血动物给以小剂量锰后可使血红蛋白、中幼红细胞、成熟红细胞及循环血量增多。此外，锰还能改善机体对铜的利用，与卟啉的合成也有关。

钼是人体内黄嘌呤氧化酶等酶的重要成分。黄嘌呤氧化酶对人体内嘌呤化合物的代谢及铁的代谢有密切关系，能催化肝脏中铁蛋白释放铁，使血浆中 Fe^{2+} 氧化成 Fe^{3+}，加速铁与 β_1 球蛋白的结合，运送铁以供组织作用。

钛、铬、钡都有刺激造血的作用，其机理均为妨碍体内还原氧化系统，引起组织缺氧，从而刺激骨髓造血功能。

由于污染铅、砷等中毒时可引起贫血，铅主要影响卟啉代谢，并能干扰铁与原卟啉结合所需的血红素的合成作用。

（三）维生素

1. 维生素 B_{12}

维生素 B_{12} 在人类组织的生化反应中起着重要的作用，它参与细胞的核酸代谢，为造血过程所必需。它与甲基四氢叶酸脱甲基生成四氢叶酸、DNA 的合成、甲基丙二酸辅酶 A 转变为琥珀酸辅酶 A 的过程密切相关。维生素 B_{12} 缺乏，会导致上述的生化反应不能正常的进行，四氢叶酸、琥珀酸辅酶 A 形成不足，四氢叶酸是嘧啶和嘌呤代谢中单碳基团的运载体，琥珀酸辅酶 A 与血红素合成有关，最终造成红细胞中 DNA 合成障碍，诱发巨幼细胞性贫血。

一般正常成年人每天需要维生素 B_{12} 为 2~5μg，婴儿为 1~2μg，人体在生长发育较快的年龄、处于孕产期以及患有甲状腺功能亢进症、感染和溶血性贫血等情况下，维生素 B_{12} 的需要量会有所增加。FAO 的每日推荐量如下：成人 2μg；1~3 岁 0.9μg；4~9 岁 1.5μg；10 岁以上 2μg；孕妇 3~4μg；乳母 2.5μg，婴儿（人工喂养）0.3μg。

2. 叶酸

细胞的增殖分裂，关键是 DNA 的复制和加倍。叶酸缺乏时首先影响细胞增殖速度较快的组织，红细胞为体内更新速度比较快的细胞。当叶酸缺乏时，嘌呤和胸腺嘧啶合成不足，DNA 复制受阻，复制时由于 α-聚合酶的活力显著降低，使新合成的 DNA 短链在形成长链时发生障碍，在重螺旋化时易受机械损伤，染色体断裂，细胞死亡而形成无效造血。DNA 合成障碍也使细胞分裂受阻，DNA 含量多，加之螺旋化不佳，所以呈现出细胞核大、染色质呈网状结构等现象。同时，由于蛋白质及 RNA 合成相对较好，而导致胞浆量多，核浆发育为不平衡的巨幼样变，最终导致出现巨幼细胞性贫血。

3. 维生素 A

维生素 A 对造血红细胞有促进分化作用，并可改善人体对铁的吸收和转运，促进造血功能。当维生素 A 缺乏时，会影响红细胞膜蛋白的合成，加速贫血的形成。维生素 A 作为一种辅助因子或转录的激动剂，可参与运铁蛋白糖基的合成。当维生素 A 缺乏时，运铁蛋白合成受限制，储存铁释放入血的过程出现障碍，引起骨髓缺铁，使得造血能力下降，同时还造成幼红细胞增殖分化障碍，抑制血红蛋白分子的形成，从而导致缺铁性贫血。

有科学家通过多年的临床研究，证实了维生素 A 缺乏的确可以引起贫血。同时还发现，一些儿童在铁摄入量正常的情况下，仍表现出缺铁性贫血的征象，而这些病例单纯用铁剂治疗效果不佳，同时补铁和补充维生素 A 则有良好的临床效果。此外，还有研究发现，维生素 A 能降低咖啡中多酚及面粉中肌醇三磷酸对铁的吸收抑制作用，提高铁的吸收率，使贫血率明显下降。

4. 维生素 C

维生素 C 在细胞内被作为一种还原剂，能够还原 Fe^{3+} 为 Fe^{2+}，并保持 Fe^{2+} 状态而使铁的吸收增加，所以维生素 C 能促进非血红素铁的吸收。影响膳食铁吸收率的因素有：植酸、酚类化合物等，维生素 C 还可以抗衡它们的抑制作用。用维生素 C 辅助治疗贫血时，每天摄入量为 50~100mg，可使食物中的铁吸收率增加 2~4 倍。

有些研究表明，维生素 C 与铁吸收具有明显的对数剂量关系。但是若维生素 C 的服用量每天超过 500mg，反而会阻碍铁的吸收和加重贫血，起到相反的作用。此外，维生素 C 在叶酸还原成四氢叶酸过程中起重要作用，当维生素 C 缺乏时，叶酸在体内还原为具有生物活性的四氢叶酸过程就会受阻；同时，叶酸能代替维生素 C 参与酪氨酸的代谢，当维生素 C 缺乏时，叶酸的需要量增加。由于以上的原因，当维生素 C 缺乏时还有可能引起巨幼红细胞性贫血。

5. 其他维生素

维生素 E、B_2 缺乏也可引起贫血，另外，还有原因不明的维生素 B_1 反应性巨幼红细胞性贫血。维生素 B_6 参与 δ-ALA 合成酶的代谢，缺乏时血红素合成发生障碍，可出现小细胞性低色素性贫血。另一种维生素 B_6 反应性贫血（小细胞性低色素性），能被大剂量维生素 B_6 所纠正，其发病机理可能为线粒体内铁的利用障碍，血红素离开线粒体时需要维生素 B_6 的作用。

（四）具有改善营养性贫血功效的典型配料

具有改善营养性贫血功效的典型配料见表 5-3。

表 5-3　　　　　　　　　　具有改善营养性贫血功效的典型配料

典型配料	生理功效
乳铁蛋白	促进铁的吸收，改善营养性贫血，抗菌
乳酸亚铁	改善营养性贫血，含铁 19.39%
卟啉铁	改善营养性贫血
葡萄糖酸亚铁	改善营养性贫血
乙二胺四乙酸铁钠	改善营养性贫血，含铁 12.5%~13.5%
氰钴胺素	改善营养性贫血
荨麻	预防贫血，治疗经血流量过多，治疗阴道真菌感染
叶酸	改善营养性贫血，预防婴儿神经管发育畸形
甘氨酸亚铁螯合物	改善营养性贫血

第四节　促进乳汁分泌功能性食品

乳母摄入的营养充足，母婴的健康才能得以保证。乳母本身营养缺乏，会影响乳汁分泌的数量及质量，进而影响婴儿的生长发育。正常发育的婴儿，出生 4 个月后的体重要比刚出生时增加一倍，由此可见母乳哺育的婴儿从乳母处得到的营养量之巨大。

一、母乳喂养的重大意义

很多世纪以来，母乳曾是婴儿的唯一食品。随着科学技术的发展，人们的生活方式逐渐发生了变化，婴儿配方乳产业得到了长足的发展，并从 20 世纪中期开始得以普及。虽然大多数婴儿靠配方食品仍能生长良好，但世界各国还是极力提倡母乳喂养。无论从生理、心理和感情上的各个方面来看，母乳喂养都有其无法比拟的优越性，所有的母亲在婴儿出生后的头几个月，都应尽量用母乳喂养孩子。

（一）母乳的营养成分最适合婴儿的生长发育

各种动物的乳汁均最适合其后代生长发育的需要，这是自然界长期进化的结果。母乳对婴儿来说是完全食品，能提供婴儿最初几个月内所需的全部营养素。用母乳喂养的婴儿一般很少发生营养性疾病，母乳能使婴儿获得合适数量的营养。若采用人工喂养，往往因难以正确估计和掌握提供给婴儿的食物量，而导致婴儿进食过多引起肥胖，或者进食过少引起营养不良。

（二）母乳赋予婴儿高度的免疫力，有利于保护婴儿抵抗各种疾病

在妊娠期间，母体把抵抗各种微生物的抗体通过胎盘传给胎儿，这有利于保护婴儿抵抗某些疾病，其中最严重的是出生后 4~6 个月发生的麻疹这类恶性疾病。母乳喂养儿的抗感染力比人工喂养儿强，成活率高。

母乳喂养可保护婴儿免患变应性疾病（如婴儿湿疹），过早喂养牛乳可能会引起某些变应性反应和绞痛症等。如果父母有变应病史，则更应该采用母乳喂养。母乳中的免疫球蛋白，是预防变应性疾病的活性成分。

（三）母乳喂养使母婴双方心理上得到巨大的满足

婴儿出生后立即让母亲同他接触，婴儿会从母体得到一种安全感和母子关系的归属感，这种感觉比哺乳本身更重要。母乳哺养可以增强母亲养育孩子的自信心，对孩子的个性发展有一定影响。有人认为，母乳喂养的最大特点在于母亲会感到她同孩子之间有一种独特的关系，她正在完成母亲应尽的天职。

（四）母乳喂养有利于母子双方身体健康

母乳喂养时，因婴儿从乳头吸乳比从乳瓶吸乳费劲得多，从而加强了婴儿的口腔运动，促进了颌骨的生长发育，减少了出牙过挤的现象，同时母乳喂养可完全消除婴儿对乳过敏的可能性。

母乳喂养时，婴儿吸乳会反射性刺激乳母的子宫收缩，从而加快乳母腹部体型的恢复。有些研究表明，在发展中国家中哺乳过更多孩子的乳母患乳腺癌的比例相当低，授乳期的延长和反复似乎可以减少患乳腺癌的机会，也可能是因为哺乳起到了预防的作用。但在发达国家，授乳与不授乳的妇女患乳腺癌的概率没有差别。

（五）母乳喂养的不足之处

有些乳母的泌乳量不足，许多乳母常会感到疲劳且不自由，加上渴望早日恢复原来优美的体型等原因，使得发达国家中的众多乳母不愿意选择母乳喂养法。此外，从生理学的观点看，通过母乳传输的孕烷二醇（孕酮激素的代谢产物），有可能使某些婴儿血胆红素过多。

二、促进乳汁分泌功能性食品的开发

目前，对母乳的营养成分、产乳量以及产乳效率尚无充分了解，还很难为乳母的营养需求提出精确的推荐量。已有的推荐量一般可以保证每天泌乳 850mL 的乳母的需要。

妇女在哺乳期间，一方面要满足自身需要，另一方面要为新生儿的长发育提供乳汁。乳汁的分泌不仅有量的需要，也要有质的保证。为了保证乳汁分泌旺盛、营养全面，乳母在整个哺乳期，都应注意膳食中各种营养素的均衡。

（一）能量

哺乳期所需能量与乳汁分泌量成正比。一般来说，每分泌 100mL 乳汁约需能量 380kJ，每天平均分泌 850mL 乳汁则需 3230kJ 能量。此外，乳母还要恢复日常活动，照顾新生儿。因此，在授乳期，乳母每天的基础代谢将增加 10%~20%。而妊娠期间储存的 4kg 左右脂肪，每天大约可以提供 850~1650kJ 的储备能量。综合这些因素，我国营养素供给标准建议乳母在非孕妇女摄入量的基础上每天增加 3300kJ 的能量。调查显示，广州乳汁充足的乳母每日摄入 11700~12900kJ 能量，天津乳汁充足的乳母每日摄入能量 11300kJ 左右。

乳母的能量供给也不能过多，泌乳量应以既能使婴儿饱足，又能保证乳母身体恢复为宜。有些妇女产后迅速发胖，这与能量供给过多有很大关系。

（二）蛋白质

每 100mL 母乳含蛋白质为 1~1.5g，要分泌 850mL 就需要 10g 左右的蛋白质，而且必须是高生物价蛋白。考虑到一般蛋白质达不到理想标准，故美国推荐量比通常需要量增加 20g，世界卫生组织建议增加 17g，我国的规定是增加 25g。我国乳母蛋白质参考摄入量见表 5-4。

膳食中的蛋白质对母乳数量和质量究竟有何影响，目前还不太清楚。一般认为膳食中的蛋白质摄入情况对分泌数量的影响大于对乳汁中蛋白质质量的影响。膳食中蛋白质数量不足时，母体会利用自身组织蛋白来维持乳汁成分的稳定，因此对乳汁中蛋白质质量影响不大，但乳汁分泌量将大为减少。

（三）脂肪

母乳中所含的脂肪酸大多为中链的。母乳中的长链多不饱和脂肪酸主要来自乳母膳食中摄入的脂肪。当膳食中增加多不饱和脂肪酸时，母乳中的多不饱和脂肪酸也会增多。

必需脂肪酸有促进乳汁分泌的作用，婴儿中枢神经系统发育及脂溶性维生素的吸收也需要脂类，因此，乳母膳食中必需含有适量脂肪。一般而言，乳母摄入脂肪所提供的能量占总能量的 20%~30%，即乳母每日需要摄入脂肪 70~100g。我国乳母脂肪参考摄入量见表 5-4。

表 5-4　　　　　　　　　　中国乳母能量与宏量营养素参考摄入量

能量/营养素	RNI	AMDR/%E
能量[1]/（MJ/d）		
PAL（I）	9.62	—[2]
PAL（II）	10.88	—
PAL（III）	12.83	—
能量[1]/［kJ/（kg·d）］		
PAL（I）	9614	—
PAL（II）	10868	—
PAL（III）	12122	—
蛋白质/（g/d）	80	—
总碳水化合物/（g/d）		50~65
添加糖/%E		<10
总脂肪/%E[3]		20~30
饱和脂肪酸/%E		<10
ω-6 PUFA/%E		2.5~9
亚油酸/%E	4.0（AI）	—
ω-3 PUFA/%E		0.5~2.0
α-亚麻酸/%E	0.60（AI）	—
EPA + DHA/（mg/d）	250（200）（AI）	—

注：①参考值为能量需要量（EER，estimated energy requirement），PAL=Physical Activity Level，身体活动水平，I=1.5（轻），II=1.75（中），III=2.0（重）。

②未制定参考值者用"—"表示。

③%E 为所占能量的百分比。

（四）矿物元素

我国乳母矿物元素参考摄入量见表 5-5。

表 5-5 中国乳母矿物元素参考摄入量

矿物元素	RNI	PI	UL
钙/（mg/d）	1000	—	2000
磷/（mg/d）	720	—	3500
钾/（mg/d）	2400（AI）	3600	—
钠/（mg/d）	1500（AI）	2000	—
镁/（mg/d）	330		
氯/（mg/d）	2300（AI）		
铁/（mg/d）	24		42
碘/（μg/d）	240	—	600
锌/（mg/d）	12		40
硒/（μg/d）	78		400
铜/（mg/d）	1.4		8
氟/（mg/d）	1.5（AI）		3.5
铬/（μg/d）	37（AI）		—
锰/（mg/d）	4.8（AI）		11
钼/（μg/d）	103		900

注：未制定参考值者用"—"表示。

1. 钙

正常母乳中每 100mL 含钙 34mg，每日泌乳 850mL，则每天经乳汁分泌而流失的钙接近 300mg。无论乳母膳食中钙的供应量为多少，母乳中的钙含量总是稳定的。这说明在授乳期，乳母膳食中钙的供应量不足时，会自行动用母体骨骼组织中的钙，来维持乳汁中钙含量的稳定。长期下来，乳母会因缺钙而出现腰酸腿疼等症状，严重时还会导致骨软化症。

哺乳期间，虽然乳母肠道中钙的吸收利用率增强，从尿中排出的钙量减少，但由于经乳汁流失的钙量较大，钙代谢仍为负平衡。因此，哺乳期间必须增加钙的摄入量，以保证钙平衡。同时还应补充适量的维生素 D，以促进钙的吸收和利用。

我国膳食营养素供给标准中规定乳母每日钙摄入量为 1.0g，世界卫生组织的建议钙摄入量为 1.2g，美国的建议钙摄入量为 1.2g。

2. 铁

母体中的铁很难通过乳腺进入乳汁，因此不会因泌乳而流失。但是，为了防治乳母产后贫血和利于产后复原，需要适当在膳食中增加铁的含量。我国乳母建议每日铁摄入量为 24mg。

3. 锌与碘

如在开始哺乳的最初 3 个月内，乳母膳食中缺锌，则乳汁中锌的含量将明显低于锌摄取良好者，但之后，乳母膳食对乳锌含量的影响就不明显了。而碘在乳汁中的含量会随乳母膳食中的摄入量的增加而上升。

我国哺乳期乳母每日锌建议摄入量为 12mg，比非孕妇女多 4.5mg；碘摄入量为 240μg，比非孕妇女多 120μg。

（五）维生素

我国乳母维生素参考摄入量见表 5-6。

表 5-6 中国乳母维生素参考摄入量

维生素	EAR	RNI	PI	UL
维生素 A/（μg RAE/d）[①]	880	1300	—[②]	3000
维生素 D/（μg/d）	8	10	—	50
维生素 E/（α-TE/d）[③]	—	17（AI）	—	700
维生素 K/（μg/d）	—	85（AI）	—	—
维生素 B_1/（mg/d）	1.2	1.5	—	—
维生素 B_2/（mg/d）	1.2	1.5	—	—
维生素 B_6/（mg/d）	1.4	1.7	—	60
维生素 B_{12}/（μg/d）	2.6	3.2	—	—
维生素 C/（mg/d）	125	150	200	2000
泛酸/（mg/d）	—	7.0（AI）	—	—
叶酸/（μg DFE/d）[④]	450	550	—	1000[⑤]
烟酸/（mg NE/d）[⑥]	12	15	—	35/310[⑦]
胆碱/（mg/d）	—	520（AI）	—	3000
生物素/（μg/d）	—	50（AI）	—	—

注：①维生素 A 的单位为视黄醇活性当量（RAE），1μg RAE＝膳食或补充剂来源全反式视黄醇（μg）+1/2 补充剂纯品全反式β-胡萝卜素（μg）+1/2 膳食全反式β-胡萝卜素（μg）+1/24 其他膳食维生素 A 类胡萝卜素（μg），维生素 A 的 UL 不包括维生素 A 原类胡萝卜素 RAE。

②未制定参考值者用"—"表示。

③α-生育酚当量（α-TE），膳食中总 α-TE 当量（mg）= 1×α-生育酚（mg）+0.5×β-生育酚（mg）+0.1×γ-生育酚（mg）+0.02×δ-生育酚（mg）+0.3×α-三烯生育酚（mg）。

④膳食叶酸当量（DFE，μg）= 天然食物来源叶酸（μg）+1.7×合成叶酸（μg）。

⑤指合成叶酸摄入量上限，不包括天然食物来源叶酸，单位为 μg/d。

⑥烟酸当量（NE，mg）= 烟酸（mg）+1/60 色氨酸（mg）。

⑦烟酰胺，单位为 mg/d。

1. 维生素 A

大部分婴儿出生时在其肝脏内有适量的维生素 A 储存，但乳母仍应通过乳汁向婴儿提供维生素 A。若乳母膳食中维生素 A 含量丰富，在乳汁中的含量也会较多，但其含量的增长也有一定限度。服用维生素 A 补充剂后，其在乳汁中的含量在 12h 内便会增加，但 48h 后又会下降。因此，维生素 A 必须每日进行补充。

我国乳母膳食中建议每日供给维生素 A 1300μg。

2. 维生素 D

维生素 D 在初乳中含量较高（1.78mg/100mL），8d 后含量降低（1.0mg/100mL）。乳母补充维生素 D 不会使乳汁中的含量明显增加。但乳母自身由于乳汁分泌会引起大量钙的流失，因此，需要适当补充维生素 D 促进钙的吸收。

哺乳期乳母每日建议摄入 10μg 的维生素 D。

3. 维生素 K

虽然母乳中所含的维生素 K 不能充分满足婴儿的需要，但乳汁中的含量可随乳母膳食中维生素 K 的增多而增高。不过，乳母膳食中的维生素 K 要到产后的第 4 天才能输送到乳中，对于抵抗婴儿产后出血的危急情况已为时过晚。因此，可以在婴儿出生后立即口服或注射维生素 K。

4. 维生素 B_1

乳母膳食中维生素 B_1 缺乏时，在乳汁中的含量就会下降，但不至于影响乳汁的分泌量。当乳母极度缺乏维生素 B_1 时，乳母会分泌出具有潜在毒性的乙二醛，可能导致婴儿患脚气病。虽然牛乳中的维生素 B_1 含量比母乳高，但对热不稳定的维生素 B_1 会因牛乳通过热杀菌过程而被破坏，因此母乳是更可靠的来源。

维生素 B_1 有促进乳汁分泌的作用。膳食中维生素 B_1 的利用率只有 50%，故我国供给量建议乳母摄入量为 1.5mg。

5. 维生素 B_2

母乳是婴儿维生素 B_2 最可靠的来源，每 100mL 母乳含有 0.04mg 维生素 B_2。乳汁中的核黄素含量受乳母膳食中核黄素含量的影响，乳母每日核黄素需要量为 2.0mg。

6. 维生素 B_6

当乳母每日摄入量不足 2.5mg 时，母乳中的维生素 B_6 含量降低；当摄入量超过 2.5mg 时，乳汁中的含量也不会增加很多。

美国标准乳母每日摄入维生素 B_6 推荐摄入量为 2.5mg，我国乳母每日维生素 B_6 推荐摄入量为 1.7mg。

7. 叶酸

母乳中叶酸的分泌要消耗乳母储备的大量叶酸，而叶酸的缺乏容易引起巨红细胞性贫血症。叶酸缺乏症是妊娠期最常见的营养缺乏性疾病，其后果将导致妇女在体内叶酸储备不足的情况下进入哺乳期。因此，为预防巨红细胞性贫血症的发生，需要在哺乳期间补充叶酸。

8. 维生素 B_{12}

完全素食的乳母乳汁中可能缺乏维生素 B_{12}，可食用含有维生素 B_{12} 的豆类发酵制品（酱豆腐、臭豆腐）或药物来补充。乳母食入的维生素 B_{12}，1~6d 后可在乳汁中反映其含量的增加。

9. 维生素 C

母乳的维生素 C 含量比牛乳高。由于牛乳中的维生素 C 在加热后容易遭到破坏，因此不能满足婴儿的需要。我国乳母每日维生素 C 推荐摄入量为 150mg。

（六）水

至今尚未证实乳母流质食物的摄入量同乳腺的分泌量之间有什么关系。即使流质摄入量低，乳液的分泌量也能保持正常。只有在总流质摄入量低于乳液量的时候，前者才会对后者有限制作用。饮水量超过止渴水平时，会对调节乳量的垂体激素起作用，从而抑制乳的分泌。但是，乳母饮水也不单是为了乳汁分泌需要，还为自身水分的平衡需要。

（七）具有促进乳汁分泌功效的典型配料

具有促进乳汁分泌功效的典型配料见表 5-7。

表 5-7　　　　　　　　　具有促进乳汁分泌功效的典型配料

典型配料	生理功效
钙	完善乳汁营养
铁	补血，维护乳母健康，促进乳汁分泌
锌	完善乳汁营养
碘	完善乳汁营养
维生素 A	完善乳汁营养
维生素 D	维护乳母健康，促进乳汁分泌
维生素 K	完善乳汁营养
维生素 B_1	完善乳汁营养
维生素 B_2	完善乳汁营养
维生素 B_6	完善乳汁营养
维生素 B_{12}	完善乳汁营养
叶酸	完善乳汁营养
维生素 C	完善乳汁营养
γ-亚麻酸	促进乳汁分泌，完善乳汁营养
牡蛎肉	促进乳汁分泌
胎盘	补气养血，催乳
胶原蛋白	补血，催乳
高生物价蛋白质	促进乳汁分泌，完善乳汁营养

第五节　孕妇食品

妊娠期、哺乳期和婴儿期，是每一个家庭都要遇到的人生的特定时期，受到全世界的共同关注。提高全民族的素质，要从宝宝出生以前的营养开始抓起。如何满足这 3 个人生特定时期的特殊营养要求，（如促进泌乳食品）或特殊营养食品开发出与时代相适应的功能性食品，是一个永恒的主题，是社会的永恒需求。

自 20 世纪 40 年代起，人们就认识到怀孕期间母亲的营养状况与婴儿体质的密切联系。婴儿的智力与体质，固然与后天的营养关系密切，但在母体内的先天营养也是极其重要的。由于孕期不注意胎儿营养，会造成儿童一生的不幸，即使在出生后千方百计地弥补，也常常无济于事。

一、妊娠期的营养生理

由受精卵发育成一个成熟的胎儿，是一个生理调节过程。在胚胎发育的同时，母体也出现机体组成和代谢状况的变化。胎儿所需要的营养均从母体血液中获得，营养是关系到母体的健康和婴儿智力和体格发育的重要因素。而掌握胎儿的生长规律和妊娠期妇女的营养生理变化，则是研制孕妇食品的基础。

（一）妊娠期的三个阶段

妊娠期一般可分为三个阶段，即妊娠初期、妊娠中期及妊娠后期，母亲和胎儿在这三个时期的生长发育情况有所区别。

1. 妊娠初期

受精卵到子宫后融化了子宫的内膜，钻进黏膜中，吸收母体的营养而开始生长发育，这种情况称为着床。从受精到着床，才算完成了怀孕。怀孕后的 1~3 个月为妊娠初期。妊娠初期胎儿生长比较缓慢，孕妇机体经历一系列生理调节并出现早孕反应，主要表现为胃肠道的症状，如轻度恶心、呕吐、厌食、厌油、偏食、嗜酸等，以晨起和饭后最为明显。

2. 妊娠中期

怀孕过程的 4~7 个月早孕反应消失，连接母亲和胎儿的胎盘从第 3 个月末到第 4 个月初已经形成。这一时期的胎儿完全具有人形，孕妇在 5 个月左右会开始感到胎动，对怀孕有了明显感觉。

3. 妊娠后期

怀孕 8 个月以后称为妊娠后期，这时期胎儿外形及内脏均大致发育完整，已经相当成熟了。

（二）妊娠期的营养生理调节

妇女在妊娠期间会发生生理、生化和激素方面的变化，它们会直接影响营养素的需求及其有效的利用。

1. 血液的变化

血浆是血液的液体成分，血清是血浆中除去凝结部分所剩下的部分。非孕妇女的血浆总量大约为 2600mL，在妊娠初末期，孕妇的血浆总量开始增加，到孕后 34 周时增加 50% 左右，经产妇或原来血浆量较少的妇女其增加量可能还要大些，这是因为只有血浆增多，才能将营养素输送给胎儿，并同时将胎儿的代谢废物、二氧化碳及含氮终产物等排出体外。如果妇女怀孕时血浆增加数量较少，则出现死婴、低体重婴儿流产的机会要多些。

为了增大血液的循环，心脏压出血液的能力也会增强 35%，从 45mL/min 增到 60mL/min。除了血液循环系统内的液体增加外，细胞内液也增加 5~6mL。血液量的增加势必会造成血液稀释，这又会引起血红蛋白、血浆蛋白值、单位体积的红细胞及许多营养素的浓度下降。但是，这仅是单位体积的数量下降，其总量还是增加的。

怀孕刺激红细胞合成，引起红细胞数量上升，但增加数量比不上血液的增加量。非孕妇女血红素含量为 13~14g/100mL，而在怀孕期降至 10~11g/100mL，此数值若对未怀孕妇女来说则是贫血的指标，在怀孕期却是正常现象。

怀孕期内总血清蛋白质逐渐减少，其中大多数血清蛋白减少是由于白蛋白下降、α-球蛋白与β-球蛋白增加的结果，血清白蛋白的减少改变了血液渗透性，再加上血浆容量增加，导致孕妇细胞外液的淤积是引起孕妇水肿的原因之一。

血清中的甘油三酯、胆固醇、游离脂肪酸与维生素 A 的含量逐渐增加，可导致血液中脂类含量增高，其中甘油三酯及胆固醇必须与蛋白质结合。怀孕期高血脂的原因尚未完全清楚，可能与类脂醇激素有关。

2. 胃功能的调节

妊娠期另一个有利的生理变化就是胃功能下降，肠道的紧张状态缓解，这样降低了食物通过胃肠道的速度，提高了营养素的吸收率。不过另一方面，这也可能是造成妊娠期妇女恶心的一个重要原因，而且如果在妊娠后期难以排出胃肠道的食物残渣，会引起便秘。

妊娠期间胃中盐酸的分泌量减少，胃液的酸度下降，影响了钙和铁的吸收，因为这些元素的离子化要靠酸的作用才能起反应。不过这种因素可由别的因素抵消，在妊娠后期，铁、钙和维生素 B_{12} 的吸收又明显增多。

3. 肾脏功能的调节及其他

为了及时将母体及胎儿的代谢废物如尿素、肌酸酐、尿酸等排出体外，怀孕期内血液流经肾脏肾小球的过滤率增加，过滤速度大约增加 50%。但同时肾曲小管回收能力降低，滤过负荷的增加超过了肾曲小管重吸收能力，因此，孕妇尿中常会出现部分葡萄糖、氨基酸、水溶性维生素和碘等，出现妊娠糖尿病现象，但尿中钙的排出量会逐渐减少，因为机体需储留大量的钙。

妊娠期内孕妇的水分和矿物质的代谢情况也有所改变。妊娠后母体内逐渐储留较多的钠，除供胎儿需要外，其余分布在母体细胞外体液中。随着钠的潴留，体内水分也相应增多。在妊娠期间，母体含水量增加约 7000mL，体重平均增加 12.5kg，其中 7kg 来自体内水的潴留。这些水中除细胞外液增加 1200mL 外，其余的分布在胎儿体内、胎盘、羊水、子宫、乳房和母体血液中。母体的营养状况会影响到妊娠期间水的分布。

二、孕妇食品的开发

由于妊娠期妇女特殊的营养需要，孕妇食品的开发应同时满足孕妇营养的需要和胎儿生长发育的需求，同时要照顾妇女的膳食习惯和爱好。一般来说要满足以下几条原则：

①孕妇除维持本身生理和生活所需的能量外，胎儿生长发育所需的营养素全部由母体供给，所以从怀孕第 5 个月开始，母体每日供给能量应增加到 10400 ~ 12000kJ；

②选择优质蛋白质原料，每日摄入蛋白质应保持在 80 ~ 100g 为宜；

③要补充碳水化合物，因为妊娠期间所增加的能量有 1/3 来自碳水化合物，加上妊娠期间肝脏及肌肉组织中糖原的储存减少，血糖会偏低；

④适当控制脂肪的摄入，每日摄入量占总能量的 20% ~ 30% 即可；

⑤适当增加矿物元素和微量活性元素的摄取量，如钙、铁、锰、锌、碘等；

⑥适量补充维生素。

影响妊娠期营养素供给量的主要因素包括以下几个方面：

①孕妇的年龄与经产情况：青春发育期的孕妇，由于自己尚在生长阶段，故需将本身生长所需要的营养供给量加到怀孕时的需要量内。在生育的另一时段，危险随着年龄的增大而增大。怀孕的次数及 2 次相隔的时间，都会影响母亲的营养需要和生产的结果；

②孕妇妊娠前的营养情况：妊娠前的营养状况对妇女妊娠期的营养关系较大，故也应注意

妇女妊娠前的合理营养与膳食；

③妊娠期复杂新陈代谢的交互作用情况：怀孕期包括 3 种不同生命实体——母体、胎儿与胎盘，结合在一起，便形成一种独特的生物协同作用。在这期间不断发生代谢交互作用，这种作用，既相互独立又相互依赖，任何一方的变化，均会影响另两个生命实体的生长发育状况；

④个别孕妇的需求差异情况：个人营养的需要常因时间与环境而有所改变。怀孕是一种特殊情况，对生理上具有压力，故此时期的营养需要必须在正常需要量基础上增加额外的营养需要。

（一）能量

妊娠期间母体能量需求量的所受影响因素较多。虽然胎儿的生长速度起初很慢，但胎儿的生长需要额外的能量、胎盘的生长、母亲体重的增加，以及携带胎儿的额外负担、基础代谢的稳步增强等，也需要额外的能量。另一方面，母亲的活动减少，于是也减少了能量的需要。

近年来通过孕妇营养调查与能量消耗测定所得的结果不尽相同。据估计，胎儿及母体组织的生产与维护（心排出血液及呼吸所需的能量）大约需要 335MJ 能量，但一般孕妇由于减少了工作量，可少消耗 200MJ，因而只比非孕期妇女多加 125MJ 即可。有人提出，孕期基础代谢增加不多，为增加新生组织和储存脂肪共需 42MJ，由于孕妇有适应能力，活动时每千克体重所消耗的能量随妊娠的进展而下降，节省了能量，因此对那些照常活动的孕妇为活动所需增加的能量是 125MJ，对很少活动而减少能量消耗的孕妇妊娠全期共增加 42MJ即可。

在胎儿生长的同时，母体的有关机体组织也在长大。如果母体的净增体重少于 9~11kg 的话，胎儿就像寄生虫一样在消耗母亲机体的储备，妊娠期间如果乳房不长大，脂肪储存不增多，那就预示着哺乳期不会十分顺利。

母体组织中以脂肪储存的能量几乎完全集中在脂肪处，除乳腺外，其他生殖组织都没有脂肪。妊娠期间储存的脂肪是作为缺乏食物时的补充，并且可以阻止母体组织的分解代谢。妊娠后期尿液中酮增多，这表明机体利用脂肪储备来满足迅速生长的胎儿的能量需要，以节省出蛋白质来供机体组织的生长需要。妊娠期间增加的脂肪足以为哺乳期提供 4 个月、每月 1250kJ的能量。

体重增长的阶段性与总的体重增长同样重要。一般来说，正常的情况是妊娠初期 3 个月内孕妇体重无增长，怀孕中后期每周增重 400g 左右，以不少于 300g 不大于 500g 为宜。许多妇女害怕产后发胖而限制妊娠期间体重的增加，但研究表明，妊娠时增加的 4kg 体重在生产后 6 周便可减少 2kg，余下的 2kg 通常在产后 6~8 个月后消失。

研究表明，每天能量摄取量少于 7500kJ 的妇女无法保持体内氮的正平衡，如果胎儿继续生长，则是以母体组织的消耗为代价的。

我国孕妇不同时期能量参考摄入量如表 5-8 所示，一般能量主要依靠碳水化合物供给，在妊娠期间碳水化合物投入量占总能量 55%~65% 比较适宜。如果要控制体重，唯一有效的办法也是限制能量高的食品，而不是限制食盐或饮水。

（二）蛋白质

为了胎儿、子宫、乳房的增长及母体储存，妊娠全过程需要增加约 2300g 的蛋白质，其中母体储存蛋白质约 910g，怀孕后期每天需平均储存 5g 蛋白质来补偿分娩与产后失血以及乳腺分泌的消耗。除 IgG 以外，胎体与胎盘的蛋白质均由母体提供的氨基酸组成。早期胎体体内尚无氨基酸合成酶，故当时对胎儿来说，各种氨基酸都是必需氨基酸；等到肝脏发育成熟后，胎儿方能进行氨基酸的合成。但胎儿生长 20 周后胱氨酸、酪氨酸、精氨酸、组氨酸及甘氨酸，仍然需继续从母体中吸收。孕妇血中游离氨基酸减少，而胎盘胎儿血浆中游离氨基酸浓度高于母血。

母亲的蛋白质摄入情况对胎儿的生长关系重大，膳食蛋白质不足的妇女所生的新生儿不但体型小、体重轻，而且出生后容易生病，成活率低，如果在胎儿生长时期蛋白质供给不足，则新生儿出生时心脏、脑、胸腺及肠等机体组织的细胞数量少，对脑的影响尤为严重。胎儿的脑细胞发育相当快，这时如果受到损害，将是不可逆转的，也就是说无法通过后天营养来补救。蛋白质供给还有个质量问题，即摄入的蛋白质数量虽够，但氨基酸不平衡如少一种必需氨基酸，也可造成上述结果；某种氨基酸过多也可造成不平衡或引起拮抗作用。所以孕妇应食多种食物，以使其氨基酸摄入量达到平衡。同时优质蛋白质（一般为动物蛋白）应占蛋白质总量的 1/3 以上，条件许可的话应占 2/3 为好。

我国孕妇早期蛋白质推荐摄入量每日为 55g，怀孕中期加 15g，后期再加 15g。母体除了通过胎盘向胎儿供应氨基酸外，许多大的蛋白质分子（如抗体）也可穿过胎盘进入胎体，使胎儿对母亲曾经接触过的抗原有被动免疫力。

（三）脂肪

妊娠中期脂类生理变化量大。从怀孕初期起孕妇某些部位即有脂肪存积，妊娠过程中平均增重 2~4kg 的脂肪。孕妇还要供给胎儿的脂肪储备，怀孕 20 周时胎儿的脂肪仅占体重的 0.5%，但在此之后胎儿的脂肪组织便迅速生长起来，到 28 周时已增至 3.5%，34 周时为 7.5%，到出生时增加到 16%。

脂质是脑及神经系统的重要组成成分，构成其固体物质的 50%~60%，其中 1/3 的脑脂肪酸是不饱和脂肪酸，如亚油酸或 γ-亚麻酸等。在胎儿脑发育过程中如缺乏适的必需脂肪酸，则会推迟脑细胞的分裂及增殖。脑细胞的骨髓鞘化自胎儿期开始生成，直到出生后 1 年完成。饱和脂肪酸为骨髓鞘化所必需的脂肪酸，故孕妇、乳母膳食中应有适量的饱和脂肪酸和不饱和脂肪酸，这样可以保证不成熟的神经系统完成成熟过程和脂溶性维生素的吸收。但孕妇血脂较平时升高，脂肪总量与不饱和脂肪酸总量不宜过多，一般怀孕中、后期脂肪提供能量以占总能量的 20%~30% 为宜。我国妊娠期孕妇脂肪参考摄入量见表 5-8。

（四）碳水化合物

葡萄糖为胎儿代谢必需的碳水化合物。胎儿耗用的母体葡萄糖较多，故母体不得不以氧化脂肪及蛋白质来提供能量。所以，孕妇在饥饿时易患酮症，尤其是孕期体重增加很少的孕妇，对酮症更为敏感。除了低血糖、高酮体症状外，还有低丙氨酸血症（丙氨酸是肝糖原异生的前体）。孕妇平时的血糖浓度低于非孕妇的血糖浓度，但略高于脐血的血糖浓度。母血糖与脐血糖浓度之比为 1.2:1，因此，孕妇应保持其血糖的正常水平，以免胎儿血糖过低。

孕妇对胰岛素反应不敏感，虽然血中胰岛素含量高，但口服或静脉注射葡萄糖后，血糖上升幅度大，持续时间长。有糖尿病的孕妇，血糖未能很好控制时，婴儿可能发生高胰岛素血症，储存蛋白质与脂肪较多，使新生儿过大，体型特殊。

我国孕妇膳食中一般碳水化合物比例较高，占总能量的 50%~65%。

表 5-8　　　　　　　　　　中国孕妇不同时期能量与宏量营养素参考摄入量

能量/营养素	RNI			AMDR/%E		
	早期	中期	晚期	早期	中期	晚期
能量[1]/（MJ/d）						
PAL（I）	7.53	8.79	9.41	—[2]	—	—
PAL（II）	8.79	10.05	10.67	—	—	—
PAL（III）	10.04	11.30	11.92	—	—	—
能量[2]/［kJ/（kg·d）］						
PAL（I）	7524	8778	9405	—	—	—
PAL（II）	8778	10032	10659	—	—	—
PAL（III）	10032	11286	11913	—	—	—
蛋白质/（g/d）	55	70	85	—	—	—
总碳水化合物/（g/d）	—	—	—	50~65	50~65	50~65
添加糖/%E[3]	—	—	—	≤10	≤10	≤10
总脂肪/%E	—	—	—	20~30	20~30	20~30
饱和脂肪酸/%E	—	—	—	<10	<10	<10
ω-6 PUFA/%E	—	—	—	2.5~9	2.5~9	2.5~9
亚油酸/%E	4.0（AI）	4.0（AI）	4.0（AI）	—	—	—
ω-3 PUFA/%E	—	—	—	0.5~2.0	0.5~2.0	0.5~2.0
α-亚麻酸/%E	0.60（AI）	0.60（AI）	0.60（AI）	—	—	—
EPA+DHA/（mg/d）	250（200）（AI）	250（200）（AI）	250（200）（AI）			

注：①参考值为能量需要量（EER，estimated energy requirement），PAL=Physical Activity Level，身体活动水平，I=1.5（轻），II=1.75（中），III=2.0（重）。

②未制定参考值者用"—"表示。

③%E 为所占能量的百分比。

（五）维生素

母体维生素可经胎盘进入胎儿体内。脂溶性维生素储存在母体肝脏内，再从肝脏中释放出来，供给胎儿生长发育需要。孕妇血中脂溶性维生素含量高于孕前，而胎儿中的含量低于母体血中的含量。水溶性维生素不能储存，必须由膳食及时供应。孕妇肝脏受类固醇激素影响，对维生素的利用率低，而胎儿需要量又高，因此孕妇对维生素的需要量要增加。我国孕妇在不同时期维生素参考摄入量如表 5-9 所示。

表 5-9　　　　　　　　　　中国孕妇不同时期维生素参考摄入量

维生素	EAR			RNI			UL		
	早期	中期	晚期	早期	中期	晚期	早期	中期	晚期
维生素 A/（μg RAE/d）[1]	480	530	530	700	770	770	3000	3000	3000
维生素 D/（μg/d）	8	8	8	10	10	10	50	50	50

续表

维生素	EAR			RNI			UL		
	早期	中期	晚期	早期	中期	晚期	早期	中期	晚期
维生素 E/（α-TE/d）[②]	—[③]	—	—	14 (AI)	14 (AI)	14 (AI)	700	700	700
维生素 K/（μg/d）	—	—	—	80 (AI)	80 (AI)	80 (AI)	—	—	—
维生素 B$_1$/（mg/d）	1.0	1.1	1.2	1.2	1.4	1.5	—	—	—
维生素 B$_2$/（mg/d）	1.0	1.1	1.2	1.2	1.4	1.5	—	—	—
维生素 B$_6$/（mg/d）	1.9	1.9	1.9	2.2	2.2	2.2	60	60	60
维生素 B$_{12}$/（μg/d）	2.4	2.4	2.4	2.9	2.9	2.9	—	—	—
维生素 C/（mg/d）[④]	85	95	95	100	115	115	2000	2000	2000
泛酸/（mg/d）	—	—	—	6.0 (AI)	6.0 (AI)	6.0 (AI)	—	—	—
叶酸/（μg DFE/d）[⑤]	520	520	520	600	600	600	1000[⑥]	1000[⑥]	1000[⑥]
烟酸/（mg NE/d）[⑦]	10	10	10	12	12	12	35/310[⑧]	35/310[⑧]	35/310[⑧]
胆碱/（mg/d）	—	—	—	420 (AI)	420 (AI)	420 (AI)	3000	3000	3000
生物素/（μg/d）	—	—	—	40(AI)	40(AI)	40(AI)	—	—	—

注：①维生素 A 的单位为视黄醇活性当量（RAE），1μg RAE＝膳食或补充剂来源全反式视黄醇（μg）＋1/2 补充剂纯品全反式 β-胡萝卜素（μg）＋1/2 膳食全反式 β-胡萝卜素（μg）＋1/24 其他膳食维生素 A 类胡萝卜素（μg），维生素 A 的 UL 不包括维生素 A 原类胡萝卜素 RAE。

②α-生育酚当量（α-TE），膳食中总 α-TE 当量（mg）＝1×α-生育酚（mg）＋0.5×β-生育酚（mg）＋0.1×γ-生育酚（mg）＋0.02×δ-生育酚（mg）＋0.3×α-三烯生育酚（mg）。

③未制定参考值者用"—"表示。

④维生素 C 在妊娠期的 PI（预防非传染性慢性病的建议摄入量）值为 200mg/d。

⑤膳食叶酸当量（DFE，μg）＝天然食物来源叶酸（μg）＋1.7×合成叶酸（μg）。

⑥指合成叶酸摄入量上限，不包括天然食物来源叶酸，单位为 μg/d。

⑦烟酸当量（NE，mg）＝烟酸（mg）＋1/60 色氨酸（mg）。

⑧烟酰胺，单位为 mg/d。

1. 维生素 A

由于胎儿发育的需要（胎儿肝脏的储存以及母体为泌乳而储存），孕妇对维生素 A 的需要量增加。妊娠初期往往血中维生素 A 水平下降，至 13～14 周时又回升，21 周时开始超过正常值，至 37 周时维生素 A 可达正常值的 1.5 倍。孕妇缺少维生素 A，会使新生儿角膜软化，过量则引起腭裂、露脑等先天畸形。

2. 维生素 D

孕妇和胎儿在妊娠期间需要大量的钙和磷，因此膳食中维生素 D 的供给量必须保证。但也不可过量，否则婴儿会出现精神发育迟缓或肾酸中毒等症状。

3. 维生素 E

动物试验表明，维生素 E 具有促进正常生殖、减少自然流产和死产的效果，缺乏会导致多发性先天畸形，但至今科学家尚未发现维生素 E 对人类的生殖能力有什么独特作用，尽管有些事实表明维生素 E 可能对习惯性流产或不易受孕的妇女有所裨益，但尚未证明维生素 E 缺乏与人类不育有何关系。有人认为维生素 E 与婴儿溶血性贫血有关，如早产儿身体储存 α-生育酚非常少，早产儿发生溶血性贫血时供给维生素 E 有效。

4. 维生素 K

维生素 K 能合成血液凝固所必需的凝血酶原，对防止危害母亲和胎儿生命的新生期出血具有重要作用。此外，维生素 K 对因神经紧张而引起的恶心、呕吐也有很好的辅助治疗作用。

在美国，妊娠的最后数周让孕妇口服或注射含维生素 K 的药物来防止出血，已成为常规的做法。不过剂量要适中，做到既可防止出血又不致引起不良反应，比较安全的办法是让婴儿或母亲注射或服用天然维生素 K。

5. 维生素 B_1

维生素 B_1 能促进胎儿生长，维持孕妇良好的食欲与正常的肠蠕动，并促进乳汁分泌。调查资料还表明维生素 B_1 可缓解妊娠期的恶心现象。

维生素 B_1 是以主动运输形式进入胎体，而尿中排出量又增加，故母血中水平常较低。一般孕妇血中维生素 B_1 低于非孕妇，脐带血中的维生素 B_1 可较母血中浓度高 7 倍，给母亲补充维生素 B_1 后，母血、胎血中维生家 B_1 都增加。

维生素 B_1 缺乏多因孕妇长期食用过精的白米、白面或限制食物种类引起的。近年来我国安徽、江西等省曾有婴儿脚气病发生，应引起足够重视。

6. 维生素 B_2

妊娠期孕妇对维生素 B_2 需求量增加，胎儿血液中的核黄素比母亲多。动物试验表明，在受孕的第 13、14 天缺乏维生素 B_2 时，胎儿的软骨形成受阻，最后发生骨骼畸形，如长骨缩短和肋骨融合等。

7. 烟酸

我国人民膳食中一般不会缺乏烟酸，且膳食中的色氨酸可能转变为烟酸，妊娠时这种转变率增加。正常人每摄入 70mg 色氨酸，尿中即可排出 1mg 烟酸代谢物。孕妇每摄入 18mg 色氨酸就可排出 1mg 烟酸代谢物，因此孕妇尿中烟酸代谢物多于非孕妇女。脐血中烟酰胺浓度比母血中高 20%。

8. 维生素 B_6

吡哆醇的中间产物磷酸吡哆醛可激活 60 种酶系，包括色氨酸代谢的增速。妊娠时由于雌激素增加，色氨酸加氧酶的增加，再加上血液的稀释、胎儿的需要，因此孕妇对维生素 B_6 需求量增加。最需要维生素 B_6 的中枢神经系统增长高峰在胎儿 5 个月以后，这时绝对不可缺乏维生素 B_6。

维生素 B_6 是母体通过胎盘输送给胎儿的，胎儿血中的含量要比母体高出 5 倍。如果其含量低于正常含量的 1/3 时，就会引起妊娠毒血症。在妊娠期间，孕妇色氨酸代谢功能会发生变化，排泄出的黄尿烯酸增多，输送钠能力下降，细胞的生长也有变化，只要每日增加 1~2.5mg 的吡哆醇即可消除这些现象。有些研究结果还表明维生素 B_6 对妊娠恶心具有一定的控制作用，其机理尚不清楚。

9. 叶酸

妊娠期摄入叶酸有三种功效，第一种是促进胎儿的正常生长，因为叶酸是嘌呤嘧啶代谢中的重要因素，细胞、组织要迅速增长就必需叶酸，第二种是防止妊娠巨红细胞性贫血的出现。妊娠期间常由于缺乏叶酸而出现巨红细胞性贫血，严重时会引起流产、死产、新生儿死亡、妊娠中毒、产后出血等症状。第三种是更为重要的功效，能预防胎儿、婴儿的神经管缺损。

动物试验表明，服用叶酸对抗剂等药物会引起婴儿先天畸形，如唇裂、腭裂或脑积水等，这充分说明叶酸对正常妊娠的重要性。

孕妇叶酸缺乏的情况较多，这是由于各种因素引起的。食物的选择，烹调的损失，供给胎儿的需要，以及遗传上的因素，均可引起孕妇叶酸的缺乏。自食物被吸收后，叶酸在肝脏中经过一系列的还原作用转变为活动的辅酶形态，而高含量类脂醇可干扰这一过程。服用类脂醇避孕药的妇女，因其血液中高含量类脂醇还会维持一段时间，此时自怀孕起，孕妇血清中的叶酸就会显著减少。

10. 维生素 B_{12}

维生素 B_{12} 缺乏也可引起巨红细胞性贫血，但由于维生素 B_{12} 存在于所有的动物类食物中，在肠胃消化道内的微生物也可大量合成维生素 B_{12}，因此维生素 B_{12} 缺乏症较少见。维生素 B_{12} 缺乏多由于遗传因素，或因后天缺乏协助吸收维生素 B_{12} 的胃液等因素引起。长期使用抗菌药物或素食者，容易导致维生素 B_{12} 缺乏。

11. 维生素 C

孕妇血中维生素 C 的含量为非孕妇的一半，脐血清及血细胞内维生素 C 比母血中高 $2\sim4$ 倍。当母血中维生素 C 水平很低时，脐血中含量仍会高。孕妇摄入大量的维生素 C，可使胎儿早期活动增加，但也可使胎儿维生素 C 分解能力增加，因而增加了维生素 C 的需求量而造成新生儿条件性坏血病的发生。母体维生素 C 摄入不足，则会造成胎膜的早期破裂和新生儿的死亡率上升。胎盘能合成维生素 C，这也是胎儿机体组织中维生素 C 水平高的缘故。

维生素 A、维生素 C、维生素 E 这三种维生素除了其各自独特的作用外，有一共同作用就是维持胎儿细胞结构与功能。维生素 A 可维持上皮组织的完整，这些组织包括皮下与线形无腺导管、肠胃消化道、泌尿生殖道以及呼吸道的黏膜组织。维生素 A 既影响黏液、黏蛋白与黏多糖的化学成分以及黏液的分泌，还可维持上皮组织的完整性。维生素 C 的功能在于使氧化型谷胱甘肽还原成还原型谷胱甘肽，而还原型谷胱甘肽在保证细胞膜的完整性方面起着重要作用，维生素 E 能预防组成细胞膜结构的多不饱和脂肪酸的氧化，还可预防肠胃消化道中维生素 A 的氧化，使膳食中有较多量的维生素 A 被吸收。

（六）矿物元素

我国孕妇不同时期矿物元素参考摄入量如表 5-10 所示。

表 5-10　　　　　　　　　中国孕妇不同时期矿物元素参考摄入量

矿物元素	RNI			PI			UL		
	早期	中期	晚期	早期	中期	晚期	早期	中期	晚期
钙/（mg/d）	800	1000	1000	—	—	—	2000	2000	2000
磷/（mg/d）	720	720	720	—	—	—	3500	3500	3500

续表

矿物元素	RNI			PI			UL		
	早期	中期	晚期	早期	中期	晚期	早期	中期	晚期
钾/（mg/d）	2000（AI）	2000（AI）	2000（AI）	3600	3600	3600	—	—	—
钠/（mg/d）	1500（AI）	1500（AI）	1500（AI）	2000	2000	2000	—	—	—
镁/（mg/d）	370	370	370	—	—	—			
氯/（mg/d）	2300（AI）	2300（AI）	2300（AI）						
铁/（mg/d）	20	24	29	—	—	—	42	42	42
碘/（μg/d）	230	230	230	—	—	—	600	600	600
锌/（mg/d）	9.5	9.5	9.5	—	—	—	40	40	40
硒/（μg/d）	65	65	65	—	—	—	400	400	400
铜/（mg/d）	0.9	0.9	0.9	—	—	—	8	8	8
氟/（mg/d）	1.5（AI）	1.5（AI）	1.5（AI）	—	—	—	3.5	3.5	3.5
铬/（μg/d）	31（AI）	34（AI）	36（AI）	—	—	—	—	—	—
锰/（mg/d）	4.9（AI）	4.9（AI）	4.9（AI）	—	—	—	11	11	11
钼/（μg/d）	110	110	110	—	—	—	900	900	900

注：未制定参考值者用"—"表示。

1. 钙和磷

成年妇女体内约有 1kg 钙，妊娠后期胎儿体内含有约 30g 钙，胎盘含 1g 钙，30 周以后胎儿每日储存 260~300mg 钙。此外母体尚需储存钙，自孕期 7 个月开始每日孕妇储钙 20~30mg，以供哺乳时泌乳的需要，故妊娠全程均需补钙。胎儿牙齿、骨骼的钙化自妊娠 8 个月以后加速，所需钙、磷可动用母体骨中的钙盐，胎儿储存的 30g 钙中有 25% 是母体钙。因此，母体为了维持自身钙、磷平衡，就需增加对钙、磷的摄取量。胎儿缺钙时可发生颚骨牙齿畸形不对称等现象，孕妇缺钙会出现骨质疏松软化、凝血异常、肌肉痉挛等症状。血液中 0.1% 的钙对维持心脏正常搏动，肌肉、神经正常兴奋性和适宜感应性起着重要作用。当孕妇缺乏钙，使血清中钙含量低于 7~7.7mg/100g 时，神经、肌肉兴奋性增高，就会引起手足搐搦。

有人测定孕妇晚期每日摄入 2g 钙即可达到平衡。孕妇血钙降低，到产前 6 周方有所回升，这是由于血清白蛋白降低，继发蛋白结合钙减少导致血钙降低。母体血钙浓度与婴儿出生时体重呈正相关。胎儿骨骼矿质化程度取决于母亲膳食中钙、磷以及维生素 D 的含量。由此可见，给孕妇补足钙质是非常重要的。

如果维生素 D 充足，膳食中钙的需要量可以减少，如果维生素 D 不足，则必须增加膳食中的钙。

2. 铁

妊娠期间，母体要为胎儿提供 300mg 铁，为胎盘提供 70mg，为构成血红蛋白提供 500mg，为损失的皮肤、毛发和汗液提供 280mg，总计为 1100mg，几乎是成年妇女铁储备的 2 倍。如果膳食中的铁不能满足上述需要，则孕妇体内的铁储备就会耗尽，而母亲没有铁储备，其血红蛋白水平便会下降至 100g/L，这便是贫血的象征。

美国食品与营养委员会认为，孕妇的铁摄入量应在一般妇女的 18mg 基础上再补充 30～60mg 的元素铁（相当于 150～300mg 的硫酸亚铁），才能保持母体的铁储备和满足胎儿的需要。在正常情况下，铁的吸收受需要和食物来源两方面因素的影响。动物肌肉中的铁容易吸收，而谷物食品中的铁则不易吸收。我国是以谷物为主食的国家，应特别注意这点。有人认为，防止妊娠期缺铁的最好办法是在怀孕前就增加铁的摄取量，以便在怀孕时至少储备 300mg 的铁。

孕妇在补铁的同时还应注意维生素 C 和叶酸的摄取，以促进铁的吸收和利用。

3. 锌

成年妇女体内有 1.3g 锌，妊娠时增至 1.7g。足月胎儿体内可有 60mg 锌，从怀孕初期开始，胎儿锌的需要便迅速增加。平时胎盘及胎儿每日需要 0.75～1mg 锌。母血清锌在妊娠期逐渐下降，这一方面由于血液稀释的缘故，另一方面是由于血清蛋白含量的下降，因 85% 的血清锌是与蛋白质结合的。

孕妇缺锌会使羊水缺乏抗微生物活性，又会影响核糖核酸的合成，并呈现出多种与锌有关的异常，如足月胎儿体重减少，发育停滞，先天性畸形，特别是中枢神经系统受损时，出现先天性心脏病、多发性骨畸形和尿道下裂等情况。若孕妇血清锌更低的话，则会出现流产成死胎等严重后果。孕妇味觉异常和食欲退减也可能与缺锌有关。

锌与蛋白质的吸收利用情况有关系，锌的摄入量可影响氮的贮留量。蛋白质摄入量高，锌的表现消化率也增高，粪便中锌的排出减少，血锌值也较高。

4. 碘

碘是甲状腺素的重要成分，甲状腺素能促进蛋白质生物合成，促进胎儿的生长发育。怀孕期妇女甲状腺功能活跃，碘需求量也增加。碘最好从自然产品如紫菜、海带中摄取。若使用碘化钾，则务必注意不可过量。

孕妇缺碘，所生的孩子会得地方性克汀病，其主要特点是呆、小、聋、哑或瘫等，严重时不懂事，甚至连穿衣、洗脸等最简单的事务也不能自理。

5. 镁

镁与钙、磷相似，大部分是构成骨骼与牙齿的原料。具有生化活性的镁多存在于神经与肌肉细胞内，调节神经的感应性与肌肉的收缩。缺乏镁会产生神经与肌肉的功能失调，出现典型的肌肉震颤、手足抽搐及惊厥现象。

孕妇一般一天摄入 269mg 镁，而尿中排出 94mg，粪便中排出 215mg，结果造成镁的负平衡。在一般情况下，孕妇的镁摄取量常常不足，即使妊娠期间膳食较为合理，其他营养素都能达到供给量标准，但镁仅能满足需要量的 60%，应予以注意。

6. 钠

妊娠期孕妇对钠的摄取量，目前尚存在不少争议。争论焦点在于孕妇到底需要多少钠？是否需要控制钠离子的摄入量？过去传统的看法认为的钠离子是亲水性的，会造成体内水的潜留，开始时使细胞外液积聚，如果积聚过多还会导致孕妇水肿，因此提倡控制钠离子的摄取，并把降低膳食中的钠（食盐）量作为安排妊娠水肿的膳食中一个很重要方面。同时，还认为钠会加重妊娠中毒症的三个症状，即水肿、高血压和蛋白尿。

美国营养学家 H. A. Guthrie 在其权威著作 *Introductory Nutrition* 中认为应提倡孕妇增加钠的摄入量。他认为，妊娠期间由于细胞外液的增加，母体内的钠需要量也增多，达到 11.5~20.7g。因此，营养学家或医生不能再像过去那样劝诱孕妇限制钠的摄入量，而恰恰相反应该提倡增加钠的摄入。他还认为，当孕妇食盐的摄入受限制时，母体的器官会产生一系列有助于储存钠的激素和生化变化。血钠水平降低时，肾脏就会产生更多的肾素激素，它会对血液中的蛋白质起作用，将其转化成血管紧张素，肾上腺对血管紧张素起反应，产生更多的醛甾酮，再对肾脏起作用，促使它重新吸收钠，从而使血液中保留更多的钠。因此，孕妇有一系列的机理帮助其保留钠。他还认为妊娠期间不应服用利尿剂，以免造成钠的损失。

🔍 **思考题**

1. 肥胖的定义是什么？肥胖对人体有哪些危害？

2. 如何开发具有减肥功效的功能性食品？试举出 4~8 种具有减肥功效的典型配料。

3. 什么是衰老？衰老的表现有哪些？

4. 抗衰老功能性食品的开发原理有哪些方面？

5. 什么是贫血？我国和世界卫生组织对贫血的标准分别是什么？

6. 营养性贫血的产生原因有哪些？试举出至少 4 种具有改善营养性贫血功效的典型配料。

7. 母乳喂养的意义有哪些？

CHAPTER

第六章

儿童功能性食品

6

[学习目标]

1. 了解智力和学习记忆力的定义以及影响学习记忆力的物质基础，掌握增智功能性食品的开发原理。

2. 了解影响视力的主要因素，掌握改善视力功能性食品的开发原理。

3. 了解生长发育的定义，掌握促进生长发育功能性食品的开发原理。

4. 了解牙齿的结构和龋齿产生的原因，掌握抗龋齿功能性食品的开发原理。

5. 掌握婴儿期的生长发育和营养需求。

21 世纪的今天，尽管社会物质文明高度发达，但有关儿童营养与儿童健康的问题远没有得到解决。加上我国地域辽阔，使得当今社会儿童营养不良和营养过剩问题同时存在。由于营养摄入不合理而影响其生长发育，偏食、嗜食、嗜糖使得肥胖症、龋齿成为儿童常见病。丰富多彩的影音娱乐节目，在吸引儿童眼球的同时也影响了他们的视力发育，加上不正确的看书姿势，使得当今儿童视力健康的问题非常严重！

人体不同的组织器官有着不同的关键时期和关键营养素，儿童营养不良的影响也取决于发生的时间和程度。如能在关键时刻给予足够的平衡的营养，那许多问题都可避免。如在关键时期某种关键营养素缺乏、不足或过剩，则易造成终生无法挽回的结局。

儿童正处在人类生命阶段的最初期，此时的生长发育对于将来一生的健康都十分重要。加上儿童时期的心智发育还未完全，既有开发的空间，又容易受到外界的诱惑。因此，儿童健康的问题应该引起全社会的关注。开发具有增智、改善视力、促进生长发育、抗龋齿等作用的功能性食品，是一个永恒的社会主题，也是社会的一个永恒需求。

第一节　增智功能性食品

于营养素失衡或地方性营养素缺乏而造成的智力落后，在我国乃至全世界都时常见到。随着独生子女制度在我国的推行，儿童智力问题牵系千家万户，各个层次、各个年龄阶段及各个民族的每一位公民，无一例外地希望自己能够聪明健康。增智功能性食品，展现出广阔的市场前景与发展潜力。

一、智力和学习记忆力的定义

（一）智力

有关智力的概念，历来众说纷纭。多数认为，智力是个体认识过程中各种能力的综合，其中以抽象思维能力为核心。尤其在教育学理论中，将儿童在学习过程中，所表现出来的观察力、注意力、记忆力、想象力、思维力和创造力等总称为智力。

美国著名的心理学家 D. Wechsler（韦氏）认为，智力是一个人有目的地行动、理智地思考及有效地应付环境的整体或综合能力。

为了进一步认识"智力"，需同时理解"能力"这一概念。对能力的研究，首先要注意人与人在活动效率上的差异，活动效率是活动成绩与活动时间的比率。决定这个比率大小的主体，有四个因素：

①身体健康状况；

②活动动机的强弱；

③与这个活动有关的经验，即知识技能；

④能力。

有鉴于此，可以将"能力"定义为：人所具备的那些除身体健康状况、动机和经验以外的对活动效率起决定作用的条件。能力分为两类：

①一般能力；

②特殊能力。

一般能力指的是从事任何活动都需要的能力，如观察力、记忆力、注意力、想象力和思维力等，也就是人们通常所理解的智力，可用智商来表示。特殊能力是指某些特殊性活动才需要的能力，如音乐节奏感、色彩鉴别力、设计能力和表演能力等，它们与智力测验成绩没有相关。

通常情况下，人人都有一般能力（智力），但不一定都有特殊能力；多数人的一般能力不差，但缺乏突出的特殊能力。但有极个别人的一般能力很差，但特殊能力却很突出。这方面最为极端的例证，就是"白痴天才"。

（二）智商

从理论上说，凡是客观的东西都可以数与量的形式出现。智力是客观存在的，所以也能数量化。但作为客观存在的智力，与通常看得见摸得着的物质现象有着本质的区别，要对智力进行测量要困难得多，比较难以进行数量化，所以有关智力测量方法至今还不太完善。

对于智力测量，常用智商（intelligence quotient，IQ）作为衡量尺度，表示智力的单位。所谓智商，是以智力年龄（MA）除以实际年龄后再乘以 100 换算而成整数，即如式（6-1）所示。

$$IQ = 100MA/CA \qquad (6-1)$$

这个数值，又称为比率智商（ratio IQ，RIQ）。它表示一个儿童在智力发展上与其他同龄儿童相比时的相对水平，能显示先进或落后到什么程度。少儿期智龄与实龄基本上是呈同步增长的，但到了一定年龄，智力就不再与年龄一起增长了。

（三）学习记忆力

学习是个体在特定情境下，由于练习或反复经验而产生的行为或行为潜能比较持久的变化。学习是指经验（习惯、行为、感知或思维）的获得与发展，记忆则是通过学习获得经验的保存与再现。学习与记忆是两个不同而又密切联系的神经生物学过程，是大脑的重要功能。

记忆包括识记、保持、再认和回忆四个过程。识记是指通过学习在大脑中留下痕迹的过程，保持是使这些痕迹趋于巩固与保存的过程，再认是联系现实刺激与以往痕迹的过程，而回忆则是将贮在脑细胞内的记忆痕迹加以重现或重新活跃的过程。识记可认为是一种学习过程，而保持、再认与回忆则是将通过学习获得的记忆痕迹由短时不稳定状态逐渐，转化为长时牢固状态，并加以储存下来的过程。

随着年龄的增长，在脑内存储的信息越来越多，这些大量的信息常在脑内自发地活动起来，会妨碍人脑对某一特定事情的回忆引起注意力的分散，并产生干扰或抑制作用。

二、影响学习记忆力的物质基础

组成大脑的左右两个半球表面凹凸不平，有很多深浅不等的沟裂。沟裂之间的隆起称为脑回，在脑半球的内侧面有一个海马回，与智力的关系十分密切，在学习记忆过程中起关键作用。脑的正常功能，取决于足够数量的脑细胞及其合成、分泌足够数量的神经递质。

（一）神经递质的定义和种类

神经元是神经系统的结构与功能单位，包括神经细胞体及其发出的轴突与树突。根据功能的不同，神经元可分为以下三类：

①感觉神经元（接受刺激产生冲动）；

②运动神经元（支配肌肉运动或腺体分泌）；

③中间神经元。

不同神经元之间的接触部位称为突触。神经冲动通过突触时，从神经末梢释放一些神经递质，跨过突触间隙作用于效应细胞上的受体，从而完成神经元之间或神经元与其他效应器之间的信息传递。中枢神经系统的各种功能，从肌肉收缩到行为控制，都是在神经递质的参与下完成的。

如表6-1所示，神经递质分为乙酰胆碱、儿茶酚胺、氨基酸和嘌呤4类。还有一些神经肽，如内啡呔、脑啡呔等，除对神经递质产生调节作用外，还可作用于独立的膜受体、胞液受体甚至是细胞核。

表6-1　　　　　　　　　　　　　　　神经递质的主要类型

分类	亚型
乙酰胆碱	烟碱型胆碱（ACH-N），毒蕈碱型胆碱（ACH-M）
儿茶酚胺	去甲肾上腺素（NE），肾上腺素（E），多巴胺（DA），5-羟色胺（5-HT），组胺
氨基酸	γ-氨基丁酸（GABA），甘氨酸（Gly），谷氨酸（Glu），天冬氨酸（Asp）
嘌呤	三磷酸腺苷（ATP），腺苷
神经肽	甲硫氨酸脑啡呔，降钙素基因相关肽（CGRP）

（二）乙酰胆碱

目前，有关胆碱与学习记忆之间的密切关系，研究得比较透彻，其中最清楚的要数乙酰胆碱（Ach）。Ach 是记忆痕迹形成的必需神经递质，是远事记忆的生理基础，而胆碱与乙酰胆碱辅酶 A 则是 Ach 的直接前体。脑内胆碱能回路，即隔区-海马-边缘叶与近事记忆功能密切相关。

Ach 通过脑干网状结构上行激活系统，维持大脑觉醒状态，通过摄入胆碱来增加脑内胆碱浓度可增进 Ach 的合成，增强树突的形成与神经膜的流动性。可选择性影响 Ach 的化合物，均会影响大脑的学习记忆行为，常见痴呆患者突触前的胆碱能系统活性降低，通过补充 Ach 可促使正常记忆的形成。人类随年龄的增加，记忆功能退变，这与中枢胆碱能系统功能的下降相平行。

（三）儿茶酚胺

这类神经递质，包括去甲肾上腺素（NE）、5-羟色胺（5-HT）和多巴胺（DA）等。研究表明，往大脑脑室内注射 NE 或 DA，可以改善学习试验中 24h 后的记忆反应。

中枢 NE 神经元的胞体集中区域位于脑干的蓝斑核，而蓝斑细胞数量的减少与记忆受损之间明显相关。临床研究发现，蓝斑神经元的退化与老年人记忆衰退高度相关。往老年大鼠脑内移植脑胎蓝斑神经元，可改善动物的记忆缺损。

5-HT 神经元的胞体集中区域位于脑干的中缝核团。将 5-HT 注入大脑的海马回可以抑制不同学习模型的记忆，使用 5-HT 的前体物质 5-羟色胺酸也可以抑制动物的穿梭箱反应。

（四）γ-氨基丁酸

通过调节 γ-氨基丁酸（GABA）传递，可改善大脑功能，提高学习记忆能力。将 GABA 注入侧脑室进行明暗分辨的学习试验，呈现出剂量与时间的依赖性促进作用。

（五）神经肽

存在于中枢神经系统的许多神经肽，不仅影响着神经元的兴奋与抑制过程，而且参与了学习记忆活动的调节功能。例如，促肾上腺皮质激素、β-内啡肽能够增强大脑的注意力与激动力，血管紧张素则可加强记忆的保持与回忆过程。

老年识别与学习记忆能力的衰退，可能与神经肽生物利用率的减少有关。通过神经肽的补充，可以比较有效地改善老年人的记忆力衰退现象。已有部分临床研究，支持这种观点。

三、增智功能性食品的开发

至少有 5 种神经递质的前体，不能在脑细胞内合成，而必须来自食品。例如，色氨酸是 5-羟色胺的前体，酪氨酸或苯丙氨酸是多巴胺和去甲肾上腺素的前体，卵磷脂和胆碱经胆碱乙酰化酶的作用生成乙酰胆碱。

这些神经递质的前体，都不能在大脑内合成，它们在血液中的含量受食品供给量的影响。脑神经元对血液营养成分的变化是很敏感的。色氨酸、胆碱、酪氨酸等对脑功能的影响是多方面的，缺乏时人的精神状态、记忆力、思维和行为表现等都会受到影响。

（一）碳水化合物

成年人的大脑约占体重的 2%，血流量却占输出量的 14%~15%。脑细胞的代谢很活跃，但脑组织中几乎没有能源物质储备，每克脑组织中糖原的含量仅 $0.7\sim1.5\mu g$，所以需要不断地从血液中得到氧与葡萄糖的供应。脑功能活动所需的能量，主要靠血糖氧化来供应，在安静状态下脑的耗氧量，占整个机体耗氧量的 20%～30%。

由于血脑屏障（blood-brain barrier）的存在，血液中有多种营养成分是不容易进入脑组织的。脂质是靠扩散作用缓慢进入脑组织的，主要用于维持脑细胞的正常结构与功能。成年人脑很少利用脂肪酸作为能量来源，由氨基酸提供的能量不超过 10%。脑组织中大部分的氨基酸，是用来合成蛋白质及神经递质的。

碳水化合物是脑活动的能源，尽管脑仅占全身重量的 2% 多些，但其所消耗的葡萄糖量却占全身能耗总量的 20% 以上。尽管如此，通常食品所含的碳水化合物已足够全身（包括脑）活动的需要，不必再额外摄入，可以说碳水化合物是不必特意追求的增智功效成分。但是，蔗糖摄入过量易使脑功能出现神经过敏或神经衰弱等。

（二）脂质

组成大脑成分中有 60% 以上的是脂质，而包裹着神经纤维称作髓磷脂鞘的胶质部位所含脂质更多。在所构成的脂质中，不可缺少的是亚油酸、亚麻酸之类必需脂肪酸。我国传统认为核桃仁的健脑效果很好，原因之一就是富含必需脂肪酸。红花油和月见草油、胚芽油和鱼油等的必需脂肪酸和不饱和脂肪酸含量很高，都是很好的增智食品配料用油。另外，磷脂是构成脑神经组织和脑脊髓的主要成分之一，应保证充分的数量与质量。早老性痴呆患者摄入含 90% 磷脂酰胆碱的卵磷脂后，学习、记忆试验的成绩显著好转。老年性痴呆患者摄入含 90% 磷脂酰胆碱的卵磷脂后，学习、记忆试验的成绩显著好转。

（三）蛋白质

蛋白质是脑细胞的另一主要组成成分，占脑干重的 30%～35%，就重量而言仅次于脂质。蛋白质是复杂脑智力活动的基本物质，在脑神经细胞的兴奋与抑制方面，发挥着极其重要的作用。

在婴幼儿出生头 2 年，蛋白质能量的不足可影响进校后的智力。营养不良者有 13.3% 智力迟钝，智力正常的仅 30%；而社会经济条件相同的对照组，正常智力者达 84.2%。

氨基酸作为神经递质或其前体物质而直接参与神经活动，从而影响学习记忆功能。例如，色氨酸和 5-羟色氨酸是 5-HT 的前体，苯丙氨酸和酪氨酸是去甲肾上腺素、多巴胺的前体，肾上腺素和谷氨酸是 γ-氨基丁酸的前体。

在调节脑神经兴奋与抑制过程中，脑髓通过酶转换谷氨酸而生成的 γ-氨基丁酸，起着重要的作用。学习的开端始于细胞内谷氨酸的释放，随后经历一系列神经活动，导致树突直径的增加而加速神经传导。

L-脯氨酸对小鸡、金鱼与小鼠的记忆损害作用具有立体结构的特异性，D-脯氨酸与 L-脯氨酸的较低和较高同系物未见起作用。由于 L-脯氨酸并不影响脑内的蛋白质合成，目前认为其致遗忘作用可能与拮抗谷氨酸有关。

正常的血脑屏障，能防止 L-脯氨酸进入脑组织，而任何原因引起的血脑屏障功能减弱，会使脑内游离 L-脯氨酸增加到致遗忘的水平；并使正常时被排除在外的营养素分子渗入脑组织，从而危及脑的学习记忆功能。

用 9.5% 赖氨酸和 5.9% 蛋氨酸喂养大鼠，可提高其在被动回避试验中的记忆功能。以酪蛋白、葡萄糖和丝氨酸喂养小鼠，可预防因饥饿而引起的记忆障碍。

对于老年记忆障碍可用胆碱能类、酪氨酸、苯丙氨酸、色氨酸和 5-羟色氨酸进行前期治疗。用酪氨酸和 5-羟色氨酸治疗早老性痴呆与多发梗死、痴呆患者，其学习与记忆功能可获得部分改善。

（四）维生素

神经递质的合成与代谢，必须有各种维生素的参与。维生素 A 直接参与视神经元的代谢，对视网膜功能有重要的作用。维生素 D 似乎是通过对钙、磷代谢的调节作用而影响大脑的功能的。维生素 B_1、维生素 B_2、维生素 B_6、烟酸、泛酸等在体内是以辅酶形式参与糖、脂肪和氨基酸代谢的，维生素 B_{12} 与叶酸参与甲基转移和 DNA 合成，维生素 C 在羟化反应中发挥重要的作用。

虽然多种维生素与大脑中枢神经系统的代谢有关，但有关维生素 B_1 与烟酸缺乏时的神经症状，最引人注意。

维生素 B_1 与糖代谢关系密切，而脑组织的主要能源来自葡萄糖的氧化，这可能是维生素 B_1 缺乏容易导致神经系统功能障碍的原因。维生素 B_1 是体内代谢反应的辅酶，缺乏时可使丙酮酸合成乙酰辅酶 A 的数量减少，从而抑制脑内 Ach 的合成影响学习记忆功能。维生素 B_1 与钙、镁相互作用可调节突触前神经末梢释放 Ach，这说明维生素 B_1 与脑内胆碱能系统之间具有相互作用。

1942 年，3 万余名英国战俘在改吃新加坡精米膳食 6 周之后，出现了记忆力减退、精神失常等中枢神经症状。对 52 个案例的研究表明，有 61% 的案例丧失近事记忆能力，通过补充维生素 B_1 后恢复正常。给大鼠喂养缺乏维生素 B_1 的饲料，会使其丧失被动回避的反应能力，约有 50% 还丧失了学习能力，经补充维生素 B_1 后即可明显改善。

缺乏烟酸的典型表现为癞皮病，在发病初期有肢体无力、头晕、失眠、记忆力减退，随着病情的发展会明显出现精神抑郁、性格孤僻等症状。

维生素 B_6 是芳香族氨基酸脱羧酶的辅酶，与色氨酸代谢、机体内烟酸及多巴胺的生成有密切的关系。维生素 B_6 作为辅酶参与多种氨基酸的氨基转移、氨基氧化和脱羧反应，缺乏时会增强个体兴奋性，使个体出现惊厥、发育异常及行为失调等现象，长期缺乏维生素 B_6 还会致脑功能不可逆损伤与智力发育迟缓。

维生素 B_{12} 与叶酸的缺乏，不仅影响造血系统的功能，也可导致记忆力下降、智力减退及情绪与性格的改变。维生素 B_{12} 的缺乏可引起无贫血的精神异常，记忆障碍的出现比恶性贫血的血液学症状或脊髓症状的出现还要早几年。约有 71% 的恶性贫血患者出现记忆力明显减退现象，补充维生素 B_{12} 后 75% 的患者在 10~27d 内逐渐恢复正常。

研究表明，老年人的记忆试验积分与核黄素、维生素 C 的血浓度显著相关。血液维生素 C、维生素 B_{12} 浓度低的受试者记忆积分显著低于维生素 C 和维生素 B_{12} 浓度高的受试者，那些记忆积分显著降低的受试者每日摄取的蛋白质、维生素 B_1、维生素 B_2、维生素 B_6、维生素 B_{12}、烟酸和叶酸明显较少。因此，对于营养问题所致的学习记忆障碍，应以综合补充。

（五）矿物元素

尽管脑组织中存在着 50 多种元素，但并不是每种元素都具有神经化学功能。如表 6-2 所示，已知有 8 种微量元素对大脑是必需的，它们大多是作为酶或维生素的辅助因子，在脑代谢过程中起催化剂作用的，因而需要量极微小。

表 6-2　　　　　　　　　　　　中枢神经系统对微量元素的需要

必需的	Fe、Cu、Zn、Mn、Co、Mo、I、Se
可能是必需的	Cr、Ni、Sn、V
低毒的	Ba、Ge、Ag、Sr、Ti、Zr、Bi、Ga、Au、In
有毒的	Pb、Hg、Al、Cd、As

铁、铜、锌等矿物元素，对脑功能的维持十分重要。铁的缺乏除引起贫血外，还会延迟婴儿的精神发育，降低凝视时间，减弱完成任务的动力。学龄前缺铁性贫血儿童的智力会明显出现障碍，注意力不能集中，经常有无目的活动，缺铁儿童由于鉴别、复述能力降低将影响长时记忆的能力。给大鼠喂养无铁饲料 2 周后即可发生记忆障碍现象，其程度与肝、脑内铁水平直接相关。

钙、磷、锌、锰、碘等与脑功能的关系也很重要。充足的钙对保证大脑进行紧张工作的功效很大，其中最重要的一点就是抑制脑神经的异常兴奋，使脑神经能正常地接受外界环境的各种刺激。日本增智食品对钙的推荐量不低于 1g/d。试验表明，往鸡脑内注射钙离子可增强其短时记忆功能。

锌是与 DNA 复制、修复与转录有关酶的必需微量元素，锌的不足会持续损害神经元细胞的正常生长。大鼠出生早期缺锌，将影响脑组织的正常发育而损害其长时记忆能力，额外补锌可防止或延缓遗传性痴呆症的出现。

严重碘缺乏导致的地方性甲状腺肿患者，常伴有智力发育迟缓和侏儒病，轻中度碘缺乏所致甲状腺肿儿童的智商也明显降低。

（六）具有改善记忆功效的典型配料

具有改善记忆功效的典型配料见表 6-3。

表 6-3　　　　　　　　　　　　具有改善记忆功效的典型配料

典型配料	生理功效
大豆磷脂	调节血脂，改善记忆，美容
蛋黄磷脂	调节血脂，改善记忆，耐缺氧
脑磷脂	改善记忆，促进生长发育，预防脂肪肝和肝硬化
二十二碳六烯酸	调节血脂，改善记忆，改善视敏度
牛磺酸	促进婴幼儿大脑发育，抗疲劳，改善视力
锌	改善记忆，改善视力，促进生长发育
α-亚麻酸	调节血脂，改善记忆，改善视力
磷脂酰丝氨酸	改善记忆，预防老年性痴呆症
千层塔	增强学习记忆力，改善记忆障碍
积雪草	增强记忆力
γ-氨基丁酸	改善记忆

第二节　改善视力功能性食品

视力是机体通过眼睛对电子跃迁而吸收不同波长的光所感知的形象、颜色和运动的能力。在医学上，是指分辨两点之间最小距离的能力，即对物体形象的精细辨别能力。

一、影响视力的主要因素

眼睛之所以能看到外界的物体，是外界光线通过眼球的角膜、房水、晶状体和玻璃体四部分的透明介质，折射成像在视网膜上，使视网膜上的视锥细胞和视杆细胞这两种感光细胞发生一系列化学变化，包括使感光细胞中的视紫红质（Rhodopsin）转变成光视紫红质（photorhodopsin），再转变成高视紫红质（hypsorhodopsin）等一系列变化，将光能转变成电能，引发神经冲动，最后经视神经传至大脑皮层视区（枕叶）产生视觉。

因此，视觉的形成与一系列物质的变化和各构件的正常与否有关，当各构件出现各种不同程度的异常时，往往就引起视力的下降或衰退。

（一）晶状体混浊

晶状体细胞由一种特殊蛋白质即晶状体蛋白质构成，晶状体蛋白质就像光纤一样，使光线通过晶体，然后到达视网膜上。红蓝绿黄的光线和紫外线都能穿过透明的晶状体，其中紫外线很容易对晶状体造成伤害（蓝光会对视网膜造成伤害）；另外代谢产生的自由基对视力也有损害。如果不能以抗氧化剂来抵消这些影响，假以时日，这种氧化作用就会影响晶状体内的脂类、蛋白质等，导致晶状体模糊，透明的晶状体慢慢就变得不透明了，这种不透明性就是白内障。

（二）老年性黄斑变性

黄斑是指视网膜上的一处感光细胞最集中的区域，是视网膜上视觉最敏锐的特殊区域，它决定视力（严格讲应称为视敏度）的高低，当黄斑受损时，视力往往低于0.1。老年性黄斑变性（Age-related macular degeneration，AMD）是一种与年龄相关的黄斑病变，通常分干性和湿性。干性占AMD病例的90%，其特点是随年龄增加，黄斑变薄，表现为无痛性的缓慢的视力下降，与白内障的症状很容易混淆，但老年性黄斑病变早期往往有不同程度的视物变形症状，看细小的条纹时尤其明显。干性黄斑退化引起的视力下降是不可恢复的，目前也无法治愈。如果视网膜的血管进入黄斑区，干性AMD就会发展成更为严重的湿性AMD，并会很快导致眼盲，因为血液渗入了晶状体和视网膜间的透明的玻璃体中。

（三）其他原因

①屈光介质（房水、晶状体、玻璃体和角膜）异常引起屈光不正，包括远视、近视、散光、老视等；

②角膜和玻璃体的混浊；

③各种视神经失常，包括视神经萎缩、视神经炎、球后神经炎、急慢性青光眼等；

④虹膜炎；

⑤视网膜炎、视网膜动脉硬化和视网膜脱落；

⑥眼球内出血；

⑦眼睛过度疲劳所导致的各种视力减退等。

二、改善视力功能性食品的开发

改善视力首先需根治各种眼部疾病，建立良好的用眼卫生习惯，并注意日常膳食营养。

（一）优质蛋白

蛋白质是眼部组织不可或缺的重要营养，如果蛋白质长期供给不足，则会加速眼组织衰老，眼功能减退，视力下降。视网膜上视杆细胞的主要作用是对微弱光线的感知，而视锥细胞的作用是对明亮光线的感知。视杆细胞对暗视所以敏感，是因为它有一种特殊物质，称视素质，视素质是一种由蛋白质和维生素 A 衍生物所组成的物质，如肌体缺乏优质蛋白质和维生素 A，就会影响视素质的再生和合成，从而引起夜盲、白内障。

（二）维生素

维生素 A 除了参与视素质的再生和合成外，维生素 A 是构成眼感光材料的重要原料，维生素 A 充足，可增大眼角膜的光洁度，使眼睛明亮有神。反之，会引起角膜上皮细胞脱落、增厚、角质化，使原来清澈透明的角膜变得像毛玻璃一样模糊不清，甚至引起夜盲症、白内障等眼疾。

维生素 B_1 是维持并参与视神经等细胞功能和代谢的重要物质，缺乏时可致视神经和眼球干涩，从而影响视力。维生素 B_2 是保护眼睑、眼球角膜和结膜的重要物质，缺乏时可出现视力模糊、畏光、结膜充血、眼睑发炎等。维生素 B_2 可以清除氧化了的谷胱甘肽，降低人们患白内障的风险。

维生素 C 是眼球晶状体的重要营养物质，缺乏时可致晶状体混浊，视力下降，进而出现白内障。维生素 C 可防止眼睛受到紫外线辐射的损害，降低人们患白内障的风险。

维生素 E 具有抗氧化作用，可抑制睫状体内的过氧化反应，可使末梢血管扩张，改善血液循环，对治疗某些眼病有一定辅助作用，如各种白内障、糖尿病视网膜病变、各种脉络视网膜病变、视网膜色素变性、黄斑变性、视神经萎缩、眼肌麻痹、恶性眼球突出、晶体后纤维增生、角膜变性和角膜炎等。

（三）矿物元素

人眼中锌含量可超过 $21.86\mu g/g$，眼中以视网膜、脉络膜含锌量最高。锌是视网膜组织细胞中视黄醇还原酶的组成部分。锌能增强视觉神经的敏感度，锌缺乏时直接影响维生素 A 对视素质的合成和代谢障碍，影响视黄醛的作用，从而减弱对弱光的适应能力；缺锌还会影响视网膜上视锥细胞的辨色能力。

钙和磷可使巩膜坚韧，并参与视神经的生理活动，钙和磷缺乏易发生视神经疲劳、注意力分散，引起近视。倘若体内钙缺乏，不仅会造成眼睛视膜的弹力减退，晶状体内压力上升，眼球前后拉长，还可使上角膜、睫状肌发生退化性病变，易造成视力减退或近视。

硒是维持视力的重要微量元素，缺硒可致视弱。如人体注射硒或食用含硒多的食物，能明显提高视力；据分析，鹰是视力最敏锐的动物之一，其眼睛中硒含量高出人眼中硒含量百倍。

当人体缺铬时，胰岛素的分泌明显下降，可导致高血糖，改变血液的渗透压力，使眼球晶状体和眼房水的渗透压力相应增高，从而可导致晶状体变凸、屈光度增加，形成近视。

铜、钼是组成研究虹膜的重要成分，虹膜可调节瞳孔大小，保证视物清楚。

（四）叶黄素和玉米黄质

视网膜黄斑区的黄色素来自两种类胡萝卜素，即叶黄素和玉米黄质，现已证实眼睛中叶黄素和玉米黄质的含量与老年性黄斑变性的患病率有直接关系。叶黄素和玉米黄质对视力的保护作用，主要体现在它们的光过滤和抗氧化性功能上：

①光在通过视网膜到达敏感的视杆细胞和视锥细胞前，必须先通过叶黄素、玉米黄质浓度最高的部位，蓝光是黄光的互补色光，它在通过视网膜的各色光中能量最高，破坏性也最大。由于叶黄素和玉米黄质可专一性地吸收蓝光，因此可将蓝光的伤害减至最低；

②视网膜中活跃的代谢过程和能量交换会产生大量的自由基，而叶黄素和玉米黄质能淬灭单线态氧，从而抑制具有破坏性自由基的形成。

另外，叶黄素和玉米黄质也是晶状体中仅有的两类胡萝卜素，在预防白内障过程中起重要作用。

（五）具有改善视力功效的典型配料

具有改善视力功效的典型配料如表6-4所示。

表6-4　　　　　　　　　　具有改善视力功效的典型配料

典型配料	生理功效
优质蛋白	延缓眼组织衰老，预防视力下降
维生素 A	增强眼角膜光洁度，预防夜盲症、白内障
维生素 B$_1$	保护眼睑、眼球角膜和结膜，预防白内障
维生素 C	降低辐射损伤，预防白内障
维生素 E	抗氧化，预防白内障、黄斑变性等多种眼疾
锌	增强视觉神经敏感度，改善视力
钙	坚固虹膜，改善视力
磷	坚固虹膜，改善视力
硒	改善视力
铬	改善视力
叶黄素	抗氧化，预防白内障，预防黄斑变性，改善视力
玉米黄质	抗氧化，预防白内障，预防黄斑变性，改善视力
欧洲越橘	抗氧化，促进视红素再生，改善视力
枸杞	补肾，明目
花色苷	促进视红细胞再生，增强对黑暗的适应能力
决明子	清肝，明目

第三节　促进生长发育功能性食品

现代社会物质文明高度发达，为儿童的健康成长创造了很多有利条件。新时期下，儿童容易出现营养失衡与营养过剩现象，并日益严重。当然，在广大农村及边远地区，儿童营养不足、营养素缺乏现象依然存在。营养不良不仅影响儿童的身心健康，有的甚至给儿童留下了终生的遗憾。

由此可见，尽管是在科学技术高度发达的今天，儿童营养与儿童食品问题依然十分严重，有关儿童的功能性食品拥有巨大的市场潜力。

一、生长发育的定义

生长（Growth）指人体各部位及其整体可以衡量的量的增加，如骨重、肌重、血量、身高、体重、胸围、坐高等。

发育（Development）则指细胞、组织等的分化及其功能的成熟完善过程，难以用量来衡量，如免疫功能的建立、思维记忆的完善等。

儿童在其生长发育期间，根据不同时期的生长特点，可分为：

①胎儿期：出生前280d；

②新生儿期：出生到满月；

③婴儿期：满月到周岁；

④幼儿期：2~3岁；

⑤学龄前期：4~7岁；

⑥学龄期：8~12岁。

婴幼儿的身心发育十分迅速，对各种营养素的要求很严格。人体不同的组织有不同的关键时期和关键营养素，如在关键时期某种关键营养素缺乏、不足或过剩，则易造成终生无法挽回的后果。无论从精神上还是从生理上说，儿童期的营养状况对其生长发育十分重要。

一般来说，新生儿期和婴儿期的最好食品是母乳，这一时期儿童一般不给任何功能性食品，可以根据具体营养素缺乏量给些营养补充剂，而离乳辅助食品的开发应针对婴幼儿这一时期的营养状况慎重进行。工业化生产的功能性食品，所针对的儿童最小应该是幼儿期儿童。

二、促进生长发育功能性食品的开发

（一）能量

儿童期的基础代谢率高，生长发育旺盛，体力活动量大，能量消耗也大，因此所需的能量也多，特别是脑发育需要的能量比例更大。能量不足会影响脑与神经系统及其他器官的发育，还会影响到其他营养素效能的发挥。对于学龄儿童，若能量供应不足，会使孩子出现疲劳、消瘦和抵抗力降低的情况，从而影响成长与学习。我国儿童和青少年能量摄入推荐量见表6-5、表6-6。

（二）蛋白质

儿童期应保证蛋白质（包括充足的必需氨基酸）的摄入，除满足维持需要外，还要供给额外量的蛋白质，以适应生长发育的需要。蛋白质供给不足，会使儿童生长缓慢，导致发育不良，肌肉萎缩，对传染病的抵抗力下降。我国儿童和青少年蛋白质参考摄入量如表6-5、表6-6所示。

表 6-5 中国 4~10 岁儿童能量和蛋白质参考摄入量

能量/营养素	RNI													
	4 岁		5 岁		6 岁		7 岁		8 岁		9 岁		10 岁	
	男	女	男	女	男	女	男	女	男	女	男	女	男	女
能量[①]/（MJ/d）	5.44	5.23	5.86	5.44	6.69[②]	6.07[②]	7.11	6.49	7.74	7.11	8.37	7.53	8.58	7.95
蛋白质/（g/d）	30		30		35		40		40		45		50	

注：①参考值为能量需要量（EER，estimated energy requirement）。

②6 岁能量需要量为身体活动水平中度的推荐值。

表 6-6 中国 11~17 岁青少年能量和蛋白质参考摄入量

能量/营养素	RNI			
	11~13 岁		14~17 岁	
	男	女	男	女
能量[*]/（MJ/d）				
PAL（I）	8.58	7.53	10.46	8.37
PAL（II）	9.83	8.58	11.92	9.62
PAL（III）	10.88	9.62	13.39	10.67
蛋白质/（g/d）	60	55	75	60

注： *参考值为能量需要量（EER，estimated energy requirement），PAL=Physical Activity Level，身体活动水平，I= 1.5（轻），II=1.75（中），III=2.0（重）。

表 6-7 中国 4~17 岁人群其他宏量营养素参考摄入量

营养素	AI				AMDR/%E			
	4~6 岁	7~10 岁	11~13 岁	14~17 岁	4~6 岁	7~10 岁	11~13 岁	14~17 岁
总碳水化合物/%E[①]	—[②]	—	—	—	50~65	50~65	50~65	50~65
添加糖	—	—	—	—	≤10	<10	<10	<10
总脂肪/%E	—	—	—	—	20~30	20~30	20~30	20~30
饱和脂肪酸/%E	—	—	—	—	<8	<8	<8	<8
亚油酸/%E	4.0	4.0	4.0	4.0	—	—	—	—
α-亚麻酸/%E	0.60	0.60	0.60	0.60	—	—	—	—
DHA+EPA/（mg/d）	—	—	—	—	—	—	—	—

注：①%E 为所占能量的百分比。

②未制定参考值者用"—"表示。

（三）矿物元素

我国儿童和青少年的矿物元素推荐摄入量，如表 6-8 所示。

表 6-8　　　　　　　　　　　　　中国 4~17 岁人群矿物元素参考摄入量

矿物元素	RNI						PI				UL			
	4~6岁	7~10岁	11~13岁		14~17岁		4~6岁	7~10岁	11~13岁	14~17岁	4~6岁	7~10岁	11~13岁	14~17岁
			男	女	男	女								
钙/（mg/d）	800	1000	1200		1000		—	—	—	—	2000	2000	2000	2000
磷/（mg/d）	350	470	640		710		—	—	—	—	—	—	—	—
钾/（mg/d）	1200（AI）	1500（AI）	1900（AI）		2200（AI）		2100	2800	3400	3900	—	—	—	—
钠/（mg/d）	900（AI）	1200（AI）	1400（AI）		1600（AI）		1200	1500	1900	2200	—	—	—	—
镁/（mg/d）	160	220	300		320		—	—	—	—	—	—	—	—
氯/（mg/d）	1400（AI）	1900（AI）	2200（AI）		2500（AI）		—	—	—	—	—	—	—	—
铁/（mg/d）	10	13	15	18	16	18	—	—	—	—	30	35	40	40
碘/（μg/d）	90	90	110		120		—	—	—	—	200	300	400	500
锌/（mg/d）	5.5	7.0	10	9	11.5	8.5	—	—	—	—	12	19	28	35
硒/（μg/d）	30	40	55		60		—	—	—	—	150	200	300	350
铜/（mg/d）	0.4	0.5	0.7		0.8		—	—	—	—	3	4	6	7
氟/（mg/d）	0.7（AI）	1.0（AI）	1.3（AI）		1.5（AI）		—	—	—	—	1.1	1.7	2.5	3.1
铬/（μg/d）	20（AI）	25（AI）	30（AI）		35（AI）		—	—	—	—	—	—	—	—
锰/（mg/d）	2.0（AI）	3.0（AI）	4.0（AI）		4.5（AI）		—	—	—	—	3.5	5.0	8.0	10
钼/（μg/d）	50	65	90		100		—	—	—	—	300	450	650	800

注：未制定参考值者用"—"表示。

1. 钙与磷

儿童期正是骨骼和牙齿的生长时期，对钙的需求量较高。平常膳食中钙的含量往往不足，因此应该选择一些钙含量高且吸收率高的蔬菜及乳与乳制品。我国推荐的钙摄入量标准 4~9 岁为 800mg，10~12 岁为 1000mg。儿童若得到大量的钙磷供给，有益于身体健康。钙磷的比例最好是 1 :（1~1.5）。如果膳食食品中钙的摄入量达到标准，磷一般不会缺乏。

2. 铁

铁集中在血液里，所有的活细胞也含有铁，铁一旦被吸收后就保存得很好，但人体没有调节分泌铁的机制，而且每天都有些损失，所以人体必须补充铁。儿童期生长发育旺盛，造血功能活跃，对铁的需求量较成人高。

3. 镁

镁与钙的代谢有重要关系，镁也是细胞的成分，是体内多种酶的重要激活剂。此外，镁离子还是维持心肌正常功能和结构不可缺少的元素。一般 7~10 岁儿童每日需镁 220mg，11~13

岁需要 300mg，14~17 岁需要 320mg，供应不足会使青少年出现抑郁、肌肉软弱或痉挛、四肢生长停止和食欲不振等症状。

4. 锌

锌广泛分布于体内一切器官和血液中，是体内物质代谢中很多酶的组成成分和激活剂。学龄期儿童缺锌会影响其青春期的发育和性腺的成熟，出现生长发育缓慢、性征发育推迟、味觉减退和食欲不振等症状。人体内锌的来源般为动物性食品，如各种肉类、鱼类、海产品等，每 100g 肉中含锌量为 2.6mg，鱼类为 1.5mg 以上。但我国儿童的日常膳食中一般都不能满足锌的需要量。

5. 碘

碘供应不足，甲状腺素分泌就会减少，机体基础代谢率下降，会影响肌体的生长发育并使人易患缺碘性甲状腺肿大。儿童自学龄前期就应开始食用强化碘的食盐，以增加对碘的摄入量。

（四）维生素

我国儿童和青少年维生素每日参考摄入量如表 6-9 和表 6-10 所示。

表 6-9　　　　　　　　　　中国 4~6 岁儿童维生素参考摄入量

维生素	EAR 男	EAR 女	RNI	UL
维生素 A/（μg RAE/d）①	260		360	900
维生素 D/（μg/d）	8		10	30
维生素 E/（α-TE/d）②	—③		7（AI）	200
维生素 K/（μg/d）	—		40（AI）	—
维生素 B_1/（mg/d）	0.6		0.8	—
维生素 B_2/（mg/d）	0.6		0.7	—
维生素 B_6/（mg/d）	0.6		0.7	25
维生素 B_{12}/（μg/d）	1.0		1.2	—
维生素 C/（mg/d）	40		50	600
泛酸/（mg/d）	—		2.5（AI）	—
叶酸/（μg DFE/d）④	150		190	400⑤
烟酸/（mg NE/d）⑥	7	6	8	15/130⑦
胆碱/（mg/d）	—		250（AI）	1000
生物素/（μg/d）	—		20（AI）	—

注：①维生素 A 的单位为视黄醇活性当量（RAE），1μg RAE＝膳食或补充剂来源全反式视黄醇（μg）+1/2 补充剂纯品全反式 β-胡萝卜素（μg）+1/2 膳食全反式 β-胡萝卜素（μg）+1/24 其他膳食维生素 A 类胡萝卜素（μg），维生素 A 的 UL 不包括维生素 A 原类胡萝卜素 RAE。

②α-生育酚当量（α-TE），膳食中总 α-TE 当量（mg）＝1×α-生育酚（mg）+0.5×β-生育酚（mg）+0.1×γ-生育酚（mg）+0.02×δ-生育酚（mg）+0.3×α-三烯生育酚（mg）。

③未制定参考值者用"—"表示。

④膳食叶酸当量（DFE，μg）＝天然食物来源叶酸（μg）+1.7×合成叶酸（μg）。

⑤指合成叶酸摄入量上限，不包括天然食物来源叶酸，单位为 μg/d。

⑥烟酸当量（NE，mg）＝烟酸（mg）+1/60 色氨酸（mg）。

⑦烟酰胺，单位为 mg/d。

表6-10　　　　　　　　　中国7~17岁人群维生素参考摄入量

维生素	RNI						UL		
	7~10岁		11~13岁		14~17岁		7~10岁	11~13岁	14~17岁
	男	女	男	女	男	女			
维生素 A/（μg RAE/d）[①]	500		670	630	820	630	1500	2100	2700
维生素 D/（μg/d）	10		10		10		45	50	50
维生素 E/（α-TE/d）[②]	9(AI)		13(AI)		14(AI)		350	500	600
维生素 K/（μg/d）	50(AI)		70(AI)		75(AI)		—[③]	—	—
维生素 B₁/（mg/d）	1.0		1.3	1.1	1.6	1.3	—	—	—
维生素 B₃/（mg/d）	1.0		1.3	1.1	1.5	1.2	—	—	—
维生素 B₆/（mg/d）	1.0		1.3		1.4		35	45	55
维生素 B₁₂/（μg/d）	1.6		2.1		2.4		—	—	—
维生素 C/（mg/d）	65		90		100		1000	1400	1800
泛酸/（mg/d）	3.5(AI)		4.5(AI)		5.0(AI)		—	—	—
叶酸/（μg DFE/d）[④]	250		350		400		600[⑤]	800[⑤]	900[⑤]
烟酸/（mg NE/d）[⑥]	11	10	14	12	16	13	20/180[⑦]	25/240[⑦]	30/280[⑦]
胆碱/（mg/d）	300(AI)		400(AI)		500	400(AI)	1500	2000	2500
生物素/（μg/d）	25(AI)		35(AI)		40		—	—	—

注：①维生素 A 的单位为视黄醇活性当量（RAE），1μg RAE＝膳食或补充剂来源全反式视黄醇（μg）＋1/2 补充剂纯品全反式 β-胡萝卜素（μg）＋1/2 膳食全反式 β-胡萝卜素（μg）＋1/24 其他膳食维生素 A 类胡萝卜素（μg），维生素 A 的 UL 不包括维生素 A 原类胡萝卜素 RAE。

②α-生育酚当量（α-TE），膳食中总 α-TE 当量（mg）＝1×α-生育酚（mg）＋0.5×β-生育酚（mg）＋0.1×γ-生育酚（mg）＋0.02×δ-生育酚（mg）＋0.3×α-三烯生育酚（mg）。

③未制定参考值者用"—"表示。

④膳食叶酸当量（DFE，μg）＝天然食物来源叶酸（μg）＋1.7×合成叶酸（μg）。

⑤指合成叶酸摄入量上限，不包括天然食物来源叶酸，单位为 μg/d。

⑥烟酸当量（NE，mg）＝烟酸（mg）＋1/60 色氨酸（mg）。

⑦烟酰胺，单位为 mg/d。

1. 维生素 A

维生素 A 是维持肌体健康、促进儿童生长发育、提高机体对传染病的抵抗力，防止干眼症和夜盲症所不可缺少的营养素。目前，我国儿童膳食中维生素 A 的摄入量通常达不到建议量的 40%~70%，需引起重视。

2. 维生素 D

人体为了吸收钙和磷以构成健全的骨骼和牙齿，必须有足够数量的维生素 D。许多儿童在夏天可以获得充足的阳光，自身合成一定量的维生素 D，以满足机体需要。但是在冬天却达不到需要量标准，应从食物中进行补充。

3. B 族维生素

B 族维生素家族中维生素 B₁、维生素 B₂ 和烟酸等最为重要，他们对儿童的生长发育十分重要。缺乏 B 族维生素会使食欲下降。维生素 B 族的需要量与能量成正比，每摄入 4200kJ 的

能量应供给维生素 B_1 0.6mg，维生素 B_2 0.5mg 和烟酸 0.6mg。我国膳食中硫胺素（维生素 B_1）和烟酸一般不缺乏，但若以精白米、白面为主食，又不能补充适当副食，则可能出现缺乏症。

（五）具有促进生长发育功效的典型配料

具有促进生长发育功效的典型配料如表 6-11 所示。

表 6-11　　　　　　　　　　　具有促进生长发育功效的典型配料

典型配料	生理功效
谷氨酰胺	促进生长发育，促进肌肉生长，促进伤口愈合
精氨酸	促进生长发育
牛磺酸	促进婴幼儿大脑发育，抗疲劳，改善视力，促进生长发育
鸟氨酸	促进生长发育
藻蓝蛋白	促进生长发育，抗衰老，增强免疫功能
牛初乳	增强免疫功能，促进生长发育
肌醇	促进生长发育，调节血脂，保护肝脏
维生素 A	促进生长发育，促进骨骼发育，改善视力
维生素 D	促进钙的吸收和骨骼的发育
维生素 C	机体生长发育不可缺少的必需营养素
维生素 B_1	是机体生长发育不可缺少的必需营养素
维生素 B_2	是机体生长发育不可缺少的必需营养素
维生素 B_6	是机体生长发育不可缺少的必需营养素
烟酸	是机体生长发育不可缺少的必需营养素
生物素	是机体生长发育不可缺少的必需营养素
维生素 E	是机体生长发育不可缺少的必需营养素
叶酸	预防红细胞贫血，参与核酸和氨基酸代谢
钙	促进骨骼和牙齿的生长发育
铁	保护血液的正常功能，预防贫血
锌	促进生长发育
L-肉碱	减肥，抗疲劳，促进婴儿生长发育，抗衰老

第四节　抗龋齿功能性食品

龋齿是一种极为普遍的慢性疾病，不仅破坏牙齿和咀嚼器官的完整性，还会引起牙髓、根周组织以及颌骨产生炎症，给患者带来极大的痛苦。对于儿童，乳牙是重要的咀嚼器官，是恒牙萌出的先导。如果因龋齿而造成乳牙过早丧失，将造成恒牙牙列畸形。此外，乳牙的生长对儿童消化系统、发声系统、颌骨和面部的发育也有较大影响。

在美国，除一般感冒外龋齿是最常见的疾病，约有95%以上的美国成年人患有龋齿。我国龋齿发病率随民族、地区、年龄与性别的不同而存在较大差异。一般来说，南方及沿海城市的发病率较高；西北地区、山区及内地的发病率较低。我国的龋齿患者约占总人数的37.3%，龋齿数平均为2.47颗，但儿童的龋齿发病率高达50%~70%。

一、牙齿的结构

当胎儿还在母体中时就开始形成牙齿（特别是牙齿的珐琅质），而且在生命的最初20年间还会继续发育。牙齿长出之前，在颌骨中就已经经历了长时间的生长与钙化过程，在仅6~7周的胚胎中就已出现牙齿发育的征象，25个月后出现产生珐琅质的组织。

根据牙齿在口腔内存在时间不同。人一生中长出的牙齿分为乳牙和恒牙两种。婴儿长到6~30个月时就长出乳牙，共20颗，上下牙床分别10颗，构成一个完整的乳牙体系。到了6岁左右开始长出恒牙，并可能要持续到21岁才停止。每人共有28~32颗恒牙，具体数量要看四颗智齿是否长出。

每一颗牙齿主要由4个独立部分组成，即珐琅质、牙质、牙髓与牙骨质。其他组织称为牙周组织，包括牙龈和固定牙齿的组织。

珐琅质位于牙齿的最外层，是人体中最坚硬的物质，仅含2%的有机物，主要成分是钙与磷酸盐。磷酸盐以羟基磷灰石衍生物的形式存在，羟基磷灰石形成数十亿个的微晶体并进一步形成棱晶体。羟基磷灰石还含有少量的氟化物、氯化物、碳酸盐和镁等。

牙质位于珐琅质内部，约含30%的有机物和70%的钙与磷，牙质延伸的长度几乎等于整个牙齿的长度。牙髓位于牙齿的中央，含有神经、动脉、静脉、血管与纤维组织。牙骨质是一种钙化组织，类似于骨骼。它起连接面的作用，使得牙齿与支撑组织紧密接触。

二、龋齿的产生

龋齿是由口腔细菌，主要是突变链球菌（*Streptococcus mutans*）繁殖所引起的牙齿硬组织（珐琅质）脱钙与有机分解，最后导致牙齿遭破坏、崩解的一种感染性疾病。龋齿主要发生在牙齿之间的接触点、牙龈的边缘及后牙的凹痕与裂缝处。珐琅质被腐蚀后是不能再生的，这样就会形成龋洞。在形成龋洞之前的整个过程中通常是不痛的，形成龋洞后可能仍无疼痛感，直到腐蚀作用穿透牙质达到牙髓时才有痛感。

龋齿的起因目前认为主要有3个方面因素：牙齿本身、饮食和口腔细菌。总的说来，龋齿的病因很复杂，它与牙齿的结构、有机无机成分、矿物盐的溶解度、牙齿的形态学特征、细菌的菌属及其代谢产物进入的通路、牙菌斑的形成、口腔环境、唾液的成分与酸碱度、牙齿的排列、遗传因素、营养状况以及各种抗体所起的作用都有关系。在这些因素中有全身和局部、主要和次要之分，它们在龋齿发生发展过程中是相互影响、相互作用的。

（一）口腔细菌

龋齿是牙齿萌出后才开始的。现代研究表明，龋齿的发生是由于口腔细菌，其中主要是由突变链球菌 *S. mutans* 的吸热性侵蚀作用引起。*S. mutans* 致龋齿主要经过两个步骤：酸的产生和细菌的依附。

S. mutans 首先发酵蔗糖及其他可发酵的碳水化合物，产生乳酸、醋酸等有机酸，引起牙齿表面 pH 下降。之后，*S. mutans* 沉积依附在牙齿表面形成牙斑最终导致龋变。*S. mutans* 可以产

生一种称为葡糖基转移酶（GFT）的胞外酶，这种酶作用于蔗糖可产生不溶性的黏性葡聚糖，能加速细菌的依附。

S. mutans 之类细菌的一个重要致病特性就是能沉积并依附在牙齿表面，其产生机理如下：

①牙齿表面无细菌性薄膜（属于后天性薄膜）的存在，能促进细菌的依附；

②通过细菌外壳结构和化学组成的非专一特性实现可逆依附；

③细菌产生的 GFT 使蔗糖转变成不溶性葡聚糖，引起不可逆依附。

S. mutans 依附在牙齿表面的过程包括两个阶段：可逆非专一结合的开始阶段和不可逆的结合阶段。*S. mutans* 自身的特点加上很多外围的介体（mediator）因素，使得它能依附沉积在牙齿表面。至于不溶性葡聚糖，目前虽然尚未完全弄清它所起的作用与作用机理，但已知它能促进牙斑的形成、加速牙齿龋变的进程。

（二）食品的物理性质与营养组成

粘在牙齿表面的食物的缓慢溶解能促使龋齿的发生。液体食物造成龋齿的可能性比黏性或容易黏着的食物要小。粗糙或纤维性的食物，在咀嚼时有自洁作用，可以减少龋齿的发生。脂肪也可在牙齿表面产生保护性油膜，起到阻止酸侵入珐琅质的屏障作用。

关于食品的营养成分与龋齿的关系，很早就引起了人们的关注。食品中过多的糖（包括蔗糖、葡萄糖、乳糖、麦芽糖等），钙、磷、维生素 D、维生素 A 和维生素 B 等营养素的缺乏，均可使龋齿率升高。充足、平衡的营养对牙组织的生长发育以及保持牙组织的健康是必要的。口腔的健康也取决于唾液腺、牙周组织、脸部骨骼及免疫系统的健康状况。

（三）牙齿因素

牙齿本身的缺陷也可能导致抗龋齿力的降低。这些缺陷主要包括：

①解剖结构和理化性能缺陷，诸如咬合面的凹沟过深、牙齿釉质中氟磷灰石的含量过低等；

②牙齿的排列或位置异常以及接触点周围口腔卫生措施不能保证，为龋齿的发生创造了有利条件。被细菌侵蚀的牙面，一般易被细菌黏附且难以保持清洁。

从一小片脱钙珐琅质发展成有临床症状的龋齿，一般需要 1~2 年时间。如果能够在症状发生的早期，改用预防性膳食，并采取一定的口腔保护措施（包括相应的功能性食品），虽然不能使牙齿已脱钙的区域恢复到正常状态，但可以阻止牙齿进一步龋变。

新牙比旧牙更容易受到腐蚀，因为新牙长出后其珐琅质需 2~4 年的时间才成熟。新生的乳牙或恒牙更容易发生病变形成龋齿，因此儿童和少年的龋齿发病率较高。

龋病的对抗因素存在于牙齿的内部结构、组成成分、口腔环境和全身健康中。牙齿表面外形同内部生理过程，釉质的渗透性与各种微量元素的含量，通过唾液的缓冲流量、流速和酸度等因素都可以影响抗龋齿能力。牙釉质矿化的程度是牙齿抵抗龋病的重要因素，低矿化程度是釉质溶解度增加和发生龋病的条件。

三、抗龋齿功能性食品的开发

龋齿的发生受到三个方面的相互影响：

①牙齿的支撑结构与抵抗力；

②口腔细菌；

③口腔环境，包括饮食的质量、数量和硬度。

在妊娠期间，胎儿的乳牙就开始形成。因此，牙齿保健应从胚胎期开始。在胚胎期和幼儿期，如果缺乏钙、磷酸盐、维生素 A、维生素 D、维生素 C、蛋白质和氟化物，可能会减弱牙齿对引起牙腐蚀的各种因素的抵抗能力。精心安排离乳食品与幼儿食品，提供丰富的营养及适宜的质构与物理性质，对牙齿的健康发育（包括牙齿的大小、形状、化学组分及出牙时间）十分必要。

关于妊娠、哺乳期乳母的营养状况与幼儿牙齿健康之间的相互关系，目前尚未完全弄清。但是，从以下几个方面，可以看出胚胎期和幼儿期的营养对牙齿健康的重要作用。

（1）形成牙齿和颌骨时，任何缺钙现象都有可能使牙齿畸变，这样长出的牙齿紧紧地挤在狭窄的颌骨中。在妊娠期，胎儿牙齿与骨骼形成所需的钙，来自于母亲的膳食而不是她的牙齿，生一个孩子掉一颗牙的流行说法显然是错误的。

（2）牙齿的生长和矿质化需要维生素 D、维生素 C 和适宜比例的钙磷。缺乏维生素 D 的孩子其牙齿只形成一层薄而钙化不良的珐琅质，而且牙齿表面带有凹痕与裂缝，特别容易受腐蚀。但孕妇若摄入过多的维生素 D，会使其后代的颌骨畸形。

（3）维生素 A 对形成良好的珐琅质是必要的，缺乏维生素 A 使珐琅质表面出现裂缝与凹痕，而且牙质的质量也较差。长期轻度缺乏维生素 A，骨骼不能充分生长，会使牙齿的排列不整齐，同时减弱了牙齿对细菌侵蚀的抵抗能力。

（4）大鼠试验发现，低蛋白和高碳水化合物的膳食与臼齿变小、出牙时间延迟及对龋齿的敏感性增加都有关系。在贫困国家和地区，普遍存在蛋白质不足，这可能是其儿童龋齿发病率高的一个原因。

（5）在珐琅质形成过程中，氟化物可增加其强度。

龋齿的发病率随着吃糖次数的减少而降低，蔗糖、葡萄糖、乳糖、麦芽糖、蜂蜜等都有很强的致龋齿性。在开发抗龋齿功能性食品时，一定要避开这些配料。糖醇、功能性低聚糖、强力甜味剂等均不是口腔细菌的合适底物，具有很好的预防龋齿作用。另外，在日常生活中还应注意：

①少吃糖和含糖饮料，多食生果、蔬菜等需要用力咀嚼的纤维性食物。纤维性食物可以促使颌骨运动，增进唾液分泌，并能清洁牙面，中和牙菌斑的酸性；

②禁止在用膳之前吃含糖零食和含糖饮料，若一定想吃，可与膳食同吃，且每天不要超过1 次；

③临睡前和两餐之间不要频繁进食可发酵的糖类；

④尽量不要用奶瓶来安慰婴儿睡眠，牙面上的食物残渣要用纱布清洁。

龋齿发生的过程很复杂，除了食品中的可发酵糖类在起作用外，各种营养素的作用也不容忽视。如上所述，发育期的营养失调，会影响牙齿的正常发育以及其抗龋能力，牙齿长成后，牙斑细菌的种类与饮食有关。食物越精制越容易附着在牙面，为牙菌斑的形成创造条件。锂、钡、钒、硼、铁和铜等矿物元素能降低机体对龋病的敏感性，而锰、镁和镉等元素会增加机体对龋病的感应强度。

牙齿的主要成分为磷酸钙，人们应研究在膳食中供给钙、磷可能产生的效果。用 5% 含磷酸钙的口香糖每日分次咀嚼 5 只，其降龋率达到 51%，磷减少龋齿的机理被认为是局部作用。磷酸盐可以降低釉质在酸中的溶解度，并能阻止酸的产生和细菌的依附，抑制细菌的繁殖。食物中的磷酸盐能与牙釉质表面的成分交换，既能增强牙齿的抵抗能力，又能发挥磷的清涤作用，干扰黏附在牙齿表面的细菌斑来达到防龋的目的。

正常牙齿的含氟量为 11mg/100g，龋齿中仅为 6mg/100g。氟是有效的防龋齿元素，氟摄入量低时，龋齿率会增加。1969 年 7 月世界卫生组织承认氟化水源的有效性和安全性，在该年举行的第 22 次年会上，通过了向所有成员国发出建议采用氟化水源的劝告书，又在 1975 年的第 28 次年会上，对上述劝告书再次进行表决，并得到一致通过。由于氟在牙齿抗龋中的重要作用，被列入人体必需的矿物元素之一。

氟的防龋机理，目前有两种解释：

①作用于牙釉质的氟化物能降低其溶解度。氟离子可与牙釉质中的羟磷灰石发生反应，代替羟磷灰石结晶中的羟基，生成在酸中溶解度较低的氟磷灰石结晶，使原来的牙釉质结构改变、表面积减少，从而增加牙齿的抗酸能力；

②氟化物可以与口腔致龋细菌中的蛋白质结合，抑制糖酵解过程，干扰细菌的正常活动与代谢。

目前，世界上约有 40 个国家采取了氟化水源防龋，并且已经肯定饮水氟化到 1.0mg/kg 可降低龋齿率。我国广州市从 1965 年开始，在实行氟化水源 11 年后，7~12 岁儿童恒牙的龋齿减少了 50%~60%，3~5 岁儿童恒牙的龋齿减少了 40%。还没有采取氟化水源的地方、学校饮水加氟也是有效和安全的防龋措施，考虑到儿童并不是所有时间都在学校里，故氟浓度可以提高，但饮水剂量要适当控制。

用氟化物漱口或刷牙是一种简单有效的防龋方法，常用的含氟溶液有 0.2%氟化钠漱口液、0.5%氟化亚锡漱口液、0.5%氟化铁、氟化铝、酸化磷酸氟溶液等。定期口服氟片对于萌出前后的牙齿都可起到防龋作用，尤其适用于学龄前儿童。片剂吞服前应当在口腔内咀嚼溶解，还可用 75%氟化钠糊剂定期涂擦牙面。在开发抗龋齿功能性食品时，也可以考虑强化氟元素，氟元素也可加入日常食品，如食盐、牛乳、菜汤、酱油、饼干、糕点、柠檬汁、糖果等中。据匈牙利 1974 年的报告，每千克食盐中加 300mg 氟（663mg 氟化钠）的防龋值与 1kg 水里加 1mg 氟的效果一样。

氟能够很快从肾脏排出，对骨和牙齿都有很强的亲和力，尤其是儿童摄入的氟容易积聚到活动的钙化区，所以儿童尿中氟量排出相对较少，当饮水含氟量超过 1.5mg/L 时，则会出现氟中毒。常见症状是斑釉的氟牙化，严重时会影响全身骨骼系统的发育，出现氟骨化症而导致残废。国内高氟区很多，可以采取打深井的办法，获得低氟水。在应用各种氟化物防龋的时候，也要注意儿童的年龄、氟的浓度与次数等，严防出现急性氟中毒症状。

具有抗龋齿作用的典型配料汇总如表 6-12 所示。

表 6-12 具有抗龋齿功效的典型配料

典型配料	生理功能
钙	促进骨骼发育，增进牙齿强度，预防龋齿
维生素 D	促进珐琅质钙化，预防龋齿
维生素 A	帮助骨骼良好生长，预防龋齿
蛋白质	提高免疫力，降低对龋齿的敏感性，预防龋齿
氟化物	提高珐琅质强度，增强牙齿抗酸能力，预防龋齿

续表

典型配料	生理功能
磷酸盐	增进牙齿强度，预防龋齿
纤维素	清洁牙齿，预防龋齿
田七	防治牙周炎等过敏性炎症，预防龋齿
金银花	清热解毒，预防龋齿
糖醇	预防龋齿
功能性低聚糖	预防龋齿

第五节　婴幼儿食品

母亲在妊娠期和哺乳期的营养状况对胎儿与新生儿的生长发育至关重要。同样，婴儿第一年的营养对其终生的健康也有非常重要的意义。

人体不同的组织有着不同的关键时期和关键营养素，儿童营养不良的影响也取决于发生的时间和程度。如能在关键时刻给予足够的平衡的营养，那么许多问题都可避免；如在关键时期某种关键营养素缺乏、不足或过剩，则易造成终生无法挽回的结局。

一、婴儿期的生长发育

（一）体格发育

从怀胎时 2 个细胞的结合到出生，胎儿经过了 40 周的发育，已具有正常的神经系统、肺、心脏、胃和肾。出生后如果喂养得当且不受感染的话，那么婴儿会很快地生长，特别在最初的几个月里。

1. 体重的增加

正常的足月新生儿体重平均为 3000~3500g，出生 3~4d 后婴儿体重会暂时减轻 5%~10%。这是因为婴儿此时吸乳量很少，又要将胎便和尿排出体外，且会从皮肤上蒸发水分，因而体重减轻。在 1~2 周以内，会恢复到出生时的体重，以后就会逐渐增加。在出生 1 个月内，婴儿体重平均增加 800g，以后每月体重大约都以递减 50g 的规律增加，也就是说第 2 个月增加 750g，第 3 个月增加 700g，以此类推。一般说来，一个健康的婴儿到半岁时，他的体重约为初生时的 2 倍，周岁时约为初生时的 3 倍。初生时体重较轻的婴儿，其体重的增加就可能比一般婴儿要迅速些。未足月的早产儿往往在 3~4 个月时体重已增加到原来体重的 2 倍，到半岁时增到 3 倍。

第 1 年末，婴儿体重增加速度开始下降。第 2 年增加 2.5~3kg，以后每年增加 2~2.5kg，直到青春期。

2. 身高的增大

婴儿出生时男孩平均身高 50cm，女孩 49cm。第 1 年增加约 25cm，以后逐渐减慢。婴儿身高的增长，主要表现在头颈、躯干及下肢长轴方向的增长。年龄越小的婴儿下肢增长速度越快。初生时下半身只及上半身的 2/3 长度；到 2.5~3 岁时，上半身只增长 50% 多，而下半身的增长则超过 1 倍。

（二）神经技能发育

1. 大脑发育

婴幼儿的脑相对较重，足月新生儿的脑重为 350~400g，9 月时增加到 700g，3 岁时达到 1000~1200g，成人为 1500g。一般男孩的脑重略大于女孩。

成人的脑细胞约有 140 亿个。这些细胞的增生、长大和分化，在胎儿末期和新生儿期达到高峰，之后逐渐减慢，到 3 岁时脑细胞的分化已大体完成，8 岁时脑细胞的形态和功能已接近于成人。

2. 感觉器官发育

（1）视觉　婴儿出生后，眼睛经常是闭着的，即使张开也有呆滞的感觉。大约 1 周后能感觉到光线的明暗，4 个月时能清楚地辨认物体的形状。色觉在生后 6 个月时完成，但要彻底辨认各种颜色需在 3 岁以后。婴儿有泪腺，但中枢未成熟，故出生 2 个月内不流泪。

（2）听觉　因出生时内耳充满羊水，所以新生儿听不见声音。但出生后第 2 天就能对母亲的声音有明显的反应，到 1 个月时能辨认发声的方向。

（3）味觉　婴儿嘴唇、嘴边及舌的感觉一生下来就很发达，如将乳头或手指碰触那些部位，婴儿会有极为显著的反应，尤其舌头味觉特别敏感，比成人还敏感。

（4）嗅觉　嗅觉在出生时就已完成，但发育比味觉差，对刺激性较小的气体反应较迟钝。一般说来，婴儿嗅觉反应灵敏性不如年长儿。

（5）皮肤发育与皮肤感觉　刚出生新生儿的皮肤带有紫色，当他们会自己造血时才开始呈现红色。通常在臀部及背部带有青色的胎记，这是黄种人所共有的现象，随着年龄的增大会逐渐消失。婴儿的皮肤对湿气的抵抗力很弱，但皮肤的触觉、湿觉敏感，相对来说痛觉要差一些。

（三）肠胃功能的发育

1. 吸吮、吞咽和咀嚼功能

新生儿没有牙齿，口腔狭小，嘴唇黏膜的皱褶很多，黏膜细嫩、血管丰富，容易受伤。新生儿舌头短而宽，齿槽发育较差，咀嚼肌发育较好，这些均有利于婴儿的乳汁吸吮。婴儿生下时就具备吸吮功能，到 1~2 个月时其吸吮能力增强，吮入的母乳量也因此增加。2~3 个月的婴儿已开始具备正确调节吸吮量的能力，4 个月后舌的竞争反射消失，6 个月时开始长出乳齿，有了牙齿，就可以咀嚼食物了，但咀嚼能力完备要等到 5~6 岁以后。

2. 口腔内消化功能

人体从新生儿期起就开始分泌唾液，但分泌量很少，呈酸性。唾液中所含的淀粉酶很少，只有成人唾液的 1/5。婴儿发育到 3~4 个月时，其唾液分泌量开始增多，因此容易流口水。同时，唾液淀粉酶开始逐渐增多，4~5 个月起、婴儿唾液淀粉酶分泌量大大增加，这对 6 个月以后婴儿逐渐增加半流质、半固态以及固态食品很有帮助。1 岁婴儿的唾液分泌量为 50~150mL，成人为 1000~1500mL。

3. 食道与胃

婴儿食道呈漏斗形，黏膜细嫩，弹性组织、黏液腺和肌层发育不全。婴儿胃膜纤薄。血管丰富，但弹性组织较少，肌层神经和淋巴结发育不良。胃呈水平位。胃贲门（胃的进口）处括约肌发育不完善，关闭作用不强；胃幽门（胃的出口）处肌肉发育良好，但由于植物性神经调节功能不成熟，易紧闭，因此吸饱乳后略受振动或吞咽过多空气都易引起吐乳。新生儿胃的容量甚小，为 30~35mL，3 个月时约 100mL，6 个月时约 200mL，1 岁时为 300~500mL。

在哺乳过程中，部分乳汁可通过胃进入十二指肠。婴儿每次的哺乳量往往超过胃的平均容积，一次哺乳量过多，容易引起呕吐。婴儿胃液内有盐酸、蛋白酶、凝乳酶和脂肪酶，其胃蛋白酶有凝乳酶一样的作用，可使乳汁凝固，有利于消化。与成人的胃机能相比，婴儿的胃分泌机能明显不全，但能完全消化母乳。婴儿胃的排空时间，随食物的种类和性质不同而不同，母乳喂养的胃排空时间为 2~3h，牛乳喂养的胃排空时间为 3~4h，水为 1~2h。婴儿的胃，在出生后第 1 年内发育最快。

4. 肠道消化吸收功能

小肠是消化吸收的中心，食物的消化吸收大部分在小肠中进行。3 岁以前的婴幼儿，其大肠、小肠等速发育，之后则大肠发育较快。婴儿肠肌层不够发达，但黏膜发育颇佳，较为细嫩，富有血液和细胞成分。黏膜下层的弹力纤维发育较弱，神经丛纤细，髓鞘发育不足。婴儿肠道吸收能力良好，透过性强，但肠液分泌和蠕动功能易出现机能性紊乱。婴儿肠管总长度为身长的 6 倍（成人为 4.5 倍），这有利于食物的消化吸收。

婴儿消化酶的活力比成人差，消化道的运动也不稳定。如果吃的食物过多、突然调换食物或患病等，均会影响消化系统的正常功能，致使婴儿不能很好地消化和吸收，甚至引起腹泻或呕吐。

二、婴幼儿食品的开发

婴儿期营养就是供给婴儿以修补旧组织，增生新组织，产生能量和维持生理活动所需要的合理食物。婴儿期的营养，是儿科学中最重要的研究内容之一，营养是婴儿维持其迅速生长发育的重要因素之一。

婴儿生长发育速度快，对营养的需求也相应提高。一个活动量中等的妇女，每千克体重只需 167kJ 的能量和不到 1g 的蛋白质，而一个婴儿对能量和蛋白质的需要量至少是她的 3 倍，特别在出生后前 6 个月内。因婴儿的体重要比母亲轻很多，所以对能量和蛋白质的总需要量，还是要比母亲的总需要量少很多。

（一）能量

我国 0~6 月龄婴儿能量需要量为 90kJ/（kg·d），7~12 月龄婴儿能量需要量为 80kJ/（kg·d）。如果在较长时期内能量摄入不足，会导致其生长发育迟缓、体重不足，出现营养不良症状。如果能量摄入量过多，体重增加过快，则易患肥胖症。

有一典型调查表明，1 岁时体重超过 12kg 的婴儿，长大发胖的可能性远大于其他婴儿。婴儿在最初半年内，体重增加数超过 3.5kg，则今后发胖的可能性就很大。我国婴幼儿的能量参考摄入量见表 6-13、表 6-14。

（二）蛋白质

母乳喂养儿所需蛋白质为 2g/（kg·d），人工喂养儿 3.5g/（kg·d），混合喂养儿 4g/（kg·d）。某些植物蛋白的生物价较低，使用量要比母乳或牛乳高。婴儿采食的蛋白质生物价不可太低，至少要求在 70%~85% 以上。

一般说来，婴儿摄入能提供 6.5%~8% 总能量的蛋白质，即可满足其需要。如果低于此数，那孩子就很难从食品中获得足够的蛋白质。如果蛋白质缺乏时间较长，就会影响其生长发育。特别是大脑的发育会减慢，体重身高增加缓慢，肌肉松弛，出现贫血及抵抗力下降，严重时还会引起营养不良性水肿。

然而，当摄取量超过上述标准时，也会对婴儿健康造成损害。用蛋白质高于母乳2倍的鲜牛乳喂养婴儿，会使婴儿因胃出血而患低色素性巨红细胞贫血病，这是婴儿对牛乳蛋白过敏的缘故。牛乳的高蛋白含量，还可能引起婴儿对所有蛋白质的过敏。

蛋白质水平太高，会抑制肌体对铁的吸收。超出生长需要的过多蛋白质，必须经肝脏脱氨基后再作为能源，含氨基团必须转换成脲，然后经肾脏排泄出去。但是婴儿尿中容纳代谢产物的能力有限，要排泄更多的废物就需要更多的水。如果没有足够的水，脲就会越集越多，导致蛋白质水肿。另外，为了排出氨基团，肝脏需要产生更多的脱氨酶，因此还会造成肝脏肿大。我国婴幼儿的蛋白质参考摄入量见表6-13、表6-14。

表6-13　　　　　　　　　　中国0~12月龄婴儿能量和蛋白质参考摄入量

能量/营养素	AI	
	0~6月	7~12月
能量*/［MJ/（kg·d）］	0.38	0.33
蛋白质/g	9	15（EAR）/20（RNI）

注：*参考值为能量需要量（EER, estimated energy requirement）。

表6-14　　　　　　　　　　中国1~3岁幼儿能量和蛋白质参考摄入量

能量/营养素	RNI					
	1岁		2岁		3岁	
	男	女	男	女	男	女
能量*/（MJ/d）	3.77	3.35	4.60	4.18	5.23	5.02
蛋白质/（g/d）	25		25		30	

注：*参考值为能量需要量（EER, estimated energy requirement）。

（三）碳水化合物

碳水化合物所供给的能量，占婴儿总能量的50%左右。我国0~3岁婴幼儿碳水化合物建议摄入量如表6-15所示。碳水化合物摄入不足会造成血糖降低，体内蛋白质消耗增加，会产生营养不良症。摄入过多，碳水化合物在肠内发酵会生成大量的低级脂肪酸，会刺激肠蠕动引起腹泻。

若婴儿碳水化合物摄入过多，而蛋白质摄入量又不足，那就会在体内不正常地积存脂肪，产生虚胖和水肿现象，易使个体感染患病。

（四）脂肪

母乳中所含的能量有48%~54%来自脂肪，其中所供能量的6%~9%来自亚油酸。牛乳中所含能量的46%~50%来自脂肪，其中所供能量的1%~2%来自亚油酸，可供最低需要量。

我国脂肪适宜摄入量（AI）：母乳喂养的婴儿（0~6个月），每日摄入母乳800L，即可获得脂肪27.7g，含能量1000kJ，脂肪的摄入量占总能量的45%~50%，ω-6/ω-3多不饱和脂肪酸比值约为4。7~12个月婴儿辅以乳类食品或配方乳，脂肪供给量占总能量的35%~40%，

ω-6/ω-3 约为 4。

表 6-15 中国 0~3 岁婴幼儿碳水化合物和脂肪营养素参考摄入量

营养素	AI			AMDR/%E		
	0~6月	7~12月	1~3岁	0~6月	7~12月	1~3岁
总碳水化合物/g	60	85	120（EAR）	—[①]	—	50~65
总脂肪/%E[②]	48	40	35	—	—	—
亚油酸/%E	7.3（0.15g）	6.0	4.0	—	—	—
α-亚麻酸/%E	0.87	0.66	0.60	—	—	—
DHA/（mg/d）	100	100	100	—	—	—

注：①未制定参考值者用"—"表示。

②%E 为所占能量的百分比。

（五）水分

婴儿每单位体重的表面积是成人的 2 倍，通过皮肤散失的能量和水的速度也几乎是成人的 2 倍。加上婴儿的基础代谢速度快（也为成人的 2 倍），积累的代谢废物也更多，需要更多的水才能通过肾脏排出。另外，婴儿的肾脏不能像成年人的肾脏那样将尿浓缩，排出同样数量的代谢物，也需要更多的水。

膳食中蛋白质含量越高，代谢废物也就更多。如果膳食中含的钠、钾等矿物元素越多，则需要的水也就越多。母乳中含盐量低，不会在体内蓄积；牛乳中蛋白质及盐较多，与母乳哺育相比，人工哺育的婴儿要多喝些水，以助排泄。

婴儿的需水量以 1.5mL/4.18kJ 为宜。新生儿需水 150~160mL/（kg·d），6 个月内婴儿约需水 120mL/（kg·d），1 周岁时为 100mL/（kg·d）。孩子越小，需水量越多。环境温度越高，通过皮肤失去的水分增多，要使代谢废物的排泄保持正常，就必须增加水。

（六）维生素

我国 0~3 岁婴幼儿维生素参考摄入量见表 6-16。

表 6-16 中国 0~3 岁婴幼儿维生素参考摄入量

维生素	AI			UL		
	0~6月	7~12月	1~3岁	0~6月	7~12月	1~3岁
维生素 A/（μg RAE/d）[①]	300	350	310（RNI）	600	600	700
维生素 D/（μg/d）	10	10	10（RNI）	20	20	20
维生素 E/（mg α-TE/d）[②]	3	4	6	—[③]	—	150
维生素 K/（μg/d）	2	10	30	—	—	—
维生素 B_1/（mg/d）	0.1	0.3	0.6（RNI）	—	—	—
维生素 B_2/（mg/d）	0.4	0.5	0.6（RNI）	—	—	—
维生素 B_6/（mg/d）	0.2	0.4	0.6（RNI）	—	—	20
维生素 B_{12}/（μg/d）	0.3	0.6	1.0（RNI）	—	—	—
维生素 C/（mg/d）	40	40	40（RNI）	—	—	400

续表

维生素	AI			UL		
	0~6月	7~12月	1~3岁	0~6月	7~12月	1~3岁
泛酸/（mg/d）	1.7	1.9	2.1	—	—	—
叶酸/（μg DFE/d）④	65	100	160（RNI）	—	—	300⑤
烟酸/（mg NE/d）⑥	2	3	6（RNI）	—	—	10/100⑦
胆碱/（mg/d）	120	150	200	—	—	1000
生物素/（μg/d）	5	9	17	—	—	—

注：①维生素 A 的单位为视黄醇活性当量（RAE），1μg RAE＝膳食或补充剂来源全反式视黄醇（μg）+1/2 补充剂纯品全反式 β-胡萝卜素（μg）+1/2 膳食全反式 β-胡萝卜素（μg）+1/24 其他膳食维生素 A 类胡萝卜素（μg），维生素 A 的 UL 不包括维生素 A 原类胡萝卜素 RAE。

②α-生育酚当量（α-TE），膳食中总 α-TE 当量（mg）＝1×α-生育酚（mg）+0.5×β-生育酚（mg）+0.1×γ-生育酚（mg）+0.02×δ-生育酚（mg）+0.3×α-三烯生育酚（mg）。

③未制定参考值者用"—"表示。

④膳食叶酸当量（DFE，μg）＝天然食物来源叶酸（μg）+1.7×合成叶酸（μg）。

⑤指合成叶酸摄入量上限，不包括天然食物来源叶酸，单位为 μg/d。

⑥烟酸当量（NE，mg）＝烟酸（mg）+1/60 色氨酸（mg）。

⑦烟酰胺，单位为 mg/d。

1. 维生素 A

新生儿肝脏里储备有这种维生素，不过其数量在很大程度上，取决于母亲的营养状况。0~6 月龄婴儿维生素 A 的 AI 值为 300μg RAE，7~12 月龄婴儿维生素 A 的 AI 值为 350μg RAE。幼小婴儿可靠母乳而得到充分的供应。

2. 维生素 D

婴儿是维生素 D 缺乏的危险人群，我国婴儿维生素 D 的 AI 值为 10μg/d。只需 2.5μg/d 维生素 D 便可防止佝偻病，7.5μg/d 便可治愈这种病，但要摄入 10μg/d 才能很好地促进钙的吸收和骨骼的生长。母乳中所含的维生素 D 达不到推荐水平，新生儿体内也缺乏储存，故应在第 3 周开始补充维生素 D。

3. 维生素 C

100mL 母乳中含维生素 C 2~6mg。怀孕期间维生素 C 摄入量高的母亲，其婴儿对这种营养素的需求量也高。我国婴儿（0~1 岁）维生素 C 的 AI 值为 40mg/d。

4. 维生素 B_1

只要母亲摄入的维生素 B_1 足够，那母乳中的含量也就足够婴儿需要。但如果缺乏，那么母乳的质量就会下降，而数量并不减少。若母乳中维生素 B_1 含量低，婴儿的体重会增长很慢，而且易发生便秘和呕吐现象。0~6 个月婴儿维生素 B_1 的 AI 值为 0.1mg/d，7~12 个月为 0.3mg/d。

5. 维生素 B_2

婴儿的维生素 B_2 摄入量要达到 0.5mg/4180kJ，才能保持其在组织中的饱和状态，也就是婴儿每日需 0.4mg。母乳中含量为 0.042mg/100mL，按新生儿 850mL/d 的进食量计算，提供的维生素 B_2 略低于上述标准。我国婴儿维生素 B_2 的 AI 值：0~6 个月为 0.4mg/d，7~12 个月为

0.5mg/d。

6. 烟酸

每100mL的母乳可以提供0.17mg的烟酸和22mg的色氨酸，即总量折合5mg/100mL的烟酸，已足够婴儿需要量。我国婴儿烟酸的AI值：0~6个月为2mg NE/d，7~12个月为3mg NE/d。NE为烟酸当量，烟酸当量（mg）=烟酸（mg）+1/60色氨酸（mg）。

7. 维生素 B_6

维生素 B_6 在第1个月母乳中的含量虽然仅0.02mg/100mL，但新生儿体内已有足够的储备，即使没有也无妨。但婴儿的身体素质如果很差，母乳中的含量不增加到0.06mg/L或0.08mg/L以上时，就会出现临床异常。因为婴儿膳食中的蛋白质含量将继续增多，要代谢这些蛋白质，会造成婴儿体内维生素 B_6 的过度消耗。我国婴儿维生素 B_6 的AI值：0~6个月为0.2mg/d，7~12个月为0.4mg/d。

8. 维生素 B_{12}

这种营养素婴儿完全依靠母亲。素食母亲哺乳的婴儿，很可能缺乏维生素 B_{12}，因为维生素 B_{12} 不存在于植物性食物中。我国婴儿维生素 B_{12} 的AI值：0~6个月为0.3μg/d，7~12个月为0.6μg/d。

9. 叶酸

孕妇普遍缺乏叶酸，所以新生儿的储备微乎其微。叶酸的缺乏，同大脑的成熟受阻有关系。我国婴儿叶酸的AI值：0~6个月为65μg/d，7~12个月为100μg/d。

10. 维生素 K

新生儿由于母亲血液供给断绝，血液中的凝血因子降低。肠道菌群尚未完全建立，牛乳中含量又很低，故刚出生几天用母乳喂养的婴儿，有可能发生维生素K不足。患吸收障碍或腹泻的婴儿，也有可能缺乏维生素K。我国婴儿维生素K的AI值：0~6个月为2μg/d，7~12个月为10μg/d。

（七）矿物元素

我国0~3岁婴幼儿矿物元素参考摄入量如表6-17所示。

表6-17　　　　　　　　　　中国0~3岁婴幼儿矿物元素参考摄入量

矿物元素	AI			UL		
	0~6月	7~12月	1~3岁	0~6月	7~12月	1~3岁
钙/（mg/d）	200	250	600（RNI）	1000	1500	1500
磷/（mg/d）	100	180	300	—	—	—
钾/（mg/d）	350	550	900	—	—	—
钠/（mg/d）	170	350	700	—	—	—
镁/（mg/d）	20	65	140（RNI）	—	—	—
氯/（mg/d）	260	550	1100	—	—	—
铁/（mg/d）	0.3	7（EAR）/10（RNI）	9（RNI）	—	—	25
碘/（μg/d）	85	115	90（RNI）	—	—	—

续表

矿物元素	AI			UL		
	0~6月	7~12月	1~3岁	0~6月	7~12月	1~3岁
锌/（mg/d）	2	2.8（EAR）/ 3.5（RNI）	4.0（RNI）	—	—	8
硒/（μg/d）	15	20	25（RNI）	55	80	100
铜/（mg/d）	0.3	0.3	0.3（RNI）	—	—	2
氟/（mg/d）	0.01	0.23	0.6	—	—	0.8
铬/（μg/d）	0.2	4.0	15	—	—	—
锰/（mg/d）	0.01	0.7	1.5	—	—	—
钼/（μg/d）	2	15	40（RNI）	—	—	200

注：未制定参考值者用"—"表示。

1. 钙

婴儿期骨骼发育所需钙量为 145mg/d 左右，尿、皮肤等损失钙量为 40mg/d，再加上其他方面的需钙量，以及乳汁中钙的消化吸收情况，我国规定 6 个月以前母乳喂养儿的 AI 值为 200mg/d，7~12 个月婴儿钙的 AI 为 250mg/d。参照国外建议，婴儿配方乳中的钙以 65~75mg/4180kJ 计，婴儿 400kJ/（kg·d），体重为 6.0kg，AI 为 400mg/d。

100mL 母乳能够提供 33mg 钙，因此母乳喂养的婴儿一般不会缺钙。牛乳中钙含量虽多，但其钙磷比例不适，钙吸收率低，而且会造成婴儿肾脏负荷过重。

2. 磷

膳食中的钙磷比例为 1.5：1 最适婴儿需要，这个比例很重要，过高过低都会影响到对钙磷的消化吸收。牛乳中钙磷比例为 1.2：1，幼小婴儿很难排掉那么多磷，这种不平衡会造成新生儿期低钙血性手足搐搦。我国 0~6 个月婴儿的 AI 值为 100mg/d，7~12 个月婴儿的 AI 值为 180mg/d。

3. 铁

足月的婴儿得益于母体已将足够量的铁传输给胎儿，加上母乳中的铁含量，已足够婴儿出生后 3 个月内的需要。人工喂养儿最易缺铁，导致缺铁性贫血，要注意及时补铁。

早产儿储铁不足，故应尽早补铁。美国儿科学会建议，所有的足月婴儿在 4 个月时应补充铁，早产儿则在 2 个月时就应开始补铁。

我国婴儿铁的 AI 值：0~6 个月为 0.3mg/d，7~12 个月为 10mg/d。

4. 锌

在最初几周或几个月内，大多数婴儿的锌呈负平衡状态。初乳中锌含量很高（20mg/L），而在成熟乳中只有 1~5mg/L，所以可用初乳来补充。我国 0~6 个月婴儿的 AI 值为 2mg/d，7~12 个月婴儿的 RNI 值为 3.5mg/d。

5. 氟

在哺乳初期，氟具有特别重要的意义，它能增强牙齿的抗腐蚀力。妊娠期间，通过胎盘输送给胎儿的氟很少。所以，在出生后的头 5 个月，必须补充 0.1~0.5mg 氟；在头 1 年的其余时间内，补充 0.2~1.0mg 氟。国外有用氟化水调制牛乳，以补充婴儿对氟的需求。我国婴儿氟的 AI 值：0~6 个月为 0.01mg/d，7~12 个月为 0.23mg/d。

6. 碘

我国婴儿碘的 RNI 值：0~6 个月为 85μg/d，7~12 个月为 115μg/d。一些远离海洋的内陆山区，因水、土壤、食品中碘量太少，很容易导致婴儿碘摄取量不足。

🔍 **思考题**

1. 学习和记忆的定义是什么？影响学习记忆力的物质基础有哪些？
2. 影响视力的主要因素有哪些？
3. 分别说明维生素、矿物质对视力的影响。
4. 什么是生长发育？儿童的生长发育可分为哪些阶段？
5. 蛋白质、碳水化合物对儿童生长发育有何影响？
6. 什么是龋齿？龋齿产生的原因是什么？

第七章

CHAPTER

7

改善现代文明病功能性食品

[学习目标]

1. 掌握血脂和高脂血症的定义及分类，掌握调节血脂功能性食品的开发原理。
2. 掌握糖尿病的定义、分类及临床表现，掌握调节血糖功能性食品的开发原理。
3. 了解高血压的发生和危害，掌握调节血压功能性食品的开发原理。
4. 了解慢性疲劳综合征的定义和起因，掌握改善慢性疲劳综合征功能性食品的开发原理。
5. 掌握抑郁症的定义、症状及危害，掌握改善抑郁症功能性食品的开发原理。
6. 掌握尿酸的代谢及高尿酸血症的定义、分类和危害，掌握调节尿酸功能性食品的开发原理。

　　人类的文明进程就是战胜疾病、灾难甚至毁灭的过程。在工业革命后的 100 多年间，社会生产力得以空前的解放，人类社会发生了天翻地覆的剧变。美国、欧洲、日本等相继成为发达地区，人们享受着现代文明带来的富足和舒适。

　　然而，自 20 世纪 50 年代开始，高血脂、高血压、高血糖、肥胖、心脑血管疾病、慢性疲劳综合征、抑郁症、肿瘤等一场突如其来的所谓现代"文明病"，开始袭击美国。心脑血管疾病、糖尿病、恶性肿瘤等成为美国人的头号杀手。欧洲和日本等发达地区的情况，也大致相同。

　　改革开放 20 多年来，我国人民的膳食结构发生了巨大的变化，大中城市特别是沿海经济较发达的城市，高血脂、高血压、动脉硬化、冠心病、糖尿病、慢性疲劳综合征、抑郁症、肿瘤等严重疾病的发病率逐年增加，业已引起全社会的恐慌。当代文明病无时无刻不影响着人们的日常工作和生活。

　　科技的发展不仅为人类的物质生活条件带来了前所未有的高度，也为这类疾病创造了滋生的土壤。城市化进程加快，不仅是社会生产力发展的标志，也意味着生活节奏的加快。尽管如此，社会进步并非是当代文明病的主要起因，最重要的还是人类对自身健康的忽视！

早在 1993 年 2 月 9 日，我国国务院颁发的《九十年代中国食物结构改革与发展纲要》就已指出：由于膳食不平衡或营养过剩而造成的疾病已在我国出现，肥胖、高血压、糖尿病、心血管疾病和结肠癌等已成为危害我国人民健康的主要疾病。适时开发具有调节血脂、调节血糖、调节血压、抗应激、改善慢性疲劳综合征、改善抑郁症等作用的功能性食品，具有十分深远的社会意义和科学意义，市场前景广阔。

第一节 调节血脂功能性食品

心血管疾病包括高血脂、冠心病、心肌梗死、动脉硬化、心力衰竭和高血压等，其主要起因是动脉硬化。WHO 组织对动脉硬化的定义是：动脉内壁沉积有脂肪、复合碳水化合物与血液中的固体物（特别是胆固醇），并伴随有纤维组织的形成、钙化等病变。硬化出现在心脏冠状动脉部位则形成冠心病，引起心绞痛、心肌梗死、急性心死亡。

从正常动脉到无症状的动脉粥样硬化、动脉狭窄约需要十到几十年的时间。但从无症状的动脉硬化，到有症状的动脉硬化（如冠心病），则只需要数分钟。很多患者因毫无思想准备，也无预防措施，所以死亡率很高。在很多国家，其死亡率位居所有疾病死亡率的前 3 位，占死亡率总数的 30%~50%，由此带来的社会损失与经济损失很大。

根据流行病学调查、科学试验与临床观察，影响心血管疾病的危险因素主要是高脂肪膳食、吸烟、肥胖、高胆固醇血、高甘油三酯血、高血压和糖尿病等。虽然这种疾病与家族、遗传因素有关，也受行为是否健康、环境因素与社会因素等精神刺激的影响，但影响最大的还是高脂肪膳食、血中胆固醇水平、吸烟的习惯、体重与血压。

脑血管疾病与心血管疾病一样是由动脉硬化引起的，患者易由于中风而死亡。影响脑血管疾病的危险因素主要是高脂肪膳食、肥胖、高血压、糖尿病和缺血性心脏病等，这些因素与心血管疾病的基本相似。预防心血管疾病的各种措施及相应的功能性食品，同样适用于脑血管疾病。

一、血脂和高脂血症的定义和分类

（一）血脂的组成和分类

脂质是脂肪和类脂的总称。存在于血浆中的脂质，主要包括甘油三酯、胆固醇、胆固醇酯、磷脂和游离脂肪酸等。血浆中的脂质含量很少，但在机体代谢方面却发挥主要作用。

脂质难溶于水，但它们在消化吸收和组织合成后，均经血液运输。正常人血浆中所含有的相当数量脂质，与脂蛋白（Lipoprotein）结合在一起形成水溶性复合物，脂蛋白发挥着运载脂质的作用。

根据脂蛋白分子密度的不同，可将血浆脂蛋白分为 4 类：

①乳糜微粒（ChylomLcron，CM）；

②极低密度脂蛋白（Very low density lipoprotein，VLDL）；

③低密度脂蛋白（Low density lipoprotein，LDL）；

④高密度脂蛋白（High density lipoprotein，HDL）。

所有的血浆蛋白，都由脂质和蛋白质组成。脂质主要包括甘油三酯、磷脂、胆固醇和胆固醇酯，不同脂蛋白的脂质组成主要是量的不同，较少有质的差异。脂蛋白中的蛋白质部分，称为载脂蛋白（Apolipoprotein 或 Apoprotein，简称 Apo）。不同脂蛋白的载脂蛋白，既有量的不同，更具有质的差异。目前已发现人的载脂蛋白至少已有 17 种，它们是决定脂蛋白结构、功能与代谢的核心组分。

（二）高脂血症的定义和种类

人体内脂质的合成与分解保持着一个动态的平衡，正常人的空腹浓度值为：

①甘油三酯 20~110mg/100mL；

②胆固醇及酯 110~220mg/100mL（其中胆固醇酯占 70%~75%）；

③磷脂 110~120mg/100mL。

临床上所称的高脂血症（Hyperlipidemias），主要是指胆固醇高于 220~230mg/100mL，甘油三酯高于 130~150mg/100mL。

20 世纪 60 年代末，WHO 认同了由 Fredrickson 提出高脂血症的五型六类分类法：Ⅰ、Ⅱa、Ⅱb、Ⅲ、Ⅳ和Ⅴ型。我国的高脂血症，基本上归属Ⅱ型与Ⅳ型两类，其他的极少见。

二、调节血脂功能性食品的开发

（一）能量

摄入食品的能量超过需要量时，最终会导致肥胖症和发生心脏病的危险性升高。在肥胖症中，体重增加，则与动脉粥样硬化有关的血脂（胆固醇和甘油三酯）水平升高，而当体重下降时血脂又降低。与体瘦的人相比，体胖的人合成胆固醇并将其储存在体内的量似乎要大得多。

（二）脂肪

流行病学观察和动物试验均表明，富含脂肪的食品，尤其是肉类、牛乳、奶油和黄油等，与心脑血管疾病的确有密切关系。饱和脂肪会提高血液胆固醇水平，多不饱和脂肪起降低作用。膳食中的胆固醇也会提高血液胆固醇水平，但明显不如饱和脂肪的影响大。

脂肪酸对血液胆固醇水平的影响可用方程式（7-1）来描述：

$$胆固醇的变化量（mg/100mL 血清）= 2.7\Delta S - 1.35\Delta P + 1.5\Delta C \qquad (7-1)$$

式中　ΔS、ΔP——分别表示饱和脂肪和多不饱和脂肪的吸收变化量，以总能量的百分数表示

ΔC——膳食中胆固醇的每天摄入量，mg/（418kJ·d）

从式（7-1）可看出，膳食中的胆固醇水平对增加血浆胆固醇水平，还不如饱和脂肪的影响大。人们长期以来一直认为，富含胆固醇的食品会显著提高血浆胆固醇水平。实际上，只有当富含胆固醇的食品同时也富含饱和脂肪时，这个观点才是正确的。

$\omega-3$ 和 $\omega-6$ 系列多不饱和脂肪酸，对减小冠心病的发病率起多种不同的作用，包括降低三甘酯水平、减小血小板的凝集作用，以及减小心律不齐及动脉硬化的发病率。

磷脂的功效是多方面的，在降低血清胆固醇与中性脂肪、改善动脉硬化与脂质代谢方面的作用也是明显的。

（三）碳水化合物

碳水化合物可能与心血管疾病有关，最常见的是由于体内碳水化合物和脂质利用能力的下降，会出现高脂血症，同时有血凝过快和心绞痛等症状出现。对一部分人来说，那些导致出现

高脂血症的代谢紊乱，可以用葡萄耐受因子（GTF）这种能提高胰岛素功效的含铬复合物，来加以部分纠正。

膳食纤维对预防和改善心血管疾病有重要的作用，这起因于纤维通过某种作用抑制或延缓胆固醇与甘油三酯在淋巴中的吸收，促进体内血脂与脂蛋白代谢的正常进行。这方面普遍的看法是，水溶性纤维对降低胆固醇有明显的效果，而水不溶性纤维的效果较差。小麦麸皮纤维对胆固醇水平几乎没有影响，而水溶性燕麦纤维的降血脂效果非常明显。

（四）蛋白质

存在于大豆子叶中的某些蛋白组分，能与固醇类物质结合从而阻止了它们的吸收并促进排出体外，是一种颇引人注目的具有降低血清胆固醇的功效成分。这种成分的优越性体现在只对高血脂患者起作用，对胆固醇值正常的人不起作用，因此具有很大的食用安全性。

来自乳酪蛋白的 C_6、C_7 和 C_{12} 肽，来自鱼贝类的 C_2、C_8 和 C_{11} 肽，以及来自玉米、大豆蛋白的特种酶降解短肽，具有通过抑制血管紧张素转换酶的活性而使血压降低的作用，对高血压患者非常合适。

（五）维生素

维生素 B_6、维生素 C、维生素 E、泛酸与烟酸等，均具有降低胆固醇、防止其在血管壁沉积，并可使已沉积的粥样斑块溶解等作用，它们均已进入临床实用阶段。

不饱和脂肪酸，与维生素 B_6、维生素 E 一起协同，可使双方的降血脂作用互增强，维生素 E 还有预防不饱和脂肪酸发生过氧化而造成不良后果的作用。

1. 维生素 A

各种动物的研究表明，补充维生素 A 有助于动脉硬化损伤的恢复和血清胆固醇的降低。但会在人体中的类似研究，结果令人失望。现在还不能肯定，补充维生素 A 是否会对各类心血管病患者有益。

然而，已经确定维生素 A 参与了结缔组织的积聚以构成大血管的内衬，参与了各种应激激素的合成。大量摄入维生素 A，对维生素 K 的凝血功能有拮抗作用。

2. 维生素 D

维生素 D 过量时会促使钙在肾等软组织中沉积，有人认为各种心血管疾病也与维生素 D 摄入过量有关。维生素 D 摄入量过高时，似乎会使肌体对镁的摄入需要量升高，而且因维生素 D 摄入过量而引起的损伤作用，可通过摄入同样高剂量的镁加以预防。

3. 维生素 E

维生素 E 一直被人们推崇，对心脏病的预防和治疗都有益处。当摄入大量的多不饱和脂肪或当膳食中所含的硒很少时，应该补充大量的维生素 E。因为维生素 E 能防止多不饱和脂肪形成有害的过氧化物，而硒则是分解所形成的过氧化物的酶的组成成分。

4. 维生素 K

心血管病患者传统的抗凝血治疗措施中，含有阻断维生素 K 作用的药物。这样治疗的患者，有时会因心肌大量出血而死亡。为使维生素 K 在凝血中充分发挥作用，体内必须含有适量的无机锰。因此，缺少锰的人可能对抗凝血药的作用特别敏感。

5. 维生素 B_6

给猴子喂养低脂肪、缺乏维生素 B_6 的膳食，其血管会形成如人类的动脉粥样硬化那样的损伤。因此有人提出，某些动脉粥样硬化可能是由于缺少这种维生素，和/或食品中蛋氨酸过多的缘故，因为蛋氨酸在体内的代谢需要吡哆醇。那些富含胆固醇的高蛋白食品，诸如乳制品、蛋类和肉类等，富含蛋氨酸。由于膳食中吡哆醇需要量的多少，在很大程度上取决于蛋白质的摄入量，因此那些经常食用大量高蛋白食品的人，可能会感到维生素 B$_6$ 的不足。

6. 烟酸

人们曾用过大剂量的烟酸来降低高血脂。这样做是有危险的，因为烟酸会降低心肌中的能量储藏。大剂量烟酸的功效之一，是阻断脂肪组织中自由脂肪酸的释放，这样心肌不得不依赖本身的脂肪和糖原储藏。

7. 维生素 C

有人认为维生素 C 有益于心脏病患者，但也有人并不这样认为。出现这种相互矛盾的原因之一，可能是因为许多人将体内胆固醇量的降低，作为能减轻心脏病病情的一个指标；而在动物研究中，人们通常是检查其动脉粥样硬化的情况。

另一个可能原因是，有些人对于维生素 C 的需要量，可能会比那些处于长期紧张状态的人和吸烟者少。在紧张的时候，肾上腺中维生素 C 含量明显下降，而这些组织中合成胆固醇的速率却大幅度上升。

8. 肌醇

与胆碱一样，肌醇是磷脂的一个重要组成部分。磷脂能帮助稳定血中胆固醇的水平，并防止它沉积于血管壁上。有时，使用肌醇能减少脂类物质在血中和肝中的积累。然而，肌醇的作用似乎是与其他营养成分，如胆碱、必需脂肪酸、磷脂、烟酸和维生素 B$_6$ 等的作用联结在一起的。

在如下情况时，身体对肌醇的需要会超过其合成的速度：

①这种营养成分的尿中排出量很高，诸如在糖尿病时或因饮酒而大量排尿时；

②因膳食差或各种代谢疾病，使得脂类物质在血和肝中积累。

（六）矿物元素

1. 钙

英国的一项研究表明，随着钙摄入量的增加，起因于心脏病的死亡率便下降。英格兰和威尔士人的日平均钙摄入量约 1g，在那些钙消费量等于或高于此值的区域，人们的心血管患病率最低。

但另一方面，血钙水平过高（高血钙症）会引发心律不齐、增加心脏病药物的毒性，并使无机盐沉积于动脉和肾中。高血钙症，通常并不是因为钙过多引起的，而是由于维生素 D 过多或缺少镁等原因引起的。

2. 镁

镁至少可部分防止诸如动脉粥样硬化、血凝过快、高血压、心律不齐和心肌代谢机能异常等心血管疾病，也能防止因衰老而出现的动脉钙沉积（动脉硬化）。

值得注意的是，酸中毒、酗酒、长期服用利尿剂、糖尿病和腹泻等症状，会促使体内镁的丢失。

3. 钾

一般说来，因缺钾而导致心脏机能损害，并不是由于食品中缺钾的缘故，是因为很多食品含有丰富的钾。供给心肌细胞的钾，会因下列因素而减少：

①因腹泻、呕吐使钾过多地从消化道内丢失，因流汗（特别是闷热潮湿的时候）或排尿

（酸中毒、利尿和其他各种应激因素所致）而造成钾的大量丢失；

②缺少将钾泵入细胞过程中所需的镁。

心肌中的钾被消耗掉后，会使人容易出现心律不齐。当然体内过多的钾也是危险的，此时如碰上肾功能受损，身体因不能摆脱过重负荷，可能出现心跳停顿。

4. 铁

严重缺铁会使心跳加快，而向组织泵出足够的缺氧血液，因为血中缺氧是缺少红细胞，而红细胞的合成需要铁。

5. 锌

锌对镉的毒性有拮抗作用，会有助于防止各种心血管疾病。研究表明，肾脏中低的锌镉比与动脉硬化和高血压两种症状密切相连。

6. 铜

缺铜的幼年动物，容易出现大动脉等主要血管的破裂，心脏肥大、心肌器质性病变等。在人的生长迅速时期所出现的类似症状，一部分可能因为缺铜。值得注意的是，食品中铁、钼、锌的含量高时，会影响肌体对铜的利用。

7. 碘

碘是作为甲状腺分泌激素的一个成分，缺碘会导致这些激素水平降低（甲状腺机能减退症）。这种情况通常伴随高胆固醇血症，在某些病例中还伴随动脉硬化。

芬兰的研究表明，虽然全国各地的膳食脂肪含量相似，但在甲状腺肿大症（因缺碘而甲状腺增生）患病率高的区域，心血管病的发病率也较高。

8. 硒

硒具有防止心脏病的作用，有关的证据有：

①硒作为酶的一部分，参与对那些有损于心肌的有毒氧化物的分解，特别是那些由多不饱和脂肪酸形成的过氧化物；

②硒对镉的毒性具有拮抗作用，镉是一种常见的环境污染物，它会引起肾功能异常并引发高血压。

9. 铬和葡萄糖耐量因子

以葡萄糖耐量因子（GTF）形式存在的铬，可防止糖代谢异常，糖代谢异常会引发心脏病。在美国，缺铬引发心血管疾病的直接证据，包括：

①死于心脏病的人其大动脉中测不出铬，但那些死于意外事故的人其大血管中却可测到铬；

②美国人的心脏和大动脉中的铬含量，仅是世界上大部分其他地方的人在这些组织中的铬含量的几分之一。

长期食用高度精制的碳水化合物食品，将会耗尽体内储存的铬。这是因为：

①食品中的碳水化合物会使体内储存的铬的排出量升高；

②在这些食品的精制加工中，丢掉了其天然所含的铬。

（七）抗氧化剂

抗氧化剂对降低冠心病发病率有一定作用，这是由于预防了 LDL 的氧化或将其降到最低限度，延缓或阻碍了动脉硬化的进程并降低血小板活性，因此减小了血栓形成的危险。

在一个历经 5 个月共有 80 人参加的双盲试验中，证实抗氧化剂可大幅度降低血小板活性，并因此可减小血栓形成的危险。在试验期间，每人每日摄取 600mg 维生素 C、300mg α-生育酚、27mg β-胡萝卜素和 75mg 硒。

（八）植物活性成分

存在于人参、山楂、山楂叶、大蒜、洋葱、灵芝、香菇、银杏叶、茶叶、柿子叶与竹叶中的皂苷、黄酮类等功效成分，降血脂效果明显，可由此分离提取出有效成分应用在功能性食品上。

存在于香菇中的香菇嘌呤（Eritadenine），可降低所有血浆脂质，包括胆固醇和甘油三酯等，游离胆固醇的降低程度较酯类更明显。正常大鼠饲料中含该成分 0.005% 和 0.01% 时，血清胆固醇分别下降 25% 和 28%，这是第一个有如此显著降脂活性的天然成分，其活性较安妥明强 10 倍。

（九）具有调节血脂功效的典型配料

具有调节血脂功效的典型配料汇总如表 7-1 所示。

表 7-1 具有调节血脂功效的典型配料

典型配料	生理功效
苦荞麦	调节血糖，调节血脂
燕麦 β-葡聚糖	调节血脂，增强免疫力
燕麦纤维	调节血脂，润肠通便，减肥
大豆球蛋白	调节血脂，优质蛋白源
大豆皂苷	调节血脂，减肥，抗病毒，抗肿瘤
绞股蓝皂苷	调节血脂，增强免疫，降低血压，抗疲劳
植物甾醇	调节血脂
香菇嘌呤	调节血脂
二十烷醇	调节血脂
大麦苗	调节血脂，增强免疫力
燕麦苗	调节血脂，增强免疫力
银杏叶	调节血脂，抗衰老
γ-谷维素	调节血脂，抗衰老
洛代他汀	调节血脂
大豆磷脂	调节血脂，提高记忆力，美容，抗衰老，保护肝脏
二十碳五烯酸	调节血脂
二十二碳五烯酸	调节血脂
二十二碳六烯酸	调节血脂，改善记忆力，改善视敏度
角鲨烯/三十碳六烯酸	耐缺氧，增强免疫力，调节血脂
α-亚麻酸	调节血脂，降低血液黏度，改善视力，改善记忆
γ-亚麻酸	调节血脂，增强免疫力，美容
亚油酸	调节血脂

续表

典型配料	生理功效
红花油	调节血脂
紫苏油	调节血脂
亚麻籽油	调节血脂
红曲米	降血脂，降血压，降血糖，防癌
虎杖	降血脂，改善微循环，抗肿瘤
深海鱼油	调节血脂，改善记忆力
葡萄籽油	调节血脂
玉米油	调节血脂
沙棘籽油	调节血脂
米糠油	调节血脂
月见草油	调节血脂
小麦胚芽油	调节血脂

第二节　调节血糖功能性食品

糖尿病是一种十分常见的疾病，世界上多数国家的发病率为 1%~2%。发达国家的发病率相对较高，如美国为 6%~7%。随着物质文明的发达和人口老龄化的加剧，糖尿病的发病率还有明显的上升趋势。

通过食品途径来调节、稳定和控制糖尿病患者的血糖水平，是完全可以做到的，有时还可以减少甚至不用降糖药物。因此，面对数量庞大的糖尿病患者群，全社会对这方面的功能性食品寄予了很大的希望。

一、糖尿病的定义和分类

空腹时血糖浓度超过 120mg/100mL 时称为高血糖（Hyperglycemia），血糖含量超过肾糖阈值（160~180mg/100mL）时就会出现糖尿。持续性出现高血糖与糖尿，就是糖尿病（Diabetes mellitus）。

这是由于体内胰岛素绝对或相对不足所致的一种内分泌代谢性疾病，临床上可分为胰岛素依赖型和非胰岛素依赖型两种，其中前者占糖尿病患者总数 5%~10%。

胰岛素依赖型（Insulin dependent diabetes mellitus，IDDM），又称 I 型，是由于胰岛 β-细胞严重或完全破坏、血浆胰岛素水平低于正常低限导致的，胰岛素释放曲线低平。患者大都为青少年，故过去称为幼年型糖尿病。发病急，临床上"三多一少"症状明显，血糖颇高，虽有时（如在蜜月期）可自行缓解甚而可停用胰岛素，但仍可再度出现恶化而需用胰岛素治疗。

非胰岛素依赖型（non-Insulin dependent diabetes mellitus，NIDDM），又称 II 型，其基础胰岛素分泌正常或增高，但 β-细胞对葡萄糖的刺激反应减弱。患者年龄多在 40 岁以上，常伴有肥胖，故过去称成年型糖尿病。临床上症状较轻，"三多一少"现象不明显。

在各种环境因素中肥胖是非胰岛依赖型糖尿病的重要诱发因素之一。肥胖者外周组织靶细胞胰岛素受体数量减少，与胰岛素的亲和力减低，因而对胰岛素的敏感性降低，这是导致高血糖的一个重要因素。感染、缺少体力活动、多次妊娠等也可能是糖尿病尤其是非胰岛素依赖型糖尿病的诱发因素。

目前关于糖尿病的起因、发病机理尚未完全清楚，人们通常认为遗传因素、环境因素及两者之间复杂的相互作用是最主要的原因。

二、糖尿病的临床表现

（一）无症状期的表现

对于Ⅱ型糖尿病患者，多在体检或因其他疾病就诊时发现餐后尿糖阳性、血糖高而空腹尿糖和血糖正常，或因伴发或并发动脉硬化、高血压、肥胖症和高脂血症等，或因发生迁延不愈的皮肤、胆系和泌尿系感染，或因视力障碍发现糖尿病性网膜病变，或因育龄女性的早产、死胎、巨婴、羊水过多而发现本病。对于Ⅰ型糖尿病患者而言，可因糖尿病性侏儒症、消瘦或酮症等发现本病。

通常又可将无症状期区分为以下3个时期。

1. 糖尿病前期

糖尿病前期又称糖尿病倾向或潜隐性糖耐量异常，多见于糖尿病患者的子女、临床糖尿病患者的孪生者。主要临床特点为葡萄糖刺激后胰岛素释放曲线呈峰值较低或延迟，可能有糖尿病性微血管病变，但一般试验呈隐性。此时期的患者，如能采取积极措施有可能不发生糖尿病。

2. 亚临床期

在应激状态或妊娠后期表现为糖耐量减低、胰岛素释放曲线延迟、皮质素激发糖耐量试验阳性，但无症状。妊娠期间糖耐量降低而分娩后可以恢复的称妊娠期糖尿病，如分娩后仍有高血糖、尿糖阳性和糖耐量减低者，可发展为隐性糖尿病或临床糖尿病。

3. 隐性期

葡萄糖耐量试验异常，空腹或餐后2h血糖均达糖尿病诊断标准，餐后尿糖可呈阳性，胰岛素释放曲线符合WHO糖尿病诊断标准。有的会出现糖尿病性视网膜病变或经肾穿刺发现糖尿病性肾小球病变，但无"三多一少"症状。

（二）症状期的表现

一般空腹血糖超过13.9mmol/L、24h尿糖总量超过111mmol时就会出现临床上的糖尿病症状。胰岛素依赖型糖尿病与非依赖型糖尿病在临床表现上，存在许多区别。

依赖型糖尿病多发生于青少年，起病较急，不少人发病前有明确的诱因（如病毒感染等）。起病后临床症状较重，烦渴、多饮、多尿、多食、消瘦和乏力症状明显或严重，有酮症倾向或有酮症酸中毒史。胰岛素分泌功能显著低下，葡萄糖刺激后血浆胰岛素浓度无明显升高。患者的生存依赖外源性胰岛素，且对胰岛素敏感。非依赖型糖尿病多发生于40岁以上成年人和老年人身上，患者可有肥胖史，起病缓慢，三多一少症状较轻。不少人甚至无代谢紊乱症状，在非应激情况下不发生酮症。空腹血浆胰岛素水平正常、较低或偏高，对胰岛素较不敏感。超过10年病程的依赖型糖尿病患者多死于糖尿病性肾病，而非依赖型糖尿病患者多数死于糖尿病心血管并发症。

两种类型糖尿病共有的临床表现，体现在以下6个方面。

1. 多尿、烦渴和多饮

由于血糖超过了肾糖阈值而出现尿糖，尿糖使尿渗透压升高导致肾小管回吸收水分减少，尿量增多。由于多尿、脱水及高血糖可导致患者血浆渗透压增高，从而引起烦渴多饮，严重者可出现糖尿病高渗性昏迷。

2. 多食易饥

由于葡萄糖的大量丢失、能量来源减少，患者必须多进食以补充能量。不少人空腹时可出现低血糖症状，饥饿感明显，可出现心慌、手抖和多汗。如并发植物神经病变或消化道微血管病变时，可出现腹胀、腹泻与便秘交替出现的现象。

3. 消瘦、乏力且虚弱

非依赖型糖尿病早期可致肥胖，但随时间的推移会因为蛋白质负平衡、能量利用减少、脱水及钠、钾离子的丢失等而出现乏力、软弱、体重明显下降等现象，最终出现消瘦。依赖型糖尿病患者消瘦明显。晚期糖尿病患者多伴有面色萎黄，毛皮稀疏无光泽等表现。

4. 感染

由于蛋白质负平衡、长期的高血糖及微血管病变，患者可出现经久不愈的皮肤疖痈、泌尿系感染、胆系感染、肺结核、皮肤及外阴霉菌感染和牙周炎等，部分患者可发生皮肤瘙痒症。

5. 出现并发症

急性并发症例如酮症酸中毒并昏迷、乳酸酸中毒并昏迷、高渗性昏迷、水与矿物质平衡失调等，慢性并发症如脑血管并发症、心血管并发症、糖尿病肾病、视网膜病变、青光眼、玻璃体出血、植物或外周神经病变和脊髓病变等。

6. 其他症状

例如关节酸痛、骨骼病变、皮肤菲薄、腰痛、贫血、腹胀、性欲低下、阳痿不育、月经失调、不孕、早产或习惯性流产等，部分患者会出现脱水、营养障碍、肌萎缩、下肢水肿和肝大等体征。

三、调节血糖功能性食品的开发

糖尿病患者体内碳水化合物、脂肪和蛋白质均出现程度不一的紊乱，可由此引起一系列并发症。开发功能性食品的目的在于要保护胰岛功能，改善血糖、尿糖和血脂值使之达到或接近正常值，同时要控制糖尿病的病情，延缓和防止并发症的发生与发展。

糖尿病患者的营养特点是：

①总能量控制在仅能维持标准体重的水平；

②一定数量的优质蛋白与碳水化合物；

③低脂肪；

④高纤维；

⑤杜绝能引起血糖波动的低分子糖类（包括蔗糖与葡萄糖等）；

⑥足够的维生素、微量元素与活性物质。

可依据这些基本原则，设计糖尿病患者的专用功能性食品。

在开发糖尿病专用功能性食品时，有关能量、碳水化合物、蛋白质、脂肪等营养素的搭配原则是：

①能量：以维持正常体重为宜；

②碳水化合物：占总能量的 55%~60%；

③蛋白质：与正常人一样按 0.8g/kg 体重供给，老年人适当增加。减少蛋白质摄入量可能会延缓糖尿病肾病的发生与发展；

④脂肪：占总能量的 30% 或低于 30%。减少饱和脂肪酸，增加多不饱和脂肪酸，以减少心血管并发症的发生；

⑤胆固醇：控制在 300mg/d 以内，以减少心血管并发症的发生；

⑥钠：限制在 1g/4.18MJ 范围内，不超过 3g/d 以预防高血压。

（一）能量

糖尿病患者的能量需要，以维持正常体重或略低于正常体重为宜。凡肥胖者均需减少能量摄入来降低体重，消瘦者则应增加能量摄入以增高体重。男性的能量需要高于女性，年长者低于年幼者，活动量大者高于活动量小者。表 7-2 所示为成人能量的需要量。

表 7-2	成年糖尿病患者的能量需要量		单位：kJ/（kg·d）
状态	正常	消瘦	肥胖
重体力活动	168	168~250	146
中体力活动	146	168	125
脑力活动	125	146	84~105
卧床休息	63~84	84~105	63

（二）碳水化合物

高糖膳食会过度刺激胰脏分泌胰岛素，还会使血中甘油三酯增高，伴随着碳水化合物利用的降低，患者可能还会出现心血管病。

膳食纤维摄入量太少是西方人糖尿病发病率高的一个重要原因。增加膳食中纤维的含量可改善末梢组织对胰岛素的感受性，降低对胰岛素的要求从而达到调节糖尿病患者血糖水平的目的。大量的研究表明，可溶性纤维在降低葡萄糖忍耐试验期间和就餐后血液葡萄糖水平方面是有效的，但与不溶性纤维在降低血糖水平方面的研究结果不甚一致。另外，增加纤维摄入量可有效地降低血清胆固醇和 LDL 值，并使 HDL 值上升，这些功效对糖尿病患者也是非常有利的。

很多研究表明，存在于薏米、紫草、甘蔗茎、紫菜、昆布和南瓜等食药用植物或植物果实中的某些活性多糖组分有明显的降血糖作用，百合科、石蒜科、薯蓣科、兰科、虎耳草科、锦葵科和车前草科植物黏液质中也含有这种降血糖活性的多糖组分，这些组分经提取精制后可用于糖尿病专用功能性食品的生产上。

酒对于易出现胰岛素诱发低血糖患者，有神经病变或血糖、血脂、体重控制不好的患者，应禁用。一般患者也应少用。在提取降血糖活性成分制取浓缩液时，也要注意酒精在终产品中的含量。

我国糖尿病患者的碳水化合物的摄入量，在 20 世纪 30 年代只有 100~150g/d，至 50 年代则提高到 150~200g/d。这样虽可避免饥饿性酮尿，但患者仍感到摄入太少，难以维持劳动。从 1958 年开始，糖尿病患者的碳水化合物摄入量又有所放宽，放宽后不仅没有影响病情的控制反而改善了病情。但要强调的是"放宽"不意味任意增加，放宽是指在能量控制的基础上予以"放宽"，也就是说"放宽"是指碳水化合物在总能量分配上的比值，由过去的40%以下增加至50%~60%甚至65%。

在糖尿病专用功能性食品中，甜味剂的选用非常重要。所使用的甜味剂，应以不影响患者血糖水平为先决条件，包括无能量或低能量强力甜味剂，诸如阿斯巴甜、三氯蔗糖、功能性低聚糖、多元糖醇等。

（三）脂肪

有人认为，脂肪代替碳水化合物可避免胰脏负担过重。但在许多情况下，这种膳食会使碳水化合物代谢进一步受损害，长期采用高脂肪膳食可能增加心血管疾病，所以它是当今美国导致糖尿病患者死亡的首要病因。

糖尿病患者的脂肪摄入量，已由30~40年前的占能量40%以上降至20%~30%，目的是为了防止或延缓血管并发症的发生与发展。按体重计算约为1g/kg或低于1g/kg，并限制饱和脂肪酸的摄入量。多数主张在膳食食品中饱和脂肪酸、多不饱和脂肪酸、单不饱和脂肪酸的比值为1:1:1。另外，胆固醇的摄入量要小于300mg/d。

（四）蛋白质

很早人们就已认为，糖尿病患者需要更多的蛋白质，因为未加控制的糖尿病患者的蛋白质过度降解，在他们的尿中有过多来源于蛋白质的含氮化合物。现在知道饮食中过量的蛋白质，可能刺激胰高血糖和生长激素的过度分泌，两者都能抵消胰岛素的作用。

糖尿病患者的蛋白质摄入量与正常人近似，成年人体重按0.8~1g/（d·kg）供给。如病情控制不好，易出现负氮平衡者，则需适当增加，按体重1.2~1.5g/（d·kg）供给，其中至少有1/3是动物蛋白。合并糖尿病肾病而无氮质潴留者，若尿蛋白多则应增加蛋白质的摄入量，伴有肝、肾功能衰竭者则需减少蛋白质的摄取量。

（五）维生素

维生素C、维生素B_6和维生素B_{12}的充足与否对糖尿病患者的血糖水平有很大的影响。微量元素Se、Cu和Cr对控制糖尿病情也有很大的作用。

某些妊娠妇女会因缺乏维生素B_6，患上所谓妊娠糖尿病。对糖尿病待查孕妇进行葡萄糖耐量试验，在有糖尿病趋势的14人中有13人缺少维生素B_6。而这13人经维生素B_6治疗后，仅2人仍有糖尿病征兆。维生素B_6缺乏的检查，或许应该对有糖尿病趋势的男人或非孕妇进行。因为在摄食大量蛋白质时，或妇女长期服用避孕药时，可能需要添加维生素B_6。

（六）矿物元素

铬，作为胰岛素正常工作不可缺乏的一种元素，参与了人体能量代谢，并维持正常的血糖水平。葡萄糖耐受因子中含有铬，铬能促进非胰岛素依赖型糖尿病患者对葡萄糖的利用。另有研究表明，胰岛素依赖型糖尿病患者的头发中铬含量较低。

缺锌或缺锰能破坏碳水化合物的利用，而添加这些元素后可得到明显改善。同样，缺钾可导致胰岛素释放不足，供给这种元素则可将症状纠正。镁对于维持"K^+-Na^+泵"的正常运转十分重要，这个泵能使钾进入细胞而使钠渗出细胞。所以，钾在胰岛素分泌中的重要作用，在某种程度上依赖于镁的适量供应。钙也是分泌胰岛素所必需的元素。

铁过量会导致血色素沉着症，这是由于铁在心脏、肝、胰脏等组织中沉积而引起的疾病，常会使人患"青铜色糖尿病"，起因是铁的沉积损伤了胰脏的功能。通过对血色素沉着症的研究表明，患者中的大部分已患有糖尿病，至少其体内的糖代谢已紊乱。

一般认为，该病的起因：

①膳食中过量的铁穿过肠道壁障，而肠道壁通常是阻止过量铁吸收的。

②血红细胞过量解体，释放出已构成血红蛋白的铁。

值得一提的是，非洲某些斑图部落（Bantu tribes）的新生儿，因其母亲喝了大量用铁罐酿造的啤酒而得此病。这个发现使人们怀疑，给孕妇服用铁以控制贫血是否合适。给孕妇吸收的铁，为什么最终会沉积下来，目前还不清楚。

（七）具有调节血糖功效的典型配料

具有调节血糖功效的典型配料如表7-3所示。

表7-3　　　　　　　　　　　具有调节血糖功效的典型配料

典型配料	生理功效
森林匙羹藤	调节血糖
刺老牙	调节血糖，抑制酒精吸收
地肤子	调节血糖，抑制酒精吸收
桑叶	调节血糖，降低血脂
番石榴叶	调节血糖
蜂胶	调节血糖，增强免疫力，抗病毒
苦荞麦	调节血糖，调节血脂
苦瓜	调节血糖，清热解毒
红曲米	降血脂，降血压，降血糖
吡啶甲酸铬	调节血糖，减肥
三氯化铬	调节血糖，减肥

第三节　调节血压功能性食品

许多疾病在发作之前总有各种征兆表明体内状况不佳，因此可在疾病加重之前采取防治措施以减轻对机体的危害。然而，高血压通常被人们称之为"无预兆"的疾病。高血压引起的后果总要等到其对机体产生明显损害之后才被发觉，这往往已经太迟了。因此，高血压对人类的危害不小。

高血压若没有得到控制，经一段时间后会危及体内的最重要器官，特别是心脏、大脑和肾脏，是一种高发病率、高并发症、高致残率的一种严重疾病。据统计，全世界约有20%的人可能患高血压。目前，高血压在我国已成为严重危害人体健康的疾病之一。因此，抗高血压功能性食品的开发十分重要。

一、高血压的发生和危害

（一）高血压的定义

高血压是血管收缩压与舒张压升高到一定水平而导致的对健康发生影响或发生疾病的一种症状。正常成年人的收缩压 90 ~ 140mmHg，舒张压 50 ~ 90mmHg。根据 WHO 的规定，正常成年人的收缩压与舒张压分别在 140mmHg 与 90mmHg 以下。凡成年人收缩压达 160mmHg 或舒张压达 95mmHg 以上的即可被确认为高血压。介于正常压与高血压之间的称为临界高血压。

需注意的是，正常机体在一天 24h 内的血压不是固定不变的。体育运动、体力劳动、精神紧张、情绪激动、吸烟和寒冷时，血压会出现暂时性的上升，而平静、休息或睡眠时血压会恢复至原来水平或更低。

（二）高血压的种类和起因

高血压分原发性与继发性两种。继发性高血压是由于某些疾病引起的，诸如原发性肾脏病、内分泌功能障碍、肾动脉狭窄、嗜铬细胞瘤、颅脑疾病、原发性醛固酮增多、怀孕和避孕药丸等，其病因明确。继发性高血压的例子不多，通常仅占高血压患者总数的10%左右，其治疗应先消除引起高血压的病因，高血压症状即可自行消失。

原发性高血压，又称初发性或自发性高血压，找不出单一而又容易鉴定的病因。这种类型高血压患者占总数的90%左右。据分析，原发性高血压很可能是由于多种因素引起的，包括遗传、性别、年龄、肥胖和环境因素等。

在遗传因素中，种族差别十分明显。美国黑人高血压患者是白人的 2 倍，高血压有明显的家族遗传倾向。年龄的差别也很明显，一般认为除非特殊情况，20 ~ 40 岁的成人，血压一般不会发生变化。变化的是 45 以上人群以及从出生到发育完全的青少年，称为新生儿高血压或青少年高血压。在 55 岁以前，男性比女性更易患高血压。但过了 55 岁，女性却比男性容易患高血压，但此时男性却更容易出现综合征。

精神紧张、不活动、剧烈运动以及镉、铅与汞中毒等，都会引起高血压。吸烟、嗜酒也是一个重要的因素，香烟中的尼古丁会引起血压升高。定时的适量运动可降低血压。在营养因素中，导致高血压的有食盐与饱脂肪酸，而降低血压的有钾盐、钙盐、多不饱和脂肪酸与膳食纤维等。

（三）高血压对机体健康的危害

高血压若不治疗，时间一长会严重影响机体的心脏、大脑、肾脏等重要组织。高血压会使心脏泵血负担加重，心脏变大，但泵的效率降低，出现心力衰竭的征兆。高血压还是动脉粥样硬化的诱因之一。

高血压会增加中风的危险性，通往大脑的血管阻塞或大脑血管破裂出血这两者都会使大脑组织受损。高血压还会使眼球后部的微血管出现粥样硬化病变或出血，导致视力模糊甚至失明。眼睛是除大脑外受高血压影响最大的一个组织。

通常，高血压危害最严重的是肾血管，使肾血管变窄或破裂，最终引起肾功能衰竭。单纯高血压患者的死亡率并不高，高血压后期往往会引发脑血管疾病——中风，导致患者死亡。

二、调节血压功能性食品的开发

（一）钠

1970 年以来，几乎绝大多数流行病学调查都强调了钠盐作为病因的重要意义，从细胞水平研究某些细胞膜对 Na^+、K^+ 等阳离子转运的遗传性缺陷过程中，人们发现中度限盐有降压效果。限盐是目前十分强调的高血压一级预防措施。WHO 建议的适宜摄盐量为 $3\sim4g/d$，而我国人民的平均摄盐量为 $12\sim16g/d$。

1. 钠的生理作用及与高血压的相互关系

钠是细胞外液中带正电的主要离子，有助于维持水、酸与碱的平衡，调节细胞的渗透压平衡。钠同时是胰液、胆汁、汗与眼泪的组成成分。在人体内，钠在水分代谢方面起重要作用，对碳水化合物的吸收代谢有特殊作用，与肌肉收缩及神经功能也有相互联系。但是，钠的真正生物学意义，通常 $1g/d$ 即已足够。钠推荐量标准，婴幼儿与儿童为 $170\sim700mg/d$，青少年为 $0.6\sim2.7g/d$，成年人为 $1\sim3.3g/d$。

关于钠摄入量过多与高血压的相互关系，目前已经明确了。大量研究表明，钠摄入量过多是高血压的主要起因。此外，过量的钠还会造成浮肿，表现为腿肿和脸肿。钠摄入量过多，会引起血小板功能亢进，产生凝聚现象，进而导致血栓堵塞血管。还会因血压升高，血管承受不了血液的冲击，脑部出现血管破裂，形成脑内血肿。

有这样一个试验，让自愿受试者每天摄取 $47g$ 食盐，结果受试者血压增高、体重增加、尿中 K、Na 排出量增加。再增加食盐摄取量，血压增高与体重增加就更明显，正常血压的受试者在连续摄入 $23d$ 高盐饮食后，出现了高血压。在 500 名高血压患者中，若限制食盐到 $1g$ 以下，有 2/3 的患者会出现血压降低的现象。有人对肥胖的患者用限制能量与限制食盐的办法来降低高血压，结果发现限制能量虽然能减肥，但降低血压的作用却不明显。限制食盐不但能降低血压同时也能减肥。但也有专家认为限制食盐降低血压的作用需要较长的时间，如需 2 年才能见效。

2. 高钠对健康的危害

正如上述，虽然单纯的高血压所引起的死亡率并不高，但高血压后期往往会引发中风而导致死亡。因此，流行病学家将 45 岁以上人的中风死亡率作为指标来讨论高盐对健康的危害。此外，食盐与胃癌的发病率也有密切的关系。食盐具有腐蚀性，能改变舌的味蕾，能腐蚀盐矿工人与大量用盐腌制捕获物的渔民皮肤，同样，摄入食盐会对胃黏膜产生严重的腐蚀。膳食中食盐含量很高的人，很容易患萎缩性胃炎，而萎缩性胃炎是胃癌的前期病变，食盐的摄取量与胃癌的死亡率呈正相关。因此，最近流行病学专家们努力用中风与胃癌的死亡率来反映食盐摄取量与高血压的关系。结果发现：

①在各个国家之间这两种死亡率有显著的相关性；

②在一个国家以内，这两种死亡率有显著的相关性；

③可以用回归曲线从一种死亡率估算另一种死亡率，可以从一种死亡率估算食盐的平均摄取量，其误差不超过 $1g$；

④中风与胃癌死亡率的降低与冰箱使用的广泛程度有关；

⑤食盐摄取量在发达国家收低的阶层中较高，这两种死亡率也在这一阶层中较高；

⑥有时这两种相关性也有不一致的时候，如胃癌死亡率降低而中风死亡率升高。这是由于

在当时膳食中虽然食盐含量减少，但饱和脂肪酸含量升高，多不饱和与饱和脂肪酸比值下降的原因。

降低食盐摄取量不但能预防高血压，减少因高血压所致中风的死亡率，而且能降低因钠盐所致的萎缩性胃炎而导致胃癌的死亡率。因此高盐摄取对人类健康有很大威胁。当然也有学者怀疑，食盐摄取量降低太多是否也会危害人们健康、影响劳动生产率，如夏季高温作业工人需要喝含盐饮料。

（二）钾

钾和钠有密切的关系。尽管钠的摄入量是决定血压的最重要因素，但膳食中的钠/钾比例变化在一定情况下也可影响血压。由于摄取高钾造成血压升高的大鼠，可通过增加钾量、降低钠量来使血压降至正常水平。一般认为，钠/钾比为1：1时，可预防由于钠过多而引起的血压升高现象。

在限制食盐时，如果发生血钾过低时要补充钾盐。限制钠盐补充钾盐比单独限制钠盐降低高血压的效果更好，很多低钠盐中都含有钾盐的成分。

（三）钙

钙有广泛的生理功能，从流行病学和某些试验研究发现高血压可因缺钙引起；但钙究竟是升压因子还是降压因子仍有争论。调查表明，在血压水平和高血压患病率明显较高的民族（如吃羊肉与饮奶茶多的新疆哈萨克族）尿钙较高，而患病率较低的贵州山区汉族和彝族人的尿钙仅为前者的一半。研究结果倾向于认为高钙会升压的观点。对自发性高血压大鼠（SHR）的研究表明，高钙降压而低钙升压，但喂养高钙饲料的SHR血压虽较低，但体重也明显较同龄的SHR轻，降压是否为非生理性结果尚值得怀疑。

（四）镁

近来镁与心血管的关系颇受关注，24h尿镁与血压值明显呈负相关，这表明镁对血压具独立于年龄、体重等干扰因子的负性影响。有报道认为，加镁能降压，缺镁时降压药的效果降低。脑血管对低镁的痉挛反应最敏感，中风可能与血清、脑、脑脊液中镁含量低有关。镁保证钾进入细胞内并阻止钙、钠的进入。由此可见，钠、钾、钙和镁4种离子对心血管系统的作用相互有联系。

（五）蛋白质

据报道，包括和尚、尼姑在内的素食者血压均偏低，随年龄的增长，升压较缓。在幼鼠中喂以含50%鱼蛋白的饲料能升压，这可能是通过加速肾小动脉硬化而升压。但有日本研究者在动物试验中发现，摄入高蛋白可能通过拮抗嗜盐菌的有害作用、促进尿钠的排出等机制而降压。卒中型自发性高血压大鼠（SHRSP）在经高蛋白喂养后虽发生严重高血压，但其中风率明显降低，并可维持高脑血流量水平和正常的脑血管阻力。喂养低蛋白饲料时结果相反。这可能是由于蛋白对高血压和中风的发生关系并不完全平行。鱼蛋白中的硫氨基酸含量高于黄豆蛋白，后者的降压作用虽不及前者，却能明显降低中风率，这说明存在某种非降压而可预防中风的因子和作用。

（六）脂肪

动物试验表明，正常血压组的血胆固醇与血压呈正相关，因此防治高血脂也应纳入一级预防高血压的措施中。吃植物性食物多的人群的高血压患者血清亚油酸水平明显高于进食大量动物性食物的人群，这说明动物性食物的升压原理很可能有亚油酸相对缺乏的因素参与。高饱和脂肪酸膳食可升压，这可能是动物性食物升压的机制之一。

（七）具有调节血压功效的典型配料

具有调节血压功效的典型配料如表 7-4 所示。

表 7-4　　　　　　　　　　　具有调节血压功效的典型配料

典型配料	生理功效
玉米降压肽	降血压
大豆降压肽	降血压
米糠降压肽	降血压
酪蛋白降压肽	降血压
沙丁鱼 C_{11} 肽	降血压
金枪鱼 C_8 肽	降血压
杜仲叶	降血压，调节肾功能，抗疲劳
芦丁	降血压，调节毛细血管脆性和通透性
γ-亚麻酸	调节血脂，降血压，美容
绞股蓝皂苷	调节血脂，增强免疫力，降血压，抗疲劳
红曲米	降血脂，降血压，降血糖
辅酶 Q_{10}	增强免疫力，降血压
芹菜	利尿，降血压

第四节　抗应激功能性食品

应激（Stress）反应是指机体在受到强烈刺激时所产生的一系列可使机体抵抗力增强的非特异性反应。在上述应激因子（刺激因子）刺激下，可反射性地引起下丘脑—垂体—肾上腺皮质系统功能增强，并通过一系列自我调节以适应恶劣的环境条件。但当应激反应过强或持续时间过久时，即可造成机体功能衰竭甚至产生疾病和死亡。

影响机体应激反应的外部因素有生活和工作不规律、旅行、刺激、疲劳、曾经患过病、温度与气候的突然变化，以及饥饿、创伤、辐射、缺氧、中毒或感染等。就整个系统而言，神经系统和内分泌系统完全卷入应激反应中，神经内分泌系统的变化可能改变营养过程和增加组织对营养的需求，这样反过来又对应激产生影响。

一、机体对应激的反应

机体内神经内分泌系统通过激素分泌承受并调节着各种应激反应。可能直接参与应激反应的各种激素有：促肾上腺皮质激素（ACTH）、矿物类皮质激素、肾上腺素、去甲肾上腺素、儿茶酚胺、胰高血糖素、糖皮质激素、三碘甲腺原氨酸（T3）、甲状腺素（T4）、生长激素等。激素的分泌通常不是一个单一的活动，而是一种协同的工作。当一种激素开始作用时，另一种可能处于隐蔽状态；或一种激素可能引起另一种激素的分泌；或一种激素的作用可补充另一种激素的作用。在许多情况下，大脑或神经系统充当着指挥者的作用，发出增加或降低激素分泌的信号。尤其是下丘脑的作用就像一个开关阀，通过"接通"适当的激素对大脑所接受的神经刺激做出反应。

机体对各种应激的反应可分为三个阶段。

1. 报警

身体识别出某种应激，准备对抗或逃避。通过内分泌腺（主要是肾上腺髓质）释放激素来进行这种准备，这些激素引起增加心率、增加呼吸频率、升高血糖和促进排汗，使瞳孔扩大，减慢消化的作用。在报警阶段要消耗能量或提高警惕以用于对抗或逃避。不过，此时机体的抵抗力已减弱。

2. 抵抗

在此阶段，身体已适应并达到了抵抗或准备抵抗的一个高的水平，机体尝试修复应激造成的损伤。抵抗阶段不能无限期保持，如果应激因素没有解除，那么身体就进入第三阶段。

3. 精疲力竭

持续的应激耗尽了体内的能量，机体可能出现各种相应的功能失调。

应激是无法避免的，最好的防护办法是正确对待并妥善处理它。对待应激应因人而异，应激对每个人的反应是不同的，妥善处理应激的方法包括放松、经常锻炼、定期评价诱因。此外，还应认识到应激能向有益方向转化，它可能刺激个人的某种有益活动，因此在自己的生活中应当学会区分应激与苦恼。人们已开始意识到应激与健康的利害关系，应激可能在体内产生破坏性或诱因性的作用。然而，有关应激与疾病之间很明确的相互关系仍难以确定。

二、抗应激功能性食品的开发

应激反应根据应激的来源分可分为环境应激、精神应激、情绪应激等。

环境应激是指由高温或低温、噪声、创伤、辐射、缺氧、中毒或感染等不良物理化学因素引起机体的应激反应。这些应激反应都可能导致机体对各种营养素需求量的增加。

对于精神应激，日常的心理或情绪应激是正常的，也是不可避免的，是生活的一部分。在当今社会中，应激情况可能包括家庭纠纷、爱人的死亡、吸毒成瘾、犯罪、失业以及升职等。每个人应激的程度取决于这个人如何看待这些日常发生的情况，一些人反应过度以致产生的激素和代谢反应使身体的防御机制负担过重。很多研究表明，心理应激与某些疾病如心血管病、高血压、胃溃疡以及肿瘤等有关，这些疾病反过来又影响应激反应，改变营养需要量。

情绪应激可能会对营养需求产生种种影响。长期的恐惧、忧虑、愤怒和紧张能刺激激素分泌和代谢过程，可消耗大量能量，增加对能量、蛋白质、维生素和矿物元素的需要。吃得过多或过少（神经性厌食）以及暴饮暴食到发呕（贪食）也会引起心理应激。

关于营养与应激之间的相互关系，尚有许多不明之处。尤其是在紧张快节奏的现代社会中，这方面的研究前景光明，如能开发出相应的功能性食品，其市场潜力极为可观。

（一）能量

创伤、手术、灼伤和感染等应激可通过神经内分泌系统引起能量消耗的增加，发生变化的程度大小取决于个人在应激前的营养状况、个人的年龄、应激的严重性和持续时间等。

较小的外科手术造成应激所引起的能量需要量增加不超过10%，但复杂的骨折引起的应激能量需要可增加 10%~30%。某些感染也会提高基础代谢率，此时能量可多消耗 20%~25%。最大的能量消耗是三度烧伤引起的，此时能量需求量增加 40%，如果烧伤又引发感染，则能量需求还要进一步增加，某些人可能要求达到 16720~34440kJ/d。

处于炎热或寒冷的温度应激下，无防护的人代谢率增高，能量需求加大。

（二）蛋白质

遭到创伤、外科手术或感染的人由于食物摄入减少，可使营养需求复杂化。碳水化合物储存的能量（肌糖原和肝糖原）通常会在 24h 内耗竭，此时须通过脂肪和蛋白质储备给予补充。来源于骨骼肌分解代谢中的氨基酸是一种重要的能源，但如果分解代谢持续下去，将会导致大量组织的消耗。某些情况下通过口服、管饲或静脉输液可以做到能量归还，从而防止或降低组织的分解代谢。

蛋白质和能量代谢密切相关。创伤、烧伤、外科手术和感染可通过分泌糖皮质激素引起蛋白质分解，蛋白质分解代谢产生负氮平衡，是刺激分解机制形成应激反应的标志。具有充足的高生理价值的蛋白质是应激期间防止组织消耗、促进应激作用后的康复所必需的。

人们已学会了在极热和极冷条件下保护自己。但当适应的环境温度高于 37℃ 时，身体对营养的需要量增加。蛋白质、能量和水分的需求量也增多。

近年来的研究表明，支链氨基酸（亮氨酸、异亮氨酸、缬氨酸）有预防中枢神经疲劳的作用，在应激时肌肉中的这三种氨基酸将被氧化而减少。酪氨酸是多巴胺、肾上腺素等神经递质的前体物质，在应激条件下机体需生成更多的神经递质，因而需补充酪氨酸。酪氨酸缺乏时可能出现警觉性降低、忧虑、学习能力下降、对环境的反应性降低以及身体虚弱等症状，补充酪氨酸有缓解应激反应、预防精神疲劳的作用。临床研究还证明，补充酪氨酸可使缺氧者的认知能力和情绪得到改善，警觉性增强，烦躁感减少。

（三）碳水化合物

高强度体力应激将导致糖原的消耗，补充糖类物质有利于体内糖原的恢复，对于增强体能、稳定情绪、预防疲劳十分重要。葡萄糖可缓解应激对血液性状的影响，改善散热，并能减少血液中的有毒代谢物。抗应激食品最好应含有 3 种以上不同的糖类物质。

（四）脂肪

脂肪酸尤其是长链甘油三酸酯类脂肪酸是肌肉运动的能源，机体利用脂肪酸可增强有氧能力，减少对肌糖原的依赖。有人提出，可以用中链甘油三酸酯替代长链甘油三酸酯，因为中链甘油三酸酯可更快地水解成脂肪酸被机体利用。美军军事营养研究委员会认为，中链甘油三酸酯可作为抗应激食品的一种成分，在应激情况下，膳食中应含有中链甘油三酸酯。

磷脂酰丝氨酸（Phosphatidyl serine，PS）对认知能力起着十分重要的作用，它可以改善记忆力和学习能力，增强注意力，使情绪稳定。PS 对大脑活动有调控作用。在大脑活动低下时，它可以提高大脑活动能力；当大脑活动亢奋时，它又可以起镇静作用。它可使老年人较低的应激反应得以提高；使青年人过度的应激反应降低；并可使人体应激性激素分泌节律保持正常。补充 PS 对维持精神健康十分必要。近年来，国外主要研究了 PS 对早老性痴呆、儿童多动症、应激反应及疲劳的效果。PS 不仅可使高强度训练后体内皮质醇水平降低，而且可使过度训练引起的肌肉疼痛和压抑的情绪有所改善。这表明 PS 对于应激引起的丘脑下部—脑垂体—肾上腺轴的兴奋有缓解作用。PS 可使促甲状腺激素分泌障碍者的分泌节律恢复正常，并对生物钟的异常有修复作用，使甲状腺激素分泌正常化。

（五）维生素

应激可引起血液中维生素 A 和维生素 C 含量有所波动。应激增加了对水溶性维生素如维生素 B_1、维生素 B_2、烟酸、维生素 B_6、泛酸、叶酸和维生素 C 等的需求量。虽然目前还没有适用于在应激情况下人对这些营养需要的推荐量标准，但是在营养缺乏症状出现以前，补充这些营养素是有益的。

在炎热环境的刺激下，人体维生素 C 的需要量增加。维生素 C 是国内外研究报道最多的抗应激剂。添加维生素 C 可以保证皮质激素的稳定分泌，为散热提供足够的能量；增加机体免疫机能，提高抗应激能力；直接参与细胞和机体免疫应答；能有效清除应激条件下产生的大量活性自由基，保护生物膜免受损害。维生素 E 的抗应激能力也较强。热应激期间高水平的维生素 E 可降低细胞膜的渗透性，减少细胞内干扰正常代谢的过多钙离子的流入；能够促进免疫球蛋白的合成，提高机体的抗病能力；可以降低血清中作为免疫抑制剂的皮质醇（酮）含量；还可减少肌酸激酶的含量。泛酸也可用于抗应激，为肾上腺和免疫系统所必需，还具有减轻变态反应和防辐射损伤的作用。此外，应激时，补充维生素 A、维生素 D、维生素 K、烟酸、叶酸等可以克服应激产生的不良影响。一般认为复合维生素抗应激效果比单一维生素明显。

（六）矿物元素

在中等至严重应激时，有较多的锌、铜、镁和钙从尿中排出，应激还可导致血液中锌、铁含量的变化。在高温应激下，矿物元素如钙、铁、钠和钾等的需求量可能会随损失的增加而增加。

铬是一种重要的抗应激因子，它是动物葡萄糖耐受因子（Glucose tolerance factor，GTF）中的一种活性成分，含 Cr^{3+} 的 GTF 复合物为胰岛素增强剂，能明显促进胰岛素与细胞受体的结合，刺激组织对葡萄糖的摄取，促进糖的转化。铬能利用肝脏中的甘氨酸、丝氨酸和蛋氨酸，使蛋白质的合成增强。能促进肝脏中 RNA 的合成，保护 DNA 的完整，以免发生热变性。铬可通过降低血清皮质醇浓度，提高免疫球蛋白含量和抗体浓度来增强动物的免疫和抗应激能力。

硒作为谷胱甘肽过氧化物酶的必要组分而发挥抗氧化作用，添加硒还可节省抗应激对维生素 E 的需要量。硒尤其是有机硒可清除自由基，防止脂质过氧化的发生，增强机体对应激的拮抗能力。

（七）植物活性成分

1. 贯叶连翘

贯叶连翘，又名千层楼、上天梯、赶山草鞭，国外类似植物称为圣约翰草（St. John's wort），广泛分布于世界各地，属藤黄科植物贯叶金丝桃（*Hypericum perforatum* L.）的全草。主要活性成分有金丝桃素（hypericin）、伪金丝桃素（pseudohypericin）、原金丝桃素（protohypericin）等。贯叶连翘对人们长期处于应激状态所产生过多皮质醇起到抑制作用，并且能够调整昼夜节律，改善睡眠，对中枢神经系统有激活和松弛作用，可以改善抑郁患者的情绪。其抗抑郁的作用机制可能是它能抑制 5-羟色胺和去甲肾上腺素的再吸收，使突触的 5-羟色胺和去甲肾上腺素的浓度增加。

2. 西番莲

西番莲（*Passiflora edulis* Sims.），俗称鸡蛋果、百香果，属西番莲科西番莲属植物，热带多年生常绿攀缘藤本植物，原产澳大利亚和巴西，现广泛分布于热带和亚热带地区。西番莲有抗应激、镇静、抗焦虑和使精神稳定的作用。

3. 银杏叶

银杏叶的抗氧化作用较强，能改善短期记忆，可阻滞甚至逆转由应激引起的海马损伤和其他自由基损伤。其作用机制是消除自由基、提高血流量、改善微循环、对血小板活化因子和单胺氧化酶有阻碍作用。

（八）具有抗应激功效的典型配料

具有抗应激功效的典型配料如表7-5所示。

表7-5　　　　　　　　　　　　　　具有抗应激功效的典型配料

典型配料	生理功效
贯叶连翘	抗应激、抗抑郁、改善睡眠
西番莲	抗应激、镇静、抗焦虑
磷脂酰丝氨酸	改善记忆力、抗应激
缬草根	改善睡眠、稳定情绪、抗应激
银杏叶	抗应激、保护心血管
L-肉碱	抗疲劳、抗应激
卡瓦胡椒	抗应激、抗焦虑、抗抑郁
铬	抗应激、降低血糖
维生素 C	清除自由基、抗应激、增强免疫
刺五加	抗疲劳、镇静、抗应激

第五节　改善慢性疲劳综合征功能性食品

现代社会紧张快节奏的生活方式，各种有意或无意的信息刺激，各种有形或无形的精神压力，各种大运动量的运动或劳动，经常使人们处于疲劳甚至过度疲劳的状态，更多的人由于身心疲劳而处于亚健康状态。慢性疲劳综合征是近十几年来出现的困扰发达国家和城市人群的一种现代文明病。据统计资料表明，我国目前也有半数以上的人处于这种状态，尤其在城市人口中约占70%。

慢性疲劳综合征已经成为现代医学中的一种常见疾病，对病人造成很大的痛苦，而且发病率还在逐渐增加。改善慢性疲劳综合征功能性食品的开发前景广阔。

一、疲劳的定义和表现

疲劳是机体生理过程不能继续机体在特定水平上进行或不能维持预定的运动强度。简单地说，就是由运动本身引起的机体工作能力的暂时下降，这种能力的下降，可通过一定时间的休息和调整，完全恢复。

人的疲劳主要反映在人体的三大系统，即神经系统、心血管系统和骨骼肌肉系统。慢性疲劳综合征的疲劳，往往是三种疲劳症状相继出现的。

（一）神经系统疲劳

神经系统疲劳分为表层疲劳与深度疲劳两种形式。表层疲劳的症状包括失重、头晕、睡眠不好、精神不佳等。深度疲劳通常表现出食欲消退、彻夜不眠、烦躁不安等症状，需用心理、物理及化学的方法来恢复。

（二）心血管系统疲劳

心血管系统疲劳的症状是心跳出现杂音、间歇乃至出现心肌炎、胸膜炎等症状，正常的心率间歇节奏被打乱，心率加快。

（三）骨骼肌肉系统疲劳

骨骼肌肉系统疲劳的表现有肌肉酸痛、四肢无力、动作迟缓、速度降低等。

二、慢性疲劳综合征的定义和起因

（一）慢性疲劳综合征的定义

慢性疲劳综合征（Chronic Fatigue Syndrome，CFS），又称雅痞症（Yuppie disease）、慢性伯基特淋巴瘤病毒（Epstein-Barr virus，EBV）、慢性类单核白细胞增多症等。根据 1988 年美国国家疾病控制中心的定义，它是一种病因不明、以 6 个月以上的严重疲劳为主的综合征候群。

慢性疲劳综合征以 6 个月以上持续性或反复发作的疲劳感、广泛的肌肉骨骼痛、睡眠障碍、主观认知损害为特点。疲劳主要反应为人体神经系统、心血管系统、骨骼系统的疲劳，且在卧床休息后无明显改善，表现出严重而长期的职业、教育、社会或个人活动能力的下降。

（二）慢性疲劳综合征的诊断标准

慢性疲劳是一种慢性疲劳综合征者主诉的临床症状，持续时间一般较长，主要临床表现为严重的疲劳。最常见的其他症状是肌肉疼痛，主要以颈胸部肌肉为主，全身其他肌肉群也可受累，其他症状还包括抑郁、淋巴结轻压痛、咽喉痛、注意力不集中、多关节疼痛、新发的或严重的头痛、体重增加或减轻、夜间盗汗、神经性厌食、脉搏加快、睡眠障碍等。胃肠症状有上腹部饱满感，腹泻与便秘交替等。

慢性疲劳综合征的具体诊断标准为：

1. 主项

持续或复发性的疲劳感觉达 6 个月以上：

①卧床休息后无改善；

②平均日常活动 50% 以上即加剧。由其他疾病引起的上述症状不包括在内。

2. 次项

自觉症状为持续六个月或复发性的症状：

①微热（口腔体温 37.6~38.6℃）或恶寒；

②咽痛；

③颈部或腋下淋巴结疼痛；

④全身肌力降低；

⑤肌肉疼痛；

⑥以前能忍受，但工作后全身疲劳持续一天以上；

⑦头痛；

⑧移动性非炎症性的关节痛；

⑨精神症状：畏光、健忘、易怒、思考力低下、集中力低下、抑郁、睡眠障碍；

⑩急性发病。

3. 检查体质

每个月出现两次以上：

①微热（口腔温度为 37.6~38.6℃）；

②非渗出性咽喉炎；

③颈部或腋下淋巴结有压痛，直径小于 2cm。

（三）慢性疲劳综合征的病因

慢性疲劳综合征的具体病因并不确定，主要有两种学说：生物感染和由感染直接介导的免疫功能失调，此外可能与神经内分泌紊乱、营养缺乏、过度劳累、心理因素、外伤、手术等有关。然而，文献很少提及单一致病因子的确凿证据。

1. 感染因素

感染因素包括艾帕奇病毒（EBV）、Candida 病毒、人布鲁（Brucella）病毒、细胞巨化病毒（sytomegatovirus）、人类肝炎病毒（human hepatitis virus）、肠道病毒（emtero-viruses）、人类反转录病毒（human retrovirus）、人类疱疹病毒（human herpes virus 6，HHV-6）、念珠球菌等的感染。所以有学者又称 CFS 为"病毒感染后疲劳综合征"。

2. 非感染因素

①免疫功能失调，指自身免疫功能紊乱或由于感染、心理压力过大、劳累过度等而引起的免疫失调；

②神经内分泌紊乱，自主神经功能紊乱或因介导中枢疲劳的 5-羟色胺活性增强而导致过度疲劳感；

③营养元素缺乏，包括各种维生素、矿物元素、必需脂肪酸等的缺乏导致 CFS 的产生；

④过度劳累或心理因素，长期过度工作或体育训练及心理上的长期紧张、压抑都会导致 CFS；

⑤其他，如长期处于恶劣环境、手术等引发的慢性疲劳综合征。

三、改善慢性疲劳综合征功能性食品的开发

疲劳是慢性疲劳综合征的主要病症之一，它与膳食有着密切的关系，膳食不当、营养失衡会导致疲劳感。B 族维生素特别是维生素 B_6、肉碱、镁离子和必需脂肪酸等，均可明显改善疲劳感。所以研究各种营养素对疲劳的作用及合理调节营养素的配合比例，是目前改善疲劳综合征功能性食品开发的重要方向。

（一）蛋白质

蛋白质是构成细胞的重要物质，参与各种酶、激素、血红蛋白和肌红蛋白等生物活性物质的构成，从而调节人体各项生理功能和能量代谢，具有抗疲劳的作用。在人体的正常活动和运动中，能量的消耗同时会产生大量酸性物质，产生过多的自由基，当氨基酸供给不足时，即合成抗氧化酶等的原料不足，自由基和酸性物质的累积会加速细胞分裂和组织老化；自由基过多，带来疲劳感，蛋白质能提供足够的氨基酸，减缓疲劳。此外，蛋白质还有免疫调节功能，可防止胸腺的退化和增进吞噬细胞的活力，而慢性疲劳的产生与免疫失调有关。

但也有人提出，色氨酸是引发慢性疲劳综合征的原因，色氨酸过多被摄取到脑内后，就会

抑制全身的行动，使动物陷于昏睡般的疲劳状态。

（二）碳水化合物

人们每天 50%～55% 体能补充都要依靠碳水化合物，如果缺乏就会导致疲劳和脱水。但摄入过多简单形态的碳水化合物会使人感到疲劳、倦怠，因为此类物质会被机体快速转化成糖类并被吸收。所以，最为有利的是复合碳水化合物，不会很快被机体迅速消耗，可以长时间给肌体补充能量，使肌体保持精力充沛。

（三）维生素

1. B 族维生素

人体在缺乏 B 族维生素时，体内会产生大量的疲劳物质，从而引起身体疲乏、肌肉酸痛等症状。所以 B 族维生素可以显著改善慢性疲劳症，尤其是维生素 B_6、维生素 B_1 和维生素 B_{12}。其中，维生素 B_1 对于疲劳物质——乳酸的分解尤为重要，维生素 B_6 参与蛋白质的代谢，维生素 B_{12} 对维持健康的神经细胞和血红细胞至关重要。目前，维生素 B_{12} 已经被用作慢性疲劳综合征的补充剂。

2. 维生素 C

维生素 C 具有预防过滤性病毒和细菌的感染，增强人体免疫系统的功能，它也有助于快速清除人体内积存的代谢产物，具有消除疲劳的功效。

此外，维生素 D 能促进钙、磷吸收，防止因缺钙而导致的疲劳。维生素 E 能有效对抗精神紧张，缓解精神疲劳。

（四）矿物质

1. 锌

锌直接参与人体蛋白质及核酸的代谢，锌水平过低时，人体易发生味觉、嗅觉障碍，记忆力低下，食欲不振或运动失调，及慢性疲劳症状。而且锌和机体免疫抗病能力有关，它能促使胸腺释放胸腺素，提升 T 淋巴细胞的攻击、歼灭病原微生物的能力，从而使机体减少病毒感染后患慢性疲劳综合征的概率。

2. 钙

钙能保持血液呈弱碱性的正常状态，防治机体陷入酸性易疲劳体制。当人体缺钙时会引起骨钙的"搬迁"，使得软组织及血液中的钙含量增加，导致人体出现周身乏力、腰酸背痛等疲劳症状。长期缺钙时，身体的疲劳状态难以消除，易出现慢性疲劳综合征。

3. 镁

人体感觉疲劳通常源于日常的各种压力，保持充足的能量供应是体力充沛的前提。镁在其中扮演着重要角色，它参与了人体内几乎所有的代谢过程，对肌肉和神经间的传导尤其重要。

此外，血红蛋白中铁成分和氧气传输密切相关，铁缺乏导致的缺氧也会引起人体的疲劳倦怠感。

（五）其他

1. 肉碱

一项由 35 位慢性疲劳综合征患者组成的研究中，患者血液中的肉碱水平与正常人相比存在统计上的明显差异，每日给以 3g 肉碱口服后，患者的 18 项指标中有 12 项得到显著改善，并且体内肉碱水平越高，疲劳的严重性越低。补充肉碱尤其是乙酰左旋肉碱，对改善慢性疲劳综合征是有积极作用的。

2. 辅酶 Q_{10}

辅酶 Q_{10} 可加速脂肪代谢，使机体能量供应充裕，已成功用于预防和治疗慢性疲劳综合征。辅酶 Q_{10} 的每日推荐剂量为 30mg。

（六）具有改善慢性疲劳综合征功效的典型配料

具有改善慢性疲劳综合征功效的典型配料如表 7-6 所示。

表 7-6 具有改善慢性疲劳综合征功效的典型配料

典型配料	生理功效
维生素 C	增强免疫，改善疲劳
维生素 B	分解乳酸，改善慢性疲劳
锌	提高免疫力，减少病毒感染后疲劳综合征的发生
镁	缓解疲劳
辅酶 Q_{10}	保护脑神经细胞、延缓衰老、改善疲劳
西洋参皂苷	抗疲劳，增加体能，提高免疫力
绞股蓝皂苷	抗疲劳，增强免疫力
牛蒡根	抗疲劳，增强免疫力
银杏叶	增强记忆力，降血脂

第六节　改善抑郁症功能性食品

抑郁症是一种危害人类身心健康的常见情感障碍性疾病，目前全世界约有 1 亿人患有抑郁症，且数量有增无减，抑郁症已成了 21 世纪一种相当流行的病症，被誉为世界第二大疾病。虽然说抑郁症是心理疾病，但它的发生与营养失衡不无关系。合理的膳食和经常性的摄入提高精神状态的活性物质，对于避免抑郁症具有重大意义。

近年来，随着现代社会人们生活压力的加大和生活节奏的加快，抑郁症在我国的发病率也呈逐年上升趋势，改善抑郁症的功能性食品具有巨大的市场潜力。

一、抑郁症的定义

抑郁（Depression），这词无论在汉语还是在英语中，都已经存在了很多个世纪。在中国古代的中医文献中，早就有"郁症"这一类别。抑郁症通常指的是情绪障碍，是一种以心境低落为主要特征的综合征。这种障碍可能从情绪的轻度不佳到严重的抑郁，它有别于正常的情绪低落。

广义的"抑郁症"指的是一大类心理障碍，统称为"情绪障碍"，情绪障碍包括许多不同的障碍，主要有重性抑郁症（Major depression disorder）和慢性抑郁症（Mild depression dysthymia）两种，其他包括抑郁性神经症、反应性抑郁、产褥期抑郁症、季节性抑郁症、更年期抑郁症等。狭义的抑郁症是指重性抑郁症。国外诊断标准已经把抑郁性神经症归于情绪障碍，而在我国标准中仍把抑郁性神经症和重性抑郁症区别开来。

抑郁症的产生不仅与许多精神和躯体疾病有关，而且与社会和外部环境中的许多因素有密切的关系，如贫困、失业、婚姻问题、家庭不和、年老和伤残等，均可诱发抑郁症。有抑郁心境的人经过适当的自我调整和心理治疗，是可以纠正的。只有当抑郁心境发展到一定程度，具备抑郁症的基本特征，并持续一段时间，影响到自己的学习、工作和生活时，才成为抑郁症。也就是说，抑郁不等于抑郁症，但若抑郁不及时调整和治疗，是可以发展成为抑郁症的。

二、抑郁症的症状

抑郁症并不仅仅涉及情绪，而是一个"全身性"的障碍，对人的身心都具有极大的摧残性。抑郁症的症状可概括为情绪低落、思维联想过程缓慢和动作减少三大主证及其他表现。表 7-7 示出抑郁症的主要的临床症状。

表 7-7　　　　　　　　　　　抑郁症的主要临床症状归纳

躯体症状	病例占比/%	心理症状	病例占比/%
头痛	90	烦躁不安（不愉快、愁苦）	100
失眠	78	注意力不集中	84
头晕	73	思维缓慢	62
疼痛（一般性）	48	缺乏兴致	61
记忆丧失	43	自信心不足	60
焦虑	39	多疑	51
虚弱	35	绝望	50
精力丧失	30		

（一）情绪低落

情绪低落为最主要的症状。起初可能在短时间内表现为各种情感体验能力的减退，表现为无精打采，对一切事物都不感兴趣，过去感兴趣的事物、喜欢参加的活动，现在一点也引不起他们的兴趣。兴趣的丧失往往是从某一些活动开始的，比如工作。但是，随着抑郁症状的发展，慢慢患者对几乎所有东西都失去了兴趣。最后，甚至是基本的生物本能，比如食和性，也不能引起他们的任何激情了。患者感到"过失"和眼前的"不如意事"纷纷涌上心头，无端地自罪自责，夸大自己的缺点，缩小自己的优点，患者感到自己已丧失了工作能力，成为废物或社会寄生虫。有的把过去的一般缺点错误夸大成不可宽恕的大罪，一再要求处理。患者可能因罪恶妄想而拒食或只肯吃白饭。情绪极度低落时可自杀或自我惩罚。

（二）思维联想缓慢

语速慢，语音低，语量少，应答迟钝，一言一动都需克服重大阻力。最严重时，可呈木僵状态。激越型抑郁症患者，言语动作都明显增加，焦虑恐惧，激动自伤，危险性很大。

（三）动作尤其手势动作减少，行动缓慢

少数抑郁状态严重者，可缄默不语，卧床不动，称抑郁性木僵状态。自杀企图和行为是抑郁症患者最危险的症状。这些情况可以出现在症状严重期，也可出现在早期或好转时。患者往往事先有周密计划，行动隐蔽，以逃避医护人员的注意，因而往往自杀成功。

（四）躯体症状

患者面容憔悴苍老，目光迟滞，胃纳差，体质下降，汗液和唾液分泌减少，便秘，性欲减退。女性患者会出现闭经。睡眠障碍中以早醒最为突出，这也是抑郁症的特征性症状之一。患者往往较以前早醒 2~3h，醒后不能再入睡，充满悲观情绪等待这一天的到来。睡眠障碍症状在诊断上有重要意义。

（五）隐匿性抑郁症

某些抑郁症患者，躯体症状明显，常表现为反复或持续出现的头痛、头晕、胸闷、气短、全身无力、心悸、便秘、胃纳失常、体重减轻等。而抑郁性症状常被掩盖。躯体检查常无相应的阳性指征，这类患者往往长期在内科就诊，常被误认为神经官能症等疾病。对这类患者对症治疗无效，而抗抑郁药物治疗可收到较好的效果，因此称为"隐匿性抑郁症"。

（六）抑郁症状昼重夜轻

情绪消沉尤以清早为重。

三、抑郁症的危害

抑郁症不仅给患者本人和家人带来痛苦，还影响其社会功能，甚至产生严重的社会影响。

（一）导致自杀

根据美国的数据，临床抑郁症患者的自杀率为 10%。中国在这方面没有确切的统计数字。我们关心的并不是这个确切的统计数字，而是这样一个观念：抑郁症患者的自杀率是相当高的。专家预测，到 2020 年抑郁症将成为仅次于癌症的人类第二杀手，然而因女性患者特别多，世界卫生组织已将它列为女性健康的头号威胁。

（二）给患者带来了无限的痛苦

抑郁症患者终日生活在灰色的世界里，生活失去乐趣，学习和工作效率大大降低。同时，他们还受失眠、焦虑和虚弱等躯体症状的折磨。抑郁会消耗人体的体能，削弱个体的生活兴趣。它会使患者感到好像身陷泥淖，寸步难行，干什么事都觉得费劲，甚至本来很容易的事情你也不敢去面对了。性欲往往过早消失，因为你的心思转为内向，只集中在自己身上了。全身的日常节奏会出现紊乱，食欲、活动以及睡眠都会变化。睡眠往往受到干扰，精神难以恢复，引发更多的其他身体疾病。

（三）给抑郁症患者的亲人和朋友带来很多不幸

跟抑郁症患者在一起生活是很痛苦的事。抑郁症患者会影响周围人的生活质量。抑郁的母亲对孩子的成长是极为不利的，而孩子的抑郁也很可能给父母带来抑郁的心境。如果丈夫抑郁了，那么妻子也不会有好日子过。从上面的抑郁症状，我们不难想象，抑郁症患者对亲人和朋友的生活质量有多大的影响。

四、改善抑郁症功能性食品的开发

抑郁症与膳食因素密切相关，营养缺乏的人群特别容易患抑郁症。法国瓦朗斯医疗教学中心营养师莫尼克·费里指出：当人们缺乏营养时，大脑就无法获得某些微量元素，而这些微量元素对大脑产生神经传递素至关重要，已有研究表明，缺乏神经传递素很容易导致抑郁症的出现。开发改善抑郁症食品，要合理平衡各种营养素及活性成分的搭配。

（一）蛋白质

蛋白质是智力活动的物质基础。蛋白质是控制脑细胞的兴奋与抑制过程的主要物质，在记忆、语言、思考和运动、神经传导等方面都有重要作用。而氨基酸不平衡，缺乏色氨酸是诱发抑郁症的重要原因，色氨酸被证明是一种有效抵抗抑郁症的基本氨基酸，它能提高大脑中 5-羟色胺的水平，使人产生愉悦的感觉，并且能帮助改善睡眠质量。

（二）脂肪

近年来，一些研究发现妇女在怀孕的第 3 个月通过食用海产品摄入的 $\omega-3$ 脂肪酸越多，她们在那段时期以及分娩后 8 个月内出现抑郁症征兆的可能性也越小，而且 $\omega-3$ 脂肪酸在抑郁患者血液中的浓度比正常人要低。所以出现抑郁可能与饮食中缺乏 $\omega-3$ 脂肪酸有关，人们认为食物中缺乏 $\omega-3$ 脂肪酸时，大脑中一种叫血清素的化学物质也相应较少，血清素含量少又进一步引起抑郁症。

以色列 Pnina Green 博士利用大鼠模型调查了 $\omega-3$ 脂肪酸与抑郁的关系。他们对抑郁大鼠的大脑与正常大鼠进行了细致的比较，结果发现，两种大鼠的主要区别在于 $\omega-6$ 脂肪酸的水平而不是 $\omega-3$ 脂肪酸的水平有差异：抑郁大鼠大脑中的花生四烯酸浓度较高。花生四烯酸对几乎所有身体器官的正常功能都至关重要，这其中就包括了大脑。花生四烯酸在身体中扮演着各种各样的角色：作为与信号传递有关的磷脂的一种结构成分和与第二信使功能有关的一系列衍生物的一种底物。研究结果证明，增加 $\omega-3$ 脂肪酸的摄入可能导致大脑中花生四烯酸水平的降低，因此增加 $\omega-3$ 脂肪酸的摄入可能改变了大脑中这两类脂肪酸之间的平衡关系。尽管目前人们对膳食中的 $\omega-6$ 脂肪酸还没有足够的重视，但将来有可能通过增加 $\omega-3$ 脂肪酸和降低 $\omega-6$ 脂肪酸摄入的方法来控制抑郁症的发生。

（三）碳水化合物

碳水化合物是脑活动的能量来源。碳水化合物在体内分解为葡萄糖后，即成为脑的重要能源。过少的摄入碳水化合物容易导致情绪不稳定，原因是碳水化合物可以直接影响大脑内控制人类情绪的血清素的产生，严重情况下血清素的减少会导致抑郁症的出现。食物中主要的碳水化合物含量已可以基本满足机体的需要。糖质过多会使脑进入过度疲劳状态，也容易诱发神经衰弱或抑郁症等。

（四）维生素

1. 维生素 B

芬兰的一个研究小组通过对 115 名抑郁症患者的跟踪治疗证实，服用维生素 B 有助于抑郁症的缓解。研究人员先对每位患者的病情进行了评估，并测定和记录了患者血液中维生素 B_{12} 的含量。经过 6 个月的 B 族维生素服用，研究人员再次检测患者体内维生素 B_{12} 的含量，以便了解维生素 B_{12} 和抗抑郁治疗间的关系。结果发现那些抗抑郁治疗效果较好的病人血液中，维生素 B_{12} 的浓度更高。研究表明，维生素 B_1、维生素 B_2 和维生素 B_6 对治疗抑郁症患者有辅助作用，而这三种维生素 B 都有助于维生素 B_{12} 的产生，因此可能维生素 B_{12} 也具有抗抑郁症的功效。

2. 维生素 C

维生素 C 是参与人体制造多巴胺、肾上腺激素等"兴奋"物质的重要成分之一。人体内多巴胺含量过低会引发抑郁症，增加其含量会使人心情舒畅。多巴胺不属于神经传导素，但它能帮助神经刺激在大脑细胞间隙中的传输。所以多摄入维生素 C 能帮助改善抑郁症。

（五）矿物元素

1. 锌

抑郁症与人体内锌的含量有着密切的联系，往往缺锌的人容易患抑郁症。1994年，有人报道48例抑郁症患者血锌浓度显著低于正常人的研究结果，并发现血锌浓度与抑郁症的严重程度呈显著负相关。锌在人体内主要以金属酶的形式存在，其余以蛋白结合物形式分布于体内，缺锌会影响脑细胞的能量代谢及氧化还原过程，可诱发抑郁症。食物中含锌量最高的是牡蛎，锌动物肝肾、乳制品中也有分布。

2. 硒

含硒的食物同样可以治疗精神抑郁问题。硒能帮助肌体吸收调节情绪的色氨酸，可以保证色氨酸进入大脑，而不至于被其他氨基酸挤掉。英国心理学家们给接受试验者吃了$100\mu g$的硒之后，受试者普遍反应精神很好，思绪更为协调。硒的丰富来源有干果、鸡肉、海鲜、谷类等。

此外，钙、镁、铬、铁等矿物质的缺乏可引起抑郁症，而砷、铝、铋、汞等不必要的物质过多，也会引起抑郁症。

（六）植物活性成分

圣约翰草被广泛地用来治愈伤口、治疗肾病和缓解神经错乱，甚至精神失常。圣约翰草中的活性成分金丝桃素被临床试验证明能有效治疗轻微到中度的抑郁症。

在以6位年龄介于56~65岁的抑郁症女患者为对象进行的临床试验中，通过测量尿液中的去甲肾上腺和多巴胺的代谢物，人们发现服用了标准的圣约翰草后，3-甲氧-4-羟苯乙二醇有了明显的增加，这是抗抑郁症开端的一个标志。同一个研究小组证明圣约翰草能缓解忧虑、烦躁不安、冷淡、沮丧（早晨尤其严重）、失眠和自卑感等症状。

1994年《美国老年精神病学杂志》刊物专门研究了这个问题，证明了圣约翰草作为抗抑郁药剂具有良好的效果。在引证的17个研究中，其中一个研究的试验项目是3250名曾多次患有轻微到中度抑郁症的患者，他们只增补了4周的圣约翰草后，就有80%的人感觉改善很多，并且/或者症状完全消除。

（七）具有改善抑郁症功效的典型配料

具有改善抑郁症功效的典型配料如表7-8所示。

表7-8　　　　　　　　　　　具有改善抑郁症功效的典型配料

典型配料	生理功效
二十二碳六烯酸	降血脂，改善抑郁症
维生素C	改善抑郁症
维生素B	改善抑郁症
锌	影响脑代谢，改善抑郁症
硒	影响色氨酸吸收，改善精神状态
卡瓦胡椒	抗焦虑，镇静催眠，改善精神状态
贯叶连翘	抗抑郁
金丝桃素	缓解抑郁症

第七节 调节尿酸功能性食品

高尿酸血症是一种常见的代谢性疾病,由体内血尿酸水平升高引起,多发于中老年男性和绝经后女性。近年来,随着消费水平的提高,人们饮食结构发生了变化,啤酒和海鲜等高嘌呤食品被普遍大量的摄入,导致人体的尿酸含量升高,高尿酸血症患病率显著上升,且患病人群逐渐呈现低龄化的趋势。据调查显示,平均每 10 个人中就会有 1 人患有高尿酸血症。长期的高尿酸血症是痛风的基础,还可能影响高血压、糖尿病、冠心病、肾功能障碍等一系列疾病的发展,对人体健康造成不容忽视的危害。因此,调节尿酸功能性食品的开发是极具意义且赋有市场前景的。

一、尿酸的合成与排泄

尿酸是一种弱有机酸,分子式为 $C_5H_4N_4O_3$,是至关重要的天然抗氧化剂,能够有效清除机体产生的自由基和过氧化物,保护血管内皮细胞的正常功能。当体内尿酸盐浓度达到饱和时,往往会形成晶体析出、沉积,诱发高尿酸血症。在人体嘌呤代谢过程中,通过体内一系列酶的催化作用,以腺嘌呤、鸟嘌呤为主的嘌呤核苷酸会依次转化为次黄苷、次黄嘌呤、黄嘌呤等中间产物,最后在肝脏内氧化合成尿酸。一般来说,男性尿酸的正常值为 $149\sim416\mu mol/L$,女性尿酸的正常值为 $89\sim357\mu mol/L$,如果超出指标的话,就是尿酸含量偏高了。

人体产生的大部分尿酸通过肾脏的过滤、重吸收等作用之后,最终会随尿液排出体外,这个过程通常受到尿酸转运蛋白和有机阴离子转运体的调控。除此之外,还有少部分尿酸通过粪便和汗液排出。一般情况下,正常人体尿酸合成与排泄速率相对恒定,每日合成、排泄尿酸约为 600mg,所以人体的尿酸水平会处于一个动态平衡的状态。然而,出现体内嘌呤代谢紊乱产生尿酸过多或者尿酸排泄过少的情况时,肌体就容易出现高尿酸血症。

二、高尿酸血症的定义

高尿酸血症是一种常见的代谢性疾病,由体内血尿酸水平升高引起,多发于中老年男性和绝经后女性。国际上将正常嘌呤饮食状态下,非同日两次空腹血尿酸水平男性高于 $420\mu mol/L$,女性高于 $360\mu mol/L$ 的情况,定义为高尿酸血症。高尿酸血症可分为原发性和继发性两大类。

原发性高尿酸血症主要由人体某些遗传基因的缺失导致的,因此往往具有明显的家族遗传性。而且,大多数原发性高尿酸血症患者患病是由于尿酸排泄过少而引起的。SLC2A9、ABCG2和 SLC22A12 是尿酸转运蛋白体的相关基因,它们基因的突变通常会导致肾脏内尿酸转运异常,正常排泄受阻,进而引发高尿酸血症。另外,与尿酸盐阴离子转运体相关的 URAT1 基因功能的异常可能影响尿酸在人体内的重吸收,这也是引起高尿酸血症的常见原因之一。

继发性高尿酸血症是由于某些疾病治疗、不良饮食习惯引起体内尿酸水平升高所致的。例如,白血病、淋巴瘤放疗和化疗期间大量的细胞裂解,可促进核酸代谢,会引起高尿酸血症;噻嗪类利尿剂的使用易引起肾小管尿酸重吸收的紊乱,导致尿酸排泄减少;长期摄入高嘌呤类食品或酒精,也会增加患高尿酸血症的可能性。

三、高尿酸血症的主要原因

尿酸的合成增多是高尿酸血症形成的重要原因。摄入嘌呤含量较高的食物会导致人体尿酸含量的升高。嘌呤含量较高的常见食物有海鲜、动物的肉、啤酒等。这些含嘌呤的物质被人体摄入后，进行代谢，最终的产物即为尿酸。长期食用这些高嘌呤的食物，高尿酸血症患病率将会增高。另外，尿酸酶系统和功能的缺乏或活性增强都会导致尿酸合成过多，如黄嘌呤-鸟嘌呤磷酸核糖转移酶（HGPRT）缺乏、磷酸核糖焦磷酸（PRPP）合成酶活力过高、葡萄糖-6-磷酸酯酶缺乏。同时，一些特定的疾病，例如恶性肿瘤、骨髓增生病、淋巴增生病、红细胞增生病等，会导致人体内嘌呤产生过多，从而影响人体尿酸的含量。

尿酸的排泄减少也会使人体尿酸含量增加。肾对尿酸的排泄起着重要的作用，如果肾功能障碍，每单位肾小球的尿酸分泌量是增加的，但肾小管的分泌能力基本不变，肾小管的重吸收能力也是降低的，肾外尿酸的清除能力明显增加。此外，一些特定的药物和饮食也会影响肾脏的功能，如酒精、利尿剂、吡嗪酰胺、滥用泻药等都可能导致人体内尿酸含量的增高。

四、高尿酸血症的危害

高尿酸血症最常见的临床表现为痛风。只有长期的高尿酸血症造成尿酸盐在关节和肾脏部位的沉积，才会出现引起常见的关节炎疾病——痛风。痛风又分为急性痛风和慢性痛风。急性痛风突发性强，常伴有红肿、发热现象，持续的时间较短。在反复发作急性痛风后，易发展为慢性痛风。慢性痛风的临床表现常为关节炎症、关节瘤和关节尿酸盐结晶，对人体关节功能造成严重影响。

除了痛风之外，高尿酸血症与心血管疾病、肾功能损伤、糖尿病也有一定的联系，虽然高尿酸血症与这些疾病的相关性仍存在争议，但血尿酸水平常常作为评估心血管疾病的关键性指标。

同时，大多高尿酸血症患者虽然在检查时出现血液中尿酸水平偏高的情况，但无明显的临床症状，这些患者属于无症状高尿酸血症患者。若不及时预防治疗，后期很有可能引起其他疾病的发生，对人体健康造成巨大危害。

五、调节尿酸功能性食品的开发

（一）能量

高尿酸血症患者的能量，最好控制在低于正常体重或维持正常体重所需的水平。能量摄入过多时，会有充足的能量进行嘌呤合成，尿酸生成量增加，进而引起血液中尿酸水平升高。超重或肥胖的人群往往具有更高的高尿酸血症患病率。然而，能量摄入的不足却可能引起酮血症，酮体与尿酸的竞争性作用会阻碍尿酸排出，容易导致急性痛风的发生。

（二）碳水化合物

过量的果糖会促进人体肝脏代谢，ATP 的大量分解导致嘌呤代谢增强和尿酸合成增加。每日果糖摄入量超过 200g 就会使空腹血尿酸水平增加 6%~24%。由于蔗糖分解后也会产生果糖，因此高尿酸血症患者应合理食用高含糖量食品。在开发改善高尿酸功能性食品的过程中，尤其需要注意避免果糖的大量摄入。

一般说来，高嘌呤饮食的人群会更容易出现高尿酸的情况。然而，区别于动物性嘌呤，蔬菜和水果中的嘌呤对高尿酸水平并没有明显的贡献。所以，高尿酸人群无须特意减少膳食纤维的摄入来降低尿酸的含量。另外，大部分蔬菜水果属于碱性食物，食用后可以中和掉部分尿酸，抑制尿酸的结晶，促进尿酸的排泄。

很多研究发现，某些多糖类的活性成分具有明显的降尿酸的效果。例如，尾海藻多糖、海带多糖能在一定程度上抑制 XOD 活性，降低尿酸水平。源自菲律宾刺参的海参多糖组分能同时抑制 ADA、XOD 活性及相关 mRNA 表达，达到降尿酸的效果。这些多糖活性成分在改善高尿酸方面有着巨大的开发潜力与应用前景，它们的提取物可用于调节尿酸功能性食品的工业生产中。

（三）脂肪

脂肪氧化产生的能量远远大于碳水化合物和蛋白质产生的能量。长期高脂饮食会增加能量的摄入，导致肥胖、高血压、高血脂的发生，进而有可能增加高尿酸血症患病率，因此饮食中应适当限制高脂肪食品的摄入，尤其是含饱和脂肪酸的食物。减少高脂食品的摄入，脂肪分解产生的酮体也会相应减少，肾脏尿酸排泄量增加。体外试验还发现，游离脂肪酸与尿酸盐晶体的协同作用会诱导白介素 - 1β 的释放，引发痛风。另外，饮用低脂、脱脂牛乳都可以适当减少血液尿酸含量，降低痛风发作概率。一般情况下，脂肪每日摄入推荐量为 50g 左右。ω-脂肪酸是一种对健康有积极影响的多元不饱和脂肪酸。低中等剂量的 ω-脂肪酸具有降低血液尿酸的趋势，对减少尿酸的重吸收没有明显效果。ω-脂肪酸可能是通过降低 XOD 活性和促进肾脏有机阴离子转运子 1 表达来影响尿酸水平的。然而，147mg/kg bw 的高剂量 ω-脂肪酸却对高尿酸没有改善作用。

（四）蛋白质

一般认为，高尿酸血症患者应减少饮食中蛋白质的摄入，建议摄入量为每日 50~70g。大多豆制品都属于高嘌呤食品，令人意外的是，许多研究却发现摄入大豆和豆类反而对降低血尿酸和预防高尿酸血症或痛风有积极作用。高嘌呤的豆类虽然会提高血液中的尿酸含量，但是更有利地增加了尿酸的排泄，使最终尿酸水平得到降低。对于高尿酸人群，建议主要摄入植物优质蛋白。豆制品因在加工过程中容易损失掉一部分嘌呤成分，会比干豆类具有更低的嘌呤含量，往往成为植物优质蛋白的首选。牛乳、鸡蛋的蛋白部分没有核蛋白，却含有丰富的必需氨基酸，是优质的动物蛋白，对于高血尿酸症的治疗还有一定的辅助效果，所以在总体蛋白质摄入量不超过允许范围的情况下可适当食用。

目前，随着对活性肽研究的深入，越来越多具有降尿酸作用的生物活性肽被发现。鲨鱼软骨中的碱性蛋白酶 Alcalase 水提之后得到的小分子肽经过静脉注射，可以抑制 XOD 活性，显著降低高尿酸血症大鼠的尿酸水平。这些小分子肽很有可能经过消化吸收之后自身具备了抑制 XOD 活性的能力或是增强了内源 XOD 抑制剂活性。海洋鱼酶解得到的抗痛风肽可以同时抑制 ADA、XOD 的活性及 mRNA 表达来达到降尿酸效果。脱脂核桃粉酶解得到的核桃蛋白肽在改善高尿酸血症大鼠尿酸水平的同时，还保护了肾脏功能。另外，研究还发现，有些具有抑制 XOD 活性的多肽同时具有抗氧化的能力。因此，有望在抗氧化的活性肽中寻找潜在的具有降尿酸肽。

（五）维生素

众多研究表明，维生素 C 具有明显的降尿酸效果。每日摄入 500mg 维生素 C 就可以减少痛风的发病概率，预防痛风的发生，而且血尿酸水平会随维生素 C 摄入量的增加而降低。维生素

C 主要通过减少组织内尿酸盐的沉积，增加尿酸的溶解来实现降低体内尿酸水平的效果。日常生活中，高尿酸血症患者可以选择多食用富含维生素 C 食品。

B 族维生素是一类广泛存在于日常饮食中水溶性维生素，可以长期食用。维生素 B_{12}、叶酸均可以降低高尿酸血症大鼠的尿酸水平。维生素 B_2 和维生素 B_6 联用也可以抑制 XOD 活性，减少尿酸生成，影响尿酸重吸收，从而对高尿酸血症大鼠有一定改善作用。

1. 叶酸

叶酸是体内物质代谢的重要一碳单位载体。研究发现，四氢叶酸经过黄嘌呤氧化酶/次黄嘌呤和内皮型一氧化氮合酶（eNOS）两个过氧化物产生系统减少了 XOD 产生的氧自由基、过氧化物，有效降低 XOD 活力来抑制血液尿酸的生成。因此，叶酸及其衍生物可以发挥降尿酸的作用。

2. 维生素 B_{12}

维生素 B_{12} 是四氢叶酸合成过程的重要辅酶，使 N_5-甲基四氢叶酸得以转移甲基基团生成四氢叶酸，提高了叶酸的利用率，增强叶酸降尿酸的作用，所以维生素 B_{12} 的降尿酸能力主要是通过辅助叶酸的作用实现的。维生素 B_{12} 摄入不足时，机体叶酸的利用会受到影响，无法实现降低尿酸的能力。

3. 维生素 B_2

维生素 B_2 大多以 FMN 和 FAD 辅酶形式与蛋白质结合，参与机体多种代谢反应，例如参与维生素 B_6 转化为磷酸吡哆醛的过程。另外，维生素 B_2 还会影响叶酸代谢中亚甲基四氢叶酸还原酶的活性。维生素 B_2 的缺乏会导致叶酸代谢异常，进而影响体内尿酸水平。

4. 维生素 B_6

维生素 B_6 参与机体叶酸与维生素 B_{12} 的代谢，可能通过影响叶酸与维生素 B_{12} 的功能来降低血液中尿酸的水平。维生素 B_6 还是同型半胱氨酸代谢的转硫途径里的重要辅酶因子，辅助合成半胱氨酸和降解多余的同型半胱氨酸。维生素 B_6 补充不足时，容易引起同型半胱氨酸水平高，而高同型半胱氨酸水平已经被证实与高尿酸水平有一定的联系，所以维生素 B_6 可能通过抑制同型半胱氨酸水平来影响血液尿酸水平。

（六）矿物元素

在正常生理环境下，离子化的尿酸盐会与胞外基质中的钠离子结合形成难溶的尿酸钠，当尿酸钠浓度超过 $380\mu mol/L$ 就容易出现沉淀。所以食盐中的钠会增加尿酸的结晶析出，高尿酸血症患者要注意饮食中盐的摄入，以每日不超过 3g 为宜。

钾、钙、镁等元素的合理摄入可以提高血液 pH，中和部分尿酸，促进尿酸的溶解与排泄，从而降低血液尿酸水平。

（七）酒精

饮酒是高尿酸血症的关键诱因之一。酒精可以促进腺嘌呤核苷酸的转化，刺激嘌呤的生成，增加尿酸的产生。再者，酒精代谢过程会引起体内乳酸水平上升。乳酸会竞争性抑制尿酸的排泄，促进尿酸的重吸收，使机体尿酸水平升高。目前，酒的品种、摄入量对尿酸水平的影响还存在争议。有研究认为每日酒精摄入量超过 15g 时，会提高痛风的发作率。啤酒和黄酒相对含嘌呤较多，长期饮用会有更高的患病风险。干红葡萄酒存在抗氧化物质，可能会减少尿酸的产生，适当饮用不会增加高尿酸的风险。

（八）植物活性成分

植物活性成分同样具有良好的降尿酸功效，经过分离纯化之后可以应用于调节高尿酸功能性食品中。植物中的多种酚类、黄酮类化合物就是典型的降尿酸活性成分，例如茶叶里的多酚、葛根里的葛根素、薏米麸皮里的香豆酸都可以抑制关键酶 XOD 的活力来达到降低尿酸水平的效果。除了抑制 XOD 的活力以外，紫甘薯中的花色苷还可以影响相关肾转运蛋白 URAT1、GLUT9、OAT1、OCTN2 的 mRNA 表达，进而介导血尿酸水平的下降。

（九）具有调节高尿酸功效的典型配料

具有调节高尿酸功效的典型配料如表 7-9 所示。

表 7-9　　　　　　　　　　　具有调节高尿酸功效的典型配料

典型配料	生理功效
尾海藻多糖	清除自由基、降尿酸
海带多糖	清除自由基、降尿酸
海参多糖	降尿酸、保护肾脏功能
海洋鱼蛋白肽	降尿酸
核桃蛋白肽	降尿酸、保护肾脏功能
维生素 C	降尿酸
维生素 B	降尿酸
茶多酚	降尿酸、抗辐射
葛根素	降尿酸
薏苡皮	降尿酸
芹菜素	降尿酸
紫草酸	清除自由基、抗炎、降尿酸

🔍 思考题

1. 血浆脂蛋白有哪些分类？什么是高脂血症？

2. 简述脂肪对血脂水平的影响？

3. 列出 4~8 种具有调节血脂功效的典型配料。

4. 简述糖尿病的分类和临床表现。

5. 糖尿病患者的营养特点是什么？针对该营养特点，在开发糖尿病专用功能性食品时应遵循哪些原则？

6. 什么是高血压？高血压有哪些分类？

7. 试说明钠、钾、钙和镁对高血压的影响？

8. 机体对各种应激的反应经历哪些阶段？

9. 什么是慢性疲劳综合征？慢性疲劳综合征有哪些诊断标准？

中老年功能性食品

[学习目标]

1. 掌握免疫学的一些重要概念，了解免疫系统和免疫应答的概念，掌握增强免疫功能性食品的开发原理。

2. 了解肿瘤的定义、发生、发展以及影响肿瘤发生的主要因素，掌握肿瘤的早期警号和抗肿瘤功能性食品的开发原理。

3. 了解骨质疏松的定义和症状，掌握改善骨质疏松功能性食品的开发原理。

4. 了解更年期综合征定义和症状，掌握改善更年期综合征功能性食品的开发原理。

5. 了解失眠的危害和睡眠的适宜时间，掌握改善睡眠功能性食品的开发原理。

6. 掌握老年食品的分类、老年人的营养需求、老年功能性食品的开发原理。

光阴催人老，岁月白人头。任何生命过程都遵循着一条共同的规律，即经历不同的生长发育直至衰老最终死亡，衰老为生命周期的后期阶段。

如果说初生婴儿恰似朝阳般的令人期待，他们因弱不禁风而需要人们的精心呵护才能健康成长。那么中老年人就像无限美好的夕阳，此时正值人生即将画下完美句号的时刻，机体因衰老而出现一系列生理机能的衰退，如反应迟钝、免疫力下降、肿瘤易感性增强、代谢吸收功能减退、骨质疏松、睡眠欠佳、出现更年期综合征或老年痴呆症等，他们将饱受这些问题的困扰。

在现实生活中，社会乃至家庭似乎将注意力主要集中在孩子的健康成长上。但是，生命由孕育到成熟，由成熟到衰老，这是任何人都无法逃避的现实。衰老是不可抗拒的，随着高龄化社会的形成，全世界都以极大的热情投入中老年功能性食品研究开发中。中国已经迈入了老龄化社会，关注中老年人的健康问题，开发具有增强免疫、抗肿瘤、改善骨质疏松、改善更年期综合征、改善睡眠、改善老年痴呆症等作用的功能性食品，市场前景十分广阔。

第一节　增强免疫功能性食品

人体生来就具有对各种抗原物质的生理性反应，这种免疫功能人人皆有，无特异性，并可遗传给后代，称为非特异性免疫，在抗感染过程中是肌体的第一道防线。但在各种抗原刺激机体后，特异性免疫物质引起的免疫反应，如细胞免疫和体液免疫，被称为特异性免疫。

免疫功能低下，会对机体健康产生极为不利的影响，使多种传染病、非传染病的发病率和死亡率提高，其中引人注目的有肿瘤等。造成机体免疫力下降的原因有很多种，诸如营养失衡、精神或心理因素、年龄增大、慢性疾病、应激、内分泌失调和遗传因素等。具有增强免疫力的功能性食品，能够增强机体对各种疾病的防御力、抵抗力，同时维持自身的生理平衡。

一、免疫学的重要概念

（一）抗原

抗原（Antigen）是指能在机体内引起免疫应答的物质，它具有 2 种性质：

①刺激机体免疫系统产生特异性免疫反应，并形成抗体或致敏淋巴细胞，这种性质称为免疫原性（Immunogenicity）或抗原性（Antigenicity）；

②与抗体或致敏淋巴细胞特异性结合出现免疫反应的物质，这种性质称为反应原性（Reactinogenicity）。

免疫原（Immunogen）是指既具免疫原性又有反应原性的抗原。免疫原都是抗原，但抗原不一定都是免疫原。抗原的范围较广，包括免疫原、半抗原以及由不同抗原物质构成的复合体，如微生物、血细胞或组织细胞等。由于传统习惯的缘故，现在人们一般将这两个词不加区别地通用。

半抗原仅具有反应原性而缺乏免疫原性。当半抗原与蛋白质分子结合形成复合物后，可赋予其免疫原性，这种蛋白质大分子称为载体（Carrier）。半抗原-载体复合物能刺激机体产生抗体或致敏淋巴细胞，并与相应的复合物结合产生特异性免疫反应。所以半抗原虽无免疫原性，但可决定免疫反应的特异性。

抗原物质在激发免疫系统过程中，有不同的淋巴细胞参加。这其中有些抗原需有 T 细胞的辅助才能活化 B 细胞产生抗体，有些抗原则不需要。故可将抗原分为两种：

①胸腺依赖性抗原（TD 抗原）；

②非胸腺依赖性抗原（TI 抗原）。

（二）抗体和免疫球蛋白

抗体（Antibody），是在抗原物质对机体刺激后形成的，为一类具有与该抗原发生特异结合反应功能的球蛋白。

免疫球蛋白（Immunoglobulin，Ig），是指具有抗体活性或化学结构上与抗体相似的球蛋白。人类免疫球蛋白分为 5 大类，IgG、IgM、IgA、IgD 和 IgE，其中 IgG 是血清中含量最多的主要抗体，含有抗体的血清称为抗血清（Antiserum）。

抗体是免疫球蛋白，但免疫球蛋白并不都具有抗体活性。免疫球蛋白的范围，比抗体更广些。

（三）补体

补体是一组球蛋白，在血清中的含量比较稳定，不随免疫接种而增加。一般情况下，补体在体液中呈无活性的状态；当受到某种"激活剂"（如细胞抗原-抗体复合物）的作用后，其各组成成分依次被活化，补体各成分或其裂解片段才具有活力。活化的补体作用于细胞膜，最终会引起细胞膜的不可逆损伤，导致细胞（细菌）的溶解。

激活后的补体系统，呈现一系列具有酶活力的连锁反应，在体内参与特异性和非特异免疫反应。以抗体为介质的杀菌、溶菌及溶细胞等免疫反应，均需有补体参加。补体系统在激活过程中会产生趋化因子、过敏毒素之类的免疫因子，引发一系列的生物效应，可增强机体的防御能力，但也可能出现导致疾病的免疫病变。

二、免疫系统

机体的免疫功能是通过一个复杂的免疫系统实现的，包括免疫器官、免疫细胞和免疫因子。免疫系统的存在及其功能的正常化，是机体免疫功能稳定的基本保证。

（一）免疫器官

免疫器官是指实现免疫功能的器官和组织，包括中枢免疫器官和外周免疫器官两大类。前者对免疫应答的发生有决定性的作用，是能左右机体实现免疫应答功能的器官；后者是接受抗原刺激产生免疫应答的场所。由于其主要成分都是淋巴组织，故也称其为淋巴器官。

1. 中枢免疫器官

中枢免疫器官包括骨髓、胸腺、腔上囊和类囊组织。由于它们在免疫应答中的首要作用，故也称为一级免疫器官。中枢免疫器官发生于胚胎的早期，是造血干细胞增殖、发育并分化成T细胞与B细胞的场所，可以不需抗原刺激而增殖淋巴细胞，并向外周免疫器官输送T细胞和B细胞，决定着外周免疫器官的发育。

骨髓（Bone marrow）是各种免疫细胞的原始发源地，是多能干细胞的所在地。多能干细胞具有强大的分化能力，可分化发育成红细胞、粒细胞、单核细胞（到组织中转化为巨噬细胞）、巨核细胞和淋巴细胞等，其中淋巴细胞约占骨细胞总量的20%。骨髓既是T细胞和B细胞的发源地，也是B细胞的成熟场所，此外还可产生K细胞等。

胸腺（Thymus）位于人体胸腔前纵隔上部、胸骨后方，是胚胎期发生最早的淋巴组织，为T细胞的发源地，是免疫系统的中心器官。它还可产生以胸腺素（Thymosin）为代表的各种胸腺激素，这些激素通过诱导T细胞的成熟，来达到对免疫功能的调节作用。

腔上囊（或称法氏囊，Bursa of fabricius），是鸟类独有的淋巴上皮器官，能够影响B细胞的分化与成熟。人和哺乳动物虽没有腔上囊，但有作用相似的类囊组织（Bursa equivalent organ），胚肝与骨髓是已被公认为哺乳动物的类囊组织，能直接形成B细胞。

2. 外周免疫器官

外周免疫器官又称二级免疫器官，包括脾、淋巴结、黏膜相关的淋巴组织。这些器官的发育较迟，其淋巴细胞最初是由中枢免疫器官迁移来的，靠抗原的刺激而增殖，是接受抗原刺激发挥免疫作用的主要场所。

脾是血液通路中的滤过器官，也是体内最大的免疫器官。脾可产生大量的淋巴细胞，其中以B细胞为主，约占总数的60%。脾还含有大量的巨噬细胞，在全身免疫和清除自身已衰老的红细胞等方面，发挥重要作用。

淋巴结（Lymph nodes）呈豆形网状结构组织，分布在全身的各个不同部位，如颈、腋、腹股沟、肠系膜、盆腔及肺门等，其中以肠道附近、扁桃体和肝组织内较多。淋巴结是淋巴细胞定居和增殖的场所，其含有大量的淋巴细胞和巨噬细胞，参与抗原与抗体的复合反应，清除抗原异物。

黏膜相关的淋巴组织呈球形，分布在消化道、呼吸道、泌尿生殖道和眼结膜等黏膜下异物容易入侵的部位。其所含有的淋巴细胞主要是 B 细胞，此外还有巨噬细胞。

肠道过去一直被认为是一个单纯消化吸收食物的器官，近年的研究表明它也是人体的一个免疫器官。

（二）免疫细胞

免疫细胞（Immunocyte）泛指所有参与免疫应答的细胞及其前身，包括淋巴细胞、单核吞噬细胞、粒细胞和红细胞等。人和哺乳动物的所有免疫细胞，都是从骨髓中的多能干细胞分化而来的。

1. 淋巴细胞

淋巴细胞（Lymphocyte）是机体内最为复杂的一个细胞系，包括 T 细胞、B 细胞、NK 细胞和 K 细胞等，其中 T 和 B 细胞还分为若干亚群。因此，淋巴细胞是种类繁多而分工细致的一个复杂细胞类群。

T 细胞（T 淋巴细胞）依赖于胸腺，由 T 细胞参与的免疫应答，是由 T 细胞直接实现的，称为细胞免疫。

B 细胞（B 淋巴细胞）依赖于骨髓（或鸟类的腔上囊），由 B 细胞参与的免疫应答，是通过抗体实现的，称为体液免疫。T 细胞和 B 细胞都有保存免疫记忆的能力。

NK 细胞是自然杀伤细胞（Natural killer cell）的简称，发源于骨髓干细胞，而后分布于外周组织，主要是脾和外周血中。在人外周静脉血中，NK 细胞占淋巴细胞总数的 5%～10%。NK 细胞是自发介导细胞毒的细胞，其细胞毒活力虽比 T 和 K 细胞弱些，但作用快，是机体重要的非特异性防御机能。

K 细胞是杀伤细胞（Killer cell）的简称，占淋巴细胞总数的 5%～15%，存在于腹腔渗出液、脾、淋巴结和血液中。K 细胞具有抗体依赖的细胞介导细胞毒（Antibody-dependent cell-mediated cytotexicity，ADCC）作用，对靶细胞的识别与杀伤作用完全依赖于抗体，属于非特异性免疫反应。

除 K 细胞外，NK 细胞、单核细胞和巨噬细胞等，也具有 ADCC 作用。NK 细胞与 K 细胞统称大颗粒淋巴细胞，因为既不是 T 细胞，又不是 B 细胞，故又称为第三群细胞。

2. 单核吞噬细胞与抗原递呈细胞

单核吞噬细胞，包括血液中的单核细胞与组织中的巨噬细胞（Macrophage，M）。它们具有吞噬、杀菌、细胞毒、抗原的处理与递呈、免疫调节等多种重要的生理功能。

抗原递呈细胞（Antigen presenting cell，APC）的主要作用是捕捉和处理抗原，并将有效抗原递呈给 T 细胞和 B 细胞，同时将其激活。由于 APC 能辅佐 T 细胞和 B 细胞发生免疫应答，故又称其为辅佐细胞（Accessory cell，A 细胞）。

3. 粒细胞

粒细胞由骨髓产生，其数量占正常血液白细胞总数的 60%～70%。粒细胞分中性（Neutrophil）、嗜酸性（Eosinophil）与嗜碱性（Basophil）三种，主要起吞噬作用，与抗体和补体一起抵抗微生物的侵袭，在炎症反应中起重要作用。

4. 红细胞

红细胞与白细胞一样来源于多能干细胞，以往一直认为红细胞主要参与呼吸过程，白细胞则主要执行免疫与防御功能。近些年来随着研究的深入，人们已认识到红细胞不仅参与呼吸过程，同样具有免疫功能。

（三）免疫因子

在免疫应答中，抗原刺激仅是淋巴细胞分化增殖的触发物或第一信号，免疫因子在分化过程中发挥第二信号的介导作用。免疫因子就是由淋巴细胞、巨噬细胞等分泌的具有免疫介导作用的可溶性活性因子，也可称其为细胞因子（Cytokine）。

由淋巴细胞分泌的称为淋巴因子（Lymphokine），由单核吞噬细胞分泌的称为单核因子（Monokine）。目前研究进展迅速的淋巴因子，有白细胞介素（Interleukin，IL）、白细胞调节素（Leukoregulin，LR）和肿瘤坏死因子（Tumor necrosis factor，TNF）等。

三、免 疫 应 答

免疫功能，包括三种作用：

①识别异己；

②免疫监视；

③免疫防御。

免疫细胞的功能，首先是识别异己物质，对机体细胞有时出现的突变性细胞株，加以识别并消除，保持正常细胞株的纯正性，防止癌变的发生，这就是免疫细胞的监视功能。

免疫防御功能，是指机体正常的免疫力，可以防御与消灭侵入体内的病原微生物，通过抗原抗体反应产生免疫应答，保护机体旺盛的免疫功能与健康水平。

（一）特异性的免疫应答

免疫应答（Immune response，Ir）是指抗原进入机体后，免疫细胞对抗原分子的识别、活化、增生、分化，以及最终发生免疫效应等一系列复杂的生物学反应过程。

在一般的情况下，免疫应答是机体免疫系统执行防卫功能的生物学过程，具有维持机体正常活动的保护作用，也就是免疫保护。但是，它也可能对机体造成损伤，引起超敏反应或自身免疫疾病等。因此，某些条件下的免疫反应是有害的，不能认为免疫功能对机体都是有利的。

（二）非特异性的免疫应答

1. 吞噬作用

病原微生物等异物，通过皮肤或黏膜侵入组织后，可被存在于体内不同部位的中性粒细胞与单核吞噬细胞逐级吞噬。

2. 细胞毒作用

巨噬细胞对异己细胞的杀伤作用，除了吞噬作用外，还具有下列 3 种不同形式的细胞毒作用：

①激活巨噬细胞的细胞毒作用；

②武装巨噬细胞的细胞毒作用；

③抗体介导的细胞毒作用。

值得注意的是，上述三种非吞噬的细胞毒作用都可以杀伤肿瘤细胞。但在肿瘤组织中，与肿瘤相关的巨噬细胞有异质性，一方面能杀瘤细胞，另一方面也能助长瘤细胞的生长或转移。

四、增强免疫功能性食品的开发

（一）蛋白质

蛋白质的种类不同，对免疫功能的影响也不同。例如，喂养含20%乳蛋白的小鼠对 TD 和 TI 抗原的反应性，明显强于喂养等量酪蛋白、大豆或小麦蛋白的小鼠。

蛋白质的种类对细胞免疫没有影响，这说明其影响仅局限于 B 细胞，可能是由于蛋白质的氨基酸模式不同所致。蛋白质通过改变肠道菌群的组成，或直接影响 B 细胞对免疫原刺激的反应能力，从而影响机体的免疫功能。

从鸡蛋中提取出的免疫球蛋白，能有效地增强机体的免疫功能。谷胱甘肽可清除自由基，保持红细胞的完整，保护免疫细胞。精氨酸和鸟氨酸，对免疫系统也是必需的。谷氨酰胺对于维持小肠黏膜的完整性、改善免疫功能十分重要。

（二）脂质

脂肪酸的缺乏或不足，会使淋巴组织萎缩，降低对 TD 与 TI 抗原的反应。但若给动物喂养高脂饲料，其被病原菌感染的感染率与死亡率也明显增高；通过静脉注射脂质，可降低单核吞噬细胞的功能。

亚油酸和亚麻酸等必需脂肪酸，是维持机体免疫系统最重要的基本营养素和功效成分。ω-3 和 ω-6 系列多不饱和脂肪酸，具有一定的免疫促进作用。

脂肪酸的含量及其饱和程度，可通过改变细胞膜结构等途径，影响机体免疫功能。过量的饱和脂肪酸，可抑制体内的免疫应答和体外淋巴细胞的转化，抑制单核吞噬细胞的功能，抑制粒细胞的游走和杀菌能力。过量的不饱和脂肪酸，可使胸腺萎缩，损害淋巴细胞和粒细胞的功能，抑制淋巴细胞的转化。

胆固醇是保证淋巴细胞功能的必需成分，但胆固醇过多会改变淋巴、粒细胞膜的脂质组成，降低细胞膜的流动性，可损害淋巴细胞转化和吞噬能力，增强对感染的易感性。高胆固醇导致的免疫抑制作用，可能与体内 PGI 的合成有关，氧化胆固醇有更强的免疫抑制作用。

（三）碳水化合物

从真菌（如香菇、灵芝、冬虫夏草等）和植物（如黄芪、人参）中提取的活性多糖，能明显提高机体的抗病防御能力，强化免疫功能，辅助抑制肿瘤。

功能性低聚糖之类的益生素以及乳酸菌等，能调节肠道菌群，诱导干扰素、促进细胞分裂而产生体液和细胞免疫，起到激活免疫、抗肿瘤的功效。

（四）维生素

1. 维生素 A

维生素 A 及 β-胡萝卜素可增强机体对微生物的抵抗力，缓和免疫抑制反应，增加宿主的抗肿瘤效应。维生素 A 可增加 TI 抗原所致的抗体数量，能直接作用于 B 细胞而增强机体的抗体反应，预防氢化可的松等免疫抑制剂所引起的体液免疫抑制现象。

2. 维生素 E

维生素 E 是一种有效的免疫调节剂。维生素 E 的缺乏，可增加具有抑制免疫反应的 PG 合成量，改变巨噬细胞膜的受体浓度，损害红细胞、淋巴细胞膜的完整性。维生素 E 缺乏的大鼠，可观察到淋巴细胞线粒体的畸变现象。

3. 维生素 C

维生素 C 对维持人体正常免疫功能是必需的。白细胞含有丰富的维生素 C，其数量随摄入量的增加而增大，急性或慢性感染时含量会急剧减少。

4. 维生素 B_6

维生素 B_6 缺乏时，细胞免疫功能和体液免疫功能均受到明显的影响，包括胸腺萎缩、外围血液淋巴细胞减少、单核巨噬细胞功能异常等。老年免疫功能低下与维生素 B_6 密切相关，补充 B_6 后免疫功能得以明显改善。临床上，患有何杰金氏病（Hodgkin's disease）或因肾功能不全而进行透析的病人，一般均伴有维生素 B_6 不足或缺乏，补充维生素 B_6 后免疫功能可得到相应改善。

尽管如此，正常人大剂量补充维生素 B_6，并不产生显著的免疫增强效果。

5. 其他维生素

维生素 B_1、维生素 B_{12}、叶酸和生物素等，对机体的免疫功能均可发挥作用。辅酶 Q_{10} 能支持免疫系统，加强细胞对氧的摄取，增强心脏功能。

（五）矿物元素

1. 锌

锌能直接刺激胸腺细胞使其增殖，增加胸腺素的分泌量，维持细胞免疫的完整性。锌还是某些免疫介质活性的必需元素。

胎儿期缺锌，会减少 Ig 的产生并可持续到第 2~3 代；哺乳期缺锌，可大大降低胸腺素的生成量和抗体反应的增长；断乳后缺锌，对体液免疫反应仍有不良影响。

2. 铁

缺铁可损害免疫功能，减少 T 细胞数量，减弱对肿瘤的杀伤力。缺铁动物的中性白细胞杀菌活性降低，微生物感染的发病率和死亡率增加。缺铁对人类体液免疫无明显影响，B 细胞数量 Ig 水平及补体成分正常。

3. 铜

铜可增强中性粒细胞的吞噬功能，铜缺乏可抑制单核吞噬细胞系统，降低中性粒细胞的杀菌活性，从而增加对微生物的易感性。伴有铜缺乏的家族性 Menkes 综合征患者，细胞免疫弱，常因感染肺炎而死亡。

4. 硒

硒有广泛的免疫调节作用。硒和维生素 E 合用，对增强抗体产生和淋巴细胞转化反应有协同作用。如果两者同时缺乏，对依赖 T 细胞抗体反应的损害更为明显。

缺硒会影响非特异性免疫，严重抑制中性粒细胞移动能力，减弱杀菌能力。缺硒动物腹腔渗出液中的巨噬细胞明显减少，细胞内谷胱甘肽过氧化酶的活性减弱，释放出的过氧化氢数量明显增多。

（六）具有增强免疫功效的典型配料

具有增强免疫功效的典型配料如表 8-1 所示。

表 8-1　　　　　　　　　　　　　具有增强免疫功效的典型配料

典型配料	生理功效
辅酶 Q_{10}	增强免疫功能，降低血压
免疫球蛋白	增强免疫功能
卵白肽	增强免疫功能
酵母核酸	增强免疫功能，抗衰老
γ-亚麻酸	调节血脂，美容，增强免疫，抗衰老
螺旋藻	增强免疫，抗衰老，抗辐射，耐缺氧
蚂蚁	增强免疫，抗衰老
蜂王浆	增强免疫，抗疲劳，抗衰老
蜂花粉	增强免疫，抗疲劳，抗衰老
阿胶	增强免疫，抗疲劳，抗衰老
蛇肉	增强免疫，抗疲劳
枸杞多糖	增强免疫，抗衰老
黄芪多糖	增强免疫，调节心血管，抗衰老，抗疲劳，抗肿瘤
香菇多糖	增强免疫，抗突变，抗肿瘤
灵芝多糖	增强免疫，抗突变，抗肿瘤
云芝多糖	增强免疫，抗突变，抗肿瘤
银耳多糖	增强免疫，抗突变，抗肿瘤
虫草多糖	增强免疫，抗突变，抗肿瘤
金针菇多糖	增强免疫，抗突变，抗肿瘤
黑木耳多糖	增强免疫，抗突变，抗肿瘤
猴头菇多糖	增强免疫，抗突变，抗肿瘤
猪苓多糖	增强免疫，抗突变，抗肿瘤
茯苓多糖	增强免疫，抗突变，抗肿瘤
人参	提高免疫力，抗炎，抗肿瘤
刺五加	提高免疫力，改善大脑供血，抗癌
灰树花	提高免疫力，抗肿瘤，抗病毒
紫锥菊	增强免疫

第二节　抗肿瘤功能性食品

　　研究和控制肿瘤，是当今生命科学领域的重大课题。营养、食品在人类肿瘤发生与发展过程中的作用，一直是这方面的研究重点，特别是在肿瘤的预防方面，人们寄予了很大的希望。

目前，有关膳食、营养与肿瘤的预防有不少新的进展。除了传统的营养素外，存在于食品中的某些微量功效成分，在预防肿瘤方面发挥着重要作用。开发抗肿瘤功能性食品，前景光明。

一、肿瘤的定义

人体在进行细胞分裂时，由于内部或外界条件的影响，细胞核内的 DNA 在转录、复制时常会发生差错。这些差错的反复累积，最终会导致不可修复的损伤，造成 DNA 结构上的改变，就称为基因突变。所有能引起肿瘤的物质，均会诱发细胞突变；而绝大多数的致突变物，同时又是致肿瘤物。

肿瘤细胞的特点是，无限制地疯狂生长，且可起源于体内的任何组织或器官。与正常的细胞相比，肿瘤细胞的外观较原始，形状极不规则，并有大而不规则的核。当肿瘤细胞生长到一定程度时，就会将正常的器官挤在一边，并且夺取进入体内的营养物质，从而干扰了机体的正常功能，最终导致个体死亡。

肿瘤（Tumor）的定义是机体局部组织的细胞发生了持续性异常增殖而形成的赘生物（Neoplasia），由实质细胞、血管、支持性基质与结缔组织所组成。

良性肿瘤（Benign tumor）为纤维包膜所包被，只在局部生长，在正常状态下不破坏宿主，或仅由于所占体积的原因而对宿主产生破坏作用。良性肿瘤不产生浸润与转移，不会侵入到周围组织。

恶性肿瘤（Malignant tumor）则能产生浸润与转移，肿瘤一般无包膜，即使有假性包膜也可被穿透。恶性肿瘤即通常俗称的"癌"（Cancer），对宿主有很大的破坏作用。Cancer 的拉丁文意思是"蟹"，意为新生的东西呈蟹爪样的疯狂扩散。

人体中易发生肿瘤病变的部位，多集中在胃、肝、肾、肺、膀胱、结肠、咽、乳腺、淋巴、口腔、前列腺、子宫、皮肤和血液等处。我国比较常见的癌，有胃癌、食管癌、肝癌、肺癌、淋巴癌、乳腺癌和大肠癌等。

二、肿瘤的发生和发展

基因结构的改变，称作突变。并非所有的突变都是癌变，只有那些导致癌细胞产生恶性行为的突变才是癌变。导致癌症的物质，分致癌剂与促癌剂两种。只有致癌剂才能导致基因突变，促癌剂是在致癌剂之后发挥作用的，它能促进起始细胞转化为癌细胞。有些物质既是致癌剂又是促癌剂，称为完全致癌物。

肿瘤的发生与发展，是一个多因素、多步骤的十分复杂多变的过程，各有不同的细胞与遗传机理。目前一般将之分成两个阶段：诱发与促进。

许多潜在的致癌物，可能存在于空气、食品、饮水、烟草、工业化合物中，或以病毒的形式存在。正常机体具有抵御致癌物侵害的能力，在它们产生危害前将其排出体外，或者修复它们已经产生的危害。但是，当机体防御能力降低，体内致癌物被活化，造成遗传损伤，从而使细胞功能、细胞生长和分裂发生异常，有缺陷的遗传物质将会传代下去。这个阶段称为肿瘤发生的诱发阶段。

诱发阶段的损伤细胞，并没有完全形成肿瘤细胞。只有当异常细胞广泛繁殖并逐步占据正常细胞的空间，从而威胁健康细胞和组织功能，才会形成肿瘤。某些肿瘤，在这个后一阶段，可能持续很长时间（10年、20年或更长时间）。在肿瘤发生之前，机体内外因素可以加速或减缓损伤细胞的分裂，甚至停止肿瘤发生，这一阶段称为肿瘤的促进阶段。

能减缓致癌过程的因素，称为抑癌剂。许多食物，如新鲜蔬菜、水果等植物性食品，含有抗肿瘤成分，能使机体在细胞损伤之前分解致癌物，减少肿瘤发生的危险。

某些食品则会增加肿瘤发生的危险性。如富含红肉的食品，与高脂食品一样，不仅会增加肥胖的危险性，还会增加发生多种肿瘤的危险性。高盐食品能增加胃癌发生的危险性，饮酒会增加患各种癌症的可能。

三、影响肿瘤发生的主要因素

肿瘤是由外界环境中的生物、化学、物理与营养等因素，与个体内在因素相互作用的结果。宿主的遗传易感性，是肿瘤发生的基础，约2%的肿瘤存在明显的遗传倾向。

尽管与遗传因素有关，但肿瘤主要还是由环境因素引起的。据统计，80%~90%的肿瘤是由环境因素诱发的。其中，35%为食物因素引起，30%以吸烟为病因，而5%是由职业与环境中化学致癌剂所致。因此，肿瘤是一种生活方式疾病，是可以预防的。合理的膳食和生活方式，可以预防肿瘤的发生。

肿瘤是由于人们不健康的生活方式，长期作用而引起的。不健康的生活方式，包括：

①不合理膳食：随着生活水平的提高，人类开始步入单纯追求味觉享受的误区。想吃什么就吃什么，或者爱吃什么就吃什么，这是一种典型的不健康生活方式；

②吸烟：吸烟是一种不良行为，对健康构成多种危害。不仅引发肿瘤，而且会增加心血管疾病的发生率；

③心理紧张和压力：社会心理因素与肿瘤的关系，是一个崭新的研究课题。心理因素指人的性格特征、生活事件和应付能力等，各类心理因素在肿瘤的发生、发展和转移过程中具有非常重要的作用；

④缺少运动：生命在于运动，然而随着科学技术的发展，繁重的体力劳动逐渐被脑力劳动所代替。现代人们出门有汽车，上楼有电梯，办公现代化，家务劳动社会化，甚至现代人连走步都越来越少。

在诸多环境因素中，不合理膳食被认为是除吸烟之外的最重要的因素。人类约35%的肿瘤与膳食有关，其波动范围为20%~60%。膳食主要是影响肿瘤发生发展过程中的促癌阶段，膳食不当或营养不平衡会导致促癌过程加快，合理膳食和平衡营养则可延缓和阻碍促癌过程的进展。

通过选择适宜的、多样化的和营养平衡的膳食，从事适度的体力活动，维持适宜的体重以及尽量减少在不良环境因素下暴露，并持之以恒，就能最大限度地预防肿瘤的发生。提倡科学的膳食，不吸烟，少饮酒，保持心情愉快，坚持体育锻炼等，是最有效、最经济的预防肿瘤发生的方法。

四、肿瘤的早期警示

伴随着肿瘤的出现，患者或早或迟都会出现一些局部或全身的症状。特别值得重视的是肿瘤出现的第一个症状，更具有报警的意义。后期出现的症状，就失去了报警的意义。早期警号并不等于癌症，仅说明有癌症存在的可能性。这些征兆一经发现就应深入检查，早期发现必须早期诊断，以免贻误时机。

（一）世界卫生组织提出的肿瘤八大警号

①可触及的硬结或硬变，如乳腺、皮肤及舌部发现的硬结；

②疣（赘瘤）或黑痣发生明显的变化；

③持续性消化不正常；

④持续性嘶哑、干咳或吞咽困难；

⑤月经不正常的大出血，经期以外的出血；

⑥鼻、耳、膀胱或肠道不明原因的出血；

⑦经久不愈的伤口与不消的肿胀；

⑧原因不明的体重下降。

（二）美国肿瘤协会提出的七大警告信号

①排便或排尿习惯的改变；

②不愈合的溃疡；

③不寻常的流血或分泌；

④乳房或其他部位出现肿块或局部增厚；

⑤消化不良或吞咽困难；

⑥疣或痣有明显变化；

⑦声音嘶哑或持续咳嗽。

（三）全国肿瘤防治办公室提出的我国常见肿瘤十大警告信号

①乳腺、皮肤、舌或身体其他部位有可触及或不消的肿块；

②疣（赘瘤）或黑痣明显变化，如颜色加深、迅速增大、搔痒、脱毛、渗液、溃烂或出血等；

③持续性消化不良；

④吞咽食物时有梗噎感、疼痛、胸骨后闷胀不适、食管内异物或上腹部疼痛等；

⑤耳鸣、听力减退、鼻塞、鼻衄、抽吸咳出的鼻咽分泌物带血，头痛、颈部肿块；

⑥月经期不正常的大出血，月经期外或绝经后不规则的阴道出血，接触性出血；

⑦持续性嘶哑、干咳或痰中带血；

⑧原因不明的大便带血或带黏液，腹泻与便秘交替出现，原因不明的血尿；

⑨久治不愈的伤口、溃疡；

⑩原因不明的较长时间体重减轻。

五、抗肿瘤功能性食品的开发

人类约有 35% 的肿瘤，是与膳食因素密切相关的。只要合理调节营养与膳食结构，充分发挥各种成分自身的抗肿瘤功效，就可有效地控制肿瘤的发生。科学证实，改变膳食可以预防 50% 的乳腺癌、75% 的胃癌和 75% 的结肠癌。

世界癌症研究基金会，关于预防肿瘤的膳食建议如下所述：

①合理安排膳食，膳食中保证充分营养，食物要多样化；

②膳食以植物性食物为主，包括各种蔬菜、水果、豆类以及粗加工谷类等；

③一年四季，坚持每天摄入 400~800g 的各种蔬菜和水果；每天摄入 600~800g 的各种谷

类、豆类、植物类根茎，以粗加工为主，限制精制糖的摄入；

　　④红肉指牛肉、羊肉、猪肉或由这些肉加工成的食品，红肉摄入量应低于90g/d，选择鱼和禽肉比红肉更有益健康；

　　⑤限制高脂食物，尤其是动物性脂肪的摄入，多摄入植物油，并控制用量。限制腌制食品的摄入，控制烹调盐和调料盐摄入，成人食盐摄入量低于6g/d；

　　⑥不要摄入常温下储存时间过长、可能受到真菌毒素污染的食物；采用冷藏或其他合适方法保存易腐烂食物；

　　⑦食物中的添加剂、污染物和其他残留物低于国家规定限量，它们的存在是无害的，但乱用或使用不当可能影响健康；

　　⑧不摄入烧焦的食物，以及少量摄入直接在火上烧烤的肉、鱼、腌肉或熏肉；

　　⑨一般不必摄入营养补充剂，营养补充剂对抗肿瘤可能没有帮助；

　　⑩控制体重，坚持体育锻炼，反对过量饮酒。

　　开发抗肿瘤食品，要充分合理地应用各种功效成分，诸如免疫球蛋白、活性多糖、膳食纤维、维生素和微量元素等。同时还要注意能量、碳水化合物、蛋白质对肿瘤发生或抑制的复杂影响关系，合理平衡各种营养素的搭配及活性成分的配伍关系。

（一）能量

　　能量与肿瘤的发生关系明显。限制能量摄入，可以减少动物自发性肿瘤的发生率，延长肿瘤发生的潜伏期，抑制移植性肿瘤的发展。如限制50%的能量，可使小鼠自发性肿瘤的发生率，由对照组52%下降至27%；可使苯并芘诱发皮肤癌的发生率，由对照组65%下降至22%。在人类限制能量可减少肿瘤，体重超重的人比体重正常或较轻的人更容易患肿瘤，死亡率也高。

　　另外，不限制膳食能量，但迫使动物不断地运动以促进能量的消耗，同样也可以抑制化学致癌物的致癌作用。限制能量对肿瘤的抑制作用，可因肿瘤类型的不同而有所差异。例如，当动物进食量受到限制时，自发性和致癌物引起的肿瘤可被完全抑制，而移植性肿瘤所受的影响很少。试验还表明，喂养相同的能量，体重较重大鼠的各种肿瘤发生率均高于体重较轻的大鼠。

（二）脂肪

　　高脂肪与肠癌、乳腺癌发生率高有关系。在脂肪食用较多的国家和地区，如西欧、北美及大洋洲等，乳腺癌和大肠癌（主要为结肠癌）的发生率高；而脂肪食用较少的非洲与亚洲等，这些癌的发生率明显较低。

　　在动物试验中，增加脂肪含量肿瘤发生率增加，当脂肪含量由总能量的2%~5%，增加到20%~27%时，动物肿瘤发生率增加而发生时间提早，不过在此基础上进一步提高脂肪含量，则肿瘤发生率不再按比例增加。在动物饲料中当牛脂占总能量的35%时，可增加化学致癌物诱发的肠道肿瘤。

　　高脂肪膳食影响大肠癌的发病机制，一般认为是高脂肪膳食使得肝脏的胆汁分泌增多，胆汁中初级胆汁酸尤其是牛磺胆酸与甘氨鹅脱氧胆酸增多，在肠道致病菌（主要是腐败梭状芽孢杆菌）的作用下，由牛磺胆酸转变的脱氧胆酸，和由甘氨鹅脱氧胆酸转变的石胆酸，可能都是致癌物。临床分析表明，在大肠癌患者粪便中的胆汁酸和梭状芽孢杆菌浓度很高。另外，高脂肪膳食还能影响小肠内环境的正常平衡，改变肠道菌群的组成与活性。

高脂肪膳食促进乳腺癌发生的机制，与上述不同。影响乳腺癌发生的主要因素是激素，雌性激素中的雌酮和雌二醇都有致癌作用。高脂肪与高糖膳食易使人肥胖，肥胖的脂肪组织能使肾上腺皮质激素中的雄烯二酮芳香化成雌酮，促进绝经期后乳腺癌的发生。其次，肠道细菌可以将胆汁固醇转变为雌激素固醇，高脂肪膳食可促使胆汁分泌的增加，使得雌激素的产生量也增加。

尽管如此，20世纪90年代进行的至少10项前瞻性流行病学的研究表明，膳食脂肪的总摄入量与女性乳腺癌等并无明显关系。当然，这并不等于不应控制膳食中脂肪的摄入。因为肥胖已被证明是多种癌症（乳腺癌、胰腺癌和结肠癌等）的重要危险因子，而脂肪显然是控制肥胖的重要节点。各种不同脂肪酸的作用，是今后研究的主要方向之一。

（三）蛋白质

蛋白质含量较低的膳食可促进人与动物肿瘤的发生，如果提高蛋白质含量或补充某些氨基酸，则可抑制肿瘤的发生。如以甲基亚硝胺诱发大鼠食管癌，高蛋白组动物发生食管癌的潜伏期长，食管鳞状细胞癌发生率较低，癌细胞分化较好。

另一试验是，以甲基苄基亚硝胺诱发大鼠食管癌，当饲料中加入半胱氨酸或胱氨酸时，肿瘤发生率明显低于对照组。当然也有试验表明，饲料中蛋白质含量非常高或补充某种氨基酸可促进肿瘤的发生，如色氨酸含量就与膀胱癌发病有关。一般说来，当摄入高于正常需要量2~3倍以上的蛋白质时，会促进肿瘤的发生。

免疫球蛋白通过提高人体自身的免疫能力，达到抵抗肿瘤的目的。但从动物组织中提取出的免疫球蛋白成本太高，显然无法应用在功能性食品的生产上。比较实用的方法，是从鸡蛋等原料中提取免疫球蛋白，这样有利于降低生产成本。

（四）碳水化合物

动物试验表明，高碳水化合物或高血糖浓度，可抑制化学致癌物对动物的致癌作用，如给大鼠注射四氧嘧啶造成严重的糖尿病时，动物对氨基芴的致癌作用有耐受性。给小鼠注射纤维肉瘤细胞，同时在饲料中添加8%的葡萄糖，动物无肿瘤发生，而对照组动物则发生肿瘤恶性增生。这表明，高葡萄糖使肿瘤细胞的生长受到抑制。

但是对人类来说，高糖膳食却易诱发胃癌。以大米为主食的地区胃癌发生率较高，如在日本，胃癌发生率就很高。流行病调查表明，糖摄入量过多与乳腺瘤发病率直接相关。尤其是精制糖摄入过多，是乳腺瘤发病率增加的原因之一。另外，膳食纤维与大肠癌的关系十分密切，膳食中纤维含量低则大肠癌发生率就高。

存在于香菇、金针菇、灵芝等食用或药用菌中的某些活性多糖，具有通过活化巨噬细胞和刺激抗体的产生，而达到提高人体免疫力抵抗肿瘤的作用，这种多糖由于具备比免疫球蛋白更低的成本而日益受到重视。通过生物技术，能在短时间内得到大量富含活性多糖的真菌菌丝体，由此开发的抗肿瘤食品更具良好的前景。

膳食纤维在预防结肠癌方面的作用已成定论，这起因于膳食纤维诱导肠道内有益菌群（特别是双歧杆菌）的大量繁殖，同时结合肠内有毒物促进其排出体外，这样就缩短了有毒物对肠道的毒害避免了癌症的出现。功能性低聚糖、活酸菌或双歧杆菌活菌制剂，也有明显的调节肠道菌群的作用，对大肠癌的预防也有明确的效果。

（五）维生素

1. 维生素A

动物试验表明，缺乏维生素A易被化学致癌物诱发黏膜、皮肤与腺体肿瘤。临床分析也表明，支气管癌症患者血清中维生素 A 水平，明显低于良性支气管肿瘤患者和正常健康人。维生素 A 可抑制化学致癌物诱发动物肿瘤。

维生素 A 对肿瘤的抑制作用，主要是防止上皮组织癌变。有人认为，维生素 A 酸能使溶酶体变得不稳定，从而增强了癌变细胞溶酶体的脆性，促使溶酶释放水解酶进入胞浆，促进肿瘤细胞退化。也有人认为，维生素 A 可以改变致癌物的代谢，增加免疫反应，增强对肿瘤的抵抗力。

相反有人报道，大量的维生素 A 可增加地鼠气管鳞癌的发病率，增强致癌物对地鼠颊部皮肤的致癌作用，并认为这是因为维生素 A 增强细胞膜通透性的缘故。

2. 维生素 C

维生素 C 能增强机体对肿瘤的抵抗力。流行病学调查表明，维生素 C 摄入量较低地区的食管癌与胃癌的发生率较高，在大范围的人口中肿瘤的发生率与每日摄入的维生素 C 平均值成反比，癌症患者体内的维生素 C 含量低于健康人。

维生素 C 能抑制强致癌物亚硝胺的合成，它可以减少人体内合成亚硝胺的原料之一亚硝酸盐的含量，与亚硝酸基形成亚硝酸基和维生素 C 的中间产物，从而抑制亚硝胺的形成。维生素 C 也可促使已形成的亚硝胺分解，还可降低 3，4-苯并芘、黄曲霉素 B_1 的致癌作用。

癌瘤病毒能使正常细胞内 cAMP 含量下降，而使细胞发生恶变。若能提高细胞内 cAMP 含量，则可以使恶变的细胞再转为正常。维生素 C 能通过肾上腺素的合成，使 cAMP 生成增多；或抑制磷酸二酯酶的活性，使 cAMP 的分解减少。总的结论是，cAMP 的增加可起防癌作用。

某些癌细胞能释放透明质酸酶，使细胞间质解聚。正常人血清中存在着抑制透明质酸酶的物质（PHI），而这种酶抑制物的形成需要维生素 C。当膳食中缺乏维生素 C 时，血清中 PHI 浓度下降，透明质酸酶释放增加，细胞间质解聚，使癌瘤细胞易于扩散增殖。

3. 维生素 B_2

缺乏维生素 B_2 的动物，化学致癌物对其的致癌性增强。给大鼠喂养缺乏维生素 B_2 的饲料，之后局部用巴豆油涂抹诱发出皮肤乳头瘤，皮肤肿瘤发生得早、数量也多。用偶氮染料诱发的肝肿瘤，其肝脏中的维生素 B_2 明显低于正常值，肝肿瘤发生率与肝脏中的核黄素浓度成反比。

4. 维生素 E

在小鼠饲料中添加含有较高浓度维生素 E 的小麦胚芽油，或直接用维生素 E，可降低腹腔注射化学致癌物引起的皮肤肉瘤和皮肤瘤的发生率。

（六）微量元素

已知在膳食防癌中，有重要作用的微量元素有硒、锗、铁、碘、钼等。根据动物试验，可能有致癌作用的 9 种元素，是铍、镉、钴、铬、铁、镍、铅、钛及锌。而根据流行病学调查，确定有致癌性作用的 4 种元素，是砷、镉、铬及镍。

1. 硒

硒具有抗癌作用，可使多种化学致癌物引起动物肝癌、皮肤癌及淋巴肉瘤的作用受到限制。流行病学资料表明，消化道癌患者血清硒水平明显低于健康人，血清硒含量与肿瘤死亡率为负相关性。部分国家的调查结果也发现，不同地区农作物硒含量与消化系统、泌尿系统肿瘤死亡率呈明显的负相关。

2. 碘

当膳食中的碘含量较低时，可引起单纯性甲状腺肿，而甲状腺肿容易转化为甲状腺肿瘤。

在甲状腺肿流行的地区，其甲状腺癌的发生率也较高。其原因可能是甲状腺功能低下时，通过反馈作用，使得过量的垂体促甲状腺激素不断作用，结果引起甲状腺组织增生并发生肿瘤。低碘食物还会促进与激素有关的乳腺癌、子宫内膜癌及卵巢癌的发生。

3. 铁

缺铁常与食道和胃部肿瘤有关。由于铁的缺乏，导致慢性萎缩性胃炎，结果使得胃酸含量过低，细菌在胃内聚集将摄入的硝酸盐降解为亚硝酸盐，最终形成致癌的亚硝胺。同样的机理，恶性贫血患者的胃癌危险性增高。

4. 钼

我国的研究表明，当地土壤中的钼含量与食道癌发病率呈明显的负相关性。在食道癌高发地区，人体中钼含量较低。无论是美洲还是非洲，食道癌高发高死亡率地区的土壤与饮水中钼含量均较低或缺乏。

（七）抗氧化剂

体内自由基对正常细胞的破坏作用导致人体衰老，同时也破坏了体内正常的抗病防御能力，易诱导肿瘤的出现。因此，各自由基清除剂也有抵抗肿瘤侵害的生理功效。

膳食中 β-胡萝卜素对肿瘤的保护作用，是近年来的热门话题，倍受重视。为数众多的相关性研究、对照性研究和前瞻性研究，都表明 β-胡萝卜素对若干癌症，特别是肺癌有保护作用。

出乎大多数人的预料，20 世纪 90 年代，在芬兰和美国进行的 3 项长期、大型人群干预研究的结果，不但未能表明 β-胡萝卜素的防癌作用，而且似乎对吸烟者有增加患肺癌的风险率。

芬兰进行的研究，是以近 3 万名男性吸烟者为对象，让他们在长达 7 年的时间内每天补充 20mg β-胡萝卜素。结果表明，肺癌死亡率的比值比（OR 值）为 1.40（1.19～1.65，$P<0.05$），即补充 β-胡萝卜素组较对照组的肺癌死亡率高 40%。

另一项美国西部的研究，是以近 2 万名男性吸烟者为对象，在每天补充 30mg β-胡萝卜素和 7.5mg 视黄醇长达 4 年后，发现肺癌死亡率的比值比为 1.46（1.06～2.00，$P<0.01$）。

第 3 项在美国哈佛大学进行的研究，以 22071 名男性医生为对象，其中 11% 为吸烟者，让他们每 2 天补充 50mg β-胡萝卜素持续 12 年，未见对癌症有明显的保护作用。

（八）蔬菜和水果的活性成分

与上述的悲观结果相反，蔬菜和水果越来越被证明，是多种癌症的抑制因素，包括消化道癌（口腔、食道、胃、结肠、直肠）、呼吸系统癌（咽、喉、肺）及与内分泌有关的癌（乳腺、胰腺）。在大量的前瞻性研究中，几乎没有不一致的结果。

最引人注意的，是在病例专一对照性和前瞻性研究中，有些还显示出良好的剂量-反应关系。蔬菜和水果的摄入量越高，则发生癌症（胃、肺等）的危险度越小。

为什么蔬菜和水果对诸多癌症有抑制作用？一般认为除了其中所含的抗氧化营养素和膳食纤维外，多种多样的活性物质很可能对抗癌具有重要作用。这些活性物质，包括各种类胡萝卜素，大蒜和韭菜中的大蒜素类含硫化合物，绿叶蔬菜中的酚酸，叶绿素、卷心菜和菜花中的异硫代氰酸酯类，以及蔬菜与水果中的槲皮素等。

（九）具有抗肿瘤功效的典型配料

具有抗肿瘤功效的典型配料如表 8-2 所示。

表 8-2 具有抗肿瘤功效的典型配料

典型配料	生理功效
番茄红素	抗肿瘤，抗衰老，抗辐射
硒	抗衰老，增强免疫，抗肿瘤
姜黄素	抗衰老，抗肿瘤，抗辐射
隐黄质	抗肿瘤
异硫氰酸盐	抗肿瘤
染料木素	抗肿瘤
鞣花酸	抗肿瘤，清除自由基，美容
白藜芦醇	抗肿瘤，降低心脏病的发病率
槲皮素	抗肿瘤，促进血液循环，抗过敏
α-胡萝卜素	抗肿瘤，抗衰老
β-胡萝卜素	抗肿瘤，抗衰老，改善视力，抗辐射
黄芪多糖	增强免疫，调节心血管，抗衰老，抗疲劳，抗肿瘤
香菇多糖	增强免疫，抗突变，抗肿瘤
灵芝多糖	增强免疫，抗突变，抗肿瘤
云芝多糖	增强免疫，抗突变，抗肿瘤
银耳多糖	增强免疫，抗突变，抗肿瘤
虫草多糖	增强免疫，抗突变，抗肿瘤
金针菇多糖	增强免疫，抗突变，抗肿瘤
黑木耳多糖	增强免疫，抗突变，抗肿瘤
猴头菇多糖	增强免疫，抗突变，抗肿瘤
石蒜	抗肿瘤，抗病毒
猪苓多糖	增强免疫，抗突变，抗肿瘤
茯苓多糖	增强免疫，抗突变，抗肿瘤
人参	提高免疫力，抗炎，抗肿瘤
刺五加	提高免疫力，改善大脑供血，抗癌
灰树花	提高免疫力，抗肿瘤，抗病毒

第三节 改善骨质疏松功能性食品

骨质疏松被视为与糖尿病、肥胖、高脂血症一样的现代文明病，全世界目前至少有 2 亿多患者，发病率居世界各种常见病的第六位。骨质疏松已成为一个严重的世界性问题，开发改善骨质疏松的功能性食品，意义重大，市场潜力巨大。

一、骨质疏松的定义和症状

骨骼是人体的基本结构，成人骨骼由 206 块骨头组成，主要成分是富含羟脯氨酸的蛋白质、羟基磷灰石结晶等。人体有 99% 的钙质储存于骨骼中。骨骼为人体提供支持及保护的功能，也是人体制造血液的中心。在人的一生中，骨骼有其生命循环，不停地变化。骨骼系统若有不良状况发生，将会影响整个生命现象。

（一）骨质疏松的定义

骨质疏松症（Osteoporosis，OP）是以骨量减少、骨组织显微结构退化而导致的骨脆性增加、骨折危险性增加为特征的一种系统性、全身性骨骼疾病。

骨质疏松症本意为充满空洞的骨骼，骨骼的外表单位体积不变而质量却减少，当一个人的骨密度（Bone mineral density，BMD）低于年轻健康成年人人群均数的 2.5 个标准差（T 值）时，就可判定患有骨质疏松症。此时骨骼的支撑力大为降低，空洞的骨骼经不起压力，稍受外力就会断裂。由于骨质疏松是一种涉及全身骨骼系统的疾病，因此对于其定义应该有更全面的理解和认识。

1. 骨组织量减少

这是最基本的病变，其特征是骨量减少导致单位骨体积内的骨组织含量的减少，即骨密度降低，留下的骨组织体积和化学组成并没有改变。骨量减少是骨矿物质和骨基质等比例地减少。如果仅是骨矿物质减少，则是矿化障碍所致。

2. 骨的微结构异常

骨量逐渐减少，先使骨变薄变轻，骨小梁变细。骨的继续减少使一些骨小梁之间的连接消失，甚至骨小梁也消失。这种情况在人的中轴骨（脊柱）表现得较为清楚。脊柱的椎体内部由海绵样网状结构的松质骨构成，当骨小梁消失时孔隙变大，原来有规则的海绵样网状结构，变成了不规则的孔状结构，破坏了骨的微结构。

3. 易于骨折

由于上述两种改变，皮质骨变薄，松质骨、骨小梁变细，断裂，数量减少，孔隙变大。这样的骨骼支撑人体及抵抗外力的功能减弱，脆性增加，变得容易折断，人体易发生腰椎压迫性骨折或在不大的外力下发生桡骨远端、股骨近端和肢骨上端骨折。当骨密度严重降低时，连咳嗽、开窗、弯腰端水这样的小动作也可能导致骨折。

（二）骨质疏松的分类和起因

骨质疏松症可分为原发性骨质疏松症、继发性骨质疏松症、特发性骨质疏松症三大类。

1. 原发性骨质疏松症

包括绝经后骨质疏松症（Ⅰ型）和老年性骨质疏松症（Ⅱ型）。它是随着年龄的增长而必然发生的一种生理性退行性病变。常见的病因有以下几个方面：

①内分泌紊乱：主要是由性激素、甲状旁腺素、降钙素、前列腺素、维生素 D 等的代谢失调，导致骨吸收增加、骨代谢紊乱所造成的。这是导致骨质疏松的重要原因之一；

②营养不良：饮食中缺钙，造成钙的摄入不足，或者由于激素影响、消化功能衰退、年龄变化等导致的小肠钙吸收不好；

③活动减少：随着年龄的增长，户外运动减少，骨骼失去刺激，此时成骨细胞的活动降低，而破骨细胞的活动增加，骨吸收占骨代谢的主导地位。这也是老年人易患骨质疏松症的重

要原因；

④遗传因素：骨质疏松的发生和遗传有关，如白种人、黄种人的发生概率高于黑种人；维生素D受体基因、雌激素受体基因等与钙吸收和骨建造有关，而且具有遗传性，它们的基因缺陷可以导致骨质疏松；

⑤生活习惯：吸烟和饮酒过量等不良的生活习惯与骨质疏松有密切关系。

2. 继发性骨质疏松症

继发性骨质疏松症指的是由其他疾病或药物等因素所诱发的骨质疏松症。最常见的是由肾脏疾病、甲状腺和甲状旁腺功能亢进、慢性胃肠炎、肝病、糖尿病、类风湿等其他疾病引起的骨质疏松症。

3. 特发性骨质疏松症

特发性骨质疏松症多见于8~14岁的青少年或成人，原因不明，多半有遗传家庭史，女性多于男性。妇女妊娠及哺乳期所发生的骨质疏松也可列入特发性骨质疏松。

（三）骨质疏松的症状

骨质疏松的防治应贯穿人的一生。多数人在早期可能没有任何症状或症状轻微未被重视，或有症状但被认为是其他疾病，等到有明显症状出现时，表明骨质疏松已经到了比较严重的程度。骨质疏松是全身性疾病，涉及全身几乎所有的脏器和功能，疾病进展缓慢，不容易引起人们的警惕，但实际危害严重。其症状主要如下。

1. 疼痛

骨质疏松最常见的症状，以腰背痛多见，占疼痛患者的70%~80%。一般骨量丢失12%以上时即可出现骨痛。

2. 身长缩短、驼背

这些症状多在疼痛后出现。脊椎椎体前部几乎多为松质骨组成，而且此部位是身体的支柱，负重量大，尤其第11、12胸椎及第3腰椎，负荷量更大，容易压缩变形使脊椎前倾，背曲加剧形成驼背，随着年龄增长，骨质疏松加重，驼背曲度加大。

3. 骨折

这是退行性骨质疏松症最常见和最严重的并发症。据我国统计，老年人骨折发生率为6.2%~24.4%，尤以高龄（80岁以上）妇女为甚。一般骨量丢失20%以上时即发生骨折。

4. 呼吸功能下降

胸、腰椎压缩性骨折，脊椎后弯，胸廓畸形，可使肺活量和最大换气量显著减少，肺上叶前区小叶型肺气肿发生率可高达40%。老年人多数有不同程度的肺气肿，若再加骨质疏松所致胸廓畸形，患者往往可出现胸闷、气短、呼吸困难等症状。

二、改善骨质疏松功能性食品的开发

（一）蛋白质

蛋白质是人体组织的重要组成部分，它参与人体一切组织细胞的合成，是合成骨骼有机成分的主要原料，没有足够的蛋白质来供应骨质的合成，就无法形成骨组织。有资料表明，在摄入高钙、高蛋白质的地区，骨质疏松的人数相应减少，所以适量的补充蛋白质对于预防和改善骨质疏松是必需的。

国外研究机构则认为，当膳食中的蛋白质特别是含硫氨基酸蛋白质超过一定水平时，蛋白质中的硫元素氧化为硫酸盐使体内环境变酸，机体为了维持酸碱平衡会从骨骼中析出钙质来中和酸性，保持身体的微碱状态，这就导致尿钙排出量增加，造成负钙平衡。据报道，每增加 1g 蛋白质的摄入，钙排出会增加 10g 左右，故长期摄入高蛋白饮食会增加体内钙的丢失，容易引起骨质疏松症。但也有人对高蛋白饮食进行了长达 72d 的追踪观察，尿钙排出虽出现过增长，最终却无负钙平衡出现。因此对于高蛋白是否会导致骨质疏松症尚无定论，但可以肯定的是在一定范围内蛋白质的摄入量与骨密度呈正相关性。根据我国的实际情况，老年人每日蛋白质的摄入量应在 60~70g 为宜。

（二）脂肪

有些维生素（如维生素 D）必须溶解在脂类物质中，才能被机体吸收和利用。如果长期摄入脂类物质不足，人体因缺乏维生素 D 而患骨质疏松症的概率就会增加。同时足量脂肪是女性维持体内正常的雌激素浓度的保证，特别是绝经后妇女，脂肪是雌激素的重要来源之一。脂肪太少，会造成机体能量摄入不足，而使体内大量脂肪和蛋白质被超常耗用，会导致雌激素合成障碍，影响肠钙的吸收和骨的形成，为骨质疏松埋下隐患。另外，如果人的脂肪组织和肌肉菲薄，当发生摔倒或受暴力作用时，更易发生骨折。

过多的摄入脂肪，不仅会使人肥胖和容易患上心脏病，还会使骨骼变得稀松、容易折断，从而使人患上骨质疏松症。加州大学洛杉矶分校的一个研究小组发现，给大鼠喂高脂肪的食物 7 个月后，相当数量的矿物质就会从骨中流失。不仅如此，研究人员还发现这些大鼠后腿的腿骨也减轻了 15% 的重量。而在另一个实验中，研究人员也发现给大鼠吃下高脂肪的食物后，随着体内胆固醇含量的升高，骨质生成细胞也随之减少。

人体摄入的脂肪有两种基本类型：$\omega-6$ 系脂肪酸（主要存在于各种植物油和肉类中）和 $\omega-3$ 系脂肪酸（主要存在于各类海产品中）。研究表明，$\omega-3$ 系脂肪酸有助于骨质的形成，而 $\omega-6$ 系脂肪酸将导致骨质的丢失。饮食中 $\omega-6$ 系脂肪酸和 $\omega-3$ 系脂肪酸的比例为 5:1 时骨矿物质含量不变，如果达到 10:1 则出现骨质丢失。所以少摄入植物油类的脂肪（$\omega-6$ 系脂肪酸），多吃鱼油类脂肪（$\omega-3$ 系脂肪酸）保持饮食中 $\omega-6$ 系脂肪酸和 $\omega-3$ 系脂肪酸的比率较低，就可以减少雌激素缺乏所导致的骨质丢失，改善骨质疏松。

（三）维生素

1. 维生素 D

维生素 D 对骨骼健康至关重要，可以利用它及其类似物来防治骨质疏松和骨质疏松性骨折。一项为期 3 年的安慰剂对照研究表明，老年男性和女性在补充钙剂和维生素 D 后，骨转换生化指标会明显降低，腰椎、股骨颈和全身的骨密度显著增加。而在停止补充钙剂和维生素 D 2 年后，骨转换指标会回到补充前的水平，获得的骨量也逐渐丢失。

多数学者认为，老年人需要补充较大量的维生素 D，每日为 800~1600IU，而且补充维生素 D_3 比补充维生素 D_2 的效果好。但摄取过量的维生素 D 反而会使骨质的流失增加，不仅使骨质疏松症更加严重，还会使血液和尿中的钙质含量过高，以致引起肾脏或尿路结石。

2. 维生素 K

维生素 K 最初被人们认为仅与机体凝血功能有关，但近年来研究提示其与骨组织代谢也有关系。维生素 K 可作用于成骨细胞，促进骨组织钙化，同时还能抑制破骨细胞，引起骨吸收，从而增加骨密度，所以它可防治骨质疏松的发生。目前，一些国家已批准将维生素 K 作为治疗骨质疏松药物正式在临床上使用。人对维生素 K 的正常需要量一般是每千克体重约 1μg，成年人不得超过 30000μg。

除了上述的两种维生素外，维生素 C 和维生素 E 也能预防和改善骨质疏松。其中维生素 C 是骨基质羟脯氨酸合成不可缺少的，若缺乏即可使骨基质合成减少，从而增加骨质疏松的概率；维生素 E 则对骨小梁和骨皮质有合成代谢作用，引起新骨的生成，且能通过增加循环中的雌激素间接地在骨生成中发挥作用。

（四）矿物元素

1. 钙

钙元素占人体体重的 1.5%~2.0%，其中 99% 集中于骨和牙齿中，以羟磷灰石结晶的形式存在。大量临床实验及流行病学调查结果表明，长期钙摄入量不足可能是骨质疏松的危险因素。动物实验证明，长期低钙膳食可使动物骨钙丢失，骨密度变小，骨重量减轻，骨的吸收增加。给予高钙饲料后，可使上述改变部分逆转。人体实验结果提示，用钙制剂治疗的妇女（2000mg/d），在密质骨较多的部位（前臂骨近端），骨丢失明显减少。增加钙的摄入量（800mg/d）可明显减少健康绝经老年妇女（钙摄入低于 400mg/d）的骨质丢失。

钙的摄入对人体是十分重要的，它是骨骼正常发育和生长的必要物质基础，成年人钙的摄入量每天不应少于 800mg，但是在青春期、妊娠期、哺乳期和老年期，体内钙含量严重影响骨密度，与骨质疏松密切相关，因此在这几个年龄段，钙摄取应特别予以重视。

青少年期摄入足够的钙，可提高其峰值骨密度，这样可延缓老年期骨量丢失造成的骨折危险性。世界卫生组织（WHO）推荐青少年钙摄入量：11~15 岁每日钙摄入量为 700mg，16~19 岁每日钙摄入量为 500~600mg。而 1994 年美国国立卫生研究院（National Institutes of Health，NIH）则建议青少年每日应摄入钙量为 1200~1500mg，以促进钙的沉积，提高成年期的峰值骨密度。

妊娠中期以后为了满足胎儿生长和骨骼钙化的需要，母体有约 30 g 钙经胎盘主动转运给胎儿，同时由于血容量增加，母体出现相对性低血钙，造成妊娠期母体特有的钙代谢变化；妊娠晚期，每天大约有 200mg 钙沉积于胎儿的骨组织，同时尿钙排出量增加，导致骨骼等组织的钙析出严重；哺乳期时母乳喂养增大了钙流失，且此时催乳素水平较高，雌激素水平较低，更易引起骨量的丢失。因此，妊娠期和哺乳期后的女性患骨质疏松症的概率较大，更应及时补钙。根据 2013 年中国营养学会的推荐：妊娠早期妇女每日钙摄入量应为 800mg，妊娠中后期及哺乳期则均为 1000mg。

人体进入老年期由于破骨细胞的活性增加，成骨细胞的功能衰退，导致骨量丢失增多，充足的钙被摄入时会产生一种抗骨量吸收的因子。研究表明，一般膳食钙摄入低于每日 400mg 的妇女补钙后能显著延缓脊柱、股骨颈和桡骨的骨密度下降。鉴于此，1994 年美国国立卫生研究院推荐：65 岁以上男子和妇女每天应摄入钙 1500mg。

目前，膳食补钙已普遍成为人们防治骨质疏松的一种手段，钙只有经过肠道吸收，才能被利用，进入细胞内外液，沉积于骨组织。所以应该尽量多食含钙丰富的食品，如牛乳、大豆及其制品、绿叶蔬菜和海产食品等。但值得注意的是要避免不合理的食物搭配，如食物中含草酸多（如菠菜、笋、苋菜、茭白等）时应不与牛乳，豆腐等同餐，钙与草酸会形成难溶性草酸钙，从而影响钙的吸收；菠菜和高脂肪饮食同餐也会形成不易被吸收的脂肪酸钙，从而影响钙的吸收；此外，用未经发酵的面包为主食时，其含有的一种植物碳水化合物，可和其他食物中的钙结合，形成难以吸收的化合物，影响钙的吸收等。

2. 锌

锌缺乏与骨质疏松密切相关。给予幼罗猴缺锌的饲料，结果与对照组相比，皮质变薄，骨密度下降。其他一些研究也发现当鸡、猪、牛、恒河猴和人缺锌时，均会出现骨骼发育异常。组织化学和放射性同位素研究显示，锌对骨的形成起着直接作用，它可促进细胞增殖分化，使DNA、蛋白质的合成增加。临床观察已证实，给绝经期妇女补充微量元素锌，结果钙缺乏组与不缺乏组的骨密度均增加，给绝经后女性骨质疏松患者补充钙剂的同时补充锌要比单纯补钙效果更明显。

锌是酶的辅助因子，可以通过影响细胞因子、生长激素、雌激素等调节骨细胞的代谢，影响成骨细胞的增殖和骨基质中胶原的合成，进一步在骨的形成和钙化方面起重要的调节作用。另外，锌缺乏时，骨的碱性磷酸酶和酸性磷酸酶的活性降低，影响着焦磷酸盐的水解和陈旧骨组织的清除，进而使矿盐沉积减少，并且骨质中的氨基多糖代谢会出现障碍，阻止骨的矿化，也易导致骨质疏松。

3. 磷

磷在成年人体内含量为650g左右，约为体重的1%，占体内无机盐总量的1/4，总磷量的85%～90%以羟磷灰石形式存在于骨骼和牙齿中。磷在体内的作用很重要，但过剩时却是骨质疏松的危险因素之一。实验证明在给予动物高磷饲料时，会导致尿钙排泄增加而发生骨质疏松症。因为低钙高磷的摄入可能会导致机体出现中等程度的继发性甲亢，钙调节激素的持续性紊乱，会影响最佳峰值骨量（Peak bone mass，PBM）的获得或加速骨丢失，促进骨质疏松的发生。但是在一定范围内，补给少量磷后，可调整钙的吸收，还可促进骨吸收。一般来说，钙和磷的摄入量比值在0.5～2的范围内较适宜。

4. 其他

与骨质疏松相关的除了上述几种矿物元素外，还有锰、铜和氟，它们的缺乏也可导致骨质疏松的发生。

临床医学研究显示，锰缺乏会导致破骨细胞的作用增强，骨组织变得又薄又脆，强度硬度下降，韧性减退，骨组织疏松。锰还是合成硫酸软骨素的必需元素，锰缺乏时，骨质中硫酸软骨素的合成将会受到抑制，而硫酸软骨素是维持骨基质生理结构和骨生物力学性能的重要成分之一。所以老年人缺锰时，骨骼更易断裂。此外，锰有促进胆固醇合成的作用。胆固醇合成减少时，雌激素形成也随之减少，从而会加剧骨密质的丢失，引发骨质疏松。一般来说，一个成年人每天至少要摄入3.5～5mg的锰才能满足机体的需要，我国暂定锰的摄入量标准为5～10mg/d。

铜缺乏时，骨胶原蛋白分子内交联受阻，导致结构和功能的异常，进而影响骨矿盐的沉淀。研究发现，绝经后妇女因雌激素水平下降，血铜含量减少，使得峰值骨量降低，这也是导致骨质疏松的重要原因之一。

在骨矿化期，氟代替羟磷灰石结晶中的部分羟基离子，形成氟化磷灰石，而氟化磷灰石结晶能使矿盐系统稳定、矿盐溶解度降低，并抑制骨吸收。另外，氟能够刺激成骨细胞增殖和分化，促进胶原蛋白和骨钙素的合成及骨盐的沉积。因此，当体内缺氟时，成骨细胞的活性会降低、磷灰石的溶解性增加、稳定性会降低，从而导致骨质疏松的发生。

（五）具有改善骨质疏松功效的典型配料

具有改善骨质疏松功效的典型配料如表8-3所示。

表8-3 具有改善骨质疏松功效的典型配料

典型配料	生理功效
乳清钙	含钙16%~25%，吸收率高，风味好
酪蛋白磷肽	促进钙和铁的溶解和吸收
大豆异黄酮	促进钙的吸收，改善骨质疏松，类似雌性激素作用
菊粉	调节肠道菌群，润肠通便，促进钙的溶解和吸收
柠檬酸苹果酸钙	改善骨质疏松，钙风味好，吸收率高
丙酮酸钙	减肥，增加体能，补钙，含钙20%
碳酸钙	含钙40%
醋酸钙	含钙22.7%
乳酸钙	含钙13%
葡萄糖酸钙	含钙9.3%
柠檬酸钙	含钙21%
活性钙	含钙48%
骨骼钙	主要成分为多种磷酸钙，如鱼骨含钙约25%
天冬氨酸钙	含钙23.4%，溶解性好
L-苏糖酸钙	含钙13%
维生素D	促进钙磷的吸收，促进骨骼和牙齿的生长发育
维生素A	改善视力，促进骨骼和牙齿等的生长发育
低聚果糖	调节肠道菌群，润肠通便，促进钙的吸收
问荆	促进钙的吸收，强化骨骼，滋润指甲和毛发

第四节 改善更年期综合征功能性食品

更年期综合征是因女性卵巢功能衰退直至消失，引起内分泌功能失调和植物神经功能紊乱的一系列临床表现的综合征。据统计，大概有85%更年期妇女患有相关病症，其中多数人可以自行缓解症状，25%的妇女症状较重，会影响生活和工作。开发具有改善更年期综合征功效的新型功能性食品，市场巨大，前景广阔。

一、更年期综合征的定义

（一）更年期与绝经

更年期（Climateric period）是指妇女从生育期到老年期的一段时间，亦是妇女从有生殖能力到无生殖能力的过渡阶段，即从卵巢功能开始衰退到完全停止的阶段。临床主要表现为经期紊乱、绝经、植物神经功能失调和性格特征改变等。

更年期综合征是绝经前后出现的一种妇科常见病。由于该综合征与绝经密切相关，因此，先对绝经与更年期的概念做一介绍。

由于绝经的年龄和个体差异较大，因此世界卫生组织（WHO）曾把40~60岁定为更年期。更年期一词长期被广泛应用，被人们所公认，但人们对其概念比较模糊。为了统一认识，消除模糊，人类生殖特别规划委员会于1994年6月14日在日内瓦召开有关20世纪90年代绝经研究进展的会议，为便于研究工作，推荐使用以下与绝经有关的术语：

①绝经前期（premenopause）：从青春发育到绝经，包括绝经前的整个生育阶段；

②绝经过渡期（menopause transition）：从生育期走向绝经的一段过渡时期，指月经开始改变到最后一次月经为止；

③围绝经期（perimenopause）：40岁左右临床内分泌出现绝经趋势迹象，即卵巢功能衰退征兆开始一直到最后一次月经后一年；

④绝经（menopause）：指妇女的最后一次月经；

⑤绝经后期（postmenopause）：人生中最后一次月经以后一直到生命终止这一整个时期；

⑥过早绝经（premature menopause）：指40岁以前绝经者，亦称卵巢早衰。

（二）更年期综合征的定义

更年期综合征（Climacteric syndrome）是指妇女在围绝经期或之后，因卵巢功能逐渐衰退或丧失，雌激素水平下降，所引起的以植物神经功能紊乱、代谢障碍为主的一系列症候群。更年期综合征多发生于45~55岁。一般在绝经过渡期月经紊乱时，这些症状已经开始出现，可持续至绝经后2~3年，仅少数人到绝经5~10年后症状才能减轻或消失。更年期是每个妇女的必经阶段，但个体所表现的症状轻重不等、时间长短不一，轻的可以安然无恙，重的可能影响工作和生活，甚至会发展成为更年期疾病；短的几个月，长的可能延续几年。更年期综合征虽然可表现出许多症状，但它主要是一个内分泌变化的过程。

二、更年期综合征的症状

妇女进入更年期后，卵巢功能开始衰退，没有能力产生足量的雌激素和孕激素，首先是丧失排卵功能，缺少孕激素，出现无排卵型月经，而后卵泡发育逐渐停止，雌激素的分泌量也逐渐减少，当其减少到不能刺激子宫内膜时，月经停止来潮，人体逐渐进入老年期。更年期时第二性征逐渐退化，生殖器官缓慢萎缩，其他与雌激素代谢有关的组织亦同样发生萎缩。在卵巢分泌激素减少的同时，正常丘脑下部、脑垂体和卵巢之间的平衡关系发生了改变，出现丘脑下部和脑垂体功能亢进的现象，表现为促性腺激素分泌增多，以及植物神经系统功能紊乱，从而引发更年期综合征。

（一）月经紊乱

这是由雌激素分泌不正常导致的，是更年期的早期症状，有的表现为突然闭经，月经从此不再来；有的闭经几个月，然后又发生大量子宫出血；有的则表现为月经周期的不规则。

（二）血管舒缩功能失调

第一个症状是潮热、潮红。表现为突然感到胸前、颈部烘热，而后这种热感如潮水般涌向面部，皮肤发红，随即全身出汗，汗出之后又有畏寒的感觉；第二个症状为血压升高，而且波动幅度较大；第三个症状为，心慌、心悸、阵发性心跳过速或过缓，又称"假性心绞痛"，用雌激素治疗较有效。

（三）精神神经症状

更年期妇女常有抑郁、情绪不稳、记忆力减退、注意力不集中等症状，这些症状更容易使妇女产生紧张、焦虑、悲观等心理异常。对这类症状的治疗不仅要依靠医生，来自家庭和社会的关心也同样重要。

（四）生殖器官症状

更年期妇女盆腔中结缔组织的弹性降低，韧带、肌肉、筋膜牵引能力减弱，一些妇女可发生子宫下垂，以及阴道膨出和脱肛。尤其是多产妇、有滞产史和产后从事体力劳动过早的妇女，绝经后更易发生此类症状。妇女从更年期开始，由于雌激素水平下降、阴道抵抗力减弱，容易出现老年性阴道炎，其主要症状是外阴瘙痒、干燥灼热，甚至小腹不适、阴道口周围疼痛，阴道分泌物增多，黏膜发红以及点状出血。

（五）泌尿系统症状

雌激素水平降低后，尿道缩短、黏膜变薄、括约肌松弛，常出现尿频、尿急以及张力性尿失禁症状。由于泌尿系统抵抗力下降，还可能发生尿路感染、膀胱炎。

（六）消化系统症状

更年期妇女的消化机能也相应减弱，可能发生食欲不振、消化不良、口干咽干、嗳气、打嗝、胃热、腹胀、腹泻、便秘等症状。

（七）新陈代谢功能障碍

更年期妇女新陈代谢功能易发生障碍，易引起肥胖、乏力、血管硬化、皮肤角化、神经性皮炎、老年性骨质疏松等病症。更年期以后基础代谢率逐渐降低，热量的消耗和利用相对减少，热量以脂肪的形式在人体组织较松软处堆积，如颈肩部、腹部、臀部、大腿等处，造成肥胖体型。

更年期的本质在于卵巢衰老引发的雌激素—内分泌失调，所以更年期是个可逆的动态过程。只要有效抑制卵巢衰老，或是将已经老化的卵巢机能重新激活，更年期就可以推迟。另外，因为更年期结束的标志是绝经——卵巢机能彻底丧失，所以即使已经出现更年期症状，也可以通过卵巢机能的调节将绝经期推迟，从而使女性保持在相对年轻的生理状态。

三、改善更年期综合征功能性食品的开发

更年期综合征的发生与饮食因素密切相关。更年期的营养应以确保必需的活动能量为原则，限制动物性食品的摄入，减少胆固醇和饱和脂肪酸的摄入，保障机体必需的维生素和矿物质的摄入，维持机体的正氮平衡。在设计和开发改善更年期综合征功能性食品时应高度重视这些膳食原则。当然，在实际开发时还要选择性地添加各种有明确改善更年期综合征症状的功能配料如大豆异黄酮、红车轴草、黑升麻等。

（一）能量

更年期妇女内分泌系统发生着变化，这会使中枢神经系统处于失调状态，又因其活动量减少，体内消耗热能也随之减少，从而造成热量过多诱发肥胖，因此更年期妇女应适当限制能量的摄入。每天摄入的热量应比年轻妇女少5%~10%。

（二）蛋白质

蛋白质应占总热量的10%~15%，过多可增加肝、肾的负担，对健康不利。一般每日供给

0.7~1.0g/kg体重，特别要注意补充高质量蛋白质。大豆蛋白就能缓解更年期某些症状。对104名绝经后女性进行膳食干预试验，给受试者每天服用60g大豆蛋白，持续12周。结果表明，大豆蛋白对绝经女性潮热症状有显著的改善作用。

（三）脂肪

更年期妇女应限制脂肪的摄入（但每日摄入量不宜小于40g），尤其是动物性饱和脂肪和胆固醇，以预防更年期可能产生的肥胖、高血压及心血管疾病等。植物脂肪，如豆油、花生油、葵花籽油、玉米油等，可降低血液胆固醇浓度，其富含的不饱和脂肪酸、维生素等均有利于更年期妇女的健康，因此可用植物脂肪代替动物脂肪。

（四）碳水化合物

碳水化合物应占总热量的55%~65%，以淀粉类较好。对于含单糖多的甜食应该限制，每日不超过35~50g。因为，食糖过多会促使肝脏内形成过多的中性脂肪，引起脂肪肝及肥胖，促使血液内胆固醇及甘油三酯浓度升高，加速动脉粥样硬化的形成。

（五）矿物质

矿物质是维持细胞正常功能的必需物质，而且还会影响水的代谢。缺乏矿物质可引起各种疾病，矿物质对更年期妇女显得更为重要。更年期妇女体内雌性激素水平下降，容易发生骨质疏松，25%的更年期妇女患有骨质疏松，骨蛋白和骨钙缺失，应及时补充钙质。

（六）维生素

维生素 B_1 对维护神经系统的健康、增进食欲及协助消化有一定作用，并能缓解更年期综合征。维生素 B_6 和维生素 B_{12} 也能协助预防和治疗更年期综合征。维生素 E 能预防或减缓绝经后出现的动脉粥样硬化和免疫功能衰退。维生素 D 能促进钙的吸收，健壮骨骼，对更年期经常发生的骨质疏松有一定的预防作用。

（七）植物活性成分

1. 大豆异黄酮

大豆异黄酮是目前国际公认的安全性高的天然植物雌激素。它有着与人体雌激素相似的分子结构，具有选择性雌激素受体调节的作用，异黄酮与受体结合后发挥拮抗作用，阻止雌二醇DNA 的激活和蛋白质的合成。大量研究证实，大豆异黄酮对改善更年期综合征有明显效果。

将绝经前妇女随机分组，给以不同种类的大豆制品与不含异黄酮的食物，结果在食物中含有 0.045mg/L 异黄酮的一组中出现卵泡期延长，出现孕酮激素峰、黄体生成素（LH）和血清促卵泡成熟激素（FSH）水平受抑制的现象；而不含异黄酮组无改变。戴雨等进行的一项大豆异黄酮对绝经期妇女性激素和更年期症状的影响研究表明，受试妇女服用大豆异黄酮后，血液激素会有相应变化，FSH、LH 明显降低，雌二醇（E_2）、泌乳素（PRL）升高。潮热面红、自汗盗汗、心烦不宁、失眠多梦、头晕耳鸣等临床症状均有改善。这表明大豆异黄酮能显著改善更年期妇女性激素水平和临床症状。

热潮红是更年期中最为常见，发生频率最高的一种症状。Adlercreutz 等在研究日本妇女的面颈红热次数比加拿大妇女低得多的原因时发现，食用日本传统低脂食物的日本妇女，其尿中植物性雌激素的含量相当高，尤其是金雀异黄素和大豆黄素。他认为这些异黄酮类物质对雌二醇水平较低的绝经期妇女的更年期症状有一定的缓解作用。在意大利的一项研究中，对 104 名更年期综合征的女性给予分离大豆蛋白（含76mg 异黄酮），3 周后26%的受试者热潮红症状改善，在 12 周时 45%受试者症状有所改善。Scambia 等让受试者每天服用 400mg 大豆（含大豆异黄酮 50mg）或安慰剂，持续 6 周，发现受试者热潮红症状的发生次数和程度均有显著减小，服用大豆异黄酮组的热潮红发生人数降低了 45%，而安慰剂组的热潮红发生人数降低 24%。

2. 红车轴草

为豆科植物红车轴草 *Trifolium pratense* L. 的花序或带花枝叶。原产于欧洲、西亚，为温带分布植物，现在广泛分布于世界各地。红车轴草含有大量的异黄酮类物质，如鹰嘴豆芽素 A、芒柄花素、染料木素、大豆黄素等，这些成分的雌激素活性高，对改善妇女更年期症状，改善骨质疏松及预防乳腺癌、前列腺癌、结肠癌等都有重要作用。双盲试验显示红车轴草能有效治疗更年期症状，如红潮热、阴道干燥、情绪失调、骨质疏松和性能力下降等，同时还被作为止痉剂、镇静剂和滋补剂使用。此外，红车轴草还显示出了抗癌活性。

3. 黑升麻

黑升麻是一类原产于美洲东北部的多年生野生植物。在两个世纪之前，美洲土著就发现黑升麻根有助于减轻痛经和包括红潮热、心绪焦躁、情绪不稳和睡眠障碍在内的更年期症状。该植物在欧洲已广泛应用 40 多年，用于治疗经前不适、痛经和其他更年期症候群。

长期服用黑升麻，对治疗更年期症候群是有效的。一项包括 629 名妇女在内的研究中，服用黑升麻 4 周后，超过 80%受试妇女的生理和心理更年期症状明显改善。另一项研究中，80 名更年期妇女利用黑升麻，结合雌激素和安慰剂进行为期 12 周的治疗。黑升麻改善了更年期妇女的情绪焦虑和阴道细胞学症状。另外，与服用雌激素组每天发生红潮热的次数从 5 次降低到 3.5 次相比，服用黑升麻组从 5 次降低到不足 1 次。有人认为黑升麻的活性成分是三萜皂苷类物质。

4. 葛根

葛根富含葛根素、黄豆苷等异黄酮，其显示出雌激素样活性，因此可用于治疗更年期综合征。葛根能明显改善与更年期有关的迹象和症状如红潮热、挫折感、睡眠失调、皮肤干燥、高血脂、月经过少和闭经等；且对血细胞，肝脏和肾脏的功能没有影响。

5. 谷维素

谷维素能改善植物神经系统失调、内分泌平衡障碍、精神神经失调等症状。谷维素对缓解更年期综合征有很好的效果。它对小鼠有刺激性腺分泌和促进生长作用；对大鼠有阻止其中枢衰退作用，能增加丘脑下部大脑边缘系的儿茶酚胺样物质，使垂体前叶嗜碱性细胞增殖，并能影响垂体分泌激素，有维生素 E 样作用；能改善末梢循环，降低血清脂类和过氧化脂类含量。临床上，其对更年期综合征和植物神经系统失调，甚至对闭经和卵巢功能障碍均有治疗效果。

（八）具有改善更年期综合征的典型配料

具有改善更年期综合征的典型配料如表 8-4 所示。

表 8-4　　　　　　　　　　　　具有改善更年期综合征的典型配料

典型配料	生理功效
大豆异黄酮	改善更年期综合征，预防骨质疏松
红车轴草	改善更年期综合征，改善骨质疏松
黑升麻	改善更年期综合征，抗关节炎，预防骨质疏松，镇静，降压

续表

典型配料	生理功效
当归	抗血栓，改善血液循环，调理经期，缓解痛经
葛根	改善更年期综合征，保护心血管，解痉作用
谷维素	稳定情绪，抗焦虑，缓解更年期综合征
紫苜蓿	缓解更年期综合征，降胆固醇
玫瑰茄	养颜，清热解毒，缓解更年期综合征
亚麻籽	调节血脂血压，预防更年期综合征
维生素 E	改善更年期综合征
蜂花粉	增强免疫，抗衰老，预防更年期综合征

第五节　改善睡眠功能性食品

在这个世界上，每个人都盼望着能拥有甜美的睡眠。对于失眠或睡眠状况不良者来说，长期以来一直沿用的安眠药都是以抑制脑神经活动强迫大脑停止工作的方式产生作用的，这样容易导致人体正常睡眠时钟的紊乱，醒后会感到困倦、头昏脑涨、无精打采，长期服用还会引起慢性中毒、记忆力衰退，并产生成瘾性与依赖性，形成恶性循环。因此，人们一直盼望着能有一种安全可靠的高效改善睡眠的功能性食品问世。

睡眠是每个人每天都要遇到的事情，由于现代社会生活节奏的加快，各种有形或无形的生存压力，正严重威胁着人们正常的睡眠周期。据估计，全美国共有失眠者 5000 多万人，亚失眠的人数就更多了。我国拥有世界上最多的人口，当然也拥有世界上人数最多的失眠者。睡眠问题，是一切机体衰弱者（如老年人）和脑力劳动者（如学生、教师、科技人员……）所共同面临的重大问题，人数十分庞大。因此，开发改善睡眠功能性食品，市场潜力巨大，前景广阔。

一、睡 眠 节 律

地球的自转形成了昼夜24h 的节律，即光明与黑暗交替的昼夜节律。这种节律对生物产生明显的作用，如公鸡拂晓啼叫，蝙蝠天黑夜行，蜘蛛后半夜结网，老鹰早翔暮归，猫头鹰昼伏夜出，花的昼开夜闭或夜开昼闭，夜合树的叶子迎着朝阳开放等，都随着地球自转的昼夜循环交替呈现出周期性节律，这就是"生物钟"。睡眠也呈节律性的变化，它与大自然的昼夜变化相一致，白天觉醒工作，夜晚休息睡眠，周而复始地形成了"觉醒—睡眠"的周期性节律变化。

从入睡开始随着睡眠的加深，脑电波逐渐变慢变大，进入"慢波睡眠"状态，这时入睡者呼吸平稳、心率缓慢而血压下降，新陈代谢降低，全身肌肉渐渐松弛，但仍维持一定的姿势。此时由于眼球不作快速转动而处于静止状态，而且入睡者从慢波中醒来，往往对自己夜间的梦境一无所知。所以，"慢波睡眠"又可称为"非眼快动睡眠（NREM 睡眠）"或"无梦睡眠"。随着睡眠的继续加深,脑电图上出现的慢波也逐渐增多。

在这之后睡眠又逐渐转浅,进入"快波睡眠"阶段。在此期间,入睡者表现为呼吸浅快、心率加快、血压升高、脑血流量倍增、脸及四肢频繁地出现抽动,男性可有阴茎勃起。特别是眼球出现 50~60 次/min 的快速摆动,这时的大脑并没有完全休息,仍存在着一定的思维活动(尽管是零乱且片段的),这就为做梦创造了有利条件,如果此时唤醒入睡者,几乎都说正在做梦。所以,"异相睡眠"也称"眼快动睡眠(REM 睡眠)"或"有梦睡眠"。

在整个睡眠过程中,慢波睡眠(NREM)和快波睡眠(REM)相互交替出现。一个正常青年人上床后约 5min 便可由觉醒进入慢波睡眠,并迅速由思睡、浅睡逐渐进入深睡,历时 70~100min,出现入夜的第一次快波睡眠,持续约 5min 后又转入慢波睡眠。这种"慢波睡眠—快波睡眠—慢波睡眠"的周期,每夜有 4~5 个。在一夜的睡眠中,快波睡眠每隔 90~120min 出现一次,比较有规则,每次维持仅 5min,但也有长达 1h 的。试验证明,慢波睡眠能使人得到充分休息,体力得到恢复。而处于快波睡眠状态时,如被唤醒则感到极度疲乏,甚至会出现神经官能症。

1993 年 6 月 4 日,美国 Walter Pierpaoli 和 William Regelson 公布了潜心研究 30 多年的成果,认定松果腺通过分泌褪黑素控制着机体的睡眠与觉醒周期。在整个生命进程中,6 岁时的褪黑素分泌量最高,超过 30 岁时分泌量开始减少,至 45 岁时只剩下一半左右的水平,70 岁以后就微乎其微了。这就科学地解释了幼童睡眠香甜安稳,而老年人彻夜难眠的原因。

二、失眠的危害

人总是需要睡眠的,睡眠是人们生活中的一件大事,人们需要睡眠就像需要食物与水一样。

一个人可以 7d 不吃饭,而如果 7d 不睡眠将会引起极其严重的后果。被剥夺睡眠者持续不眠 60h 以上时,便会出现疲乏、全身无力、思睡、头闷胀、头痛、耳鸣、复视、皮肤针刺感以及各种各样的不适感,还可出现定向障碍、短暂的错觉、幻觉以及被害观念,继而丧失对外界环境的兴趣,出现情感淡漠与反应迟钝,嗜睡越来越重,失神状态越来越多,最后连在站立或行走之中也会突然入睡。

如果持续不眠 100h 以上,实际上已无法完成脑力工作,此时嗜睡极为严重,一切手段都难以阻止受试者的突然入睡。有的受试者会发生明显的意识障碍,出现明显视听幻觉,有被害或夸大妄想,感到自我和周围都失去了原来的面目。有少数受试者的表现类似精神分裂症,其行为不可理解,可出现突然的冲动和攻击,还有的呈现出谵妄状态。如果继续让其不眠,最终可能导致死亡。对于这些因不眠而出现神魂颠倒的昏昏欲睡者,只要让其睡上 9~12h,就会重新恢复正常状态。由此可见,睡眠对人体身心健康的重要作用。睡眠是人类和其他高等动物与生俱来的生理过程,从生到死,人类和其他高等动物始终在觉醒与睡眠中度过。通过睡眠,人们可以消除疲劳,恢复精神与体力,保持良好的觉醒状态,提高工作与学习效率。

失眠是睡眠的大敌,失眠者要么入睡困难、易醒或早醒,要么睡眠质量低下、睡眠时间明显减少,或几项兼而有之。在人生旅途中的几乎每个人都经历过失眠,只是失眠的时间长短不同而已。因此,失眠是最常见、最普遍的一种睡眠紊乱。

造成失眠的原因很多,有环境因素、药物因素、精神因素以及不良的生活习惯等,而且失眠还常常是许多疾病的并发症。

尽管失眠不是由细菌或病毒引起的疾病，也不是神经系统的器质性病变，但严重的失眠常常伴有精神疲乏、头昏、头痛、记忆力减弱、心慌、出汗、易激动以及情绪低落、感情脆弱、性格孤僻等一系列病态反应。日久天长，会使大脑兴奋与抑制的正常节律被打乱，出现神经系统的功能性疾病——神经衰弱，进而造成精神、身体衰弱，人际关系紧张，个体对生活失去信心。失眠可直接影响失眠者的身心健康。

长期失眠的人会提早衰老。每天睡眠不足 4h 且睡眠不实者的寿命较正常睡眠者会缩短 35%。正如机器不断运转会发热磨损一样，人体连续活动就会导致代谢旺盛，体温升高；而睡眠休息则能使代谢减慢、体温降低，体内合成反应占优势，使机体获得修整复原的机会。

三、适宜的睡眠时间

睡眠十分重要，那么是不是睡眠的时间越长越好呢？事实上，睡眠时间过长也并非好事。据美国肿瘤协会对 79 万多名 40~70 岁身体健康人员连续 6 年的跟踪调查，发现调查完毕时已死亡的 2 万人年龄多在 50~59 岁，这些人的死亡大多与睡眠过多有关。其中睡眠时间为 10h 人的死亡率约为 7h 人的 4 倍。这些人的死亡，虽非与睡眠直接有关，但多因睡眠过多，致使身体活动减少，未被利用的多余脂肪积存在体内，从而诱发动脉硬化等危险疾病。

近些年来，随着社会物质与文化生活水平的提高，人们的睡眠观念也正在发生着变化，过去人们认为睡眠时间长对健康帮助大的传统观念正在改变。据调查，当前世界上睡眠最少的是日本人，英国人与中国人的睡眠时间远比日本人长。那么，人类的睡眠时间为什么会随着时代的进步、科学技术的发展而缩短呢？据分析与下列因素有关：

①膳食结构发生改变，过去那种饥不饱食的年代已经不复存在，营养丰富、结构合理的膳食，使人精力充沛而不易产生疲倦；

②随着社会的发展，人们的生活节奏加快，思维活动增强，大脑皮层兴奋时间延长；

③社会竞争激烈，人们需要有更多的时间用于学习、更新知识、勤奋工作，为此只有利用睡眠时间来弥补所需时间的不足；

④各种文化娱乐设施如咖啡厅、茶座、歌舞厅等比比皆是，致使工作、劳动之后的夜生活人数增多；

⑤社会生活比较安定，业余活动更加方便自由，人们夜间消遣的机会增多。

不少生命科学家乃至哲学家都认为过多的睡眠不仅对智力发展不利，而且对健康也是有害无益。他们认为，短时间睡眠能迅速恢复体力与智力；积极的思维活动，能促进生成神经肽，增强机体的免疫力并减少生病的机会，从而达到促进健康的目的。有人认为日本人平均寿命之所以长（男性 74.5 岁，女性 80.1 岁），可能与他们睡眠时间少、睡得酣甜有一定关系。按照自然法则和机体的自身调节规律，睡眠时间过长则睡眠深度必然要变浅，反之睡眠时间短则睡眠深度加深。这就意味着，长睡眠者的深睡眠比例减少，而短睡眠者的深睡眠比例增多。深睡眠成分是最重要的，在深睡眠期间，大脑可以充分休息，生长激素分泌增多，生长发育加快，疲劳恢复效果最好。另外，短睡眠不但可以节省下很多时间，而且还可以开发智力。

根据我国现有的生活条件，小学到高中毕业的中小学生（6~18 岁）一昼夜睡眠一般不应超过 8h；19~55 岁的青壮年一般不应超过 7h；60 岁以上的老年人应为 6h 左右。当然，这些时间标准仅供参考。各人的睡眠时间长短还应根据自己的体格、营养状况、生活条件、环境以及脑力与体功劳动强度等综合因素来考虑。

四、改善睡眠功能性食品的开发

对于失眠或睡眠质量有问题的人来说，长期采用安眠药帮助入睡无异于饮鸩止渴。如果能从日常饮食着手，通过调理身体机能，调节内分泌和神经系统，使睡眠超于正常，则是一种从根本上改善睡眠状况的方法。而具有这样一种功能的保健食品必然为人们所期待。

根据现有的研究结果发现，除了由松果体分泌的褪黑素是调节人体生物钟的活性物质外，具有暂时抑制脑神经活动的 5-羟基色氨酸，以及作为这两者前体物质的色氨酸均能有效改善人体入睡及睡眠状况。此外，具有安神、镇静作用的部分植物也具有促进睡眠，保证睡眠质量的作用。

（一）褪黑素

由松果体分泌的褪黑素（Melatonin）是强有效的内源性睡眠诱导剂，其含量呈昼夜周期性变化。褪黑素的分泌主要由环境光线的明暗调节。白天因光线刺激视网膜，会抑制褪黑素的分泌；而当黑夜降临时，会发生一系列神经传递和生化反应，促使大脑松果体内褪黑素的合成增加。

研究表明，接受外源性褪黑素的健康受试者，最常见的表现是镇静，且多数能在给予外源褪黑素 3~15min 后即引起睡眠。1960 年，人们观察到成年男性静脉内注射褪黑素能产生镇静作用，1964 年发现注射褪黑素于未束缚的猫的下丘脑部位后能诱发猫的睡眠。1984 年的双盲交叉试验，观察健康受试者在 4 周内口服褪黑素 2mg/d 的效果，发现褪黑素能明显加重受试者夜间困倦感。

褪黑素在促进睡眠的同时，还会对一种促进生殖腺发育的脑激素产生抑制作用。一项最新研究证明，大量或过量服用褪黑素将导致生殖功能障碍。因此，在补充外源性褪黑素的同时，要注意其用量，即每天的剂量不可超过 3~5mg。

（二）色氨酸和 5-羟基色氨酸

褪黑素是 5-羟基色氨酸进一步转化的产物，而色氨酸是合成 5-羟基色氨酸的前体物质。因此，可以通过补充色氨酸或 5-羟基色氨酸增加褪黑素的含量，达到改善睡眠的效果。

（三）维生素与矿物元素

B 族维生素被认为能帮助改善睡眠。如维生素 B_1 具有抗焦虑作用，维生素 B_6 有镇静安神的功效，而缺乏叶酸或 B_{12} 时容易引起抑郁症。

钙和镁并用能起到放松和镇定的作用。身体如果缺乏铜和铁元素也可能影响睡眠质量。

（四）植物活性成分

1. 酸枣仁（*Ziziphus jujube*）

酸枣仁为鼠李科植物酸枣的种子。其皂苷类具有镇静、催眠的作用。在动物试验中，无论是口服还是腹腔注射，也无论白天或是黑夜，即使是对于由咖啡因引起的兴奋状态也有较明显的镇静作用。不过，持续使用肌体会产生一定的抗药性，但在停用一段时间后，抗药性随即消失。

2. 缬草（Valerian）

缬草是败酱科缬草属多年生草本植物。在欧洲，缬草常被用来治疗焦虑症，近年来其以特殊的镇静作用而备受关注。缬草能治疗失眠，减轻肌肉紧张，缓解极度的情绪压力，解除胀气疼痛及痉挛。而且，其副作用极小，也不会成瘾。

3. 西番莲花（Passion flower）

西番莲为西番莲科多年生常绿草质或半木质藤本攀缘植物，原产于中南美洲的热带和亚热带地区。西番莲花具有强效镇静作用，还能减轻神经紧张引起的头痛，缓解由紧张引起的骨肉痉挛。鉴于有人在服用后会有昏睡感，因此，开车前或操作机器前不可服用。此外，孕妇忌用。

4. 洋甘菊（Chamonile）

洋甘菊，又名黄金菊、春黄菊，是菊科一年生（德国种）或多年生（罗马种）草本植物。洋甘菊最先为埃及人所发现，并推崇为花草之王，用在祭祀中献给太阳神。洋甘菊具有镇静作用，能缓解神经紧张，放松情绪，治疗失眠。此外还能治疗神经痛、背痛以及风湿痛等。

此外，摄入均衡营养，保持身体健康；在入睡前营造良好的睡眠环境，使睡眠过程免受干扰；以及保持平和的心态等，对于入睡和睡眠质量也是极为有益的。

（五）具有改善睡眠功效的典型配料

具有改善睡眠功效的典型配料如表8-5所示。

表8-5　　　　　　　　　　　　　　具有改善睡眠功效的典型配料

典型配料	生理功效
5-羟基色氨酸	改善睡眠，治疗忧郁症
褪黑素	改善睡眠
酸枣仁	改善睡眠，耐缺氧，抗衰老
缬草	镇静，安神，改善睡眠
西番莲花	镇静，治疗紧张性失眠
圣约翰草	镇静，抗忧郁症
卡瓦胡瓦	改善睡眠，减轻压力
洋甘菊	改善睡眠
胡椒薄荷	镇静助眠，减轻痉挛胃痛，治疗胃灼热
莲子	镇静安神，促睡眠
葵花子	调节脑细胞新陈代谢，镇静安神，促睡眠
维生素 B_1	抗焦虑，改善睡眠
谷维素	调节神经，抗焦虑，改善睡眠
蛇麻实	镇静，刺激食欲，治疗消化不良
姜黄芩	改善睡眠，减轻精神紧张，减轻肌肉紧张

第六节　改善老年痴呆症功能性食品

随着社会的进步，人类平均寿命的延长，我国已提前步入老龄化社会。危害老年健康的主要疾病有高血压病、心脑血管病、糖尿病、老年痴呆等，而老年痴呆是其中最严重的一个病种。

我国是世界上老年痴呆患者最多的国家，约有超过 500 万的患者，65 岁以上人群患病率高达 10.1%，并随年龄的增长而增多，80 岁以上老年人患病人数可高达 20%。老年痴呆症正成为继心脏病、癌症、中风之后，严重威胁我国老年人健康的第四大主要疾病。因此，开发能有效改善老年痴呆的功能性食品十分必要，这已成为社会关注的热点。

一、老年痴呆症的定义

（一）痴呆的定义

痴呆（Dementia）是由于脑功能障碍而产生的获得性和持续性智能损害综合征。需要说明的是，智能障碍必须是"获得性"的，这一规定是为了与先天性的精神迟滞相区别的；"持续性"包括在定义中，是为了排除常见的应急性外伤、代谢障碍和中毒病变引起的意识错乱状态。智能缺损几小时到几天，甚或几周归为意识错乱状态更为恰当，如持续几个月则应定义为痴呆。

痴呆通常表现为一组症候群，一般具有慢性和进行性的特质，出现多种脑功能紊乱，其中包括记忆、思维、定向、理解、计算、学习能力、语言和判断功能。患者的意识是清晰的，偶尔以情绪失控和社会行为失常为前驱症状。

（二）老年痴呆症的定义

老年痴呆症（Senile dementia）是老年人脑功能障碍导致的以认知、行为和人格变化为特征的一种综合征。老年痴呆症的典型临床症状与"痴呆"相同。这种疾病是一组病因未明的原发性退行性脑病变，也就是一种导致神经细胞进行性损伤的脑部疾患。因脑细胞负责人的正常思维、记忆和执行功能，所以患者神经细胞的损失将导致精神功能的逐渐退化，最终影响日常生活。

目前，这种疾病的病因还不清楚，研究表明可能与年龄、遗传、外伤、文化程度有一定关联，但目前从国内外的病因研究结果分析，得到肯定的也只有年龄这一因素。

二、老年痴呆症的分类

老年痴呆症大致可分为四类。第一类是由脑血管疾病引起的，称为脑血管性痴呆，约占我国老年痴呆人数的半数以上。第二类是由于脑部退行性病变引起的，称为老年性痴呆，国际上统称为阿尔茨海默病（Alzheimer's disease，AD），在欧美国家多见，约占这些国家老年痴呆人数的半数以上。第三类痴呆称为混合性痴呆。即同时存在脑血管性痴呆和老年性痴呆。第四类痴呆是由全身疾病如甲状腺功能低下、肝性脑病、肺性脑病、肾性脑病等所致的。其中，以老年性痴呆和脑血管性痴呆最为多见。

（一）老年性痴呆

老年性痴呆国际上统称为阿尔茨海默病，但两者又并非完全等同。阿尔茨海默病是医生 Alosis Alzheimer 于 1907 年首次报告的，因其持续发展且尚无有效治疗方法而成为痴呆中的研究重点。本病的发病年龄较早，通常在 40~60 岁就可能发病，且不易发现，智能衰退持续进行而无法缓解。世界卫生组织定义老年人为 65 岁以上的人群，所以一直以来对于 65 岁之前发生的阿尔茨海默病称为早老性痴呆，65 岁以后出现的则称为老年性痴呆。直到 1993 年，正式使用的国际疾病分类诊断标准第 10 次修订中规定，无论发病早晚，统称为阿尔茨海默病。

（二）脑血管性痴呆

由脑血管病所致的痴呆称为血管性痴呆。脑血管病包括脑梗死、脑出血、蛛网膜下腔出血等。脑血管疾病最常见的病因是动脉硬化，较少见的有血液病、胶原病、血管畸形等。常见的血管性痴呆类型有以下几类：

①多梗死性痴呆：最常见的类型。常有高血压、动脉硬化、反复发作的脑血管病，以及每次发作后留下或多或少的神经与精神症状，积少成多，最终成为全面的、严重的智力衰退；

②大面积脑梗死性痴呆：患者大面积脑梗死，常死于急性期，少数存活的患者遗留不同程度的神经精神异常，包括痴呆、丧失工作与生活能力；

③皮层下动脉硬化性脑病（Binswager 病）：因动脉硬化，大脑白质发生弥漫性病变，而出现的痴呆；

④特殊部位梗死所致痴呆：是指梗死灶虽不大，但位于与认知功能有重要关系的部位，而引起的失语、记忆缺损、视觉障碍等；

⑤出血性痴呆：慢性硬膜下血肿、蛛网膜下腔出血、脑出血都可以引起血管性痴呆。

三、老年痴呆症的症状

老年痴呆症的早期症状和体征因人而异，随着时间的推移逐渐加重的痴呆是这种疾病的主要表现。其病程大致可分为三个阶段。

（一）早期症状

记忆力下降，工作能力下降，丢三落四，刚刚走过的路就记不住，情绪不稳，易发怒，攻击性增强，对日常活动丧失兴趣和人格的改变，但还是保持着独立生活的能力。

（二）中期症状

记忆力下降严重，无法胜任工作，近期发生的事情几乎记不住，刚刚吃过的饭都会忘记，连年月日都不记得，甚至连生活中的重大事件都回忆不起来，判断力、理解力、计算力都明显下降，严重时不认识朋友，甚至不认识亲人，或无目的东走西逛或拣拾废物，肢体活动不灵活，患者除吃饭、穿衣及大小便还可以自理外，其余生活均靠别人帮助，头颅 CT 检查可发现脑萎缩，脑电图可见慢波增多。

（三）晚期症状

极度明显的痴呆状态，表情呆滞、淡漠，多卧床，无法进行正常谈话，语言支离破碎，有的人走路不稳，东倒西歪或肢体挛缩，患者生活完全不能自理，头颅 CT 检查示广泛脑萎缩，脑电图可见全面的慢波。

四、改善老年痴呆症功能性食品的开发

老年痴呆症的发病率与人体各种基本营养要素的摄入量有着密切的关系，如蛋白质、卵磷脂、维生素 B、维生素 E，钙、铁、植物性脂肪等。此外，许多植物活性成分，如人参皂苷、银杏等也对老年痴呆症有一定的改善作用。所以开发改善老年痴呆症的功能性食品，既要合理搭配各种营养要素的比例，又要充分合理地应用各种功效成分。

（一）能量

自 1991 年以来，科学家就开始对纽约曼哈顿地区的 980 名年龄超过 65 岁没有老年性痴呆

症的人群进行跟踪研究，调查他们的进食量并加以统计分析。研究者发现，凡是能量摄入量越多的人，其患上老年痴呆症的风险就越高。这些人中平均每天摄入最高的能量可达 7817J，那么他患上老年痴呆症的风险将比摄入热量最低者（平均每天摄入 3260J）高 2~3 倍。老年人的基础代谢率减低，能量需要量要比成年人低。所以，老年人更应严格控制能量的摄入。

（二）蛋白质

英国的研究指出，在摄入必需量蛋白质前提下适当的蛋白质限制能减少衰老引起的蛋白质氧化，增加抗氧化酶的基因表达水平。英国广播公司报道，人体内某些基因在受到压力时，会分泌出有害物质，从而损害大脑细胞。但当饮食中蛋白质含量减少时，这些基因的活动会减慢，缓和大脑因衰老而出现衰退。但也有研究表明摄入植物蛋白如大豆蛋白等，能减小老年人患老年痴呆症的概率。

（三）脂肪

由于老年人代谢减缓，消化酶和代谢酶分泌减少，容易使机体脂肪代谢发生障碍，产生脂肪堆积，影响器官功能，造成疾病。老年痴呆症患者皮肤及大脑表面大量分布的老年斑，也是脂肪代谢障碍的产物，所以老年人应当限制脂肪的摄入。

但是一些不饱和脂肪酸对于改善老年痴呆症却有着积极的作用。加拿大的科研人员对 70 名多伦多老人（其中 1/4 患有老年性痴呆症）研究发现，健康的老人血液中二十二碳六烯酸的成分远远高于痴呆的老人。研究表明，健康的头脑和 DHA 成分高有关，患各种程度痴呆症的人，血液中 DHA 的含量平均比正常人少 30%~40%。DHA 是一种多价不饱和脂肪酸，它有调节血脂的作用，尤其能显著降低血中的甘油三酯，减少人们患心血管病的概率。DHA 也是脑神经细胞必需的营养物质，在胎儿期，DHA 有助于脑组织发育；在儿童期，DHA 有助于脑神经细胞间突触联系的增加；在老年期，DHA 有助于延缓大脑萎缩、改善记忆力减退。专家认为，DHA 是老年人不可忽视的营养素，有可能成为预防老年痴呆症发病的手段之一。因此，多吃鱼，尤其是吃不饱和脂肪酸含量高的鱼，如鲑鱼、鳟鱼和鱿鱼等，可有效地预防老年痴呆症。

（四）卵磷脂

20 世纪 80 年代，有英国医生曾让患有记忆衰退的患者，每日服用 25g 卵磷脂，经半年后发现，他们的记忆力都有明显的好转。最近，日本的科学家研究提出，乙酰胆碱的缺乏是人们患老年性痴呆的主要原因，人们从食物中摄取的卵磷脂则能预防老年性痴呆症。卵磷脂是脑内转化为乙酰胆碱的原料，是神经元之间依靠化学物质传递信息的一种最主要的"神经递质"，可增加记忆、思维、分析能力，使人变得聪明、睿智，并可延缓脑力衰退；且人到中老年，血清胆固醇和中性脂肪大量在血管壁上沉积，使血液流动受阻，导致大脑供血不足，脑细胞大量死亡，这也容易引起老年痴呆症。卵磷脂能使血液中的血清胆固醇和中性脂肪颗粒乳化变小，并使其保持悬浮状态，从而使血管畅通，营养和氧气源源不断地供给大脑，因此医学专家视卵磷脂为老年性痴呆症的"克星"。目前，日本科学家正拟从蛋黄中提取卵磷脂，并开发治疗老年性痴呆的药物。日常饮食中，大豆及其制品、鱼脑、蛋黄、猪肝、芝麻、山药、蘑菇、花生等都富含卵磷脂。因此，老年人应多吃上述食品。

（五）碳水化合物

碳水化合物是健脑基础。人体的脑细胞和其他普通细胞大不相同，普通的一个细胞死亡后，会由其他细胞的分裂来补充或代替，保持细胞的原有数量。而脑细胞死亡后就无法补充。

所以，预防老年痴呆症的实质，就是要保护好脑细胞。细胞需要的营养，主要有蛋白质、碳水化合物、脂肪和各种维生素。对于普通细胞来说，各种碳水化合物、蛋白质或脂肪均可为它提供能量。但脑细胞与普通细胞不同，它所需要的能量来源要求比较高，主要是碳水化合物。只有在碳水化合物供应不足的情况下，脑细胞才会迫不得已用蛋白质或脂肪充当"燃料"。而蛋白质、脂肪代谢是不完全的，会残余一些"胺"在脑内，伤害脑功能。且据估计，一个脑细胞需要的碳水化合物比一个普通细胞多 5 倍。所以对于每人每天所摄取的能量分配，最好是 58%来自碳水化合物，12%来自蛋白质，30%来自脂肪。

（六）维生素

1. 维生素 B_{12} 和叶酸

维生素 B_{12} 和叶酸的摄入有利于避免老年痴呆症。研究人员对数百名受试者进行血样分析揭示，血液中维生素 B_{12} 含量在正常范围的 1/3 下限者患老年痴呆症的可能性增加 3 倍以上，而叶酸含量同样低者患此病的可能性增加 2 倍。

维生素 B_{12} 缺乏，会导致免疫球蛋白生成衰竭，抗病能力减弱，严重时会引起神经细胞的损害。这次研究发现，在维生素 B_{12} 和叶酸缺乏的人群中，半胱氨酸浓度最高，半胱氨酸含量在正常范围的 1/3 上限者患老年痴呆症的可能性要高 35 倍。虽然，研究者对维生素 B_{12}、叶酸和半胱氨酸的差异，究竟是导致老年痴呆症的结果还是原因，还不能最终确定。但老年痴呆症与维生素 B_{12} 和叶酸的缺乏肯定有密切关系。

2. 维生素 C 和维生素 E

起始于 1965 年的一项长期研究显示，中老年人服用维生素 C 和维生素 E 能防止脑血管硬化引起的痴呆症。通过对居住在夏威夷的日裔美国人作追踪调查，结果发现长期服用维生素 C 和维生素 E 的人脑神经功能有明显提高。每周服用维生素 C 和维生素 E 一次以上的人，发生血管性痴呆症的可能要降低 88%；其他因素的痴呆症减少 66%。然而，研究人员强调，这些人都是将维生素 C 和维生素 E 同时服用的。如果只单独服用其中的一种，效果如何还无从查证。

对于阿尔茨海默病型老年痴呆症，研究人员也随机选取了几千名 55 岁以上且均未患上阿尔茨海默病的居民，进行了几年的随访和饮食评估。结果发现，多摄入维生素 C 和维生素 E 可以降低发生阿尔茨海默病的危险性，而在吸烟的人群中，这种作用更加明显。

（七）矿物元素

1. 铝

铝是多种酶的抑制剂，能影响蛋白质合成和神经介质，使脑内酶的活性受到抑制，是引起许多脑部疾病的重要因素。研究表明老年痴呆症患者脑组织中铝含量明显高于正常人，血清中铝含量也远比对照组高。近年来，人们还发现铝可以导致脑组织神经元纤维缠结和老年斑形成。动物实验也表明：无论经何种方式给以铝化物，均可见到动物脑中铝含量明显升高，并且在行为上出现一系列的异常，出现记忆和认知障碍。

但对于铝与老年痴呆症的发病关系，人们还有不同的见解。国外有报道一患者因口服氢氧化铝凝胶而造成认知功能丧失等痴呆表现，但是病理解剖却无阿尔茨海默病的一系列特征。这表明单一铝的过量，且长期摄入可能不会引起阿尔茨海默病，不过会有某些痴呆的表现。所以，尽管铝与老年痴呆症的关系还有待进一步研究，但是在日常生活中还是应该尽量避免摄入过量的铝。

2. 铜

铜是人体必需的微量元素，是体内近 40 种氧化还原酶的必需成分，有多种生理功能。铜缺乏时 SOD 合成减少，体内产生的自由基不能被及时清除，使脑神经细胞萎缩变性，神经元减少，大脑皮层萎缩，出现脑血管硬化及老年痴呆症。但体内铜含量过高也会提高自由基水平，影响脂类代谢，导致脑动脉硬化的发生并加速细胞的老化和死亡。近年研究表明，铜在脑内某些部位沉积，可导致脑萎缩。灰质和白质退行性改变、神经元减少，最后发展为老年痴呆症。

3. 锌

阿尔茨海默病患者血清中的锌含量显著降低；同时发现阿尔茨海默病患者额叶、颞叶、海马、基底区锌含量普遍较同龄老年人脑组织中含量低。锌在大脑的分布有一定区域性，松果体部位特别多，其次是边缘系统的皮质部，特别是齿状回和海马中。缺锌时影响脑功能，尤其是海马的功能，而海马参与了学习、记忆、情绪和条件反射的形成。锌还参与了 Cu-Zn 超氧化物歧化酶（SOD）的组成，SOD 是人体内自由基的清除剂，具有抗衰老的作用。锌可强化记忆力，延缓脑的衰老。

4. 镉

镉是一种对人体有害的微量元素，环境中的镉可以经呼吸道或消化道进入人体内，在血液中镉可与红细胞结合，通过血液循环到达全身各处。由于镉与巯基、羧基、羟基等配位基的结合能力大于锌，故能置换含锌酶中的锌，使酶失去活力而导致人体机能障碍，进而诱发老年痴呆症。

5. 其他

锰在脑部分布较多，它在脑组织中能激活单磷酸腺苷，在脑神经传递质中起调节作用。老年人缺锰，会出现智力下降，反应迟钝。

硒具有抗氧化作用，能调节人体的免疫功能。体内缺硒时，酶的催化作用减弱，脂质过氧化反应强烈，过氧化脂质对细胞膜、核酸、蛋白质和线粒体的破坏，会导致不可逆损伤，这些长期反复作用，会造成恶性循环，可加速大脑和整个机体的衰老。

有机锗的主要作用在于它的供氧功能和脱氧能力，能清除自由基、降低氧消耗，从而保护大脑。

值得注意的是，有些矿物元素相互间还存在着协同或拮抗作用，如锌和铜在体内的吸收和转运过程中是相互竞争和抑制的，锌与镉是相互拮抗的微量元素。

（八）植物活性成分

1. 生物碱类

天然生物碱类化合物以不同作用机理对治疗老年痴呆症起一定作用。从中草药千层塔中分离得到的石杉碱甲和结构类似物石杉碱乙及石杉碱衍生物异香蓝石杉碱甲，都是一种强效、可逆和高选择性的胆碱酯酶抑制剂，属第二代胆碱酯酶抑制剂，其中石杉碱甲已被成功开发成治疗阿尔茨海默病的药物。对石杉碱甲及其类似物的构效关系研究是近年来该类化合物研究的热点，胆碱酯酶（AchE）-石杉碱甲复合物的晶体结构最近已被测出。

从石蒜科植物石蒜中提取的雪花莲胺碱（加兰他敏）对神经元性乙酰胆碱有高度的特异性作用，但毒性较小，也被列为第二代 AchE 抑制剂，倍受关注。

此外还有作为 M-受体激动剂的从中药槟榔中提取出来的槟榔碱及其衍生物；有改善脑部微循环，增加大脑供给和改善脑代谢作用的从夹竹桃科长春花属植物中提取的长春胺；有抑制细胞外钙内流、清除自由基和脑保护作用的从芸香科植物黄皮中分离得到的黄皮酰胺等。川芎嗪具有显著的提高超氧化物歧化酶活性和降低细胞中丙二醛含量的作用，党参总碱有改善东莨菪碱所致学习记忆障碍和促进胆碱乙酰基转移酶生成乙酰胆碱的作用等。

2. 皂苷类

近年来，天然植物中发现的一些皂苷类成分，在治疗老年痴呆症和延缓衰老方面已显示出良好的应用前景。其中，最具有代表性的为人参皂苷，它是人参中的主要有效成分。人参皂苷既可提高乙酰胆碱含量，又能促进核酸和蛋白质的合成。这些被认为是人参皂苷抗衰老和防治老年痴呆症的最基本生理机制。

绞股蓝皂苷是中药绞股蓝中主要有效成分，其大多数结构与人参皂苷相同或相似，也具有增强学习记忆等广泛的药理活性。但绞股蓝皂苷还可使脑内谷氨酸水平提高及 γ-氨基丁酸水平降低，从而有助于增强记忆。

酸枣仁皂苷除具有抗脂质过氧化和保护神经细胞的作用外，酸枣仁皂苷 A 是钙调蛋白的一种新型天然拮抗剂，调节细胞中各种依赖 Ca^{2+} 的生理过程。

大蒜中含有的多种呋甾和螺甾皂苷，能显著抑制血小板聚集和提高纤溶酶活力，可改善脑部微循环和供养。

3. 酚酮类

研究表明，一些酚酮类化合物如黄酮类、香豆素类、鞣质类化合物具有多种生理活性，对老年痴呆症有一定预防和治疗作用。如大豆异黄酮作为一种抗氧化剂，具有清除超氧自由基与过氧化氢、抑制脂质过氧化、抑制黄嘌呤氧化酶活力、增强抗氧化酶活力等抗氧化作用。大豆异黄酮是一种脂溶性物质，它可以在大脑神经细胞中发挥其抗氧化作用。许多实验证明了它及其代谢产物对大脑和神经有保护作用。

此外，银杏叶中黄酮类物质、淫羊藿黄酮等是保护脑神经细胞的有效成分；蛇床子素能抑制脑内胆碱酯酶活性和延缓衰老；丹参酮、茶多酚、五味子素等均有较强的抗氧化和清除自由基的作用；葛根素有改善衰老性记忆衰退的作用。

4. 多糖类

中药多糖的抗衰老和防治老年痴呆症的药效研究，目前主要集中在研究其免疫调节作用、抗氧化作用和延长生物寿命等方面。大蒜素在改善学习记忆的同时，还具有调控内源性神经生长因子的作用等。

（九）具有改善老年痴呆症功效的典型配料

具有改善老年痴呆症功效的典型配料如表 8-6 所示。

表 8-6　　　　　　　　　具有改善老年痴呆症功效的典型配料

典型配料	生理功效
磷脂酰丝氨酸	改善脑细胞功能，改善老年痴呆症
γ-氨基丁酸	促进脑的活化性，改善睡眠
千层塔	增强学习记忆力，改善记忆障碍
积雪草	增强记忆力
三磷酸腺苷（ATP）	改善脑和冠状动脉的血液循环
细胞色素 C	增加脑血流量及脑耗氧量

续表

典型配料	生理功效
泛酸与辅酶 A	对脑的代谢起重要作用，能增加脑耗氧量
知母皂苷	治疗原发性老年痴呆症
二十二碳六烯酸（DHA）	延缓大脑萎缩、改善记忆力减退。
卵磷脂	改善记忆，改善老年痴呆症
维生素 C、维生素 E	防止脑血管硬化，预防老年痴呆
维生素 B_{12} 和叶酸	有利于免疫球蛋白的生成，改善老年痴呆
锌	强化记忆力，延缓脑的衰老
生物碱	高效的胆碱酯酶抑制剂
人参皂苷	抗衰老、预防老年痴呆症
银杏叶	保护脑神经细胞，延缓脑衰老
螺旋藻多糖	调节免疫力，抗氧化，预防老年痴呆

第七节 老年食品

自然寿命指的是若无环境的干涉，如患病、被其他动物伤害、意外死亡等情况，生物能生存的时间。有人认为不同动物的自然寿命与其组织的氧耗量成反比，与体重成正比，即生物的氧代谢越快，寿命越短。例如昆虫，它的生物氧代谢很快，体积较小，因而寿命较短。但显然存在不少例外，如大象及河马都比人大，其生物代谢也比人低，但大象的自然寿命只有 70 年，河马是 50 年，而人却有 114 年。

期望寿命（Life expectancy）是指在整个国家人口统计中死亡的平均年龄加上标准差，它是生物变异数而不是参数。有些长寿国家的老人，他们的平均寿命加上 2 个标准差与自然寿命非常接近。如寿命为 80~90 岁，则上限为 109~116 岁，下限为 50~55 岁，上限接近自然寿命。大多数人是达不到自然寿命的，除去意外死亡与急性传染病以外，衰老和因衰老而引起的各种慢性疾病是老年人死亡的主要原因。

任何的生命过程都遵循着这样的一条共同规律，即经历不同的生长发育直至衰老最终死亡。光阴催人老，岁月白人头，衰老是不可抗拒的。随着经济的发展，医疗水平的提高和人们生殖意愿的下降，我国已经逐渐进 入老龄化社会。目前，人口老龄化已经变成了一个全球性的问题。高龄化社会的形成推动着老年食品的不断发展。

一、老年食品的分类

（一）易食食品

易食食品是指经改善食物物理性状以满足咀嚼和（或）吞咽功能下降的老年人群膳食需求的一类特殊膳食用食品，食物形态从固态到液态，包括软质型、细碎型、细泥型、高稠型、中稠型和低稠型。

（二）老年营养配方食品

老年营养配方食品是以乳类、乳蛋白制品、大豆蛋白制品、粮谷类及其制品为主要原料，加入适量的维生素、矿物质和（或）其他成分生产加工制成的特殊膳食用食品，适用于营养不良和（或）有营养需求的老年人群，其营养成分能满足老年人的全部营养需求。

（三）老年营养补充食品

老年营养补充食品是指以乳类、乳蛋白制品、大豆蛋白制品中一种或以上为食物基质，添加维生素、矿物质和（或）其他成分制成的适应老年人群营养补充需要、改善老年人群营养状况的特殊膳食用食品。

二、老年的营养需求

衰老是一个渐进的过程，在生长发育停止后就已经开始。为了保证老年期的健康，有时需从生命的早期就注意膳食营养的作用。例如，中年以前就注意摄取充足的钙，使骨密度达到较高的峰值，可预防或推迟老年人骨质疏松症的发生。

就目前的研究而言，老年期的特殊营养需求可概括为"四足四低"，即足够的蛋白质、足够的膳食纤维、足量的维生素与足量的矿物元素，以及低能量、低脂肪、低胆固醇与低钠盐等。

（一）能量

老年人基础代谢降低，体力活动减少，所需能量也相应减少。60岁以上老人的平均日采食能量宜控制在134~146kJ/kg范围内，所谓"千金难买老来瘦"意义就在于此。脂肪与糖类是人体能量的主要供给者，脂肪（特别是富含饱和脂肪酸的动物脂肪）和蔗糖摄入量过多还会引起一系列疾病，这方面对老年人尤显得重要。因此，老年人对脂肪与糖类的摄入量应作严格控制。脂肪摄入量宜控制在占总能量的17%~20%为宜，碳水化合物按目前的实际情况宜控制在总能量的60%以内，低分子的糖类应尽量减少。中国老年人能量与宏量营养素参考摄入量如表8-7所示。

表8-7　　　　　　　　　中国老年人能量与宏量营养素参考摄入量

能量/营养素	RNI						AMDR/%E		
	50~64		65~79		>80		50~64	65~79	>80
	男	女	男	女	男	女			
能量/（MJ/d）[1]									
PAL（I）	8.79	7.32	8.58	7.11	7.95	6.28	—[2]	—	—
PAL（II）	10.25	8.58	9.83	8.16	9.20	7.32	—	—	—
PAL（III）	11.72	9.83	—	—	—	—	—	—	—
蛋白质/（g/d）	65	55	65	55	65	55	—	—	—
总碳水化合物/%E[3]	—		—		—		50~65	50~65	50~65
添加糖/%E	—		—		—		<10	<10	<10
总脂肪/%E	—		—		—		20~30	20~30	20~30
饱和脂肪酸/%E	—		—		—		<8	<10	<10

续表

能量/营养素	RNI						AMDR/%E		
	50~64		65~79		>80		50~64	65~79	>80
	男	女	男	女	男	女			
ω-6 PUFA/%E	—		—		—		2.5~9.0	2.5~9.0	2.5~9.0
亚油酸/%E	4.0（AI）		4.0（AI）		4.0（AI）		—	—	—
ω-3 PUFA/%E	—		—		—		0.5~2.0	0.5~2.0	0.5~2.0
α-亚麻酸/%E	0.60（AI）		0.60（AI）		0.60（AI）		—	—	—
EPA+DHA/（mg/d）	—		—		—		0.25~2.0	0.25~2.0	0.25~2.0

注：①参考值为能量需要量（EER，estimated energy requirement），PAL=Physical Activity Level，身体活动水平，I=1.5（轻），II=1.75（中），III=2.0（重）。

②未制定参考值者用"—"表示。

③%E 为所占能量的百分比。

（二）蛋白质

老年人肠胃功能减弱导致对蛋白质利用率的降低，老年人机体内蛋白合成代谢减慢而分解代谢却占优势。老年性贫血出现的原因之一就是由于血红蛋白合成量的减少。因此，老年人易出现氮负平衡，需增加摄入量以维持机体代谢的平衡。老年人需要的是各种生物价高、氨基酸配比合理的优质蛋白质，那种胆固醇与饱和脂肪酸含量很高的部分动物蛋白应予避免。蛋白质的需求量，应占每日总能量的15%~20%以上，以每日 1~1.2g/kg（体重）为宜，其中优质蛋白应占一半以上。中国老年人蛋白质参考摄入量见表8-7。

（三）膳食纤维

老年人肠胃功能下降，肠内有益菌群数减少，老年性便秘现象经常出现，因此需增加膳食纤维的摄入量。近年来国内外大量的研究证实膳食纤维有许多重要的生理功能，膳食中纤维数量的不足与心血管及肠道代谢方面的很多疾病（包括动脉硬化、冠心病、糖尿病与恶性肿瘤等）有直接的关系。这些疾病多属老年病范畴，膳食纤维对老年人的重要性由此可见。

（四）矿物质

钠盐摄入量过多与高血压多发性之间的直接关系已成定论。老年性高血压的出现与肾器官的衰老可导致钠离子排出功能的下降，为减轻肾脏负担应严格控制钠盐的摄入量，每人每天不能超过10g，最好在5g以下。

随着年龄的增大，人体内某些必需矿物元素的含量逐渐减少，而一些非必需或毒性较大的元素（如重金属 Pb）却会在机体各器官中逐渐积蓄，必需矿物元素的补充对保护老年机体健康因此显得十分重要。因老年人对钙的吸收率降低，缺钙现象最为常见，表现出腰酸腿疼、骨质疏松或骨质增生，故有道"人老始于腿"。国外推荐的预防骨质疏松的钙最适摄入量每天为1000~1200mg，而我国目前的实际情况距此标准相差甚远。由于胃功能下降，胃酸分泌量少，可导致人体对铁吸收率降低，缺铁性贫血在老年人群中很常见，需予补充。锌、镁、铜、硒、铬、和钒的微量元素与老年人的健康也有密切的关系。中国老年人矿物元素参考摄入量，如表8-8所示。

表 8-8　　　　　　　　　　　　　中国老年人矿物元素参考摄入量

矿物元素	RNI						PI			UL		
	50~64		65~79		>80		50~64	65~79	>80	50~64	65~79	>80
	男	女	男	女	男	女						
钙/（mg/d）	1000		1000		1000		—	—	—	2000	2000	2000
磷/（mg/d）	720		700		670		—	—	—	3500	3500	3500
钾/（mg/d）	2000（AI）		2000（AI）		2000（AI）		3600	3600	3600	—	—	—
钠/（mg/d）	1400（AI）		1400（AI）		1400（AI）		1900	1900	1900	—	—	—
镁/（mg/d）	330		320		310		—	—	—			
氯/（mg/d）	2200（AI）		2200（AI）		2200（AI）							
铁/（mg/d）	12		12		12		—	—	—	42	42	42
碘/（μg/d）	120		120		120		—	—	—	600	600	600
锌/（mg/d）	12.5	7.5	12.5	7.5	12.5	7.5				40	40	40
硒/（μg/d）	60		60		60		—	—	—	400	400	400
铜/（mg/d）	0.8		0.8		0.8		—	—	—	8	8	8
氟/（mg/d）	1.5（AI）		1.5（AI）		1.5（AI）		—	—	—	3.5	—	—
铬/（μg/d）	30（AI）		30（AI）		30（AI）							
锰/（mg/d）	4.5（AI）		4.5（AI）		4.5（AI）		—	—	—	11	11	11
钼/（μg/d）	100		100		100		—	—	—	900	900	900

注：未制定参考值者用"—"表示。

（五）维生素

维生素在调节机体代谢方面发挥着重要的作用，老年人由于身体器官功能的衰退，自身调节机能下降，保证足够数量的维生素（特别是维生素 A、维生素 D、维生素 E、维生素 C、维生素 B_1、维生素 B_2 和维生素 B_{12} 等）是很重要的。目前尚无有力的证据表明年龄的增大与各种维生素需求量增减方面有什么直接的关系，但已知老年人易缺钙而导致骨质疏松，补充维生素 D 将有助于提高对钙的吸收率。此外，维生素 C、维生素 A、维生素 E 还具有清除自由基、提高免疫力的作用。抗肿瘤与抗衰老等作用，对老年人来说非常重要。中国老年人维生素参考摄入量如表 8-9 所示。

表 8-9 中国老年人维生素参考摄入量

维生素	RNI						UL		
	50~64		65~79		>80		50~64	65~79	>80
	男	女	男	女	男	女			
维生素 A/（μg RAE/d）①	800	700	800	700	800	700	3000	3000	3000
维生素 D/（μg/d）	10		15		15		50	50	50
维生素 E/（α-TE/d）②	14		14		14		700	700	700
维生素 K/（μg/d）	80		80		80		—③	—	—
维生素 B$_1$/（mg/d）	1.4	1.2	1.4	1.2	1.4	1.2	—	—	—
维生素 B$_2$/（mg/d）	1.4	1.2	1.4	1.2	1.4	1.2	—	—	—
维生素 B$_6$/（mg/d）	1.6		1.6		1.6		60	60	60
维生素 B$_{12}$/（μg/d）	2.4		2.4		2.4		—	—	—
维生素 C/（mg/d）④	100		100		100		2000	2000	2000
泛酸/（mg/d）	5.0		5.0		5.0		—	—	—
叶酸/（μg DFE/d）⑤	400		400		400		1000⑥	1000⑥	1000⑥
烟酸/（mg NE/d）⑦	14	12	14	11	13	10	35/310⑧	35/310⑧	30/310⑧
胆碱/（mg/d）	500	400	500	400	500	400	3000	3000	3000
生物素/（μg/d）	40		40（AI）		40（AI）		—		

注：①维生素 A 的单位为视黄醇活性当量（RAE），1μg RAE＝膳食或补充剂来源全反式视黄醇（μg）＋1/2 补充剂纯品全反式 β-胡萝卜素（μg）＋1/2 膳食全反式 β-胡萝卜素（μg）＋1/24 其他膳食维生素 A 类胡萝卜素（μg），维生素 A 的 UL 不包括维生素 A 原类胡萝卜素 RAE。

②α-生育酚当量（α-TE），膳食中总 α-TE 当量（mg）＝1×α-生育酚（mg）＋0.5×β-生育酚（mg）＋0.1×γ-生育酚（mg）＋0.02×δ-生育酚（mg）＋0.3×α-三烯生育酚（mg）。

③未制定参考值者用"—"表示。

④维生素 C 在妊娠期的 PI（预防非传染性慢性病的建议摄入量）值为 200mg/d。

⑤膳食叶酸当量（DFE，μg）＝天然食物来源叶酸（μg）＋1.7×合成叶酸（μg）。

⑥指合成叶酸摄入量上限，不包括天然食物来源叶酸，单位为 μg/d。

⑦烟酸当量（NE，mg）＝烟酸（mg）＋1/60 色氨酸（mg）。

⑧烟酰胺，单位为 mg/d。

三、老年食品的开发

根据老年人的生理特点与营养需求而设计的旨在维持活力与精力的食品，属于老年日常功能性食品。影响老年食品设计的非营养因素包括：

①老年人易受长期养成的饮食习惯所支配，喜欢接受年轻时吃惯的食品，对新鲜食品不易接受；

②老年人牙齿逐渐脱落，咀嚼功能衰退，要求食品质构松软不需强力咀嚼；

③老年人味觉与嗅觉功能减退导致对食品风味的敏感性降低，因此需对食品的风味配料作精细的调整；

④老年人所拥有的经济状况对其选择食品影响很大，多数人不敢问津价格高昂的食品。

有鉴于此，在设计老年食品时，既要充分考虑老年人特殊的营养需求，保证供给足够的营养素，又要体谅到老年人营养以外的特殊要求，所设计的食品在外观、口感、色、香、味及价格等方面都要符合老年人的特殊要求。

四、老年食品的技术要求

（一）易食食品

易食食品的性状特征及检测方法应符合表 8-10 的要求。

表 8-10 易食食品性状特征及检测方法

类型[1]	性状特征	检测方法[2]
软质型	可以用牙齿轻松碾碎的食物。质构松软、湿润，可以用汤匙边缘或筷子将此类食物切断或分成小块；固体颗粒粒径[3]不超过 1.5cm	当使用餐叉底部下压测试食物（约 1.5cm×1.5cm）时，可将食物压扁（用力时可见拇指和食指指甲发白），且将餐叉移开后，食物不会恢复原状
细碎型	可以用牙龈碾碎的食物。质构松软、湿润，容易形成食团；食物中可见块状固体，其颗粒粒径[3]不超过 0.5cm	当使用餐叉下压测试食物时，食物小碎粒比较容易被分开且易穿过餐叉缝隙，使用较小的力就可以将食物碾碎（此等大小的力不会把指甲压的发白）
细泥型	可以用舌头和上颚碾碎的食物，不需要咀嚼。可在餐盘独立成型，质构不均一的泥状，含有少量颗粒，不含块状	测试食物在餐叉上可成堆状，少量食物可能从餐叉缝隙缓慢流出，在餐叉叉齿下形成挂尾，但不会持续流下
高稠型	质构均一、顺滑，无法在餐盘上独立成型，不能用吸管或杯子[5]饮用，需要用勺子挖取送食；即使倾斜杯子也不会流出	测试液体流经 10mL 注射器[4]，10s 后剩余多于 8mL 残留液
中稠型	质构均一的液体，可通过粗吸管或杯子[5]饮用。从杯子倒出时会有一层液体附着在杯子[5]表面	测试液体流经 10mL 注射器[4]，10s 后剩余 4~8mL 残留液
低稠型	质构均一的液体，可以用吸管轻松吸取；用杯子饮用后会在杯内留下模糊痕迹	测试液体流经 10mL 注射器[4]，10s 后剩余 1~4mL 残留液

注：①以即食状态计。

②检测时食物温度应为最佳食用温度。

③颗粒粒径可用质构仪检测。

④注射器从 0 刻度到 10mL 刻度的测量长度是 61.5mm。

⑤杯子指的是内壁光滑的玻璃杯。

（二）老年营养配方食品

老年营养配方食品每 100mL（液态产品或可冲调为液体的产品为即食状态下）或每 100g（直接食用的非液态产品）所含的能量应不低于 295kJ。能量的计算按每 100mL 或每 100g 产品中蛋白质、脂肪、碳水化合物的含量乘以各自相应的能量系数 17、37、17kJ/g（膳食纤维的能量系数，按照碳水化合物能量系数的 50% 计算），所得之和为 kJ/100mL 或 kJ/100g 值。

老年营养配方食品中蛋白质的含量应不低于 0.8g/100kJ，其中优质蛋白所占比例不少于 50%。蛋白质的检验方法参照 GB 5009.5—2016。老年营养配方食品中饱和脂肪酸供能比应不大于 10%；亚油酸供能比应不低于 2.0%；α-亚麻酸供能比应不低于 0.5%。脂肪酸的检验方法参照 GB 5009.168—2016。

老年营养配方食品中必需成分的含量应符合表 8-11 的规定。老年营养配方食品除表 8-8 规定的必需成分外，如果在产品中选择性添加或标签标示含有表 8-12 中一种或多种成分，其含量应符合表 8-12 的规定。

表 8-11　　　　　　　　　　　　老年营养配方食品必需成分指标

营养素	每 100kJ		检验方法
	最小值	最大值	
维生素 A/μg RE[①]	12.75	47.80	GB 5009.82—2016
维生素 D/μg[②]	0.24	0.80	GB 5009.82—2016
维生素 E/mg α-TE[③]	0.22	11.15	GB 5009.82—2016
维生素 C/mg	3.19	31.87	GB 5009.86—2016
叶酸/μg	6.37	15.93	GB 5009.211—2014
维生素 B_{12}/μg	0.04	N.S.[④]	GB 5413.14—2010
维生素 K/μg	1.27	N.S.[⑤]	GB 5009.158—2016
钠/mg	20.71	28.68	GB 5009.91—2017
钾/mg	57.36	N.S.[⑤]	GB 5009.91—2017
钙/mg	15.93	31.87	GB 5009.92—2016
铁/mg	0.19	0.67	GB 5009.90—2016
锌/mg	0.20	0.64	GB 5009.14—2017
EPA+DHA/mg	N.S.[⑤]	30	GB 5009.168—2016
膳食纤维/g	0.40	N.S.[⑤]	GB 5009.88—2014
维生素 B_1/mg	0.02	N.S.[⑤]	GB 5009.84—2016
维生素 B_2/mg	0.02	N.S.[⑤]	GB 5009.85—2016
维生素 B_6/mg	0.03	0.96	GB 5009.154—2016
烟酸（烟酰胺）/mg[④]	0.22	0.48	GB 5009.89—2016
泛酸/mg	0.08	N.S.[⑤]	GB 5009.210—2016
生物素/μg	0.64	N.S.[⑤]	GB 5009.259—2016
铜/μg	12.75	127.47	GB 5009.13—2017
镁/mg	5.10	N.S.[⑤]	GB 5009.241—2017
锰/μg	71.70	175.27	GB 5009.242—2017
磷/mg	11.15	47.80	GB 5009.87—2016
碘/μg	1.91	9.56	GB 5009.267—2016

续表

营养素	每100kJ		检验方法
	最小值	最大值	
氯/mg	35.05	N./S.⑤	GB 5009.44—2016
硒/μg	0.96	6.37	GB 5009.93—2017

注：①RE 为视黄醇当量，1μg RE =3.33IU 维生素 A=1μg 全反式视黄醇（维生素 A）。维生素 A 只包括预先形成的视黄醇，在计算和声称维生素 A 活性时不包括任何的类胡萝卜素组分。

②钙化醇，1μg 维生素 D=40IU 维生素 D。

③1mg α-TE（α-生育酚当量）= 1mg d-α-生育酚。

④烟酸不包括前体形式。

⑤N.S. 为没有特别说明。

表 8-12 老年营养配方食品可选择性成分指标

营养素	每100kJ		检验方法
	最小值	最大值	
铬/μg	0.48	13.30	GB 5009.123—2014
钼/μg	1.59	14.34	—
氟/mg①	0.02	0.06	GB/T 5009.18—2003
胆碱/mg	7.97	47.80	GB 5009.272—2016
左旋肉碱/mg	0.31	N.S.②	GB 1903.13—2016
肌醇/mg	1.0	33.46	GB 5009.270—2016
核苷酸/mg	0.48	N.S.②	GB 5413.40—2016
植物甾醇/mg	0.01	0.38	—
番茄红素/mg	0.29	1.12	GB 1886.78—2016 或 GB 22249—2008
叶黄素/mg	0.16	0.64	GB 5009.248—2016
原花青素/mg	N.S.②	12.75	—
大豆异黄酮/mg	0.88	1.91	GB/T 23788—2009
花色苷/mg	0.80	N.S.②	GB 28313—2012
氨基葡萄糖/mg	15.93	N.S.②	—
姜黄素/mg	N.S.②	11.47	GB 1886.76—2015

注：①氟的化合物来源为氟化钠和氟化钾，其他成分的化合物来源参考 GB 14880 或国家有关规定。

②N.S. 为没有特别说明。

（三）老年营养补充食品

老年营养补充食品每日推荐分量不超过 50g。老年营养补充食品中蛋白质含量占其质量的 18%~35%。老年营养补充食品中必需成分含量以每日计应符合表 8-13 的规定。除表 8-13 规定的必需成分外，如果在产品中选择性添加或标签标示含有表 8-14 中一种或多种成分，其含量（以每日计）应符合表 8-14 的规定。如若添加表 8-13 和表 8-14 之外的其他物质应符合国家有关规定。

表 8-13　　　　　　　　　　　　老年营养补充食品必需成分指标

营养素	每日分量	检验方法
钙/mg	300~1000	GB 5009.92—2016
铁/mg	4~12	GB 5009.90—2016
锌/mg	4~12.5	GB 5009.14—2017
硒/μg	20~60	GB 5009.93—2017
维生素 A/μg	210~720	GB 5009.82—2016
维生素 D/μg	4.5~25	GB 5009.82—2016
维生素 E/mg	4.2~12.6	GB 5009.82—2016
维生素 B_1/mg	0.6~2.8	GB 5009.84—2016
维生素 B_2/mg	0.6~2.8	GB 5009.85—2016
维生素 B_{12}/mg	1.0~4.8	GB 5413.14—2010
维生素 C/mg	30~200	GB 5009.86—2016
叶酸/μg	120~400	GB 5009.211—2014

表 8-14　　　　　　　　　　　　老年营养补充食品可选择性成分指标

营养素	每日分量	检验方法
镁/mg	100~320	GB 5009.241—2017
维生素 K/μg	26.7~72	GB 5009.158—2016
维生素 B_6/mg	0.6~3.2	GB 5009.154—2016
泛酸/mg	2.0~10.0	GB 5009.210—2016
烟酸/mg*	5.0~14.0	GB 5009.89—2016
生物素/μg	16~80	GB 5009.259—2016
胆碱/mg	160~800	GB 5413.20—2013
左旋肉碱/mg	12~144	GB 1903.13—2016
肌醇/mg	75.6~380	GB 5009.270—2016
核苷酸/mg	36.0~108.0	GB 5413.40—2016
α-亚麻酸/g	0.4~1.2	GB 5009.168—2016
EPA+DHA/g	0.2~2.5	GB 5009.168—2016
膳食纤维/g	3~10.0	GB 5009.88—2014
植物甾醇/g	0.27~0.81	—
番茄红素/mg	5.4~18.0	GB 1886.78—2016 或 GB 28316—2012
叶黄素/mg	3.3~10.0	GB 5009.248—2016
大豆异黄酮/mg	16.5~49.5	GB/T 23788—2009
花色苷/mg	15~45	参考 GB 28313—2012

注：＊不包括前体形式。

（四）老年食品标识

产品标签应符合 GB 13432—2013 的规定。老年营养配方食品营养成分表应增加"每 100kJ（/100kJ）"含量的标示，老年营养补充食品营养成分表应增加"每日份"含量的标示。产品标签应标注为"老年食品"，并根据产品适应人群标示其具体类别，如"易食食品（软质型）""老年营养配方食品"等。老年营养补充食品标签上应标注"与同类产品同时食用时应注意用量"。易食食品应在标签中标识建议食用温度。产品中如标识易食食品，则应符合易食食品的技术要求。

🔍 **思考题**

1. 简述抗原的性质和分类。
2. 试说明维生素对机体免疫调节的影响？
3. 肿瘤细胞的特点是什么？肿瘤的发生发展包括哪些阶段？
4. 为预防肿瘤的发生，膳食方面应遵循哪些原则？
5. 更年期的定义是什么？更年期综合征有哪些症状？
6. 请列出至少 3 种具有改善更年期综合征功效的植物活性成分，并简述它们的生理功效。
7. 睡眠可分为哪几个阶段？
8. 什么是老年痴呆症？老年痴呆症有哪些分类与症状？
9. 卵磷脂对老年痴呆症有何影响？哪些食物富含卵磷脂？

第九章　CHAPTER 9

改善胃肠道功能性食品

[学习目标]

1. 掌握各类营养素的消化吸收过程以及促消化吸收功能性食品的开发原理。
2. 了解胃及胃黏膜的结构和功能，掌握保护胃黏膜功能性食品的开发原理。
3. 了解有毒发酵物对机体的危害，掌握肠道菌群对机体健康的影响以及调节肠道菌群功能性食品的开发原理。
4. 了解便秘的种类和起因，掌握润肠通便功能性食品的开发原理。
5. 了解腹泻的起因和影响，掌握抗腹泻功能性食品的开发原理。

作为消化系统的一部分，胃肠道担负着消化吸收营养物质、为人体生长发育提供必要的能量和营养素的重任。在物质文明高度发达的今天，人们可以随心所欲地选择吃什么和吃多少，机体的胃肠道就得冷热酸甜苦辣没有选择的一并兼收。

胃肠道虽富有弹性，但其承载力和耐受力都有一定的限度。因此，当今人们的胃肠道疾病非常普遍。在这种形势下，适时开发具有促进消化吸收、保护胃黏膜、调节肠道菌群、润肠通便、抗腹泻等作用的功能性食品，很受市场的欢迎。

第一节　促进消化吸收功能性食品

消化是食物分解为较小的颗粒或分子的过程。吸收是将已被消化的营养素从消化系统转移到循环系统中，并最终分布到全身各种细胞中去的过程。

人们由于饥饿要吃东西。需要吃食物的原因一方面是由于认知反应，另一方面是由于消化系统的原因。消化系统反过来对消化吸收也起一定的调控作用，而某些食物本身也影响消化吸收的过程。

一、营养素的消化吸收

消化过程主要依靠一系列的消化酶完成。咀嚼类的机械作用也发挥一定的作用。许多消化酶都是以非活化形式储存的，这种状态的酶称作酶原。一旦被分泌到对消化有利的环境中，在一些激活剂如 pH 或另一些酶的作用下，这些钝化酶开始活化，履行它们特有的消化功能。

（一）碳水化合物

碳水化合物的消化吸收开始于口腔，但主要在小肠中进行，发生在小肠的十二指肠和空肠处。葡萄糖和半乳糖是通过主动运输的机制被吸收的，这种主动运输在某种程度上依赖于 Na^+ 的主动运输。肠内含物的 Na^+ 浓度对这个机制很重要。当 Na^+ 浓度高时可促使这些糖的迅速吸收，而 Na^+ 浓度低时吸收的速度就减慢了。某些戊糖与另外一些己糖的吸收则是通过扩散作用吸收的，这个过程比主动运输慢得多。

可被利用的碳水化合物约有 98% 能被消化吸收。由于人体缺乏能分解纤维素的酶，故对膳食纤维之类不可利用的碳水化合物不能消化吸收。

消化的全过程取决于酶，它对所催化的反应有特异性。有许多人由于缺乏能分解乳糖的乳糖酶，因此不能消化吸收乳糖，在摄取乳糖后就会出现腹泻、胀饱和肠胃气胀（气体）等症状，即乳糖不适症。因此他们需要摄入低乳糖乳制品。

（二）蛋白质

虽然蛋白质的消化在胃里就开始了，但主要仍是在小肠中进行的。胰脏和肠道分泌的许多酶能将蛋白质分解成际、陈、肽及有关的氨基酸，进而被人体所吸收。据估计人类有 50% 的蛋白质来自膳食食品，约 25% 来自消化液中的蛋白质，剩下的 25% 来自胃肠道的脱落细胞。肠黏膜细胞的转换速度相当快，只需要 1~3d，这样就为再循环的蛋白质提供了一个很好的来源。来自食品的蛋白质大约有 92% 能被消化，植物蛋白的消化率为 80%~85%，而动物蛋白可高达 97% 左右。

对于氨基酸的吸收还不是很清楚，但已知它与葡萄糖吸收相似，与 Na^+ 参与的主动运输机制有关。在十二指肠与空肠部分氨基酸被迅速吸收，但在回肠处的吸收能力却很弱。

在新生儿中蛋白质的吸收能力很有限。这种吸收的机制（胞饮作用）能促进将母体初乳中的抗体传给幼儿。但也可能让婴儿在吃过某种食物后造成过敏反应。

肠道内也含有消化核酸（含核糖核酸 RNA 和脱氧核糖核酸 DNA）的酶。胰核酸酶能够分解核酸成为核苷酸，也能分解核苷酸成为核苷和磷酸。然后，这些核苷再被分解成戊糖、嘌呤（腺嘌呤或鸟嘌呤）和嘧啶（胞嘧啶、尿嘧啶或胸腺嘧啶）碱基，碱基以主动运输的方式被吸收。

（三）脂类

脂类主要是在小肠上部进行消化吸收的，但在回肠部位也有相当数量的吸收。脂肪不溶于水，但因体内存在酶促反应只有在水溶液中才能发生，所以脂肪必须首先乳化。从胆囊中来的胆盐能降低脂肪的表面张力，使肠的搅拌运动能将脂肪球打碎变成非常细小的乳化液颗粒，这样大大增加了颗粒的表面积，使得水溶性的脂肪酶能够进行反应。脂类由胆盐乳化之后，在十二指肠中与各种脂肪酶接触被分解成为甘油二酯、甘油单酯、脂肪酸和甘油。小于 10~12 个碳原子的短链脂肪酸直接被吸收进入小肠内层黏膜，并被传送到肝的门静脉循环。那些甘油单酯和不溶解的脂肪酸被胆盐乳化成为微胶粒，再通过与上皮细胞表面进行接触，使之再次被吸收入肠细胞。一旦进入细胞，长链脂肪酸酯化形成甘油三酯，然后与胆固醇、脂蛋白或磷脂结合形成乳糜微粒即微细的脂肪滴。这些乳糜微粒可经过绒毛的中心乳糜管进入淋巴循环系统，最终流入血液。在摄取含脂肪食物 2~4h，血液中的乳糜微粒循环的水平达到最高点，血液呈现混浊状态，在 2~3h 内这种状态消失而沉淀在脂肪组织或肝中。

（四）维生素、矿物元素和水

维生素大多是在肠道的上部分吸收的，但维生素 B_{12} 是在回肠中吸收的 。水溶性的维生素吸收速度快，脂溶性维生素的吸收依赖于脂肪的吸收机理，在一般情况下吸收速度较慢。

小肠和大肠的各个部位都可以吸收矿物元素，吸收的速度取决于 pH、载体和营养成分等。铁和钠是以主动运输的机制进行吸收的，维生素 C 和维生素 E 有利于铁的吸收。钙等的吸收则需要载体蛋白和扩散作用，且还需要维生素 D。

水通过扩散和渗透作用，可以自由地穿过消化道的膜，从消化道内面到消化道的内层细胞里面。作为消化的产物，糖、氨基酸和矿物元素被主动运输到肠道之外，从而产生渗透梯度。同时也引起水从肠内出来进入细胞。在大肠里 Na^+ 会很快地被泵出，随着离子浓度梯度的变化，水也被转移出来。每个人一天所摄取食物中的水分和进入消化分泌物中的水分总量有 10000~12000mL，而每天从粪便排出的水分量仅仅是 150~200mL。

二、促进消化吸收功能性食品的开发

消化是人体生长发育、补充营养、支持新陈代谢的最基本生理过程，人一旦出现消化不良就会引发各种疾病。研究表明，除机体的生理原因外，一些食物的自身因素，如性状、成分等也会严重影响消化吸收率，所以合理膳食对于改善消化吸收非常重要。

（一）碳水化合物

碳水化合物是人类必不可少的主要营养成分之一，其中糖类比蛋白质和脂肪更易被消化吸收，能帮助肌体放松肌肉，促进消化系统完全彻底地工作。而膳食纤维则能促进体内有益菌（如双歧杆菌）的发酵，具有改善消化吸收的功能。所以对于消化吸收不良的人群，碳水化合物是最好的能量来源。但是，需要注意的是没有经过精制的粮食及含有大量膳食纤维的食品会降低肌体对蛋白质的消化能力，并增加在粪便中丢失的蛋白质数量。

（二）酶

一些人，尤其是脑力劳动为主的人，常常食欲不振，消化不良，主要原因就是各种消化酶不足。所以许多改善消化不良的助消化药的主要成分是各种酶类：如胃蛋白酶，有促进蛋白质消化和吸收的作用，有利于消积去滞；胰酶和淀粉酶等，能改善因胰脏疾病引起的胰消化酶分泌不足而导致的食欲不佳，消化不良。

其实，这些消化酶也完全可以从食物中获取。淀粉酶分布于植物中，如萝卜、莴苣、豌豆、南瓜、豆芽菜中含量较多。蛋白酶除在动物胃、肠等器官中颇多外，在菠萝和木瓜中也极其丰富。脂肪酶在畜、禽、鱼等肉类中蕴藏较多，所以多食用上述食物，能摄入充足的酶，有利于消化吸收的过程。

（三）有益菌

肠道中的有益菌能抑制肠道腐败菌的繁殖和腐败，改善体内的微环境，其分解发酵食物产生的酸性物质还能刺激肠道分泌和促进肠道蠕动，改善消化吸收。如乳酸菌分解食物中的糖类生成乳酸，可使肠内酸度增高，从而抑制肠内病原菌的繁殖，防止蛋白质的异常发酵，促进消化吸收并减少肠内气体的产生而减轻腹胀症状。此外，有益菌还可合成多种维生素，有利于铁、钙的吸收的作用。

（四）有机酸

消化酶和胃酸不足，常导致胃肠 pH 高于酶活性和有益菌群适宜生长的环境，造成消化吸收不良，因此可以通过补充酸来调节消化道中的酸碱度环境。补充一定量的酸可使胃内容物的 pH 相对稳定，并具有改善消化道酶活性和营养物质消化率的作用，并能降低病原微生物的感染机会。使病原微生物的繁殖受到抑制，有利于益生菌繁殖。例如食醋，醋中有机酸成分可维持体内酸碱平衡，促进机体新陈代谢，且游离氨基酸与有机酸一起易被消化吸收，能改善消化功能。

（五）矿物元素

当矿物元素与某些有机分子相结合形成螯合物之后，在胃肠道内可能更容易被吸收，也可能更不容易被吸收。叶绿素、细胞色素、血红蛋白、维生素 C、维生素 B_{12} 和某些氨基酸是常见的几种天然螯合剂，而最常用的合成螯合剂是 EDTA（乙二胺四乙酸）。植酸可与钙、镁等阳离子结合生成植酸钙镁，在成熟的植物种子中约 50% 以上的磷是以植酸钙镁的形式存在的。大量的研究表明，动物具有很强的吸收植酸钙镁的能力。羊在分解植酸钙镁和吸收磷方面没有什么困难，但在狗和人类中，植酸与钙结合后会使得钙不能被吸收。草酸广泛存在于某些多叶植物中，它可以妨碍钙的吸收。草酸与钙结合可形成不溶性沉淀，使得钙不能被吸收。菠菜中含有大量的草酸，会与大量的钙相结合。

（六）其他

乙醇与咖啡碱会对胃的内层起直接的作用从而刺激胃液的分泌，但对消化道也会有一定的损害。

食品的性状对于消化吸收也有很大影响，如咀嚼能够增加酶的作用表面积，因此为消化过程所必须，这就说明一种食品越精细，消化吸收率可能越高。另外，液体食品因容易通过消化系统故易被消化吸收。脂肪食物，特别是和蛋白质混合在一起并大块地进入消化道的食物，往往是很难被消化的，而且需要的时间很长。

（七）具有促进消化吸收功效的典型配料

具有促进消化吸收功效的典型配料，如表 9-1 所示。

表 9-1　　　　　　　　　　　　　具有促进消化吸收功效的典型配料

典型配料	生理功效
乳酸菌	调节肠道菌群，促进消化吸收，提高免疫力
酵母菌	调节肠道菌群，促进消化吸收，提高免疫力
木瓜蛋白酶	促进蛋白质消化吸收
溶菌酶	调节肠道菌群，促进婴儿消化吸收，消炎杀菌，抗感染
菠萝蛋白酶	促进蛋白质消化吸收
淀粉酶	促进淀粉消化吸收
维生素	促进消化吸收
矿物元素	促进消化吸收

第二节 保护胃黏膜功能性食品

医学发达的今天，在世界范围内仍有许多疾病困扰着人类的健康，胃病就是其中之一。作为一种世界性疾病，无论在发达国家，还是在发展中国家，其发病率都居高不下。据报道，在我国社会人口中，超过10%的人患胃溃疡，约25%的人患有各种胃炎，全国胃病患者总人数约为3亿人。

从解剖学来看，胃壁共有四层，从内到外依次是胃黏膜、黏膜下层、肌层和浆膜。胃黏膜居于胃内腔的最表层，是胃的第一道防线，其对胃的保护作用很重要。如果想保胃，就得从保护胃黏膜开始。

一、胃和胃黏膜的结构

（一）胃的结构

胃（Stomach）是消化管中最膨大的部位，居于腹腔的左上部，是食物暂时停留和消化的场所。胃上端连接食管的入口称作贲门，下端与十二指肠相接的出口称作幽门。贲门平面以上向左上方膨出的部分称作胃底，靠近幽门的部分称作幽门部；胃底和幽门部之间的部分称作胃体。胃壁由黏膜、黏膜下层、肌层和浆膜四层构成。

黏膜下层由疏松结缔组织组成，其中含有大量的血管及淋巴管，以及神经组织，可调节黏膜肌层的收缩和腺体的分泌。胃的肌层厚而有力，可增强胃壁的牢固性。有肌层的运作下，食物经搅拌、研磨后与胃液充分混合，直至消化成食糜后推送至小肠。浆膜是腹膜的延续部分，赋予胃光滑的外表面，可以减少胃蠕动时的摩擦。

（二）胃黏膜的结构

黏膜表面有许多浅沟，将黏膜分成许多直径2~6mm的胃小区（gastric area）。黏膜表面遍布约350万个不规则的小孔，即胃小凹（gastric pit）。每个胃小凹底部与3~5条胃腺相连。胃空虚时，由于肌肉组织的收缩，黏膜及黏膜下层收紧，形成众多高低不齐、排列各异的皱襞。胃饱满时，皱襞减少甚至消失，黏膜表面相对平滑。

胃黏膜有三层，从内到外依次是胃上皮、固有层和黏膜肌。

1. 胃上皮

整个胃黏膜表面（包括胃小凹）覆盖着单层的柱状上皮细胞，除极少量内分泌细胞外，主要由表面黏液细胞（surface mucous cell）组成。此细胞分泌的黏液，在黏膜表面形成黏液－碳酸氢盐屏障，与胃黏膜屏障共同对胃起重要保护作用。胃黏膜也需要此黏液的保护，使其免受胃小凹所分泌的胃液的伤害，这些酸性消化液可用来消化胃中的食物，若没有黏液的保护，它们会消化胃壁自身。表面黏液细胞不断脱落，由胃小凹底部的细胞增殖补充，约3d更新一次。

2. 固有层

固有层以结缔组织为基础，内含血管、平滑肌纤维和大量紧密排列的胃腺。此外还有较多的淋巴细胞、浆细胞、嗜酸性粒细胞、肥大细胞等，有时也会有淋巴小结。胃腺是分泌消化液和黏液的腺体，根据其所在部位、结构和功能的差异，可分为胃底腺、贲门腺和幽门腺。

3. 黏膜肌

黏膜肌由内环行与外纵行两层平滑肌组成。黏膜肌的主要作用是帮助黏膜紧缩，排出腺体的分泌物。

二、胃黏膜对胃的保护作用

正常情况下，人体胃内的 pH 低于 2.0，再加上胃腺分泌的蛋白酶，促成了胃对食物的消化功能。然而，在这样一种极端的环境中，胃自身又是如何免受被消化的危险呢？

（一）胃黏膜的防御机制

胃黏膜防御是指，允许胃和十二指肠黏膜长期暴露于腔内 pH、渗透压和温度的变化中而不受损伤。胃黏膜防御有以下机制。

1. 前列腺素的细胞保护作用

胃黏膜上皮细胞不断合成和释放内源性前列腺素，后者对胃肠道黏膜具有营养作用，能防止各种有害物质对消化道上皮细胞的损伤，这种作用称为细胞保护。前列腺素能使胃上皮和胃小凹处的黏膜细胞高度增生。但前列腺素不能促进急性胃黏膜损伤后的重建过程，由此推测其主要作用可能是维持胃黏膜细胞内 DNA、RNA 和蛋白合成的正常水平，通过维护和重建微循环而保护胃黏膜细胞的完整性。此外，胰多肽、神经降压素和脑啡肽等也有类似的细胞保护作用。

2. 黏液–重碳酸盐屏障

胃上皮表面黏液细胞分泌的黏液，可在细胞表面构成非流动层，使胃黏膜表面形成 0.25～0.5mm 厚的黏液层。黏液内含有黏蛋白和大量的水，水分填充于黏蛋白分子之间，有利于防止氢离子的逆弥散。胃上皮细胞还能分泌重碳酸盐，其量相当于胃酸最大排出量的 5%～10%。

无论是黏液还是重碳酸盐，单独存在均不能防止胃液和胃蛋白酶对胃黏膜的损害，只有两者结合才可形成屏障。在黏液层内，黏液起到缓冲作用，使重碳酸盐慢慢移向胃腔，中和向上皮表面移动的酸，形成 H^+ 梯度，防止胃酸对黏膜的侵蚀。上述任一个或几个因素受到干扰，pH 梯度都会受到影响，防护性屏障将遭到破坏。

3. 黏膜微循环的作用

密集的毛细血管网分布在胃上皮细胞之下，除供应氧和营养物质给上皮外，高速流动的黏膜血可迅速清除对上皮屏障有损害的物质。在胃和十二指肠黏膜受到损伤后，黏膜血流量会增加。此外，血浆蛋白会从毛细血管内渗出，而血浆蛋白的渗出对于"黏液状帽"的形成和重建过程具有重要作用。

4. 其他黏膜防御因素

其他黏膜防御因素如下所述：

①表面上皮细胞膜的防酸作用：单层胃上皮细胞的顶端裸露在 pH 为 2.0 的酸性环境中可长达 4h 而不受伤害；

②紧密连接作用：存在于相邻表面的上皮细胞之间的紧密连接，对限制 H^+ 的逆弥散有一定作用。

此外，有实验证明，表皮生长因子（EGF）能防止由半胱氨酸引起的胃溃疡；生长抑素对应激性胃溃疡，及半胱胺、乙醇所致的胃损害具有明显的保护作用。

（二）胃黏膜的修复机制

广义的胃黏膜防御不仅包含黏膜对损伤的天然抵抗机制，还包括一旦损伤发生，胃黏膜能得到迅速修复，以保证黏膜完整性的修复机制。而修复机制主要表现在胃上皮重建与上皮增生和生长两方面。

1. 胃上皮重建

对于大多数情况而言，即使胃上皮细胞遭破坏的区域较大，也不会引起严重的后果。只要是浅表性的损伤，就能在数分钟内通过再上皮化过程而修复，此过程称为胃上皮重建。

上皮遭破坏后，细胞黏液被释放出来，在受损部位形成由细胞碎片、黏液和血液等成分构成的"黏液状帽"。这种"黏液状帽"的主要成分是纤维蛋白，主要作用是保护裸露的基底膜免受胃酸侵蚀。基底膜对酸非常敏感，如果没有上皮覆盖，是很容易受到胃酸伤害的。在黏膜损伤处周围，胃小凹处不断增生出新的表皮细胞，使损伤区域再上皮化。

2. 上皮增生和生长

胃黏膜是体内增生最迅速的组织之一。衰老的上皮细胞被周围新生的上皮细胞挤出而剥落，或被周围的上皮细胞吞噬而得以清除。与此同时，新生细胞从增生区向表面移动，并逐步分化为表面上皮黏膜细胞。衰老和新生细胞之间的平衡，可使黏膜细胞总数保持动态稳定状态。

（三）胃黏膜损伤

正常情况下，胃黏膜处于一系列防御机制的保护中而免受伤害。但是，一旦这些防御因素被削弱，过量的胃酸及胃蛋白酶、胆汁、幽门螺杆菌、药物、免疫损伤、应激作用、乙醇及吸烟等因素均有可能造成胃黏膜的损伤。

三、保护胃黏膜功能性食品的开发

（一）蛋白质

蛋白质的摄入可以提供用于组织蛋白合成所需的必需氨基酸，促进胃黏膜损伤的愈合。蛋白质是两性电解质，对于胃液 pH，具有很好的缓冲作用，最好是植物蛋白，因为肉类蛋白对胃黏膜有刺激作用；而牛乳蛋白虽然也有很好的缓冲作用，但因其含有较多钙，也会刺激胃酸的分泌。

（二）脂肪

脂肪可以延缓食物在胃内的排空速度，但过多的脂肪可能引起血脂或血压的升高，或者诱发其他病症，因此，在补充脂肪时要注意适量，而且最好使用不饱和脂肪。

（三）碳水化合物

对于胃黏膜有损伤的患者，碳水化合物的摄入主要是为机体提供能量。要避免粗糙、难消化的粗粮和膳食纤维，以免刺激胃黏膜。

（四）维生素

维生素 C 能促进胃黏膜损伤的愈合，并有助于铁的吸收。维生素 C 在果蔬中含量丰富，但因为果蔬中的纤维和有机酸较多，对胃黏膜有刺激，因此，这类食物对于胃黏膜有损伤的患者是需要限制的，从而就更需要额外补充维生素 C。

维生素 A 能维持上皮组织的健康，缺乏时会造成黏膜上皮细胞萎缩，而使黏膜易受损。

（五）植物活性成分

1. β-谷甾醇-β-D-葡萄糖苷（β-Sitosterol-β-D-glucoside）

β-谷甾醇-β-D-葡萄糖苷在多种植物中均有存在，如蒲公英、麦冬等。它能通过抑制胃酸分泌，促进胃黏膜损伤愈合，达到保护胃黏膜的功效。

2. 丹参（Danshin Root）

丹参的根具有活血祛瘀、排脓止痛、安心宁神等功效。能通过改善胃黏膜血氧供给，促进胃黏膜损伤修复。

3. 甘草（Liquorice）

甘草为多年生草本，具有补脾益气、清热解毒、缓解疼痛等功效。它能促进黏膜细胞分泌，促进胃黏膜细胞再生，增强黏膜防御机能。

4. 猴头菇（Hericium erinaceus）

猴头菇是中国传统珍贵食用菌，性平味甘，具有助消化、滋补身体的功效。临床证明，猴头菇可治疗消化不良、胃溃疡、胃痛、胃胀等疾病。它能通过增强胃黏膜屏障机能，促进黏膜损伤愈合、炎症消退，达到保护胃黏膜的作用。

此外，黄芪、白芍、当归、川芎等中药，能通过健脾益气，促进黏膜微循环，对胃黏膜起到一定保护作用。

从临床效果来看，具有保护胃黏膜功能的保健食品不及药品见效快，但药物或多或少都会有些副作用，而且若不注意饮食，容易复发；而保健食品是从调理身体机能入手，达到自愈的效果。两者的用途可视病情而定。

（六）具有保护胃黏膜功效的典型配料

具有保护胃黏膜功效的典型配料，如表9-2所示。

表9-2 具有保护胃黏膜功效的典型配料

典型配料	生理功效
丹参	活血祛瘀，排脓止痛，安心宁神，保护胃黏膜
黄芪	补气，促进黏膜微循环，保护胃黏膜
白芍	养血调经，促进黏膜微循环，保护胃黏膜
当归	补血，养血，促进黏膜微循环，保护胃黏膜
川芎	行气，活血，促进黏膜微循环，保护胃黏膜
甘草	促进黏膜细胞分泌和再生，增强黏膜防御机能
金丝桃苷	保护胃黏膜
叶绿素	促进胃黏膜损伤愈合
猴头菇	增强胃黏膜屏障机能，促进黏膜损伤愈合
L-谷氨酰胺	增强胃黏膜防御，加速胃黏膜损伤愈合
生物淀粉酶	有助于淀粉物质的消化吸收，减轻胃负担
维生素 C	促进胃黏膜损伤的愈合
维生素 A	维持胃黏膜上皮组织健康，保护胃黏膜
碳酸氢钠	抵制胃酸过多
碳酸钙	抵制胃酸过多
镁化合物	抵制胃酸过多

第三节　调节肠道菌群功能性食品

正常菌群，是微生物与大生物在共同历史进化过程中，形成的微生态系统。正常菌群在人体内分布广泛，尤以肠道中的带菌数量最多。现代社会紧张快节奏的生活，加上抗生素、激素和同位素等的大量使用，严重干扰着机体内正常微生物与宿主之间的生态平衡，特别是肠道菌群的平衡。

肠道菌群与人体的机体健康关系密切。肠道内有些细菌可产生致癌或促癌物质，但也有些细菌却又把这些物质分解使其无毒，并保持肠道菌的平衡，维护人体的健康。因此，肠道菌群是现代生命科学领域的重要课题。

一、肠道菌群的确立和发展

母体中的胎儿是在无菌环境中发育的，靠母亲的抵抗力保持无菌。离开母体后不久，新生儿在皮肤、气管和消化道等黏膜上，开始滋生大量的细菌。新生儿第一次排泄的胎便是无菌的，3~4h 后就发现有细菌，哺乳后细菌数量急剧增长。

新生儿生后 3~4d 内，其粪便中就出现双歧杆菌，到第 5 天时成为优势菌。随着婴儿的生长发育，到断乳时肠道菌群的组成与成年人相类似。其特点是：

①出现拟杆菌、真杆菌、梭状菌等厌氧菌群，并成为优势菌；

②肠杆菌与链球菌减少；

③双歧杆菌的菌种出现变化，从婴儿双歧杆菌、短双歧杆菌、两歧双歧杆菌与长双歧杆菌等，变为长双歧杆菌、青春双歧杆菌与两歧双歧杆菌的成人型菌群；

④婴儿特有的婴儿双歧杆菌消失，其优势菌变成青春双歧杆菌。

成人粪便中的双歧杆菌数量也占优势，但数量不如婴儿多，同时拟杆菌、真杆菌、需氧菌增多。老年人粪便中的双歧杆菌数量大为减少，而拟杆菌和梭状芽孢杆菌则大量增加。肠道菌群的这种变化，易使老年人的肝脏、内分泌、心血管和神经系统受影响，易于出现癌变。

二、有毒发酵产物对机体健康的危害

食品经消化吸收所剩残余物到达结肠后，在被发酵过程中会形成许多有毒的代谢产物，给人体的健康带来很多不利的影响。

（一）有毒发酵产物的种类和数量

在人体结肠内形成的有毒发酵产物包括氨（肝毒素）、胺（肝毒素）、亚硝胺（致癌物）、苯酚与甲苯酚（促癌物）、吲哚与 3-甲基吲哚（致癌物）、雌性激素（被怀疑为致癌物或乳腺癌促进物）、次级胆汁酸（致癌物或结肠癌促进物）、糖苷配基（诱变剂）等。

因为肠道排泄物（粪便）中有 40%~50% 为细菌团聚物，所以在肠道中因发酵作用而产生有毒代谢产物的数量不容忽视。分析表明，300g 湿粪便中包含的有毒代谢产物有 186mg 氨、1.4mg 苯酚、12.2mg 甲苯酚、8.5mg 吲哚和 3.3mg 3-甲基吲哚。据估计，1 个体重 70kg 的成人体内，每天以 0.067～0.67mg 的速率产生 N-二甲基亚硝胺，此数据是小鼠最低致癌剂量的 10～100 倍。

已知参与生成这些有毒代谢产物的细菌包括：大肠杆菌与梭状芽孢杆菌（代谢产物为氨、胺、亚硝胺、苯酚、吲哚、糖苷配基和次级胆汁酸）、拟杆菌和粪链球菌（代谢产物为亚硝胺、糖苷配基和次级胆汁酸）、变形杆菌（代谢产物为氨、胺和吲哚）等。

（二）参与形成有毒发酵产物的酶

有毒发酵产物，是由有害的细菌中的酶所产生的，酶的产生又依赖于这些细菌及肠胃生态。这些酶包括 β-葡糖苷酶、β-葡糖苷酸酶、硝基还原酶、偶氮还原酶、甾醇-7-α-脱氢木聚糖酶和 Azoreductase 酶。

梭状芽孢杆菌中的 Azoreductase 酶及 β-葡糖苷酶的活力最高，在拟杆菌、真细菌和消化链球菌中其活性较低，在双歧杆菌中则几乎没有活性。

（三）有毒发酵产物对机体健康的危害

肠道每天产生的腐败发酵产物、细菌毒素与致癌物等物质，一部分作用于肠管，一部分经过吸收，长时间对肝、心、肾和脑等重要脏器造成损害，引起肿瘤、动脉硬化、高血压、肝损害、自体免疫病和免疫力衰退等。

1. 肿瘤病变

高脂肪膳食刺激分泌大量的胆汁酸，继而会产生过量的次级胆汁酸及类固醇（甾族化合物），这与结肠癌的高发病率关系很大。

大量摄入肉类食物，会造成有害微生物酶及其有毒代谢产物的增加。如西方膳食方式，易造成体内亚硝胺的大量产生和积累，这被认为与高结肠癌发病率有一定的关系。

与结肠癌相似，乳腺癌的发生也与高脂肪或高肉食的膳食习惯有关。某些肠道微生物会将大量分泌的胆汁酸转变成过量的雌性激素，这仅是一个潜在的对雌性激素起作用的显著因素，被认为是引起乳腺癌高发病率的原因之一。

2. 衰老和成人病

随着年龄的增大，人体胃肠液的分泌量会减少，肠道内的双歧杆菌活菌数会逐渐减少，这种趋势在老年人身上，尤为明显。双歧杆菌活菌数的减少，被认为是衰老、免疫力下降和成人病（如肿瘤）发生的重要原因。

精神压力会导致机体的内分泌失调从而影响人体健康，精神压力同样也会改变肠道微生物菌群的平衡，使双歧杆菌数急剧减少，而有毒微生物却大量增殖。

三、肠道菌群对机体健康的影响

（一）肠道菌群与免疫

肠道内的常住菌群和暂住菌群，通常都不是致病的。在机体防御功能健全的个体中，这些细菌很少有致病性，反而是构成机体防御表现的重要因子。但在免疫功能不健全的机体内，肠道菌在肠外定居，会引起条件感染症；在肠内也会黏附于膜细胞上皮产生肠毒素，或造成肠炎与腹泻。也就是说，肠内正常菌群会对宿主发挥有益或有害的作用，随宿主免疫功能水平而不同。

肠道是肠内菌群与宿主的最大接触场所。为了对抗细菌酶的分解作用，肠道会分泌 IgA 进行抗衡，与肠道有关的淋巴组织也产生了 IgA。研究表明，肠道周围产生的 IgA 对维持机体健康有重要作用。

乳杆菌对机体的保护作用，主要是促进宿主巨噬细胞对抗抗原，使得血液单核细胞活动至感染部位，从而有效地提高抗菌作用。双歧杆菌具有免疫促进作用。喂养长双歧杆菌的无菌小鼠，要比未处理的无菌小鼠活得长时。口服或静脉内注射具有致死作用的埃希大肠杆菌或静脉内注射肉毒素，当有活性长双歧杆菌存在时，小鼠在第 2 周内就可诱导产生抗致死作用。但在无胸腺的无菌鼠中却无此现象。由此可见，长双歧杆菌可诱导抗埃希大肠杆菌感染的细胞介导免疫。

（二）肠道菌群与肿瘤

1. 肠道菌群的致癌性

肠道中大肠杆菌、梭状芽孢杆菌之类细菌的发酵产物氨、酚、胺和吲哚等，在正常情况下经由肝脏解毒后随尿液排出体外。当肝脏发生病变失去对上述毒物的解毒作用时，这些有毒发酵产物就进入体内循环系统，毒害大脑神经，使晚期肝硬化患者的中枢神经系统发生紊乱，使患者处于精神畸变至昏迷状态。

肠道中的氨，是引起上述肝昏迷的主要原因。氨的生成主要来自尿素的水解，少部分来自氨基酸的脱氨作用。肠道内的肠杆菌、消化链球菌、梭状芽孢杆菌和真细菌都能产生尿素酶，将尿素水解成氨和二氧化碳，体内每日有 20%～25% 的尿素被水解。所形成的氨通过肝脏转化后再用来合成尿素，以解除毒性。当肝脏发生病变特别是肝脏硬变时，就会失去解毒功能，氨进入静脉循环系统后会引起高氨血和中毒症状。

在机体的肝癌病变中，肠道正常菌群所发挥的致癌或促癌作用方式，可能包括：

①致癌前体物受肠菌群所产生的酶的作用，释放出致癌活性物质；

②致癌物在肝脏中活化后与葡萄糖酸结合，随胆汁进入肠腔经肠道菌的作用释放出致癌活性成分；

③食品中的致癌物质前体，在肠道内经细菌的作用转变成致癌物或促癌物。

2. 肠道菌群的抗癌性

在实验动物身上，乳酸菌对许多肿瘤细胞具有一定的抗肿瘤活性。到目前为止几乎所有的乳酸菌均被试验过，认为具有抗肿瘤活性的乳酸菌种类还是有限的，主要是乳杆菌、链球菌、明串珠菌和双歧杆菌属中的几个种和亚种。

关于乳酸菌的抗肿瘤作用，表现在如下三个方面：

①抑制有毒酶的活性，使肠道内的致癌前身物质成非活性状态或抑制状态，不能转化为致癌物质；

②增强对肿瘤增长的抑制作用；

③增加机体的免疫力。

关于乳酸菌的抗肿瘤作用机理，主要有以下两个方面：

①乳酸菌产生的菌体外肽多糖，具有免疫原性质，能增强机体的免疫功能，可达到抗肿瘤的目的；

②乳酸菌能够改善肠道菌群的组成，抑制有害细菌的繁殖，刺激有益菌的增殖。

（三）肠道菌群与衰老

调查发现，长寿老人的肠道菌群保持着成年期的状态，双歧杆菌数量高，拟杆菌、梭状芽孢菌和芽孢杆菌等数量较少。即使在 90～105 岁的长寿者中，双歧杆菌数量还保持年轻时的状态，乳酸杆菌较多，而葡萄球菌等数量少。

（四）肠道菌群与感染

正常人体内肠道菌群是稳定而不易变动的，这种稳定的肠道菌群保卫着宿主使其免遭各种病原菌对肠道的感染。另一方面，引起肠内菌丛变动的主要因素，会提高对宿主感染的敏感性。

肠内菌丛中存在的梭状芽孢杆菌、葡萄球菌、绿脓菌等病原性有害菌，在健康机体中它们的繁殖受到抑制，一般没有致病性。如果遇到由于营养失衡、过度劳累、使用抗生素等引起肠内菌丛平衡破坏，或服用类甾醇激素、免疫抑制剂和施行放射性疗法等导致机体防御力降低，或者大手术、白血病、恶性肿瘤末期、重症糖尿病、自身免疫疾病等时，这些细菌就会异常增殖引起自发性感染，侵入健康时不能繁殖的脏器中，对机体造成危害。

（五）肠道菌群对宿主营养的影响

肠道菌群可以合成一些维生素与蛋白质，如维生素 B_1、维生素 B_2、维生素 B_6、维生素 B_{12}、维生素 K、烟酸、泛酸、生物素和叶酸等，可被宿主部分吸收利用。肠道菌群也会与宿主争夺维生素 K、维生素 B_1 等一些营养成分。可溶性膳食纤维在大肠内受到肠内菌的发酵，会生成醋酸、丙酸、酪酸等短链脂肪酸，其能量为机体部分利用。

四、调节肠道菌群功能性食品的开发

人类不可能生活在无菌环境中，人从一出生就有细菌进入体内并终生结伴相随。肠道菌群与人的健康的密切关系说明，良好的肠内环境、平衡的肠道菌群，对人的健康长寿显得十分重要。如肠内有害菌增加，则会引起肝脏和胃肠功能障碍，导致动脉硬化、高血压、肿瘤及加速衰老进程等后果。

年龄的增大导致机体衰老、肠道菌群失衡时，或由于外界不良环境及机体不良的健康状态，导致肠道菌群不在最佳状态时，人们除了应注意避开不良环境与保持健康状态还要科学合理地摄入些具有调节肠道菌群的功能性食品。

这类功能性食品的功效成分，包括两类：

①乳酸菌（特别是双歧杆菌）活菌制剂及发酵制品；

②双歧杆菌增殖因子。

要使摄入的乳酸菌活菌制剂或发酵制品发挥其应有的功效，要求摄入的乳酸菌能够抵御消化道不良环境，并能在肠道内定植。人体肠道固有的乳酸菌具备着这样的能力，而那些非肠道固有乳酸菌通常不具备这种能力。因此，活菌制剂必须用能在人体肠道内定植的微生物来制造。

双歧杆菌增殖因子，就是可促进双歧杆菌生长、增殖的活性物质。母乳中含有能促进婴儿体内双歧杆菌增殖的成分，因此一些早期的研究主要集中于探索从初乳中分离和鉴定出的双歧杆菌增殖因子，但这些作为商品应用显然过于昂贵。近年开发的增殖因子，包括功能性低聚糖和膳食纤维等产品，由于其成本较低、性能较为稳定且增殖效果明显，故应用在功能性食品已显示出良好的前景。

低聚糖独特的生理功能，完全归功于其独有的发酵特性，即双歧杆菌增殖特性。膳食纤维特别是水溶性膳食纤维，也是因为其独有的发酵特性，而具备相类似的功效。但是，目前对膳食纤维的发酵特性研究得还够深入，尚无法与低聚糖的双歧杆菌增殖特性直接相比较。

功能性低聚糖优于膳食纤维的特点，体现在：

①较小的有效剂量，每天仅需 0.7~3g，视不同品种而定；

②在推荐量范围内不会引起腹泻；

③具有一定的甜味，甜味特性良好，无不理想的组织结构或口感特性；

④易溶于水，不增加产品的黏度；

⑤物理性质稳定，不螯合矿物元素；

⑥易加入工业化食品中。

健康人肠道菌群的组成非常稳定，往食品中添加乳杆菌或双歧杆菌等肠道菌，不会取代原有肠道菌，但有助于维持固有菌群的平衡。经常食用含有乳杆菌和双歧杆菌的功能性食品，能迅速改变消化道菌群的代谢功能。这说明，不同的乳酸菌，能在某种程度上显示出宿主的特性。这些外来细菌的某些特性（适应胃肠区域不良生长环境），使其能在人体内存活若干时间，并在排粪之前，在人体内迅速繁殖。

表 9-3 所示为具有调节肠道菌群功效的典型配料。

表 9-3　　　　　　　　　　具有调节肠道菌群功效的典型配料

典型配料	生理功效
乳酸菌	调节肠道菌群，润肠通便
双歧杆菌	调节肠道菌群，润肠通便，提高免疫力
低聚木糖	调节肠道菌群，润肠通便
低聚果糖	调节肠道菌群，润肠通便
低聚半乳糖	调节肠道菌群，润肠通便
低聚异麦芽糖	调节肠道菌群，润肠通便
低聚乳果糖	调节肠道菌群，润肠通便
低聚龙胆糖	调节肠道菌群，润肠通便
大豆低聚糖	调节肠道菌群，润肠通便
棉籽糖	调节肠道菌群，润肠通便
水苏糖	调节肠道菌群，润肠通便
乳酮糖	调节肠道菌群，润肠通便
低聚异麦芽酮糖	调节肠道菌群，润肠通便
菊粉	调节肠道菌群，润肠通便，减肥
壳聚糖	调节肠道菌群，润肠通便，减肥
溶菌酶	调节肠道菌群，促进婴儿消化吸收，消炎杀菌

第四节　润肠通便功能性食品

便秘，这个曾经是老年人和体弱者的专利疾病，如今随着现代匆忙的生活形态和不合理的饮食结构，已成为了一种困扰广大人群的慢性疾病，尤其是白领女性。便秘不仅在精神上让人觉得非常烦躁，而且对健康也危害多多。便秘会导致消化障碍而引起自体中毒、脸色暗黄、色斑严重、早衰，还会间接加重痔疮、肠梗阻、高血压、冠心病、哮喘等，有研究还表明经常便秘容易诱发肠癌。

一、便秘的种类和起因

食物通过胃肠道，经消化、吸收后所余下的残渣（即粪便），由于肠道总蠕动每日发生 3~4 次，使这些粪便进入直肠。当粪便充满直肠后，因直肠扩张并刺激其黏膜，引起排便反射发生便意。此时如要排便，则直肠收缩，腹肌及膈肌同时收缩，肛门括约肌松弛而将粪便排出肛门。排便动作受大脑皮层和腰部脊髓内低级中枢的调节。

（一）便秘及其分类

如粪便在肠道中存留时间过长，以致粪便中水分被肠道过于吸收，变得过分干硬，难以排出，即为便秘。便秘患者的主要症状是大便干硬，排便困难，同时可能有腹痛、腹胀、恶心、食欲减退、疲乏无力及头痛、头昏等症状。结肠黏膜由于经常受刺激、痉挛引起便秘时，往往排出的大便呈羊粪状。排便极端困难者，会出现肛门疼痛、肛裂，甚至诱发痔疮、乳头炎及营养不良等表现。据调查，绝大部分（约90%以上）人的正常大便次数为每周3次至每日3次不等。因此，应根据各人习惯和排便有无困难等情况，对是否患有便秘作出判断。

一般说来，便秘有两种类型。

1. 无力性便秘

无力性便秘是由大肠周围肌肉缺乏紧张力引起的，若膳食中多粗食或流体不足则可能使这种情况出现，锻炼或活动不够也是导致这种情况出现的原因。

2. 痉挛性便秘

痉挛性便秘基本特征是肠无规则运动（痉挛），粪便少且非常细，可能伴有疼痛。这种便秘可由各种神经紊乱、刺激性食物、吸烟过度或肠本身梗阻引起。

（二）便秘的起因

引起便秘的因素很多，具体来说常见的有以下几种。

1. 膳食因素

进食量过少且食品过于精细，长期缺乏膳食纤维可导致对肠黏膜刺激不足，得不到大脑皮层与神经中枢的调节，故不能产生便意而引起便秘。还有因脂肪过少、营养不良等因素导致无力性便秘。

2. 精神因素

由于排便习惯受到干扰或精神紧张，诸如长途旅行等未能按时排便，往往引起单纯性便秘。

3. 器质性病变

良性或恶性肿瘤、肠梗阻、特异性与非特异性炎症（如肠结核、肠黏连、溃疡性结肠炎等）均会影响粪便的排出而造成便秘。

4. 肌力减退

肠壁平滑肌、肛提肌、膈肌或腹壁肌无力，年老、肠麻痹等造成的肌张力减退会使排便困难而出现便秘。

5. 神经性因素

神经功能失调、肠壁交感神经功能亢进会造成肠壁痉挛、肌肉紧张收缩，致使肠腔狭窄，这样大便难以通过从而产生便秘。但膳食中粗纤维过多，也可以引起痉挛性便秘。

二、润肠通便功能性食品的开发

（一）膳食纤维

关于膳食纤维在促进排便、防治便秘方面的作用已成定论。进入大肠内的膳食纤维会被肠内细菌部分地、选择性地分解与发酵，从而改变肠内菌群的构成与代谢，诱导大量好气菌的繁殖。水溶性膳食纤维较多地被分解成为细菌的养分，并使粪便保持一定的水分与体积。细菌发酵生成的低级脂肪酸还能降低肠道 pH，同时刺激肠道黏膜，从而加快粪便的排出。因此，膳食纤维对促进排便有着非常重要的作用。

（二）水分

摄入充足的水分可以使肠腔内保持足够软化大便的水分，这对保持肠道通畅和正常排便是很有好处的，而且水量过少，对肠道的刺激也会减弱。便秘患者为了避免肠道中食物残渣被过分脱水，每天应注意补充足够的水分。此外，如果没有水分，膳食纤维也起不到应有的作用。因此，便秘患者应该养成每天早晨饮一大杯温开水的习惯，这既可以增加肠道内容物的水分，又可刺激大肠的蠕动，促使排便通畅，当然饮牛乳、番茄汁或蔬菜汁也都可以。

（三）乳酸菌

乳酸菌（特别是双歧杆菌及其增殖因子）对严重的老年便秘患者有良好作用。一些研究结果已表明，适当地刺激肠道区域使之发生有规律的蠕动，对每一个人来说都是十分重要的，尤其对老年人来说。而含有乳酸菌，特别是嗜酸乳杆菌和双歧杆菌的发酵乳，与乳酸以及抗菌物质一起，能刺激肠道，促使肠蠕动，调整排便频率，所以对于治疗便秘和腹泻均有良好作用。

（四）低聚糖

低聚糖因其分子间结合位置及综合类型的特殊性，导致它不能被单胃动物自身分泌的消化酶所吸收，能够进入肠道后段并作为营养物质被动物肠道内固定的有益菌消化利用，从而有利于双歧杆菌和其他有益菌的增殖，改善人体内微环境。低聚糖经代谢产生的酸性物质可降低整个肠道的 pH，抑制了有害菌（如沙门菌和腐败菌等）的生长，起到了调节胃肠、抑制肠内腐败物质、改变大便性状、防治便秘的作用。此外，这些双歧杆菌发酵低聚糖所产生的大量短链脂肪酸，还能刺激肠道蠕动、增加粪便湿润度并保持一定的渗透压，从而防止便秘的产生。有人体试验表明：每天摄入 3.0~10.0g 低聚糖，一周之内便可起到防止便秘的效果，但其对一些严重的便秘患者效果不佳。

（五）维生素

复合维生素 B，特别是维生素 B_1 与泛酸，对于食品的消化吸收与排泄有促进作用。如果体内维生素 B_1 和泛酸不足，可影响神经传导，减缓胃肠蠕动，不利于食物的消化吸收和排泄，使粪便特别粗大，造成痉挛性便秘。

（六）植物活性成分

许多天然植物活性成分都具有刺激肠蠕动，润肠通便的功效，如亚树属、山扁豆属（番泻叶及果实）、鼠李属（鼠李树皮）、大黄属（大黄根）和芦荟属等植物中的蒽酮类化合物。但是这些化合物只能短期用于便秘的改善，而不能长期用于助消化或治疗便秘。

（七）具有润肠通便功效的典型配料

具有润肠通便功效的典型配料如表9-4所示。

表9-4　　　　　　　　　　具有润肠通便功效的典型配料

典型配料	生理功效
大豆纤维	润肠通便，减肥，调节血脂
小麦纤维	润肠通便，减肥
燕麦纤维	润肠通便，减肥，调节血脂
番茄纤维	润肠通便，减肥
胡萝卜纤维	润肠通便，减肥
香菇纤维	润肠通便，减肥，提高免疫力，抗肿瘤
菊粉	润肠通便，减肥，调节肠道菌群，促进钙的吸收
乳酸菌	调节肠道菌群，润肠通便
两歧双歧杆菌	调节肠道菌群，润肠通便，抑制腹泻
嗜酸乳杆菌	调节肠道菌群，润肠通便，抑制腹泻
婴儿双歧杆菌	调节肠道菌群，润肠通便，抑制腹泻
长双歧杆菌	调节肠道菌群，润肠通便，抑制腹泻
短双歧杆菌	调节肠道菌群，润肠通便，抑制腹泻
青春双歧杆菌	调节肠道菌群，润肠通便，抑制腹泻
保加利亚乳杆菌	调节肠道菌群，润肠通便，抑制腹泻
干酪乳杆菌干酪亚种	调节肠道菌群，润肠通便，抑制腹泻
嗜热链球菌	调节肠道菌群，润肠通便，抑制腹泻
水苏糖	调节肠道菌群，润肠通便
乳酮糖	调节肠道菌群，润肠通便
低聚异麦芽酮糖	调节肠道菌群，润肠通便
番泻叶	润肠通便
大黄	润肠通便
芦荟	润肠通便，美容
洋车前子纤维	润肠通便

第五节　抗腹泻功能性食品

腹泻不是一个病种而只是一种症状，是指频繁地排泄或排多水、不成形的粪便，排便次数增多，粪便稀薄，有时含有脓血、黏液。腹泻的原因很多很繁杂，临床上有急性腹泻与慢性腹泻之分。

急性腹泻一般是由传染性病毒、化学毒物、膳食不当、气候突变或结肠过敏等所引起的。慢性腹泻，系指腹泻达成 2~3 个月以上者，发病原因较多，多数可能由急性腹泻久治不愈而转成慢性腹泻。慢性腹泻可由分泌功能障碍、消化吸收功能障碍、肠功能紊乱、肠道感染及植物神经系统失调等疾病所致，其发病往往与情绪有关。慢性腹泻还是许多疾病的症状之一，包括肿瘤、寄生虫感染、腹腔疾病、溃疡性结肠炎、突眠性甲状腺肿瘤和抗菌素治疗等。

近年研究证实，腹泻由急性转变为慢性与营养丢失、营养补充不利相关，故将其称为一种营养性疾病。传统的"饥饿疗法"，即肠休息的做法早已被废弃。目前，早期进行肠营养已成为治疗腹泻病不可少的有效手段，也是预防和阻断腹泻与营养不良呈恶性循环的有效措施。

一、慢性腹泻对机体健康的影响

腹泻期间有大量的水、电解质丢失。多数婴幼儿可表现出等渗性脱水但血钠正常，少数可出现低钠或高钠血症。体内钾的含量会减少，由于脱水、血液浓缩、酸中毒、细胞内钾外移和尿排钾降低，出现血钾正常的假象。血浆氯离子常常升高，这与脱水酸中毒、碳酸氢离子减少有关。钙吸收减少，血浆总钙量往往会降低，但在酸中毒时血浆中结合钙解离增多，离子钙并不减少。酸中毒被纠正以后，易出现低钙性手足搐搦。由于腹泻引起的低镁现象较少见，但少数久治不愈的婴幼儿并发营养不良易出现低镁，低镁常常在低钠、低钾和低钙被纠正后出现。腹泻期间铁、锌和铜等微量元素吸收减少，表现出不同程度的降低。

腹泻期间除了大量水、矿物元素丢失外，蛋白质、脂肪和碳水化合物消化吸收也受到了严重影响。由于肠蠕动加快，营养物质在肠腔内停留短暂，消化吸收不够充分。此外，消化液大量丢失、肠黏膜萎缩、消化酶类减少同时活性降低，这使营养物质消化吸收率下降。在腹泻期间，碳水化合物消化吸收多受到影响，其中以乳糖为代表的双糖等分解率下降，出现吸收障碍。脂肪的消化吸收率也明显下降，为正常的 50%~70%。严重腹泻的婴幼儿仅吸收 20%。脂肪吸收率下降，伴随着脂溶性维生素吸收的减少，蛋白质消化吸收也明显减少至 45%。

任何原因引起的腹泻如果治疗不当，都有可能变成迁延性腹泻或慢性腹泻，进入腹泻与营养不良的恶性循环，导致全身和肠道免疫系统受损。腹泻期间大量消化液丢失、胃酸分泌减少、蛋白质消化吸收减少和分解代谢增强，这使得血中的淋巴细胞总数减少，体液免疫和细胞免疫均降低，体液中 IgG、IgA 和 IgM 抗体均减少，在慢性腹泻恢复期 IgA 可能仍未达到正常的水平。腹泻造成铁、锌等微量元素缺乏，在缺锌时肠系膜淋巴结、脾和胸腺重量减少 20%~40%，T 细胞功能不全，免疫反应显著降低。缺铁能使淋巴细胞 DNA 的合成发生障碍，抗体生成受损，白细胞功能降低，淋巴细胞对抗原识别、结合能力受损。缺钙则影响 T 淋巴细胞、B 淋巴细胞的免疫活性。

二、婴幼儿腹泻及其危害

婴幼儿腹泻是儿科常见疾病，病因复杂，发病率高。我国 5 岁以下儿童腹泻发病率每年为 1.7 亿人次，其中 1 岁以内占 75%，迁延性腹泻占 19%。婴幼儿腹泻大部分可以治愈，或呈自限性，部分由于不合理禁食、治疗不当可使腹泻营养失衡，腹泻迁延不愈。腹泻超过 14d 称为慢性迁延型，超过 2 个月称为慢性腹泻。由于腹泻持久不愈而导致的营养不良、生长发育停滞被称为难治性腹泻，死亡率较高，约为 1%。

引起婴幼儿腹泻的原因较多，但大部分是由于肠道感染造成的，如图 9-1 所示。

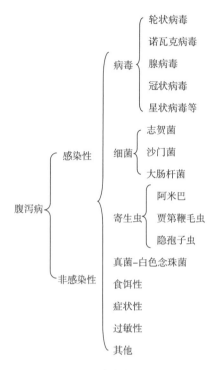

图 9-1　婴幼儿腹泻的起因

　　婴幼儿消化系统尚未成熟，消化功能较差，但其生长发育迅速，需要大量的营养物质，所以要求消化道消化吸收大量食物，这使得小儿的胃肠道长期处于高负荷的紧张状态。如果喂养不当，食物不能被充分消化吸收，或由于膳食不清洁，致使食物发酵或腐败而产生有毒物质可刺激肠胃，或使小儿感染致病性大肠杆菌、肠道病毒等引起腹泻。婴儿腹部受凉或所处环境炎热，可使消化液分泌减少，也是腹泻的诱发因素之一。

　　腹泻多发生于 2 岁以内的婴幼儿，以大便次数增多、便下稀薄或如水样为主要表现。轻型腹泻儿每天大便 10 次左右，粪便呈黄色、黄绿豆稀糊状或呈蛋花汤样，有的还夹有少量黏液，此型患儿呕吐不多精神尚好，体温一般正常。重型腹泻儿每天大便数十次，粪便呈水样或蛋花汤样，常出现脱水。轻度脱水的患儿前囟稍凹陷，伴有口干；中度脱水儿口干明显，尿量减少，其前囟和眼眶明显凹陷；重度者尿量极少甚至无尿，涕泪俱无，皮肤失去弹性。脱水的同时常伴有酸中毒，此时患儿呼吸加深加快，精神萎靡且伴有发热，严重者还会出现低血钾等矿物元素代谢紊乱的情况，不及时治疗可危及生命。

三、抗腹泻功能性食品的开发

（一）双歧杆菌

　　口服双歧杆菌制剂可用于抑制各种难治性腹泻。有一研究选择 15 名患者（其中 11 名男孩和 4 名女孩），他们的年龄为 1 个月到 13 岁（平均年龄 2.5 岁），同时伴有类似败血症和呼吸道感染的疾病，人们发现他们肠道菌丛中白色念珠菌或肠球菌经常占优势，而双歧杆菌显著降低。让他们摄取双歧杆菌制剂 3~7d，发现所有受试者的排便频率和表现特征均可显著得到改善，粪便菌丛已经正常，肠道固有双歧杆菌或者摄取的短双歧杆菌居主导地位，并且肠道菌丛已改善到正常水平。

（二）低聚糖

研究发现添加了低聚糖的食品具有防治腹泻的作用。这是因为低聚糖可以与病原菌的外原凝集素结合，使之丧失黏附肠壁的能力，同时也可以分离已经黏附的细菌，而且低聚糖在肠道分解后可产生大量短链脂肪酸和乳酸等有机酸，降低了肠道 pH，从而抑制肠道中的致病菌的生长，有机酸还可促进肠道蠕动，减少致病菌黏附到肠道的机会。此外，摄入低聚糖还能刺激自身双歧杆菌的生长，而双歧杆菌能防治腹泻。

（三）果胶

果胶是可溶性纤维素，能使粪便松软，可促进肠蠕动，有利于排便；而果胶又有收敛作用，可制止轻度腹泻，这是一种颇有趣的双重作用。

（四）原花青素

西班牙 Galvez 等于 1993 年研究了 Sclerocarya birrea 皮中原花青素的抗腹泻效果。其中使用的泻药包括硫酸镁、花生四烯酸、蓖麻油和前列腺素 E_2。当原花青素剂量在 $2.5 \sim 0.64 g/mL$ 时，对上述 4 种模型均有效。此外，原花青素还能抑制离体豚鼠回肠的自主收缩。

（五）酵母

因消化不良引起的腹泻可口服酵母片能达到消食化积的作用。

（六）老鹤草总鞣质

试验证明老鹤草总鞣质对治疗腹泻有明显效果，老鹤草水煎剂对蓖麻油、番泻叶诱发的腹泻可显示出不同程度的抑制作用。至于其抗腹泻的作用机制，尚需进一步开展实验研究。

（七）脑啡肽酶抑制剂

脑啡肽酶抑制剂对治疗急性腹泻有特效。当发生腹泻时，肠毒素、血管活性肠肽或前列腺素 E_2 均可通过增加腺苷酸环化酶（AC）的活性而提高环腺苷酸（cAMP）水平，这可导致水和电解质的过度分泌。脑啡肽通过 δ 受体减低 cAMP 的水平起到抗分泌作用。脑啡肽酶抑制剂可通过抑制脑啡肽的分解而延长其抗分泌作用。临床前试验已证明，脑啡肽酶抑制剂抗分泌性腹泻效果明显，且不延长胃肠的通过时间，不引起肠道菌群失调；此外，脑啡肽酶抑制剂还有特异的选择作用，不进入中枢神经系统，耐受性良好。

（八）具有抗腹泻功效的典型配料

具有抗腹泻功效的典型配料如表 9-5 所示。

表 9-5　　　　　　　　　　　　　具有抗腹泻功效的典型配料

典型配料	生理功效
低聚糖	促进双歧杆菌增殖、润肠通便，抑制腹泻
原花青素	抗腹泻
两歧双歧杆菌	调节肠道菌群，润肠通便，抑制腹泻
嗜酸乳杆菌	调节肠道菌群，润肠通便，抑制腹泻
婴儿双歧杆菌	调节肠道菌群，润肠通便，抑制腹泻
长双歧杆菌	调节肠道菌群，润肠通便，抑制腹泻
短双歧杆菌	调节肠道菌群，润肠通便，抑制腹泻
青春双歧杆菌	调节肠道菌群，润肠通便，抑制腹泻

续表

典型配料	生理功效
保加利亚乳杆菌	调节肠道菌群，润肠通便，抑制腹泻
干酪乳杆菌干酪亚种	调节肠道菌群，润肠通便，抑制腹泻
嗜热链球菌	调节肠道菌群，润肠通便，抑制腹泻
乳酸菌	抵抗肠道感染、抗腹泻、抗便秘
酵母	消食化积、抗腹泻
果胶	抗腹泻、减肥
苍术	抗炎、抗腹泻
老鹤草总鞣质	通过抑制胃肠推进运动而抑制腹泻
脑啡肽酶抑制剂	延迟或减轻腹泻的发作
山药	健脾止泻、补肺益肾
黄连	清热解毒、抗腹泻

🔍 思考题

1. 简要说明碳水化合物、蛋白质、脂类、维生素、矿物元素和水在机体内的消化吸收过程。

2. 从胃黏膜的防御机制、修复机制两个方面来说明胃黏膜对胃的保护作用。

3. 请列出不少于3种具有保护胃黏膜功效的植物活性成分。

4. 婴儿生长发育过程中肠道菌群的特点是什么？

5. 简述肠道菌群对机体健康的影响。

6. 功能性低聚糖和膳食纤维是主要的双歧杆菌增殖因子。相比于膳食纤维，功能性低聚糖在功能性食品开发中的优点体现在哪些方面？

7. 试举出4~8种具有调节肠道菌群功效的典型配料，并说明如何进行它们的功能评价。

8. 便秘的主要症状是什么？便秘的类型、产生原因有哪些？

第十章

CHAPTER

男性功能性食品

10

[学习目标]

1. 了解体力疲劳的分类、起因和表现，掌握缓解体力疲劳功能性食品的开发原理。
2. 掌握肝脏的生理功能、肝损伤的种类以及保护肝损伤功能性食品的开发原理。
3. 掌握肾脏疾病的起因以及保护慢性肾衰竭功能性食品的开发原理。
4. 了解脱发病的种类、原因和症状，掌握促进毛发生长功能性食品的开发原理。
5. 了解前列腺的生理功能和异常症状，掌握保护前列腺功能性食品的开发原理。
6. 了解性功能的调节机理，掌握改善性功能功能性食品的开发原理。

"压力大"几乎成了现代人的口头禅，工作有压力，人际交往有压力，求知学习有压力，娱乐休闲也有压力……，压力真是无时无刻不在我们身边。由于男性特殊的生理结构，压力和焦虑的心态会对其身心健康产生严重的影响。而在人类历史中长期处于主导地位和强势群体的男性，往往会忽视或者不愿承认自己的健康问题。

因此，关注男性健康不仅要受到全社会的重视，男性自身也更应该认识到这一点。在这种情况下，开发具有缓解体力疲劳、保护肝损伤、缓解慢性肾衰竭、促进毛发生长、保护前列腺功能和改善性功能等作用的功能性食品，市场前景一片光明。

第一节　缓解体力疲劳功能性食品

疲劳（Fatigue）是机体复杂的生理生化变化的过程，是机体生理过程不能将其机能持续在一特定水平或各器官不能维持其预定运动强度的状态。由于运动引起机体生理生化改变而导致机体运动能力暂时降低的现象，被称为运动性疲劳。应激（Stress）是一种极端的紧张状态、一种作用于个人的力或巨大压力，可以由疾病、受伤等身体因素和环境、心理因素（如长期恐惧、生气和焦虑等）等引起。

应激状态的生理特征是血压上升、肌肉紧张增加、心跳加速、呼吸急促和内分泌腺功能改变等。应激的一种结果就是疲劳，疲劳是防止机体发生威胁生命的过度机能衰竭，而产生的一种保护性反应。它的出现提醒人们要减低目前的工作强度，或终止目前的运动以免造成对肌体的进一步损伤。

现代社会紧张快节奏的生活方式，各种信息有意或无意地刺激，各种有形或无形的精神压力，各种大运动量的运动或劳动，已经常使人们处于疲劳甚至是过度疲劳状态，更多的人由于身心疲劳而处于亚健康状态。

一、体力疲劳的分类和起因

（一）体力疲劳的分类

连续的体力或脑力劳动使工作效率下降，这种状态就是疲劳，出现倦怠、困、不舒服、烦躁或乏力等不良感觉。疲劳有全身性的与局部性的，有急性的与慢性的等区分。

根据疲劳发生的部位不同，可分为中枢疲劳、神经-肌肉接点疲劳和外周疲劳三种。

在运动性疲劳的发展过程中，中枢神经系统起着主导作用。大强度短时间工作引起的疲劳，可导致大脑皮层运动区的 ATP、CP（磷酸肌酸）和 γ-氨基丁酸含量减少。长时间工作引起疲劳时，大脑中的 ATP、CP 水平显著降低，γ-氨基丁酸都明显升高。

神经-肌肉接点是传递神经冲动、引起肌肉收缩的关键部位。当神经-肌肉接点的突触前乙酰胆碱释放减少时，神经冲动就不能通过接点到达肌肉，结果会导致肌肉收缩力下降。研究表明，由于乳酸酸度的升高而影响神经冲动传递是引起疲劳的重要原因。有一种"乙酰胆碱量论"假说认为乙酰胆碱由接点前膜释放后进入接点间隙，在这里遇到由于剧烈运动产生的乳酸，发生酸碱中和使乙酰胆碱被消耗，结果造成到达肌膜处的乙酰胆碱量减少了，这样肌肉就不能收缩或收缩能力下降，于是出现了疲劳。

外周疲劳指除神经系统和神经-肌肉接点之外的各器官系统所出现的疲劳，其中主要是指运动器官肌肉的疲劳。主要表现为肌肉中供能物质输出功率的下降，从而使机体不能继续保持原来的劳动强度，同时肌肉力量下降。

（二）体力疲劳的起因和发生过程

发生疲劳的基本原因可概括为：

①能源的消耗，肝糖原等的过量消耗，血糖下降；

②疲劳物质在体内积聚，乳酸和蛋白质分解物大量存留在体内；

③体内环境的变化，包括体液的酸碱平衡、离子分布、渗透压平衡等的变化或破坏；

④不能完全适应各种应激反应。

当机体处于短时间极限强度的运动时，此时肌肉中 ATP 含量极少仅够维持 $1\sim2s$ 的肌肉收缩，因此磷酸肌酸将所储存的能量随磷酸基团迅速转移给 ADP 重新合成 ATP。尽管肌肉中磷酸肌酸的含量比 ATP 高出 $3\sim4$ 倍，但也只能维持 10s 左右持续的剧烈运动。短时间极限强度导致的疲劳，与 ATP、磷酸肌酸的大量消耗有关。

当高强度运动超过 10s 后，肌肉中的糖原会被大量消耗，这时由于机体活动能力降低可导致疲劳出现。长时间运动时肌肉不仅消耗糖原，同时还大量摄取血糖。当血糖摄取速度大于肝糖原的分解速度时，会引起血糖水平下降并导致中枢神经系统供能不足，从而发生全身性的疲劳。由此可见，长时间大运动导致的疲劳，与机体能量物质的大量消耗有关。

当机体的剧烈运动超过 10s 且肌肉得不到充足氧气时，主要靠糖原的无氧酵解来获得能量。乳酸是缺氧条件下的糖酵解产物，随着糖酵解速率的增加，肌肉中乳酸的含量会不断增加，例如激烈或静力运动时，肌肉中的乳酸含量可比安静时增加 30 倍。尽管机体对于堆积的乳酸有三条清除代谢途径，但这三条代谢途径都必须经过氧化乳酸成丙酮酸的过程，该过程在缺氧条件下不能进行。因此在剧烈运动或劳动过程中，肌肉中的乳酸会逐渐积累，其解离出的 H^+ 使肌细胞 pH 下降，这是导致疲劳发生的另一重要原因。此外，在剧烈的运动、劳动过程中，由于机体内渗透压、离子分布、pH、水分与温度等内环境条件发生巨大变化，肌体内的酸碱平衡、渗透平衡或水平衡等发生失调，可导致工作能力的下降而出现疲劳。

乳酸在肌肉中堆积越多，疲劳程度就越严重。肌肉活动开始后，随着乳酸在肌肉中的积累，它的清除过程也就开始了。乳酸在机体中积累的程度取决于乳酸的产生及其清除的速度。乳酸的清除代谢途径有三条：

①在骨骼肌、心肌等组织中氧化成 CO_2 和水；

②在肝脏和骨骼肌内经糖异生途径转变为葡萄糖；

③在肝内合成脂肪酸、丙酮酸等其他物质。

在这三条途径中①和②是主要的。这三条途径的第一步反应都是在乳酸脱氢酶的作用下将乳酸氧化成丙酮酸，因该反应在无氧条件下不能进行，所以乳酸的清除与有氧代谢紧密相连。在剧烈活动时提高有氧代谢的比例，可以使酵解过程产生的乳酸不容易在肌肉中积累，从而延缓疲劳的发生。而有氧代谢能力的加强还能使肌肉中过多的乳酸在肌肉活动停止后的恢复期被迅速清除，这也意味着肌体能够较快地消除疲劳。

疲劳是机体内许多生理生化变化的综合反应，是全身性的。从中枢神经系统到外周各种引起疲劳的因素互相联系并形成一条相互制约的肌肉收缩控制链，这条控制链中的一个或数个环节中断都会影响其他环节，对肌肉收缩产生不利的影响，从而引起疲劳。在能量消耗与兴奋性衰减的过程中，疲劳的发展并非逐渐进行，而是有一个突然下降的阶段，这个阶段就是突变。正是由于突变，肌肉收缩控制链中的某一个或某几个环节中断，由此出现疲劳。

二、体力疲劳的表现

疲劳宏观地表现为劳动或运动时能量体系输出的最大功率下降，同时肌肉力量会下降。短时间进行极重、超重劳动强度工作引起肌体严重疲劳时，肌肉中 ATP、磷酸肌酸含量会显著下降，ADP 与 ATP 的比值下降，乳酸浓度明显增加，肌肉 pH 降低，肌糖原含量减少，血液中的血糖和乳酸含量增加，大脑中 ATP、磷酸肌酸和 γ-氨基丁酸含量明显下降。

较长时间中等劳动强度的工作不易引起明显的疲劳，肌肉、血液和大脑中的生化变化很小，此时只有肌肉中糖原的下降最为明显，与糖和有氧代谢有关的酶活性则有所升高。长时间进行中等劳动强度的工作导致肌体明显疲劳时，肌肉中糖原含量会极度降低，肝糖原含量也减少，乳酸中毒程度增加，肌肉 pH 下降，血液中出现低血糖，大脑中 ATP 和磷酸肌酸水平明显降低，γ-氨基丁酸水平增高，大脑和肌肉中的酶活力降低。

疲劳的表现可分为四个时期。

1. 第一时期

对所从事工作的工作效率开始减低，但靠暂时的意志还可以使效率回升。

2. 第二时期

对所从事的工作不但效率减低，对其他工作的效率也减低，动作迟钝，出现疲劳感觉。经过短时间或一天的休息，可以得到恢复；但对于身体虚弱的人或老年人，则需要休息数日。

3. 第三时期

在第二时期的疲劳状态下继续工作，就会形成难以恢复的疲劳而不能再继续工作。经过数日的休息可以恢复，但会由于一些小原因（如感冒、消化不良等）而卧床不起。

4. 第四时期

在第三时期疲劳未充分消除的状态下又继续工作，就会陷入慢性疲劳状态，出现贫血、体重减轻、无力、消化不良、食欲不振、失眠或多梦、倦怠感，以及工作效率与判断力减低等精神症状。此时，肌体对精神刺激的敏感性增强，有时会很兴奋或很沮丧。这时期的疲劳需休息数周才能恢复，也有需数月甚至数年的。

三、缓解体力疲劳功能性食品的开发

消除疲劳及恢复健康都需要休息，如果在没有完全消除疲劳状态下继续工作，就会加剧疲劳。为预防营养性疲劳或早日消除疲劳，需摄入充分的能量源。肌体出现急性疲劳时，补充糖分有时很有效，充分补充维生素 B_1 也会使疲劳物质消失，充分摄入蛋白质与矿物元素，可以补充人体的消耗，并能增强机体的调节功能和抗疲劳能力。

各种各样的运动是引起机体疲劳的主要原因，研究营养与运动的相互关系，对利用营养来更有效地消除疲劳意义重大，对开发缓解体力疲劳功能性食品也有重要的指导意义。

（一）能量

运动员的基础代谢大致可按 4.18kJ/min（男）及 3.76kJ/min（女）计算，或男女均可采用每 kg 体重 75.24J/min 计算。若以单位体表面积计，可按 158.84~167.2kJ/（$m^2 \cdot h$）（男）和 150.48~158.84kJ/（$m^2 \cdot h$）（女）来计算。运动员的基础代谢与正常人比较并没有显著的差别，但其食物特殊动力稍高于正常人，正常人食用混合膳食时的食物特殊动力消耗相当于肌体基础代谢的 10%，运动员因蛋白摄入量较高，故常采用基础代谢的 15% 计算。

体育运动的能耗因项目与运动量的不同而差异很大。国内调查资料表明，运动员在训练时间内的平均能耗量在 4180kJ 左右（波动范围 2257~11035kJ），1h 内的消耗量多在 1672kJ 左右（波动范围 627~3344kJ）。体育运动以外的各种生活活动，多数为代谢率较低的静态活动，与正常人相似。

运动员整日的总能量需求多在 14630~18390kJ（波动范围 8360~22990kJ），按体重计算为 210~272kJ/kg。但有些项目如乒乓球、体操、围棋等运动员在训练中紧张的神经活动，并不都能在能量消耗方面予以反映。

（二）碳水化合物

糖是运动中的主要能源物质，运动中肌肉摄糖量可为静止时的 20 倍以上。糖氧化时耗氧量少，不会增加体液的酸度。与脂肪比较，在消耗等量氧的条件下，糖的产能效率比脂肪高 4.5%，这种差别看起来虽然不大，但在比赛时却有可能成为决定胜负的因素之一。

在长时间剧烈运动前或运动中补充糖，有助于维持运动中肌体血糖的水平，节约肌糖原并提高运动耐力。但要注意适量适时地补充。为预防大量服糖引起胰岛素效应、激发一时性低血糖反应，应避免在赛前 30~90min 补糖，补糖时间可安排在运动前的数分钟内或 2h 前，这样在开始运动后会因儿茶酚胺分泌量的增加而有助于胰岛素的反应。由于运动对糖的最大吸收量是 50g/h，过量补糖会引起胃不适等反应。另外，补充的糖类型以复合糖或低聚糖溶液为佳，

高浓度的单糖或双糖溶液渗透压高，在胃内的停留时间长，会影响胃的排空，故在大量出汗的运动中一般都采用低表面张力的糖溶液。

运动员碳水化合物的需要量一般在混合膳食中碳水化合物占总能量的50%~55%即可，大强度耐力运动前的碳水化合物供给量可占总能量的60%~70%，短时间极限强度的运动比赛前则没必要补充糖。

（三）脂肪

高脂肪膳食会增加血浆中游离脂肪酸的浓度，有利于脂肪酸的氧化利用。但在训练和比赛前不提倡摄取高脂肪膳食，因为脂肪氧化时的高氧耗、不容易消化吸收的高脂肪食物、胃的排空时间延缓、脂肪代谢酸性产物、脂肪不完全氧化的产物（酮体）蓄积等因素都会降低人的耐久力，因此体脂肪储存量过多时反而影响运动能力。运动员膳食中适宜的脂肪量应为总能量的30%左右，缺氧项目的脂肪供应量应减少至20%~25%，冰上及游泳运动项目的脂肪供给量应增加至总热量的35%左右。

（四）蛋白质

运动是否需要增加蛋白质的摄入，研究结论尚不完全一致。近期的研究主要集中在增加蛋白质是否可增加肌肉力量或加强蛋白质的合成上，但至今尚无结论性的实验根据。

氮的代谢平衡试验表明，运动员的蛋白质需要量比一般人高。日本及东欧一些国家提出运动员的蛋白质供给量为2g/kg体重，而西欧一些报道认为1.4g/kg即可满足需要。我国通过评估氮平衡的试验结果，提出运动员膳食蛋白质的供给量应占总能量的12%~18%；成年运动员的蛋白质需要量为1.8~2.4g/kg体重，运动员在加大运动量的初期、生长发育期、减体重期、能量不足、大量出汗等情况下应加强蛋白质的营养。运动员的蛋白质营养不仅要满足数量的要求，在质量上至少应有1/3以上必需氨基酸齐全的优质蛋白质。

运动员不宜摄取过多的蛋白质，因为蛋白质过多会增加食物特殊动力、增加肝和肾排出附加氮代谢物的负荷，同时蛋白质的酸性代谢产物还会导致体液的酸度增高从而引起疲劳，并将增加肌体中水的需要量且可能出现便秘。

（五）水分

运动员对水分的需要量随运动量和出汗量的不同会有很大的差异。在日常训练无明显出汗的情况下，每日水分的需要量为2000~3000mL。大量出汗时，水分的摄取量应以保持水平衡为原则，采取少量多次的方法加以补充。若感觉口渴时才摄水，通常只能补充失水量的50%。在长时间有大量出汗的运动中，每隔30min补液150~250mL的效果较好。在运动前补液400~700mL及运动前一日摄取充足的水分，有助于预防大量出汗运动时可能造成的过度脱水。运动中水分的最大吸收量为800mL/h，补液时的液体温度在10~13℃比较适口，并有利于降低体温。大量出汗时，如要补充含糖和矿物元素的饮料，则以低表面张力和低渗透压的饮料为宜。

（六）维生素

运动员对维生素的需要量随运动项目、运动量及生理状况的不同而有较大差异，根据国内外综合报道，建议维生素摄入量如表10-1所示。

多年来的营养调查表明，运动员容易发生缺乏或不足的维生素有维生素B_1、维生素B_2、维生素A和维生素C，国外报道一流运动员中有80%以上均要摄取大剂量的维生素，其使用量多为药用剂量而非生理的营养供给量。但目前的研究也已证实在不缺乏维生素时过量地补充对运动能力无益。

表 10-1 运动员的每日维生素建议摄入量

运动情况	维生素 A/（mg/d）	胡萝卜素/（mg/d）	维生素 B₁/（mg/d）	维生素 B₂/（mg/d）	维生素 PP/（mg/d）	维生素 C/（mg/d）
一般训练期	2	3	3~5	2	20~25	100~150
比赛期	2~3	2~3	5~10	2.5~3	25~40	150~200

（七）矿物元素

钠、钾、钙和镁等矿物元素对维持细胞内外的容量、渗透压、酸碱平衡和神经肌肉兴奋性都有重要的功能。

体育运动可加强人体的铁代谢，长时间运动过程中，血清铁及转铁蛋白的水平会增加。但当运动员对运动负荷适应后，这些变化就会减轻或消失，这说明运动会使铁的消耗量增加，但肌体对铁的吸收率则降低。运动员大量出汗时，汗铁的丢失量可达到 1~2mg/d。铁供应量不足会使运动员的有氧运动能力和耐久力降低，即使是轻度缺铁也是这样。正常人每日铁的供给量是 15mg，运动员暂订的建议量为 20~25mg。运动员缺铁性贫血的发病率较高，其中青少年、耐力性项目、女运动员及控制体重的运动员均为缺铁性贫血的高发人群。

锌营养与肌肉的收缩耐力及力量相关。运动中血锌呈双相变化，血细胞内锌含量减少而游离血清锌增加。运动员在大运动量训练时锌代谢呈负平衡，休息时正平衡。运动员在一次马拉松赛跑后，血清锌水平显著降低。这些研究结果表明，运动可使锌的代谢加强并增加锌的消耗量。正常人每日锌的需要量是 15mg，运动员对锌的需要量一般为 20mg。大运动量或者高温环境下训练或者比赛时，运动员的锌需求量为 25mg。此外，长期系统的体育运动对锌代谢的影响也需要进一步研究。

运动员在常温下训练，矿物元素的需要量略高于正常人，但在高温下运动或大运动量训练时，无机盐的需要量比一般人增加较多，如表 10-2 所示。据分析，运动员较容易缺钙。

表 10-2 运动员矿物元素的建议摄入量

运动情况	钾/（g/d）	氯化钠/（g/d）	钙/（g/d）	镁/（mg/d）	铁/（mg/d）
一般训练期	3	10~15	0.8	300~500	15~20
比赛期	4~6	20~25	1~1.5	500~800	20~25

（八）具有抗疲劳功效的典型配料

具有抗疲劳功效的典型配料如表 10-3 所示。

表 10-3 具有抗疲劳功效的典型配料

典型配料	生理功效
人参皂苷	抗疲劳，增加体能，提高免疫力
花旗参皂苷	抗疲劳，增加体能，提高免疫力
红景天皂苷	抗疲劳，耐缺氧
田七皂苷	抗疲劳，增加体能，提高免疫力
刺五加	抗疲劳，降低血压

续表

典型配料	生理功效
淫羊藿	抗疲劳，改善性功能
巴戟天	抗疲劳，改善性功能
肉苁蓉	抗疲劳，改善性功能
锁阳	抗疲劳，改善性功能
L-肉碱	减肥，抗疲劳，增加体能，促进脂肪代谢
牛磺酸	抗疲劳，促进婴幼儿大脑发育，改善视力
廿八烷醇	抗疲劳，增加体能，增强爆发力
瓜拉那	抗疲劳，增加体能
水解鸡肉蛋白	抗疲劳
1，6-二磷酸果糖	耐缺氧，改善心血管系统，抗疲劳
蜂王浆	增强免疫，抗衰老，抗疲劳
蜂花粉	增加免疫，抗疲劳，抗衰老
阿胶	增强免疫，抗疲劳，抗衰老
蛇肉	增强免疫，抗疲劳
甲鱼	抗疲劳，抗衰老，增强免疫
潘氨酸	抗疲劳，增强体力和耐力，抑制脂肪肝

第二节　保护肝损伤功能性食品

　　肝脏是重要的物质代谢器官，在碳水化合物、脂类、蛋白质、维生素、激素、胆汁等物质的吸收、储存、生物转化、分泌、排泄等方面，都起着十分重要的作用。肝脏具有强大的再生和代偿能力，能克服轻度或局限性损伤造成的肝功能障碍。

　　但许多病因可导致肝实质细胞的变形和坏死，造成肝硬化和肝坏死。当肝脏严重损伤、代谢能力显著减弱时，就会出现严重的肝功能障碍（肝功能不全），进一步加重肝功能衰竭，并引起中枢神经系统的功能障碍而导致肝昏迷。引起肝损伤的因素很多，如酒精的过量摄入、药物代谢产毒及环境毒物的侵蚀等。开发具有保护肝损伤的功能性食品，市场潜力巨大。

一、肝脏的生理功能

　　肝脏是人体内最大的实质性脏器，主要位于右季肋部和上腹部。我国成年人肝脏的重量，男性为1230~1450g，女性为1100~1300g，占体重的1/30~1/50。在胎儿和新生儿时，肝的体积相对较大，可达体重的1/20。

　　肝脏是人体内最大的消化腺，也是体内新陈代谢的"化工厂"。据估计，在肝脏中发生的化学反应有500种以上，实验证明，动物在完全摘除肝脏后即使给予相应的治疗，最多也只能生存 50 多个小时。由此可见，肝脏对维持生命活动的重要性。肝脏的血流量极为丰富，约占心输出量的 1/4。每分钟进入肝脏的血流量为 1000~1200mL。肝脏的主要功能是进行糖的分解、储存糖原；参与蛋白质、脂肪、维生素、激素的代谢；解毒；分泌胆汁；吞噬、防御机能；制造凝血因子；调节血容量及水电解质平衡；产生热量等。在胚胎时期，肝脏还有造血功能。

二、肝损伤的种类

（一）酒精性肝损伤

酒精性肝损伤是由于长期大量饮酒而导致的中毒性肝脏损伤。乙醇在胃肠道内很快被吸收，仅 5%~10% 从肺、肾脏、皮肤排出，90% 以上的乙醇要在肝脏内代谢，乙醇进入肝细胞后经氧化为乙醛。乙醇和乙醛都具有直接刺激、损害肝细胞的毒性作用，能使肝细胞发生变性、坏死。正常人少量饮酒后，乙醇和乙醛可通过肝脏代谢解毒，一般不会引起肝损伤。然而一次性大量饮酒者会出现呕吐，甚至神志不清等急性酒精中毒症状。对于长期嗜酒者，乙醇和乙醛的毒性则可影响肝脏对糖、蛋白质、脂肪的正常代谢及解毒功能，从而出现酒精性脂肪肝（Alcoholic fatty liver）、酒精性肝炎（Alcoholic hepatitis）和酒精性肝脏硬变（Alcoholic cirrhosis），对身体造成较大危害。

1. 酒精性脂肪肝

酒精性脂肪肝是酒精性肝损伤中最先出现、最为常见的病变，其病变程度与饮酒的总量成正比，饮酒是诱发酒精性脂肪肝的主要原因。乙醇对肝细胞有较强的毒性，它能影响脂肪转化的各个环节，最终导致肝内脂肪堆积，形成脂肪肝。

乙醇对肝脏的直接损伤作用是由乙醇在肝细胞内代谢所引起的。进入肝细胞的乙醇，在乙醇脱氢酶和微粒体乙醇氧化酶系的作用下转变为乙醛，再转变为乙酸，可使肝内脂肪酸代谢发生障碍，氧化减弱，使中性脂肪堆积于肝细胞中；另外乙醇又促进脂肪酸的合成，从而使脂肪在肝细胞中堆积而发生脂肪变性，最终导致脂肪肝的形成。轻度、中度的酒精性脂肪肝可完全被治愈，但重度病变则可发展为肝纤维化甚至肝硬化。

2. 酒精性肝炎

酒精性肝炎是由酒精性脂肪肝发展而来的。其发病机理除与酒精对肝脏的直接毒性作用有关外，还与免疫反应有关。被乙醛修饰的蛋白作为新抗原可引起针对分布于肝细胞表面的乙醛加合物的免疫反应，而使肝细胞遭受免疫损伤。被乙醇损害的肝细胞微管蛋白显著减少，肿大的肝细胞不能排出微丝，且在肝细胞内聚积形成酒精性渗透小体，并引起透明小体抗体的产生。自身抗原和分离的酒精小体可以刺激患者淋巴细胞的转化和游走移动抑制因子的活力。

3. 酒精性肝硬化

酒精性肝纤维化是酒精性肝硬化的早期阶段，主要病理特点是胶原蛋白、蛋白多糖及黏蛋白等多种细胞外基质在肝内过度的沉积。以往认为酒精引起高乳酸血症，可通过刺激脯氨酸增加，使肝内胶原形成增加，加速肝纤维化过程。高乳酸血症和高脯氨酸血症可作为酒精性肝纤维化形成的标志。近年来多数学者认为肝纤维化中储脂细胞起中心作用，是肝内细胞外基质的主要来源。储脂细胞在转变生长素和 β 细胞外基质的自身变化的作用下，可变成转化细胞，再进一步成为肌成纤维细胞，肝内沉积的胶原也随之从 III 型转变为 I 型为主。典型酒精性肝硬化患者的肝静脉周围纤维化尤为严重。这些纤维组织不断增生形成肝细胞可出现再生结节，导致酒精性肝硬化的发生。

（二）药物性肝损伤

药物性肝损伤简称药肝，是指由于药物及其代谢产物引起的肝脏损害。目前至少有600多种药物可引起药肝，具体表现为肝细胞坏死、胆汁淤积、细胞内微脂滴沉积、慢性肝炎、肝硬化等。

药物可通过改变肝细胞膜的物理特性（黏滞度）和化学特性（胆固醇/磷脂化）、抑制细胞膜上的 Na^+/K^+-ATP 酶、干扰肝细胞的摄取过程、破坏细胞骨架功能、在胆汁中形成不可溶性的复合物等途径直接引起肝损伤；也可选择性地破坏细胞成分，与关键分子共价结合，干扰特殊代谢途径或结构过程，间接地引起肝损伤。

药物主要通过以下两种途径损伤肝脏：

①药物或其中间代谢产物直接作用于肝细胞，此种损伤可以预测。损伤程度通常与所用药物剂量直接相关，给药后很快发病，再次应用同一药物时，临床表现相似；

②机体对药物或其中间代谢产物的免疫反应所致，此类肝病一般不可预测，其临床表现时间与用药时间之间有一段潜伏期（数天到数周），药物剂量与疾病严重程度之间无明确联系，再次给药时不仅疾病严重程度增加，而且潜伏期也缩短，血清中存在与药物代谢相关酶类的自身抗体。

易引起药肝的常见药物包括抗生素类、解热镇痛药、中枢神经系统用药、抗癌药、口服避孕药等。此外，降血糖药、降脂药、抗甲状腺药、抗结核药以及许多中草药物也会造成肝损伤。

（三）环境毒物性肝损伤

环境毒物性肝损伤是指工业和环境中存在的除药物外的化学毒物所导致的各种急性、慢性肝损伤。环境中的化学物质可通过胃肠道门静脉或体循环进入肝脏进行转化，因此肝脏容易受到化学物中的毒性物质损害。大自然和人类工业生产中均存在一些对肝脏有毒性的物质，即"亲肝毒物"。这些毒物在人群中普遍易感，潜伏期短，病变的过程与感染的剂量直接相关，可引起不同程度的肝细胞坏死、肝硬化甚至肝癌。

工业生产中的原料、中间产物与最终产物均可能有肝毒性。根据毒性的强弱，亲肝毒物可分为三类：

①剧毒类：包括磷、三硝基甲苯、四氯化碳、氯奈、丙烯醛等；

②高毒类：包括砷、汞、锑、苯胺、氯仿、砷化氢、二甲基甲酰胺等；

③低毒类：包括二硝基酚、乙醛、有机磷、丙烯腈、铅等。

一些亲肝毒物与其他非毒性化学物质结合，可增加其毒性，如脂肪醇类（甲醇、乙醇、异丙醇等）能增强卤代烃类（四氯化碳、氯仿等）的毒性。

化学毒物损伤肝脏的机理主要有：

①脂肪变性：四氯化碳、黄磷等可干扰脂蛋白的合成与转运，形成脂肪肝；

②脂质过氧化反应：这是中毒性肝损伤的特殊表现形式，如四氯化碳在体内代谢可产生一种氧化能力很强的中间产物，导致生物膜上的脂质过氧化，破坏膜的磷脂结构，改变细胞的结构与功能；

③胆汁郁积反应：主要与肝细胞膜和微绒毛受损引起的胆汁酸排泄障碍有关。

三、保护肝损伤功能性食品的开发

（一）能量

正常人每日的热量摄入需保持在 8.368kJ 左右，而肝损伤患者则需要更多的热量才能维持机体代谢功能，并促进肝病的恢复。此外，肝细胞的修复还需要补充蛋白质、维生素及少量脂肪等。

（二）脂肪

动物实验表明，肝损伤与饮食中脂肪摄入有一定的关系，高脂肪饮食易引发脂肪肝和肝纤维化。同时，脂肪中脂肪酸种类和含量对肝损伤也有影响。富含饱和脂肪酸的饮食，可减缓或阻止脂肪肝和肝纤维化的发生，而富含不饱和脂肪酸的饮食则可诱发和加剧脂肪肝和肝纤维化。有研究还发现，补充适量的中链脂肪可预防肝损伤的发生。

磷脂酰胆碱可防止脂肪肝的形成，能有效改善化学性肝损伤的症状，抑制肝细胞凋亡，减少肝内纤维沉积。它对肝细胞的保护作用主要包括：

①保护及修复受损的肝细胞，其机制可能为减少自由基攻击，降低脂质过氧化损伤；

②减轻肝细胞脂肪变性和坏死；

③促进肝细胞再生；

④保持细胞膜的稳定性，抑制炎症浸润和纤维组织增生；

⑤改善血液和肝脏的脂质代谢。

（三）碳水化合物

碳水化合物经消化吸收后可转变成糖原，丰富的肝糖原能促进肝细胞的修复和再生，并能增强对感染和毒素的抵抗能力。但碳水化合物不宜过多摄入，因为摄入的碳水化合物在满足了合成糖原和其他需要之后，多余的将在肝内合成脂肪并储存于肝脏内，储存量过多时可能造成脂肪肝。

某些碳水化合物特别是活性多糖，具有良好的保护肝脏功效。研究证实，灵芝多糖、枸杞多糖、壳聚糖、猪苓多糖、云芝多糖、香菇多糖等都有一定的保肝护肝作用。

（四）蛋白质

肝脏的主要功能之一，是合成与分泌血浆白蛋白。正常人每天合成 $10 \sim 16g$ 血浆白蛋白，分泌到血液循环中，能发挥重要功能。肝损伤引起肝细胞合成与分泌蛋白质的过程异常，会使血浆白蛋白水平降低，进而影响人体各组织器官的修复和功能。急性肝损伤时，血浆白蛋白水平下降不明显。但慢性肝损伤时，肝脏每天仅能合成 $3.5 \sim 5.9g$ 血浆白蛋白。因此，必须提供丰富的外源性白蛋白，才能弥补肝组织的修复和功能所需的蛋白质。一般认为，每天至少提供蛋白质 $1.5 \sim 2g/kg$ 体重。但也不能无节制地摄入蛋白质，因为食物中的蛋白质可经肠道细菌分解产生氨和其他有害物质，诱发和加重肝性脑病。

动物蛋白以乳制品为佳，因乳制品产氨最少，蛋类次之，肉类较多。植物蛋白可用来代替动物蛋白，这样每日摄入量可增加到 $40 \sim 80g$。植物蛋白的优点：

①芳香氨基酸和含硫氨基酸少；

②含丰富的纤维素，能调整肠道菌丛，促进肠蠕动；

③植物蛋白中某些氨基酸有降低氨生成的潜在作用。

除了补充优质蛋白质外，摄入高 F 值低聚肽、还原型谷胱甘肽，S-腺苷甲硫氨酸、半胱氨酸、牛磺酸等特种氨基酸等，对预防和治疗各种肝损伤疾病都很有益处。

（五）维生素

维生素在预防肝损伤，尤其在预防脂肪肝上起着极为重要的作用，如 B 族维生素有防止肝脂肪变性及保护肝脏的作用；维生素 C 和维生素 E 可增加肝细胞抵抗力，促进细胞再生，改善肝脏代谢功能，增加肝脏解毒能力，防止脂肪肝和肝硬化的出现。

维生素 C、小麦胚芽油胶囊和 β-胡萝卜素的联用对 CCl_4 致大鼠慢性肝损伤也有明显的防护作用。其作用机理可能是它们在体内经转化可与细胞膜脂质相溶，在自由基活动前将其捕获，可阻断氧化过程，从而对膜脂起保护作用。

维生素 E 被普遍认为是生物组织中最有效的脂溶性链阻断抗氧化剂，因此增加肝内维生素 E 的含量能有效阻断脂质过氧化及由此而引起的氧化性肝损伤。它可通过参与肝脂肪代谢、保护肝细胞、抗脂质过氧化及阻止单核巨噬细胞过度表达炎症因子等作用，对抗多种因素引起的肝损伤。

维生素 B_{12} 有防止脂肪肝形成的作用。维生素 K 对超量醋氨酚致小鼠肝损伤有一定的保护作用，它可用于急慢性肝炎等肝病的辅助治疗。肌醇对脂肪有亲和性，可促进机体生产卵磷脂，从而有助于将肝脏脂肪转运到细胞中，减少脂肪肝的发病率。

（六）矿物质

微量元素硒有"抗肝坏死保护因子"之称，其保肝护肝作用也引起了人们的重视。肝脏中含硒量很丰富，但肝病患者普遍缺硒，并且病情越严重，血硒水平越低。适量补硒可以改善肝病患者的免疫和抗氧化功能。动物试验提示补硒能抑制肝纤维化和肝损伤，动物和人体试验均显示补硒可以预防肝癌。

用 CCl_4 诱导大鼠形成肝纤维化，适量补硒可使肝纤维化病理减轻，但过量补硒效果反而不明显。用高脂肪饲料诱发大鼠形成脂肪肝，补硒能改善脂肪肝症状。给大鼠饲喂酒精 3 个月，大鼠肝组织中的脂质过氧化物含量明显升高，抗氧化酶活性明显降低，补硒可逆转这种变化。因此，硒对乙醇致大鼠肝损伤有一定的保护作用。

铜是机体的必需微量元素，肝脏是维持机体内铜含量稳定的重要器官。铜主要通过与其相关联的特定蛋白的催化作用来表现其生物学活性。铜和维生素 E 对 CCl_4 致大鼠肝损伤有一定的协同保护作用。两者联合灌胃可明显抑制大鼠肝细胞中 ALT 和乳酸脱氢酶（LDH）活力的升高及过氧化脂质的产生，并使 SOD 含量增加。

（七）植物活性成分

1. 甘草酸（Dycyrrhizin）及甘草类黄酮

甘草酸，又名甘草甜素，是从甘草中提取的三萜类皂苷。甘草酸通过抗炎、抗脂质过氧化、调节免疫和稳定溶酶体等作用，可有效防治各种肝损伤。

甘草酸对 CCl_4、甲基偶氮苯、扑热息痛等所致的肝损伤都有明显的保护作用。它可降低大鼠肝硬化的发生率，减轻肝细胞坏死情况，降低血清转氨酶活力，增加肝细胞内糖原含量，促进肝细胞再生。此外，甘草酸还能诱导产生 γ-干扰素和增强 NK 细胞活性，保护肝细胞和激活网状内皮系统；甘草酸在肝脏内分解为甘草次酸和葡萄糖醛酸，可与毒性物质结合而起解毒作用。

甘草类黄酮对 CCl_4 致小鼠急性肝损伤有一定的保护作用，经 200~400mg/（kg·d）灌胃 2d，能显著降低 ALT、LDH 的活性和减少 MDA 含量，并可减轻 CCl_4 所致的肝脏坏死。甘草类黄酮对乙醇致小鼠肝损伤也有保护作用。

2. 水飞蓟素（Silymarin）

水飞蓟素是从菊科植物水飞蓟 *Silybum Marianum* L. 果实中提取的水难溶性黄酮类化合物。1968 年，H. Wagner 等从水飞蓟中提取的黄酮类化合物，命名为水飞蓟素。它对酒精性肝损伤、药物性肝损伤、急慢性肝炎、肝硬化等，都有明显的缓解作用。

水飞蓟素可能通过以下方式来达到保肝护肝效果：

①直接清除活性氧而对抗脂质过氧化；

②抑制 NO 的产生；

③在花生四烯酸代谢过程中优先抑制 $5'$-脂氧合酶；

④保护肝细胞膜；

⑤促进肝细胞的修复、再生；

⑥调节机体免疫；

⑦具有抗肝纤维化作用。

3. 蒲公英

用蒲公英（水抽提液）灌胃或用蒲公英注射液腹腔注射，对 CCl_4 引起的大鼠 ALT 活力升高有明显的抑制作用，并能显著缓解 CCl_4 致肝损伤引起的组织学改变。蒲公英在体外对 CCl_4 造成的原代培养大鼠肝细胞损伤也有明显的保护作用。近来的研究表明，蒲公英对大鼠急性肝损伤有保护作用，它可拮抗内毒素所致的肝细胞溶酶体和线粒体的损伤，解除抗菌素作用后所释放的内毒素的毒性作用，故可保肝。

4. 银杏叶

银杏叶有明显的抗氧化和抗脂质过氧化作用。在 CCl_4 致大鼠慢性肝损伤的研究中，银杏叶能明显提高大鼠肝中 SOD 和 $GSH-P_x$ 的活性并降低 MDA 的含量。因此，它可能是通过抗氧化应激而达到抗慢性肝病和抗肝纤维化作用的。在 D 氨基半乳糖致小鼠肝损伤模型中，银杏叶有明显降低 ALT 和 AST 的作用，对肝脏有显著的保护作用。此外，它对酒精性肝损伤也有一定的改善作用。银杏叶的主要活性成分为黄酮和内酯，它们具体的保肝作用机理还有待于进一步研究。

5. 绞股蓝皂苷

绞股蓝皂苷对 CCl_4 致肝损伤大鼠有抑制脂质过氧化的作用，并证实它有保护肝脏和抗肝脏纤维化的作用。高糖高脂诱发的大鼠高脂血症常伴发肝损伤，使 ALT 上升，而绞股蓝皂苷能在降脂的同时使 ALT 下降（$P<0.01$），同时对肝脏细胞有促进再生的作用。

6. 其他

白花蛇舌草能显著抑制 CCl_4 引起的 ALT 升高，加速肝细胞损伤的恢复。同时能使动物胆汁流量显著增加，以促进肝细胞胆汁的排泄。大鼠和家兔口服或注射潘氨酸的试验结果表明，潘氨酸对饥饿、无蛋白膳食、麻醉药、CCl_4 以及胆固醇所引起的肝脂肪有保护作用。连续服用潘氨酸 $10\sim30d$ 还可显著降低体内胆固醇的生物合成和血浓度。核苷酸对 D-半乳糖胺、CCl_4 及酒精等化学物质引起的肝损伤有一定的保护作用。此外，薏苡仁、葛花、葛根、茯苓等也具有保肝解毒作用。

（八）具有保护肝脏功效的典型配料

具有保护肝脏功效的典型配料如表 10-4 所示。

表 10-4　　　　　　　　　　　　　具有保护肝脏功效的典型配料

典型配料	生理功效
高 F 值低聚肽	改善肝功能，抗疲劳
乳酮糖	调节肠道菌群，润肠通便，改善肝性脑病
白花蛇舌草	护肝，增强免疫，抗病毒，抗突变
甘草	护肝，抗病毒，镇咳祛痰
水飞蓟	护肝
五味子	延缓衰老，保肝
肌醇	减少脂肪肝和脂肪性动脉硬化的发生率
潘氨酸	抑制脂肪肝，抗疲劳，增强体力和耐力
硒	强化肝脏解毒功能，增强免疫，抗肿瘤，保护心血管系统
谷胱甘肽	美容，解毒，抑制酒精性脂肪肝的形成
半胱氨酸	护肝，抗辐射，解毒
大豆磷脂	调节血脂，保护肝脏功能，美容
脑磷脂	调节血脂，美容，护肝，解醉酒
γ-亚麻酸	促进脂肪吸收，预防脂肪肝和肝硬化
磷脂酰胆碱	维护肝脏功能，修复肝损伤
谷氨酰胺	保护肝脏，提高免疫力
葛根	护肝

第三节　缓解慢性肾衰竭功能性食品

慢性肾衰竭是一种常见的临床综合征，其发病率较高，并有逐年增长的趋势。而且，以目前的医学水平，还没有哪种治疗方法可以将其完全治愈，医生多是从抑制其发展入手，延长患者生命。而慢性肾衰竭发展到晚期将恶化为尿毒症，这是一种极为严重的综合征。此时，肾小球过滤功能迅速下降至正常水平的50%以下，体内毒素无法被正常排出，最终导致出现骨骼疾病、呼吸系统感染、胃肠道疾病，及全身各大生命系统的衰竭。

慢性肾衰竭的死亡率极高，目前在我国内科疾病致死率中位居第三位。因此，具有预防慢性肾衰竭的发生、延缓其发展及缓解其症状的作用，从调理入手的功能性食品对于这类疾病的高发人群来说显得尤为重要。

一、肾的中医学理论

中医认为，肾是生命的根本。肾的生理涉及面很广，与生长发育、抗病能力、生殖、骨骼、水液代谢、呼吸、脑、髓、发、耳和齿均有密切关系，而肾虚则是生命衰老的基本原因。因此，强肾功能性食品在机体整个生命活动中发挥着重要作用，为历代医学家所推崇。

肾位于腰部、脊柱的两侧，中医将肾本质分为肾阴、肾阳两个部分。肾阴是肾的物质与结构（包括肾精），肾阳是肾的功能，肾精是肾所藏的精，肾气是由肾精所化生的"气"。肾的功能有一个随年龄增长而不断变化的过程。我国《黄帝内经》中的《素问·上古天真论》中说：

女子七岁，肾气盛，齿更，发长；

二七而天癸至，任脉通，太冲脉盛，月事以时下，故有子；

三七肾气平均，故真牙生而长极；

四七筋骨坚，发长极，身体盛壮；

五七阳明脉衰，面始焦，发始堕；

六七三阳脉衰于上，面皆焦，发始白；

七七任脉虚，太冲脉衰少，天癸竭，地道不通，故形坏而无子也。

丈夫八岁，肾气实，发长齿更；

二八肾气盛，天癸至，精气溢泻，阴阳和，故能有子；

三八肾气平均，筋骨劲强，故真牙生而长极；

四八筋骨隆盛，肌肉满壮；

五八肾气衰，发堕齿稿；

六八阳气衰竭于上，面焦，发鬓斑白；

七八肝气衰，筋不能动，天癸竭，精少，肾脏衰，形体皆极；

八八则齿发去。

《黄帝内经》的这段论述，明确地指出人体的生、长、壮、老、死的规律与肾中精神的盛衰密切相关。具体地说，中医认为肾的主要功能体现在以下五个方面。

1. 主藏精

肾所藏的精有先天之精与后天之精两种。先天之精又称肾本脏之精，它禀受于父母、来源于先天，并依靠后天水谷之精的滋养而充实壮大。精能化气，肾精所化的气称"肾气"，是人体生长发育与生殖的物质基础。正如上述，人在 7~8 岁时由于肾气的逐渐充盛，有"齿更发长"的变化；到青春期由于肾气充盛而产生"天癸"，男子开始产生精子而女子开始排卵，女子出现月经；到了老年肾气渐衰，性功能也会随之逐渐减退最终消失。所以，中医对于发育迟缓、早衰、男性精液稀少、女子月经迟迟不来、出现闭经或原发性不孕等，多采用补肾法。

后天之精又称五脏六腑之精，它来源于水谷精微，由脾胃化生转输五脏六腑成为脏腑之精。脏腑之精的充盛除供应自身生理活动的需要外，剩余部分贮藏于肾以备不时之需，需要时肾再把所藏的精气重新供给五脏六腑。因此，肾精的盛衰对各脏腑的功能都有影响，中医有"万脏之病穷必及肾"的说法，在临床上凡涉及心、肝、脾与肺等脏器的病久或虚甚，都要考虑到治肾。

2. 主水液

主水液是指肾具有主持全身水液代谢，维持体内水液平衡的作用。人体的水液代谢包括以下两个方面：

①将来自水谷精微具有濡养，滋润脏腑组织作用的津液输布全身；

②将各脏腑组织代谢后的浊液排出体外。

这些代谢过程的实现，主要依赖肾的"气化"功能。肾有司开阖的作用，开则水液得以排出，阖则机体需要的水液潴留在体内。肾的气化正常，则开阖有度，尿液排泄也正常。如果肾主水的功能失调导致开阖失度，就会引起水液代谢紊乱，如阖多开少，可见尿少而水肿，开多阖少，则出现尿多、尿频现象。

3. 主纳气

中医认为，机体的呼吸功能虽由肺所主导、肾却能帮助肺吸气下降，这就是所谓的"肾主纳气"。如肾虚不能纳气，就会出现呼多吸少、吸气困难、动则喘甚等症，称为"肾不纳气"。

4. 主骨生髓、其华在发

肾藏精而精能生髓，髓藏于骨腔供给全身骨骼的营养，这称为"肾主骨""肾生骨髓"。肾精充足，则骨髓充盛，骨骼得到骨髓充分滋养而坚固有力，如果肾精虚少，则骨髓的化源不足，不能营养骨骼便会出现骨骼软弱无力，甚至发育不良的情况。

牙齿与骨一样也是由肾精所充养，称为"齿为骨之余"。所以，凡是婴儿牙齿生长迟缓、成人牙齿松动或早期脱落，中医都认为是肾精不足的表现，宜采取补益肾精法。头发的营养虽源于血，但其生机却根源于肾。因为肾藏精而精能化血，精血旺盛则毛发壮而润泽，故有"其华在发"之说。凡久病而见头发稀疏、枯槁、脱落，或未老先衰、早脱、早白者，多属肾精不足和血虚。

5. 肾开窍于耳及二阴

耳的听觉功能依赖于肾精的充养，肾精充足，则听觉灵敏；肾精不足，则出现耳鸣、听力减退等。二阴是前阴与后阴的总称。前阴包括尿道与生殖器，尿液的储存和排泄虽是膀胱的功能，但需经肾的气化才能完成，凡尿频、遗尿或尿少、闭尿，多与肾的功能失常有关。后阴是指肛门，粪便的排泄。虽由大肠所主，但也与肾有关。如肾阴不足，可致肠液枯涸而便秘；肾阳虚衰、脾失温煦、水湿不运，可致大便泄泻；肾气不固，可致久泄或滑脱。

二、肾脏疾病的起因

（一）肾脏的作用

现代医学认为，肾脏是营养代谢过程中的一个重要器官，其主要功能包括以下几方面：

①生成尿液：排泄体内代谢废料如尿酸、尿素、肌酐等含氮物质及其进入体内的有害毒素等；

②肾小管的回收作用：将体内所需的营养物质如水分、葡萄糖、氨基酸、维生素等，重新吸收到血液循环中。同时选择性的重吸收某些化学物质以调节矿物元素浓度，维持水和渗透压的平衡；

③调节酸碱平衡：按生理需要选择性地通过排泄或吸收正、负离子，调节体内酸碱平衡；

④内分泌功能：合成并分泌肾素（血管紧张素）、前列腺素、缓激肽类物质（血管舒缓素）等以维持正常血压；合成 1, 25-二羟维生素 D_3 和红细胞生成素以促进红细胞的再生。

（二）肾脏疾病的起因

引起肾脏疾病的主要原因，有下几个方面：

①超敏反应性疾病：如过敏性紫癜、系统性红斑狼疮或其他结缔组织疾病引起的急慢性肾小球肾炎；

②感染：包括细菌、病毒、寄生虫等感染而引起肾脏病变；

③肾本身血管病变：如肾动脉硬化、肾动脉栓塞、肾血管性高血压等所致的肾病；

④代谢异常或先天疾患引起的代谢异常：如肾结石、糖尿病性肾小球硬化、肾淀粉样病变、尿酸性痛风症等，先天畸形如多囊肾、海绵肾、马蹄肾等会引起代谢紊乱而发生肾脏病变；

⑤药物毒素：如异烟肼、巴比妥类、磺胺类及某些抗生素类等药物使用不当或过量，以及食物毒蘑菇、生鱼胆，还有铅中毒、汞中毒、毒蛇咬伤等均可引起肾衰竭。

三、保护慢性肾衰竭功能性食品的开发

慢性肾功能衰竭并非独立的疾病，而是各种晚期肾脏疾病共有的综合征。由于肾脏排泄与调节功能严重减退，肌体出现了多种代谢紊乱。这类患者专用食品的开发要基于两种情况考虑：

①肾脏排泄功能降低，特别是氮复合物、氢、磷、钾、氯和水的排泄功能下降；

②尿毒症的代谢过程，可能出现能量和营养素的缺乏，如必需氨基酸和钙等的缺乏，当肾小管病变突出时，磷、钠、钾、氯和水也可能缺乏。此外，肾内分泌功能紊乱等也是引起尿毒症的因素之一。

基于以上两点，缓解肾衰竭功能性食品的开发，主要是补充因肾机能不全而引起的营养素缺乏，限制摄取由于肾脏排泄机能障碍而可能蓄积的物质，维持体内能量和营养素的代谢平衡。具体内容包括调节水、矿物元素的摄取量，提供优质低蛋白质和高能食品等。

（一）能量

足够的能量不仅可以满足机体代谢的需要，而且有利于减少蛋白质的分解代谢。对于慢性肾衰竭患者，其能量摄入量最好保持在 8380~12570kJ/d，能量与摄入氮之比为（250~300）∶1，而正常膳食仅为（100~150）∶1。

（二）蛋白质与氨基酸

患各种慢性肾脏病（尤其是尿毒症患者）常伴有能量不足的症状，如消瘦、呆滞、精神萎靡等，有时会伴随出现水肿，掩盖肌体的消瘦程度，应注意区分。

慢性肾脏疾病患者会出现多种代谢紊乱症状，其中以蛋白质和氨基酸的代谢失调最为突出。氨基酸代谢失调的特点是：

①血浆非必需氨基酸水平上升而必需氨基酸水平下降；

②血清总蛋白、白蛋白均下降。由于肾脏排泄氮代谢物的功能下降，氮代谢物积蓄于体内最终可能导致尿毒症。

低蛋白食品可改善慢性肾衰的临床症状，这是因为肌体限制蛋白质摄取的同时，钾、磷、硫（在体内衍变成硫酸、磷酸）的摄取也会受到限制，这样可有效防止肌体出现高钾血症及酸中毒。另外，还可减轻氮代谢产物的蓄积，减少异常氮代谢产物胍诱导体甲基胍、琥珀酸胍及其他尿毒性毒素的产生。

食品中蛋白质的供给量随肾功能衰竭程度的不同而异。用肾小球滤过率计算，参见表10-5。一般说来，肾功能严重衰竭者每日每千克体重供给蛋白质为 0.3~0.4g，较轻者每日每千克体重蛋白质供应量为 0.7~1.0g，所供应的蛋白质应为优质蛋白。

表 10-5　　　　　　　　　慢性肾功能衰竭患者专用食品的蛋白质供给量

肾衰严重程度	血清肌酐/ （mg/100mL）	血清尿素氮/ （mg/100mL）	蛋白质/ （g/d）	蛋白质/ [g/（kg·d）]
轻	<4	<40	40~60	0.7~1.0
↓	4~8	40~80	35~40	0.5~0.6
	8~12	80~120	25~35	0.4~0.5
重	>12	>120	20~25	0.3~0.4

　　慢性肾衰竭患者由于限制蛋白质摄入量，会使必需氨基酸供应不足，从而引起蛋白质及氨基酸营养代谢失调。因此，必须补充必需氨基酸，以提高食品中的必需氨基酸与非必需氨基酸的比值，纠正患者负氮平衡，降低血清尿素氮，改善临床症状及营养状况。

（三）水和矿物元素

　　正常肾脏对水的调节功能甚大，肾衰竭患者对水的调节功能减退，易于出现脱水或浮肿。在肾功能不全Ⅱ期或出现尿毒症时，往往出现多尿倾向。但在不脱水、无水肿、无高血压及心衰等情况下，还是尽量保持尿量多些为好，不必限制摄水量。钠是一种很重要的矿物质，可以稳定人体细胞外液的量。肾衰时，钠盐的摄入量原则上同水一样处理。多尿期摄入正常量的钠盐不会引起不良后果。相反，严格地限制钠盐，会由于钠的缺乏而导致水盐的不平衡。一般患者可供给食盐量为 2g/d。肾衰患者不可避免地存在不同程度的酸中毒现象。如无症状则不需纠正，只需限制蛋白质摄入量及供给足够能量即可。若有临床症状，如呼吸深长或 CO_2 结合力低于 7.5mol/L 时，则每日应给予 0.25~1mol/kg 的 $NaHCO_3$，将 CO_2 结合力提高至 8.5~9mol/L 即可。

　　血钾过高或过低皆可致命，轻度肾衰患者多数仍能维持一定排钾功能。这是因为轻度肾衰患者的肾小管尚有分泌钾的能力，从而缓解了肾小球滤过率降低而导致血钾过高的倾向，故血钾含量仍可在正常范围内。随着病情的发展，患者会出现尿毒症，如因感染而加重了分解代谢则可能出现高钾的危险。但是，如有肾小管酸中毒或反复利尿，或过分限制蛋白质摄入量的情况，也可能引起血钾过低。膳食内的钾含量与蛋白质的量大致成正比，长期供给患者低蛋白质膳食，也可造成低钾血症。一般说来，患者每日应供给 3mmol/kg 的钾。

　　慢性肾衰患者易发生钙磷代谢紊乱而引起骨骼的变化，称为肾性骨病或肾性骨营养不良。根据其病变部位的不同，又分非慢性肾小球功能不全和慢性肾小管功能异常两种。前者血磷较高，而后者血磷低下，其发生原因为：

　　①肾小球滤过率降低导致磷酸盐潴留，肾小球滤过率<15mL/（min·m²）时，血磷即会增高，血浆钙离子降低；

　　②继发性甲状旁腺功能亢进；

　　③维生素 D 含量不足。

　　骨损害有三种可同时存在的类型：

　　①佝偻病骨软化症；

　　②纤维性骨炎；

　　③骨质硬化。

　　开发这类专用食品时要限制食物中的含磷量，应用维生素 D 来控制代谢性酸中毒。当肾小球滤过率≤15mL/（min·m²）时，血磷即会升高，故应将食品中的磷限制在200~500mg/d，并补充50~150mg/（kg·d）氢氧化铝。当血肌酐≥4mg/100mL时，应每日给予125μg维生素D。同时需要定期测血钙、尿钙和尿磷的值，以防引起维生素D中毒。

（四）具有缓解肾功能衰竭功效的典型配料

具有缓解肾功能衰竭功效的典型配料如表10-6所示。

表10-6　　　　　　　　　　具有缓解肾功能衰竭功效的典型配料

典型配料	生理功能
必需氨基酸	提供必需营养，减轻肾脏负担，降低血清尿素氮
钙	补钙，预防肾性骨损害，缓解慢性肾衰竭
维生素D	预防代谢酸中毒，缓解肾衰竭
冬虫夏草	增强肾上腺素功能，保护肾功能，促进代谢废物排出
黄芪	提高免疫力，保护肾功能
大黄	促进代谢废物排出，预防慢性肾衰竭
川芎	活血行气，抗菌，降压，预防慢性肾衰竭
丹参	降压，抗菌，活血，缓解慢性肾衰竭
茯苓	利尿，抗菌，缓解慢性肾衰竭
益母草	活血，解毒，治疗肾炎水肿，缓解慢性肾衰竭
当归	抗菌消炎，补血，降压，缓解慢性肾衰竭
人参	提高能量代谢，促进消化，利尿，缓解慢性肾衰竭

第四节　促进毛发生长功能性食品

毛发是人体皮肤的附属品，广义上它包括几乎遍布全身的所有弹性丝状物，而一般说到促进毛发生长的时候，主要是指头发。

2000年，世界卫生组织宣布脱发正成为一个全球性问题，是引发人们心理疾患的重要因素。资料显示，目前世界上大约有五成的成年男子受到脱发的困扰，在香港，25~54岁的成年男子中有四成面临秃头问题。在一份对北京、上海、广州等5个城市的5779名男士的调查中发现，中国男性脱发的发病率约为25%。不仅是男性，女性也同样面临脱发的困扰。

健康的头发是外表健美的重要标志，随着人们对健康形象的日益重视，促进毛发生长的功能性食品，其潜在的市场空间巨大。

一、毛发的生长与调节

毛发由活体形成，其本身是会凋亡的。只不过，又会长出新的毛发来补充。

（一）毛发的生长

毛发的生长、替换并非连续不断地进行，而是呈周期性的。而且，各毛囊独立进行周期性变化，即使临近的毛囊也并不会处于同一生长周期。毛发的生长周期分为生长期、退行期和休止期。

1. 生长期

处于生长期的毛发毛乳头增大，毛囊活动活跃，毛母细胞分裂加快，数目迅速增多；同时，毛球上半部细胞不断分化出毛干的皮质和表皮，毛发迅速持续的生长。

2. 退行期

退行期又称退化期或过渡期。此时，毛乳头逐渐缩小，并逐渐与毛发分离，毛母细胞分裂渐渐减弱，细胞数目减少，毛球变平，毛发生长速度减慢。

3. 休止期

处于休止期的毛发不再生长，毛根部的角化逐渐向下发展，最终与毛乳头分离，毛囊萎缩，使毛发脱落。但随之而来的是，新的毛乳头逐渐形成，细胞再度分裂，开始新的生长周期。如此周而复始。

不同部位的毛发其生长周期是不同的。一般来说，头发的生长期比其他部位的毛发的生长周期要长，为2~6年；退行期和休止期较短，分别为2~4周和3~4月。

（二）毛发生长的调节

毛发生长的调节主要依靠毛囊周围的血管和内分泌系统。血液通过毛囊周围的血管网，供给毛发生长所必需的营养物质。此外，内分泌对毛发的影响也比较明显，男性激素对毛囊鞘生长有一定的促进作用。

二、脱发病的种类和症状

根据脱发的原因，可将由先天性或遗传性原因引起的脱发归类为先天性脱发，将由生理性原因引起的脱发归类为生理性脱发，而由各种病理因素引起的脱发归类为病理性脱发。由病理性因素引起的脱发最为常见。

（一）脂溢性脱发

脂溢性脱发是在皮脂分泌过多的基础上发生的一种脱发症状，这类脱发约占脱发人群的90%。脂溢性脱发多见于男性，且脑力劳动者多于体力劳动者。主要表现为头皮脂肪过量溢出，导致头皮油腻潮湿，与尘埃混合后散发臭味，尤其在气温高时更是如此；有时伴有头皮瘙痒，以及由于头皮潮湿，因细菌感染可引发的脂溢性皮炎。

脂溢性脱发分为急性脂溢性脱发和慢性脂溢性脱发两类。前者是在短时间内成撮脱落甚至全部脱光，多发生于青春期；后者表现为头发从前额两侧及头顶部慢慢脱落，几年或十几年后形成秃顶，但不易形成全秃。

导致脂溢性脱发的本质原因目前在医学上尚无定论。西医认为脂秃与人体雄性激素水平过高有关，而中医则认为与人体肾血亏虚有关。经长期研究和观察，一般认为导致脂溢性脱发最直接的原因在于皮脂分泌过旺。过多的皮脂为头皮上的嗜脂性真菌及头螨等的大量繁殖提供了条件。嗜脂性真菌从毛囊中获取营养并把代谢产物排放在那里，刺激毛囊和头皮出现慢性炎症——脂溢性皮炎，脂溢性皮炎如得不到及时治疗，发根部的细菌繁殖会产生一种溶解酶，将发根溶解，使发根松动，容易脱落。头螨是一种微小的寄生虫，肉眼看不见。它寄生在人类的毛囊里，以皮脂为食。头螨在消化过程中会分泌一种解脂酵素（lipase），这种酵素会分解和侵蚀头皮内的皮脂腺，阻塞毛囊，令毛囊缺乏养分而萎缩，造成脱发。

从医学的角度来看，脂溢性脱发主要与下列三个因素有关。

1. 雄性激素

现代医学证实，脂溢性脱发患者，其雄性激素水平通常较高，雄性激素经血液到达头皮后可形成毒性物质刺激毛囊，引发毛囊能量代谢障碍和蛋白质代谢障碍，影响毛囊营养，最终导致头发脱落。

2. 遗传因素

脂溢性脱发的遗传基因在男性中呈显性遗传，致病因子可由上一代直接遗传给下一代，故男性脂秃患者较多见。

3. 年龄因素

脂秃常发于 17~20 岁的男青年，30 岁左右为发病高峰，以后随年龄的增加，虽然发病率减少，但症状加重，最终形成秃顶。

（二）斑秃

斑秃（Alopecia areata）是一种骤然发生的局限性斑片状的脱发症。其病变处头皮正常，无炎症，常于无意中发现，一般呈圆形或椭圆形秃斑。秃斑边缘的头发较松，易被拔出，斑秃的病程缓慢，可持续数月至数年，可自行缓解又常会反复发作。斑秃中有 5%～10% 的病例在数天内或数月内头发全部脱光而成为全秃（alopecia totalis），少数严重患者甚至累及眉毛、胡须、腋毛、阴毛等，全部脱光，称为普秃（alopecia universalis）。

斑秃的致病机理尚不明了，一般认为因高级神经中枢功能障碍，引起皮质下中枢及植物神经系统失调，从而使毛乳头血管痉挛，毛发营养出现障碍而导致脱发。对于内因，目前提及最多的是自身免疫性疾病学说。此外，心情抑郁、内分泌障碍等，常易引发此病。通常认为斑秃与下列因素有关。

1. 遗传过敏

斑秃患者中，10%～20% 有家族史。从临床累积的病例可以看出，具有遗传过敏性体质的人易发生斑秃。对有遗传过敏背景的斑秃症状，除真皮有血管炎和血管周炎外，其毛囊血管分支亦有血管炎表现。血管被破坏，造成血管网减少，血量供应不足，最终导致毛发脱落。经免疫学研究，这种斑秃会出现抗甲状腺球蛋白、抗肾上腺细胞、抗甲状腺细胞等抗体，被认为是一种自体免疫性血管炎性脱发。但目前还不能肯定斑秃就是自身免疫性疾病。

2. 自身免疫

斑秃患者同时患有其他自身免疫性疾病的比率比正常人群高。如伴甲状腺疾病者占 0～8%；伴白癜风者占 4%（正常人仅 1%）。

3. 精神因素

精神受刺激、紧张、忧虑等也常常是斑秃的诱因。

（三）营养代谢性脱发

食糖或食盐过量、蛋白质缺乏、缺铁缺锌、过量的硒等，以及某些代谢性疾病，如精氨基琥珀酸尿症、高胱氨酸尿症、遗传性乳清酸尿症、甲硫氨酸代谢紊乱等，也是导致头发脱落的原因。

1. 食糖性脱发

食糖性脱发为食糖过量引起的脱发。糖在人体的新陈代谢过程中，生成大量的有机酸，破坏维生素 B 族，扰乱头发的色素代谢，致使头发逐渐因失去黑色的光泽而枯黄。过多的糖在体内还会引起皮脂增多，诱发脂溢性皮炎，继而导致脱发。

2. 食盐性脱发

食盐性脱发为食盐过多造成的头发脱落。盐分会造成滞留在头发内的水分过多，影响头发的正常生长发育，同时，头发里过多的盐分给细菌繁殖提供了条件，使人易患头皮疾病。加上食盐太多还会诱发多种皮脂疾病，加重脱发现象。

（四）精神性脱发

精神性脱发是指因精神压力过大引起的脱发。在压力的作用下，人体立毛肌收缩，头发直立，使为毛囊输送养分的毛细血管收缩，造成局部血液循环障碍，由此可造成头发营养不良，引起脱发。一般而言，精神性脱发是暂时性的，可通过改善精神状况，减轻精神压力自愈。

（五）症状性脱发

贫血、肝肾病、营养不良、系统性红斑狼疮、干燥综合征，以及发热性疾病如肠伤寒、肺炎、脑膜炎、流行性感冒等疾病可造成头发稀疏导致脱发，称作症状性脱发。

（六）物理性和化学性脱发

物理性脱发包括发型性脱发、局部摩擦刺激性脱发等机械性脱发、灼伤脱发和放射性损伤脱发等。头发需保持一定程度的自然蓬松，如果长期受到拉力，容易造成头发折断和脱落。日光中的紫外线过度照射，经常使用热吹风，头发也容易变稀少。放射性损伤也可能引起头发脱落。

长期使用某些化学制剂如常用的庆大霉素、别嘌呤醇、甲亢平、硫尿嘧啶、三甲双酮、普萘洛尔、苯妥英钠、阿司匹林、消炎痛、避孕药等引起的脱发以及肿瘤患者接受抗癌药物治疗造成的脱发称为化学性脱发。劣质的烫发剂、洗发剂和染发剂等美发产品也是引起脱发的常见原因。

（七）感染性脱发

由真菌感染、寄生虫、病毒及化脓性皮肤病等因素而造成的脱发称为感染性脱发。头部水痘、带状疱疹病毒、人类免疫缺陷病毒（HIV）、麻风杆菌、结核杆菌、梅毒苍白螺旋体，以及各种真菌引起的头癣均可引起脱发；局部皮肤病变如溢脂性皮肤炎、扁平苔藓、感染霉菌或寄生虫等也会造成脱发。

（八）内分泌失调性脱发

由内分泌腺体机能异常造成体内激素水平失调而导致的脱发称为内分泌失调性脱发。产后、更年期、口服避孕药等情况，在一定时期内会造成雌激素不足而脱发；甲状腺功能低下或者亢进、垂体功能减退、甲状旁腺功能减退、肾上腺肿瘤、肢端肥大症晚期等，均可导致头发的脱落。

三、脱发的原因

毛发脱落是自然生理现象，正常情况下，人体每天由于新陈代谢而掉落的头发为 50～100 根。因为毛发的生长周期不同，自然掉发不会导致毛发稀疏。但脱落的头发过多就属于异常现象了。

从病理学上看，脱发是一种皮肤病。导致脱发的原因很多，既有先天或遗传性的因素，也有后天的因素；既有生理性的原因，也有病理性的原因。较常见的致脱发因素，有某些急慢性传染病、各种皮肤病、内分泌失调、理化因素、神经因素、营养因素等。

（一）内分泌异常

内分泌异常有时会引起脱发。例如，垂体功能低下或丧失时，全身毛发，包括头发、腋毛、阴毛等也会变得稀少；甲状腺或甲状旁腺功能低下时，会引起全身体毛变少，前者的特征之一是眉毛变稀，后者的特征是头发变得干燥，容易脱落；甲状腺功能亢进时，也会出现脱发现象，有时与斑秃症伴随发生；糖尿病控制不好时，也可能出现脱发症状。

（二）营养不良

毛发是人体细胞分裂最旺盛的部位，因此，毛发的生长需要许多营养，当机体缺乏营养时，毛母细胞会发生萎缩，引起脱发。不过，这种脱发症状在机体营养状态改善后会得到缓解和消除。

（三）药物原因

某些药物也能引起脱发，脱发症状因药物种类的不同而略有差异。其中，最具代表性的药物为抗癌药。这类药物具有抑制细胞分裂的作用，原本是用来抑制癌细胞分裂的，但在使用的同时，也会波及毛母细胞。由于抑制了毛母细胞的分裂，毛发会停止生长甚至脱落。

有时也会因药物中毒而不能合成毛发生长所必需的角蛋白，而引起毛发生长停止和脱落。

（四）外界损伤

由于外界的冲击而引起的毛发脱落统称为外伤性脱发。

①牵引性脱发：指被拖拉牵引后发生的毛发脱落症状，多是由长时间牵拉造成的。

②压迫性脱发：也称为术后性脱发，是由于头部受到压迫，营养物质无法到达而引起的脱发。

③拔头发癖：属于精神病的范畴，患者会拔自己的头发，严重者还会吃掉头发，治疗以精神疗法为主。

（五）皮肤性疾病

皮肤有病时也可能引起脱发，如近年发生率较高的特异反应性皮肤炎。它与个人体质有关，发生脱发的头皮周围变红、粗糙，与斑秃相似，但脱发部位边际不清，毛孔中残留有折断的毛根。另外，全身性红斑狼疮、皮肌炎等皮肤疾病也可使脱发变得容易。

（六）传染性疾病

传染性疾病，如梅毒、白癣、麻风病等传染病发生时，有时也会伴随脱发症状。脱发是梅毒二期的征兆。在患有麻风病时，癞肿性浸润会侵袭毛囊，引起毛囊发炎，最终导致脱发。白癣病的癣菌会破坏毛囊中的毛根，最终引起脱发。

此外，还有高烧或分娩后发生的休止期脱发，由某些特殊病症、化学的酸或碱的刺激以及物理方面的原因，如热烫和放射线照射等造成的永久性脱发。

四、促进毛发生长功能性食品的开发

人体若营养不良，毛发就会缺乏生机和亮泽，甚至阻碍毛发生长；若营养搭配不合理或营养过剩，也有可能导致毛发脱落。毛发的生长离不开蛋白质、维生素、脂肪及矿物质等营养素的滋润，全面而合理的营养供给是保证毛发健美的基础和关键。

（一）水

水是万物之源，毛发的滋养也离不开水。水有助于血液循环，将营养物质运至头皮毛细血管，营养毛发。水的蒸发和通过汗腺的分泌能带走毛发生长产生的代谢物。机体若缺水，毛发会干枯、失去光泽和弹性。

（二）蛋白质

组成毛发的成分中90%以上是角蛋白，这是一种蛋白质的角化物。角蛋白中以胱氨酸含量最高，可达15.5%。它能帮助毛发展现动人亮泽。

蛋白质是毛发生长的基础。人体通过食物摄取的蛋白质，在体内消化吸收分解成各种氨基酸，经血液进入毛乳头，被其吸收并合成角蛋白，再经角质化后成长为毛发。由此可见，人体若摄取的蛋白质不足，就难以提供足够的氨基酸，供毛乳头合成角蛋白，从而造成毛发稀疏，生长迟缓；此外，还会因蛋白质不足造成某些对毛发有滋养作用的氨基酸的缺乏，如胱氨酸、精氨酸、酪氨酸和牛磺酸等，最终导致毛发无光泽、易折易断、易脱落等症状。

（三）脂肪

适量的脂肪可以配合蛋白质的分解。皮脂腺分泌的皮脂能滋润毛发，使其润泽。但如果皮脂分泌过量，堆积在毛囊处，就会影响毛囊正常发育，从而影响毛发生长。严重时还会造成脂溢性皮炎、脂溢性脱发等。

（四）碳水化合物

研究表明，过量食用糖类如果糖、蔗糖等会导致毛发暗淡无光。过量的糖在人体的新陈代谢过程中会产生大量的有机酸，扰乱毛发的色素代谢，使毛发逐渐失去光泽，变得枯黄。此外，糖类中的某些成分对蛋白质的吸收有阻碍作用。过多的糖在体内还会引起皮脂增多，诱发脂溢性皮炎，继而导致脱发。

（五）维生素

维生素A为正常的上皮角化所必需，对于维持上皮组织的正常功能和结构、促进毛发的生长有着十分重要的作用。它能防止毛发变干变脆、皮屑增多、毛囊腺供血不足等。

B族维生素参与毛发的物质代谢与合成，促进头皮新陈代谢，促进毛发生长，使毛发呈现自然光泽。在各种B族维生素的协同作用下效果最佳。其中，维生素B_1能使毛发牢固生长；维生素B_2可改善毛细血管微循环，保证毛发细胞代谢正常，缺乏时容易引起脂溢性皮炎；维生素B_6能促进黑色素的分泌；叶酸、泛酸、维生素H及维生素B_{12}与蛋白质的合成有关，缺乏时会阻碍毛发生长，其中，维生素H具有防治头皮屑增多和皮脂分泌过旺的作用，缺乏时会引起头皮代谢紊乱和脱发。此外，肌醇也与毛发生长有关。

维生素C能活化微血管壁，与钴和镁一起调节血液循环，使发根更好地吸收血液中的营养，滋养毛发。维生素E则可以增加机体对氧的吸收，改善头皮血液循环。

（六）矿物元素

矿物质在人体内无法合成，必须从外界摄取。铁、锌、铜、钙等微量元素是人体组织细胞和皮肤毛发中黑色素代谢的基本物质，缺乏这些物质会造成毛发色浅易断，甚至出现毛发过早变白和脱落等现象。其中又以锌和铜最为重要。

现代研究表明，锌是人体内多种酶的组成成分，参与各种营养素尤其是蛋白质的代谢进而影响毛发生长。由于锌与影响蛋白质与DNA合成的酶有关，锌不足会引起氨基酸代谢紊乱，使蛋白质的合成减少。缺锌还会阻碍细胞分裂，对毛发的生长和再生产生较大影响。此外，锌还参与维生素A的代谢，而维生素A是促进毛发生长的重要元素。

铜在机体内是细胞色素氧化酶类的重要辅助因子，与黑色素的形成有关，缺铜会影响黑色素的合成，从而导致毛发因缺乏黑色素而呈现白色。锌过量时会影响人体对铜的代谢吸收。

钙和镁与毛发的健康生长有关，但过多的钙会影响机体对锌与铁的吸收。缺铁会引起贫血，进而影响毛发的生长。足够的硒能使毛发变得柔软，富有弹性。而适量的硅能使毛发牢固生长而不易脱落。

（七）具有促进毛发生长功效的典型配料

具有促进毛发生长功效的典型配料如表 10-7 所示。

表 10-7　　　　　　　　　　　具有促进毛发生长功效的典型配料

典型配料	生理功效
维生素 A	促进毛发生长，营养毛母细胞
维生素 B 族	促进毛发生长，营养毛母细胞
月见草油	改善发质，防止干发和断发
维生素 C	促进头皮新陈代谢，帮助毛囊抗氧化
维生素 E	促进头皮新陈代谢，促进毛发健康
锌	增强免疫，促进毛发生长
铁	促进血液循环，促进毛发生长
铜	促进黑色素形成，防止毛发变白
辅酶 Q_{10}	改善头皮代谢状况，增进角质化进程
银杏	促进头皮新陈代谢
锯棕榈	有助于减少脱发
非洲刺梨树皮	帮助减少脱发
精氨酸	促进人体激素分泌，促进毛发生长
牛磺酸	促进毛发生长细胞增殖，促进受损细胞恢复
胱氨酸	防止毛发变细，促进毛发生长
酪氨酸	防止毛发变白
氨基酸	促进毛发生长，亮泽毛发
大蒜	促进血液循环，促进毛发生长
人参	促进毛发生长，活血
胎盘	促进毛发生长

第五节　保护前列腺功能性食品

前列腺是男性重要的性腺器官之一，有其特殊的生理作用。前列腺疾病是男性的多发病，具有病种多、发病率高、发病年限长等特点。常见的前列腺异常包括前列腺炎、前列腺增生、前列腺癌、前列腺肉瘤和前列腺结石等。前列腺疾病重在预防，其发生与饮食、生活习惯等因素息息相关。经常性地摄入一些有益前列腺的活性元素对维护前列腺的健康意义重大。开发保护前列腺功能性食品作为一个崭新的课题，已引起了国内外相关人士的关注。

一、前列腺的生理功能

前列腺是男性生殖系统的重要组成部分，它位于直肠前，阴茎根部的膀胱颈处，外形微扁，形似栗子，呈圆锥体状，底朝上，尖端向下，是男性最大的附属腺体。它主要由腺体组织、平滑肌和结缔组织构成。

（一）外分泌功能

前列腺是男性最大的附属性腺，属人体外分泌腺之一。它可分泌前列腺液，是精液的重要组成成分，对维持精子的正常功能具有重要作用，对生育非常重要。射精的时候，前列腺液、精囊液、附睾和输精管里的精子随尿道球腺的分泌液，一同经尿道射出体外，其中前列腺液占一次射精量的 15%~30%。

（二）内分泌功能

前列腺内含有丰富的 5α-还原酶，可将睾酮转化为更有生理活性的双氢睾酮。双氢睾酮在良性前列腺增生症的发病过程中起重要作用。通过阻断 5α-还原酶，可减少双氢睾酮的产生，从而使增生的前列腺组织萎缩。

（三）控制排尿功能

前列腺包绕尿道，与膀胱颈贴近，构成了近端尿道壁，其环状平滑肌纤维围绕尿道前列腺部，参与构成尿道内括约肌。发生排尿冲动时，伴随着逼尿肌的收缩，内括约肌则松弛，使排尿顺利进行。

（四）运输功能

前列腺实质内有尿道和两条射精管穿过，当射精时，前列腺和精囊腺的肌肉收缩，可将输精管和精囊腺中的内容物经射精管压入后尿道，进而排出体外。

二、前列腺的异常症状

（一）前列腺炎

前列腺炎是成年男性的常见病，它可全无症状，也可以引起持续或反复发作的泌尿生殖系感染。前列腺炎可分为以下几类：

①非特异性细菌性前列腺炎，又可分为急性前列腺炎和慢性前列腺炎；

②特发性非细菌性前列腺炎；

③非特异性肉芽肿性前列腺炎；

④特异性前列腺炎，包括淋菌、真菌和寄生虫（如滴虫）等引起的前列腺炎；

⑤其他原因引起的前列腺炎，如病毒感染、支原菌属感染、衣原菌属感染等引起的前列腺炎；

⑥前列腺痛和前列腺充血。

前列腺炎还可分为感染性和非感染性两种。

感染性前列腺炎常常由于尿道炎、精囊炎、附睾炎引起，也可由于其他部位的感染灶经血行至前列腺引起。最常见的原因是细菌从尿路直接蔓延至前列腺引起。当人体抵抗力下降时，尿道内潜在的细菌，可通过位于后尿道的前列腺腺管开口进入前列腺。皮肤疖肿与扁桃体、牙龈、呼吸道有炎症时，细菌也可通过血液和淋巴途径侵入前列腺，造成前列腺炎。除细菌外，病毒、滴虫、真菌、支原体等均会引起前列腺炎。前列腺炎不一定与性病有关，但近年来确实有很多的性病患者患有淋菌性前列腺炎、支原体性前列腺炎、衣原体性前列腺炎，所以前列腺炎也可能是性病患者的一个症状。

非感染性前列腺炎常常是由于饮酒、性交过度、长期骑车、手淫等引起前列腺的充血而造成的。

（二）前列腺增生（Benign prostatic hyperplasia， BPH）

前列腺增生（又称前列腺肥大）是中年以后男性的常见病，发病年龄大都在 50 岁以后，随着年龄额增长，其发病率也不断升高。前列腺增生常发生在两侧叶及中叶，前叶很少发生，从不发生于后叶。其病理改变主要为前列腺组织及上皮增生。其症状有时与前列腺炎很相似。良性前列腺增生并不会引起前列腺癌，两者是独立的；然而两者可以同时并存。

前列腺增生与体内雄激素及雌激素的平衡失调密切相关。睾酮是男性主要雄激素，在 5α-还原酶的作用下，变为双氢睾酮。5α-二氢睾酮是雄激素刺激前列腺产生的活性激素。它在前列腺细胞内与受体结合成复合物，并被转送到细胞核中，与染色质相互作用而产生对细胞的分化和生长作用。近年来大量研究结果表明，雌激素对前列腺增生亦有一定影响。在肝血及前列腺组织内，雄激素可转变为雌激素。雌激素一方面通过抑制垂体黄体生成激素的释放而降低雄激素的产生量，另一方面雌二醇可增加组织对双氢睾酮的吸收与转化。雌激素还能增加雄激素与受体的结合。近来，有人提出前列腺增生与胆固醇有关，有待进一步探讨。

（三）前列腺癌（Prostate carcinoma）

前列腺癌也是发生在中老年男性的疾病，是欧美国家最常见的恶性肿瘤之一，发病率仅次于肺癌。我国前列腺癌的发病率和死亡率比欧美国家要低。前列腺癌早期多无特别症状，当癌细胞生长时，前列腺体肥大，挤压尿道而引起排尿困难。这些癌细胞可随着血液扩散到身体其他部分。一般病程呈缓慢发展，晚期可引起膀胱颈口梗阻和远处转移等症状。

到目前为止，引起前列腺癌的病因尚不明确。流行病学研究提出了许多与前列腺癌发生相关的因素，但这些危险因素在重复性试验中大多不能重现。这些因素包括环境和遗传因素，但与前列腺癌的确切关系还不明确。目前认为，发生前列腺癌的先决条件是男性、年龄增加和雄激素刺激，与其他如遗传倾向、接触化学物质、饮食等因素也有一定关系。

三、保护前列腺功能性食品的开发

前列腺疾病与膳食因素密切相关。前列腺增生与摄入动物蛋白量、脂肪量、总热量有关，前列腺癌与总脂肪、胡萝卜素、硒、饱和脂肪酸、动物脂肪的摄入水平有关。开发保护前列腺功能性食品，要充分合理地应用各种功效成分，如锯榈果、非洲臀果木等植物活性成分。同时，要注意能量、脂肪、碳水化合物等对前列腺疾病的综合影响，并合理搭配各种营养素及活性成分。

（一）能量

一项医学研究结果显示，高能量摄入（10.88kJ/d）的人患前列腺癌的可能性比低能量摄入（<4.6kJ/d）的人高出 3.8 倍。因此，高能量饮食习性与前列腺癌的高发生率有一定的关系。高能量摄入可以使人体内的某些激素水平升高，而这些激素可能与前列腺癌的形成有关。

（二）脂肪

Armstrong 等认为高脂肪摄入可能是前列腺癌的一个重要致病因素。现已有一些研究表明脂肪特别是饱和脂肪的摄入水平与前列腺癌的发生存在相关关系。动物饱和脂肪摄入越多，前列腺癌的发病率越高。在以肉、乳制品为主食的国家中前列腺癌的发生率比以米、菜为主食的国家高得多。脂肪可以刺激睾酮和其他激素的产生，而高水平的睾酮可能会促使前列腺癌的形成和发展。

相反，$\omega-3$ 系列不饱和脂肪酸对前列腺癌有抑制作用。大马哈鱼、鲱鱼和鲭鱼富含 $\omega-3$ 系列不饱和脂肪酸，有研究证实，很少吃鱼的男性要比经常吃鱼的男性患前列腺癌的概率高出 $2 \sim 3$ 倍。

亚麻籽含有丰富的 $\omega-3$ 系列不饱和脂肪酸、纤维及木酚素等化合物，这些成分对预防前列腺癌可能起到重要作用。美国 Duke 大学医疗中心的一项研究成果称，给小鼠喂食大量的亚麻籽能够预防前列腺癌的发生。研究人员给小鼠喂食了大量的亚麻籽。这些小鼠都是经过基因改造将会患上前列腺癌的。结果有 3% 的小鼠根本没有患前列腺癌，剩余小鼠的肿瘤也比预期小得多，扩散的可能性减小。

（三）蛋白质

植物花粉能防治前列腺增生，其中一个重要原因是花粉富含氨基酸、微量元素及各种维生素。L-丙氨酸、L-谷氨酸和甘氨酸等氨基酸对防治前列腺增生并发症、排尿障碍、频尿等症状颇有效果。这些氨基酸能有效穿透前列腺脂膜，显著激活增生组织细胞内溶酶体的活性，使增生组织细胞自溶。同时可防止前列腺内双氢睾酮的过多积累，阻断增生组织的血氧供应，使增生组织细胞萎缩，从而达到较好的治疗效果。

（四）碳水化合物

在一个为期 4 个月以高胆固醇男性为对象的随机实验中，研究人员发现受试者在摄入含有大量可溶性纤维的食物（如大麦、豌豆、大豆和燕麦麸等）后，血清 PSA（prostate specific antigen，前列腺特异性抗原）水平降低。血清 PSA 水平是反映前列腺疾病的重要指标，PSA 指标上升，患前列腺癌的可能性增加。

（五）维生素

1. 维生素 A

美国芝加哥大学医学院曾对 1899 名中年男性做了近 30 年的追踪调查，发现存活 30 年以上的前列腺癌患者与维生素 A、β-胡萝卜素及维生素 C 的摄入明显相关，维生素 A 或 β-胡萝卜素摄入低者，患前列腺癌的危险性增高。另外一项研究显示，在正常的前列腺组织中维生素 A 及 β-胡萝卜素的浓度较前列腺癌组织中高 $5 \sim 8$ 倍，较良性前列腺增生的组织高 2 倍，故维生素 A 及 β-胡萝卜素可预防前列腺疾病的发生。

2. 维生素 D

大量研究证明，维生素 D 能抑制人类前列腺癌细胞的繁殖和分化。美国匹兹堡大学的研究人员发现，大量补充维生素 D 可使小鼠身上的转移性前列腺癌得到抑制。最近还发现，维生素 D_3 对正常前列腺组织的生长和分化也起重要作用，提高血液中维生素 D 的代谢物可大大降低患前列腺癌的危险性，尤其是老年人。维生素 D_3 和止痛药按一定比例制成的混合物能够对前列腺癌细胞的生长有效抑制 70%，但单独使用维生素 D_3 只能抑制 25%。

3. 维生素 E

维生素 E 是一种有效的抗氧化剂，能抵抗多种癌症的发生。维生素 E 对前列腺组织有很强的保护作用，当血液中维生素 E 处于低水平状态时，可增加前列腺癌的发生率。维生素 E 能干扰前列腺癌细胞，产生特异性前列腺抗原和雄性激素受体。服用维生素 E 补充剂的男性，前列腺癌的发病率能下降 1/3。

美国 Helzlsouer 等发现高浓度的硒、γ-维生素 E、α-维生素 E 可以降低前列腺癌的发病危险，但是只有 γ-维生素 E 有统计学意义。血清 γ-维生素 E 水平较高的人群发生前列腺癌的风险较普通人要低 5 倍。硒、α-维生素 E 降低前列腺癌风险的机制在于影响 γ-维生素 E 水平。

4. 维生素 C

维生素 C 也具有较强的抗氧化活性，可防治前列腺癌，能抑制前列腺癌细胞的分化和生长。

5. 其他维生素

维生素 B_6、维生素 B_{12} 也可降低前列腺增生和前列腺癌发生的危险性。

因此，维生素对前列腺疾病有较好的预防作用。维生素之间还存在协同作用，如维生素 D_3 和维生素 A 在功能上相互作用，共同抑制癌细胞的生长，比单独作用更为有效。

（六）矿物元素

1. 锌

人体前列腺内含有高浓度的锌，前列腺液中锌含量为 110.16μmol/L，而组织中锌含量为 12.24μmol/L。锌元素的含量足可支配前列腺的生理状态。前列腺的锌含量如果比正常含量降低 35%，前列腺会发生轻微的肿大；如降低 38%，即引发慢性前列腺炎；如降低 2/3，则有可能发展为癌症。

前列腺炎患者前列腺液中锌的浓度明显降低，一般低于 22.95μmol/L。但采用口服锌制剂并不能提高前列腺中锌的浓度，治疗前列腺炎的效果不佳。国外有研究人员发现苹果汁对锌缺乏症有惊人的功效，通常称之为"苹果疗法"。苹果汁具有安全、易消化吸收的特点，功效与苹果汁浓度呈正比，越浓越好，所以，慢性前列腺炎患者经常食用苹果是一种非常有用的膳食疗法。

锌在预防前列腺疾病时可能的机理如下：

①抗菌作用。锌含量降低时对炎症的防卫功能下降，抗菌能力也下降，易导致前列腺感染；

②具有稳定精子核染色质的作用；

③参与前列腺分泌的负反馈调节。双氢睾酮可能启动一种锌结合蛋白合成，这种锌结合蛋白使锌能堆积在上皮细胞与管腔内，射精时，前列腺锌丧失，使 5α-还原酶活力恢复，锌可重新在腺体内堆积。

2. 硒

硒元素是一种强抗氧化剂，与许多肿瘤的发生呈负相关。体外试验发现硒能抑制前列腺癌细胞的生长。流行病学的研究提示：血液中硒水平处于高水平者其前列腺癌的发病率与处于低水平者相比低 1/2~2/3。在低硒地区给受试者补充硒或安慰剂，结果发现，补硒组的前列腺癌发病率显著低于安慰剂组。

（七）植物活性成分

1. 锯棕（Saw Palmetto）

锯棕，又名锯叶棕、蓝棕，系生长在北美洲的一种矮小棕榈科灌木植物，果实（浆果）入药。锯棕果的醇提取物具有抗雄激素作用，它能显著抑制人体内 5α-还原酶，阻止前列腺中的睾酮转化为二氢睾酮，并可以分解二氢睾酮，使之排出体外，从而阻止二氢睾酮与细胞的结合，对前列腺疾病尤其是前列腺增生有显著的预防和治疗作用。锯榈果可加工成胶囊口服，国外推荐剂量为每日 160mg。

2. 荨麻根（Nettle root）

荨麻是最常见的野生植物之一，在荒山野岭或人迹罕至的地区生长较多。大刺荨麻根中的甾体化合物、多糖、木脂素和一些萜类成分被认为是抑制前列腺增生的活性成分。其中，甾体化合物具有抑制人体内芳香酶的作用，可使增生的前列腺组织缩小。近年来研究发现，荨麻根和锯榈果联合治疗前列腺增生的效果更好，它们不仅能明显改善前列腺增生症状，而且不良反应如头痛、射精量减少等较西药非那雄胺轻。

3. 非洲臀果木（Pygeum Africanum）

非洲臀果木又名非洲刺李，系非洲特有的热带植物之一，原产于中非，药用其树皮。法国科学家在非洲调查当地药用植物资源时发现，到 20 世纪 90 年代末美国和欧洲已开发出数十种含有非洲臀果木成分的前列腺增生症治疗药。其中最常见的制剂包括锯榈果与非洲臀果木的复方制剂、荨麻根与非洲臀果木的复方制剂等。这些复方制剂对 BPH 的治功效果十分显著，而且天然安全，无副作用。据报道，1μg 的非洲臀果木即有治疗功效。

非洲臀果木的活性成分包括植物甾醇和萜类化合物等，可以减少患者体内过量的前列腺素，减少前列腺中沉积的胆固醇，改善静脉和毛细血管的脆性，同时还有利尿和抗水肿等作用，可以大大改变前列腺疾病的发病过程。

4. 番茄红素

番茄红素能通过人体血液循环进入前列腺组织，保护前列腺组织细胞膜免受自由基的氧化损伤，增强细胞的修复能力，预防和减缓前列腺肥大及癌变。番茄红素决定前列腺的健康，其含量下降或缺乏，将使前列腺发生裂变和老化，从而无法抵御自由基对前列腺组织的侵蚀。

自 1976 年起对 14000 名男性对象进行 6 年的随访研究，发现每周食用 5 次以上番茄者前列腺癌的危险性明显下降。在 1986—1992 年对美国 48000 名医务人员进行随访研究证明，番茄红素的摄入量与前列腺癌危险性呈负相关，发生前列腺癌的危险性下降 21%，而其他类胡萝卜素（α-胡萝卜素和 β-胡萝卜素等）与前列腺癌危险性不相关。

5. 大豆异黄酮

大豆异黄酮具有雌激素样作用，可防治因激素水平改变而引起的多种疾病如前列腺增生、乳腺癌、骨质疏松症和妇女更年期综合征等。

亚洲各国的前列腺癌死亡率低于西方国家。流行病学研究显示，前列腺癌的死亡率与大豆食品的摄入呈负相关。在日本，一周食用豆腐 5 次的男子其前列腺癌发生率是一周食用豆腐少于一次者的 50%。有人调查生活在美国的日裔男性的膳食与前列腺癌发生情况的相关性，结果显示膳食中大豆摄入量较高的日裔男性，其前列腺癌发生率显著低于美国本土男性。

动物试验也表明：染料木黄酮能抑制大鼠前列腺癌细胞的生长。与低剂量相比，高剂量的大豆异黄酮能减少大鼠前列腺癌的发生率和延长前列腺癌的潜伏期，表现出剂量依赖关系。

6. 南瓜子

南瓜子有缓解前列腺炎与治疗前列腺增生症的药理作用。据英国报道，前列腺增生患者（程度为轻至中度）口服南瓜子胶囊连续 12 周，可显著改善尿频、尿急症状（与安慰剂相比）。南瓜子含有多种植物甾醇，据推测其药理作用可能与锯榈果等抗前列腺增生药用植物相似（即有抗雄激素作用），但南瓜子单独使用功效较差，如将其与其他天然植物配伍使用则对前列腺病的功效更好。

7. 花粉

花粉具有良好的抗前列腺炎和抗前列腺增生效果，其中以油菜花粉、荞麦花粉和松花粉的效果为最佳。油菜花粉醇提物对角叉菜胶所致大鼠前列腺炎有一定的抑制作用。它还能有效抑制小鼠和大鼠的前列腺增生症。同样，荞麦花粉和松花粉对前列腺疾病也有很理想的预防和治疗作用。

8. 绿茶

绿茶中含有多种活性物质，如抗氧化剂、5α-还原酶抑制剂、芳香酶抑制剂等，它们对防止前列腺增生很有益。茶多酚是绿茶中的主要活性成分。大量研究证实，茶多酚能抑制前列腺癌细胞的生长增殖，并能诱导其凋亡，其原因可能与其抑制 5α-还原酶活力和清除过量自由基的作用有关。

9. 其他

叶黄素和虾青素等类胡萝卜素也可预防前列腺疾病。叶黄素单独作用时，前列腺癌细胞增长速度可降低 25%，与番茄红素协同作用时，可降低 32%。虾青素具有较强的抗氧化和消除自由基功效，对前列腺有一定的保护作用。此外，野菊花、蒲公英、山楂、向日葵、枸杞、葫芦巴等植物有缓解前列腺增生症患者尿频、尿急症状的效果。这些植物有望成为未来治疗前列腺增生症的天然功能成分。

（八）具有保护前列腺功效的典型配料

具有保护前列腺功效的典型配料如表 10-8 所示。

表 10-8　　　　　　　　　　具有保护前列腺功效的典型配料

典型配料	生理功效
锯榈果	抑制前列腺增生
荨麻根	保护前列腺，抗炎，镇痛，增强免疫
非洲臀果木	抑制前列腺增生，抗炎
锌	预防前列腺炎、改善记忆，促进生长发育
维生素 E	抗前列腺癌、抗氧化
番茄红素	抗氧化、抗前列腺癌
大豆异黄酮	抗前列腺癌、抗氧化、保护心血管
南瓜子	保护前列腺，抗炎
花粉	保护前列腺，美容，保护心脑血管

第六节　改善性功能功能性食品

性是人类生物繁衍的基础，性功能与性行为是人类的本能，也是一种自然现象与生理现象。对食欲与性欲的要求是人类的自然属性，是社会得以延续发展的必要条件。随着年龄的增长，以及受到机体内外各种因素的影响，人类正常的性功能会逐渐减退，这也是机体衰老的一种重要表现。具有改善性功能的功能性食品，因此受到社会的欢迎与重视。

一、性功能的调节

（一）性欲的产生

性欲本来是一种延续后代的本能冲动，是动物的共性。但人类除此目的外，还要追求一种快感，这是区别于其他动物的重要标志。

支配性行为和性功能的中枢与激素中枢、自主神经中枢、情感中枢、代谢中枢、体温中枢等共同位于间脑的视床和视床下部处。性冲动受激素、中枢神经及外界刺激的支配。激素制约性的发育，性中枢启动性欲和性冲动，外界刺激传至大脑皮层，经分析处理后传到性中枢进而产生性冲动。相同的外界刺激在不同环境条件下可产生不同的结果。即大脑皮质先将外界刺激信号分析处理，再决定是否将其传至性中枢。

性中枢因和激素中枢、自主神经中枢、情感中枢、代谢中枢等在一起，之间存在相互制约的关系。因此在饥饿、悲伤、气愤、神经调节紊乱等情况下，肌体性欲减弱。激素分泌不良使性腺和性器官活力减退，性功能下降。间脑内其他中枢如受到刺激也将影响性欲的产生。反之，高兴、神经调节顺畅及适当刺激性中枢等，会促进性激素分泌，使性功能增强。性冲动的发生应受到适当的控制，当控制过度时，会导致性功能减退。

（二）性功能的调节原理

人类性活动主要是受"下丘脑—垂体—性腺"轴调节中枢的指挥，通过分泌性激素，控制人类的性行为。在人类衰老过程中，性功能衰退表现得很明显，具体表现在性激素分泌量减少、靶组织器官对性激素的敏感性降低、性器官及附性器官萎缩与功能退化等。一般认为，男性在40~50岁时睾丸重量开始减小，血清睾酮含量也逐渐下降，表现出性功能衰退现象；而女性性功能的衰退较男性来得更早些。女性分泌性激素周期受"下丘脑—垂体—卵巢"轴调控。下丘体分泌促性腺激素释放激素（GnRT），经局部门脉血管进入垂体前叶使前叶细胞分泌促性腺激素（GTH）。促性腺激素包括卵泡激素（FSH）、黄体生成素（LH）及其他次要激素，当它进入血液循环到达卵巢后，与其中部分细胞膜上的受体相结合刺激性激素的分泌，未结合的游离型促性腺激素则由尿排出。女性卵巢分泌的性激素有以下三种。

①雌激素，按其作用强弱依次为 17β-雌二醇（E_2）、雌酮（E_1）和雌三醇（E_3）；

②孕酮激素；

③雄激素，含脱氢表雄甾酮（DHEA）和极少量的睾酮（T）。

这些激素均为甾类化合物，进入血液后与血浆蛋白相结合，与各自的靶细胞受体结合为复合物，产生 RNA 与蛋白质代谢变化，并激活诸如排卵、月经和怀孕等的性周期活动。

男性性激素分泌周期受"下丘脑—垂体—睾丸"轴调控，其作用机制类似女性，可分为以下4个层次：

①下丘体分泌 GnRH 或 LHRH（黄体生成素释放激素）；

②垂体前叶分泌 GTH，包括 FSH 与 LH；

③睾丸分泌睾酮（T）、抑制素和微量雌二醇（E_2），抑制素分泌受 FSH 调节，同时又反馈调节 FSH 分泌；

④睾酮进入血液分散到靶细胞中，与细胞甾类受体结合成复合物，进入细胞核刺激蛋白质的合成，激活男性性功能的发挥。

睾酮在体内的主要靶细胞是前列腺细胞，经过酶的作用转化为脱氢睾酮（DTH）。实际上，在体内起生理功能的是脱氢睾酮而不是睾酮，另外也有少量睾酮转化为雌激素。

当今各种形形色色的宣称具有增强性功能作用的保健品，采用的都是补肾壮阳的方法，通过强化中枢神经系统的调节过程刺激性激素或促性腺激素功能的发挥来达到目的。这些产品能够加强大脑皮层的兴奋过程，激活性腺分泌性激素与促性腺激素，促进睾丸与附睾中精子数的增加并增强其活力，加速睾丸 DNA 和蛋白质的合成，促进卵巢排卵并延长性周期。有的产品则直接使用性激素，或富含性激素的天然原料，因此还能够加速性成熟过程，表现出明显的副作用。

（三）性功能减退的原因

1. 年龄

许多原因可导致性功能减退，其中年龄因素是不可抗拒的自然规律。随着年龄的增长，由于身体活动懒散、激素作用减弱、神经细胞感受性低下等原因可导致兴奋性下降，对刺激的反应程度和反应速度下降，从而出现性冲动启动慢、性生活次数减少、勃起和射精所需时间长、再次勃起不能成功等性功能衰退性迹象。

2. 动脉硬化

近年来的研究表明，随着年龄增长而发生的动脉硬化是导致男性勃起减弱的重要原因之一。勃起是由于阴茎的海绵体中充满了血液，当动脉发生硬化时，血液流入受阻使勃起时间延长。心脑血管动脉硬化的影响也可导致性功能减弱。预防动脉硬化也是降低性功能障碍的重要措施。

3. 疲劳

肉体疲劳可使性欲减退，使性功能产生障碍。神经异常兴奋导致的大脑疲劳和神经压力可使性刺激传导受阻。因此，应及时调节情绪，解除精神疲劳和紧张。

4. 疾病

①神经疾病或外伤。脑卒中、脑休克、头外伤、震颤性麻痹、脊髓炎、会阴挫伤、手术后神经损伤等使男性勃起能力下降；

②内分泌系统障碍。甲状腺和甲状旁腺、下垂体、睾丸等功能障碍可引起性功能下降甚至阳痿；

③糖尿病。糖尿病时性机能减弱，具体机制不清；

④消耗性慢性疾病。肝脏病、肾脏病、贫血和肺结核等可导致疲乏无力并伴有性功能减退；

⑤精神紧张与精神病。神经紧张可造成神经失调，精神疲劳时多有性功能障碍。精神分裂、痴呆等易导致性功能减退、阳痿；

⑥营养障碍。维生素和蛋白质等摄入不足可能引发性功能减弱。

5. 药物

治疗疾病的药物可引起性功能减弱，如精神安定药、安眠药、治疗前列腺癌所用的雌激素等。适量饮酒可增强性功能，过度则有相反作用。慢性酒精中毒（酒精依赖症）多可导致阳痿。

二、改善性功能功能性食品的开发

（一）蛋白质

蛋白质含有人体活动所需要的多种氨基酸，它们参与包括性器官、生殖细胞在内的人体组织细胞的构成，如精氨酸是精子生成的重要原料，它能够增强精子的活动能力，具有改善性功能和消除疲劳的作用。老年人缺少蛋白质会使一种妨碍性激素的球蛋白分泌增加，从而减少性激素的生成。人体缺少性激素，除会影响性能力外，还会减少红细胞数目，导致骨质疏松和影响肌肉生长。

（二）脂肪

从维护性功能的角度出发，应适当摄入一定量的脂肪。因为人体内的性激素主要由胆固醇转化而来，长期素食者性激素分泌减少对性功能不利。另外，脂肪中含有一些精子生成所需的必需脂肪酸，必需脂肪酸缺乏时不仅精子生成受阻而且会引起性欲下降。适量脂肪的食用，还有助于维生素 A、维生素 E 等脂溶性维生素的吸收。肉类、鱼类、蛋中含有较多的胆固醇，适量的摄入有利于性激素的合成，尤其是动物内脏本身就含有性激素，应有所摄入。

（三）维生素

维生素 A 和维生素 E 均有延缓衰老和改善性功能的作用。维生素 A 能促进蛋白质的合成。维生素 A 缺乏时会影响雄性动物睾丸组织产生精母细胞，并导致输精管上皮变性、睾丸重量下降、精囊变小、前列腺角化。雌性动物卵巢缺乏维生素 A 时会影响雌激素的正常分泌。维生素 E 能增强肾上腺皮质的功能，增加类固醇激素的合成，从而使性激素增加；还能增加睾丸和卵巢的重量，促进其功能，并具有延缓衰老的作用。维生素 E 缺乏会导致阴茎退化和萎缩、性激素分泌减少，可使肌体丧失生殖能力。

维生素 C 能降低精子的凝集力，有利于精液液化。性细胞中的遗传基因 DNA 通过维生素 C 的抗氧化功能得到保护。缺乏维生素 C 时精子遗传基因易被破坏，可导致精子授精能力减弱以致不育。

B 族维生素也具有改善性功能的作用。维生素 B_1 具有维持神经系统功能正常的重要作用，能预防和辅助治疗阳痿、早泄等症状。维生素 B_5 可增强性兴奋与性高潮。维生素 B_6 可促进性激素的分泌。维生素 B_{12} 又称钴维生素，其生理活性在很大程度上取决于钴。钴能够减少组织的耗氧量，从而提高肌体对缺氧的耐受性，促进机体组织在缺氧环境中的活力。长期素食的男性因缺乏维生素 B_{12}，精液中精子的浓度比其他人明显低，精液产生量也较其他人少，影响正常的性功能。

（四）矿物质

锌是人体不可或缺的微量元素，它对于男子生殖系统正常结构和功能的维持有重要作用。人体缺锌时成熟推迟，性器官发育不全，精子生成量减少，畸形精子增加，第二性征发育不全，以及性机能和生殖功能减退，甚至不育。如及时给锌治疗，这些症状都能好转或消失。对于雄性生殖系统，血清锌的势态并不影响脑垂体促性腺激素的分泌，但却影响血清中睾酮的水平。低锌食物或限制供食小鼠血清中睾酮的水平只是正常喂养小鼠血清中睾酮水平的一半，睾丸也发育不良。因此，缺锌对生殖系统的影响主要是睾丸部位。锌对睾丸机能的影响可能是通过激活腺苷酸环化酶，进而刺激产生睾丸类固醇的。锌还能增强性激素受体分子的生物学活性。

锰对维持正常性功能和第二性征的发育有重要作用，缺锰时卵巢或睾丸组织发生退行性变化。钙能维持肌肉、神经的正常兴奋性，使肌肉维持一定的紧张度，对预防早泄、阳痿等有一定的作用。

（五）具有改善性功能功效的典型配料

具有改善性功能功效的典型配料，如表 10-9 所示。

表 10-9　　　　　　　　　　具有改善性功能功效的典型配料

典型配料	生理功效
精氨酸	抗疲劳，改善性功能，增强免疫
锌	改善性功能
淫羊藿	抗疲劳，改善性功能
巴戟天	抗疲劳，改善性功能
肉苁蓉	抗疲劳，改善性功能
锁阳	抗疲劳，改善性功能
菟丝子	改善性功能
潘氨酸	抗疲劳，增强体力和耐力，抑制脂肪肝
育亨宾	改善性功能

思考题

1. 疲劳的表现有哪些？缓解体力疲劳的功能性食品，对能量、碳水化合物、蛋白质、脂肪分别有哪些要求？

2. 肝脏的主要功能是什么？

3. 肝脏损伤可分为哪几类？

4. 引起肾脏疾病的原因有哪些？缓解肾衰竭功能性食品的开发原理是什么？

5. 毛发的生长经历了哪些阶段？引起脱发的主要原因是什么？

6. 简要说明锌、铜两种矿物元素对毛发生长的影响。

7. 前列腺的主要功能是什么？试举出 4~8 个保护前列腺功能的典型配料。

8. 简要说明机体性激素分泌的调控过程。

第十一章

改善不良环境功能性食品

[学习目标]

1. 了解铅对机体的危害，掌握促进排铅功能性食品的开发原理。
2. 了解化学毒物在体内的代谢，掌握促进化学毒物排出功能性食品的开发原理。
3. 了解辐射的危害，掌握抗辐射功能性食品的开发原理。
4. 了解缺氧对人体健康的影响，掌握耐缺氧功能性食品的开发原理。
5. 了解抗高温、抗低温和耐噪声功能性食品的开发原理。
6. 了解咽喉发炎的症状及危害，掌握清咽润喉功能性食品的开发原理。

清新的空气、适宜的温度、安全的环境、不受外界的干扰，这种令人舒适的工作环境谁不期待。在这种理想的环境中工作，不仅能使工作效率得到保证，对工作者自身的健康也极为有利。但是，社会分工的不同，使得一部分人不得不从事一些特殊的工作，他们在工作的同时会受到各种不良环境因素的危害，他们的健康面临着缺氧、高温、低温、噪声、辐射、有毒化学品等一系列危险因素的威胁。

这一类人群在为社会进步默默贡献，在创造着和其他人同样的社会财富的同时，却要牺牲自身的健康。他们的健康问题，迫切需要受到全社会的关注。开发具有促进排铅、促进化学毒物排出、抗辐射、耐缺氧、抗高温、抗低温、耐噪声振动和清咽润喉等作用的功能性食品，会受到市场的欢迎。

第一节　促进排铅功能性食品

铅是地球上最严重的环境污染物之一。铅及其化合物主要以粉尘、烟或蒸气形式经呼吸道进入体内，其次是经消化道进入体内。铅主要随尿液排出，小部分随粪便、乳汁、唾液等排出。人体内90%~95%的铅储存在骨骼内，比较稳定。铅在体内的代谢与钙相似，当体内的酸碱平衡发生改变时，骨骼中的磷酸铅转变为溶解度大100倍的磷酸氢铅进入血液，从而引发铅中毒。

一、铅对机体健康的毒害性

（一）铅对神经系统的毒性

铅对中枢和外周神经系统的特定结构有直接的毒害作用。在中枢神经系统中，大脑皮层和小脑是铅毒性作用的主要靶组织；而在周围神经系统中，运动神经轴突则是铅的主要靶组织。血脑屏障也非常容易受到铅毒性作用的损害。铅对神经系统的损害表现为四种类型。

1. 心理方面

铅中毒的心理反应易受个体差异的影响。成人铅中毒后表现出忧郁、烦躁、性格改变等；儿童则表现为多动，活泼的儿童铅中毒后就变得忧郁、孤僻。

2. 智力方面

大多数研究得出相同结论，即血铅水平与 IQ 值（智商指数）呈负相关。另外，铅中毒与老年痴呆存在关联性，人们常年暴露在高铅浓度的工作场所中，罹患老年痴呆症的概率是常人的 3~4 倍。

3. 感觉功能

铅中毒患者会出现多种视觉功能障碍，其表现为视网膜水肿、球后视神经炎、眼外展肌麻痹、弱视等。接触铅尘数年的工人存在对高频、中频的听觉障碍。铅沉积在感觉器官会使嗅觉障碍提高，并出现对苦、甜等味道出现感觉障碍。

4. 神经肌肉功能

铅对周围神经系统的主要影响是降低运动功能和神经传导速度，肌肉损害是严重铅中毒的典型症状之一。受累较多的肌群是：手、腕的伸肌；足、趾的伸肌；三角肌眼外展肌等。

（二）铅对骨骼系统的毒性

由于骨骼在铅动力学中有重要作用，同时骨骼又是铅毒作用的重要靶组织，因此铅被认为是骨质疏松的潜在危险因素。铅中毒可通过下列途径改变骨细胞功能：

①铅通过改变激素的水平，特别是 1, 25-二羟维生素 D_3 水平，间接变更骨细胞功能；

②铅通过干扰激素的调节能力，直接变更骨细胞的功能；

③铅能削弱细胞合成或分泌骨基质成分的能力；

④铅直接影响或替代钙，使系统活性部位生理调节功能受到损伤。

（三）铅对生殖系统的毒性

铅不仅对生殖过程的各个环节产生直接毒害作用，而且还会影响性激素的合成及下丘脑-垂体-性腺轴的调节功能。铅对男性生殖功能的影响主要表现在损伤或干扰精子的正常产生过程、性功能减退、不育、子代发育异常等方面。铅对男性生殖毒性作用机制是多方面的。其中包括：

①直接损害生殖细胞，导致精子异常；

②引起睾丸和附睾组织的病理学改变，妨碍生成精子的功能；

③作用于下丘脑-垂体-性腺轴，使其反馈功能发生障碍，引起内分泌失调；

④铅作为一种诱变剂，可导致生殖细胞染色体畸变，并引起遗传效应。

据报道，随着血铅水平的升高，铅作业工人的精液量、精子总数、活精子数、精子活力和精液中锌、磷酸、柠檬酸的含量逐渐减少，精子形态畸变增多。这些结果提示，铅对性腺、睾丸具有直接毒害作用。此外，人们还发现铅作业男工的血铅、精液铅和黄体生成素水平显著增高，血清卵泡刺激素和血浆睾酮水平显著降低，这都说明铅暴露可以改变男性生殖激素水平。

针对女性生殖系统的影响涉及性腺发育、月经、受精、着床、胚胎发育、分娩、哺乳和婴儿的生长发育等一系列过程。从事铅作业的妇女常会出现月经周期紊乱、流产、不孕、生育低能或残废儿等现象，她们的孩子常有惊厥和精神行为异常等职业性先天性铅中毒症状。

（四）铅对心血管系统的毒性

铅与人类患心血管疾病有关：临床研究表明，心血管的病死率与动脉中铅过量密切相关，心血管病患者的血铅和24h尿铅水平显著高于非心血管病患者。流行病学研究发现，铅暴露能引起高血压、心脏病变和心脏功能变化。铅对心脏自主神经功能也有不同的影响。

（五）铅对造血系统的毒性

铅对造血系统的主要作用表现在两个方面：一是抑制血红蛋白的合成，二是缩短血循环中红细胞的寿命，这些影响最终将导致贫血。在血红蛋白合成的过程中，铅至少在4个环节上影响其合成：

①抑制 δ-氨基乙酰丙酸脱水酶（δ-ALA-D），使 δ-氨基乙酰丙酸（δ-ALA）形成卟胆原受抑制，血和尿中 δ-氨基乙酰丙酸（δ-ALA）增多；

②影响 δ-氨基酮戊酸合成酶（ALAS）和粪卟啉原氧化酶或脱羧酶，使尿中粪卟啉排除增加；

③抑制血红素合成酶，使原卟啉因不能充分掺入 F^{2+} 而与体内的锌离子螯合，而形成锌卟啉存于血液中；

④影响了珠蛋白的合成，而血红素必须与珠蛋白结合才能形成血红蛋白。

铅缩短红细胞寿命的机制尚不清楚，但寿命缩短的程度与贫血、尿粪卟啉、血铅浓度有关。已经发现，铅暴露时红细胞脆性增加，易于溶血和破裂，红细胞膜 Na^+/K^+-ATP 酶的活力受抑。

（六）铅对泌尿系统的毒性

铅对肾脏的急性毒性作用部位主要是肾近曲小管，主要病理性和功能性改变为：

①肾小管上皮细胞核内包涵体的形成；

②肾小管细胞核增大、线粒体功能和超微结构异常；

③肾小管对葡萄糖、氨基酸和磷的吸收受损。急性铅肾病临床上可出现范可尼综合征，其表征为糖尿、氨基酸尿和高尿磷，同时还有佝偻症和低磷酸盐血症。

一般来说，铅的早期或急性毒性的表现是轻微的，损伤是可逆的，经排铅肾小管功能可恢复正常。长期接触铅可对肾脏的功能产生慢性损伤，其主要病理特点：

①肾间质纤维化和肾小管上皮细胞萎缩；

②近曲小管结构受伤，表现为上皮细胞变性、肿胀，进而是肾小管萎缩或上皮细胞增生；

③晚期重症肾损伤出现肾小球和肾小管一系列病变，表现为肾小球硬化，或局部肾小球消失，球周纤维化，肾小动脉和细动脉中膜增厚，内皮细胞增生。慢性肾功能衰竭常常与痛风相联系。此外，慢性铅肾病还与高血压有一定联系。

除上述铅毒性外，还应注意铅对儿童的危害。环境中对儿童威胁最大的是铅，而且在同一环境中同一接触水平下，铅对婴幼儿及儿童的危害远远高于成人。铅对儿童的主要影响是神经系统、造血系统和肾脏损害，此外，铅对消化系统、免疫系统及儿童的生长发育也有一定毒副作用。

二、促进排铅功能性食品的开发

科学饮食是防治铅中毒的有效措施，膳食成分主要通过三种方式实现其防治功能：

①在体内与包括铅在内的金属离子产生强大的络合力，与血液、肝、肾、脑等器官中铅结合，随着尿粪等排出体外；

②膳食中的一些金属元素对铅有拮抗作用，从而减少铅吸收；

③通过清除自由基和其他活性代谢产物而保护细胞和减轻细胞损伤，增强机体免疫能力，缓解铅毒性。

（一）碳水化合物

低酯果胶是天然高分子物质，常与钙或镁形成巨大的网络结构，果胶与铅形成不溶解的、不能吸收的复合沉淀，对铅有强大的亲和力，它对铅的选择性络合亲和力均大于其他元素，而对人体代谢所必需的元素作用极小，服用果胶可动员脏器中蓄积的铅向血液转移。

魔芋多糖与铅有较强的特异性结合能力，可降低消化道中铅的吸收和体内铅存留。用魔芋精粉（主要成分为葡甘聚糖）喂大鼠可使其粪铅排出量增加，血铅、肝铅、脑铅和股骨铅含量下降。

（二）蛋白质及氨基酸

蛋白质可与铅结合，从而降低机体对铅的吸收量或促进铅从尿中排出。

1. S-腺苷-L-蛋氨酸（SAM）

S-腺苷-L-蛋氨酸是体内合成谷胱甘肽的前体，它可拮抗铅引起的氧化损伤，可增加硫醇的供给量，从而强化了解毒过程、促进铅排出并逆转了酶的失活。如注射 S-腺苷-L-蛋氨酸可使因铅中毒而下降的血 AL-AD 活力和血、肝谷胱甘肽水平恢复正常，并使血、肝和肾中的铅浓度下降。

2. N-乙酰半胱氨酸（NAC）

N-乙酰半胱氨酸是体内重要的含疏基氨基酸，是合成谷胱甘肽的前体。N-乙酰半胱氨酸可提供还原性疏基，其抗氧化作用在铅中毒防治中起重要作用。在体外模型中，它能明显减轻铅所导致的氧化应激，增加 GSH/GSSG 比例、减少过氧化物生成和增加过氧化氢酶活力。此外，N-乙酰半胱氨酸还能提高因铅中毒而显著降低的细胞存活率。

3. 硫辛酸（LA）

硫辛酸也是体内重要的含疏基抗氧化剂，它是几种多酶复合体的辅助因子。硫辛酸有氧化态和还原态两种形式，其还原态为二氢硫辛酸，有两个游离的疏基，硫辛酸在铅中毒的防治中还以抗氧化剂作用为主。在防止谷胱甘肽减少方面，硫辛酸比 N-乙酰半胱氨酸更有优势，因为在产生相同效果的情况下，硫辛酸在微摩尔水平有效，而 N-乙酰半胱氨酸需要毫摩尔水平。硫辛酸的另一个优势是它可以通过血-脑屏障，这可以说是一个绝对的优势，因为脑是铅毒性作用的重要靶器官。

（三）矿物元素

供给富含矿物元素的食物，如钙、硒、铁、锌等对铅的吸收起拮抗作用，可减少铅的吸收。钙、锌、铁等元素与铅同属二价金属元素，在体外代谢过程中可发生竞争性抑制作用，在小肠中竞争同一运输结合蛋白，铁、钙的补给能抑制铅的吸收，锌则通过增加体内酶系统的活性，加速铅的排泄，减少铅的蓄积。

磷与钙的关系非常密切，磷和钙一起可影响机体对铅中毒的敏感性。钙和磷能降低胃肠道对铅的吸收，钙的作用大于磷，两者结合有协同作用，增加钙磷摄入量有助于拮抗铅中毒。

硒具有抑制铅吸收和蓄积的作用，并能明显降低铅诱发的脂质过氧化水平。硒与金属有很强亲和力，在体内可与金属铅、汞、镉等结合形成金属硒蛋白复合物而解毒，并使金属排出体外。硒可提高超氧化物歧化酶和谷胱甘肽还原酶的活力及谷胱甘肽的含量，并有效抑制脂质过氧化作用，使过氧化物含量降至正常范围；并使染铅大鼠的生长速度、食物消耗及 MAD 活力恢复正常。

铁不足会增加铅在肠道中的吸收。而血铅浓度与膳食铁摄入量呈负相关，即膳食铁摄入量越高，血铅浓度就越低。在缺铁且铅中毒的情况下，铁结合蛋白对铅毒性更为敏感，从而对造血功能产生抑制作用。尽管铅和缺铁影响血红素合成的不同阶段，但缺铁且铅中毒引起的贫血要比单纯铅中毒引起的贫血严重。

锌会影响组织中铅的蓄积和机体对铅的敏感性，缺锌会增加组织中铅蓄积和毒性，增加膳食锌可使铅吸收减少、铅毒性降低。给铅中毒大鼠补锌可改善铅中毒引起的血液形态学的变化，增强 δ-氨基乙酰丙酸脱水酶（ALAD）和尿卟啉原合成酶的活力，恢复氨基吡啶的 N-脱氨甲基和硝基茴香醚的 O-脱甲基作用，部分大鼠能恢复血和肝中巯基水平，补锌还可增强免疫系统的功能。锌在维持细胞膜结构和功能的稳定性方面也起重要作用。研究表明，铅中毒大鼠心肌细胞膜的 Na^+/K^+-ATP 酶和心肌微粒体膜的 SOD 活力下降的同时，血锌含量也降低，而硫酸锌能显著改善醋酸铅对心肌微粒体膜（MMS）的损伤作用。锌在一定程度上也可保护铅对肾小管上皮细胞膜的损伤作用。在螯合剂治疗铅中毒的同时口服补锌增加了血和软组织中铅的排放，可增强螯合剂的治疗效果。

膳食中铜的缺乏可导致肠道铅吸收增加，产生严重的贫血并可使金属酶活性降低。在螯合治疗时，同时补充铜和锌，可增强 CaNa-EDTA 和二巯基琥珀酸（DMSA）的驱铅能力并可逆转改变生化指标。可见，铅、铜、锌的互动性极强。

（四）维生素

1. 维生素 B

维生素 B_1 干扰胃肠道内铅的吸收并加速此阶段铅的排出，可预防肝、肾、脑和骨中的铅蓄积。维生素 B_1 在初期可增加组织对铅的吸收，但同时也能促进铅从组织中迅速释放。

维生素 B_6 作为几种转硫酶的辅酶参与半胱氨酸的合成代谢。因此，它可诱导谷胱甘肽的合成，从而增强机体的抗氧化防御功能，起到间接的抗氧化作用。维生素 B_6 可使铅中毒大鼠血 δ-氨基乙酰丙酸脱水酶活力升高，使血铅、肾铅和肝铅水平下降，但脑铅无变化。这可能与维生素 B_6 的环氮原子与铅螯合或者维生素 B_6 与铅在吸收水平上相互作用有关。

2. 维生素 C

维生素 C 是非常有效的自由基清除剂，它可以明显减轻铅中毒的各项指标，并有一定的加速铅排泄的作用。对铅暴露的大鼠单独使用维生素可促进其尿铅的排出，可减轻肝、肾的铅负荷，并可逆转铅对血 ALAD 活力的抑制。维生素 C 能减轻体内铅蓄积，Flora 等认为，这与其结构中的一烯二醇基团有关，它可与铅形成络合环，从而使铅不易在脑、肾组织器官中沉着，同时络合后的铅在体液中的溶解能力大大增加，便于随尿排出体外。

3. 维生素 E

维生素 E 是高效的氧自由基清除剂，它可以显著改善铅对 AL-AD 活力、脑多巴胺含量、血锌卟啉含量和 ALA 排出量的影响，并使血和肝中铅浓度明显下降；高水平维生素 E 还可以显著改善铅所引起的红细胞变形能力的下降，并使红细胞更能耐受氧自由基的损伤。研究表明，维生素 E 能够改善铅致高血压的程度，减轻组织的氮酪氨酸负荷，促进尿中氮氧化物的排出。

（五）活性成分

大蒜中含有硫苷类化合物，对铅中毒小鼠的致死效应具有拮抗作用，可提高其存活率，降低慢性中毒小鼠肌体组织中的铅含量，排铅作用具有持续性，可有效排除机体内蓄积的铅。

金属硫蛋白是一类低分子量、富含半胱氨酸、可与重金属结合的蛋白质，常与金属硫蛋白作用的金属有锌、铜、铬等。铅也可与金属硫蛋白上的疏基结合形成低毒或无毒络合物，从而降低铅的毒性，加速铅排出体外的速度。

（六）具有促进排铅功效的典型配料

具有促进排铅功效的典型配料，如表 11-1 所示。

表 11-1　　　　　　　　　具有促进排铅功效的典型配料

典型配料	生理功效
蛋白质	与铅结合形成不溶物可阻止铅的吸收
鞣酸	与铅形成可溶性复合物随尿排出
硫化物	化解铅的毒性
维生素 C	阻止铅吸收、降低铅毒性
钙	减少铅吸收，降低铅毒性，缓解铅中毒症状
维生素 B_1	促进铅从组织中迅速释放
维生素 E	拮抗铅引起的过氧化作用
维生素 D	影响铅的吸收和沉积
植酸	与铅螯合，促进排铅
磷脂	与铅螯合，促进排铅
柠檬酸	与铅螯合，促进排铅
苹果酸	与铅螯合，促进排铅
琥珀酸	与铅螯合，促进排铅
铁、锌、铜、镁、硒	与铅相互作用，减弱铅的毒性
碘	与铅结合，促使其从大便中排出
果胶、海藻酸和膳食纤维	糖链上丰富的游离 -OH 和 -COOH 基团可与铅络合，形成难以吸收的凝胶，有效地阻止铅在胃肠道的吸收

第二节　促进排出化学毒物功能性食品

凡是少量进入体内，就能与机体组织发生化学和物理作用，破坏机体的正常生理功能、引起机体暂时性或永久性病变的化学物质，都称为化学毒物。化学毒物种类繁多，按人们与之接触的方式分生产性与生活性两类。除了直接从事有毒作业的生产以外，化学毒物来自工业三废的污染、农药的泛滥使用、各种车辆的废气、生活煤烟以及某些日用化学品等，已使人类自身的生活环境日益恶化，空气与水源污染严重。这种日益恶化的生存空间，波及人类生活的各个角落和男女老幼每一个人。鉴于现阶段任何人都摆脱不了毒物影响的现实，开发能对抗化学毒物的功能性食品无疑，具有重要的现实意义。

　　与毒物做斗争，除了革新生产技术、完善卫生措施、加强生活废弃物的管理等以减少毒物对环境污染为目的的手段外，摄入合理的膳食营养与相应的功能性食品对提高机体抵抗毒物入侵具有重要的作用。1917 年，美国军工厂发生过工人三硝基甲苯中毒事件，后来给女工发放优质蛋白质膳食，使女工胃肠病的发病率由原来的 12% 降低到 2% 以下，这就是一个著名的例子。

一、化学毒物在体内的代谢

　　进入体内的毒物一般都经过氧化、还原、水解、结合或自由基反应，然后在细胞的不同部位发挥其毒害作用。各种解毒物质也是通过这些反应发挥其解毒功能的。

（一）氧化、还原与水解反应

　　这些反应可以将羟基、氨基、羧基等基团引入分子结构中增加分子的极性与水溶性，也可以改变毒物分子结构上的某些功能基团或产生新的功能基团，从而使原毒物减毒、解毒或活化增毒，甚至可以致癌。

　　毒物在机体内发生的氧化、还原与水解反应具体包括下列四种。

　　1. 微粒体的氧化作用

　　凡具有一定脂溶性的毒物，几乎都能被微粒体的混合功能氧化酶（MFO）所催化，产生各种产物。混合功能氧化酶的氧化作用主要通过滑面内质网膜上的细胞色素 P-450 进行。P-450 是一组同工酶，与底物有特异性竞争作用，其主要功能是活化分子氧（O_2），使一个氧原子进入毒物底物，而另一个氧原子还原成水分子。在反应过程中需要辅酶 I 和辅酶 II、细胞色素 b5、细胞色素 C 还原酶和磷脂酰胆碱等的参与。

　　2. 微粒体的还原作用

　　在毒物代谢中，还原作用远比氧化作用少见，主要有硝基与偶氮化合物的还原和还原性脱卤作用，如四氯化碳（CCl_4）可被还原成为毒性更大的 CCl_3 自由基。

　　3. 非微粒体的氧化还原作用

　　非微粒体的氧化还原作用主要在胞液中进行，如肝细胞液中含有的醇脱氢酶、过氧化氢酶、醛脱氢酶等，能使各种醇、醛、胺被氧化还原。

　　4. 水解作用

　　所需的酶在体内广泛分布，如各种细胞的微粒体、血浆或消化液中均含有酯酶及酰胺酶，能使各种酯类或酰胺类毒物水解。不少有机磷农药主要是以这种方式被解毒的。

（二）结合反应

　　通过结合反应，可以遮盖毒物分子上某些功能基团从而改变其作用，还可改变其理化性状与分子大小、增加水溶性，从而有利于毒物排出体外，故结合反应多属于减毒灭活反应。但结合作用需要消耗能量才能完成，因此结合作用的好坏常与肝脏等组织中的营养物质代谢和供能情况有关。

常见的结合反应有以下几种：

①葡萄糖醛酸结合，这是最常见的结合方式。葡萄糖醛酸基的供给体（尿苷二磷酸葡萄糖醛酸）来自糖代谢，在葡萄糖醛酸基移换酶的作用下结合到毒物上；

②硫酸结合，也较常见。用于结合的硫酸来自含硫氨基酸，在反应之前硫酸必须先与 ATP 作用活化为 3′-磷酸腺苷酸硫酸，然后在硫酸移换酶的作用下与酚、醇或胺类物质结合；

③乙酰基结合，乙酰基的直接供体是乙酰辅酶 A，它来自碳水化合物、蛋白质和脂肪代谢；

④甘氨酸、谷氨酰胺结合；

⑤甲基结合，甲基由甲硫氨酸经 ATP 活化后供给；

⑥谷胱甘肽结合；

⑦水化，经氧化、还原反应生成的各种不稳定环氧化物，在微粒体环氧化物水解酶的催化下可以迅速水解生成二醇类。

（三）自由基反应

近 20 多年来，人们发现许多化学毒物可被代谢酶转化为比原毒物毒性更大的自由基。某些毒物也可使机体内的某些成分（主要是生物大分子）、分子态氧与水等形成自由基，然后再通过自由基作用对机体产生破坏和毒害。

已知·OH 是氧化能力最强的一种自由基，会引起生物膜脂质过氧化，使膜的网状结构孔隙变大、通透性增高，同时与膜密切相关的各种膜结合酶、核糖核蛋白体及细胞表面的复合受体均会受到损害。如某些亲肝性毒物可被肝微粒体酶代谢活化成自由基，作用于细胞器及细胞内大分子中，特别是内质网膜、线粒体膜和溶酶体膜等。膜组分中的磷脂与多不饱和脂肪酸对自由基最为敏感，受自由基作用后引起脂质过氧化反应，可导致甘油三酯堆积形成脂肪肝，并破坏细胞功能使细胞死亡或癌变。致癌毒物也可通过形成自由基与 DNA 相结合，从而引起细胞癌变。

二、促进化学毒物排出功能性食品的开发

毒物进入体内后，与各种营养素相互影响。一方面，某些营养素能够阻断毒物的代谢途径，起到解毒的功效；另一方面，某些毒物又会影响营养素的吸收利用，甚至促进其分解与破坏。

（一）蛋白质

当膳食中蛋白质数量较少、质量较差时，会降低毒物的转化速度，使大多数毒物（如大部分农药、黄曲霉毒素、苯、铅、硒等）的毒性增加。但那些经过生物转化后毒性增大的毒物，如二甲基亚硝胺、四氯化碳等，其毒性反而会随膳食中蛋白质含量的降低而下降。二甲基亚硝胺在膳食蛋白质由 20% 降至 3.5% 时其急性毒性也下降数倍，按 60mg/kg 体重的二甲基亚硝胺给缺乏蛋白质的大鼠注射，结果发现大鼠多数能生存，而不缺乏蛋白质的大鼠却大多数于数日内死于肝坏死，但缺乏蛋白质而存活的大鼠也在 12 个月后死于肾肿瘤。蛋白质影响毒物毒性的主要机理是因为毒物在体内的代谢转化需要各种不同的酶，酶是一种蛋白质，因此当膳食蛋白质缺乏时，酶蛋白合成量下降，活性降低。

蛋白质中的含硫氨基酸如甲硫氨酸、胱氨酸和半胱氨酸等，能给机体提供—SH 基团。—SH

可结合某些金属毒物从而影响其吸收和排出，或拮抗其对含—SH基酶的毒性作用，并为体内合成重要的解毒剂（如谷胱甘肽、金属硫蛋白等）提供原料，这些均有利于机体的解毒与防癌功能。例如，黄曲霉毒素、苯乙烯和醋氨酚等毒物引起靶器官细胞严重损害时，组织内的谷胱甘肽含量降低、谷胱甘肽–S–转移酶的活性也明显降低。若事先给予半胱氨酸，可使细胞内谷胱甘肽含量升高，从而明显降低上述毒物的毒性作用。

某些毒物能影响蛋白质的消化吸收及在体内的合成。用^{14}C-亮氨酸研究黄曲霉毒素对大鼠肝脏合成蛋白质的影响，发现黄曲霉毒素B_1和黄曲霉毒素M_1可明显抑制肝蛋白的合成。当膳食中蛋白质与脂肪的类型和含量不同时，黄曲霉毒素B_1对大鼠肝脏合成RNA的抑制程度也不同。

（二）脂肪

一般认为，膳食中脂肪能增加脂溶性毒物在肠道中的吸收与体内的蓄积，对机体不利。例如，脂肪可增加脂溶性有机氯农药在体内的蓄积，增加苯与氟的毒性。磷脂是细胞内质网的主要成分，又是维持微粒体混合功能氧化酶作用的重要组分，食物中缺少亚油酸或胆碱等促脂解（Lipotropic）物质，都可能影响微粒体中磷脂的产生。这不仅会影响混合功能氧化酶的功能，也会影响诱导作用，使与毒物代谢有关的酶系统不能根据毒物代谢的需要而增加活性，从而影响毒物的代谢。

（三）碳水化合物

毒物在体内转化的结合反应为解毒反应，但需要耗能，糖类的生物氧化可快速提供能量，并提供结合反应所需的葡萄糖醛酸。因此，增加膳食中碳水化合物的供给量，可以提高机体对苯、磷与卤代烃类等毒物的抵抗力。高碳水化合物低蛋白质膳食对三氯甲烷与四氯化碳中毒的肌体有保护作用，饥饿能加剧四氯化碳与三氯甲烷的毒性，并引起肝糖原减少。这些结果也表明，糖原减少对肝脏解毒功能有不良影响。另外，有人发现降低葡萄糖、果糖和蔗糖时，会降低为混合功能氧化酶的活性及细胞色素P450的水平。

（四）维生素

缺乏维生素A会改变内质网的结构，影响混合功能氧化酶的作用。动物试验表明，维生素A能降低某些毒物（如二甲基肼、黄曲霉毒素B_1、3，4-苯并芘、二甲基蒽或7，12-二甲基-1，2-苯并蒽等）的致癌性。已发现有多种毒物能影响维生素A的代谢，降低其在动物和人体中的含量，甚至造成维生素A缺乏症。有人认为毒物可能是通过对混合功能氧化酶系统的诱导而促进维生素A分解的，DDT之类的农药还可抑制维生素A在肠道的吸收。因此，毒物接触者应适当补充维生素A。

当汞、甲醇、四乙基铅和砷等引起的神经炎症状导致血中丙酮酸含量增高时，补充维生素B_1有效。将维生素B_1、维生素B_{12}和维生素E合用于治疗中枢神经系统损害和神经炎，可促进脑细胞和神经组织的代谢并恢复其功能。维生素B_{12}与叶酸为红细胞成熟所必需，对接触血液系统毒物的接触者应注意供给。维生素B_2是各种黄素酶的重要组成成分，在毒物代谢中许多还原酶都属于黄素酶。缺乏维生素B_2时肝脏及肠道细菌中偶氮还原酶活性会下降，补充维生素B_2即可恢复，由于致癌物质奶油黄借偶氮还原酶而代谢，因此维生素B_2可促进奶油黄的解毒从而抑制其致癌作用。烟酸以烟酰胺的形式在体内构成辅酶Ⅰ与辅酶Ⅱ，是毒物生物转化中极为重要的递氢体。

维生素C对大部分毒物、药物均有解毒作用。这首先是因为维生素C可以提高肝微粒体混合功能氧化酶的活性，可促进氧化或羟化反应，这是许多有机毒物解毒的重要途径。但过量维生素 C 对解毒也不利，让 250~300g 体重的豚鼠每次摄入 150mg 维生素 C，一日 2 次连续 4d 后，豚鼠肝中药物代谢酶活力下降，这说明维生素 C 摄入过多或摄入不足，对解毒代谢都不利。有人进一步研究维生素 C 剂量与反应的关系，发现豚鼠每日摄入 50mg 维生素 C 时，细胞色素 P450 和 b5 的活力最高，超过 100mg 或低于 50mg 时活力下降。过量维生素 C 还会影响肝中硫酸盐对毒物的解毒作用。此外，补充大量维生素 C 会使维生素 E 的需要量增加，若在大鼠饲料中维生素 E 含量处于需要量的临界水平，则大量补充维生素 C 可明显加强肝脏的脂质过氧化，使红细胞溶血作用显著增加，红细胞中还原型谷胱甘肽与血浆维生素 E 含量降低，从而导致动物各组织的抗氧化能力下降。

维生素 C 可使体内巯基酶和谷胱甘肽维持在还原状态，从而提高其解毒能力。许多重金属毒物与体内酶系统的-SH 基团有很强的亲和力，易通过这种氧化作用使酶失活，而维生素 C 能使酶中—SH 维持在还原状态，并保持巯基酶的活性。维生素 C 能使胱氨酸还原为半胱氨酸，有利于谷胱甘肽与金属硫蛋白的形成，也有利于体内免疫球蛋白的形成。维生素 C 可使氧化型谷胱甘肽转变为还原型谷胱甘肽，从而发挥其结合解毒与消除脂质过氧化的作用。

肌体缺乏维生素 E 时，微粒体毒物代谢酶活性下降，维生素 E 可增强微粒体上酶蛋白的合成，从而增强微粒体混合功能氧化酶的活力。动物试验表明，略高于正常量的维生素 E，可减轻汞、铅、甲酚、甲基汞之类的化学毒物对动物的毒性损害。

（五）矿物元素

铁、锌、硒、镁、锰和钴等矿物元素对不同的毒物均具有独特的解毒作用。例如，铁与机体能量代谢和防毒能力有直接或间接的关系。铁在生物体内主要与蛋白质结合成含铁蛋白，参与体内的氧化还原过程，而在线粒体中进行的生物氧化可为解毒反应提供能量 ATP。某些毒物能干扰铁的吸收和利用，直接或间接地引起缺铁性贫血，补充铁对这些毒物有一定的防治作用。

锌是机体内多种金属酶的组成成分或激活因子，目前人们了解比较清楚的金属酶有 30 多种，其中不少与解毒有关，如碳酸酐酶、超氧化物歧化酶、醇脱氢酶、RNA 聚合酶和 DNA 聚合酶等。锌对金属毒物有直接或间接的拮抗作用，它在消化道中可拮抗镉、铅、汞、铜、铁等的吸收，在体内可恢复一些被铅等损害的酶的活性。锌能诱导肝脏合成金属硫蛋白，后者能结合镉、汞等毒物，使之暂时隔离封闭而减少其毒性。

缺硒使肝微粒体酶活力下降，影响毒物的转化。硒在元素周期表中与硫同族，化学性质相似，能与某些金属毒物如汞、镉、铅等形成难溶性的硒化物，从而减轻这些毒物的毒性。

（六）活性成分

谷胱甘肽（GSH）是由谷氨酸、半胱氨酸和甘氨酸组成的三肽化合物，其半胱氨酸上有—SH 残基，是一种强亲核性物质。外源毒物经代谢活化后产生的亲电代谢物，既可为生物大分子的进攻对象，产生共价结合，改变细胞内生化环境和细胞结构，使细胞严重受损乃至死亡；也可为谷胱甘肽的亲核进攻对象，形成无毒的谷胱甘肽-毒物结合物，再经代谢后形成惰性产物硫醚氨酸排出体外。

金属硫蛋白与某些二价金属离子的解毒、代谢和蓄积有一定的关系。金属硫蛋白分子中有 18 个含—SH 基团的氨基酸，占总数的 1/3，可与镉、铅、汞等重金属相结合，每 3 个—SH 基结合 1 个二价金属离子。将这些重金属给予动物时，可在肝内诱导合成更多的金属硫蛋白并与金属离子结合，使金属离子暂时失去毒性，从而发挥暂时性或永久性的解毒作用。但当摄入重金属的量超过诱导合成的 MT 量时，重金属仍可通过自由离子的形式发挥其毒性作用。金属硫蛋白的合成需要以富含—SH 的氨基酸为原料，其解毒作用主要也是靠—SH。

（七）具有促进化学毒物排出功效的典型配料

具有促进化学毒物排出功效的典型配料如表 11-2 所示。

表 11-2 具有促进化学毒物排出功效的典型配料

典型配料	生理功效
蛋白质	分子中的含硫氨基酸如甲硫氨酸、胱氨酸和半胱氨酸等，能给机体提供—SH 基团。—SH 可结合某些金属毒物从而影响其吸收和排出，或拮抗对含—SH 基酶的毒性作用
碳水化合物	提高机体对苯、磷与卤代烃类等毒物的抵抗力
维生素 C	还原体内巯基酶和谷胱甘肽，提高其解毒能力
维生素 E	减轻汞、铅、甲酚、甲基汞之类的化学毒物的毒性
维生素 A	降低某些毒物（如二甲基肼、黄曲霉毒素 B_1、3，4-苯并芘、二甲基蒽或 7，12-二甲基-1，2-苯并蒽等）的致癌性
维生素 B 族	增强解毒酶的活力
铁	与机体能量代谢和防毒能力有关
锌	对金属毒物有拮抗作用
硒	与某些金属毒物如汞、镉、铅等形成难溶性的硒化物，减轻这些毒物的毒性
谷胱甘肽	形成无毒的谷胱甘肽-毒物结合物，再经代谢后形成惰性产物硫醚氨酸排出体外
金属硫蛋白	分子中的—SH 与金属形成复合物，排出体外

第三节 抗辐射功能性食品

原子能的发现与利用，是 20 世纪自然科学研究领域最伟大的成果之一。目前许多科学领域，包括工业、农业、生物、医药卫生、食品和国防等部门，都已广泛将原子能与放射性同位素作为一种新的方法、手段或工具来研究和解决工作中存在的问题了。但由于放射性物质本身固有的特殊性，容易使接触人员的健康受到影响。辐射无处不在，或多或少地影响着人类的生存环境。抗辐射功能食品主要是从防护和修复两方面着手尽可能地降低辐射给人体带来的伤害。

一、辐射的产生和来源

辐射是一种能量，以波动或高速粒子的形态传送。辐射有两大来源，天然辐射和人工辐射。

天然辐射的专门术语称作"本底辐射"，主要包括宇宙辐射、地球表面的放射性、空气的放射性、水的放射性以及人体内的放射性。天然辐射约占我们所受辐射剂量的80%，而不同地区的辐射水平会有差异。

人工辐射则是来源于人们对辐射的应用。辐射在医学上的应用很广泛，包括X光放射学、核子医学造影术及放射治疗。医学辐射是人工辐射的最大来源。其他主要的人工辐射来源包括核试验所产生的放射性尘埃、电视机及视像显示器等真空管所发放的X射线，以及辐射发光物件和烟火感应器等消费品中所含的放射性物质。

联合国原子辐射效应科学委员会在2000年的年报资料中指出，人类生活中的所接受的辐射，天然辐射约占88.6%，人造辐射约占11.4%，其中用于医疗诊断的辐射占11.1%。

二、辐射对机体健康的危害

按能量的高低或者生物学作用的不同，辐射可分为电离辐射和非电离辐射两大类。

非电离辐射是指能量低于10keV，无法使被通过物质产生电离作用的辐射，包括紫外线、太阳可见光、灯光、红外线产生的辐射及射频辐射。射频辐射则包括微波、电视、通信设备等产生的辐射。电离辐射是指能量高于10keV，能使被通过的物质发生电离作用的辐射，包括由X射线、γ射线、α射线、β射线及高速中子等产生的辐射。

放射性物质对机体的危害主要来自放射出的射线，最常见的有γ射线、β射线、α射线和X射线等。这些射线对机体有直接的损伤作用，会破坏机体组织的蛋白质、核蛋白及酶等，造成神经内分泌系统调节障碍，引起机体物质代谢紊乱。射线作用于高级神经中枢可产生调节功能的异常，导致蛋白质分解代谢增强、改变酶的辅基并破坏酶蛋白的结构，其中巯基酶对射线尤为敏感，小剂量就可抑制酶活性，从而影响机体的机能。射线还可降低机体对碳水化合物的吸收率、增加肝脏中排出的糖数量，并使脂肪的代谢变化趋向于利用减少、合成增加。这些危害的外观表现有头痛、头昏、恶心、呕吐、白细胞下降和贫血等症状。

非电离辐射损伤，如紫外和红外辐射带来的损伤也不可小视，即使是太阳可见光，若过度照射，对眼睛的伤害也是存在的。国际电信联盟在1998年的《国际非电离辐射防护委员会指引》中，制定了人体暴露在频率高至300Hz的射频电磁场中的安全上限。

辐射对人体的损伤也可称为辐射对人体的生物学效应，它可分为躯体效应和遗传效应，前者包括仅影响个体本身的一切类型的损伤，这种损伤是从上到下、从里到外的；而后者则是指那些能够传递给后代的效应。在躯体效应中，辐射会使白细胞数目减少，从而导致人体免疫力降低；而消化道损伤所表现出来的症状是恶心和呕吐；皮肤有轻度辐射损伤后会出现红斑，若使皮肤长期处于辐射之下而不加以保护，则很可能引发皮肤癌；辐射会使毛发暂时性脱落，虽可重新生长，但新生的毛发可能会有颜色或质地的改变；而眼睛中的晶状体对辐射非常敏感，其受到的损伤常常是不可逆的，通常会产生白内障症状；此外，辐射还能加速人体的衰老过程，对神经系统、淋巴系统、循环系统、甲状腺、肾、肺、肝乃至骨骼造成损伤，在一定时间内会出现生长减慢，维生素、矿物质代谢发生异常，免疫功能下降，疲劳，记忆力衰退，红细胞、血小板和血红蛋白减少，淋巴细胞染色体畸变率升高，淋巴细胞转化率降低，精子生成受抑等症状，甚至使肌体出现白血病和癌症。当然，这要视辐射的强度，接触时间的长短，离辐射源的距离，以及人体对辐射的耐受性等因素而定。

实验表明，人体若突然受到辐射剂量超过 1000mSv，会引致急性辐射损伤，并产生短期症状，如胸闷、呕吐、极度疲倦和脱发等。如所受辐射剂量达到 10Sv 或以上，而又缺乏适当治疗会有生命危险。高空飞行会令人们接触较多宇宙射线，而户内生活会令我们吸入较多氡气，氡气是镭（建材中的一种天然放射性物质）在衰变后产生的放射性气体。

从古到今，地球上的生物一直受着一定水平的天然辐射照射，辐射虽然会对身体细胞和组织造成损伤，但也无须过分担忧，只要不忽视它的存在，给予足够的重视即可。

三、抗辐射功能性食品的开发

电离辐射对身体造成损伤的主要机理之一，就是产生大量自由基和具有高度活性的物质，这些产物可破坏生物大分子，如蛋白质、不饱和脂肪酸、DNA、酶及细胞膜，使它们不能发挥正常的生理功能。因此，抗氧化、清除自由基以及提高机体自身免疫力是目前抗辐射功能性食品开发的重要方向之一。

如果平时很少接触或是在防护措施完善的情况下从事放射性工作，其营养素需要量在理论上应与普通人基本相似，但考虑到营养素供给不足或缺乏会提高人体对辐射的敏感性以及影响营养素对放射损伤的防治效果，一般对从事放射性工作的人员营养素供给量要求略高于肌体需要量。

能量与普通工作人员相同，按中等体力劳动计算，成年男子（体重 65kg）与成年女子（体重 55kg）分别供给能量 12540kJ 与 11705kJ，其中碳水化合物占总能量的 60%～70%，脂肪占 15%～25%。略高于普通工作人员，每日为 85～90g。

（一）蛋白质

蛋白质能构建机体的整体防御机制，其中一些肽类、氨基酸及活性蛋白和酶蛋白对辐射具有明显的防护作用，如谷胱甘肽、金属硫蛋白和超氧化物歧化酶（SOD）等。它们均为强效自由基清除剂，而金属硫蛋白是目前已知体内清除自由基能力最强的一种。其中，谷胱甘肽对由放射线、放射性药物引起的白细胞减少症有保护作用；金属硫蛋白能防止辐射对 DNA、RNA、酶、蛋白质及细胞膜的损伤，还能激发机体的免疫功能，增强机体对外界损伤的防御能力。

（二）维生素

1. 维生素 C

用几内亚猪进行实验时发现，如果给予足量的维生素 C，它们可以暴露在两倍于致死剂量的辐射中并存活。维生素 C 是人们熟知的抗氧化剂，它能有效地清除机体内由辐射产生的自由基，保护生命大分子尤其是 DNA 不受自由基侵害，从而防止细胞病变。维生素 C 还能提高机体免疫力，增强机体对辐射危害的抵抗力。

2. 维生素 E

在辐射防护中，维生素 E 的作用与维生素 C 类似，是体内重要的自由基清除剂，并能与维生素 C、硒等协同清除自由基。

3. 维生素 B 族

B 族维生素能帮助被辐射扰乱的神经系统恢复正常功能，其中以维生素 B_1 和维生素 B_6 最为重要。维生素 B_1 通过调节体内糖类的代谢，可保证神经系统所需能量的供给，维生素 B_1 缺乏时容易引起神经炎症；维生素 B_6 主要是以辅酶的形式参与体内物质代谢的，并参与机体中枢神经系统的活动，在某种程度上 5-羟基色胺、γ-氨基丁酸及去甲肾上腺素等多种神经传递物质的合成过程中都需要维生素 B_6，缺乏时可引起周边神经病变。

4. 成年居民维生素的每日参考摄入量

维生素 A：300~1300μg 视黄醇当量，但 50% 应来自动物性食物或油脂。

维生素 D：10μg，每日提供 2.5~5.0μg 维生素 D_3。

维生素 E：5~20mg，其供给量随必需脂肪酸的增加而增加。

维生素 K：70~100μg。

维生素 C：100mg。

维生素 B_1：随能量的增加而增加，能量为 11700~12540kJ 时，供给量为 1.6~1.7mg。

维生素 B_2：供给量变动原则与维生素 B_1 相同，建议摄入量 1.8~1.9mg。

烟酸：5~20mg。

维生素 B_6：1.25~1.5mg（低蛋白膳食），1.75~2.0mg（高蛋白膳食）。

维生素 B_{12}：1~3μg。

叶酸：400μg。

泛酸：2~7mg。

生物素：10~50μg。

（三）矿物元素

1. 钙

缺钙人群比正常人群更容易受到放射性元素的伤害。实验以摄取缺钙膳食和充足钙含量膳食的两组人群进行对比，发现前者在锶辐射中吸收的 Si^{90} 是后者的 5 倍。研究者表示，经常会接触到锶辐射的人若每天补充未被辐射污染的钙元素，其对锶的吸收可以降低 50%。

2. 镁

镁是人体中不可缺少的矿物质元素之一。它能辅助钙和钾的吸收，缺乏时，会使神经受到干扰，引起情绪暴躁及紧张，并且会使肌肉震颤并出现心绞痛、心律不齐、心悸。研究表明，机体被 γ-射线照射后，血液中的镁含量会急速下降，即造成镁元素缺失。因此，在辐射防护措施中需要补充镁，以防其缺失。

3. 碘

在用放射碘进行治疗时，I^{131} 会引起放射性甲状腺炎等其他副作用，儿童对其尤为敏感，但如果能及时补充正常碘并维持一段时间就能让体内甲状腺处累积的放射性碘大幅减少。

4. 矿物元素的每日参考摄入量

钙：600~800mg。

磷：600~800mg。

镁：300~350mg。

铁：12~20mg。

锌：5~15mg。

碘：130~140μg。

（四）具有抗辐射功效的典型配料

具有抗辐射功效的典型配料，如表 11-3 所示。

表 11-3　　　　　　　　　　　　具有抗辐射功效的典型配料

典型配料	生理功效
谷胱甘肽	抗衰老，抗辐射，美容，解毒
金属硫蛋白	抗辐射，抗衰老，增强免疫
L-半胱甘酸	抗辐射，解醉酒，解毒
β-胡萝卜素	抗衰老，抗辐射
酶改性芦丁	抗辐射，抗衰老
茶多酚	抗衰老，抗辐射，抗肿瘤
姜黄素	抗衰老，抗辐射，抗肿瘤
维生素 E	抗衰老，抗辐射
超氧化物歧化酶	抗衰老，抗辐射，美容
螺旋藻	增强免疫，抗衰老，抗辐射
番茄红素	抗肿瘤，抗衰老，抗辐射

第四节　耐缺氧功能性食品

　　一般将海拔超过 3000m 以上的地区称为高原，它占地球陆地总面积的 5% 左右。我国高原约占全国陆地总面积的 16%，其中青藏高原是世界上最大的高原，素有"世界屋脊"之称，耸立其中的珠穆朗玛峰海拔 8848.13m，为世界第一高峰。我国高原人口约有 1000 万人。由于高原往往是军事、旅游、体育、科研、医学和经济的重要地区，常年有大量的人群居住和工作，因此抗缺氧功能性食品的研究显得很有价值。

一、缺氧对人体健康的影响

　　由于地势与地理位置的特殊性，高原具有大气压与氧分压低、沸点低、气温低、温度低、太阳辐射与电离辐射强、气流快等特点。高原的这些特殊气候对动植物和人体都会产生影响，其中温湿度与气流等对植物影响较大，而大气压与氧分压低（缺氧）对人体影响明显。

　　人在高原，首先由于大气中氧分压低，导致肺泡氧分压与血氧饱和度降低，组织细胞不能从血液中获得充足的氧进行正常氧化代谢。而人体正常的生命活动靠氧化产生的能量来维持，如果体内氧供应不足，氧化代谢受阻，能量耗竭，生命活动就会停止。人在高原受缺氧的影响是持续不间断的，不因季节、昼夜、性别、年龄等因素的不同而有明显差别。因此，人进入高原后，每时每刻都受到缺氧的影响，因海拔高度和个体对氧敏感性等方面的差异，会出现不同程度的缺氧反应。

　　根据人体对缺氧的生理耐受程度，可将高原分为无反应区（3000m 以下）、代偿区（3000～4500m）、障碍区（4500～6000m）、危险区（6000～7000m）和休克致死区（7000m 以上）。一般进入 4000m 以上高原地区时，血氧饱和度低于 80%，就会出现缺氧症状。在急性缺氧期（初入高原头 2 周内），主要出现神经（头晕、头痛、失眠或昏迷）、心肺（心悸或气促）、胃肠（恶心、呕吐、食欲下降、腹胀或腹泻）症状及周身无力等。在慢性缺氧时（进入高原数周、数年或长期居住者），主要发生血压异常（高血压或低血压）、红细胞增多症、心脏肥大和指甲凹陷等。

二、耐缺氧功能性食品的开发

初入高原，消化功能受到影响，人体会出现胃张力降低、饥饿收缩减少现象。膳食后胃蠕动减弱，幽门括约肌收缩，胃排空时间延长，消化液分泌量减少，食欲和口渴感下降。各种营养素和饮水量减少，不能满足生理的需要，如表 11-4 所示。

表 11-4　　　　　　　　　　　高原对营养素摄入量的影响

营养素	减少率/%	营养素	减少率/%
能量	42.3	维生素	11.9~70.9
碳水化合物、蛋白质、脂肪	31.5~54.0	水	6.4
矿物元素	9.1~50.5		

（一）能量

人体在高原地区，不论是基础代谢、休息还是运动其能量消耗都高于平原，这是因为：

①气温每降低 $10℃$（参考标准温度为 $10℃$）能量需增加 3%~5% 才能维持平衡；

②呼吸加快导致失热增加，估计高原（4540m）产热量的 21.0% 是从呼吸中丢失的，比平原丢失的 18.3% 要多；

③基础代谢率增高，能量消耗增多；

④衣着笨重，山路崎岖难行，重体力劳动时能量消耗可增加 6.9%~25.0%。

动物试验结果也表明，在缺氧环境摄取足够的能量，对维持体重与氮平衡十分重要。在高原地区的能量推荐量标准如表 11-5 所示。

表 11-5　　　　　　　　　　高原体力劳动者的营养素推荐量

劳动强度	能量/kJ	维生素 A/ （μg 视黄醇）	维生素 B_1/mg	维生素 B_2/mg	维生素 C/mg
一般体力劳动	13380~15470				
重体力劳动	15470~17560	1050~1500	2.0~2.5	1.5~2.0	75~100
极重体力劳动	17560~20060				

注：在膳食总能量中，蛋白质占 10%~15%，脂肪 20%~25%，碳水化合物 60%~75%。

（二）碳水化合物

高碳水化合物能提高抗急性缺氧的耐力。碳水化合物有利于肺部气体交换、肺泡与动脉 O_2 分压的增高和血氧饱和度的增大。高碳水化合物提高缺氧耐力的作用，可概括为：

①增加肺通气量和弥散度；

②提高动脉 O_2 分压和血氧饱和度，加速氧的传递能力；

③改善脑功能；

④提高工作能力；

⑤减轻缺氧反应程度，减少高原病发病率。

碳水化合物提高缺氧耐力的原因，主要是：

①碳水化合物所含氧原子多于脂肪、蛋白质；

②消耗等量氧时碳水化合物产生的能量高于脂肪和蛋白质，1000mL 氧产生能量碳水化合物为 21.11kJ，脂肪为 20.36kJ，蛋白质为 18.73kJ；

③碳水化合物的呼吸熵为 1，脂肪为 0.7，蛋白质为 0.8，碳水化合物能产生较多的 CO_2，有利于纠正碱血症；

④利于肌糖原的合成与能量的储备供给。

动物试验表明，在低海拔时，高蛋白膳食的功效与体重增长，均优于高碳水化合物与高脂肪膳食；但在高海拔地区，碳水化合物膳食则优于高蛋白与高脂肪膳食。从高原人体营养调查结果来看，蛋白质为 10%~13%、脂肪为 11.1%~43.0%、碳水化合物为 44%~77.8%以及能量 12540~22320kJ，尽管三大营养素的比例相差较大，但都能在高原地区从事正常的劳动和生活。

（三）蛋白质

缺氧时蛋白质代谢主要表现为氮的摄入量减少、蛋白质和氨基酸分解代谢加强、氮的排出量增加、蛋白质合成率下降、血清必需氨基酸与非必需氨基酸比值下降等。

在急性缺氧时高蛋白膳食能降低动物对缺氧的耐力，并破坏高级神经活动，但在人体尚缺乏研究。在海拔 3460m 时用半合成饲料麦胶蛋白饲养大鼠 14d，发现组织中酶活力下降、有氧代谢受到影响、血液中乳酸含量和乳酸与丙酮酸比值升高。由于麦胶蛋白缺乏赖氨酸、蛋氨酸和苏氨酸等，因此，这些必需氨基酸是否与缺氧耐力有关尚不清楚。

（四）脂肪

高脂肪膳食使肌体对急性缺氧的适应不利。在常压时人体注射脂肪乳化液（15%棉籽油 500mL），可以降低血氧饱和度；如果注射脂肪乳化液的同时吸入 40%氧，则血氧饱和度可恢复到注射前水平。因此，脂肪乳化液可影响肺的弥散功能。狗于 3600m 低压舱静脉注射脂肪乳化液（1g/kg 体重），也可看到动脉血氧含量与血氧容量下降的现象，这可能是因为脂肪覆盖红细胞表面影响血红蛋白和氧的结合与携带的原因。

通过提高脂肪的百分比来增加膳食能量，并对居住在不同高度 4 个月的青年士兵进行了脂肪利用率的观察，结果表明在海拔 3500m 高度处脂肪占能量的 37%，在海拔 4700m 高度处脂肪占能量的 47%时，脂肪的消化吸收与利用良好，尿中未出现酮体。此外，在海拔 3500m 高度处长达 4 周和在海拔 4700m 高度处进食长达 3 周的高脂肪膳食，也未出现大便异常情况。但在海拔 5700m 高原观察到，当膳食中脂肪量增加时，因脂肪消化吸收不良可出现脂肪粪便。

（五）维生素

维生素对人体的抗缺氧作用研究很少，效果也不够明显。在高原人体试验中，有人曾用：

①促合成代谢激素与多种维生素：每日 6 粒，每粒含 3mg 1-甲雄烯醇酮醋酸酯、10mg 维生素 B_1、2mg 维生素 B_2、10mg 维生素 B_6、10μg 维生素 B_{12}、10mg 泛酸钙、15mg 烟酸镁、50mg 维生素 C 和 50mg L-胱氨酸；

②多种维生素：每日 6 粒，每粒含 10mg 维生素 B_1、2mg 维生素 B_2、10mg 维生素 B_6、10μg 维生素 B_{12}、10mg 泛酸钙、15mg 烟酸镁和 50mg 维生素 C；

③小牛血去蛋白提取物：10mL 静脉注射，每日一次。

分别在海平面、海拔 2700m、海拔 4300m 和海拔 6200m 采用症状学与实验室检查（测体力、血液流变、反射描记和心电等）方法进行了35d抗缺氧效果观察。结果发现：

①促合成代谢激素能增加红细胞与血红蛋白含量，提高体力；

②小牛血去蛋白提取物提高体力效果明显，有促进缺氧适应作用；

③未发现补充多种维生素提高缺氧耐力的效果。

通过对海拔4800m高原成年男子维生素需要量的研究表明，供给1050~1500μg视黄醇、2~2.5mg维生素B_1、1.5~2mg维生素B_2和75~100mg维生素C较为适宜。如表11-6所示，有人对4种与10种高低剂量的复合维生素进行观察，结果表明10种高剂量复合维生素对增强体力、减少尿中乳酸排出量和改善心脏功能都有较好的作用。由此可见，高原维生素的需要量有增加的趋势。

表11-6　　　　　　　　　　　　　　　维生素供给量及其功效

组别	体重增加/g	尿乳酸/（mg/24h）
4种维生素①	0.14	321.3
10种高剂量维生素②	0.17	285.7
10种低剂量维生素③	−0.07	264.6
安慰剂	−0.72	307.8

注：①4种维生素是：维生素A 1050μg，维生素B_1 2mg，维生素B_2 1.5mg和维生素C 75mg。

②10种维生素是：维生素A 1800μg、维生素B_1 20mg、维生素B_2 2mg、维生素C 300mg、烟酸20mg、维生素B_6 5mg、泛酸钙5mg、维生素E 60mg、潘氨酸50mg和黄酮类50mg。

③10种维生素是：维生素A 1350μg、维生素B_1 5mg、维生素B_2 2mg、维生素C 100mg、烟酸10mg、维生素B_6 5mg，泛酸钙5mg、维生素E 30mg、潘氨酸15mg和黄酮类25mg。

（六）水与矿物元素

高原空气干燥，水的表面张力减小和肺的通气量增大，所以每天人体的失水较多。据我国1960—1961年珠穆朗玛峰登山观察，在海拔5800m高度处，人每日水的出入量比平原多30%，呼吸失水增加3~4倍（1200~1700mL/d），为维持尿排出量在1000~1500mL以使代谢产物排出体外，人体每日至少应饮水3000~4000mL，如维持体液平衡则需摄水约5000mL。但初入高原的人，常无口渴感而不愿饮水，所以初期失水对人体是一种威胁，应引起重视。在剧烈登山运动中，每4h应饮水1000mL。久居高原适应以后，饮水量可以与平原相同。

进入高原后，人体促红细胞生成素（Erythropoietin）分泌量增加，造血机能亢进，红细胞增加，有利于肌体对氧的运输和对缺氧的适应。铁是血红蛋白的重要成分，所以铁的供给量应当充足。一般认为，如体内铁的储备正常，每日膳食供给10~15mg铁即可满足高原人体的需要，但高原妇女铁的供给量应比平原适当增加。

（七）具有耐缺氧功效的典型配料

具有耐缺氧功效的典型配料，如表11-7所示。

表11-7　　　　　　　　　　　　　　具有耐缺氧功效的典型配料

典型配料	生理功效
1，6-二磷酸果糖（FDP）	耐缺氧，改善心血管系统，抗疲劳
角鲨烯	耐缺氧，增强免疫力，调节血脂

续表

典型配料	生理功效
红景天	耐缺氧，抗疲劳，增强免疫力
蜜环菌	耐缺氧，保护心血管系统
银杏叶	调节血脂，改善血液循环，耐缺氧
螺旋藻	增强免疫，抗衰老，抗辐射，耐缺氧
蛋黄磷脂	调节血脂，改善视力，耐缺氧，保护肝脏功能

第五节　抗高温功能性食品

由于科学研究和某些作业的特殊需要，有一部分人会长期或阶段性地在高温环境下作业。如长期处于气温高于38℃、甚至是40~50℃环境中生活或从事热带作业，或长期在局部高温环境中工作的人员（如建筑业、高温烘焙作业等），机体都会受到高热的刺激。开发具有抗高温作用的功能性食品，受到市场的欢迎。

一、高温环境的定义

高温环境包括下列4种情况：

①在有热源［散热量在84kJ/（m³·h）以上］的生产场所；

②在寒冷地区和常温地区，当气温或生产场所温度超过32℃；或在炎热地区，当气温超过35℃时；

③热辐射强度超过41800kJ/（min·m²）的工作场所；

④气温达到30℃同时相对湿度超过80%的环境或工作场所。

具体地说，高温环境又可以划分为3种类型：

①高温、强热辐射环境，如炼钢、炼铁和陶瓷等工作场所；

②高温、高湿环境，如纺织、印染和造纸等工作场所；

③夏季露天作业（夏季高气温和太阳的热辐射）环境。

当环境温度高于皮肤温度时，机体不能通过辐射与对流的方式散热，反而还要受到辐射与对流热的作用使皮肤温度升高，这时机体只能靠汗液的蒸发散热以维持体温的恒定。在大量排汗的情况下，机体会因水分的丢失出现脱水现象，并使一些矿物元素（如钠、钾、钙等）、葡萄糖和水溶性维生素（如维生素B₁、维生素C等）随汗液丢失，脱钠易发生热痉挛、虚脱等现象。长期的热环境会使心肌处于紧张状态而呈现生理性肥大，还会使消化系统功能降低，同时尿液浓缩还会加重肾脏负担。甲状腺对热敏感性强，高温会使甲状腺素分泌减少导致血清蛋白结合碘的含量下降。

二、抗高温功能性食品的开发

当环境温度在30~40℃时，应在日常推荐量标准基础上，按环境温度每增加1℃增加0.5%

能量作为能量的供给标准。而蛋白质只需在稍高于常温条件下的供给量即可，不宜过高以免加重肾脏负担，特别在饮水供应受限制的情况下更应注意。蛋白质的供应量可占总能量的12%，脂肪供给量以不超过总能量的30%为宜，碳水化合物应占总能量的58%以上。

氯化钠供给量为15~25g/d，钙为800mg/d，铁则在日常供给量基础上增加10%~20%。不论是成年高温作业者还是夏季条件下11岁以上的青少年，锌的供给量都不应低于15mg/d。关于NaCl的补充，全天出汗量在3L以下、3~5L和大于5L时的补充量分别为15g、15~20g和20~25g。若采用盐饮料补充时，其NaCl浓度保持在0.1%比较适宜。有人对大量出汗者试用矿物盐片，效果不错。每片含144mg Na^+、244mg K^+、20mg Ca^{2+}、12mg Mg^{2+}、266mg Cl^-、48mg SO_4^{2-}、445mg 柠檬酸盐、89mg 乳酸盐和119mg 磷酸根离子，每天2~4片，溶于饮料或饮水中摄入，效果比只补充NaCl好，工作效率明显改善。

关于维生素供给问题，主要是水溶性维生素供给量增加，维生素C为150~200mg/d，维生素B_1为2.5~3.0mg/d，维生素B_2在正常值基础上增加1.5~2.5mg/d。同时，维生素A供给量也应提高，按1500μg/d视黄醇当量供给。

（一）能量

关于高温或炎热环境对人体能量代谢的影响，存在下列三种不同的观点：

①人体能量需求与环境温度成反比；

②炎热气候对人体的能量需求影响不大；

③高温环境使能量需求增加。

在上述三种观点中，多年来一直支持第一种认识，认为在炎热气候中人体的能耗降低，这是因为基础代谢能耗降低、因衣着单薄从而也提高了工作效率以及在炎热环境中活动量减少等缘故。

20世纪60—70年代，有人进行了一系列的对比研究，指出炎热环境中能耗增加是与体温上升一起出现的。这个观点十分重要，它可以解释何以会出现上述3种不同的观点。因为高温环境中随炎热程度与体温调节状况的不同，可以出现或不出现体温上升，从而可以有能量代谢的增加或不增加。如果体温上升，则能量代谢就增加。

关于环境温度为多少时皮肤可能出现体温增高和能量代谢增加的问题，通过测定37.8℃、29.4℃和21.2℃三种室温下的人体能耗率可得出结论。结果表明，在21.2~29.4℃时的能耗率没有显著差别，但在29.4~37.8℃时的能耗率有显著差别，因此他们认为在29.4~37.8℃有一个使能耗开始增加的阈值。美国国家研究委员会在修订能量供给量标准时考虑到这些观察结果，推荐在30~40℃的环境温度中，温度每增加1℃需增加能量0.5%。

（二）蛋白质

在高温环境下，大量失水与体温增高，会引起机体内蛋白质分解代谢增高，同时因出汗而出现氮丢失现象。不论是失水还是体温升高，均可引起蛋白质分解代谢增加，此时尿中肌酐排出增加，人体对蛋白质需要量也相应增加。但如果水与矿物元素代谢正常，体温调节情况良好，蛋白质的分解代谢就不会增强。

汗液中含有尿素、氨、氨基酸、肌酐、肌酸和尿酸等含氮物质，每100mL汗液含氮20~70mg。因此，大量出汗会有一定量的氮随汗液丢失。由于人体的适应能力，在汗氮丢失增加的同时尿氮排出量会出现代偿性的减少，而且随着对热环境的适应，汗氮的丢失也会逐渐减少，但这种保护性生理反应有时仍不足以抵消由于出汗量增加所引起的汗氮丢失增加，结果呈现负氮平衡，这在人体尚未习惯于高温的阶段表现得尤为明显。因此，高温环境会引起蛋白质需要量的增加，但多发生在下列一些特定情况中：

①大量出汗而未能及时补充水分，出现失水和体温升高时；

②对于热环境尚未适应，汗氮排出量增加而尿氮尚未代偿性减少时。

通常这两种情况很少发生，或只是短暂地出现，所以高温环境中蛋白质的需要量虽会有所增加，但增加量并不大。

（三）脂肪

有关高温环境中脂肪需要量的研究很少。在膳食调查中，热带地区居民膳食中的脂肪含量很少，但有的脂肪却约占总能量的30%或40%，这显然仅是由于膳食习惯不同所致的。有人提出高脂肪膳食有利于水分在体内的蓄留，但缺乏充分的证据证实高脂肪膳食在提高人体对于热环境耐力中的作用。因此，高温环境中的脂肪量尚无比较肯定的特殊要求，一般应根据个人习惯为宜，过高的脂肪反而会引起厌食。

（四）碳水化合物

关于高温环境对糖代谢影响的报道也很少。一些动物试验表明，高糖饲料有促进热习惯和提高热耐力的作用。将 100~130g 大鼠分成两组，禁食 18h 后，一组给予 1mL 0.2% 的葡萄糖溶液，另一组不给，然后暴露于 （45±1）℃的高温环境中维持 2.5h。结果发现，不给葡萄糖的大鼠，血中葡萄糖、总脂质、磷脂、胆固醇、糖原和大脑中 γ-氨基丁酸降低，而大脑中谷氨酸增加。给予葡萄糖的大鼠除了血糖较高外，所有数值几乎立即恢复正常。不给葡萄糖的大鼠情绪不安，摄水量增加，唾液分泌增多，当给予葡萄糖后行为转为正常。这说明糖对于保持机体在高温下的耐力与健康很重要。

（五）水

在高温或炎热环境下，水与矿物元素的代谢及其补充十分重要，因为此时机体为了散热会大量出汗，最多的可达 1500mL/h，每天高达 10L 以上。汗液含 99% 以上的水和约为 0.3% 的矿物元素（主要是 NaCl），大量出汗会引起大量水与矿物元素的丢失，如出汗多时每天丢失的NaCl 可高达 25g。

在高温环境中保持各种体液正常的含水量，对维持人体内环境稳定和良好的耐力十分重要。体液内的水分对调节正常体温具有重要作用，因为水的比热高，可以吸收较多的热量而本身温度变化不大。同时水的溶解力强，体内许多物质都能溶于水，这对于促进体内各种化学反应十分重要。因大量出汗而失水时，可产生血液浓缩、血浆容量和细胞外液的减少，又由于体温调节障碍而出现体温升高，能量代谢与蛋白质分解代谢增加，心跳加快，以及尿量减少等诸多现象，所有这些都会导致人体疲乏无力、工作效率下降以及热适应能力的显著降低。

（六）矿物元素

1. 钠

氯化钠（主要是 Na⁺），在保持体液的渗透压和酸碱平衡、维持肌肉正常收缩等生理功能中发挥着重要作用。高温下肌体因大量出汗而失盐过多时，可引起矿物元素代谢平衡的紊乱，若只补水而不及时补充盐分就会造成细胞外液渗透压下降、细胞水肿和细胞膜电位显著改变，引起神经肌肉兴奋性增高，导致肌肉痉挛。Na⁺ 是细胞外液的主要阳离子，大量出汗引起的失钠会使人体阳离子总量减少，为了使阴阳离子平衡碳酸相应地减少，因此降低了血浆中碳酸盐缓冲系统的正常比例，使血液 pH 下降，进而引起酸中毒。

与体液相比汗液属于低渗液，如果大量出汗而不补充水使失水大于失矿物元素，到一定程度后，会出现以失水为主的水和矿物元素代谢紊乱，此时肌体会出现出汗减少、体温上升、血液浓缩，出现口干、头昏和心悸症状，严重时可发生周围循环衰竭。如大量出汗只补充水而不补充盐，则出现以缺盐为主的水与矿物元素代谢紊乱，主要表现为肌肉痉挛，即所谓的热痉挛。这两种情况在临床上均称为中暑，是两种不同类型的中暑。因此对于有大量出汗的高温作业者，必须注意水盐的补充。

2. 钾、钙和镁

汗中除了氯化钠外还有钾、钙、镁等多种矿物元素，大量出汗也可引起这些元素的显著损失。汗中这些元素的丢失占机体总排出量的比例为钠 54%~68%、钾 19%~44%、钙 22%~23%、镁 10%~15% 和铁 4%~5%。据报道，在高温机舱中作业的船员，汗中钾的排出量仅次于钠。近年来已提出缺钾可能是引起中暑的原因之一，因此高温作业者的补钾问题应引起重视。

高温作业者不仅会因出汗丢失大量的钾（3.9g/d 以上），而且由于大量出汗时血钠降低，在血容量减少的情况下近肾小球细胞会刺激肾素分泌，通过肾素-血管紧张素-醛固酮作用系统，增加醛固酮的分泌，促进肾脏远曲管对钠的重吸收和钾的排出，使高温作业者的尿钾排出量也显著增加，可达 1.8~2.9g/d。这样由汗和尿排出的钾的总量就会超过摄入量，从而引起钾的负平衡。有鉴于钾对保持人体在高温环境中的耐力和防止中暑的重要作用，有人主张对高温作业者的补盐应采用包括钾在内的含多种矿物元素的无机盐片，而不是单纯地补充氯化钠。钾的补充剂量为 2.6~3.0g/d。

高温环境中因出汗也会使钙排出增加，汗中排出的钙占汗与尿中排出总量的 22%~23%，在 37.8℃ 的高温环境中汗钙排出量每小时可达 20.2mg，在 40~50℃ 高温机舱内连续工作 4h，经汗中排出的钙高达 143~253mg。由于在汗钙排出量增加时尿钙并不减少，尿和汗中钙的排出量都增加往往导致钙代谢负平衡，所以要注意补钙。

3. 微量元素

高温作业由于出汗还会丢失一定数量的铁、锌、铜、锰和硒等微量元素，在某些情况下可加重微量元素的缺乏。如在高温环境中的细纱车间女工，由于出汗多而大量失铁时，会使原来就容易发生的缺铁性贫血更易发生。对于正常生长期的婴儿和青少年，在夏季高温环境中可因出汗多而易引起锌的不足。因此，在考虑高温情况下的营养问题时，应注意微量元素的平衡。

（七）维生素

1. 维生素 C

在高温条件下，体内维生素 C、维生素 B_1、维生素 B_2 和维生素 A 的消耗量增大，需求量也相应增大。

人体汗液中含有一定数量的维生素 C，含量在 0~1100μg/100mL。在维生素 C 摄入量不变的前提下，进入高温环境下机体血浆与血细胞中的维生素 C 含量会降低。我国有人研究报道说，钢铁厂的高温作业工人，每日摄入 84.5mg 维生素 C 仍不能满足生理要求，要增加到 180mg 才够。又如在高温下每日摄入 100mg 维生素 C 即可使血浆维生素 C 达到正常水平（0.8~1.2mg/100mL），但在炎热气候中却需要补充 140mg。

俄国研究认为，在 45~50℃ 中作业的暖房工人，每日需补充 150mg 维生素 C、3mg 维生素 B_1 和 3mg 维生素 B_2 才能满足需求。

2. 维生素 B_1 和维生素 B_2

高温环境下由于出汗会丢失一定量的维生素 B_1，含量在 $0\sim15\mu g/100mL$，此时由尿中排出的维生素 B_1 数量减少。补充维生素 B_1 能增强高温作业者的劳动能力，显著提高机体对于高温的耐力。每人每天给予含有维生素 B_1、维生素 B_2、泛酸钙和维生素 C 的复合片时，能较明显地抑制通常易出现在高温作业中的体重下降情况，而原来伴有的口渴、倦怠、食欲不振、心悸亢进、恶心、眩晕、手指发抖、气喘和头痛等症状也大多消失。

给高温作业者补充维生素 B_2 后，人们对体力与自我感觉都有良好影响。有人提出钢铁厂的高温作业工人要摄入 3.2mg/d 的维生素 B_2 才能基本满足肌体的需要。另有报道，在炎热环境中从事劳动强度较大的体力活动时，除每日由膳食摄入 $0.7\sim0.9mg$ 维生素 B_2 外，还应每 2d 补充 5mg。高温环境中因出汗丢失相当数量的维生素 B_2，其数量甚至比尿中排出的还多。

3. 维生素 A

当环境温度由 25℃升至 34℃时，大鼠血浆与肝脏中维生素 A 的浓度分别下降 54% 和 17%。另有人观察到，进食平衡膳食的船员航行到热带地区时血浆维生素 A 浓度降低，而离开热带后又恢复正常。这说明高温环境增加了人体对维生素 A 的需要量。

（八）具有抗高温功效的典型配料

具有抗高温功效的典型配料如表 11-8 所示。

表 11-8　　　　　　　　　　具有抗高温功效的典型配料

典型配料	生理功效
钠	维持体液渗透压和酸碱平衡，增强抗高温能力
钾	增强高温耐受力，预防中暑
钙	维持机体钙平衡，增强高温耐受力
维生素 C	保证机体对维生素 C 的正常需求，增强高温耐受力
维生素 B_1	增强体力，增强抗高温能力
维生素 B_2	增强体力，增强抗高温能力
维生素 A	保证机体对维生素 A 的正常需求，增强高温耐受力
微量元素	保证机体对微量元素的正常需求，增强高温耐受力
碳水化合物	稳定情绪，促进热习惯，增强高温耐受力
金银花	清热解毒，消暑止渴，增强高温耐受力
菊花	清热明目、消暑止渴，增强高温耐受力
薄荷	清凉止渴，增强高温耐受力
酸梅	生津止渴，清暑开胃，增强高温耐受力
绿豆	消暑止渴，增强高温耐受力

第六节　抗低温功能性食品

由于科学研究和某些作业的特殊需要，有一部分人会长期或阶段性地在低温环境下作业。

如长期处于气温低于 10℃、甚至是 -50~-40℃ 环境中生活或从事寒带作业（如北极科考），或长期在局部低温环境中工作的人员（如制冷业、冷库或空间开发等），机体都会受到寒冷的刺激。开发具有抗低温作用的功能性食品，一定会受到市场的欢迎。

一、低温对人体健康的影响

在寒冷环境下，机体的基础代谢率升高。因寒冷刺激使甲状腺功能增强导致甲状腺素分泌量增加，机体耗氧量增加，体内物质氧化所释放的能量以热的形式由体内向体外散发。例如，在极区生活的人员基础代谢要比在温带居住的人高出 8%~15%，心脏搏出量和血压都上升。机体在冷环境中的胃液分泌量和酸度都提高，使胃在较长时间处于排空状态，人员工作效率下降，同时易发生冻伤。

二、抗低温功能性食品的开发

（一）能量

在低温条件下，机体的能耗上升。我国研究认为，人体在低温下基础代谢增加 5%~17%，总能量增加 5%~25%。国外有人对北极地区爱斯基摩人等土著居民的研究认为，其基础代谢比温带地区高 10%~30%。但这种基础代谢的增加幅度，似与居民在低温环境下居住的时间长短有着明显关系。据报道，到北极生活的人在最初 2 年内基础代谢提高了 25%，但生活了 7~17 年后则只比温带居民高出 10%~15%。

低温下甲状腺素分泌量增加，体内物质氧化所释放的能量不以 ATP 形式储存，而以热的形式向体外释放。同时，体内三羧酸循环增强，涉及呼吸链的琥珀酸脱氢酶或细胞色素氧化酶等酶的活力提高，这样必然会增强机体的产热能力。此外，我国北方地区人群的机体发育水平普遍比南方地区高，明显标志是体重与身高数值均大，因此所需的能量也多。

低温环境下居民能量需求量提高，一般情况基础代谢以提高 10%~15% 计。我国成年居民的能量供给量，东北地区比中部和南方地区，仅因气候地理因素影响一项应分别提高 7%~8% 和 5%。苏联医学科学院曾对外贝加尔州有 10 年以上工龄的熟练机械工人（32~45 岁）进行研究，以气体代谢法测定其能量消耗量，认为夏季每人平均能量消耗不超过 13380kJ/d，而冬季每人平均能量消耗为 14630kJ/d，即该人群冬季比夏季总能耗高约 10%。另据苏联的报道，北极凿冰者及手工捕鱼者的总能耗分别为 20060kJ/d 和 23410kJ/d，均高于常温下同等强度的劳动者。

（二）蛋白质、脂肪和碳水化合物

低温环境中，机体在代谢方面最具特征的改变，是以由碳水化合物供能为主，逐步过渡到以蛋白质、脂肪供能为主。试验表明，动物暴寒初期肝与肌肉糖原迅速减少，血糖上升，此时饲以高碳水化合物饲料，小鼠短期内的耐寒能力增强。但如果持续暴寒，肌体则明显转变为以脂肪和蛋白质供能为主，糖原异生作用增强，血清中有关碳水化合物代谢的酶活性下降，而动员脂肪作用的酶活性上升。

这种供能代谢方式的改变，既因为体内酶谱结构的改变，也因为生活在低温环境中的人其膳食结构相应地改变为以蛋白质、脂肪为主。而这些适应低温环境的人群，尽管大量摄入高蛋白、高脂肪的膳食，但其血清中总脂质含量、胆固醇含量、低密度脂蛋白与极低密度脂蛋白含量，都比非低温环境下相同膳食条件的人群为低。这说明这种体内供能代谢方式的改变，是建立在体内酶谱结构对低温环境全面适应的基础上。

　　尽管在低温条件下对膳食蛋白质的供给量不要求过高，只要达到正常供给量的上限即可，但某些氨基酸对机体的寒冷适应过程可能有益，其中报道较多的是甲硫氨酸。甲硫氨酸经甲基转移作用可提供一系列适应寒冷环境所必需的甲基，如肉碱的合成等，肉碱是蛋白脂肪供能代谢中与脂酸磷酸结合、通过线粒体膜释放能量所必需的一种物质。甲硫氨酸还提供形成脱氢酶所必需的巯基。

　　对 6 名 22~27 岁在低温下工作 30min、60min 和 90min 的男子观察发现，工作后皮肤温度、直肠温度均比常温条件下低，此时其血浆中游离脂肪酸、血中葡萄糖、乳酸、血红蛋白和红细胞压积均有显著升高，但呼吸频率下降。这表明，人体在低温下活动的代谢特点之一是优先利用脂肪。

　　在确定能量供给量的前提下，尚需进一步考虑蛋白质、脂肪与碳水化合物的比例。低温条件与常温明显不同的是膳食中碳水化合物应适当降低，蛋白质正常或略高，脂肪则应适当提高。但对低温尚未适应者仍应保持碳水化合物的适当热比，脂肪所占的比例不宜过高，以免发生高脂血症及酮尿。

　　美国曾规定低温地区的士兵（平均体重 70kg），膳食中蛋白质占总能量的 14.6%，脂肪占 36.6%，碳水化合物占 48.8%。苏联规定，低温条件下的轻体力劳动者（男，平均体重 70kg），食物总能量中蛋白质占 15%，脂肪 35%，碳水化合物 50%。北极土著人膳食中蛋白质与脂肪比例更高，亚库梯人每日食肉 800~1000g，膳食中蛋白质 250~300g，脂肪 100~120g，碳水化合物 250~300g，膳食能量摄取量 12540~13380kJ/d，其蛋白质、脂肪与碳水化合物的供能比分别为 30%~35%、30% 和 30%~35%。北极的楚科奇人每日膳食中摄取蛋白质 300~350g、脂肪 150~160g，而碳水化合物只有 75~90g，其供能比分别约为 40%、45% 和 15%。苏联北极调查队曾报道，在北极长期定居者中的亚洲人比上述亚库梯人和楚科奇人的碳水化合物摄取量要高得多，蛋白质摄取量只占总能量的 14%~15%。

（三）维生素

　　水溶性维生素在体内的代谢水平存在夏季偏低、冬季偏高的现象。据报道，到北极劳动的 20~24 岁建筑工人，最初 2 年内血中丙酮酸与乳酸含量上升、血糖较高，有维生素 B_1 不足征象，这很可能是能量需要量增加的一种附属现象。有人认为所谓的北极喘息，实际上是由维生素 B_1 不足引起的。但也有人认为，肌体会在低温下随着产热方式的不同，由碳水化合物型转变为蛋白质脂肪型，节省了维生素 B_1 的消耗量，表现为血中维生素 B_1 含量低而尿中排出量高。还有人观察到经历暴寒的动物给予 10mg 维生素 B_2 要比只给 5mg 的存活率高。

　　可以肯定，维生素 C 对经历暴寒的机体有保护作用。维生素 C 可缓和肾上腺对低温的应激反应，使直肠温度下降减慢。猴子试验表明，维生素 C 可增强猴的耐寒性，在 −20℃ 给予 325mg 维生素 C 猴子的直肠温度下降程度要小于给予 25mg 者，人体试验结果与之相似。低温环境可使血中维生素 C 含量水平下降，尿中维生素 C 排出量减少。有人观察 19~25 岁的水手，认为寒冷条件下膳食中维生素 C 供给量应为 96.9mg/d。还有一些报道认为，烟酸、维生素 B_6 与泛酸对机体暴寒也有一定的保护作用。

　　关于脂溶性维生素在暴寒机体中作用的研究相对少些。Phillips 报道，低温下维生素 A 的需要量增高，在南极越冬者其体内维生素 A 的含量水平降低。在低温下，由于日照减少及食物来源的限制，常见维生素 D 和钙、磷不足，易导致佝偻病、化骨迟缓和骨折愈合障碍等。如上所述，初到北极的人在最初 3 年内，其血中钙含量水平低于当地土著人。成人、3~17 岁儿童和少年，在低温下血液均表现为低钙高磷含量，在冬春季更为明显。低温环境中，由于日照减少还会使血清中维生素 D 含量下降，如常温下血清中的 25-羟基维生素 D_3 含量为 30~40μg/L，而在低温下则降至 15~20μg/L。

低温条件下各种维生素的需求量增加，有人估计提高 30%~50%。表 11-9 所示为俄罗斯对寒冷地区居民维生素的推荐量。至于其他维生素需要量，有人建议寒冷地区居民每天应摄入 10~15mg 泛酸、2~3μg 维生素 B_{12}、1~2mg 叶酸、200~300mg 生物素、0.5~1g 胆碱、15~20mg 维生素 E、200~300mg 维生素 K 和 5~6g 必需不饱和脂肪酸。

表 11-9 俄罗斯寒冷地区居民的维生素供给量 单位：mg

人群类别	维生素 A	维生素 B_1	维生素 B_2	维生素 C	烟酸	维生素 B_6
中等劳动	1500	2	2.5	70	15	2
重劳动或高度神经精神紧张	1500	2.5	3	100	20	2
极重劳动或极度神经精神紧张	1500	3	3.5	120	25	2
16~22 岁青年	1500	2.5	7.5	70	25	2

注：维生素 A 单位为"μg 视黄醇"。

在寒冷地区居民的营养保健上，维生素 C 具有特殊重要作用。寒冷刺激肾上腺功能亢进出现腺体代偿性肥大，导致维生素 C 在体组织与体液中含量下降，大剂量的维生素 C 可缓解这些变化。在营养调查中发现，我国寒冷地区使人体达到维生素 C 饱和状态所需的数量要比温暖地区明显增多。国外也报道过类似情况，认为北极地区居民血液中维生素 C 含量显著降低，建议轻体力劳动者维生素 C 供给量为 100mg/d，每日总能量 16720kJ 者维生素摄入量为 150mg，还有人建议维生素 C 摄入量为 200mg/d。美国和加拿大建议在北极工作人员，每日维生素 C 供给量为 500mg。

（四） 水与矿物元素

在低温环境中，水与矿物元素的代谢发生着明显的变化。有人报道，工作人员到北极工作的最初 3~4 个月会出现多尿，一昼夜排尿可达 3500mL，其中含氯化物达 18g 之多，以致血液容积减少、皮肤黏膜干燥，血液中锌、镁、钙和钠含量下降，但血铁与血钾没有变化，血铜甚至稍高。另有报道，在类似于上面的条件下，人体内血浆及血红细胞的钠含量上升，由体内排出的钠量也增多，血红细胞的钾含量会下降。

低温条件下的食盐摄取量应稍提高，否则钠含量不足将使基础代谢水平降低，不利于寒冷条件下机体的能量平衡。寒冷条件下血钙含量偏低，有报道外来人到南北极的最初 3 年里其血钙水平要低于土著人，已知原因包括膳食不平衡、钙磷比例不适当和以矿物元素贫乏的冰雪为水源等。主要以冰雪为水源的机体也常见碘与氟的缺乏，以致肌体出现甲状腺肿大与龋齿。因此在该类地区对饮用水进行矿物元素的强化是很有必要的。

在寒冷地区常出现矿物元素与微量元素缺乏的现象，应特别注意补充。究其原因主要有以下几方面。

对寒冷地区的调查发现，钙、钠、镁、锌、碘和氟等多种元素不足，但其中最为普遍、应引起特别注意的是钙和钠。由于钙来源不足、日照时间短、维生素 D 作用受限等诸多因素，会造成寒冷地区的人缺钙现象普遍，佝偻病的发病率有明显的地理气候特征。寒冷地区居民的钠需要量提高，食盐摄入量增多，故我国素有"南甜北咸"的说法。苏联调查北纬 72°居民食盐摄入量冬季为（29.6 ±1.8）g，夏季为（27.3 ±1.4）g，相当于温带居民摄入量的 2 倍，但却未见明显的高血压多发。

根据寒冷地区居民对矿物元素与微量元素的需要，除钠供给量应予以提高外，其余元素的供给量是否应与温带地区有所不同，至今尚无一致的意见。至于寒冷地区比较多发的矿物元素与微量元素缺乏症，如佝偻病、骨软化病、甲状腺肿、龋齿、缺铁性贫血、缺锌发育不良等，主要应从食物来源和提高其生物利用率上来解决，也可有目的地适当补充些矿物元素或适宜食用的功能性食品。

（五）具有抗低温功效的典型配料

具有抗低温功效的典型配料，如表 11-10 所示。

表 11-10   具有抗低温功效的典型配料

典型配料	生理功效
维生素 B_1	提高抗低温能力
维生素 C	提高机体对低温的适应力，增强低温耐受力
维生素 A	增强抗低温能力
钙	保证机体钙平衡，增强低温耐受力
钠	维持机体基础代谢水平，增强低温耐受力
蛋氨酸	提高抗低温能力
碳水化合物	提供能量，增强低温耐受力
碘	促进甲状腺素合成，增加体能
酪氨酸	促进甲状腺素合成，增加体能
L-肉碱	增加体能，减肥，抗疲劳，促进婴儿生长发育
丙酮酸盐	增加体能，减肥
吡啶甲酸铬	增加体能，减肥，调节血糖
辣椒素	增加体能，减肥

第七节 耐噪声振动功能性食品

由生产性因素而产生的一切声音都称为生产性噪声或工业噪声，它是由各种不同频率、不同强度的声音杂乱无规律地组合在一起形成的。振动是指物体在力的作用下，沿直线或弧线经过某一中心位置来回往复的运动。在生产过程中振动往往伴有噪声，噪声也常随机械振动产生。噪声波及面较广，附近的非作业人员也会感受到，而振动的职业性较强，通常只对操作人员产生影响。

一、噪声、振动对人体健康的危害

噪声对机体的危害主要是听觉系统的损伤，如听力下降，重者可导致噪声性耳聋（这是一种慢性退行性病变过程），此外还会使神经系统、心血管、消化系统与内分泌系统受到影响。在噪声的作用下，肌体会出现睡眠障碍、燥性神经衰弱症、心率加快、胃功能紊乱、胃液分泌减少、肾上腺皮质功能增强等，对女性来说还会出现月经失调现象。因此，噪声对机体的影响是全身性的。

振动对机体的影响也是全身性的，常以神经系统的变化为主，表现为大脑皮层功能下降、末梢神经感觉迟钝，热觉、痛觉、触觉等功能下降，交感神经功能亢进，出现组织营养障碍等。对心血管系统的影响则表现为周围毛细血管形态与张力的改变，心动过缓、窦性心律不齐及房室间传导阻滞，并可出现左心室前壁灶样改变。肌肉组织、骨组织及免疫系统均可因振动而受影响，出现肌肉萎缩、握力下降、骨质增生、疏松或骨关节变形等，严重者可出现脚部骨皮质异常。此外，由于前庭和内脏的反射作用，还会引起皮肤温度下降、脸色苍白、冷汗、唾液分泌增加、恶心呕吐等。

二、耐噪声振动功能性食品的开发

（一）蛋白质与氨基酸

初期接受振动刺激的大鼠，因蛋白质分解代谢增强、尿氮排出量增加而出现氮的负平衡，此时动物的生长速度减慢。在饲料中补充丰富的高质量蛋白质，对机体有保护作用。

在噪声刺激下进食后，血中谷氨酸、色氨酸、赖氨酸与组氨酸的浓度较对照组低，其中谷氨酸下降最为明显。这可能是由于在外界因素刺激下，中枢神经兴奋会引起机体分解代谢加强，从而促进了蛋白质、氨基酸及其他含氮物质的分解，使氨产生量也增加。已知脑组织中氨基酸的代谢非常活跃，尤以谷氨酸为主。由噪声和振动刺激引起的神经系统兴奋，会使脑中氨的产量增加，因此需要有更多的谷氨酸在谷氨酰胺合成酶的催化作用下与氨形成谷氨酰胺，从而实现氨的解毒与转运。

谷氨酸还与神经系统的兴奋或抑制有关。谷氨酸在谷氨酸脱羧酶（以维生素 B_6 为辅酶）作用下会脱去羧基转变为 γ-氨基丁酸，后者为神经系统的主要抑制性递质，调节着神经系统的兴奋与抑制过程。此外，谷氨酸还参与谷胱甘肽的合成。谷胱甘肽是一种重要的含巯基物质，可保护细胞膜及巯基酶的活性。因此，接触噪声的工作人员，通过适量补充些氨基酸特别是谷氨酸可起到明显的保护肌体作用。

受振动影响的大鼠，还会出现脯氨酸与羟脯氨酸的代谢障碍。振动病患者尿中的羟脯氨酸含量，较正常人明显增高。一般认为，尿中羟脯氨酸的排出量，可直接反映机体内胶原代谢状况。在某些胶原性疾病时，尿中羟脯氨酸增加。因此，振动刺激可影响到胶原代谢。维生素 C 催化羟脯氨酸的羟化过程，可参与胶原蛋白的代谢，故这一代谢的加强会引起维生素 C 消耗量的增加。此外，在噪声干扰下喂养的大鼠，人们发现动物体液有酸中毒的趋向，并有骨骼的变化。

（二）维生素

噪声刺激可使机体内水溶性维生素的消耗量增加，从而导致有关维生素的不足或缺乏。

用大鼠进行试验，在噪声刺激下，动物的某些内脏中维生素 B_1 含量降低，其中脑内可减少一半。同时，尿中维生素 B_1 排出量约增加30%。观察噪声对大鼠各组织器官中维生素 B_1 水平的影响，发现肝、肾、心、脑、肠及肌肉中的含量分别降低为原有的57.5%、55%、59.4%、69.7%、58.3%和72%。有人用3000Hz、115方的噪声每天8h刺激大鼠35d，在第1周时动物

尿中维生素 B_1 有所增加，10d 后开始减少，第 3 周时基本保持不变；血中维生素 B_1 的浓度变化不大；肝、肾、脑、肠中维生素 B_1 降低较为明显。西田用同样条件作用于大鼠观察维生素 B_6 的变化情况，开始时内脏中含量逐渐降低，2 周后达到最低值，以后又逐渐升高直至正常水平；尿中维生素 B_6 于初期增加，1 周后达到最高值，以后不断下降，2 周后达到最低值，然后再逐渐升高至正常水平。这一变化规律似与机体对噪声刺激的适应有关。

噪声可使大鼠各器官中维生素 C 的含量降低，并使维生素 C 在尿中排出量减少。苏联有人以每天 4h 噪声刺激豚鼠共 21d，试验的头 2 周每天给予 25mg 维生素 C，对照组动物尿中维生素 C 排出量略高于试验组；后 1 周每日给予 100mg 维生素 C，对照组维生素 C 排出量显著高于试验组。结果证明，噪声可增加机体维生素 C 的消耗，噪声强度越大，尿中维生素 C 的排出量越低。

人体在生产噪声刺激下，尿中维生素 B_1、维生素 B_2、维生素 B_6、维生素 C 与烟酸的排出量也都呈降低趋势。我国对塑料厂挡车工的调查表明，当环境噪声为 104dB 时工人体内维生素 B_1、维生素 B_2 和维生素 C 水平显著低于对照组。海军医学研究所进行的一项人体试验，受试组每天有 8h 生活于 95~110dB 的噪声和温度为 35℃ 的环境中，其余时间生活于 75dB 和 25℃ 的环境，对照组除噪声为 75dB 外其余条件相同。结果发现，受试组的食欲较对照组差，各种维生素的需要量较对照组有所增加，并从第 3 周开始陆续出现维生素 B_2 缺乏症状，当补充复合维生素后尿中维生素排出量才明显升高。

振动对机体维生素代谢的影响与噪声相似。接触全身振动的工人，血和尿中维生素 B_1、维生素 B_2、维生素 C 和烟酸的含量均降低，振动频率与振幅越大维生素代谢紊乱的程度也越加严重。

（三）矿物元素

经常接受振动作业的工人，除血浆清蛋白降低和球蛋白增高外，还有血钾、血磷降低和血钙升高的现象。有人认为，钙平衡及其调节障碍是局部振动病（Segmental vibration disease）发病的重要因素之一。该病早期凝血活性增高，有形成血栓的倾向，晚期由于肝功能受损和组织缺氧，凝血活性又可降低。有人研究振动病患者手指皮肤的结构、代谢及酶活性的改变，发现患者主要表现有血管硬化、神经和感受器营养不良、酶活性及核蛋白、色氨酸、组氨酸、巯基和磷脂等含量的改变，这些改变与病情的严重程度相关。

对于接触噪声与振动的工人，膳食中应供给足够的能量、优质丰富的蛋白质、适当补充谷氨酸、赖氨酸，并提高维生素 B 族与维生素 C 的供给量。

（四）具有耐噪声振动功效的典型配料

具有耐噪声振动功效的典型配料，如表 11-11 所示。

表 11-11　　　　　　　　　　具有耐噪声振动功效的典型配料

典型配料	生理功效
维生素 C	保证机体对维生素 C 的需求，增强耐噪声振动能力
维生素 B_1	保证机体对维生素 B_1 的需求，增强耐噪声振动能力
维生素 B_2	保证机体对维生素 B_2 的需求，增强耐噪声振动能力
钙	维持体内钙平衡，增强耐振动能力

续表

典型配料	生理功效
优质蛋白	防止负氮平衡，增强噪声振动耐受力
咖啡因	降低噪声对听觉系统的损伤
谷氨酸	保护细胞膜，减轻噪声对机体的伤害

第八节　清咽润喉功能性食品

不良外环境的刺激，机体抵抗力下降，过度使用声带，吸烟、饮酒等不良生活习惯，以及暴露在不卫生的空气环境中，都容易导致患急慢性咽喉炎和咽喉不适，而且迁延难愈。经常食用清咽润喉功能性食品可起到缓解症状和辅助改善体征的功效。

一、咽喉发炎的机理与症状

（一）中医理论

中医将咽喉炎称为"喉痹"，病证分为两种，一种由感受寒热之邪或肺胃有热而致，正如《重楼玉钥》所云："夫咽喉者，先于肺胃之上……肺胃平和，则体安身泰，一存风邪热毒结于内，传在经络，结于三焦，气滞血凝，不得舒畅，故令咽喉诸症种种而发"。该病的发生既有内因，也有外因。内因是平素肺胃蕴热，外因是感于风邪、疫疠之气。表现为发音困难，甚至嘶哑、咽喉肿胀、疼痛、干燥、有灼热感及咽食不畅，伴有口干、舌燥、大便干结且难以排出；近年来，随着生活水平的不断提高，人们的食谱也在不断地变化，各种饮品和小食品不仅大多热量高，且含有大量的食品添加剂、色素等化学物质，极易化热化火，致使脾胃蕴热。且该类食品，或甜或咸或辛辣，易产生咽部刺激症状。该病一部分与感染有关，但还有相当一部分与甜咸酸辣凉等刺激因素有关。

另一种由脏腑虚弱（肺阴、肾阴不足、肺脾两虚）而致，表现为声音长时间嘶哑、体虚乏力、咽喉微痛、热感或咽喉发痒，并伴有乏力、手足热、口干等症，中医学称为"慢喉痹"。

（二）西医理论

西医认为：人体的口腔、咽喉常潜伏着条件致病菌，常见的有溶血性链球菌、肺炎双球菌、金黄色葡萄球菌、大肠杆菌及一些真菌或厌氧菌，在一般情况下不易发病，这是因为作为人体呼吸和消化系统"门卫"的咽壁长有丰富的淋巴组织，可以有效地阻止细菌、病毒等病原微生物的侵入。但当体内环境发生改变，如感冒、失眠、疲乏、着凉或机体抵抗力下降时，菌群间平衡就会失调，潜伏的条件致病菌大量繁殖可致咽喉受到感染，出现红肿、充血、发干和疼痛等症状，表现为咽喉黏膜、黏膜下组织及淋巴组织的弥漫性炎症，即咽喉炎（嗓子痛），常分为急性和慢性两种。

急性咽喉炎常由溶血性链球菌引起，另外，肺炎双球菌、金黄色葡萄球菌、流感病毒或其他病毒也可致病，其他一些物理化学因素（如高温、粉尘、刺激性气体等）也易导致咽黏膜、黏膜下组织和淋巴组织出现急性炎症。急性咽喉炎多继发于急性鼻炎、急性鼻窦炎或急性扁桃体炎，病变常波及整个咽腔，也可局限一处；急性咽喉炎也常是麻疹、流感、猩红热等传染病的并发症。急性咽喉炎患者常感觉喉内干痒、灼热或轻度疼痛，且可迅速出现声音粗糙或嘶哑的症状，并常伴有发热、干咳或有少量黏液咳出，甚至可出现吸气困难症状，尤以夜间明显，如张开口腔检查则可见咽部红肿充血、颈部淋巴结肿大。严重者可出现水肿，甚至可阻塞咽喉导致呼吸困难。

慢性咽喉炎多由急性咽喉炎反复发作、过度使用声带或吸烟等刺激所致；或继发于全身性慢性疾病，如贫血、便秘、下呼吸道炎症、心血管病等。慢性咽喉炎常有咽喉部不适、干燥、发痒、疼痛或有异物感（总想不断地清理嗓子）等症状。有时常会在清晨起床后吐出微量的稀痰，并伴有声音嘶哑（往往一会儿便稍加清晰）、刺激性咳嗽等症状，且多在疲劳和使用声带后加重。体检时可见咽部黏膜充血，悬雍垂轻度水肿，咽后壁淋巴滤泡较多、较粗和较红，但机体不发热。慢性咽喉炎的病程长，常反复发作，不易治愈。

二、清咽润喉功能性食品的开发

基于中医学理论，清咽润喉功能性食品往往具有清热解毒、消炎杀菌、滋阴补虚、健脾益气等作用，目前多以中药作为其中的功效成分。

松果菊全草含有多羟基酚类、菊苣酸和菊糖，松果菊的用途十分广泛，可以治疗各种炎症和感染，其疗效得到了临床的肯定。动物实验表明，松果菊中所含的烷基酰胺类、链烯酮、菊苣酸能够增加粒细胞和巨噬细胞的活性。松果菊多糖类可增强巨噬细胞的吞噬作用，对 T 细胞增殖有促进作用，松果菊醇提物刺激巨噬细胞产生大量免疫增效因子，如肿瘤坏死因子、干扰素、白介素等。

石斛，多年生附生草本，多附生于高山岩石或森林中的树干上，石斛碱及石斛胺是其主要有效成分。它有生津益胃、清热养阴的功能，治疗热伤津、口干烦渴疗效显著。石斛、连翘、射干，水煎服，治疗慢性咽炎疗效极佳。采用由石斛、玄参等组成的冲剂治疗患者慢性咽炎，有效率达 95.3%。

板蓝根、金银花、黄芩具有抗菌及清热解毒作用，板蓝根水浸液对枯草杆菌、金黄色葡萄球菌、八联球菌、大肠杆菌、伤寒杆菌、痢疾杆菌等都有抑制作用；金银花味甘性寒，含木犀草素、异绿原酸、肌醇、挥发油，其抑菌作用与板蓝根相似；黄芩也有较广的抗菌谱，在试管内对痢疾杆菌、白喉杆菌、绿脓杆菌、葡萄球菌、链球菌等均有抑制作用。其中，黄芩中黄芩苷及黄芩苷元且具有抗炎及抗变态反应作用，对豚鼠离体气管过敏性收缩及整体动物过敏性气喘均有缓解作用。鱼腥草对金黄色葡萄球菌、变形杆菌、白喉杆菌有抑制作用。射干、牛蒡子、玄参、赤芍、蝉蜕等也均有明显的抗菌、抑制变态反应作用。地胆头味苦、辛，性微寒，有消炎、利尿和抗细菌作用。体外试验对金黄色葡萄球菌、链球菌等有不同程度的抑制作用，临床应用于急性炎症的治疗。

罗汉果水提物有化痰镇咳平喘作用，它对二氧化硫诱发小鼠咳嗽均有明显镇咳作用；对小鼠气管酚红排泌量和大鼠排痰量均有明显增加，有较好的祛痰作用，能促进青蛙食道黏液移动。以罗汉果制成的咽喉片对小鼠棉球肉芽肿的形成，二甲苯致小鼠耳壳水肿及角叉菜胶引起的足肿胀具有明显的抑制作用。体外实验表明罗汉果水提物对 5 种菌株有明显抑菌作用。

桔梗可使麻醉犬呼吸道黏液分泌量增加，作用可与氯化氨相比，其祛痰作用主要由于其中所含皂苷引起，小剂量时能刺激胃黏膜，引起轻度恶心，因而反射性地增加支气管的分泌。

冬凌草具有清热解毒、消炎止痛、健胃活血之效。抑菌试验证明，冬凌草对甲型、乙型溶血性链球菌和金黄色葡萄球菌均有抑制作用。临床试验证明冬凌草对食管癌、贲门癌、肝癌、乳腺癌等有一定疗效，使患者症状缓解、瘤体稳定或缩小，可延长患者生命；对化脓性扁桃体炎，急、慢性咽喉炎及慢性气管炎等也有良好疗效。

胖大海又名大海子或通大海，性味甘淡寒，入肺与大肠二经，可清宣肺气、利咽解毒，适于因风热邪毒引起的音哑，不适用于因烟酒过度引起的嘶哑，对于一些突然失音或脾虚者，还会导致咽喉疼痛。

麦冬别名是麦门冬、沿阶草、阔叶麦冬、大麦冬等，为百合科麦冬属及沿阶草属植物，块根中含有多种甾体皂苷。性微寒，味甘、微苦。现代医学认为麦冬具有强心、利尿、抗菌作用。主治热病伤津、心烦、口渴、咽干、肺热燥咳、肺结核咯血、咽喉痛等症。

青果（橄榄）涩酸性平，有清肺热、利咽喉的功效。

菊花具清热解毒作用，甘草具有解毒化痰作用。

从草珊瑚中提取反丁烯二酸，对咽部干燥、发痒、疼痛及咳嗽等症状有缓解作用，对咽部充血、滤泡增生及黏膜水肿等症有改善作用。

山豆根味苦性寒，入肺经，除清热解毒，治咽喉肿痛外，具镇痛、镇咳、降压、抗癌等活性。

枇杷叶可治肺热燥火所致之咳痰黄黏，咯血咽干。

杏仁降气止咳平喘，润肠通便。用于咳嗽气喘、胸满痰多、血虚津枯、肠燥便秘等症。

冰片，辛、苦、微寒，归心经，清热止痛，善治目赤肿痛、咽喉肿痛。

川贝母，味苦、甘，入肺、心经，有化痰止咳、清热散结的作用；梨味甘，性寒，入肺经，有清热、化痰、止咳的作用；栀子味苦，性寒，入肝、肺、胃、三焦经，有清热解毒功效。

具有清咽润喉功效的典型配料，如表 11-12 所示。

表 11-12 具有清咽润喉功效的典型配料

典型配料	生理功效
罗汉果	化痰镇咳平喘
松果菊全草	消除各种炎症和感染
石斛碱	生津益胃，清热养阴
板蓝根	抗菌消炎
金银花	抗菌
黄芩	抗菌
桔梗	祛痰
冬凌草	清热解毒，消炎止痛，健胃活血
菊花	清热解毒
甘草	解毒化痰
胖大海	清宣肺气，利咽解毒

续表

典型配料	生理功效
青果	清肺热，利咽喉
川贝母	化痰止咳，清热散结
冰片	清热止痛，治疗咽喉肿痛
麦门冬	肺热燥咳，肺结核咯血，咽喉痛
山豆根	清热解毒，治咽喉肿痛
枇杷叶	治肺热燥火所致之咳痰黄黏，咯血咽干

🔍 思考题

1. 简述铅对机体健康的毒害性。
2. 分别说明维生素 B、维生素 C、维生素 E 对机体铅水平的影响。
3. 试举出至少 4 种具有抗辐射功效的典型配料，并说明如何评价它们的功能。
4. 为什么碳水化合物对缺氧耐力有改善作用？
5. 列出 5~8 种具有清咽润喉功效的典型配料。

第十二章

CHAPTER

营养素补充剂和低能量食品

12

[学习目标]

1. 掌握营养补充剂和低能量食品的定义。
2. 掌握营养素补充剂的种类、用量以及经典配方。
3. 掌握低能量食品的开发原理和技术关键。

营养素补充剂的营养成分简单明确，在国外很受欢迎，在我国的发展也很快。低能量食品是降低摄入食品中所包含的能量，是目前食品工业的另一个重要发展方向。营养素补充剂、低能量食品和功能性食品有一定的关联，我国将营养素补充剂纳入功能性食品（保健）食品范畴内进行管理。这三类产品的目的都一样，都要求提供给消费者健康、安全的产品，都要求产品有利于消费者的身体健康。

第一节　营养素补充剂

维生素和矿物元素对人体具有重要的生理作用，单独以一种或数种天然或化学合成的营养素为主要原料制造的食品，称为营养素补充剂（Dietary supplements）。营养素补充剂是指以补充维生素、矿物质为目的，但不以提供能量为目的的产品，其作用是补充膳食供给的不足，预防肌体营养缺乏和降低肌体发生某些慢性退行性疾病的危险性。

一、营养素补充剂的种类和用量

营养素补充剂适宜人群为成人时，其维生素、矿物质的每日推荐摄入量应当符合表12-1的规定；适宜人群为孕妇、乳母以及18岁以下人群时，其维生素、矿物质每日推荐摄入量应控制在我国该人群该种营养素推荐摄入量（RNIs或AIs）的1/3~2/3水平。在国内外，这类成分简单明确的产品，倍受欢迎。

营养素补充剂以补充人体相应营养素摄入为目的，不得声称具有其他特定保健功能。其原料和保健功能应符合国家相关规定，参见表 12-2 和表 12-3。营养素补充剂的生物学功效参见表 12-4。

表 12-1　　　　　　　　　　　　　　维生素、矿物质的种类和用量

名称	最低量	最高量
钙	250mg/d	1000mg/d
镁	100mg/d	300mg/d
钾	600mg/d	2000mg/d
铁	5mg/d	20mg/d
锌	3mg/d	20mg/d
硒	15μg/d	100μg/d
铬	15μg/d	150μg/d
铜	0.3mg/d	1.5mg/d
锰	1.0mg/d	3.0mg/d
钼	20μg/d	60μg/d
维生素 A	250μg RE/d	800μg RE/d
β-胡萝卜素	1.5mg/d	7.5mg/d
维生素 D	1.5μg/d	15μg/d
维生素 E（合成，以 α-生育酚当量计）	5mg α-TE/d	150mg α-TE/d
维生素 E（天然，以 α-生育酚当量计）	10mg α-TE/d	150mg α-TE/d
维生素 K	20μg/d	100μg/d
维生素 B_1	0.5mg/d	20mg/d
维生素 B_2	0.5mg/d	20mg/d
烟酸	5mg/d	15mg/d
烟酰胺	5mg/d	50mg/d
维生素 B_6	0.5mg/d	10mg/d
叶酸	100μg/d	400μg/d
维生素 B_{12}	1μg/d	10μg/d
泛酸	2mg/d	20mg/d
胆碱	150mg/d	1500mg/d
生物素	10μg/d	100μg/d
维生素 C	30mg/d	500mg/d

注：（1）此表的用量为成人用量。

（2）18 岁以下人群、孕妇、乳母等特殊人群补充维生素 A 的产品，以 β-胡萝卜素为原料时，维生素 A、β-胡萝卜素合计计算，均以"微克视黄醇当量 μgRE"标示，即维生素 A（μg RE）＝维生素 A（μg）＋β-胡萝卜素（μg）/2。

表12-2　营养素补充剂原料目录

营养素	化合物名称	原料名称（标准依据）	适用范围	功效成分	每日用量 适宜人群	每日用量 最低值	每日用量 最高值	功效
钙	碳酸钙	GB 1886.214—2016《碳酸钙（包括轻质和重质碳酸钙）》	所有人群	Ca（以Ca计，mg）	1~3	120	500	补充钙
	醋酸钙	GB 1903.15—2016《醋酸钙（乙酸钙）》	4岁以上人群		4~6	150	700	
	氯化钙	GB 1886.45—2016《氯化钙》	所有人群		7~10	200	800	
	柠檬酸钙	GB 17203—1988《柠檬酸钙》	所有人群		11~13	250	1000	
	葡萄糖酸钙	GB 15571—2010《葡萄糖酸钙》	所有人群		14~17	200	800	
	乳酸钙	GB 1886.21—2016《乳酸钙》	4岁以上人群		成人	200	1000	
	磷酸氢钙	GB 1886.3—2016《磷酸氢钙》	所有人群		孕妇	200	800	
	磷酸二氢钙	GB 25559—2010《磷酸二氢钙》	4岁以上人群					
	磷酸三钙（磷酸钙）	GB 25558—2010《磷酸三钙》	所有人群		乳母	200	1000	
	硫酸钙	GB 1886.6—2016《硫酸钙》	所有人群					
	L-乳酸钙	GB 25555—2010《L-乳酸钙》	所有人群					
	甘油磷酸钙	中国药典《甘油磷酸钙》	4岁以上人群					
镁	碳酸镁	GB 25587—2010《碳酸镁》	所有人群	Mg（以Mg计，mg）	4~6	30	200	补充镁
	硫酸镁	GB 29207—2012《硫酸镁》	所有人群		7~10	45	250	
					11~13	60	300	
	氧化镁	GB 1886.216—2016《氧化镁（包括重质和轻质）》	所有人群		14~17	65	300	
	氯化镁	GB 25584—2010《氯化镁》	所有人群		成人	65	350	
	L-苏糖酸镁	卫生计生委公告 2016年第8号	所有人群		孕妇	70	350	
					乳母	70	400	

营养素	化合物来源	标准	适用人群	营养素（计量单位）	人群		备注
钾	磷酸氢二钾	GB 25561—2010《磷酸氢二钾》	所有人群	K（以 K 计，mg）	4~6	250　1200	补充钾
	磷酸二氢钾	GB 25560—2010《磷酸二氢钾》	所有人群		7~10	300　1500	
	氯化钾	GB 25585—2010《氯化钾》	所有人群		11~13	400　2000	
	柠檬酸钾	GB 1886.74—2015《柠檬酸钾》	所有人群		14~17	400　2200	
					成人	400　2000	
	碳酸钾	GB 25588—2010《碳酸钾》	4 岁以上人群		孕妇	400　2000	
					乳母	500　2400	
锰	硫酸锰	GB 29208—2012《硫酸锰》	所有人群	Mn（以 Mn 计，mg）	4~6	0.3　1.5	补充锰
					7~10	0.5　2.5	
					11~13	0.6　3.5	
	葡萄糖酸锰	GB 1903.7—2015《葡萄糖酸锰》	所有人群		14~17	0.8　3.8	
					成人	1.0　4.0	
					孕妇	1.0　4.0	
					乳母	1.0　4.0	
铁	葡萄糖酸亚铁	GB 1903.10—2015《葡萄糖酸亚铁》	所有人群	Fe（以 Fe 计，mg）	1~3	1.5　7.0	补充铁
	富马酸亚铁	中国药典《富马酸亚铁》	所有人群		4~6	2.0　8.0	
	硫酸亚铁	GB 29211—2012《硫酸亚铁》	所有人群		7~10	2.5　10.0	
	乳酸亚铁	GB 6781—2007《乳酸亚铁》	4 岁以上人群		11~13	3.5　15.0	
					14~17	3.5　15.0	
	琥珀酸亚铁	国家药品标准 WS1－（X－005）－2001Z《琥珀酸亚铁》	4 岁以上人群		成人	5.0　20.0	
					孕妇	5.0　20.0	
					乳母	5.5　20.0	

续表

| 营养素 | 原料名称 | | | 功效成分 | 每日用量 | | | | 功效 |
	化合物名称	标准依据	适用范围		适宜人群	最低值	最高值		
锌	硫酸锌	GB 25579—2010《硫酸锌》	所有人群	Zn(以 Zn 计, mg)	1~3	0.8	3.0		补充锌
	柠檬酸锌	中国药典《枸橼酸锌》	所有人群		4~6	1.0	5.0		
	柠檬酸锌（三水）	卫生计生委公告 2013 年第 9 号	所有人群		7~10	1.5	6.0		
	葡萄糖酸锌	GB 8820—2010《葡萄糖酸锌》	所有人群		11~13	1.5	8.0		
					14~17	2.0	10.0		
	氧化锌	GB 1903. 4—2015《氧化锌》	所有人群		成人	3.0	15.0		
					孕妇	2.0	10.0		
	乳酸锌	GB 1903. 11—2015《乳酸锌》	所有人群		乳母	2.0	10.0		
	亚硒酸钠	GB 1903. 9—2015《亚硒酸钠》	所有人群		4~6	5	30		
硒	富硒酵母	国家药品标准 WS1-（x-005）-99Z《硒酵母》	4 岁以上人群	Se(以 Se 计, μg)	7~10	8	40		补充硒
					11~13	10	50		
					14~17	10	60		
	L-硒-甲基硒代半胱氨酸	GB 1903. 12—2015《L-硒-甲基硒代半胱氨酸》	4 岁以上人群		成人	10	100		
					孕妇	10	60		
					乳母	15	80		
铜	硫酸铜	GB 29210—2012《硫酸铜》	所有人群	Cu(以 Cu 计, mg)	4~6	0.1	0.3		补充铜
					7~10	0.1	0.4		
					11~13	0.1	0.5		
	葡萄糖酸铜	GB 1903. 8—2015《葡萄糖酸铜》	所有人群		14~17	0.2	0.6		
					成人	0.2	1.5		
					孕妇	0.2	0.7		
					乳母	0.3	1.0		

营养素	化合物来源	标准	适用人群	项目	人群		补充维生素 A / D / B$_1$
维生素 A	醋酸视黄酯	GB 14750—2010《维生素 A》	所有人群	维生素 A（以视黄醇计，μg）	1~3	50	300
	棕榈酸视黄酯	GB 29943~2013《棕榈酸视黄酯（棕榈酸维生素 A)》	所有人群		4~6	60	400
	β-胡萝卜素	GB 8821—2011《β-胡萝卜素》GB 28310—2012《β-胡萝卜素》(发酵法)	所有人群		7~10	80	500
		卫生计生委 2012 年第 6 号公告			11~13	100	700
					14~17	130	800
					成人	160	800
					孕妇	120	800
					乳母	200	1200
维生素 D	维生素 D$_2$	GB 14755—2010《维生素 D$_2$（麦角钙化醇）》	所有人群	维生素 D$_2$（以麦角钙化醇计，μg）维生素 D$_3$（以胆钙化醇计，μg）	1~3	2.0	10.0
	维生素 D$_3$	中国药典《维生素 D$_3$》	所有人群		4~6	2.0	15.0
					7~10	2.0	15.0
					11~13	2.0	15.0
					14~17	2.0	15.0
					成人	2.0	15.0
					孕妇	2.0	15.0
					乳母	2.0	15.0
维生素 B$_1$	盐酸硫胺素	GB 14751—2010《维生素 B$_1$（盐酸硫胺）》	所有人群	维生素 B$_1$（以硫胺素计，mg）	1~3	0.1	0.6
	硝酸硫胺素	中国药典《硝酸硫胺》	所有人群		4~6	0.2	1.5
					7~10	0.2	1.5
					11~13	0.3	2.0
					14~17	0.3	2.0
					成人	0.5	20.0
					孕妇	0.3	2.5
					乳母	0.3	2.5

续表

营养素	化合物名称	原料名称 标准依据	适用范围	功效成分	每日用量			功效
					适宜人群	最低值	最高值	
维生素 B₂	核黄素	GB 14752—2010《核黄素（维生素 B₂）》	所有人群	维生素 B₂（以核黄素计，mg）	1~3	0.1	0.6	补充维生素 B₂
					4~6	0.2	1.5	
					7~10	0.2	1.5	
					11~13	0.3	2.0	
					14~17	0.3	2.0	
	核黄素 5'-磷酸钠	GB 28301—2012《核黄素 5'-磷酸钠》	所有人群		成人	0.5	20.0	
					孕妇	0.3	2.5	
					乳母	0.3	2.5	
					1~3	0.1	0.6	
					4~6	0.2	1.5	
					7~10	0.2	1.5	
维生素 B₆	盐酸吡哆醇	GB 14753—2010《维生素 B₆（盐酸吡哆醇）》	所有人群	维生素 B₆（以吡哆醇计，mg）	11~13	0.3	2.0	补充维生素 B₆
					14~17	0.3	2.0	
					成人	0.5	10.0	
					孕妇	0.3	2.5	
					乳母	0.3	2.5	
维生素 B₁₂	氰钴胺	中国药典《维生素 B₁₂》	所有人群	维生素 B₁₂（以钴胺素计，μg）	1~3	0.2	1.0	补充维生素 B₁₂
					4~6	0.2	1.5	
					7~10	0.3	2.0	
					11~13	0.4	2.5	
					14~17	0.5	3.0	

营养素	化合物	质量标准	适用人群	折算（单位）	人群	每日用量	补充量
维生素 B$_{12}$	氰钴胺	中国药典《维生素 B$_{12}$》	所有人群	维生素 B$_{12}$（以钴胺素计，μg）	成人	0.5	10
					孕妇	0.6	5.0
					乳母	0.6	5.0
					1~3	1.0	5.0
					4~6	1.5	7.5
					7~10	2.0	10.0
					11~13	2.5	12.0
					14~17	3.0	15.0
烟酸	烟酸	GB 14757—2010《烟酸》	所有人群	烟酸（以烟酸计，mg）	成人	3.0	15.0
					孕妇	2.5	15.0
					乳母	3.0	15.0
					1~3	1.0	7.0
					4~6	1.5	9.0
					7~10	2.0	13.0
					11~13	2.5	15.0
					14~17	3.0	18.0
烟酰胺	烟酰胺	中国药典《烟酰胺》	所有人群	烟酰胺（以烟酰胺计，mg）	成人	3.0	50.0
					孕妇	2.5	15.0
					乳母	3.0	18.0
叶酸	叶酸	GB 15570—2010《叶酸》	所有人群	叶酸（以叶酸计，μg）	1~3	30	150
					4~6	40	200
					7~10	50	250
					11~13	70	350
					14~17	80	400

注：补充量栏标题分别为"补充维生素 B$_{12}$""补充烟酸""补充叶酸"。

续表

营养素	化合物名称	原料名称 标准依据	适用范围	功效成分	适宜人群	每日用量		功效
						最低值	最高值	
叶酸	叶酸	GB 15570—2010《叶酸》	所有人群	叶酸（以叶酸计，μg）	成人	80	500	补充叶酸
					孕妇	110	500	
					乳母	110	500	
					1~3	3	15	
					4~6	4	25	
					7~10	5	30	
					11~13	7	45	
					14~17	8	50	
生物素	D-生物素	国家药品标准 WS-10001-(HD-1052)-2002《D-生物素》	所有人群	生物素（以生物素计，μg）	成人	10	100	补充生物素
					孕妇	8	50	
					乳母	10	60	
					1~3	40	240	
					4~6	50	300	
					7~10	60	400	
胆碱	酒石酸胆碱	国家药品标准 WS-10001-(HD-1250)-2002《重酒石酸胆碱》	所有人群	胆碱（以胆碱计，mg）	11~13	80	500	补充胆碱
					14~17	90	600	
					成人	100	1000	
					孕妇	80	500	
					乳母	100	700	

营养素	化合物名称	质量标准	适用人群	营养素	人群	使用量最小值	使用量最大值（补充量）
维生素C	L-抗坏血酸	GB 14754—2010《维生素C（抗坏血酸）》	所有人群	维生素C（以L-抗坏血酸计，mg）	1~3	6	60
	L-抗坏血酸钠	GB 1886.44—2016《抗坏血酸钠》	所有人群		4~6	10	100
	L-抗坏血酸钙	GB 1886.43—2015《抗坏血酸钙》	所有人群		7~10	10	100
	抗坏血酸棕榈酸酯	GB 1886.230—2016《抗坏血酸棕榈酸酯》	4岁以上人群		11~13	15	150
					14~17	20	200
					成人	30	500
					孕妇	25	250
					乳母	30	300
维生素K	维生素K₁	中国药典《维生素K₁》	所有人群	维生素K（以植物甲萘醌计，μg）	4~6	10	60
					7~10	10	70
					11~13	15	90
	维生素K₂（发酵法）	卫生计生委公告2016年第8号	所有人群		14~17	15	100
					成人	15	100
					孕妇	15	100
					乳母	15	100
泛酸	D-泛酸钙	中国药典《泛酸钙》	所有人群	泛酸（以泛酸计，mg）	1~3	0.4	2.0
					4~6	0.5	5.0
					7~10	0.7	7.0
					11~13	0.9	9.0
					14~17	1.0	10.0
					成人	1.0	20.0
					孕妇	1.0	10.0
					乳母	1.0	10.0

续表

营养素	原料名称				每日用量			功效
	化合物名称	标准依据	适用范围	功效成分	适宜人群	最低值	最高值	
	D-α-生育酚		所有人群					
	D-α-醋酸生育酚	GB 1886.233—2016《维生素 E》	所有人群		4~6	1.5	9.0	
	D-α-琥珀酸生育酚		所有人群	维生素 E（以 d-α-生育酚 计，mg）	7~10	2.0	14.0	补充
维生 素 E	dl-α-醋酸生育酚	GB 14756—2010《维生素 E（dl-α-醋酸生育酚）》			11~13	3.0	25.0	维生素 E
	dl-α-生育酚	GB 29942—2013《维生素 E（dl-α-生育酚）》	所有人群		14~17	3.0	25.0	
			所有人群		成人	5.0	150	
					孕妇	3.0	25.0	
	维生素 E 琥珀酸钙	GB1903.6—2015《维生素 E 琥珀酸钙》	4 岁以上人群		乳母	4.0	30.0	

表 12-3　　　　　　　　　　　　　营养素补充剂保健功能目录

保健功能	备注
补充维生素、矿物质	包括补充：钙、镁、钾、锰、铁、锌、硒、铜、维生素 A、维生素 D、维生素 B_1、维生素 B_2、维生素 B_6、维生素 B_{12}、烟酸、叶酸、生物素、胆碱、维生素 C、维生素 K、泛酸、维生素 E

表 12-4　　　　　　　　　　　　　营养素补充剂的典型配料

典型配料	生物学功效
维生素 A 全反式视黄醇 维生素 A 醋酸酯 维生素 A 棕榈酸酯 β-胡萝卜素	改善视力，增强免疫功能，促进生长和骨骼发育，保持皮肤黏膜的健康
维生素 D_2（麦角钙化醇） 维生素 D_3（胆钙化醇）	促进钙的吸收，预防儿童佝偻病，妇女骨质软化和老年骨质疏松，与甲状腺共同作用维持血钙水平稳定
维生素 E D-α-生育酚 DL-α-生育酚 DL-α-生育酚醋酸酯 混合生育酚 天然维生素 E（D-α-生育酚醋酸酯） 天然维生素 E（D-α-生育酚琥珀酸酯）	清除自由基，抗衰老，增强免疫功能，保护心血管系统
维生素 C L-抗坏血酸 抗坏血酸-6-棕榈酸盐 抗坏血酸钙 抗坏血酸钾 抗坏血酸钠	增强免疫功能，促进钙和铁的吸收，美容
维生素 B_1 盐酸硫胺素 硝酸硫胺素	参与糖类代谢，调节能量供给，预防心功能失调
维生素 B_2 核黄素 核黄素-5'-磷酸钠	参与体内生物氧化和能量生成，提高机体对环境应激适应能力

续表

典型配料	生物学功效
维生素 B₆ 盐酸吡哆醇	增加免疫功能，参与氨基酸，脂肪酸和糖原的代谢，提高神经递质水平，保护神经系统功能
烟酸 烟酸 烟酰胺	作为辅酶Ⅰ和辅酶Ⅱ的重要组成成分，参与糖类，蛋白质和脂肪的代谢
生物素 D-生物素	参与体内脂肪酸，糖类，核酸和蛋白质的代谢
叶酸 蝶酰谷氨酸（叶酸）	预防红细胞贫血，预防胎儿神经管畸形，参与核酸和氨基酸代谢
醋酸钙 碳酸钙 酪蛋白钙（酪朊钙） 氯化钙 柠檬酸钙 柠檬酸苹果酸钙 葡萄糖酸钙 乳酸钙 苹果酸钙 磷酸氢钙（二代磷酸钙） 磷酸二氢钙（一代磷酸钙） 磷酸钙（正磷酸钙） 硫酸钙 抗坏血酸钙 甘油磷酸钙	构成骨骼牙齿，维持骨骼和牙齿的健康；参与凝血机制，防止出血倾向；维持神经肌肉的正常兴奋性
柠檬酸铁铵 氯化铁 柠檬酸铁 碳酸亚铁 柠檬酸亚铁 富马酸亚铁 葡萄糖酸亚铁 硫酸亚铁 乳酸亚铁 血红素铁（铁卟啉） 氯化高铁血红素 琥珀酸亚铁 焦磷酸铁（正磷酸铁）	构成血红蛋白，预防贫血；参与细胞色素合成，调节组织吸收和能量代谢；维持机体的免疫功能和抗感染能力

续表

典型配料	生物学功效
醋酸锌 碳酸锌 氯化锌 柠檬酸锌 葡萄糖酸锌 乳酸锌 硫酸锌 氧化锌	促进生长发育，维持正常的味觉和食欲，增强对疾病的抵抗力，减少妊娠反应和胎儿畸形
硒化卡拉胶 半胱氨酸硒 富硒啤酒酵母 硒酸钠 亚硒酸钠 硒代甲硫氨酸	抗衰老，预防心脑血管疾病，抗肿瘤，与金属层结合产生解毒作用
三氯化铬 烟酸铬 吡啶甲酸铬 铬酵母	调节血糖，是葡萄糖耐量因子的重要组成成分，促进机体糖代谢的正常进行，强化胰岛素的作用

二、营养素补充剂的典型配方

华南理工大学郑建仙教授领衔科研团队设计的适合中国人体质的营养素补充剂，其典型配方如表12-5、表12-6、表12-7和表12-8所示。

表 12-5　　　　　　　　　中国女性专用营养素补充剂的典型配方

核心配料	剂量	核心配料	剂量
维生素 A	350μg	叶酸	0.2mg
β-胡萝卜素	150μg	Ca^{2+}	500mg
维生素 E	14mg	Fe^{2+}	12mg
维生素 C	100mg	Zn^{2+}	5mg
维生素 B_1	1mg	Se^{2+}	35μg
维生素 B_2	1mg	Cr^{2+}	25μg
维生素 B_6	1mg		

注：中国女性（18~49岁）急需补充的营养素有 Fe^{2+} 和叶酸，一般情况下需要补充的营养素有维生素 A、维生素 B_1、维生素 B_2、维生素 B_6、维生素 C、维生素 E、β-胡萝卜素等，Ca^{2+}、Fe^{2+} 和 Se^{2+} 等，不需要补充的营养素有维生素 D、Cu^{2+} 和 P^{2+} 等。

表 12-6   中国男性专用营养素补充剂的典型配方

核心配料	剂量	核心配料	剂量
维生素 A	450μg	维生素 B_6	1.5mg
β-胡萝卜素	150μg	叶酸	0.3mg
维生素 D	5μg	Ca^{2+}	500mg
维生素 E	15mg	Fe^{2+}	10mg
维生素 C	100mg	Zn^{2+}	8mg
维生素 B_1	1.5mg	Se^{2+}	35μg
维生素 B_2	1.5mg	Cr^{2+}	25μg

注：中国男性急需补充的营养素有 Zn^{2+} 和维生素 C 等，一般情况需要补充的营养素有维生素 A、维生素 D、维生素 E、维生素 B_1、维生素 B_2、维生素 B_6、叶酸和 β-胡萝卜素等，不宜补充的营养素有 Cu^{2+} 和 P^{2+} 等。

表 12-7   中国儿童青少年专用营养素补充剂的典型配方

核心配料	剂量	核心配料	剂量
维生素 A	400μg	叶酸	0.1mg
维生素 D	5μg	Ca^{2+}	500mg
维生素 C	80mg	Fe^{2+}	8mg
维生素 B_1	1mg	Zn^{2+}	10mg
维生素 B_2	1mg	Cr^{2+}	10μg
维生素 B_6	1mg		

注：中国儿童，青少年（3~7 岁）急需补充的营养素有 Zn^{2+}，一般情况下需要补充的营养素有维生素 A、维生素 D、维生素 B_1、维生素 B_2、维生素 B_6、维生素 C、叶酸、Ca^{2+}、Fe^{2+} 和 Se^{2+} 等，不宜补充的营养素有 Cu^{2+} 和 P^{2+}，β-胡萝卜素对儿童是否有害目前仍未定论，故一般情况下也不予补充。

表 12-8   中国中老年人专用营养素补充剂的典型配方

核心配料	剂量	核心配料	剂量
维生素 A	250μg	维生素 B_6	1.5mg
β-胡萝卜素	0.4mg	叶酸	0.15mg
维生素 D	5μg	Ca^{2+}	500mg
维生素 E	20mg	Fe^{2+}	6mg
维生素 C	150mg	Zn^{2+}	5mg
维生素 B_1	1.5mg	Se^{2+}	50μg
维生素 B_2	1.5mg	Cr^{2+}	50μg

注：中国中老年人（35 岁以上）急需补充的营养素有 Ca^{2+} 和维生素 C，一般情况下需要补充的营养素有维生素 A、维生素 D、维生素 B_1、维生素 B_2、维生素 B_6、叶酸和 β-胡萝卜素等，不宜补充的营养素有 Cu^{2+} 和 P^{2+} 等。

第二节 低能量食品的开发

在美国，对低能量食品的要求是很严格的。两个常用名词的定义为：

①减能量食品（Reduced calorie foods）——其能量值要求比相对应的产品减少 1/3。

②低能量食品（Low-calorie foods）——要求该产品的能量密度低于 1.7kJ/g，且每份食品或饮料的能量不高于 167kJ。

一、低能量食品的开发原理

开发低能量食品的核心，在于降低工业化食品的能量值。提供食品能量的成分共有 3 种，就是蛋白质、碳水化合物和脂肪。蛋白质是构成生命有机体的重要成分，其数量和质量都要得到保证。要降低食品的能量值，就要适当减少碳水化合物（淀粉、蔗糖）和脂肪的含量，尤其是高能量（37.62kJ/g）的脂肪含量要大幅度降低。通过减少淀粉、蔗糖和脂肪用量，合理使用低（无）能量填充剂、蔗糖替代品和脂肪替代品，有效调整产品配方，可以使产品的能量降低到所希望的水平。

在低能量食品中，三大能量营养素的搭配比例为：

①碳水化合物 40%~55%；

②蛋白质 20%~30%；

③脂肪 20%~30%。

开发低能量食品的核心，在于开发低能量食品配料，包括以下三大类：

①蔗糖替代品，含强力甜味剂和填充型甜味剂；

②脂肪替代品，含代脂肪、模拟脂肪和改性脂肪；

③低（无）能量填充剂，含膳食纤维和一些多糖填充剂。

可用来减少食品中能量的方法，目前共有如下三种。

（一）减少单位消耗食品的能量

减少单位消耗食品的能量就是通过调节食品配料体系来减少每份食品的能量，可采取的措施就是在降低脂肪摄入量的同时增加水分含量。美国有些公司，通过控制每份产品的分量使产品获得较高的质量，因为他们不愿为降低能量而影响产品的质量。这种方法比较简单，消费者可通过减少食物的总摄入量来减少能量的摄取水平。

（二）减少蔗糖使用量

在碳酸水饮料中，通过使用强力甜味剂和增加用水量的方法，来减少蔗糖的使用量，这只需在产品配方方面作些改进就行。但在某些较复杂的配料体系中，减少蔗糖使用量会引起产品质构与体积的变化，这时就需要使用无（低）能量填充剂来弥补。

（三）减少脂肪使用量

脂肪的能量值高达 37.62kJ/g，是食品能量的主要来源之一。某些小吃食品所含的脂肪量很高，如油炸土豆片、膨化食品、饼干或甜点心等，而恰恰有很多人喜欢吃这类食品。因此，如何降低食品中的脂肪含量对开发低能量食品意义重大。

二、低能量食品配料

目前的蔗糖替代品，朝着 2 个完全相反的方向发展：

①高甜度的高效甜味剂（Intense sweetener）；

②低甜度的填充型甜味剂（Bulk sweetener）。

强力甜味剂的甜度很高，通常都在蔗糖的 50 倍以上。填充型甜味剂的甜度较低，一般为蔗糖的 0.2~2 倍，兼有甜味剂和填充剂的作用。它们都能降低食品的能量，并可供糖尿病或肥胖症患者使用。

脂肪提供的能量高达 37.62kJ/g，比蛋白质和淀粉的能量 16.73kJ/g 要高出很多。减少脂肪的摄入，对降低能量的总摄取水平意义重大。由于单纯减少食品配料中的脂肪含量，会给产品风味、质构和口感特性等，带来一系列的变化。通过合理使用脂肪替代品，可以解决这方面的一部分问题。因此，脂肪替代品受到人们广泛的关注。

（一）蔗糖替代品

1. 强力甜味剂

依来源的不同，强力甜味剂有天然提取物、天然产物的化学改性（半合成）和纯化学合成 3 大类。有大宗供应的天然提取物有甜叶菊提取物（Stevia Extract）、嗦吗甜（Thaumatin）等，化学合成产品有糖精（Saccharine）、甜蜜素（Cyclamate）、安赛蜜（Acesulfame-K）、阿斯巴甜（Aspartame）、三氯蔗糖（Sucralose）、纽甜（Neotame）和爱德万甜（Advantame）等。

强力甜味剂的优点，集中体现在：

①甜度高，用量小，能量值为 0 或几乎为 0；

②不会引起血糖波动，不会致龋齿；

③阿斯巴甜、嗦吗甜等还有明显的风味增强效果。

强力甜味剂的缺点，主要表现在：

①绝大多数产品的甜味不够纯正，与蔗糖相比还有很大的差距，但阿斯巴甜、三氯蔗糖的甜味特性与蔗糖相似；

②许多产品均带有程度不一的苦涩味、金属后味或异味，但阿斯巴甜、三氯蔗糖除外；

③因甜度大体积小，以等甜度替代蔗糖应用在固体或半固体食品中，会引起产品质构、黏度和体积方面的显著变化。

2. 多元糖醇

多元糖醇是由相应的糖经镍催化加氢制得的，目前有应用的主要有：赤藓糖醇（Erythritol）木糖醇（Xylitol）山梨醇（Sorbitol）和甘露醇（Mannitol）麦芽糖醇（Maltitol）和氢化淀粉水解物（Hydrogenated Starch Hydrolysates，HSH）乳糖醇（Lactitol）异麦芽糖醇（Isomalt）等。它们的

代谢特性表现在：

①在人体中的代谢途径与胰岛素无关，摄入后不会引起血液葡萄糖与胰岛素水平的波动，可用于糖尿病患者专用食品；

②不是口腔微生物（特别是突变链球菌）的适宜作用底物，有些糖醇（如木糖醇）甚至可抑制突变链球菌的生长繁殖，故长期摄入不会引起牙齿龋变；

③部分多元糖醇（如乳糖醇）的代谢特性类似膳食纤维，具备膳食纤维的部分生理功效，

诸如预防便秘、预防结肠癌的发生等。

相比于对应的糖类，多元糖醇的共同特点，表现在：

①甜度较低；

②黏度较低；

③吸湿性较大，但赤藓糖醇、乳糖醇、甘露糖醇和异麦芽糖醇的吸湿性小；

④不参与美拉德反应，需配合其他甜味剂才能应用于焙烤食品；

⑤能量值较低。

多元糖醇的不利因素表现在，过量摄取会引起肠胃不适或腹泻。但各种不同产品的致腹泻特性不一样，麦芽糖醇等双糖醇的致腹泻阈值，要比木糖醇和山梨醇等单糖醇的大。因此，在应用时应注意这些糖醇各自的最大添加量，不可超量使用。

3. 低（无）能量单糖

低（无）能量单糖有结晶果糖（Crystalline Fructose）和 L-糖（L-Sugars）两种。

通常接触的糖几乎都是 D-糖，其中属于低能量食品配料的仅 D-结晶果糖一种，这是因为它具有以下几种独特的性质：

①甜度大，是蔗糖的 1.2~1.8 倍，等甜度下的能量值低；

②代谢途径与胰岛素无关，可供糖尿病患者食用；

③不易被口腔微生物利用，对牙齿的不利影响比蔗糖小，不易造成龋齿。

人体内的酶系统只对 D-糖发生作用，对 L-糖无效。因此，L-糖不被消化吸收，能量值为0。对于某一特定的 L-糖和 D-糖，差别仅是由于它们的镜影关系引起的，它们的物化性质、甜味特性等所有方面都一样。因此，希望用 L-糖来代替 D-糖生产出相同的食品，而又不增加产品的能量。

（二）脂肪替代品

1. 代脂肪

代脂肪是以脂肪酸为基础成分的酯化产品，其酯键能抵抗脂肪酶的催化水解，因此能量较低或完全没有。这些真正的代脂肪是一类崭新的化学合成产品，其审批方式按照新食品添加剂的手续进行。它的最大优点在于，具备类似油脂的物化特性。表 12-9 列出目前代脂肪的主要品种。

表 12-9 以脂肪酸酯为基础成分的代脂肪

产品	组成
蔗糖聚酯	蔗糖与 $C_8 \sim C_{22}$ 脂肪酸的酯化产物
霍霍巴油	单不饱和长链脂肪酸与 $C_{20} \sim C_{22}$（包含一个双键）脂肪醇组成的线性酯混合物
三烷氧基丙三羧酸酯	三丙三羧酸与 $C_8 \sim C_{30}$ 饱和或不饱和醇的酯化产物
羧酸酯	由两种不同类型的酸（脂肪酸与具有酸功能的酯或醚）与多元醇组成的复合酯化产物
丙氧基甘油酯	环氧多元醇与 $C_8 \sim C_{24}$ 脂肪酸的乙酰化物
二元酸酯	丙二酸酯化物，其烷基包含 1~20 碳原子，酯基包含 12~18 碳原子

用代脂肪来替代食品中的部分或全部油脂，可显著降低由脂肪所带来的能量值。这类化合物在高温油炸及焙烤食品中有独特的优越性，因为目前已有的模拟脂肪，尚无法应用在上述两类食品中。在食品配料系统中使用这类代脂品，可继续保持其亲油相，不需对其风味系统做大的调整。

蔗糖聚酯分子像一个蜘蛛，有6~8个脂肪酸侧链和一个蔗糖中心。由于其分子中的脂肪酸连接点，被那么多的脂肪酸侧链覆盖着，胃里的消化酶不能进入其中而使之分解。因此，它有脂肪的口感，但不能被消化系统消化，不能提供能量。

1996年，美国FDA批准蔗糖聚酯在油炸片、薄脆饼干和其他小吃食品中应用。可能出现的一些健康问题包括：胀气、产气和腹泻等，其还会影响机体吸收某些脂溶性维生素和营养素。因此FDA要求，在所有用蔗糖聚酯制造的食品标签上要标示清楚，并且为了保证公众的健康，产品中还应添加维生素A、维生素D、维生素E和维生素K。

2. 模拟脂肪

模拟脂肪是以碳水化合物或蛋白质为基础成分，以水状液体来模拟被代替油脂的油状液体，这点与代脂肪完全不同。碳水化合物或蛋白质原料经物理或化学处理后，能以水状液体的物化特性，模拟出油脂润滑细腻的口感特性，其部分品种作为公认的安全物质（GRAS），已经获批准可应用在功能性食品的制造上。

以天然高分子蛋白质为原料，通过新技术处理制得的模拟脂肪，如表12-10所示。它们的共同特征是：从天然原料中分离制得，呈水分散体系、未聚集状的蛋白质微粒分子，可代替那些以水包油乳化系统存在的食品配料中的油脂。由于蛋白质具有热不稳定性，这类化合物不能应用在那些需经高温处理的产品中。

表 12-10　　　　　　　　　　以蛋白质为基础成分的模拟脂肪

产品	组成
Simplesse	牛乳、鸡蛋蛋白，呈球形颗粒，0.1~0.2μm
Traiblazer	玉米醇溶蛋白，球形微粒，0.3~3μm
LITA	干燥的鸡蛋白、乳蛋白和黄原胶，呈不规则纤维，<10μm

表12-11所示为碳水化合物型模拟脂肪的主要品种，它们能改善水相的结构特性，产生奶油状润滑的黏稠度，以增强脂肪的口感特性，这起因于它们能形成凝胶并增加水相的黏度。这些模拟脂肪已成功地应用在各种低脂肪食品上，包括焙烤食品，对油脂的替代率应限制在50%~75%范围内。由于大多数会被人体消化吸收，因此不会带来不良的生理效果。

表 12-11　　　　　　　　　　以碳水化合物为基础成分的模拟脂肪

产品	组成
N-Oil	木薯糊精，DE<5
Maltrin 040	玉米麦芽糊精，DE=4~7
Paselli SA-2	改性马铃薯淀粉，DE<3
Nutrio P-Fiber	豌豆纤维
葡聚糖	葡萄糖、山梨醇和柠檬酸的聚合物
菊粉	果糖聚合物，聚合度2~60

去掉食品配料系统中的脂类物质，会产生一些新的问题。在某些食品中，油脂相的存在，有助于提高产品对微生物的稳定性。增大产品中的水分含量，会导致水分活度的提高，这样污染微生物就易于生长了。因此，用蛋白质和碳水化合物替代油脂，需对食品系统本身或食品包装做些调整，以延长产品的货架寿命。

3. 改性脂肪

改性脂肪是以天然油脂为原料的，通过化学法或酶法对甘油三酯分子中的部分组成（如脂肪酸链）进行改造或更换的产物，以阻止脂肪酶接近酯键而产生水解作用，这样就能够降低其所含的能量。改性脂肪能被部分代谢，不易出现渗透性腹泻。而且，改性脂肪接近天然属性，更容易被消费者所接受。

改性脂肪目前主要有：短长链三甘油酯（Salatrim）和中、长、超长链三甘油酯（Caprenin）两种。

在短长链三甘油酯分子中，至少含有一个短链脂肪酸和一个长链脂肪酸。它是用特定比例的短链脂肪酸（2~4碳），替代氢化植物油中的部分长链脂肪酸而制得的。它的特点是：

①单位质量的短链脂肪酸（6个碳以下）的能量，比长链脂肪小；

②硬脂酸（Salatrim中主要的长链脂肪酸）仅部分被人体消化吸收。

可与普通脂肪一样，Salatrim在消化过程中它被水解成脂肪酸和甘油，但能量值仅是普通脂肪的一半（20.9kJ/g）

Caprenin分子中含有的3个脂肪酸，分别为长链脂肪酸（16或18个碳）、中等链长脂肪酸（8或10个碳）和超长链脂肪酸（22个碳）。二十二酸只能少量地被人体吸收，大部分通过肠胃不产生能量；而中等链长的脂肪酸辛酸或癸酸的代谢与碳水化合物相似，不如长链脂肪酸有效。因此，它的能量只有普通脂肪的一半，约20.9kJ/g。

三、开发低能量食品的技术关键

在使用强力甜味剂的同时，配合使用一些填充剂或填充型甜味剂，可以改善产品的质构和口感。目前遇到的一个最大困难是，如何通过减少蔗糖和油脂使用量的方法来降低产品的能量，使制品在质构、风味、稠度及抗菌保存稳定性等方面，发生明显的变化。虽然有时配合些填充剂及脂肪替代品，可增加稠度改良质构，但它们并不能再现全能量产品中蔗糖与油脂所具备的所有功能特性。这样摆在消费者面前的就是有别于传统全能量食品的低能量产品。因此，低能量食品的开发，前景广阔而任务艰巨。

去掉食品配料系统中的脂肪，会使产品产生一些新的问题。在某些食品中，油脂相的存在，有助于提高产品对微生物的稳定性。增大产品中的水分含量，导致水分活度的提高，这样污染微生物就易于生长了。因此，用蛋白质和碳水化合物替代油脂，需对食品系统本身或食品包装作某些调整，以延长产品的货架寿命。

上述问题，是造成现有低能量食品难以被广泛接受的重要原因。人们消费习惯的变化速度，与新产品口感特性的变化程度成反比，低能量产品的口感特性变化越少则可被接受性越大。也就是说，假如被推荐的新产品的口感特性与原先的传统产品相比变化很少，则它就易于被迅速接受。根据新产品品质的高低，其销售价格自然也明显不同。

一种理想化的低能量食品，被要求除能量之外的其他特性，包括产品质构、口感特性和外观色泽等，均应与对应的全能量食品一样甚至更理想。要做到这一点，关键在于选择良好的低能量食品配料，特别是蔗糖替代品和脂肪替代品。低能量食品的未来，主要取决于这些配料的发展情况。

（一）脂肪替代品的应用

尽管脂肪的能量高达37.62kJ/g，在食品成分中的能量密度最高。但它在保持食品质构和味觉方面的作用十分重要，而且还是必需脂肪酸的唯一来源，是脂溶性维生素及某些风味物质的载体。因此，对脂肪替代品的开发显然非常地重要与紧迫。

尽管目前已有一些可供选择的脂肪替代品，但人们正进一步努力寻求一种更为理想的产品。由于脂肪有独特的口感特性与生理功能，完全满意的替代品往往很难得到。脂肪是风味物质的载体，具有滑腻的口感，同时应携带脂溶性维生素并可提供必需脂肪酸，因此已有的替代品中没有一种能完全取代它。不过，近10年内可能会有更多的低能量或无能量脂代品问世。

（二）蔗糖替代品的应用

虽然蔗糖被指责是引起能量过剩和龋齿的物质，但它在食品工业中发挥着重要作用。因为甜味是人们最喜爱的一种基本味，它同时还有类似防腐剂和填充剂的作用。

蔗糖替代品的发展十分迅猛。其原因是多方面的，有降低生产成本、降低能量的要求，有对高质量甜味特性的要求，以及有要适宜糖尿病患者食用的特殊要求等。这种种要求都强烈刺激着甜味剂工业的飞快发展。随着更先进有效的分离精制技术的出现，高分子有机合成技术和高科技生物技术的成熟与完善，将不断有更新更理想的蔗糖替代品问世。

就目前而言，已有足够种类的蔗糖替代品可供选择使用，但经批准使用的脂肪替代品还不多见。鉴于已有的替代品均有缺点，今后对功能特性更类似于蔗糖和脂肪的低能量替代品的研究探索，仍将继续。

为了优化现有的低能量配料，我们必须仔细分析它们各自的优缺点，以配合使用两种或两种以上的蔗糖替代品或脂肪替代品为佳，这样利于发生协同增效作用，同时相互掩盖或弥补对方的缺陷。随着科学技术的迅猛发展，新的食品配料将不断出现并被批准，未来的低能量食品，可望在各个方面与相应的全能量产品相竞争。

（三）无能量填充剂的应用

无能量填充剂，就是用来替代食品中可利用碳水化合物（淀粉）和脂肪等能源物质的无能量物料。因其体积大而能量值低，故可以有效地降低工业化食品中的能量含量，是生产低能量食品的关键配料之一。目前有实际应用的无能量填充剂，主要是膳食纤维，包括水溶性和水不溶性两大类膳食纤维。高品质的膳食纤维，例如菊粉，不单单仅是一种无能量填充剂，而且还具有多种生物学功效。

（四）风味物质的应用

香精、香料等风味物质是食品配方中的精髓，使用量小但作用非常大。生产低能量食品更应注重产品的调味技术，因为脂肪具有很多有效的、目前尚未十分明了其原因的口感特性，它在很多情况下仅充当一种风味促进剂及风味载体。而且，在脂肪载体下的香味阈值要比水相载体下的低很多。例如，丁酸在水中的阈值是7mg/kg，但在油中仅0.6mg/kg。

减少脂肪的含量，食品的风味系统会受到严重的影响。要想通过精细的调味技术，来达到脂肪这方面的作用，必须弄清风味物质与食品配料间的相互作用，以及风味物质的释放机理。

🔍 思考题

1. 什么是营养素补充剂？营养素补充剂有什么作用？

2. 什么是低能量食品？在低能量食品中三大营养素的比例关系是多少？

3. 开发低能量食品的核心是什么？

4. 强力甜味剂的优缺点是什么？

5. 列出 2~3 个以蛋白质、碳水化合物为基础的模拟脂肪产品。

6. 什么是改性脂肪？改性脂肪有哪些类型？

第十三章

CHAPTER

功能性食品的评价

13

[学习目标]

1. 掌握食品毒理学的相关概念。
2. 掌握功能性食品毒理学评价的过程、内容、结果判定及影响因素。
3. 掌握功能性食品的功能学评价原理。

　　功能性食品的评价，包括毒理学评价、功能学评价和卫生学评价。功能学评价，是功能性食品区别于普通食品的根本内容，也是各国政府实施行政管理的核心问题。在这之前，必须对该产品或其功效成分进行毒理学评价。卫生学评价则与普通食品相似，这里不做讨论。

第一节　功能性食品毒理学评价

　　毒理学评价，是对功能性食品进行功能学评价的前提。功能性食品或其功效成分，首先必须保证食品食用的安全性。原则上必须完成卫生部《食品安全性毒理学评价程序和方法》中规定的第一、二阶段的毒理学试验，必要时需进行更深入的毒理学试验。但以普通食品原料和（或）药食两用品作原料的功能性食品，原则上可以不做毒理学试验。

一、毒理学评价的四个阶段

（一）第一阶段

急性毒性试验，包括经口急性毒性（LD_{50}）和联合急性毒性。

（二）第二阶段

遗传毒性试验、传统致畸试验和短期喂养试验。遗传毒性试验的组合必须考虑原核细胞和真核细胞、生殖细胞与体细胞、体内和体外试验相结合的原则。

①细菌致突变试验：鼠伤寒沙门菌/哺乳动物微粒体酶试验（Ames 试验）为首选项目，必要时可另选和加选其他试验；

②小鼠骨髓微核率：测定或骨髓细胞染色体畸变分析；

③小鼠精子畸形分析和睾丸染色体畸变分析；

④其他备选遗传毒性试验：V79/HGPRT 基因突变试验、显性致死试验、果蝇伴性隐性致死试验、程序外 DNA 修复合成（UDS）试验；

⑤传统致畸试验；

⑥短期喂养试验：30d 喂养试验。如受试物需进行第三、四阶段毒性试验者，可不进行本试验。

（三）第三阶段

亚慢性毒性试验（90d 喂养试验）、繁殖试验和代谢试验。

（四）第四阶段

慢性毒性试验和致癌试验。

凡我国创新的物质，一般要求进行四个阶段的试验。特别是对其中化学结构提示有慢性毒性、遗传毒性、致癌性的，或产量大、使用范围广的，必须进行四个阶段的试验。

凡与已知物质（指经过安全性评价并允许使用）化学结构基本相同的衍生物或类似物，可根据第一、二、三阶段的毒性试验结果，判断是否需进行第四阶段的试验。

凡属已知的化学物质且 WHO 已公布 ADI 的，同时又有资料表明，我国产品的质量和国外产品一致的，可先进行第一、二阶段试验。若试验结果与国外产品的结果一致，一般不要求进行进一步的试验，否则应进行第三阶段的试验。

对于功能性食品的功效成分，凡毒理学资料比较完整，且 WHO 已公布或不需规定 ADI 值的，要求进行急性毒性试验和一项致突变试验，首选 Ames 试验或小鼠骨髓微核试验。

凡有一个国际组织或国家批准使用，但 WHO 未公布 ADI 或资料不完整的，在进行第一、二阶段试验后作初步评价，决定是否需进行进一步的试验。

对于高纯度的添加剂和由天然植物制取的单一成分，凡属新品种的需先进行第一、二、三阶段的试验。凡属国外已批准使用的，则应进行第一、二阶段试验。

对于食品新资源，原则上应进行第一、二、三阶段试验，以及必要的流行病学调查，必要时进行第四阶段试验。若根据有关文献和成分分析，对于未发现有，或虽有但含量很少，不至于对健康造成危害的物质，以及有较多人群长期的食用历史未发现有害的天然动植物，可以先进行第一、二阶段试验，初步评价后决定是否需要做进一步的试验。

二、毒理学评价的主要内容

（一）急性毒性试验

测定 LD_{50}，了解受试物的毒性强度、性质和可能的靶器官，为进一步进行毒性试验的剂量和毒性判定指标的选择提供依据。

（二）遗传毒性试验

对受试物的遗传毒性，以及是否具有潜在致癌作用进行筛选。

（三）致畸试验

了解受试物对胎仔是否具有致畸作用。

（四）短期喂养试验

对只需进行第一、二阶段毒性试验的受试物，在急性毒性试验的基础上，应通过 30d 喂养试验，进一步了解其毒性作用，并可初步估计最大无作用剂量。

（五）亚慢性毒性试验（90d 喂养试验）与繁殖试验

观察受试物以不同剂量经较长期的投放后，对动物的毒性作用、性质和靶器官的作用，并初步确定最大无作用剂量，了解受试物对动物繁殖及对仔代的致畸作用，为慢性毒性和致癌试验剂量数值的选择提供依据。

（六）代谢试验

了解受试物在体内的吸收、分布和排泄速度以及蓄积性，并寻找可能的靶器官。这为选择慢性毒性试验的合适动物种系提供了依据，并可了解有无毒性代谢产物的形成。

（七）慢性毒性试验（包括致癌试验）

了解长期接触受试物后，受试物对肌体的毒性作用，尤其是进行性或不可逆的毒性作用，以及致癌作用。最后确定最大无作用剂量，为受试物能否应用于食品的最终评价提供依据。

三、毒理学评价的结果判定

（一）急性毒性试验

如 LD_{50} 剂量小于人可能摄入量的 10 倍，则应放弃该受试物用于食品，不再继续其他毒理学试验。如大于 10 倍者，可进入下一阶段毒理学试验。凡 LD_{50} 在人的可能摄入量的 10 倍左右时，应进行重复试验，或用另一种方法进行验证。

（二）遗传毒性试验

根据受试物的化学结构、物化性质以及对遗传物质作用终点的不同，兼顾体外和体内试验以及体细胞和生殖细胞的原则，在第二阶段毒理试验①、②和③中所列的遗传毒性试验中选择 4 项试验，根据以下原则对结果进行判断：

1. 如果其中 3 项试验为阳性

如果其中 3 项试验为阳性表明该受试物很可能具有遗传毒性作用和致癌作用，一般应放弃将该受试物应用在食品中；不需进行其他项目的毒理学试验。

2. 如果其中 2 项试验为阳性

如果其中 2 项试验为阳性而且短期喂养试验显示该受试物具有显著的毒性作用，一般应放弃该受试物用于食品。如短期喂养试验显示有可疑的毒性作用，则经初步评价后，可根据受试物的重要性和可能的摄入量等，综合权衡利弊再做出决定。

3. 如果其中 1 项试验为阳性

如果其中 1 项试验为阳性则再选择第二阶段毒性试验④中的两项遗传毒性试验；如再选的两项试验均为阳性，则无论短期喂养试验和传统的致畸试验是否显示有毒性与致畸作用，均应放弃该受试物用于食品；如有一项为阳性，而在短期喂养试验和传统致畸试验中未见有明显毒性与致畸作用，则可进入第三阶段毒性试验。

4. 如果 4 项试验均为阴性

如果 4 项试验均为阴性则可进入第三阶段毒性试验。

（三）短期喂养试验

在只要求进行两阶段毒性试验时，若短期喂养未发现有明显毒性作用，综合其他各项试验即可做出初步评价。若试验中发现有明显的毒性作用，尤其是有剂量-反应关系时，则考虑进行进一步的毒性试验。

（四）90d 喂养试验、繁殖试验、传统致畸试验

根据这 3 项试验中所采用的最敏感指标所得的最大无作用剂量进行评价，如果最大无作用剂量小于或等于人的可能摄入量的 100 倍者表示毒性较强，应放弃该受试物用于食品。最大无作用剂量大于 100 倍而小于 300 倍者，应进行慢性毒性试验。大于或等于 300 倍者则不必进行慢性毒性试验，可进行安全性评价。

（五）慢性毒性（包括致癌）试验

根据慢性毒性试验所得的最大无作用剂量进行评价，如果最大无作用剂量小于或等于人的可能摄入量的 50 倍者，表示毒性很强，应放弃该受试物用于食品。最大无作用剂量大于 50 倍而小于 100 倍者，经安全性评价后，再决定该受试物可否用于食品。最大无作用剂量大于或等于 100 倍者，则可考虑其是否允许被使用于食品。

四、毒理学评价的影响因素

（一）特殊、敏感人群的可能摄入量和人体资料

除一般人群的摄入量外，还应考虑特殊和敏感人群，如儿童、孕妇及高摄入量人群。由于存在着动物与人之间的种族差异，在将动物试验结果推论到人身上时，应尽可能收集人群接触受试物后反应的资料，如职业性接触和意外事故接触等。志愿受试者体内的代谢资料，对于动物试验结果推论到人身上，具有重要意义。在确保安全的条件下，可以考虑按照有关规定，进行必要的人体试食试验。

（二）动物毒性试验和体外试验资料

本程序所列的各项动物毒性试验和体外试验系统，虽然仍有待完善，却是目前水平下所得到的最重要资料，也是进行评价的主要依据。在试验得到阳性结果，而且结果的判定涉及受试物能否应用于食品时，需要考虑结果的重复性和剂量-反应关系。

（三）结果的推论

由动物毒性试验结果推论到人时，鉴于动物、人的种属和个体之间的生物特性差异，一般采用安全系数的方法，以确保受试物对人的安全性。安全系数通常为 100 倍，但可根据受试物的理化性质、毒性大小、代谢特点、接触的人群范围、食品中的使用量及使用范围等因素，综合考虑增大或减小安全系数。

（四）代谢试验的资料

代谢研究是对化学物质进行毒理学评价的一个重要方面，因为不同化学物质、剂量大小，在代谢方面的差别，往往对毒性作用影响很大。在毒性试验中，原则上应尽量使用与人具有相同代谢途径和模式的动物种系来进行试验。研究受试物在实验动物和人体内吸收、分布、排泄和生物转化方面的差别，对于将动物试验结果比较正确地推论到人身上具有重要意义。

（五）综合评价

在进行最后评价时，必须在受试物可能对人体健康造成的危害，以及其可能的有益作用

之间进行权衡。评价的依据主要是科学试验资料，且应与当时的科学水平、技术条件以及社会因素有关。因此，随着时间的推移，很可能结论也不同。随着情况的不断改变，科学技术的进步和研究工作的不断进展，对已通过评价的化学物质需进行重新评价，做出新的结论。

对于已在食品中应用了相当长时间的物质，对接触人群进行流行病调查具有重大意义，但往往难以获得剂量–反应关系方面的可靠资料，对于新的受试物质，则只能依靠动物试验和其他试验研究资料。然而，即使有了完整和详尽的动物试验资料，和一部分人类接触者的流行病学研究资料，由于人类的种族和个体差异，也很难做出能保证每个人都安全的评价。所谓绝对的安全，实际上是不存在的。

根据上述材料，进行最终评价时，应全面权衡和考虑实际可能，从确保发挥该受试物的最大效益，以及对人体健康和环境造成最小危害的前提下做出结论。

第二节　功能性食品功能学评价

功能学评价，是对功能性食品的保健功能进行动物或（和）人体试验，加以评价确认的过程。功能性食品所宣称的生物功效，必须是明确而肯定的，且经得起科学方法的验证，同时具有重现性。各种具体功能的功能性食品的功能学评价方法，会随着不同时期国家行政管理而可能发生变化，故这里对一些共性问题做些简单说明。

一、功能学评价的基本要求

（一）对受试物的要求

提供受试物的物理、化学性质（包括化学结构、纯度、稳定性等）等有关资料。

受试物必须是规格化的产品，即符合既定的生产工艺、配方及质量标准，受试物的纯度应与实际应用的相同。

提供受试物安全性毒理学评价的资料，受试物必须是已经过食品安全性毒理学评价确认为安全的物质。

（二）对实验动物的要求

根据各种试验的具体要求，合理选择动物。常用大鼠和小鼠，品系不限，推荐使用近交系动物。

动物的性别不限，可根据试验需要进行选择。动物的数量要求为小鼠每组 10~30 只（单一性别），大鼠每组 8~25 只（单一性别）。动物的年龄可根据具体试验需要而定，但一般多选择成年动物。

动物应达到二级实验动物要求。

（三）给受试物的剂量及时间

各种试验至少应设 3 个剂量组，1 个对照组，必要时可设阳性对照组。剂量选择应合理，尽可能找出最低有效剂量。在 3 个剂量组中，其中一个剂量应相当于人推荐摄入量的 5~10 倍。

给受试物的时间应根据具体试验而定，原则上至少 1 个月。

二、功能学评价的影响因素

人的可能摄入量，除一般人群的摄入量外，还应考虑特殊的和敏感的人群，如儿童、孕妇及高摄入量人群。

由于存在着动物与人之间的种属差异，在将动物试验结果外推到人时，应尽可能收集人群服用受试物后的效应资料。若体外或体内动物试验，未观察到或不易观察到食品的保健效应，或观察到不同效应，而有关资料提示受试物对人有保健作用时，在保证安全的前提下，应按照有关规定进行必要的人体试食试验。

当将评价试验的阳性结果用于评价功能性食品的保健作用时，应考虑结果的重复性和剂量反应关系，并由此找出受试物的最低有效剂量。

三、人体试食试验的基本要求

（一）对受试样品和试验的一般要求

（1）对于受试样品，规程要求符合规范对受试样品的要求，而且该产品的申请者必须提供受试样品的来源、组成、加工和卫生条件，并提供详细说明。规程还要求申请者必须提供与试食试验同批次受试样品的卫生学检验报告，其检验结果应符合有关卫生标准要求。

（2）人体试食试验应在动物功能学实验有效前提下进行，并经过相应的安全性评价，确认为安全的食品。

（3）在进行人体试验时，对照物品可以用安慰剂，也可以用经过验证具有保健功能的产品作阳性对照物。

（4）试食试验报告中，试食组和对照组应各不少于 50 例，且试验脱离率一般不得超过 20%。

（5）人体试食试验单位需在国家有关部门认定的保健食品功能学检测机构内进行，需要与医院共同实施的，该医院也需经过国家有关部门认定。

（6）试食期限一般不少于 30d，必要时可适当延长。

（二）对受试者的要求

（1）选择受试者必须严格按照自愿的原则，根据所需判定的功能要求进行选择。

（2）试验前，一定要使受试者充分了解试食试验的目的、内容等有关事项，并填写参加试验知情同意书，然后由进行试食试验负责单位批准。

（3）受试者必须有可靠病史，以排除可能干扰试验目的的各种因素。

（三）对试验实施者要求

（1）以人道主义态度对待志愿受试者，以保障受试者健康。

（2）在受试者身上采集的各种生物样品必须详细记录。

（3）试验观察指标除了系统常规检验外，还需根据实验要求选择合适的功能指标。

🔍 思考题

1. 简要说明毒理学的四个阶段。
2. 毒理学评价主要包括哪些方面？
3. 遗传毒性试验的结果判定是什么？
4. 功能学评价的基本要求有哪些？
5. 人体试食试验的基本要求是什么？

第十四章 CHAPTER

功能性食品制造工程和
良好生产规范

14

[学习目标]

1. 了解功能性食品工程学的相关概念。
2. 掌握食品工程高新技术的主要内容及应用。
3. 掌握功能性食品的良好生产规范。

功能性食品工程学，研究功能性食品及其功效成分在制造过程中的单元操作和品质控制，它是功能性食品学的实践内容。

单元操作的概念是强有力的，它的划分不仅能统一被认为是各种不同的独立的生产技术，而且能使人们系统深入地研究每一单元操作的内在规律和基本原理，从而更有效地促进功能性食品工业的发展。

本章第二节内容取材于相关的国家标准，具有权威性和实用性。

第一节 功能性食品制造工程

功能性食品的出现，标志食品中的关键组分，开始从重点要求大量的传统营养素，开始转向重点要求微量的功效成分转变了。由于功效成分普遍具有的"微量""高效"和"不稳定"，应用传统的工程技术，已不能适应微量成分的制造工程了，不能开发出高科技的功能性食品了。现代食品工程高新技术的出现，将促进这个问题的圆满解决。高新技术与功能性食品的发展，将有力地推动传统食品工业向高新产业转化。

一、常用工程技术

在功能性食品工业上，经常用到的一些工程技术（单元操作）包括以下几方面：

①粉碎、筛分；

②提取：浸提、萃取；

③压榨；

④机械分离：过滤、离心、沉降、沉淀；

⑤平衡分离：蒸馏、结晶、吸附、离子交换；

⑥蒸发、浓缩；

⑦干燥：真空干燥、喷雾干燥、微波干燥；

⑧杀菌：热力杀菌、微波杀菌；

⑨重组：混合、捏合、搅拌、均质、乳化；

⑩成型：压模、挤模、注模、制模、喷丝、滴丸。

二、高新工程技术

（一）生物技术

生物技术，是应用生命科学、工程学原理，将微生物、动物、植物细胞及其产生的活性物质，作为某种化学反应的执行者，将原料加工成某种产品的技术。

1. 基因工程（Gene engineering）

对某种目的产物在体内的合成途径、关键基因及其分离鉴别进行研究，将外源基因通过体外重组后导入受体细胞内，使这个基因在受体细胞内复制、转录和翻译表达，使某种特定性能得以强烈表达，或按照人们意愿遗传并表达出新性状的整个工程技术。

一个完好的基因工程，包括基因的分离、重组、转移步骤，及基因在受体细胞中的保持、转录、翻译表达等全过程。基因工程的实施，至少要有四个必要条件：工具酶、基因、载体和受体细胞。

在功能性食品工业上，常用基因工程原理进行微生物菌种选育。另外，高效甜味剂嗦吗甜（Thaumatin）和阿斯巴甜等，由应用基因工程进行制造，不过尚停留在理论阶段，暂没有经济价值。

利用分子生物学技术，可将某些生物的一种或几种外源性基因转移到其他的生物物种中，从而改造生物的遗传物质使其有效地表达相应的产物（多肽或蛋白质），并出现原物种不具有的性状或产物。用转基因生物为原料制造而得的食品，就是转基因食品（Gene modified foods）。转基因技术由于人们对其有安全疑虑，目前在功能性食品工业上未得到实际应用。

2. 细胞工程（Cell engineering）

将动物和植物的细胞或者去除细胞壁所获的原生物质体，在离体条件进行培养、繁殖及其他操作，可使其性状发生改变，达到积累生产某种特定代谢产物或形成改良种甚至创造新物种的目的的工程技术。也就是借助微生物发酵对动植物细胞大量繁殖的技术，以及在杂交育种基础上发展形成的细胞（原生质体）融合技术。

人参细胞、大蒜细胞等的大规模培养，就是该技术在功能性食品工业上应用的实用例子。

3. 酶工程（Enzyme engineering）

酶工程是利用酶的催化作用进行物质转化的技术，是将生物体内具有特定催化功能的酶分离，结合化工技术，在液体介质中固定在特定的固相载体上，作为催化生化反应的反应器，并对酶进行化学修饰，或采用多肽链结构上的改造，使酶化学稳定性、催化性能甚至抗原性能等发生改变，以达到特定目的的工程技术。

酶工程在功能性食品中的应用广泛，诸如功能性低聚糖、肽、氨基酸、维生素等功效成分的制造，是这方面的实用例子。

4. 发酵工程（Fermentation engineering）

发酵工程又称为微生物工程，是利用微生物的生长和代谢活动，通过现代化工程技术手段进行工业规模生产的技术，是微生物、发酵工艺和发酵设备的协调运作，根据发酵目的对微生物的采集、分离和选育提出要求，对发酵工艺进行设计和优化，对发酵设备提出改进和配套选型的工程技术。它的主要内容，包括工业生产菌种的选育，最佳发酵条件的选择和控制，生化反应器的设计以及产品的分离、提取和精制等过程。

发酵工程在功能性食品生产中应用也十分广泛，如功能性糖醇、乳酸菌、富含 ω-3 多不饱和脂肪酸的微生物、海藻、真菌多糖、氨基酸、维生素等的发酵法培养，均是这方面的应用实例。

（二）粉碎新技术

1. 超微粉碎技术

超微粉碎技术是将物料粉碎至 $10\mu m$ 以下粒度的单元操作，常用气流式粉碎。在功能性食品制造上，由于功效成分的使用量通常很小，需超微粉碎至足够细小，才能保证它的均匀分布。

2. 冷冻粉碎技术

冷冻粉碎技术是将冷冻与粉碎两种单元操作相结合，使物料处于冻结状态下，利用其低温脆性实现粉碎的技术。它有很多优点，可以粉碎常温下难以粉碎的物料，可以使物料颗粒流动性更好、粒度分布更理想，不会因粉碎时物料发热而出现氧化、分解、变色等现象，特别适合诸如功效成分之类物料的粉碎。

（三）分离新技术

1. 超临界萃取技术

一般情况下，物质的黏度随压力增加而提高，但当其中溶有某些超临界流体（如 CO_2、N_2 等）时，其黏度会随着压力升高而显著降低。因为扩散系数与黏度成反比，故被萃取相也有较高的扩散系数。由于超临界流体的自扩散系数大、黏度小、渗透性好，与普通液体萃取相比，可以更快地完成传质，达到平衡，有力地促进高效分离过程的实现。

2. 膜分离技术

膜分离技术是用天然或人工合成的高分子薄膜，以外界能量或化学位差为推动力，对双组分或多组分的溶质和溶剂，进行分离、分级、提纯和浓缩的方法。目前，膜分离主要包括超滤、反渗透、电渗析、液膜技术等。

3. 工业色谱分离技术

工业色谱有四个特点：①进料浓度大；②色谱柱径大；③色谱柱的装填要求高；④尽可能矩形波进料。工业色谱分离按固定相的状态，分为固定床、逆流移动床和模拟移动床色谱分离。各种微量高效功效成分的提纯和精制，需要相对昂贵的色谱分离技术。

（四）浓缩和干燥新技术

1. 冷冻浓缩技术

利用冰与水溶液之间的固液相平衡原理，将稀溶液中的水冻结，分离冰晶使溶液浓缩的方法。这对热敏性功效成分的浓缩，特别有利。

冷冻浓缩法与常规冷却法结晶过程的不同在于：只有当水溶液的浓度低于低共熔点时，冷却的结果才是冰晶析出而溶液被浓缩。而当溶液浓度高于低共溶点时，冷却的结果是溶质结晶析出，而溶液变得更稀。

2. 冷冻干燥技术

将含水物料温度降至冰点以下，可使水分凝固成冰，然后在较高真空度下使冰直接升华为蒸气，从而除去含水物料中的水分。

冷冻干燥在低于水的三相点压力以下进行，其对应的相平衡温度低，因此物料干燥时的温度低。它特别适用于含热敏性功效的产品，以及易被氧化的食品的干燥，可以很好地保留产品的色香味。

（五）杀菌新技术

1. 超高温杀菌技术

超高温（UHT）杀菌技术是，加热温度为 135~150℃、加热时间为 2~8s，加热后产品达到商业无菌要求的杀菌技术。因为微生物对高温的敏感性远大于多数食品组分对高温的敏感性，所以，它能在很短时间有效地杀死微生物。超高温杀菌技术，对热敏性功效成分的保持，发挥重要作用。

2. 辐照杀菌技术

辐照杀菌技术是利用辐射源放出射线，释放能量，使受到辐照物质中的原子发生电离作用，从而起到杀菌作用的技术。辐照杀菌效果好，而且能基本保持食品原来的新鲜感官特征。经平均剂量 10kGy 以下辐照处理的任何食品，都是安全的。

3. 高压杀菌技术

高压杀菌技术，是将食品物料以某种方式包装起来，置于高压（200MPa）装置中进行加压处理，达到灭菌目的的技术。因为高压会导致微生物的形态结构、生化反应及细胞壁膜等发生多方面的变化，从而影响其活动机能，产生致死作用。

4. 欧姆杀菌技术

欧姆杀菌技术是利用电极将电流直接导入食品，由食品本身介电性质而内部产生热量，达到杀菌目的的技术。对于带颗粒（粒径小于 15mm）的食品，要使固体颗粒内部达到杀菌温度，其周围液体必须过热，这势必导致含颗粒食品杀菌后质地软烂、外形改变而影响产品品质。而采用欧姆杀菌，可使颗粒的加热速率与液体的加热速率相接近，获得更快的颗粒加热速率，并缩短加热时间。

（六）无菌包装新技术

无菌包装就是在无菌条件下，将无菌的或已灭菌的产品，充填到无菌容器中并加以密封的过程。无菌包装的三大要素是：

①食品物料的杀菌；

②包装容器的灭菌；

③充填密封环境的无菌。

无菌包装的关键是要保证无菌，包装前要保证食品物料和包装材料无菌，包装时或包装后又要防止微生物再污染，保证环境无菌。

（七）挤压蒸煮技术

挤压机是集混合、调湿、搅拌、熟化、挤出成型于一体的高新设备。挤压过程是一个高温高压过程，通过某些参数的调节，可以比较方便地调节挤压过程中的压力、剪切力、温度和挤压时间。

含有一定水分的物料，在挤压套筒内受到螺杆的推进作用，受到高强度的挤压、剪切、摩擦，加上外部加热和物料与螺杆、套筒的内部摩擦热的共同作用，可使物料处于高达 $3 \sim 8MPa$ 的高压和 $200℃$ 左右的高温状态下，最后被迫通过模孔被挤出。这时，物料由高温高压状态突然变到常压状态，水分一下子急骤蒸发，好像喷爆一样挤压物即刻膨化成型。挤压蒸煮技术，对制造富含膳食纤维的功能性食品有重要的应用。

（八）纳米技术

纳米尺度是在 $10^{-9} \sim 10^{-8}m$ 范围内，在这一尺度范围内，对粒子进行加工的技术称为纳米技术。当物料颗粒细化到纳米尺度，会出现一些非常特别的原先没有的性质。如果将含功效成分的活性物质细化到纳米级，就有可能大大强化该成分的生物功效。因此，纳米技术有望在功能性食品工业中得到重要的应用。

第二节　功能性食品良好生产规范

质量保证（quality assurance，QA）通过有计划有系统的活动，保证功能性食品在制造过程中，持续稳定地满足规定的产品质量要求，同时向企业决策层和消费者提供对产品足够的信息，表明产品能够满足对消费者承诺的质量要求。

在世界食品、药品制造领域，良好生产规范（good manufacturing practice，GMP）是一种普遍采用的质量管理体系。它最先由美国建立并成功应用，之后加拿大、澳大利亚等很多国家都在积极推行。功能性食品的良好生产规范，是对生产功能性食品的企业人员、设计设施、原料、生产过程、成品储存与运输、品质和卫生管理方面的基本技术要求做出的规定。这部分内容主要依据国家相关标准进行整理与编写。

一、对从业人员的要求

功能性食品生产企业，必须具有与所生产的功能性食品相适应的，具有食品科学、预防医学、药学、生物学等相关专业知识的技术人员，和具有生产及组织能力的管理人员。专职技术人员的比例，应不低于职工总数的 5%。

主管技术的企业负责人，必须具有大专以上或相应的学历，并具有功能性食品生产及质量、卫生管理的经验。

功能性食品生产和品质管理部门的负责人，必须是专职人员。应具有与所从事专业相适应的大专以上或相应的学历，能够按本规范的要求组织生产或进行品质管理，有能力对功能性食品的生产和品质管理中出现的实际问题，做出正确的判断和处理。

功能性食品生产企业，必须有专职的质检人员。质检人员必须具有中专以上学历；采购人员应掌握鉴别原料是否符合质量、卫生要求的知识和技能。

从业人员上岗前，必须经过卫生法规教育及相应技术培训，企业应建立培训及考核档案。企业负责人及生产、品质管理部门负责人，还应接受省级以上卫生监督部门组织的有关功能性食品的专业培训，并取得合格证书。

从业人员必须进行健康检查，取得健康证件后方可上岗，以后每年须进行一次健康检查。从业人员必须按食品企业通用卫生规范的要求，做好个人卫生。

二、工厂设计和基础设施

功能性食品厂的总体设计、厂房与设施的一般性设计、建筑和卫生设施，应符合食品企业通用卫生规范的要求。

厂房应按生产工艺流程及所要求的洁净级别进行合理布局，同一厂房和邻近厂房进行的各项生产操作，不得相互妨碍。

必须按照生产工艺和卫生、质量要求，划分洁净级别，原则上分为一般生产区、10万级区。10万级洁净级区，应安装具有过滤装置的相应的净化空调设施。表14-1示出了厂房的洁净级别及换气次数。洁净厂房的设计和安装，应符合洁净厂房设计规范的要求。

表 14-1　　　　　　　　　　功能性食品厂房的洁净级别及换气次数

洁净级别	尘埃数/m³		活微生物数 /m³	换气次数 /h
	≥0.5μm	≥5μm		
10000 级	≤350000	≤2000	≤100	≥20 次
100000 级	≤3500000	≤20000	≤500	≥15 次

净化级别必须满足生产功能性食品对空气净化的需要。生产片剂、胶囊、丸剂以及不能在最后容器中灭菌的口服液等产品，应当采用10万级洁净厂房。

厂房、设备布局与工艺流程三者应衔接合理，使建筑结构完善，并能满足生产工艺和质量、卫生的要求；厂房应有足够的空间和场所，用于安置设备、物料；用于中间产品、待包装品的储存间应与生产要求相适应。

洁净厂房的温度和相对湿度，应与生产工艺要求相适应。洁净厂房内安装的下水道、洗手及其他卫生清洁设施，不得对功能性食品的生产带来污染。

洁净级别不同的厂房之间、厂房与通道之间应有缓冲设施。应分别设置与洁净级别相适应的人员和物料通道。

原料的前处理，如提取、浓缩等过程，应在与其生产规模和工艺要求相适应的场所中进行，并装备有必要的通风、除尘、降温设施。原料的前处理，不得与成品生产使用同一间生产厂房。

功能性食品生产应设有备料室，备料室的洁净级别应与生产工艺相一致。

洁净厂房的空气净化设施、设备应定期检修，检修过程中应采取适当措施，不得对功能性食品的生产造成污染。

生产发酵产品应具备专用发酵车间，并应有与发酵、喷雾相应的专用设备。

凡与原料、中间产品直接接触的生产用工具、设备，应使用符合产品质量和卫生要求的材质。

三、制造过程的监控

（一）对原料的监控

功能性食品生产所需原料的购入、使用等应制定验收、储存、使用、检验等制度，并由专人负责。

原料必须符合食品卫生要求，原料的品种、来源、规格和质量，应与批准的配方及产品企业标准相一致。

采购原料必须按有关规定索取有效的检验报告单，属食品新资源的原料，需索取卫生部批准证书（复印件）。

经人工发酵制得的菌丝体，或菌丝体与发酵产物的混合物，及微生态类原料，必须取得菌株鉴定报告、稳定性报告及菌株不含耐药因子的证明资料。

以藻类、动物及动物组织器官等为原料的，必须索取品种鉴定报告。从动、植物中提取的单一有效物质或以生物、化学合成物为原料的有效物质，应索取该物质的理化性质及含量的检测报告。

含有兴奋剂或激素的原料，应索取其含量检测报告。经放射性辐射的原料，应索取辐照剂量的有关资料。

原料的运输工具等，应符合卫生要求。应根据原料特点，配备相应的保温、冷藏、保鲜、防雨防尘等设施，以保证质量和卫生需要。运输过程中，原料不得与有毒、有害物品同车或同一容器混装。

原料购进后应对其来源、规格、包装情况进行初步检查，按验收制度的规定填写入库账、卡，入库后应向质检部门申请取样检验。

各种原料应按待检、合格、不合格分区离地存放，并有明显标志；合格备用的还应按不同批次分开存放，同一库内不得储存相互影响风味的原料。

对有温度、湿度及特殊要求的原料应按规定条件储存；一般原料的储存场所或仓库，地面应平整，便于通风换气，有防鼠、防虫设施。

应制定原料的储存期，采用先进先出的原则。对不合格或过期原料应加注标志并及早处理。

以菌类经人工发酵制得的菌丝体或以微生态类为原料的加工产品，应严格控制菌株保存条件，菌种应定期筛选、纯化，必要时进行鉴定，防止其被杂菌污染、出现菌种退化和变异产毒。

（二）操作规程的规范

工厂应根据本规范要求并结合自身产品的生产工艺特点，制定生产工艺规程及岗位操作规程。

生产工艺规程需符合功能性食品加工过程中功效成分不损失、不破坏、不转化和不产生有害中间体的工艺要求，其内容应包括产品配方、各组分的制备、成品加工过程的主要技术条件及关键工序的质量和卫生监控点，如成品加工过程中的温度、压力、时间、pH、中间产品的质量指标等。

岗位操作规程应对各生产主要工序规定具体操作要求，明确各车间、工序和个人的岗位职责。

各生产车间的生产技术和管理人员，应按照生产过程中各关键工序控制项目及检查要求，对每批次产品从原料配制、中间产品产量、产品质量和卫生指标等情况进行记录。

（三）原辅料的领取和投料

投产前的原料必须进行严格的检查，品名、规格、数量，对于霉变、生虫、混有异物或其他感官性状异常、不符合质量标准要求的，不得投产使用。凡规定有储存期限的原料，过期不得使用。液体的原辅料应过滤以除去异物；固体原辅料需粉碎、过筛的应粉碎至规定细度。

车间按生产需要领取原辅料，根据配方正确计算、称量和投料，配方原料的计算、称量及投料须两人复核，并记录备查。

生产用水的水质必须符合生活饮用水卫生标准的规定，对于特殊规定的工艺用水，应按工艺要求进一步做纯化处理。

（四）配料和加工

产品配料前，需检查配料罐及容器管道是否已清洗干净、符合工艺所要求的标准。利用发酵工艺生产用的发酵罐、容器及管道必须彻底清洁、消毒处理后，方能用于生产。每一班次都应做好器具清洁、消毒记录。

生产操作应衔接合理，传递快捷、方便，防止交叉污染。应将原料处理、中间产品加工、包装材料和容器的清洁、消毒、成品包装和检验等工序分开设置。同一车间不得同时生产不同的产品，不同工序的容器应有明显标记，不得混用。

生产操作人员应严格按照一般生产区与洁净区的不同要求，搞好个人卫生。因调换工作岗位有可能导致产品污染时，必须更换工作服、鞋、帽，重新进行消毒。用于洁净区的工作服、帽、鞋等必须严格清洗、消毒，每日更换，并且只允许在洁净区内穿用，不准带出区外。

原辅料进入生产区，必须经过物料通道进入。凡进入洁净厂房、车间的物料，必须除去外包装。若外包装脱不掉，则要擦洗干净或换成室内包装桶。

配制过程原、辅料必须混合均匀，物料需要热熔化、热提取或蒸发浓缩的，必须严格控制加热温度和时间。中间产品需要调整含量、pH 等技术参数的，调整后须对含量、pH、相对密度、防腐剂等重新测定复核。

各项工艺操作，应在符合工艺要求的良好状态下进行。口服液、饮料等液体产品生产过程需要过滤的，应注意选用无纤维脱落且符合卫生要求的滤材，禁止使用石棉做滤材。胶囊、片剂、冲剂等固体产品，需要干燥的应严格控制烘房（箱）的温度与时间，防止颗粒融熔与变质；粉碎、压片、筛分或整粒设备，应选用符合卫生要求的材料制作，并定期清洗和维护，以避免铁锈及金属污染物的污染。

产品压片、分装胶囊和冲剂、液体产品的灌装等，均应在洁净室内进行，应控制操作室的温度、湿度。手工分装胶囊，应在具有相应洁净级别的有机玻璃罩内进行，操作台不得低于 0.7m。

配制好的物料，须放在清洁的密闭容器中，及时进入灌装、压片或分装胶囊等工序，需储存的不得超过规定期限。

（五）包装容器的洗涤、灭菌和保洁

应使用符合卫生标准和卫生管理办法规定允许使用的食品容器、包装材料、洗涤剂、消毒剂。

使用的空胶囊、糖衣等原料必须符合卫生要求，禁止使用非食用色素。

产品包装用各种玻璃瓶（管）、塑料瓶（管）、瓶盖、瓶垫、瓶塞、铝塑包装材料等，凡是直接接触产品的内包装材料均应采取适当方法清洗、干燥和灭菌，灭菌后应将包装材料置于洁净室内冷却备用。储存时间超过规定期限应重新洗涤、灭菌。

（六）产品杀菌

各类产品的杀菌，应选用有效的杀菌或灭菌设备和方法。对于需要灭菌又不能热压灭菌的产品，可根据不同工艺和食品卫生要求，使用精滤、微波、辐照等方法杀菌，以确保灭菌效果。采用辐照灭菌方法时，应严格按照辐照食品卫生管理办法的规定，严格控制辐照吸收剂量和时间。

应对杀菌或灭菌装置内温度的均一性、可重复性等定期做可靠性验证，对温度、压力等检测仪器进行定期校验。在杀菌或灭菌操作中，应准确记录温度、压力及时间等指标。

（七）产品灌装或装填

每批待灌装或装填产品，应检查其质量是否符合要求，计算产出率，并与实际产出率进行核对。若有明显差异，必须查明原因，在得出合理解释并确认无潜在质量事故后，经品质管理部门批准方可按正常产品处理。

液体产品灌装，固体产品的造粒、压片及装填应根据相应要求在洁净区内进行。除胶囊外，产品的灌装、装填须使用自动机械装置，不得使用手工操作。

灌装前应检查灌装设备、针头、管道等，是否已用新鲜蒸馏水冲洗干净、消毒或灭菌。

操作人员必须经常检查灌装及封口后的半成品质量，随时调整灌装（封）机器，保证灌封质量。

凡需要灭菌的产品，从灌封到灭菌的时间，应控制在工艺规程要求的时间限度内。

口服安瓿制剂及直形玻璃瓶等瓶装液体制剂，灌封后应进行灯检。每批灯检结束后，必须做好清场工作，剔除品应标明品名、规格和批号，置于清洁容器中交专人负责处理。

（八）包装

功能性食品的包装材料和标签应由专人保管，每批产品标签凭指令发放、领用，销毁的包装材料应有记录。

经灯检和检验合格的半成品，在印字或贴签过程中，应随时抽查印字或贴签质量。印字要清晰，贴签要贴正、贴牢。

成品包装内，不得夹放与食品无关的物品。产品外包装上，应标明最大承受压力（重量）。

（九）标识

产品标识必须符合保健食品标识规定和食品标签通用标准的要求，产品说明书、标签的印制等，应与卫生部批准的内容相一致。

（十）成品的储存和运输

储存与运输的一般性卫生要求，应符合食品企业通用卫生规范的要求。成品储存方式及环境应避光、防雨淋，温度、湿度应控制在适当范围，并避免撞击与振动。

含有生物活性物质的产品，应采用相应的冷藏措施，并以冷链方式储存和运输。非常温下保存的功能性食品，如某些微生态类功能性食品，应根据产品不同特性，按照要求的温度进行储运。

仓库应有收、发货检查制度。成品出厂应执行"先产先销"的原则，成品入库应有存量记录。成品出库应有出货记录，内容至少包括批号、出货时间、地点、对象、数量等，以便发现问题及时回收。

四、品质管理

工厂必须设置独立的与生产能力相适应的品质管理机构，直属工厂负责人领导。各车间设专职质监员，各班组设兼职质检员，形成一个完整而有效的品质监控体系，负责生产全过程的品质监督。

（一）品质管理制度的制定与执行

品质管理机构必须制定完善的管理制度，品质管理制度应包括以下内容：

①原辅料、中间产品、成品以及不合格品的管理制度；

②原料鉴别与质量检查、中间产品的检查、成品的检验技术规程，如质量规格、检验项目、检验标准、抽样和检验方法等的管理制度；

③留样观察制度和实验室管理制度；

④生产工艺操作核查制度；

⑤清场管理制度；

⑥各种原始记录和批生产记录管理制度；

⑦档案管理制度。

以上管理制度应切实可行、便于操作和检查。

必须设置与生产产品种类相适应的检验室和化验室，应具备对原料、半成品、成品进行检验所需的房间、仪器、设备及器材，并定期鉴定，使其经常处于良好状态。

（二）原料的品质管理

必须按照国家或有关部门规定设质检人员，逐批次对原料进行鉴别和质量检查，不合格者不得使用。要检查和管理原料的存放场所，存放条件不符合要求的场所不得使用。

（三）制造过程的品质管理

找出制造过程中的质量、卫生关键控制点，至少要监控下列环节，并做好记录：

①投料的名称与重量（或体积）；

②有效成分提取工艺中的温度、压力、时间、pH等技术参数；

③中间产品的产出率及质量规格；

④成品的产出率及质量规格；

⑤直接接触食品的内包装材料的卫生状况；

⑥成品灭菌方法的技术参数。

要对重要的生产设备和计量器具定期检修，用于灭菌设备的温度计、压力计至少半年检修一次，并做检修记录。

应具备对生产环境进行监测的能力，并定期对关键工艺环境的温度、湿度、空气净化度等指标进行监测。应具备对生产用水的监测能力，并定期监测。对品质管理过程中发现的异常情况，应迅速查明原因做好记录，并加以纠正。

（四）成品的品质管理

必须逐批次对成品进行感官卫生及质量指标的检验，不合格者不得出厂。

应具备产品主要功效因子或功效成分的检测能力，并按每次投料所生产的产品的功效因子或主要功效成分进行检测，不合格者不得出厂。

每批产品均应有留样，留样应存放于专设的留样库（或区）内，按品种、批号分类存放，并有明显标志。应定期进行产品的稳定性实验。

必须对产品的包装材料、标志、说明书进行检查，不合格者不得使用。检查和管理成品库房存放条件，不符合存放条件的库房，不得使用。

（五）品质管理的其他要求

应对用户提出的质量意见和使用中出现的不良反应详细记录，并做好调查处理工作，并作记录备查。

必须建立完整的质量管理档案，设有档案柜和档案管理人员，各种记录分类归档，保存2~3年备查。

应定期对生产和质量进行全面检查，对生产和管理中的各项操作规程、岗位责任制进行验证。对检查或验证中发现的问题进行调整，定期向卫生行政部门汇报产品的生产质量情况。

（六）卫生管理

工厂应按照食品企业通用卫生规范的要求，做好除虫、灭害、有毒有害物处理、饲养动物、污水污物处理、副产品处理等的卫生管理工作。

🔍 思考题

1. 功能性食品工业常用的工程技术有哪些？
2. 请说出三种分离新技术及其特点。
3. 简述几种食品高新工程技术。
4. 列出至少三种杀菌技术，并分别说明它们的特点。
5. 什么是挤压蒸煮？
6. 在功能性食品生产过程中，写出3~5条对原料的监控建议。

第十五章　CHAPTER

特殊医学用途配方食品专题

15

[学习目标]

1. 掌握特殊医学用途配方食品的定义、分类，了解特殊医学用途配方食品的发展。
2. 掌握特殊医学用途配方食品的开发原理。
3. 掌握特殊医学用途婴儿配方食品的开发原理和要求。
4. 了解特殊医学用途食品临床试验。
5. 了解特殊医学用途配方食品的管理及良好生产规范。

人体在生病状态和健康状态所需要的营养是有区别的，甚至有些时候患者会出现进食受限或无法充分获取营养的情况。特殊医学用途配方食品就是为了满足进食受限、消化吸收障碍、代谢紊乱或特定疾病状态人群对营养素或膳食的特殊需要，专门加工配制而成的配方食品。针对不同年龄段，它可划分为适用于 0~12 月龄婴儿的特殊医学用途婴儿配方食品和适用 1 岁以上人群的特殊医学用途配方食品，两者都必须在医生或临床营养师指导下，单独食用或与其他食品配合食用。

其中，适用于 1 岁以上人群的特殊医学用途配方食品，又包括全营养配方食品、特定全营养配方食品、非全营养配方食品三大类。全营养配方食品，是指可作为单一营养来源满足目标人群营养需求的特殊医学用途配方食品。特定全营养配方食品是指可作为单一营养来源能够满足目标人群，在特定疾病或医学状况下营养需求的特殊医学用途配方食品。非全营养配方食品是指可满足目标人群部分营养需求的特殊医学用途配方食品，不适用于作为单一营养来源。

我国特殊医学用途配方食品的发展相对较晚，但发展迅速，前景十分看好。国家也出台了一系列的规范和标准来对特殊医学用途配方食品的研制、生产、注册、销售进行管理。2010年我国发布了 GB 25596—2010《特殊医学用途婴儿配方食品通则》，接着在 2013 年又出台了GB 29922—2013《特殊医学用途配方食品通则》和 GB 29923—2013《特殊医学用途配方食品良好生产规范》。近年来，特殊医学用途配方食品注册管理办法等相关文件也不断发布实施，我国特殊医学用途配方食品行业一片生机勃勃。

本章内容取材于相关的法律法规及国家标准。

第一节　特殊医学用途配方食品

针对 1 岁以上人群的特殊医学用途配方食品的配方应以医学和（或）营养学的研究结果为依据，其安全性及临床应用（效果）均需要经过科学证实。特殊医学用途配方食品中所使用的原料应符合相应的标准和（或）相关规定，禁止使用危害食用者健康的物质。特殊医学用途配方食品的色泽、滋味、气味、组织状态、冲调性应符合相应产品的特性，不应有正常视力可见的外来异物。

一、全营养配方食品的开发

（一）　1~10 岁人群全营养配方食品的开发

1. 能量

适用于 1~10 岁人群的全营养配方食品每 100mL（液态产品或可冲调为液体的产品在即食状态下）或每 100g（直接食用的非液态产品）所含有的能量应不低于 250kJ。能量的计算按每 100mL 或每 100g 产品中蛋白质、脂肪、碳水化合物的含量乘以各自相应的能量系数 17、37、17kJ/g（膳食纤维的能量系数，按照碳水化合物能量系数的 50% 计算），所得之和为 kJ/100mL 或 kJ/100g 值。

2. 蛋白质

适用于 1~10 岁人群的全营养配方食品蛋白质的含量应不低于 0.5g/100kJ，其中优质蛋白质所占比例不少于 50%。蛋白质的检验方法参照 GB 5009.5—2016《食品中蛋白质的测定》。

3. 脂肪酸

适用于 1~10 岁人群的全营养配方食品中亚油酸供能比应不低于 2.5%；α-亚麻酸供能比应不低于 0.4%。脂肪酸的检验方法参照 GB5413.27—2010《婴幼儿食品和乳品中脂肪酸的测定》。

4. 维生素和矿物质

适用于 1~10 岁人群的全营养配方食品维生素和矿物质的含量应符合表 15-1 的规定。除表 15-1 中规定的成分外，如果在产品中选择添加或标签标示含有表 15-2 中一种或多种成分，其含量应符合表 15-2 的规定。

表 15-1　　　　　　　　　维生素和矿物质指标（1~10 岁人群）

营养素	每100kJ		检验方法
	最小值	最大值	
维生素 A/μg RE[①]	17.9	53.8	GB 5413.9—2010 或 GB/T 5009.82—2003
维生素 D/μg[②]	0.25	0.75	GB 5413.9—2010
维生素 E/mg α-TE[③]	0.15	N.S.[⑤]	GB 5413.9—2010 或 GB 5009.82—2003

续表

营养素	每100kJ		检验方法
	最小值	最大值	
维生素 K_1/μg	1	N. S.	GB 5413. 10—2010 或 GB/T 5009. 158—2016
维生素 B_1/mg	0. 01	N. S.	GB 5413. 11—2010 或 GB 5009. 84—2016
维生素 B_2/mg	0. 01	N. S.	GB 5413. 12—2010
维生素 B_6/mg	0. 01	N. S.	GB/T 5413. 1—1997 或 GB 5009. 154—2016
维生素 B_{12}/μg	0. 04	N. S.	GB 5413. 14—2010
烟酸（烟酰胺）/mg④	0. 11	N. S.	GB 5413. 15—2010 或 GB/T 5009. 89—2016
叶酸/μg	1. 0	N. S.	GB/T 5413. 1—1997 或 GB/T 5009. 211—2008
泛酸/mg	0. 07	N. S.	GB 5413. 17—2010 或 GB/T 5009. 210—2008
维生素 C/mg	1. 8	N. S.	GB 5413. 18—2010
生物素/μg	0. 4	N. S.	GB 5413. 19—2010
钠/mg	5	20	GB 5413. 21—2010 或 GB 5009. 91—2017
钾/mg	18	69	GB 5413. 21—2010 或 GB 5009. 91—2017
铜/μg	7	35	GB 5413. 21—2010 或 GB 5009. 13—2017
镁/mg	1. 4	N. S.	GB 5413. 21—2010 或 GB 5009. 90—2016
铁/mg	0. 25	0. 50	GB 5413. 21—2010 或 GB 5009. 90—2016
锌/mg	0. 1	0. 4	GB 5413. 21—2010 或 GB 5009. 14—2017
锰/μg	0. 3	24. 0	GB 5413. 21—2010 或 GB 5009. 90—2016
钙/mg	17	N. S.	GB 5413. 21—2010 或 GB 5009. 92—2016
磷/mg	8. 3	46. 2	GB 5413. 22—2010 或 GB 5009. 87—2016
碘/μg	1. 4	N. S.	GB 5413. 23—2010
氯/mg	N. S.	52	GB 5413. 24—2010
硒/μg	0. 5	2. 9	GB 5009. 93—2017

注：①RE 为视黄醇当量。1μg RE =3. 33 IU 维生素 A＝1μg 全反式视黄醇（维生素 A）。维生素 A 只包括预先形成的视黄醇，在计算和声称维生素 A 活性时不包括任何的类胡萝卜素组分。

②钙化醇，1μg 维生素 D＝40 IU 维生素 D。

③1mg α-TE（α-生育酚当量）＝1mg d-α-生育酚。

④烟酸不包括前体形式。

⑤N. S. 为没有特别说明。

表 15-2 　　　　　　　　　可选择性成分指标（1~10 岁人群）

可选择性成分①	每100kJ		检验方法
	最小值	最大值	
铬/μg	0. 4	5. 7	GB 5009. 123—2014
钼/μg	1. 2	5. 7	—

续表

| 可选择性成分[①] | 每100kJ | | 检验方法 |
	最小值	最大值	
氟/mg	N. S.[②]	0.05	GB 5009.18—2003
胆碱/mg	1.7	19.1	GB 5413.20—2013
肌醇/mg	1.0	9.5	GB 5413.25—2010
牛磺酸/mg	N. S.	3.1	GB5413.26—2010 或 GB 5009.169—2016
左旋肉碱/mg	0.3	N. S	—
二十二碳六烯酸/%总脂肪酸[④]	N. S.	0.5	GB 5413.27—2010 或 GB 5009.168—2016
二十碳四烯酸/%总脂肪酸[③]	N. S.	1	GB 5413.27—2010
核苷酸/mg	0.5	N. S	—
膳食纤维/g	N. S.	0.7	GB 5413.6—2010 或 GB 5009.88—2008

注：①氟的化合物来源为氟化钠和氟化钾，核苷酸和膳食纤维来源参考 GB 14880—2012 表 C.2 中允许使用的来源，其他成分的化合物来源参考 GB 14880—2012。

②N. S. 为没有特别说明。

③总脂肪酸指 C4～C24 脂肪酸的总和。

（二）　10岁以上人群全营养配方食品的开发

1. 能量

适用于 10 岁以上人群的全营养配方食品每 100mL（液态产品或可冲调为液体的产品在即食状态下）或每 100g（直接食用的非液态产品）所含有的能量应不低于 295kJ。能量的计算按每 100mL 或每 100g 产品中蛋白质、脂肪、碳水化合物的含量乘以各自相应的能量系数 17、37、17kJ/g（膳食纤维的能量系数，按照碳水化合物能量系数的 50%计算），所得之和为 kJ/100mL 或 kJ/100g 值。

2. 蛋白质

适用于 10 岁以上人群的全营养配方食品所含蛋白质的含量应不低于 0.7g/100kJ，其中优质蛋白质所占比例不少于 50%。蛋白质的检验方法参照 GB 5009.5—2016《食品中蛋白质的测定》。

3. 维生素和矿物质

亚油酸供能比应不低于 2.0%；亚麻酸供能比应不低于 0.5%。维生素和矿物质的含量应符合表 15-3 的规定。除表 15-3 中规定的成分外，如果在产品中选择添加或标签标示含有表 15-4 的一种或多种成分，其含量应符合表 15-4 的规定。

表 15-3　　　　　　　　　　维生素和矿物质指标（10 岁以上人群）

| 营养素 | 每100kJ | | 检验方法 |
	最小值	最大值	
维生素 A/μg RE[①]	9.3	53.8	GB 5413.9—2010 或 GB/T 5009.82—2003
维生素 D/μg[②]	0.19	0.75	GB 5413.9—2010

续表

营养素	每100kJ		检验方法
	最小值	最大值	
维生素 E/mg α-TE[③]	0.19	N.S.[⑤]	GB 5413.9—2010 或 GB/T 5009.82—2003
维生素 K_1/μg	1.05	N.S.	GB 5413.10—2010 或 GB/T 5009.158—2016
维生素 B_1/mg	0.02	N.S.	GB 5413.11—2010 或 GB/T 5009.84—2016
维生素 B_2/mg	0.02	N.S.	GB 5413.12—2010
维生素 B_6/mg	0.02	N.S.	GB 5413.13—2010 或 GB/T 5 009.154—2016
维生素 B_{12}/μg	0.03	N.S.	GB 5413.14—2010
烟酸（烟酰胺）/mg[④]	0.05	N.S.	GB 5413.15—2010 或 GB/T 5009.89—2016
叶酸/μg	5.3	N.S.	GB/T 5413.16—2010 或 GB/T 5009.211—2008
泛酸/mg	0.07	N.S.	GB 5413.1—1997 或 GB/T 5009.210—2008
维生素 C/mg	1.3	N.S.	GB 5413.18—2010
生物素/μg	0.5	N.S.	GB 5413.19—2010
钠/mg	20	N.S.	GB 5413.21—2010 或 GB 5009.91—2017
钾/mg	27	N.S.	GB 5413.21—2010 或 GB 5009.91—2017
铜/μg	11	120	GB 5413.21—2010 或 GB 5009.13—2017
镁/mg	4.4	N.S.	GB 5413.21—2010 或 GB 5009.90—2016
铁/mg	0.20	0.55	GB 5413.21—2010 或 GB 5009.90—2016
锌/mg	0.1	0.5	GB 5413.21—2010 或 GB 5009.14—2017
锰/μg	6.0	146.0	GB 5413.21—2010 或 GB 5009.90—2016
钙/mg	13	N.S.	GB 5413.21—2010 或 GB 5009.92—2016
磷/mg	9.6	N.S.	GB 5413.22—2010 或 GB 5009.87—2016
碘/μg	1.6	N.S.	GB 5413.23—2010
氯/mg	N.S.	52	GB 5413.24—2010
硒/μg	0.8	5.3	GB 5009.93—2017

注：①RE 为视黄醇当量。1μg RE =3.33 IU 维生素 A=1μg 全反式视黄醇（维生素 A）。维生素 A 只包括预形成的视黄醇，在计算和声称维生素 A 活性时不包括任何的类胡萝卜素组分。

②钙化醇，1μg 维生素 D=40 IU 维生素 D。

③1mg α-TE（α-生育酚当量）=1mg d-α-生育酚。

④烟酸不包括前体形式。

⑤N.S. 为没有特别说明。

表 15-4 可选择性成分指标（10 岁以上人群）

| 可选择性成分[1] | 每 100kJ | | 检验方法 |
	最小值	最大值	
铬/μg	0.4	13.3	GB/T 5009.123—2014
钼/μg	1.3	12.0	—
氟/mg	N.S[2]	0.05	GB/T 5009.18—2003
胆碱/mg	5.3	39.8	GB/T 5413.20—2003
肌醇/mg	1.0	33.5	GB 5413.25—2003
牛磺酸/mg	N.S.	4.8	GB 5413.26—2016 或 GB/T 5009.169—2016
左旋肉碱/mg	0.3	N.S.	—
核苷酸/mg	0.5	N.S.	—
膳食纤维/g	N.S.	2.7	GB 5413.6—2010 或 GB/T 5009.88—2008

注：①氟的化合物来源为氟化钠和氟化钾，核苷酸和膳食纤维来源参考 GB 14880—2012 表 C.2 中允许使用的来源，其他成分的化合物来源参考 GB 14880—2012。

②N.S. 为没有特别说明。

二、特定全营养配方食品的开发

特定全营养配方食品的能量和营养成分含量应以全营养配方食品为基础，但可依据疾病或医学状况对营养素的特殊要求适当调整，以满足目标人群的营养需求。例如，针对糖尿病的特殊医学用途配方食品的开发，应从降低血糖的方面考虑来辅助疾病的治疗。配方设计时，应选择低血糖指数的碳水化合物，血糖指数最好在 50% 左右；增加配方中不饱和脂肪酸的用量；增加配方中膳食纤维的用量；降低配方中 Na 的用量。

常见的特定全营养配方食品有：糖尿病全营养配方食品，呼吸系统疾病全营养配方食品，肾病全营养配方食品，肿瘤全营养配方食品，肝病全营养配方食品，肌肉衰减综合征全营养配方食品，创伤、感染、手术及其他应激状态全营养配方食品，炎性肠病全营养配方食品，食物蛋白过敏全营养配方食品，难治性癫痫全营养配方食品，胃肠道吸收障碍、胰腺炎全营养配方食品，脂肪酸代谢异常全营养配方食品，肥胖、减脂手术全营养配方食品。

三、非全营养配方食品的开发

常见的非全营养配方食品主要包括营养素组件、电解质配方、增稠组件、流质配方和氨基酸代谢障碍配方等。非全营养特殊医学用途配方食品需在医生或临床营养师的指导下，按照患者个体的特殊状况或需求而使用。非全营养配方食品各类产品的技术指标应符合表 15-5 的要求。该类产品不能作为单一营养来源满足目标人群的营养需求，需要与其他食品配合使用，故对营养素含量不做要求。

表 15-5   常见非全营养配方食品的主要技术要求

产品类别		配方主要技术要求
营养素组件	蛋白质（氨基酸）组件	1. 由蛋白质和（或）氨基酸构成 2. 蛋白质来源可选择一种或多种氨基酸、蛋白质水解物、肽类或优质的整蛋白
	脂肪（脂肪酸）组件	1. 由脂肪和（或）脂肪酸构成 2. 可以选用长链甘油三酯（LCT）、中链甘油三酯（MCT）或其他法律法规批准的脂肪（酸）来源
	碳水化合物组件	1. 由碳水化合物构成 2. 碳水化合物来源可选用单糖、双糖、低聚糖或多糖、麦芽糊精、葡萄糖聚合物或其他法律法规批准的原料
电解质配方		1. 以碳水化合物为基础 2. 添加适量电解质
增稠组件		1. 以碳水化合物为基础 2. 添加一种或多种增稠剂 3. 可添加膳食纤维
流质配方		1. 以碳水化合物和蛋白质为基础 2. 可添加多种维生素和矿物质 3. 可添加膳食纤维
氨基酸代谢障碍配方		1. 以氨基酸为主要原料，但不含或仅含少量与代谢障碍有关的氨基酸。常见的氨基酸代谢障碍配方食品中应限制的氨基酸种类及含量要求见表 15-6 2. 添加适量的脂肪、碳水化合物、维生素、矿物质和（或）其他成分 3. 满足患者部分蛋白质（氨基酸）需求的同时，应满足患者对部分维生素及矿物质的需求

常见的氨基酸代谢障碍配方食品中应限制的氨基酸种类及含量，如表 15-6 所示。

表 15-6　　　常见的氨基酸代谢障碍配方食品中应限制的氨基酸种类及含量

常见的氨基酸代谢障碍	配方食品中应限制的氨基酸种类	配方食品中应限制的氨基酸含量 mg/g 蛋白质等同物
苯丙酮尿症	苯丙氨酸	≤1.5
枫糖尿症	亮氨酸、异亮氨酸、缬氨酸	≤1.5*
丙酸血症/甲基丙二酸血症	蛋氨酸、苏氨酸、缬氨酸	≤1.5*
	异亮氨酸	≤5
酪氨酸血症	苯丙氨酸、酪氨酸	≤1.5*
高胱氨酸尿症	蛋氨酸	≤1.5
戊二酸血症 Ⅰ 型	赖氨酸	≤1.5
	色氨酸	≤8
异戊酸血症	亮氨酸	≤1.5
尿素循环障碍	非必需氨基酸（丙氨酸、精氨酸、天冬氨酸、天冬酰胺、谷氨酸、谷氨酰胺、甘氨酸、脯氨酸、丝氨酸）	≤1.5*

注：*指单一氨基酸含量。

四、其他要求

（一）特殊医学用途配方食品的污染限量

特殊医学用途配方食品的污染物限量、真菌毒素限量及固态特殊医学用途配方食品的微生物限量应分别符合表 15-7、表 15-8、表 15-9 的规定。液态特殊医学用途配方食品的微生物指标应符合商业无菌的要求，按 GB 4789.26—2013《食品微生物学检验商业无菌检验》规定的方法检验。

表 15-7　　　　　　　　　污染物限量（以固态产品计）

项目		指标		检验方法
铅/mg/kg	≤	0.15	0.5[1]	GB 5009.12—2017
硝酸盐（以 $NaNO_3$ 计）/mg/kg[2]	≤	100		GB 5009.33—2016
亚硝酸盐（以 $NaNO_2$ 计）/mg/kg[3]	≤	2		

注：①仅适用于 10 岁以上人群的产品。
②不适用于添加蔬菜和水果的产品。
③仅适用于乳基产品（不含豆类成分）。

表 15-8 真菌毒素限量（以固态产品计）

项目	指标		检验方法
黄曲霉毒素 M_1／（µg/kg）[①]	≤	0.5	GB 5009.24—2010
黄曲霉毒素 B_1／（µg/kg）[②]	≤	0.5	

注：①仅适用于以乳类及蛋白制品为主要原料的产品。

②仅适用于以豆类及大蛋白制品为主要原料的产品。

表 15-9 微生物限量

项目	采样方案[1] 及限量（若非指定，均以 CFU/g 表示）				检验方法
	n	c	m	M	
菌落总数[②③]	5	2	1000	10000	GB 4789.2—2016
大肠菌群	5	2	10	100	GB 4789.3—2016 平板计数法
沙门菌	5	0	0/25g	—	GB 4789.4—2016
金黄色葡萄球菌	5	2	10	100	GB 4789.10—2010 平板计数法

注：①样品的分析及处理按 GB 4789.1—2016 执行。

②不适用于添加活性菌种（好氧和兼性厌氧益生菌）的产品［产品中活性益生菌的活菌数应≥10^6CFU/g（mL）］。

③仅适用于 1~10 岁人群的产品。

（二）食品添加剂和营养强化剂的使用

适用于 1~10 岁人群的中食品添加剂的使用可参照 GB 2760—2014《食品添加剂使用标准》婴幼儿配方食品中允许的添加剂种类和使用量，适用于 10 岁以上人群的特殊医学用途配方食品中食品添加剂的使用可参照 GB 2760—2014《食品添加剂使用标准》中相同或相近产品中允许使用的添加剂种类和使用量。营养强化剂的使用应符合 GB14880—2012《食品营养强化剂使用标准》的规定。食品添加剂和营养强化剂的质量规格应符合相应的标准和有关规定。根据所使用人群的特殊营养需求，可在特殊医学用途食品中选择添加一种或几种氨基酸，所使用的氨基酸来源应符合表 15-10 和（或）GB14880—2012《食品营养强化剂使用标准》的规定。如果在特殊医学用途配方食品中添加其他物质，应符合国家相关规定。

表15-10 可用于特殊医学用途配方食品的氨基酸

序号	氨基酸[1][2]	化合物来源	化学名称	分子式	相对分子质量	比旋光度 $[\alpha]D,20℃$	pH	纯度/% ≥	水分/% ≤	灰分/% ≤	铅/(mg/kg) ≤	砷/(mg/kg) ≤
1	天冬氨酸	L-天冬氨酸	L-氨基丁二酸	$C_4H_7NO_4$	133.1	+24.5~+26.0	2.5~3.5	98.5	0.2	0.1	0.3	0.2
		L-天冬氨酸镁	L-氨基丁二酸镁	$2(C_4H_6NO_4)Mg$	288.49	+20.5~+23.0	—	98.5	0.2	0.1	0.3	0.2
2	苏氨酸	L-苏氨酸	L-2-氨基-3-羟基丁酸	$C_4H_9NO_3$	119.12	-26.5~-29.0	5.0~6.5	98.5	0.2	0.1	0.3	0.2
3	丝氨酸	L-丝氨酸	L-2-氨基-3-羟基丙酸	$C_3H_7NO_3$	105.09	+13.6~+16.0	5.5~6.5	98.5	0.2	0.1	0.3	0.2
4	谷氨酸	L-谷氨酸	α-氨基戊二酸	$C_5H_9NO_4$	147.13	+31.5~+32.5	3.2	98.5	0.2	0.1	0.3	0.2
		L-谷氨酸钾	α-氨基戊二酸钾	$C_5H_8KNO_4 \cdot H_2O$	203.24	+22.5~+24.0	—	98.5	0.2	0.1	0.3	0.2
		L-谷氨酸钙	α-氨基戊二酸钙	$C_{10}H_{16}CaN_2O_8 \cdot 4H_2O$	404.39	+27.4~+29.2	6.6~7.3	98.5	0.2	0.1	0.3	0.2
5	谷氨酰胺	L-谷氨酰胺	2-氨基-4-酰胺基丁酸	$C_5H_{10}N_2O_3$	146.15	+6.3~+7.3	—	98.5	0.2	0.1	0.3	0.2
6	脯氨酸	L-脯氨酸	吡咯烷-2-羧酸	$C_5H_9NO_2$	115.13	-84.0~-86.3	5.9~6.9	98.5	0.2	0.1	0.3	0.2
7	甘氨酸	甘氨酸	氨基乙酸	$C_2H_5NO_2$	75.07	—	5.6~6.6	98.5	0.2	0.1	0.3	0.2
8	丙氨酸	L-丙氨酸	L-2-氨基丙酸	$C_3H_7NO_2$	89.09	+13.5~+15.5	5.5~7.0	98.5	0.2	0.1	0.3	0.2
9	胱氨酸	L-胱氨酸	L-3,3'-二硫双(2-氨基丙酸)	$C_6H_{12}N_2O_4S_2$	240.3	-215~-225	5.0~6.5	98.5	0.2	0.1	0.3	0.2
		L-半胱氨酸	L-α-氨基-β-巯基丙酸	$C_3H_7NO_2S$	121.16	+8.3~+9.5	4.5~5.5	98.5	0.2	0.1	0.3	0.2

续表

序号	氨基酸[1,2]	化合物来源	化学名称	分子式	相对分子质量	比旋光度 [α]D,20℃	pH	纯度/% ≥	水分/% ≤	灰分/% ≤	铅/(mg/kg) ≤	砷/(mg/kg) ≤
9	胱氨酸	L-盐酸半胱氨酸	L-2-氨基-3-巯基丙酸盐盐酸	C3H7NO2S·HCl·H2O	175.63	+5.0~+8.0	—	98.5	0.2^b	0.1	0.3	0.2
		N-乙酰基-L-半胱氨酸	N-乙酰基-L-α-氨基-β-巯基丙酸	C5H9NO3S	163.20	+21~+27	2.0~2.8	98.0	0.2	0.1	—	—
10	缬氨酸	L-缬氨酸	L-2-氨基-3-甲基丁酸	C5H11NO2	117.15	+26.7~+29.0	5.5~7.0	98.5	0.2	0.1	0.3	0.2
11	蛋氨酸	L-蛋氨酸	2-氨基-4-甲硫基丁酸	C5H11NO2S	149.21	+21.0~+25.0	5.6~6.1	98.5	0.2	0.1	0.3	0.2
		N-乙酰基-L-甲硫氨酸	N-乙酰基-2-氨基-4-甲硫基丁酸	C7H13NO3S	191.25	-18.0~-22.0	—	98.5	0.2	0.1	0.3	0.2
12	亮氨酸	L-亮氨酸	L-2-氨基-4-甲基戊酸	C6H13NO2	131.17	+14.5~+16.5	5.5~6.5	98.5	0.2	0.1	0.3	0.2
13	异亮氨酸	L-异亮氨酸	L-2-氨基-3-甲基戊酸	C6H13NO2	131.17	+38.6~+41.5	5.5~7.0	98.5	0.2	0.1	0.3	0.2
14	酪氨酸	L-酪氨酸	S-氨基-3（4-羟基苯基)-丙酸	C9H11NO3	181.19	-11.0~-12.3	—	98.5	0.2	0.1	0.3	0.2
15	苯丙氨酸	L-苯丙氨酸	L-2-氨基-3-苯丙酸	C9H11NO2	165.19	-33.2~-35.2	5.4~6.0	98.5	0.2	0.1	0.3	0.2

序号	氨基酸	名称	化学名称	分子式	分子量								
16	赖氨酸	L-盐酸赖氨酸	L-2,6-二氨基己酸盐酸盐	$C_6H_{14}N_2O_2 \cdot HCl$	182.65	+20.3~+21.5	5.0~6.0	98.5	0.2	0.1	0.3	0.2
		L-赖氨酸醋酸盐	L-2,6-二氨基己酸醋酸盐	$C_6H_{14}N_2O_2 \cdot C_2H_4O_2$	206.24	+8.5~+10.0	6.5~7.5	98.5	0.2	0.1	0.3	0.2
		L-赖氨酸	L-2,6-二氨基己酸	$C_6H_{14}N_2O_2 \cdot H_2O$	164.2	+25.5~+27.0	9.0~10.5	98.5	0.2	0.1	0.3	0.2
		L-赖氨酸-L-谷氨酸	L-2,6-二氨基己酸 α-氨基戊二酸盐	$C_{11}H_{23}N_3O_6 \cdot 2H_2O$	329.35	+27.5~+29.5	6.0~7.5	98.0	0.2	0.1	0.3	0.2
		L-赖氨酸-天冬氨酸	L-2,6-二氨基己酸 L-氨基丁二酸盐	$C_{10}H_{21}N_3O_6$	279.30	+24.0~+26.5	5.0~7.0	98.0	0.2	0.1	0.3	0.2
17	精氨酸	L-精氨酸	L-2-氨基-5-胍基戊酸	$C_6H_{14}N_4O_2$	174.2	+26.0~+27.9	10.5~12.0	98.5	0.2	0.1	0.3	0.2
		L-盐酸精氨酸	L-2-氨基-5-胍基戊酸盐酸盐	$C_6H_{14}N_4O_2 \cdot HCl$	210.66	+21.3~+23.5	—	98.5	0.2	0.1	0.3	0.2
		L-精氨酸-天冬氨酸	L-2-氨基-5-胍基戊酸-L-氨基丁二酸	$C_{10}H_{21}N_5O_6$	307.31	+25.0~+27.0	6.0~7.0	98.5	0.2	0.1	0.3	0.2
18	组氨酸	L-组氨酸	α-氨基 β-咪唑基丙酸	$C_6H_9N_3O_2$	155.15	+11.5~+13.5	7.0~8.5	98.5	0.2	0.1	0.3	0.2

续表

序号	氨基酸[1,2]	化合物来源	化学名称	分子式	相对分子质量	比旋光度 $[\alpha]D,20℃$	pH	纯度/% ≥	水分/% ≤	灰分/% ≤	铅/(mg/kg) ≤	砷/(mg/kg) ≤
18	组氨酸	L-盐酸组氨酸	L-2-氨基-3-咪唑基丙酸盐酸盐	$C_6H_9N_3O_2 \cdot HCl \cdot H_2O$	209.63	+8.5~+10.5	—	98.5	0.2	0.1	0.3	0.2
19	色氨酸	L-色氨酸	L-2-氨基-3-吲哚基-1-丙酸	$C_{11}H_{12}N_2O_2$	204.23	−30.0~−33.0	5.5~7.0	98.5	0.2	0.1	0.3	0.2
20	瓜氨酸	L-瓜氨酸	L-2-氨基-5-脲戊酸	$C_6H_{13}N_3O_3$	175.19	+24.5~+26.5	5.7~6.7	98.5	0.2	0.1	0.3	0.2
21	鸟氨酸	L-盐酸鸟氨酸	2,5-二氨基戊酸单盐酸盐	$C_5H_{12}N_2O_2 \cdot HCl$	168.62	+23.0~+25.0	5.0~6.0	98.5	0.2	0.1	0.3	0.2

注：①不得使用非食用的动植物水解原料作为单体氨基酸的来源。
②只要适用，无论是氨基酸的游离状态、含水或不以及盐化合物钠和钾均可使用。

第二节 特殊医学用途婴儿配方食品

特殊医学用途婴儿配方食品指针对患有特殊紊乱、疾病或医疗状况等特殊医学状况婴儿的营养需求而设计制成的粉状或液态配方食品。在医生或临床营养师的指导下，单独食用或与其他食物配合食用时，其能量和营养成分能够满足 0~6 月龄特殊医学状况婴儿的生长发育需求。特殊医学用途婴儿配方食品的配方应以医学和营养学的研究结果为依据，其安全性、营养充足性以及临床效果均需要经过科学证实。

特殊医学用途婴儿配方食品中所使用的原料应符合相应的食品安全国家标准和（或）相关规定，禁止使用危害婴儿营养与健康的物质。不应使用经辐照处理过的原料；所使用的原料和食品添加剂不应含有谷蛋白；不应使用氢化油脂。

一、必需成分

特殊医学用途婴儿配方食品在即食状态下每 100mL 所含有的能量应在 250~295kJ，但针对某些婴儿的特殊医学状况和营养需求，其能量可进行相应调整。能量的计算按每 100mL 产品中蛋白质、脂肪、碳水化合物的含量，分别乘以能量系数 17、37、17kJ/g（膳食纤维的能量系数，按照碳水化合物能量系数的 50% 计算），所得之和为千焦/100 毫升（kJ/100mL）值。

通常情况下，特殊医学用途婴儿配方食品每 100kJ 所含蛋白质、脂肪、碳水化合物的量应符合表 15-11 的规定。维生素、矿物质应分别符合表 15-12、表 15-13 的规定。

表 15-11 蛋白质、脂肪和碳水化合物指标

营养素	每 100kJ		检验方法
	最小值	最大值	
蛋白质[①]	0.45	0.70	GB 5009.5—2016
脂肪[②]/g	1.05	1.40	GB 5413.3—2016
其中：亚油酸/g	0.07	0.33	
α-亚麻酸/mg	12	N. S.[③]	GB 5413.27—2010
亚油酸与 α-亚麻酸比值	5：1	15：1	—
碳水化合物[④]/g	2.2	3.3	—

注：①蛋白质含量的计算，应以氮（N）×6.25。

②终产品脂肪中月桂酸和肉豆蔻酸（十四烷酸）总量<总脂肪酸的 20%；反式脂肪酸最高含量<总脂肪酸的 3%；芥酸含量<总脂肪酸的 1%；总脂肪酸指 C4~C24 脂肪酸的总和。

③N. S. 为没有特别说明。

④碳水化合物的含量 A_1，按下式计算：

$$A_1 = 100 - (A_2 + A_3 + A_4 + A_5 + A_6)$$

式中　A_1——碳水化合物的含量，g/100g

　　　A_2——蛋白质的含量，g/100g

　　　A_3——脂肪的含量，g/100g

　　　A_4——水分的含量，g/100g

　　　A_5——灰分的含量，g/100g

　　　A_6——膳食纤维的含量，g/100g

表 15-12　　　　　　　　　　　　　　　维生素指标

营养素	每 100kJ		检验方法
	最小值	最大值	
维生素 A/μg RE[①]	14	43	
维生素 D/μg[②]	0.25	0.60	GB 5413.9—2010
维生素 E /mg α-TE[③]	0.12	1.20	
维生素 K_1/μg	1.0	6.5	GB 5413.10—2010
维生素 B_1/μg	14	72	GB 5413.11—2010
维生素 B_2/μg	19	119	GB 5413.12—2010
维生素 B_6/μg	8.5	45.0	GB 5413.13—2010
维生素 B_{12}/μg	0.025	0.360	GB 5413.14—2010
烟酸（烟酰胺）/μg[④]	70	360	GB 5413.15—2010
叶酸/μg	2.5	12.0	GB 5413.16—2010
泛酸/μg	96	478	GB 5413.17—2010
维生素 C/mg	2.5	17.0	GB 5413.18—2010
生物素/μg	0.4	2.4	GB 5413.19—2010

注：①RE 为视黄醇当量。1μg RE =1μg 全反式视黄醇（维生素 A）= 3.33IU 维生素 A。维生素 A 只包括预先形成的视黄醇，在计算和声称维生素 A 活性时不包括任何的类胡萝卜素组分。

②钙化醇，1μg 维生素 D = 40 IU 维生素 D。

③1mg α-TE（α-生育酚当量）= 1mg d-α－生育酚。每克多不饱和脂肪酸中至少应含有 0.5mg α-TE，维生素 E 含量的最小值应根据配方食品中多不饱和脂肪酸的双键数量进行调整：0.5mg α-TE/g 亚油酸（18：2ω-6）；0.75mg α-TE/g α-亚麻酸（18：3 ω-3）；1.0mg α-TE/g 花生四烯酸（20：4 ω-6）；1.25mg α-TE/g 二十碳五烯酸（20：5 ω-3）；1.5mg α-TE/g 二十二碳六烯酸（22：6 ω-3）。

④烟酸不包括前体形式。

表 15-13　　　　　　　　　　　　　　　矿物质指标

营养素	每 100kJ		检验方法
	最小值	最大值	
钠/mg	5	14	
钾/mg	14	43	

续表

营养素	每100kJ		检验方法
	最小值	最大值	
铜/μg	8.5	29.0	
镁/mg	1.2	3.6	GB 5413.21—2010
铁/mg	0.10	0.36	
锌/mg	0.12	0.36	
锰/μg	1.2	24.0	
钙/mg	12	35	
磷/mg	6	24	GB 5413.22—2010
钙磷比值	1:1	2:1	—
碘/μg	2.5	14.0	GB 5413.23—2010
氯/mg	12	38	GB 5413.24—2010
硒/μg	0.48	1.90	GB 5009.93—2017

对于特殊医学用途婴儿配方食品，除特殊需求（如乳糖不耐受）外，首选碳水化合物应为乳糖和（或）葡萄糖聚合物。只有经过预糊化后的淀粉才可以加入到特殊医学用途婴儿配方食品中。不得使用果糖。

特殊医学用途婴儿配方食品的能量、营养成分及含量在满足必需成分的基础上，可以根据患有特殊紊乱、疾病或医疗状况婴儿的特殊营养需求，按照表15-14列出的产品类别及主要技术要求进行适当调整，以满足特殊医学状况婴儿的营养需求。

表15-14　　　　　　　常见特殊医学用途婴儿配方食品

产品类别	适用的特殊医学状况	配方主要技术要求
无乳糖配方或低乳糖配方	乳糖不耐受婴儿	1. 配方中以其他碳水化合物完全或部分代替乳糖 2. 配方中蛋白质由乳蛋白提供
乳蛋白部分水解配方	乳蛋白过敏高风险婴儿	1. 乳蛋白经加工分解成小分子乳蛋白、肽段和氨基酸 2. 配方中可用其他碳水化合物完全或部分代替乳糖
乳蛋白深度水解配方或氨基酸配方	食物蛋白过敏婴儿	1. 配方中不含食物蛋白 2. 所使用的氨基酸来源应符合GB 14880—2012或选用可用于特殊医学用途婴儿配方食品的单体氨基酸 3. 可适当调整某些矿物质和维生素的含量
早产/低出生体重婴儿配方	早产/低出生体重儿	1. 能量、蛋白质及某些矿物质和维生素的含量应高于必需成分的规定 2. 早产/低体重婴儿配方应采用容易消化吸收的中链脂肪作为脂肪的部分来源，但中链脂肪不应超过总脂肪的40%

续表

产品类别	适用的特殊医学状况	配方主要技术要求
母乳营养补充剂	早产/低出生体重儿	可选择性地添加必需成分和可选择性成分，其含量可依据早产/低出生体重儿的营养需求及公认的母乳数据进行适当调整，与母乳配合使用可满足早产/低出生体重儿的生长发育需求
氨基酸代谢障碍配方	氨基酸代谢障碍婴儿	1. 不含或仅含有少量与代谢障碍有关的氨基酸，其他的氨基酸组成和含量可根据氨基酸代谢障碍做适当调整 2. 所使用的氨基酸来源应符合 GB 14880—2012 或选用可用于特殊医学用途婴儿配方食品的单体氨基酸 3. 可适当调整某些矿物质和维生素的含量

二、可选择性成分

除必需成分之外，可以在特殊医学用途婴儿配方食品中添加符合规定的可选择性成分，其含量应符合表 15-15 的规定。根据患有特殊紊乱、疾病或医疗状况婴儿的特殊营养需求，可选择性地添加 GB 14880—2012 或表 15-16 中列出的 L 型单体氨基酸及其盐类，所使用的 L 型单体氨基酸质量规格应符合表 15-16 的规定。

表 15-15　可选择性成分指标

可选择性成分	每 100kJ		检验方法
	最小值	最大值	
铬/μg	0.4	2.4	—
钼/μg	0.4	2.4	—
胆碱/mg	1.7	12.0	GB 5413.20—2013
肌醇/mg	1.0	9.5	GB 5413.25—2010
牛磺酸/mg	N.S.[①]	3	GB 5413.26—2010
左旋肉碱/mg	0.3	N.S.[①]	—
二十二碳六烯酸/%总脂肪酸[②③]	N.S.[①]	0.5	GB 5413.27—2010
二十碳四烯酸/%总脂肪酸[②③]	N.S.[①]	1	GB 5413.27—2010

注：①N. S. 为没有特别说明。

②如果特殊医学用途婴儿配方食品中添加了二十二碳六烯酸（22：6 ω-3），至少要添加相同量的二十碳四烯酸（20：4 ω-6）。长链不饱和脂肪酸中二十碳五烯酸（20：5 ω-3）的量不应超过二十二碳六烯酸的量。

③总脂肪酸指 C4~C24 脂肪酸的总和。

表 15-16

可用于特殊医学用途婴儿配方食品的单体氨基酸

序号	氨基酸	化合物来源	化学名称	分子式	相对分子质量	比旋光度 $[\alpha]D$,20℃	pH	纯度/% ≥	水分/% ≤	灰分/% ≤	铅/(mg/kg) ≤	砷/(mg/kg) ≤
1	天冬氨酸	L-天冬氨酸	L-氨基丁二酸	$C_4H_7NO_4$	133.1	+24.5~+26.0	2.5~3.5	98.5	0.2	0.1	0.3	0.2
		L-天冬氨酸镁	L-氨基丁二酸镁	$2(C_4H_6NO_4)\cdot Mg$	288.49	+20.5~+23.0	—	98.5	0.2	0.1	0.3	0.2
2	苏氨酸	L-苏氨酸	L-2-氨基-3-羟基丁酸	$C_4H_9NO_3$	119.12	-29~-26.5	5.0~6.5	98.5	0.2	0.1	0.3	0.2
3	丝氨酸	L-丝氨酸	L-2-氨基-3-羟基丙酸	$C_3H_7NO_3$	105.09	+13.6~+16.0	5.5~6.5	98.5	0.2	0.1	0.3	0.2
4	谷氨酸	L-谷氨酸	α-氨基戊二酸	$C_5H_9NO_4$	147.13	+31.5~+32.5	3.2	98.5	0.2	0.1	0.3	0.2
		L-谷氨酸钾	α-氨基戊二酸钾	$C_5H_8KNO_4\cdot H_2O$	203.24	+22.5~+24.0	—	98.5	0.2	0.1	0.3	0.2
5	谷氨酰胺	L-谷氨酰胺	2-氨基-4-酰胺基丁酸	$C_5H_{10}N_2O_3$	146.15	+6.3~+7.3	—	98.5	0.2	0.1	0.3	0.2
6	脯氨酸	L-脯氨酸	吡咯烷-2-羧酸	$C_5H_9NO_2$	115.13	-86.3~-84	5.9~6.9	98.5	0.2	0.1	0.3	0.2
7	甘氨酸	甘氨酸	氨基乙酸	$C_2H_5NO_2$	75.07	—	5.6~6.6	98.5	0.2	0.1	0.3	0.2
8	丙氨酸	L-丙氨酸	L-2-氨基丙酸	$C_3H_7NO_2$	89.09	+13.5~+15.5	5.5~7.0	98.5	0.2	0.1	0.3	0.2
9	胱氨酸	L-胱氨酸	L-3,3'-二硫双(2-氨基丙酸)	$C_6H_{12}N_2O_4S_2$	240.3	-225~-215	5.0~6.5	98.5	0.2	0.1	0.3	0.2
		L-半胱氨酸	L-α-氨基-β-疏基丙酸	$C_3H_7NO_2S$	121.16	+8.3~+9.5	4.5~5.5	98.5	0.2	0.1	0.3	0.2
		L-盐酸半胱氨酸	L-2-氨基-3-巯基丙酸盐酸盐	$C_3H_7NO_2S\cdot HCl\cdot H_2O$	175.63	+5.0~+8.0	—	98.5	0.2	0.1	0.3	0.2

续表

序号	氨基酸	化合物来源	化学名称	分子式	相对分子质量	比旋光度 $[\alpha]D.20℃$	pH	纯度/% ≥	水分/% ≤	灰分/% ≤	铅/(mg/kg) ≤	砷/(mg/kg) ≤
10	缬氨酸	L-缬氨酸	L-2-氨基-3-甲基丁酸	$C_5H_{11}NO_2$	117.15	+26.7~+29.0	5.5~7.0	98.5	0.2	0.1	0.3	0.2
11	蛋氨酸	L-蛋氨酸	2-氨基-4-甲硫基丁酸	$C_5H_{11}NO_2S$	149.21	+21.0~+25.0	5.6~6.1	98.5	0.2	0.1	0.3	0.2
		N-乙酰基-L-甲硫氨酸	N-乙酰-2-氨基-4-甲硫基丁酸	$C_7H_{13}NO_3S$	191.25	−22.0~−18.0	—	98.5	0.2	0.1	0.3	0.2
12	亮氨酸	L-亮氨酸	L-2-氨基-4-甲基戊酸	$C_6H_{13}NO_2$	131.17	+14.5~+16.5	5.5~6.5	98.5	0.2	0.1	0.3	0.2
13	异亮氨酸	L-异亮氨酸	L-2-氨基-3-甲基戊酸	$C_6H_{13}NO_2$	131.17	+38.6~+41.5	5.5~7.0	98.5	0.2	0.1	0.3	0.2
14	酪氨酸	L-酪氨酸	S-氨基-3(4-羟基苯基)-丙酸	$C_9H_{11}NO_3$	181.19	−12.3~−11.0	—	98.5	0.2	0.1	0.3	0.2
15	苯丙氨酸	L-苯丙氨酸	L-2-氨基-3-苯丙酸	$C_9H_{11}NO_2$	165.19	−35.2~−33.2	5.4~6.0	98.5	0.2	0.1	0.3	0.2
16	赖氨酸	L-盐酸赖氨酸	L-2,6-二氨基己酸盐酸盐	$C_6H_{14}N_2O_2 \cdot HCl$	182.65	+20.3~+21.5	5.0~6.0	98.5	0.2	0.1	0.3	0.2
		L-赖氨酸醋酸盐	L-2,6-二氨基己酸醋酸盐	$C_6H_{14}N_2O_2 \cdot C_2H_4O_2$	206.24	+8.5~+10.0	6.5~7.5	98.5	0.2	0.1	0.3	0.2
17	精氨酸	L-精氨酸	L-2-氨基-5-胍基戊酸	$C_6H_{14}N_4O_2$	174.2	+26.0~+27.9	10.5~12.0	98.5	0.2	0.1	0.3	0.2
		L-盐酸精氨酸	L-2-氨基-5-胍基戊酸盐酸盐	$C_6H_{14}N_4O_2 \cdot HCl$	210.66	+21.3~+23.5	—	98.5	0.2	0.1	0.3	0.2

序号	名称	通用名	化学名	分子式	分子量	比旋光度	pH	含量				
18	组氨酸	L-组氨酸	α-氨基 β-咪唑基丙酸	$C_6H_9N_3O_2$	155.15	+11.5~+13.5	7.0~8.5	98.5	0.2	0.1	0.3	0.2
		L-盐酸组氨酸	L-2-氨基-3-咪唑基丙酸盐酸盐	$C_6H_9N_3O_2 \cdot HCl \cdot H_2O$	209.63	+8.5~+10.5	—	98.5	0.2	0.1	0.3	0.2
19	色氨酸	L-色氨酸	L-2-氨基-3-吲哚基-1-丙酸	$C_{11}H_{12}N_2O_2$	204.23	-33.0~-30.0	5.5~7.0	98.5	0.2	0.1	0.3	0.2

注:不得使用非食用的动植物原料作为单体氨基酸的来源。

三、其他要求

（一）污染物限量

特殊医学用途婴儿配方食品的污染物限量应符合表 15-17 的规定。

表 15-17　　　　　　　　　　　污染物限量（以粉状产品计）

项目		指标	检验方法
铅/（mg/kg）	≤	0.15	GB 5009.12—2017
硝酸盐（以 NaNO₃ 计）/（mg/kg）	≤	100	GB 5009.33—2010
亚硝酸盐（以 NaNO₂ 计）/（mg/kg）	≤	2	

（二）真菌毒素限量

特殊医学用途婴儿配方食品的真菌毒素限量应符合表 15-18 的规定。

表 15-18　　　　　　　　　　　真菌毒素限量（以粉状产品计）

项目		指标	检验方法
黄曲霉毒素 M_1/（μg/kg）	≤	0.5	GB 5009.24—2010
黄曲霉毒素 B_1/（μg/kg）	≤	0.5	

（三）微生物限量

粉状特殊医学用途婴儿配方食品的微生物指标应符合表 15-19 的规定，液态特殊医学用途婴儿配方食品的微生物指标应符合商业无菌的要求，按 GB 4789.26—2013 规定的方法检验。

表 15-19　　　　　　　　　　　微生物限量

项目	采样方案[1]及限量（若非指定，均以 CFU/g 或 CFU/mL 表示）				检验方法
	n	c	m	M	
菌落总数[2]	5	2	1000	10000	GB 4789.2—2016
大肠菌群	5	2	10	100	GB 4789.3—2016 平板计数法
金黄色葡萄球菌	5	2	10	100	GB 4789.10—2010 平板计数法
阪崎肠杆菌	3	0	0/100g	—	GB 4789.40—2010
沙门菌	5	0	0/25g	—	GB 4789.4—2016

注：①样品的分析及处理按 GB 4789.1—2016 和 GB 4789.18—2010 执行。

②不适用于添加活性菌种（好氧和兼性厌氧益生菌）的产品［产品中活性益生菌的活菌数 ≥ 10^6 CFU/g（mL）］。

（四）食品添加剂和营养强化剂要求

特殊医学用途婴儿配方食品的食品添加剂和营养强化剂的使用应符合 GB 2760—2014 和 GB 14880—2012 的规定。

（五）脲酶活力要求

对于含有大豆成分的特殊医学用途婴儿配方食品，脲酶活力应符合表 15-20 的规定。

表 15-20　　　　　　　　　　　　　　脲酶活性指标

项目	指标	检验方法
脲酶活力定性测定	阴性	GB 5413.31—2013

注：液态特殊医学用途婴儿配方食品的取样量应根据干物质含量进行折算。

第三节　特殊医学用途配方食品临床试验

临床试验是指任何在人体（患者或健康志愿者）进行的特殊医学用途配方食品的系统性研究，用以证实或揭示试验用特殊医学用途配方食品的安全性、营养充足性和特殊医学用途临床效果，目的是确定试验用特殊医学用途配方食品的营养作用与安全性。要完成特殊医学用途食品的临床试验，就必须要充分了解临床试验的条件、职责要求等各个方面。

一、实　施　条　件

进行特殊医学用途配方食品临床试验必须周密考虑试验的目的及要解决的问题，整合试验用产品所有的安全性、营养充足性和特殊医学用途临床效果等相关信息，总体评估试验的获益与风险，对可能的风险制订有效的防范措施。

临床试验实施前，申请人向试验单位提供试验用产品配方组成、生产工艺、产品标准要求，以及表明产品安全性、营养充足性和特殊医学用途临床效果相关资料，提供具有法定资质的食品检验机构出具的试验用产品合格的检验报告。申请人对临床试验用产品的质量及临床试验安全负责。

临床试验配备主要研究者、研究人员、统计人员、数据管理人员及检查员。主要研究者应当具有高级专业技术职称；研究人员由与受试人群疾病相关专业的临床医师、营养医师、护士等人员组成。

临床试验的申请人与主要研究者、统计人员共同商定临床试验方案、知情同意书、病例报告表等。临床试验单位制定特殊医学用途配方食品临床试验标准操作规程。

临床试验开始前，需向伦理委员会提交临床试验方案、知情同意书、病例报告表、研究者手册、招募受试者的相关材料、主要研究者履历、具有法定资质的食品检验机构出具的试验用产品合格的检验报告等资料，经审议同意并签署批准意见后方可进行临床试验。

申请人与临床试验单位管理人员就临床试验方案、试验进度、试验检查、受试者保险、与试验有关的受试者损伤的补偿或补偿原则、试验暂停和终止原则、责任归属、研究经费、知识产权界定及试验中的职责分工等达成书面协议。

临床试验用产品由申请人提供，产品质量要求应当符合相应食品安全国家标准和（或）相关规定。

试验用特殊医学用途配方食品由申请人按照与申请注册产品相同配方、相同生产工艺生产，生产条件应当满足《特殊医学用途配方食品良好生产规范》相关要求。用于临床试验用对照样品应当是已获批准的相同类别的特定全营养配方食品。如无该类产品，可用已获批准的全营养配方食品或相应类别的肠内营养制剂。根据产品货架期和研究周期，试验样品、对照样品可以不是同一批次产品。

申请人与受试者、受试者家属有亲属关系或共同利益关系而有可能影响到临床试验结果的，应当遵从利益回避原则。

二、职责要求

申请人选择临床试验单位和研究者进行临床试验，制定质量控制和质量保证措施，选定检查员对临床试验的全过程进行监查，保证临床试验按照已经批准的方案进行，与研究者对发生的不良事件采取有效措施以保证受试者的权益和安全。

临床试验单位负责临床试验的实施。参加试验的所有人员必须接受并通过本规范相关培训且有培训记录。

伦理委员会对临床试验项目的科学性、伦理合理性进行审查，重点审查试验方案的设计与实施、试验的风险与受益、受试者的招募、知情同意书告知的信息、知情同意过程、受试者的安全保护、隐私和保密、利益冲突等。

研究者熟悉试验方案内容，保证严格按照方案实施临床试验。向参加临床试验的所有人员说明有关试验的资料、规定和职责；向受试者说明伦理委员会同意的审查意见、有关试验过程，并取得知情同意书。对试验期间出现的不良事件及时做出相关的医疗决定，保证受试者得到适当的治疗。确保收集的数据真实、准确、完整、及时。临床试验完成后提交临床试验总结报告。

临床试验期间，检查员定期到试验单位检查并向申请人报告试验进行情况；保证受试者选择、试验用产品使用和保存、数据记录和管理、不良事件记录等按照临床试验方案和标准操作规程进行。

国家食品药品监督管理总局审评机构组织对临床试验现场进行核查、数据溯源，必要时进行数据复查。

三、受试者权益保障

申请人制定临床试验质量控制和质量保证措施。临床试验开始前必须对临床试验实施过程中可能的风险因素进行科学的评估，并制订风险控制计划和预警方案，试验过程中应采取有效的风险控制措施。

伦理委员会对提交的资料进行审查，批准后方可进行临床试验。临床试验进行过程中对批准的临床试验进行跟踪审查。临床试验方案的修订、知情同意书的更新等应在修订报告中写明，提交伦理委员会重新批准，重大修订需再次获得受试者知情同意。

在临床试验过程中应保持与受试者的良好沟通，以提高受试者的依从性。参与临床试验的研究者及试验单位保证受试者，在试验期间出现不良事件时能得到及时适当的治疗和处置，发生严重不良事件时应采取必要的紧急措施，以确保受试者安全。所有不良事件的名称、例次、治疗措施、转归及与试验用产品的关联性等，应详细记录并分析。

发生严重不良事件应在确认后24h内由研究者向负责及参加临床试验单位的伦理委员会、申请人报告，同时向涉及同一临床试验的其他研究者通报。

研究者向受试者说明经伦理委员会批准的有关试验目的、试验用产品安全性、营养充足性和特殊医学用途临床效果有关情况、试验过程、预期可能的受益、风险和不便、受试者权益保障措施、造成健康损害时的处理或补偿等。

受试者经充分了解试验的相关情况后，在知情同意书上签字并注明日期、联系方式，执行知情同意过程的研究者也需在知情同意书上签署姓名和日期。对符合条件的无行为能力的受试者，应经其法定监护人同意并签名及注明日期、联系方式。

知情同意书一式两份，分别由受试者及试验机构保存。

受试者自愿参加试验，无须任何理由有权在试验的任何阶段退出试验，且其医疗待遇与权益不受影响。

受试者受到与试验相关的损害时（医疗事故除外），将获得治疗和（或）相应的补偿，费用由申请人承担。

受试者参加试验及在试验中的个人资料均应保密。食品药品监督管理部门、伦理委员会、研究者和申请人可按规定查阅试验的相关资料。

四、方案内容

临床试验方案包括以下内容。

1. 临床试验方案基本信息

临床试验方案基本信息包括试验用产品名称、申请人名称和地址，主要研究者、检查员、数据管理和统计人员、申办方联系人的姓名、地址、联系方式，参加临床试验单位及参加科室，数据管理和统计单位，临床试验组长单位。

2. 临床试验概述

临床试验概述包括试验用产品研发背景、研究依据及合理性、产品适用人群、预期的安全性、营养充足性和特殊医学用途临床效果、本试验研究目的等。

3. 临床试验设计

根据试验用产品特性，选择适宜的临床试验设计，提供与试验目的有关的试验设计和对照组设置的合理性依据。原则上应采用随机对照试验，如采用其他试验设计的，需提供无法实施随机对照试验的原因、该试验设计的科学程度和研究控制条件等依据。

随机对照试验可采用盲法或开放设计，提供采用不同设盲方法的理由及相应的控制偏倚措施。编盲、破盲和揭盲应明确时间点及具体操作方法，并有相应的记录文件。

4. 试验用产品描述

试验用产品描述包括产品名称、类别、产品形态、包装剂量、配方、能量密度、能量分布、营养成分含量、使用说明、产品标准、保质期、生产厂商等信息。

5. 提供对照样品的选择依据

说明其与试验用特殊医学用途配方食品在安全性、营养充足性、特殊医学用途临床效果和适用人群等方面的可比性。试验组和对照组受试者的能量应当相同，氮量和主要营养成分摄入量应当具有可比性。

6. 试验用产品

接收与登记、递送、分发、回收及储存条件。

7. 受试者选择

受试者选择包括试验用产品适用人群、受试者的入选、排除和剔除标准、研究例数等。研究例数应当符合统计学要求。为保证有足够的研究例数对试验用产品进行安全性评估，试验组例数应不少于 100 例。受试者入选时，应充分考虑试验组和对照组受试期间临床治疗用药在品种、用法和用量等方面应具有可比性。

8. 试验用产品给予时机、摄入途径、食用量和观察时间

依据研究目的和拟考察的主要实验室检测指标的生物学特性合理设置观察时间，原则上不少于 7d，且营养充足性和特殊医学用途临床效果观察指标应有临床意义并能满足统计学要求。

9. 生物样本

采集时间，临床试验观察指标、检测方法、判定标准及判定标准的出处或制定依据，预期结果判定等。

10. 临床试验观察指标

临床试验观察指标包括安全性（耐受性）指标及营养充足性和特殊医学用途临床效果观察指标：

①安全性（耐受性）指标：如胃肠道反应等指标、生命体征指标、血常规、尿常规、血生化指标等；

②营养充足性和特殊医学用途临床效果观察指标：保证适用人群的维持基本生理功能的营养需求，维持或改善适用人群的营养状况，控制或缓解适用人群特殊疾病状态的指标。

11. 不良事件

控制措施和评价方法，暂停或终止临床试验的标准及规定。

12. 临床试验管理

包括标准操作规程、人员培训、检查、质量控制与质量保证的措施、风险管理、受试者权益与保障、试验用产品管理、数据管理和统计学分析。

五、试验用产品管理

试验用产品应有专人管理，使用由研究者负责。接收、发放、使用、回收、销毁均应记录。试验用产品的标签应标明"仅供临床试验使用"。临床试验用产品不得他用、销售或变相销售。

六、质量保证和风险管理

申请人及研究者履行各自职责，采用标准操作规程，严格遵循临床试验方案。

参加试验的研究人员应具有合格的资质。研究人员如有变动，所在试验机构及时调配具备相应资质的人员，并将调整的人员情况报告申请人及试验主要研究者。

伦理委员会要求申请人或研究者提供试验用产品临床试验的不良事件、治疗措施及受试者转归等相关信息。为避免对受试者造成伤害，伦理委员会有权暂停或终止已经批准的临床试验。

进行多中心临床试验的，统一培训内容，临床试验开始之前对所有参与临床试验研究人员进行培训。统一临床试验方案、资料收集和评价方法，集中管理与分析数据资料。主要观察指标由中心实验室统一检测或各个实验室检测前进行校正。临床试验病例分布应科学合理，防止偏倚。

试验期间检查员定期进行核查，确保试验过程符合研究方案和标准操作规程要求。确认所有病例报告表填写正确完整，与原始资料一致。核实临床试验中所有观察结果，以保证数据完整、准确、真实、可靠。如有错误和遗漏，及时要求研究者改正，修改时需保持原有记录清晰可见，改正处需经研究者签名并注明日期。核查过程中发现问题及时解决。检查员不得参与临床试验。

组长单位定期了解参与试验单位试验进度，必要时召开临床协作会议，解决试验存在的问题。

七、数据管理与统计分析

数据管理过程包括病例报告表设计、填写和注释，数据库设计，数据接收、录入和核查，疑问表管理，数据更改存档，数据盲态审核，数据库锁定、转换和保存等。由申请人、研究者、检查员以及数据管理员等各司其职，共同对临床试验数据的可靠性、完整性和准确性负责。

数据的收集和传送可采用纸质病例报告表、电子数据采集系统以及用于临床试验数据管理的计算机系统等。资料的形式和内容必须与研究方案完全一致，且在临床试验前确定。

数据管理执行标准操作规程，并在完整、可靠的临床试验数据质量管理体系下运行，对可能影响数据质量结果的各种因素和环节进行全面控制和管理，使临床研究数据始终保持在可控和可靠的水平。数据管理系统应经过基于风险考虑的系统验证，具备可靠性、数据可溯源性及完善的权限管理功能。

临床试验结束后，需将数据管理计划、数据管理报告、数据库作为注册申请材料之一提交给管理部门。

采用正确、规范的统计分析方法和统计图表表达统计分析和结果。临床试验方案中需制订统计分析计划，在数据锁定和揭盲之前产生专门的文件对统计分析计划予以完善和确认，内容应包括设计和比较的类型、随机化与盲法、主要观察指标的定义与检测方法、检验假设、数据分析集的定义、疗效及安全性评价和统计分析的详细内容，其内容应与方案相关内容一致。如果试验过程中研究方案有调整，则统计分析计划也应作相应的调整。

由专业人员对试验数据进行统计分析后形成统计分析报告，作为撰写临床研究报告的依据，并与统计分析计划一并作为产品注册申请材料提交。统计分析需采用国内外公认的统计软件和分析方法，主要观察指标的统计结果需采用点估计及可信区间方法进行评价，针对观察指标结果，给出统计学结论。

八、总结报告内容

临床试验总结报告包括基本信息、临床试验概述和报告正文，内容与临床试验方案一致。

基本信息补充试验报告撰写人员的姓名、单位、研究起止日期、报告日期、原始资料保存地点等。临床试验概述补充重要的研究数字、统计学结果以及研究结论等文字描述。

报告正文对临床试验方案实施结果进行总结。详细描述试验设计和试验过程，包括纳入的受试人群，脱落、剔除的病例和理由；临床试验单位增减或更换情况；试验用产品使用方法；数据管理过程；统计分析方法；对试验的统计分析和临床意义；对试验用产品的安全性、营养充足性和特殊医学用途临床效果进行充分的分析和说明，并做出临床试验结论。

简述试验过程中出现的不良事件。对所有不良事件均应进行分析，并以适当的图表方式直观表示。所列图表应显示不良事件的名称、例次、严重程度、治疗措施、受试者转归，以及不良事件与试验用产品之间在适用人群选择、给予时机、摄入途径、剂量和观察时间等方面的相关性。

严重不良事件应单独进行总结和分析并附病例报告。对与安全性有关的实验室检查，包括根据专业判断有临床意义的实验室检查异常应加以分析说明，最终对试验用特殊医学用途配方食品的总体安全性进行小结。

说明受试者基础治疗方法以及临床试验方案在执行过程中所做的修订或调整。

九、其他注意事项

临床试验总结报告首页由所有参与试验单位盖章，相关资料由申请人和临床试验单位盖章，或由申请人和主要研究者签署确认。

为保护受试者隐私，病例报告表上不应出现受试者姓名，研究者应按受试者姓名的拼音字头及随机号确认其身份并记录。

产品注册申请时，申请人提交临床试验相关资料，包括国内或者国外临床试验资料综述、合格的试验用产品检验报告、临床试验方案、研究者手册、伦理委员会批准文件、知情同意书模板、数据管理计划及报告、统计分析计划及报告、锁定数据库光盘（一式两份）、临床试验总结报告。

第四节　特殊医学用途配方食品管理

特殊医学用途配方食品注册，是指国家主管部门根据申请，依照规定的程序和要求，对特殊医学用途配方食品的产品配方、生产工艺、标签、说明书以及产品安全性、营养充足性和特殊医学用途临床效果进行审查，并决定是否准予注册的过程。特殊医学用途配方食品注册管理，应当遵循科学、公开、公平、公正的原则。

为规范特殊医学用途配方食品注册行为，加强注册管理，保证特殊医学用途配方食品质量安全，我国在 2016 年正式出台并施行《特殊医学用途配方食品注册管理办法》。国家市场监督管理总局负责特殊医学用途配方食品的注册管理工作。国家市场监督管理总局行政受理机构（以下简称受理机构）负责特殊医学用途配方食品注册申请的受理工作；国家市场监督管理总局审评机构（以下简称审评机构）负责特殊医学用途配方食品注册申请的审评工作；国家市场监督管理总局审核查验机构（以下简称核查机构）负责特殊医学用途配方食品注册审评过程中的现场核查工作；国家市场监督管理总局组建由食品营养、临床医学、食品安全、食品加工等领域专家组成的特殊医学用途配方食品注册审评专家库。

一、申请与受理

特殊医学用途配方食品注册申请人应当为拟在我国境内生产并销售特殊医学用途配方食品的生产企业和拟向我国境内出口特殊医学用途配方食品的境外生产企业。申请人应当具备与所生产特殊医学用途配方食品相适应的研发、生产能力，设立特殊医学用途配方食品研发机构，配备专职的产品研发人员、食品安全管理人员和食品安全专业技术人员，按照良好生产规范要求建立与所生产食品相适应的生产质量管理体系，具备按照特殊医学用途配方食品国家标准规定的全部项目逐批检验的能力。研发机构中应当有食品相关专业高级职称或者相应专业能力的人员。

申请人申请特殊医学用途配方食品注册时，要对其申请材料的真实性负责，应当向国家市场监督管理总局提交下列材料：

①特殊医学用途配方食品注册申请书；

②产品研发报告和产品配方设计及其依据；

③生产工艺资料；

④产品标准要求；

⑤产品标签、说明书样稿；

⑥试验样品检验报告；

⑦研发、生产和检验能力证明材料；

⑧其他表明产品安全性、营养充足性以及特殊医学用途临床效果的材料；

⑨申请特定全营养配方食品注册，还应当提交临床试验报告。

受理机构对申请人提出的特殊医学用途配方食品注册申请，应当根据下列情况分别作出处理：

①申请事项依法不需要进行注册的，应当即时告知申请人不受理；

②申请事项依法不属于国家市场监督管理总局职权范围的，应当即时做出不予受理的决定，并告知申请人向有关行政机关申请；

③申请材料存在可以当场更正的错误的，应当允许申请人当场更正；

④申请材料不齐全或者不符合法定形式的，应当当场或者在5个工作日内一次告知申请人需要补正的全部内容，逾期不告知的，自收到申请材料之日起即为受理；

⑤申请事项属于国家市场监督管理总局职权范围，申请材料齐全、符合法定形式，或者申请人按照要求提交全部补正申请材料的，应当受理注册申请；

⑥受理机构受理或者不予受理注册申请，应当出具加盖国家市场监督管理总局行政许可受理专用章和注明日期的书面凭证。

二、审查与决定

审评机构应当对申请材料进行审查，并根据实际需要组织对申请人进行现场核查、对试验样品进行抽样检验、对临床试验进行现场核查和对专业问题进行专家论证。

核查机构应当自接到审评机构通知之日起20个工作日内完成对申请人的研发能力、生产能力、检验能力等情况的现场核查，并出具核查报告。核查机构应当通知申请人所在地省级食品药品监督管理部门参与现场核查，省级食品药品监督管理部门应当派员参与现场核查。核查机构应当自接到审评机构通知之日起40个工作日内完成对临床试验的真实性、完整性、准确性等情况的现场核查，并出具核查报告。审评机构应当委托具有法定资质的食品检验机构进行抽样检验。检验机构应当自接受委托之日起30个工作日内完成抽样检验。审评机构可以从特殊医学用途配方食品注册审评专家库中选取专家，对审评过程中遇到的问题进行论证，并形成专家意见。

审评机构应当自收到受理材料之日起60个工作日内根据核查报告、检验报告以及专家意见完成技术审评工作，并做出审查结论。审评过程中需要申请人补正材料的，审评机构应当一次告知需要补正的全部内容。申请人应当在6个月内一次补正材料。补正材料的时间不计算在审评时间内。特殊情况下需要延长审评时间的，经审评机构负责人同意，可以延长30个工作日，延长决定应当及时书面告知申请人。

审评机构认为申请材料真实，产品科学、安全，生产工艺合理、可行和质量可控，技术要求和检验方法科学、合理的，应当提出予以注册的建议。审评机构提出不予注册建议的，应当向申请人发出拟不予注册的书面通知。申请人对通知有异议的，应当自收到通知之日起 20 个工作日内向审评机构提出书面复审申请并说明复审理由。复审的内容仅限于原申请事项及申请材料。审评机构应当自受理复审申请之日起 30 个工作日内做出复审决定。改变不予注册建议的，应当书面通知注册申请人。

国家市场监督管理总局应当自受理申请之日起 20 个工作日内对特殊医学用途配方食品注册申请做出是否准予注册的决定。现场核查、抽样检验、复审所需要的时间不计算在审评和注册决定的期限内。对于申请进口特殊医学用途配方食品注册的，应当根据境外生产企业的实际情况，确定境外现场核查和抽样检验时限。

国家市场监督管理总局做出准予注册决定的，受理机构自决定之日起 10 个工作日内颁发、送达特殊医学用途配方食品注册证书；作出不予注册决定的，应当说明理由，受理机构自决定之日起 10 个工作日内发出特殊医学用途配方食品不予注册决定，并告知申请人享有依法申请行政复议或者提起行政诉讼的权利。特殊医学用途配方食品注册证书有效期限为 5 年。

特殊医学用途配方食品注册号的格式为：国食注字 TY+4 位年号+4 位顺序号，其中 TY 代表特殊医学用途配方食品。另外，特殊医学用途配方食品注册证书及附件应当载明下列事项：

①产品名称；
②企业名称、生产地址；
③注册号及有效期；
④产品类别；
⑤产品配方；
⑥生产工艺；
⑦产品标签、说明书。

三、变更与延续注册

申请人需要变更特殊医学用途配方食品注册证书及其附件载明事项的，应当向国家市场监督管理总局提出变更注册申请，并提交特殊医学用途配方食品变更注册申请书和变更注册证书及其附件载明事项的证明材料。

申请人变更产品配方、生产工艺等可能影响产品安全性、营养充足性以及特殊医学用途临床效果的事项，国家市场监督管理总局应当进行实质性审查，并在本办法第十八条规定的期限内完成变更注册工作。申请人变更企业名称、生产地址名称等不影响产品安全性、营养充足性以及特殊医学用途临床效果的事项，国家市场监督管理总局应当进行核实，并自受理之日起 10 个工作日内做出是否准予变更注册的决定。

国家市场监督管理总局准予变更注册申请的，向申请人换发注册证书，原注册号不变，证书有效期不变；不予批准变更注册申请的，应当做出不予变更注册决定。

特殊医学用途配方食品注册证书有效期届满，需要继续生产或者进口的，应当在有效期届满 6 个月前，向国家市场监督管理总局提出延续注册申请，并提交下列材料：

①特殊医学用途配方食品延续注册申请书；

②特殊医学用途配方食品质量安全管理情况；

③特殊医学用途配方食品质量管理体系自查报告；

④特殊医学用途配方食品跟踪评价情况。

国家市场监督管理总局根据需要对延续注册申请进行实质性审查，并在规定的期限内完成延续注册工作。逾期未作决定的，视为准予延续。国家市场监督管理总局准予延续注册的，向申请人换发注册证书，原注册号不变，证书有效期自批准之日起重新计算；不批准延续注册申请的，应当做出不予延续注册决定。有下列情形之一的，不予延续注册：

①注册人未在规定时间内提出延续注册申请的；

②注册产品连续 12 个月内在省级以上监督抽检中出现 3 批次以上不合格的；

③企业未能保持注册时生产、检验能力的；

④其他不符合法律法规以及产品安全性、营养充足性和特殊医学用途临床效果要求的情形。

四、临床试验要求

特定全营养配方食品需要进行临床试验的，由申请人委托符合要求的临床试验机构出具临床试验报告。临床试验报告应当包括完整的统计分析报告和数据。临床试验应当按照特殊医学用途配方食品临床试验质量管理规范开展。

申请人组织开展多中心临床试验的，应当明确组长单位和统计单位。申请人应当对用于临床试验的试验样品和对照样品的质量安全负责。用于临床试验的试验样品应当由申请人生产并经检验合格，生产条件应当符合特殊医学用途配方食品的良好生产规范。

五、产品标签

特殊医学用途配方食品的标签，应当依照法律、法规、规章和食品安全国家标准的规定进行标注。特殊医学用途配方食品的标签和说明书的内容应当一致，涉及特殊医学用途配方食品注册证书内容的，应当与注册证书内容一致，并标明注册号。标签已经涵盖说明书全部内容的，可以不另附说明书。

特殊医学用途配方食品标签、说明书应当真实准确、清晰持久、醒目易读。特殊医学用途配方食品标签、说明书不得含有虚假内容，不得涉及疾病预防、治疗功能。生产企业对其提供的标签、说明书的内容负责。特殊医学用途配方食品的名称应当反映食品的真实属性，使用食品安全国家标准规定的分类名称或者等效名称。特殊医学用途配方食品标签、说明书应当按照食品安全国家标准的规定在醒目位置标示下列内容：

①请在医生或者临床营养师指导下使用；

②不适用于非目标人群使用；

③本品禁止用于肠外营养支持和静脉注射。

（一）标签的基本要求

预包装特殊医学用途配方食品属于特殊膳食用食品，其标签应符合 GB 7718—2014 规定的基本要求的内容，还应符合以下要求：

①不应涉及疾病预防、治疗功能；

②应符合预包装特殊医学用途配方食品相应产品标准中标签、说明书的有关规定；

③不应对 0~6 月龄婴儿配方食品中的必需成分进行含量声称和功能声称。

（二）强制性标示内容

1. 一般要求

预包装特殊医学用途配方食品标签的标示内容应符合 GB 7718—2014《预包装食品标签通则》中相应条款的要求。

2. 名称

预包装特殊医学用途配方食品属于特殊膳食用食品，所用名称必须符合特殊膳食用食品定义：为了满足特殊的身体或生理状况和（或）满足疾病、紊乱等状态下的特殊膳食需要，专门加工或配方的食品［通常特殊膳食用食品的营养素和（或）其他营养成分的含量与可类比的普通食品有显著不同］，才可以在名称中使用"特殊膳食用食品"或相应的描述产品特殊性的名称。

3. 能量和营养成分的标示

应以"方框表"的形式标示能量、蛋白质、脂肪、碳水化合物和钠，以及相应产品标准中要求的其他营养成分及其含量。方框可为任意尺寸，并与包装的基线垂直，表题为"营养成分表"。如果产品根据相关法规或标准，添加了可选择性成分或强化了某些物质，则还应标示这些成分及其含量。

预包装特殊医学用途配方食品中能量和营养成分的含量应以每 100g（克）和（或）每 100mL（毫升）和（或）每份食品可食部中的具体数值来标示。当用份标示时，应标明每份食品的量，份的大小可根据食品的特点或推荐量规定。营养素和可选择成分含量标识应增加"每 100 千焦（/100kJ）"含量的标示。

能量或营养成分的标示数值可通过产品检测或原料计算获得。在产品保质期内，能量和营养成分的实际含量不应低于标示值的 80%，并应符合相应产品标准的要求。

当预包装特殊医学用途配方食品中的蛋白质由水解蛋白质或氨基酸提供时，"蛋白质"项可用"蛋白质""蛋白质（等同物）"或"氨基酸总量"任意一种方式来标示。

4. 食用方法和适宜人群

应标示预包装特殊医学用途配方食品的食用方法、每日或每餐食用量，必要时应标示调配方法或复水再制方法。标签中应标示"本品禁止用于肠外营养支持和静脉注射"。应在醒目位置标示"请在医生或临床营养师指导下使用"。

标签中应对产品的配方特点或营养学特征进行描述，并应标示产品的类别和适用人群，同时还应标示"不适用于非目标人群使用"。

5. 贮存条件

应在标签上标明预包装特殊医学用途配方食品的贮存条件，必要时应标明开封后的贮存条件。

如果开封后的预包装特殊医学用途配方食品不宜贮存或不宜在原包装容器内贮存，应向消费者特别提示。

6. 标示内容的豁免

当预包装特殊医学用途配方食品包装物或包装容器的最大表面面积小于 $10cm^2$ 时，可只标示产品名称、净含量、生产者（或经销者）的名称和地址、生产日期和保质期。

（三）可选择的标示内容

1. 能量和营养成分占推荐摄入量或适宜摄入量的质量百分比

在标示能量值和营养成分含量值的同时，可依据适宜人群，标示每 100g（克）和（或）每 100mL（毫升）和（或）每份食品中的能量和营养成分含量占《中国居民膳食营养素参考摄入量》中的推荐摄入量（RNI）或适宜摄入量（AI）的质量百分比。无推荐摄入量（RNI）或适宜摄入量（AI）的营养成分，可不标示质量百分比，或者用"—"等方式标示。

2. 能量和营养成分的含量声称

能量或营养成分在产品中的含量达到相应产品标准的最小值或允许强化的最低值时，可进行含量声称。

某营养成分在产品标准中无最小值要求或无最低强化量要求的，应提供其他国家和（或）国际组织允许对该营养成分进行含量声称的依据。

含量声称用语包括"含有""提供""来源""含""有"等。

3. 能量和营养成分的功能声称

符合含量声称要求的预包装特殊医学用途配方食品，可对能量和（或）营养成分进行功能声称。功能声称的用语应选择使用 GB 28050—2011《预包装食品营养标签通则》中规定的功能声称标准用语。对于 GB 28050—2011《预包装食品营养标签通则》中没有列出功能声称标准用语的营养成分，应提供其他国家和（或）国际组织关于该物质功能声称用语的依据。

（四）特殊医学用途婴儿配方食品的标签

特殊医学用途婴儿配方食品的标签应符合 GB 13432—2013 的规定，营养素和可选择成分应增加"每 100 千焦（100kJ）"含量的标示。标签中应明确注明特殊医学用途婴儿配方食品的类别（如无乳糖配方）和适用的特殊医学状况。早产/低出生体重儿配方食品，还应标示产品的渗透压。

可供 6 月龄以上婴儿食用的特殊医学用途配方食品，应标明"6 月龄以上特殊医学状况婴儿食用本品时，应配合添加辅助食品"。标签上应明确标识"请在医生或临床营养师指导下使用"。标签上不能有婴儿和妇女的形象，不能使用"人乳化""母乳化"或近似术语表述。

六、监 督 检 查

特殊医学用途配方食品生产企业应当按照批准注册的产品配方、生产工艺等技术要求组织生产，保证特殊医学用途配方食品安全。特殊医学用途配方食品生产企业提出的变更注册申请未经批准前，应当严格按照已经批准的注册证书及其附件载明的内容组织生产，不得擅自改变生产条件和要求。特殊医学用途配方食品生产企业提出的变更注册申请经批准后，应当严格按照变更后的特殊医学用途配方食品注册证书及其附件载明的内容组织生产。

参与特殊医学用途配方食品注册申请受理、技术审评、现场核查、抽样检验、临床试验等工作的人员和专家，应当保守注册中知悉的商业秘密。

申请人应当按照国家有关规定对申请材料中的商业秘密进行标注并注明依据。

有下列情形之一的，国家市场监督管理总局根据利害关系人的请求或者依据职权，可以撤销特殊医学用途配方食品注册：

①工作人员滥用职权、玩忽职守做出准予注册决定的；

②超越法定职权做出准予注册决定的；

③违反法定程序做出准予注册决定的；

④对不具备申请资格或者不符合法定条件的申请人准予注册的；

⑤食品生产许可证被吊销的；

⑥依法可以撤销注册的其他情形。

有下列情形之一的，国家市场监督管理总局应当依法办理特殊医学用途配方食品注册注销手续：

①企业申请注销的；

②有效期届满未延续的；

③企业依法终止的；

④注册依法被撤销、撤回，或者注册证书依法被吊销的；

⑤法律法规规定应当注销注册的其他情形。

七、法律责任

申请人隐瞒真实情况或者提供虚假材料申请注册的，国家市场监督管理总局不予受理或者不予注册，并给予警告；申请人在 1 年内不得再次申请注册。被许可人以欺骗、贿赂等不正当手段取得注册证书的，由国家市场监督管理总局撤销注册证书，并处 1 万元以上 3 万元以下罚款；申请人在 3 年内不得再次申请注册。

伪造、涂改、倒卖、出租、出借、转让特殊医学用途配方食品注册证书的，由县级以上食品药品监督管理部门责令改正，给予警告，并处 1 万元以下罚款；情节严重的，处 1 万元以上 3 万元以下罚款。

注册人变更不影响产品安全性、营养充足性以及特殊医学用途临床效果的事项，未依法申请变更的，由县级以上食品药品监督管理部门责令改正，给予警告；拒不改正的，处 1 万元以上 3 万元以下罚款。

注册人变更产品配方、生产工艺等影响产品安全性、营养充足性以及特殊医学用途临床效果的事项，未依法申请变更的，由县级以上食品药品监督管理部门依照食品安全法第一百二十四条第一款的规定进行处罚。

国家监督管理部门及其工作人员对不符合条件的申请人准予注册，或者超越法定职权准予注册的，依照食品安全法第一百四十四条的规定给予处理。国家监督管理部门及其工作人员在注册审批过程中滥用职权、玩忽职守、徇私舞弊的，依照食品安全法的规定给予处理。

第五节　特殊医学用途配方食品良好生产规范

良好生产规范（GMP）是一种普遍采用的质量管理体系。它最先由美国建立并成功应用，之后日本、加拿大、澳大利亚、新加坡等都在积极推行。良好生产规范对生产特殊医学用途配方食品的企业人员、设计设施、原料、生产过程、成品贮存与运输、品质和卫生管理方面的基本技术要求做出规定。

一、工厂设计和基础设施

（一）设计与布局

厂房和车间的设计与布局应符合食品企业通用卫生规范的要求。厂房和车间应合理设计，建造和规划与生产相适应的相关设施和设备，以防止微生物滋生及污染，特别是应防止沙门菌的污染。对于适用于婴幼儿的产品，还应特别防止阪崎肠杆菌（*Cronobacter* 属）的污染，同时避免或尽量减少这些细菌的存在或繁殖，设计中应考虑：

①湿区域和干燥区域应分隔，应有效控制人员、设备和物料流动造成的交叉污染；

②加工材料应合理堆放，避免因不当堆积产生不利于清洁的场所；

③应做好穿越建筑物楼板、天花板和墙面的各类管道、电缆与穿孔间隙间的围封和密封；

④湿式清洁流程应设计合理，在干燥区域应防止不当的湿式清洁流程致使微生物的产生与传播；

⑤应设置适当的设施或采用适当措施保持干燥，避免产生并及时清除水残余物，以防止相关微生物的增长和扩散。

应按照生产工艺和卫生、质量要求，划分作业区洁净级别，原则上分为一般作业区、准清洁作业区和清洁作业区。

对于无后续灭菌操作的干加工区域的操作，应在清洁作业区进行，如从干燥（或干燥后）工序至充填和密封包装的操作。

不同洁净级别的作业区域之间应设置有效的分隔。清洁作业区应安装具有过滤装置的独立的空气净化系统，并保持正压，防止未净化的空气进入清洁作业区而造成交叉污染。

对于出入清洁作业区应有合理的限制和控制措施，以避免或减少微生物污染。进出清洁作业区的人员、原料、包装材料、废物、设备等，应有防止交叉污染的措施，如设置人员更衣室更换工作服、工作鞋或鞋套，专用物流通道以及废物通道等。对于通过管道输送的粉状原料或产品进入清洁作业区的渠道，需要设计和安装适当的空气过滤系统。

各作业区净化级别应满足特殊医学用途食品加工对空气净化的需要。固态产品和液态产品清洁作业区和准清洁作业区的空气洁净度应分别符合表15-21、表15-22的要求，并应定期进行检测。

表 15-21 　 固态产品准清洁作业区和清洁作业区的空气洁净度控制要求

项目		要求		检验方法
		准清洁作业区	清洁作业区	
尘埃数/m³	≥0.5μm	—	≤7000000	按GB/T 16292—2010测定，测定状态为静态
	≥5μm	—	≤60000	
换气次数*（每小时）		—	10~15	—
细菌总数（CFU/皿）		≤30	≤15	按GB/T 18204.1—2013中自然沉降法测定

注：*换气次数适用于层高小于4.0m的清洁作业区。

表 15-22　　　　　　　　　　液态产品清洁作业区的空气洁净度控制要求

项目		要求 清洁作业区	检验方法
尘埃数/m³	≥0.5μm	≤3500000	按 GB/T 16292—2010 测定，测定状态为静态
	≥5μm	≤20000	
换气次数*（每小时）		10~15	—
细菌总数（CFU/皿）		≤10	按 GB/T 18204.1—2013 中自然沉降法测定

注：*换气次数适用于层高小于 4.0m 的清洁作业区。

清洁作业区需保持干燥，应尽量减少供水设施及系统；如无法避免，则应有防护措施，且不应穿越主要生产作业面的上部空间，防止二次污染的发生。厂房、车间、仓库应有防止昆虫和老鼠等动物进入的设施。

（二）建筑内部结构与材料

特殊医学用途配方食品厂的顶棚、墙壁、门窗和地面的清洁级别，应符合食品企业通用卫生规范的相关规定。车间等场所的室内顶棚和顶角应易于清扫，防止灰尘积聚、避免结露、长霉或脱落等情形发生。清洁作业区、准清洁作业区及其他食品暴露场所顶棚若为易于藏污纳垢的结构，宜加设平滑易清扫的天花板；若为钢筋混凝土结构，其室内顶棚应平坦无缝隙。

车间内平顶式顶棚或天花板应使用无毒、无异味的白色或浅色防水材料建造，若喷涂涂料，应使用防霉、不易脱落且易于清洁的涂料。

清洁作业区、准清洁作业区的对外出入口应装设能自动关闭（如安装自动感应器或闭门器等）的门和（或）空气幕。

作业中有排水或废水流经的地面，以及作业环境经常潮湿或以水洗方式清洗作业等区域的地面宜耐酸耐碱，并应有一定的排水坡度。

（三）设施

特殊医学用途配方食品厂的供水、排水、清洁消毒、个人卫生、通风、照明及仓储设施都应符合食品企业通用卫生规范的相关规定。

供水设备及用具应符合国家相关管理规定。供水设施出入口应增设安全卫生设施，防止动物及其他物质进入导致食品污染。使用二次供水的，应符合 GB 17051—2001《二次供水设施卫生规范》的规定。

排水系统应有坡度、保持通畅、便于清洁维护，排水沟的侧面和底面接合处应有一定弧度。排水系统内及其下方不应有生产用水的供水管路。

清洁作业区的入口应设置二次更衣室，进入清洁作业区前设置手消毒设施。

粉状产品生产时清洁作业区还应控制环境温度，必要时控制空气湿度。清洁作业区应安装空气调节设施，以防止蒸气凝结并保持室内空气新鲜；在有臭味及气体（蒸气及有毒有害气体）或粉尘产生而有可能污染食品的区域，应有适当的排除、收集或控制装置。进气口应距地面或屋面 2m 以上，远离污染源和排气口，并设有空气过滤设备。用于食品输送或包装、清洁食品接触面或设备的压缩空气或其他惰性气体应进行过滤净化处理。

车间采光系数不应低于标准 Ⅳ 级。质量监控场所工作面的混合照度不宜低于 540Lx，加工场所工作面不宜低于 220Lx，其他场所不宜低于 110Lx，对光敏感测试区域除外。

应依据原料、半成品、成品、包装材料等性质的不同分设储存场所，必要时应设有冷藏（冻）库。同一仓库储存性质不同物品时，应适当分离或分隔（如分类、分架、分区存放等），并有明显的标识。冷藏（冻）库，应装设可正确指示库内温度的温度计、温度测定器或温度自动记录仪等监测温度的设施，对温度进行适时监控，并记录。

二、制造过程的监控

（一）对设备的监控

生产设备和监控设备应符合食品企业通用卫生规范的相关规定。

应制定生产过程中使用的特种设备（如压力容器、压力管道等）的操作规程。食品接触面应平滑、无凹陷或裂缝，以减少食品碎屑、污垢及有机物的聚积。与物料接触的设备内壁应光滑、平整、无死角，易于清洗、耐腐蚀，且其内表层应采用不与物料反应、不释放出微粒及不吸附物料的材料。储存、运输及加工系统（包括重力、气动、密闭及自动系统等）的设计与制造应易于维持其良好的卫生状况。应有专门的区域储存设备备件，以便设备维修时能及时获得必要的备件；应保持备件储存区域清洁干燥。

生产设备应有明显的运行状态标识，并定期维护、保养和验证。设备安装、维修、保养的操作不应影响产品的质量。设备应进行验证或确认，确保各项性能满足工艺要求。不合格的设备应搬出生产区，未搬出前应有明显标志。用于生产的计量器具和关键仪表应定期进行校验。用于干混合的设备应能保证产品混合均匀。

当采用计算机系统及其网络技术进行关键控制点监测数据的采集和对各项记录的管理时，计算机系统及其网络技术的有关功能可参考特殊医学用途配方食品生产企业计算机系统应用指南的规定。

设备的保养和维修应符合食品企业通用卫生规范的相关规定。每次生产前应检查设备是否处于正常状态，防止影响产品卫生质量的情形发生；出现故障应及时排除并记录故障发生时间、原因及可能受影响的产品批次。

（二）清洁和消毒

已清洁和消毒过的可移动设备和用具，应放在能防止其食品接触面再受污染的适当场所，并保持适用状态。

应制定有效的清洁和消毒计划和程序，以保证食品加工场所、设备和设施等的清洁卫生，防止食品污染。

在需干式作业的清洁作业区（如干混、粉状产品充填等），对生产设备和加工环境实施有效的干式清洁流程是防止微生物繁殖的最有效方法，应尽量避免湿式清洁。湿式清洁应仅限于可以搬运到专门房间的设备零件或者无法采用干式清洁措施的情况。如果无法采用干式清洁措施，应在受控条件下采用湿式清洁，但应确保能够及时彻底的恢复设备和环境的干燥，使该区域不被污染。

应制定有效的监督流程，以确保关键流程例如人工清洁、就地清洗操作（CIP）以及设备维护等要符合相关规定和标准要求，尤其要确保清洁和消毒方案的适用性，清洁剂和消毒剂的浓度适当，CIP 系统符合相关温度和时间要求，且设备在必要时应进行合理的冲洗。

所有生产车间应制定清洁和消毒的周期表，保证所有区域均被清洁，对重要区域、设备和器具应进行特殊的清洁。设备清洁周期和有效性应经验证或合理理由确定。

应保证清洁人员的数量并根据需要明确每个人的责任；所有的清洁人员均应接受良好的培训，清楚污染的危害性和防止污染的重要性；应对清洁和消毒做好记录。用于不同清洁区内的清洁工具应有明确标识，不得混用。

（三）人员健康与卫生要求

食品加工人员、来访者、虫害、废弃物、清洗剂、消毒剂、杀虫剂以及其他有毒有害物品和工作服应符合食品企业通用卫生规范的相关规定。

准清洁作业区及一般作业区的员工应穿着符合相应区域卫生要求的工作服，并配备帽子和工作鞋。清洁作业区的员工应穿着符合该区域卫生要求的工作服（或一次性工作服），并配备帽子（或头罩）、口罩和工作鞋（或鞋罩）。

作业人员应经二次更衣和手的清洁与消毒等处理程序方可进入清洁作业区，确保相关人员手的卫生，穿工作服，戴上头罩或帽子，换鞋或套上鞋罩。清洁作业区及准清洁作业区使用的工作服和工作鞋不能在指定区域以外的地方穿着。

盛装废弃物、加工副产品以及不可食用物或危险物质的容器应有特别标识且构造合理、不透水，必要时容器应封闭，以防止污染食品。应在适当地点设置废弃物临时存放设施，并依废弃物特性分类存放，易腐败的废弃物应及时清除。

污水在排放前应经适当方式处理，以符合国家污水排放的相关规定。

（四）原料和包装材料的要求

特殊医学用途配方食品的原料和包装材料的采购，要按照食品企业通用卫生规范的相关规定执行。企业应建立供应商管理制度，规定供应商的选择、审核、评估程序。如发现原料和包装材料存在食品安全问题时应向本企业所在辖区的食品安全监管部门报告。对直接进入干混合工序的原料，应保证外包装的完整性及无虫害及其他污染的痕迹。对直接进入干混合工序的原料，企业应采取措施确保微生物指标达到终产品标准的要求。对大豆原料应确保脲酶活性为阴性。应对供应商采用的流程和安全措施进行评估，必要时应进行定期现场评审或对流程进行监控。

企业应按照保证质量安全的要求运输和储存原料和包装材料。原料和包装材料在运输和储存过程应避免太阳直射、雨淋、强烈的温度、湿度变化与撞击等；不应与有毒、有害物品混装、混运。在运输和储存过程中，应避免原料和包装材料受到污染及损坏，并将品质的劣化降到最低程度；对有温度、湿度及其他特殊要求的原料和包装材料应按规定条件运输和储存。在储存期间应按照不同原料和包装材料的特点分区存放，并建立标识，标明相关信息和质量状态。应定期检查库存原料和包装材料，对储存时间较长，品质有可能发生变化的原料和包装材料，应定期抽样确认品质；及时清理变质或者超过保质期的原料和包装材料。

合格原料和包装材料使用时应遵照"先进先出"或"效期先出"的原则，合理安排使用。食品添加剂及食品营养强化剂应由专人负责管理，设置专库或专区存放，并使用专用登记册（或仓库管理软件）记录添加剂及营养强化剂的名称、进货时间、进货量和使用量等，还应注意其有效期限。对储存期间质量容易发生变化的维生素和矿物质等营养强化剂应进行原料合格验证，必要时进行检验，以确保其符合原料规定的要求。

对于含有过敏原的原材料应分区摆放，并做好标识标记，以避免交叉污染。

应保存原料和包装材料采购、验收、储存和运输的相关记录。

（五）生产过程的食品安全控制

应根据产品的特点，规定用于杀灭微生物或抑制微生物生长繁殖的方法，如热处理，冷冻或冷藏保存等，并实施有效的监控。应建立温度、时间控制措施和纠偏措施，并进行定期验证。对严格控制温度和时间的加工环节，应建立实时监控措施，并保持监控记录。

应根据产品和工艺特点，对需要进行湿度控制区域的空气湿度进行控制，以减少有害微生物的繁殖；制定空气湿度关键限值，并有效实施。建立实时空气湿度控制和监控措施，定期进行验证，并进行记录。

应对从原料和包装材料进厂到成品出厂的全过程采取必要的措施，防止微生物的污染。用于输送、装载或储存原料、半成品、成品的设备、容器及用具，其操作、使用与维护应避免对加工或储存中的食品造成污染。

应参照 GB 14881—2013《食品生产通用卫生规范》中的食品加工过程的微生物监控程序指南，结合生产工艺及《食品安全国家标准　特殊医学用途配方食品通则》和 GB 25596—2010《食品安全国家标准　特殊医学用途婴儿配方食品通则》等相关产品标准的要求，对生产过程制定微生物监控计划，并实施有效监控，以细菌总数及大肠菌群作为卫生水平的指示微生物，当监控结果表明有偏离时，应对控制措施采取适当的纠正措施。

粉状特殊医学用途配方食品应采用《食品安全国家标准　特殊医学用途配方食品良好生产规范》中的粉状特殊医学用途配方食品清洁作业区沙门氏菌、阪崎肠杆菌和其他肠杆菌的环境监控指南，对清洁作业区环境中沙门氏菌、阪崎肠杆菌和其他肠杆菌制定环境监控计划，并实施有效监控，当监控结果表明有偏离时，应对控制措施采取适当的纠偏措施。

对化学污染和物理污染的控制应符合食品企业通用卫生规范的相关规定。化学物质应与食品分开储存，明确标识，并应有专人对其保管。不应在生产过程中进行电焊、切割、打磨等工作，以免产生异味、碎屑。

应依照食品安全国家标准规定的品种、范围、用量合理使用食品添加剂和食品营养强化剂。在使用时对食品添加剂和食品营养强化剂准确称量，并做好记录。

（六）包装

特殊医学用途配方食品的包装材料应清洁、无毒且符合国家相关规定。包装材料或包装用气体应无毒，并且在特定储存和使用条件下不影响食品的安全性和产品特性。可重复使用的包装材料如玻璃瓶、不锈钢容器等在使用前应彻底清洗，并进行必要的消毒。

（七）特定处理步骤的要求

特殊医学用途配方食品的生产工艺中各处理工序，应分别符合相应的工艺特定处理步骤的要求。

1. 热处理

热处理工序应作为确保特殊医学用途配方食品安全的关键控制点。热处理温度和时间应考虑产品属性等因素（如脂肪含量、总固形物含量等）对杀菌目标微生物耐热性的影响。因此应制定相关流程，检查温度和时间是否偏离，并采取恰当的纠正措施。如购进的大豆原料没有经过加热灭酶处理（或灭酶不彻底），此类豆基产品应通过热处理同时达到杀灭致病菌和彻底灭酶的效果（脲酶为阴性），并将加热灭酶处理作为关键控制点进行监控。热处理中时间、温度、灭酶时间等关键工艺参数应有记录。

2. 中间储存

在特殊医学用途配方食品的生产过程中，对液态半成品中间储存应采取相应的措施防止微生物的生长。粉状特殊医学用途配方食品干法生产中裸露的原料粉或湿法生产中裸露的粉状半成品应保存在清洁作业区。

3. 液态特殊医学用途配方食品商业无菌操作

液态特殊医学用途配方食品各项工艺操作应在符合工艺要求的良好状态下进行。与空气环境接触的工序（如称量、配料）、灌装间以及有特殊清洁要求的辅助区域需满足液态产品清洁作业区的要求。产品的所有输送管道和设备应保持密闭。液体产品生产过程需要过滤的，应注意选用无纤维脱落且符合卫生要求的滤材，禁止使用石棉作滤材。生产过程中应制定防止异物进入产品的控制措施。

应使用符合食品安全国家标准和卫生行政部门许可使用的食品容器、包装材料、洗涤剂、消毒剂。最终清洗后的包装材料、容器和设备的处理应避免被再次污染。在无菌灌装系统中使用的包装材料应采取适当方法进行灭菌，需要时还应进行清洗及干燥。灭菌后应置于清洁作业区内冷却备用。储存时间超过规定期限应重新灭菌。

生产前应使用高温加压的水、过滤蒸汽、新鲜蒸馏水或其他适合的处理剂，用于产品高温保持灭菌部位或管路下游所有的管路、阀门、泵、缓冲罐、喂料斗以及其他产品接触表面的清洁消毒。应确保所有与产品直接接触的表面达到无菌灌装的要求，并保持该状态直到生产结束。灌装及包装设备的无菌仓应清洁灭菌，并在产品开始灌装前达到无菌灌装的要求，且保持该状态直到生产结束。当灭菌失败时无菌仓应重新灭菌。在灭菌时，时间、温度、消毒剂浓度等关键指标需要进行监控和记录。

产品的灌装应使用自动机械装置，不得使用手工操作。凡需要灌装后灭菌的产品，从灌封到灭菌的时间应控制在工艺规程要求的时间限度内。对于最终灭菌产品，应根据所用灭菌方法的效果确定灭菌前产品微生物污染水平的监控标准，并定期监控。

需根据产品加热的特性以及特定目标微生物的致死动力学建立适合的热处理过程。产品加热至灭菌温度，并应在该温度保持一定时间以确保达到商业无菌。所有的热处理工艺都应经过验证，以确保工艺的重现性及可靠性。液态产品应尽可能采用热力灭菌法，热力灭菌通常分为湿热灭菌和干热灭菌。应通过验证确认灭菌设备腔室内待灭菌产品和物品的装载方式。每次灭菌均应记录灭菌过程的时间—温度曲线。应有明确区分已灭菌产品和待灭菌产品的方法。应把灭菌记录作为该批产品放行的依据之一。采用无菌灌装工艺的持续流动产品，应在高温保持灭菌部位或管路流动的时间内保持灭菌温度以达到商业无菌。因而，要准确地确认产品类型，每种产品的流动速率、管线长度、高温保留灭菌部位的尺寸及设计。如果使用蒸汽注入或者蒸汽灌输方式，还需要考虑由蒸汽冷凝带入的水引起的产品体积增加。

4. 粉状特殊医学用途配方食品的生产和内包装

生产粉状特殊医学用途配方食品过程中，从热处理到干燥前的输送管道和设备应保持密闭，并定期进行彻底的清洁、消毒。干燥后的裸露粉状半成品应在清洁作业区内冷却。

与空气环境接触的裸粉工序（如预混及分装、配料、投料）需在清洁作业区内进行。清洁作业区的温度和相对湿度应与粉状特殊医学用途食品的生产工艺相适应。无特殊要求时，温度应不高于25℃，相对湿度应在65%以下。配料应计量准确，食品添加剂和食品营养强化剂计量应有复核过程。与混合均匀性有关的关键工艺参数（如混合时间等）应予以验证；对混合的均匀性应进行确认。正压输送物料所需的压缩空气，需经过除油、除水、洁净过滤及除菌处理后方可使用。原料、包装材料、人员应制定严格的卫生控制要求。原料应经必要的保洁程序和物料通道进入作业区，应遵循去除外包装，或经过外包装消毒的处理程序。

粉状特殊医学用途配方食品内包装工序应在清洁作业区内进行。应只允许相关工作人员进入包装室。使用前应检查包装材料的外包装是否完好，以确保包装材料未被污染。生产企业应采用有效的异物控制措施，预防和检查异物，如设置筛网、强磁铁、金属探测器等，对这些措施应实施过程监控或有效性验证。不同品种的产品在同一条生产线上生产时，应有效清洁并保存清场记录，确保产品切换不对下一批产品产生影响。

5. 生产用水的控制

与食品直接接触的生产用水、设备清洗用水、冰和蒸汽等应符合 GB 5749—2006《生活饮用水卫生标准》的相关规定。

食品加工中蒸发或干燥工序中的回收水、循环使用的水可以再次使用，但应确保其对食品的安全和产品特性不造成危害，必要时应进行水处理，并应有效监控。

生产液体产品时，与产品直接接触的生产用水应根据产品的特点，采用去离子法或离子交换法、反渗透法或其他适当的加工方法制得，以确保满足产品质量和工艺的要求。

三、品质管理

（一）验证

需对生产过程进行验证以确保整个工艺的重现性及产品质量的可控性。生产验证应包括厂房、设施及设备安装确认、运行确认、性能确认和产品验证。

应根据验证对象提出验证项目、制定验证方案，并组织实施。

产品的生产工艺及关键设施、设备应按验证方案进行验证。当影响产品质量（包括营养成分）的主要因素，如工艺、质量控制方法、主要原辅料、主要生产设备等发生改变时，以及生产一定周期后，应进行再验证。

验证工作完成后应写出验证报告，由验证工作负责人审核、批准。验证过程中的数据和分析内容应以文件形式归档保存。验证文件应包括验证方案、验证报告、评价和建议、批准人等。

（二）检验

特殊医学用途配方食品的检验应符合应符合食品企业通用卫生规范的相关规定。应逐批抽取代表性成品样品，按国家相关法规和标准的规定进行检验并保留样品。应加强实验室质量管理，确保检验结果的准确性和真实性。

（三）产品的储存和运输

特殊医学用途配方食品的储存和运输应符合食品企业通用卫生规范的相关规定。产品的储存和运输应符合产品标签所标识的储存条件。仓库中的产品应定期检查，必要时应有温度记录和（或）湿度记录，如有异常应及时处理。经检验后的产品应标识其质量状态。产品的储存和运输应有相应的记录，产品出厂有出货记录，以便发现问题时，可迅速召回。

（四）产品追溯和召回

应建立产品追溯制度，确保对产品从原料采购到产品销售的所有环节都可进行有效追溯。

应建立产品召回制度。当发现某一批次或类别的产品含有或可能含有对消费者健康造成危害的因素时，应按照国家相关规定启动产品召回程序，及时向相关部门通告，并作好相关记录。

应对召回的食品采取无害化处理、销毁等措施，并将食品召回和处理情况向相关部门报告。

应建立客户投诉处理机制。对客户提出的书面或口头意见、投诉，企业相关管理部门应作记录并查找原因，妥善处理。

（五）培训和管理制度

特殊医学用途配方食品厂的培训、管理制度和人员应符合食品企业通用卫生规范的相关规定。

应根据岗位的不同需求制定年度培训计划，进行相应培训，特殊工种应持证上岗。

应建立健全企业的食品安全管理制度，采取相应管理措施，对特殊医学用途配方食品的生产实施从原料进厂到成品出厂全过程进行安全质量控制，保证产品符合法律法规和相关标准的要求。

应建立食品安全管理机构，负责企业的食品安全管理。食品安全管理机构负责人应是企业法人代表或企业法人授权的负责人。机构中的各部门应有明确的管理职责，并确保与质量、安全相关的管理职责落实到位。各部门应有效分工，避免职责交叉、重复或缺位。对厂区内外环境、厂房设施和设备的维护和管理、生产过程质量安全管理、卫生管理、品质追踪等制定相应管理制度，并明确管理负责人与职责。食品安全管理机构中各部门应配备经专业培训的食品安全管理人员，宣传贯彻食品安全法规及有关规章制度，负责督查执行的情况并做好有关记录。

（六）记录和文件管理

特殊医学用途配方食品厂的记录管理应符合食品企业通用卫生规范的相关规定。各项记录均应由执行人员和有关督导人员复核签名或签章，记录内容如有修改，应保证可以清楚地辨认原文内容，并由修改人在修改文字附近签名或签章。所有生产和品质管理记录应由相关部门审核，以确定所有处理均符合规定，如发现异常现象，应立即处理。

应按食品企业通用卫生规范的相关要求建立文件的管理制度，建立完整的质量管理档案，文件应分类归档、保存。分发、使用的文件应为批准的现行文本。已废除或失效的文件除留档备查外，不应在工作现场出现。

（七）食品安全控制措施有效性的监控与评价

可参照液态特殊医学用途配方食品商业无菌操作的监控与评价措施，确保粉状特殊医学用途配方食品安全控制措施的有效性。

思考题

1. 适用于1岁以上人群的特殊医学用途配方食品可分为哪几类？
2. 全营养配方食品对能量、蛋白质、脂肪酸有哪些要求？
3. 常见的特定全营养配方食品有哪些？试举一个例子，说明如何进行该特定全营养配方食品的开发？
4. 非全营养配方食品的主要技术要求是什么？
5. 临床试验方案包括哪些内容？
6. 特殊医学用途配方食品注册号的格式要求有哪些？
7. 特殊医学用途食品的食品标签基本要求是什么？
8. 在特殊医学用途配方食品生产过程中，食品安全如何控制？

附录 功能性食品学实验安排

第一部分 功效成分的制备、应用和分析

实验一　膳食纤维的制备、应用和分析

实验二　香菇多糖的制备、应用和分析

实验三　低聚果糖的制备、应用和分析

实验四　大豆肽的制备、应用和分析

实验五　免疫球蛋白的制备、应用和分析

实验六　超氧化物歧化酶的制备、应用和分析

实验七　卵磷脂的制备、应用和分析

实验八　人参皂苷的制备、应用和分析

实验九　茶多酚的制备、应用和分析

实验十　双歧杆菌的培养、应用和分析

第二部分 功能性食品的制备和试食

实验十一　美容口服液的制备和试食

实验十二　减肥片的制备和试食

实验十三　降脂胶囊的制备和试食

实验十四　降尿酸冲剂的制备和试食

实验十五　降血糖方便粥的制备和试食

实验十六　抗龋齿低脂巧克力的制备和试食

实验十七　解酒护肝固体饮料的制备和试食

第三部分 毒理学和功能学实验

实验十八　动物实验的基本操作

实验十九　人参皂苷的急性毒理实验

实验二十　人体试食实验的基本操作

参 考 文 献

［1］郑建仙 . 高效甜味剂 ［M］. 北京：中国轻工业出版社，2009.

［2］高福成，郑建仙 . 食品工程高新技术 ［M］. 北京：中国轻工业出版社，2009.

［3］中国营养学会 . 中国居民膳食营养素参考摄入量（DRIs）［M］. 北京：科学出版社，2014.

［4］CHARTER E，SMITH J. Functional Food Product Development ［M］. Wiley－Blackwell，2010.

［5］BRAR S K，KAUR S，DHILLON G S. Nutraceuticals and Functional Foods：Natural Remedy ［M］. Nova Publishers，2014.

［6］ATHAPOL N，IMRAN A，ANIL K A. Functional Foods and Dietary Supplements：Processing Effects and Health Benefits ［M］. Wiley Blackwell，2014.

［7］GEOFFREY P W. Dietary Supplements and Functional Foods ［M］. Wiley－Blackwell，2011.

［8］GUO Mingruo. Functional Foods：Principles and Technology ［M］. CRC Press，2009.

［9］BAGCHI D，LAU F C，GHOSH D K. Biotechnology in Functional Foods and Nutraceuticals ［M］. CRC Press，2010.

［10］JARDINE Shelly. Prebiotics and Probiotics ［M］. Leatherhead Publishing，2009.

［11］WATSON R R. Nutrition and Functional Foods for Healthy Aging ［M］. Academic Press，2017.

［12］ESKIN N A M，TAMIR S. Dictionary of Nutraceuticals and Functional Foods ［M］. CRC Press，2006.